普通高等教育计算机类课改系列教材

软件项目管理

张聚礼　谢鹏寿　马　威　张秋余　编著

西安电子科技大学出版社

内 容 简 介

本书结合软件项目管理现状，比较全面地介绍了软件项目管理的基本概念、原理、方法、技术和实践，通过案例进行引导和讨论，培养软件从业人员在工程实践方面的管理能力，使他们学会从系统和管理者的角度来看待整个软件项目。

全书共12章，包括项目管理概述、可行性分析和项目范围管理、开发方法选择、需求开发和需求管理、软件项目成本估算、软件项目进度管理、软件项目资源管理与分配、软件项目风险管理、软件项目质量保证、团队管理和沟通、软件项目合同管理、软件配置管理等。附录总结了软件项目管理经验。

本书可以作为软件工程、计算机科学与技术等相关专业本科生或研究生的教材，同时也可以作为软件从业人员和软件项目管理领域专业人员的参考书。

图书在版编目(CIP)数据

软件项目管理/张聚礼等编著. —西安：西安电子科技大学出版社，2014.11(2024.7 重印)
ISBN 978-7-5606-3490-6

Ⅰ. ①软…　Ⅱ. ①张…　Ⅲ. ①软件开发—项目管理—高等学校—教材
Ⅳ. ①TP311.52

中国版本图书馆 CIP 数据核字(2014)第 251757 号

责任编辑　马武装　秦志峰
出版发行　西安电子科技大学出版社（西安市太白南路 2 号）
电　　话　(029)88202421　88201467　邮　　编　710071
网　　址　www.xduph.com　电子邮箱　xdupfxb001@163.com
经　　销　新华书店
印刷单位　陕西日报印务有限公司
版　　次　2014 年 11 月第 1 版　2024 年 7 月第 5 次印刷
开　　本　787 毫米×1092 毫米　1/16　印张 33
字　　数　788 千字
定　　价　68.00 元
ISBN 978 – 7 – 5606 – 3490 – 6
XDUP 3782001−5

前　言

软件项目管理的根本目的是为了让软件项目尤其是大型项目的整个软件生命周期(从需求、分析、设计、实现到测试以及维护的全过程)都能在管理者的控制之下，以预定成本按期、按质地完成软件并交付用户使用。要想使软件项目开发获得成功，关键问题是必须对软件项目的工作范围、可能风险、需要资源(人、硬件/软件)、要实现的任务、经历的里程碑、花费工作量(成本)、进度安排等做到心中有数，将管理工作贯穿于软件项目全过程。通过研究软件项目管理，从已有的成功或失败的案例中总结出能够指导今后开发的通用原则、方法和技术，以避免前人的失误。

对国内软件企业来说，要提升竞争力，最重要的还是切实加强项目管理，把项目管理从理论应用到实践中去，真正从根本上全面提高对项目开发时间、质量、成本的控制能力，提高对市场机遇的捕捉能力。通过本书内容的学习，可以全面地了解软件项目管理的相关知识，提高专业技术人员的管理能力和素养，为从事项目管理工作打下坚实的基础。

本书通过案例引导和讨论来培养软件从业人员科学的软件项目管理理念，系统、全面、清晰地介绍了软件项目管理的基本概念、原理、方法、技术、工具和实践。

全书共 12 章，主要包括项目管理概述、可行性分析和项目范围管理、开发方法选择、需求开发和需求管理、软件项目成本估算、软件项目进度管理、软件项目资源管理与分配、软件项目风险管理、软件项目质量保证、团队管理和沟通、软件项目合同管理、软件配置管理等方面的内容。附录总结了软件项目管理经验。

软件项目管理和其他的项目管理相比有相当的特殊性，这是由于软件本身的特性和软件系统的复杂性所引起的，也是目前技术还无法克服的一个障碍。本书充分研究了项目管理理论，结合软件项目的特殊性，以案例为牵引，系统地阐述了软件项目管理的基本理论、方法、技术和实践，以讨论来加深对软件项目管理实践的理解。本书组织结构严谨，内容丰富全面，适合作为高校软件工程、计算机科学与技术等相关专业本科生与研究生的教材，也可供软件从业人员、科研人员以及软件项目管理领域专业人员参考。

本书第 1 至第 4 章由张聚礼编写，第 5、6、8 章由谢鹏寿编写，第 7 章由谢鹏寿和张聚礼共同编写，第 9 至第 12 章由马威编写，附录由张秋余编写。全书由张聚礼统稿并审定。

在本书编写过程中，兰州理工大学教务处、兰州理工大学计算机与通信学院领导给予了大力支持与鼓励，西安电子科技大学出版社王飞老师为本书的策划和出版做了大量工作。在此对为本书的编写和出版做过工作的所有老师和学生表示衷心感谢。

由于作者水平有限，书中缺点和欠妥之处在所难免，恳请读者批评指正。作者电子邮箱为 zhjl@lut.cn。

编　者

2014 年 1 月于兰州

目　　录

第 1 章　项目管理概述

项目是一个国家、一个地区、一个企业实现发展战略的载体，是国家、地区、企业迎接挑战的有力武器，是使企业不断取得发展、实现既定目标、体现企业价值的有效途径和手段。美国项目管理协会主席 Paur Grace 断言："在当今社会，一切都是项目，一切也将成为项目。"项目管理是促进经济有效发展的重要措施和科学方法，是现代企业管理的发展趋势之一，是 21 世纪新经济发展环境的要求。经过几十年的实践，人们逐渐认识到项目管理有许多不可替代的价值和作用，项目管理职业已成为当今社会的"黄金职业"。对组织而言，项目管理保证能以最有效的方式运用组织的可用资源，项目管理使上级领导能够在单位内部了解到"正在发生什么"和"事物会发展到什么程度"。世界上的许多组织和企业，如美国白宫行政办公室、NASA、IBM、AT&T、Siemens、世界银行以及国家部委和地方政府等，都在其创新过程中使用项目管理去计划、组织与控制项目的进行，监测项目的绩效，分析重要的偏差并预测这些偏差对组织和项目的影响。

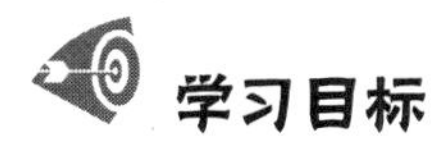

学习目标

本章概括介绍项目、项目管理及软件项目管理的基本概念。通过本章学习，读者应能够做到以下几点：

(1) 领会到学习项目管理(尤其是软件项目管理)的迫切性；

(2) 理解什么是项目，通过项目的具体实例，了解项目和软件项目的各种特性；

(3) 了解什么是项目管理，理解项目管理的三大约束，掌握项目成功的关键因素，包括项目干系人、项目管理知识领域、常用工具和技术、项目管理软件等；

(4) 理解项目管理的系统方法，搞清楚主要项目干系人对项目的影响，例如组织、项目经理等的影响；

(5) 了解项目生命周期的特征，辨别什么是产品生命周期，理解项目阶段的作用，学习系统开发生命周期模型，明白阶段评审的重要性；

(6) 了解 IT 项目的环境，理解 IT 项目不同于一般项目的本质；

(7) 理解项目管理过程，了解过程组和项目管理知识领域的关系；

(8) 了解软件项目的特征，搞清楚软件项目管理的主要内容、目的和意义。

案例：长城

长城又称"万里长城"，是古代中国在不同时期为抵御塞北游牧部落联盟侵袭而修筑的规模浩大的军事工程的统称。

春秋战国时期，各国诸侯为了防御别国入侵，修筑烽火台，并用城墙连接起来，形成了最早的长城。据记载，秦始皇使用了近百万劳动力修筑长城，这些劳动力占全国总人口的二十分之一。以后历代君王几乎都加固增修长城。中国历代长城总长度为 21 196.18 千米，分布于 15 个省、市、自治区，包括长城墙体、壕堑、单体建筑、关堡和相关设施等长城遗址 43 721 处。

早期各个朝代的长城大多数都残缺不全了，保存得比较完整的是明代修建的长城。明长城东起辽宁虎山，西至甘肃嘉峪关，从东向西行经辽宁、河北、天津、北京、山西、内蒙古、陕西、宁夏、甘肃、青海十个省(自治区、直辖市)的 156 个县域，经过壕堑 359.7 千米，自然天险 2232.5 千米，总长度为 8851.8 千米。

长城是中华民族的骄傲，象征着中华民族坚不可摧而永存于世的伟大意志和力量，是中华民族伟大力量与智慧的结晶。

长城是典型的军事项目，只是古时候并没有现代项目管理的思想而已，类似的项目还有很多。下面将介绍项目和项目管理的基本知识和理论，这些理论和方法同样适用于软件项目。但是，软件项目因为其固有特性，有其不同于普通项目的管理技术和方法。

1.1 简 介

20 世纪 80 年代以前，项目管理工作主要集中在军方和建筑行业，其管理内容主要是向高层主管人员提供进度信息和资源数据。现在的项目管理所包含的内容比以前要多得多，每一个国家从事每一种行业的人们都在进行着项目管理。计算机硬件、软件、网络以及遍布全球的工作团队已经彻底改变了人们的工作环境。项目的统计数据表明了当今社会项目管理的重要性，尤其是信息技术项目的重要性。

1.1.1 项目管理的历史

现在经常说的“项目”，无论是中国还是外国，两千多年前就已经存在。闻名世界的中国万里长城、埃及的金字塔、古罗马的供水渠等这些不朽的伟大工程都是众人称颂的典型项目。在古代，这些巨大而复杂的项目建设过程中存在很多的科学经验和一些固定的方法，只是在当时科技和文化发展水平很低的情况下，人们很难总结归纳出能在工程中重复使用的方法，就更不用说形成系统的知识体系了。

大多数人认为，现代意义上的项目管理是从“曼哈顿计划”开始的。“曼哈顿计划”是美国军方为制造原子弹所设立的项目。“曼哈顿计划”的项目管理分为两大部分，格罗夫斯将军负责项目的任务、进度和预算，奥本海默博士负责项目的技术。格罗夫斯是杰出的领导组织者，在这个史无前例的伟大工程中体现出了他卓越的领导才干。奥本海默拥有惊人的智力和管理才能，多才多艺、口才出众并善于倾听，是由同辈科学家组成的“曼哈顿计划”这个集体的精神力量的源泉。“曼哈顿计划”经过约 3 年时间，网罗了来自很多地方、拥有不同技能的超过 15 万的工作人员，耗资 20 亿美元，于 1946 年完成。

在项目研发过程中，军方发现，科学家和其他的技术专家往往不愿意管理大型项目或者不具备项目管理的能力。例如，1943 年，在洛斯阿拉莫斯实验室的项目中，奥本海默博

士没有明确各个团队成员的任务，当他多次被问及此事时，他把一份组织结构图扔到指挥官面前，说：“这就是你要的组织结构图。”洛斯阿拉莫斯实验室的成功主要归功于团队精神以及负责人的领导力，当时对洛斯阿拉莫斯实验室的负责人的要求是让我行我素的人团结协作，理解正在进行的所有技术工作，使大家互相适应，在各种可能的发展方向之间做出决定。项目管理是一门特殊的学科，它需要独特技能的人，尤其是这些人需要有领导项目团队的强烈欲望。

很多项目管理技术的发展主要源于军事。第一次世界大战期间(1914—1918)，甘特为政府和军队充当顾问，对造船厂、兵工厂的管理进行了深入的研究。1917 年，他发明了著名的甘特图，用于车间日常工作流程的安排。甘特图提供了显示项目进度信息的标准格式，其中列出了项目活动的内容，并在日历表中标注了起始和终止时间。项目经理通常用甘特图显示项目任务和进度信息。该工具作为对要做的工作进行计划和评审的标准格式，最早在军事项目中得到了应用。

现在的项目经理仍然把甘特图作为沟通项目进度信息的主要工具。当然，有了计算机的帮助，就用不着手工绘画了。图 1.1 是甘特图在固定资产信息系统开发项目中的运用举例。该图由微软 Project 软件生成，它是现在最流行的项目管理软件之一。

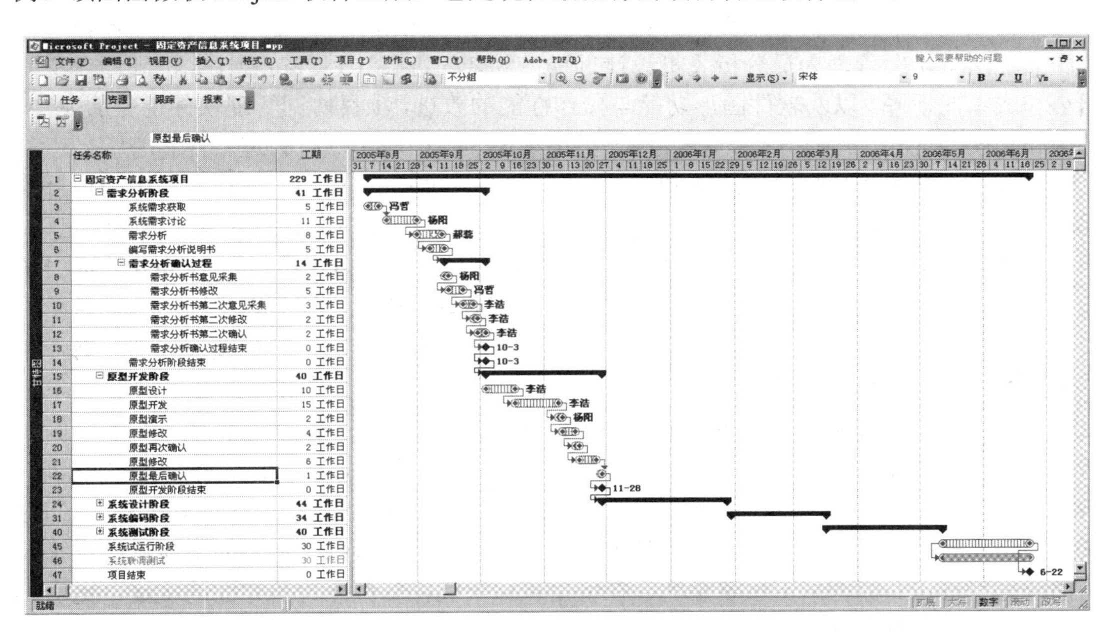

图 1.1　微软 Project 软件中的甘特图示例(详细显示了需求分析阶段和原型开发阶段的任务信息和进度信息)

1958 年，在美国海军的北极星导弹/潜艇项目中第一次使用了网络图。它们帮助项目经理把项目任务之间的关系模型化，使得项目经理能够制定更为实际的进度表。图 1.2 显示了固定资产信息系统开发项目编码阶段使用微软 Project 软件制作的网络图。可以看到，该网络图通过箭头表示任务相互关联以及团队成员实施任务的顺序。确定任务之间关系的概念对改进项目的进度表有很大帮助，同时便于找出关键路径并对其进行监控。关键路径就是网络图中历时最长的路径，它决定着项目最早完成的日期。

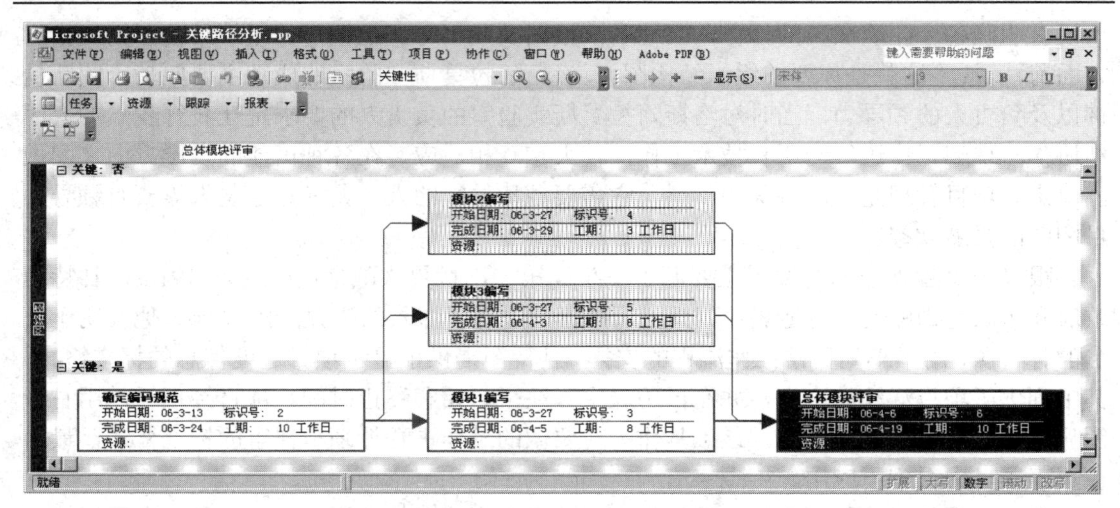

图 1.2　微软 Project 软件中的网络图示例(显示了编码阶段的网络图，可以找出关键路径，以便监控关键活动)

20 世纪 70 年代，美国军方就开始使用软件帮助管理大型项目。早期的项目管理软件产品非常昂贵，而且只能在大型计算机上运行。例如，Artemis 就是早期的一种项目管理软件产品，用于帮助管理人员分析飞机设计过程中复杂的进度计划。随着计算机硬件体积的缩小和成本的下降，以及软件图形功能与操作性能的改进，项目协同管理软件也更加便宜、易用和普及。现在，各行各业都在各种大大小小的项目中应用项目管理软件。

我国最早的大型项目可以追溯到 2000 多年前的万里长城，但是真正称得上中国项目管理的里程碑工作的，是著名科学家华罗庚教授和钱学森教授分别倡导的统筹法和系统工程。华罗庚教授于 1964 年倡导并开始应用推广的“统筹法”(Overall Planning Method)，提出了一套较系统的、适合我国国情的项目管理方法，包括调查研究，绘制箭头图，找主要矛盾线，以及在设定目标条件下优化资源配置等。1964 年华罗庚带领中国科技大学部分老师和学生到西南三线建设工地推广应用统筹法，在修铁路、架桥梁、挖隧道等工程项目管理上取得了成功。1980 年后，华罗庚和他的助手们开始将统筹法应用于国家特大型项目，例如 1980 年中国科协联合 5 个部委、7 个学会启动的“两淮煤矿开发”项目(涉及投资 60 亿元)；1983 年启动的“准格尔露天煤矿煤、电、运同步建设”项目(涉及投资 120 亿元)。他们将以统筹法为基础的项目管理水平提高到一个新的高度，其中特别有意义的是通过应用统筹法模拟完整的作业流程、测度资金流、在特定目标下优化资源配置等方面的实践，提供了对大型项目进行有效管理的经验和方法。

在 20 世纪 90 年代，许多企业开始通过建立项目管理办公室(Project Management Office，PMO)来帮助处理越来越多、越来越复杂的项目。PMO 是一个有组织的团队，负责协调整个组织中的项目管理职能。有很多不同的方式建立 PMO，而且 PMO 可以有不同的作用和职责。下面是 PMO 能达到的目标：

- 为整个组织搜集、整理和集成项目信息；
- 为项目开发和维护文档模板；
- 在项目管理中开发或协调培训；
- 为项目经理开发和提供正规的职业规划；

● 为项目经理提供咨询服务；

● 为项目经理提供良好的工作环境。

在 20 世纪末，全球各行各业的人们都开始在项目中研究和运用项目管理的各种知识。为了在迅速变化、激烈竞争的市场中迎接经济全球化、一体化的挑战，项目管理更加注重人的因素、关注客户、强调柔性管理，力求在变革中生存和发展。在这一阶段，项目管理的应用领域进一步扩大，尤其在新兴产业中得到了迅速的发展，比如通信、软件、信息、金融、医药等。现代项目管理的任务已不仅仅是执行任务，而且还要开发项目、经营项目，以及为经营项目完成后形成的设施、产品和其他成果准备必要的条件。

如今的项目管理工具已经相当完善，效率也很高，对公司运营、资源利用和对市场的快速准确反应都产生了很大的影响。无论是组织的自有项目还是投资项目，基于网络的项目管理工具都可以完成。图 1.3 是企业项目管理方案的样例。企业项目管理软件从不同项目中整合信息，显示整个企业正在进行的、已被批准的和规划的项目状态以及与此相关的详细信息。

项目统计信息

全部展开 | 全部折叠 | 自定义

显示 ○ 列表 ◉ 分组

名称	责任人	开始	完成	基站_本期载波数	物业_选址人员	日期_选址完成（实	日期_设计会审完成（实际）	基站_配套完成（实际）	传输_完成（实际）	基站_后期完成（实际）
⊟ 总计		01-09-14	06-09-09	3578		05-09-04	05-08-05	05-09-22	05-09-25	05-10-03
⊟ 实施		01-09-14	05-11-23	2466		05-09-04	05-08-05	05-09-22	05-09-25	05-10-03
⊞ 都市花园l	无线实施	04-11-05	05-10-16	4		05-04-20			05-09-08	05-09-02
⊞ 城市天地l	无线实施	05-07-22	05-10-25	4				05-09-02		05-09-03
⊞ 岗头二d	无线实施	05-07-26	05-09-27	24				05-09-02	05-08-30	05-09-02
⊞ 南岗工业d	无线实施	05-06-05	05-10-01	24				05-08-20		05-08-23
⊞ 安托山d	无线实施	05-07-29	05-09-27	24				05-08-26	05-08-14	05-09-10
⊞ 九州家园d	无线实施	05-08-01	05-09-27	24				05-08-20	05-08-14	05-08-23
⊞ 万科城d	无线实施	05-03-04	05-11-01	24		05-09-04				
⊞ 盛景国际l	无线实施	04-11-05	05-09-27	2		05-06-01		05-08-27	05-09-13	05-08-12
⊞ 半岛苑l	无线实施	04-11-05	05-10-16	2				05-07-18		05-08-10
⊞ 罗田林场M	无线实施	05-05-11	05-11-02	8		04-12-03				
⊞ 泰然二m	无线规划	04-11-16	05-11-02	18					05-09-13	05-09-15
⊞ 翠竹苑l	无线实施	04-11-05	05-10-12	2		05-05-15		05-08-27	05-08-29	05-08-10
⊞ 伍屋m	无线实施	05-05-12	05-09-27	24				05-08-16	05-08-14	05-08-19
⊞ 梧桐村d	无线实施	05-08-04	05-09-27	24				05-08-20	05-09-01	05-08-30
⊞ 民乐福l	无线实施	04-11-05	05-09-27	2		05-05-25		05-08-27	05-09-02	05-09-02
⊞ 上横m	无线实施	05-06-05	05-10-01	24				05-08-13		05-08-22
⊞ 暗径村d	无线实施	05-08-04	05-09-27	24				05-08-20	05-09-07	05-08-29
⊞ [illegible]	无线实施	05-06-22	05-11-01	24		05-09-04				

图 1.3　企业项目管理软件示例(通过企业级项目管理软件，可以全面地统计各项目的执行情况)

许多学院、大学和公司都开设了与项目管理相关的课程，可以获得项目管理的学士、硕士和博士学位。随着项目管理中问题的不断增加，项目管理宣传力度的加大，以及人们对项目管理认识水平的提高，项目管理领域具有巨大的发展潜力。

1.1.2　项目管理的职业道德规范

对任何行业来说，职业道德规范都是很重要的。项目经理常常会陷入道德困境，例如，项目经理负责的几个项目的报酬是各不相同的。如果一个项目经理管理得很差却仍然能够拿到很多钱，那么他是否还要努力工作呢？如果一个项目经理反对核武器的发展，那么他应该拒绝管理一个帮助制造核武器的项目吗？这需要从道德意义上对项目经理进行约束。

道德是安定社会、用以调整人与人之间以及个人与社会之间关系的行为准则和规范的总和。职业道德是指人在职业劳动和工作过程中应遵守的，与职业活动相适应的行为规范。它既是本行业人员在职业活动中的行为规范，又是行业对社会所负的道德责任和义务。

针对项目管理专业，美国的项目管理学会(PMI)制定了项目管理职业道德规范，申请(项目管理师(PMP)资格认证的人只有承诺遵守职业道德规范，才能成为项目管理师。PMI 规定，所有的项目管理师都必须在工作中遵守道德规范，只有这样，才能赢得公众、老板、员工和项目团队成员的信任和尊重。PMI 制定的职业道德规范提出了项目经理的岗位职责，比如遵守组织的各项规章制度、加强专业实践、争做行业先锋、同时对客户和公众负责；项目管理师需要有资格和经验来进行专业服务并妥善处理与公众可能产生的利益冲突，例如：对客户或公众负责，禁止收受任何形式的贿赂等。

就行业而言，项目管理专业人员的工作将影响到相关社会成员的生活质量。因此，在工作中遵循相应的职业道德，来赢得和维持团队成员、同事、雇员、雇主、客户和公众的信任，这一点是至关重要的。PMI 制定的职业道德规范对我国的项目管理专业人员同样具有借鉴意义。

1.2 什么是项目

讨论项目管理必须先对项目的概念有所了解。一方面，项目是“为创造独特的产品、服务或成果而进行的临时性工作”。另一方面，实施是为了持续业务而进行的工作。项目和实施有着很大的不同，它结束的标志是项目的预期已经达到或者项目终止。

下面是一些典型项目：

- 阿波罗计划；
- 建造一座大楼、一座工厂或一座水库；
- 举办各种类型的活动，如一次会议、一次晚宴、一次庆典等；
- 新企业、新产品、新工程的开发；
- 演出、影视剧拍摄；
- 进行一个组织的规划、规划实施一项活动；
- 进行一次旅行、解决某个研究课题、开发一套软件。

1.2.1 项目属性

工作总是以两类不同的方式来进行，一类是持续和重复性的，另一类是独特和一次性的。

任何工作均有许多共性，比如：

(1) 要由个人和组织机构来完成；

(2) 要在有限的资源下完成；

(3) 要遵循某种工作程序；

(4) 要计划、执行、控制等；

(5) 要限制在一定时间内。

通常，项目无处不在，覆盖不同的领域、不同的行业。虽然项目内容不同，但在本质上，它们有很多共同的特性。归纳起来，项目主要有如下特性。

1. 一次性

一次性是项目与其它重复性运行或操作工作最大的区别。项目有明确的起点和终点，没有可以完全照搬的先例，也不会有完全相同的复制。项目的其他属性也是从这一主要特征衍生出来的。

2. 独特性

每一个项目都有其独特性，不存在两个完全相同的重复的项目。或者其提供的产品或服务有自身的特点；或者其提供的产品或服务与其他项目类似，然而其时间和地点、内部和外部的环境、自然和社会条件有别于其他项目，因此项目的过程总是独一无二的。每个项目在达成目标过程中在全部或某些方面所进行的工作都是以前未曾做过的，其项目所生成的产品、服务或结果也是独特的。例如每个人的婚礼都可视为一个项目，但是每个婚礼都有其独特之处，婚礼在形式上、参加人员、时间和地点等方面都会有它不同于其他任何婚礼的一些方面。

独特性是项目区别于作业的一个重要特点，作业是重复进行的。

作业是指在组织内为了某个目的而进行的耗费资源的工作。根据企业业务的层次和范围，可将作业分为四类：单位作业、批别作业、产品作业和支持作业。

(1) 单位作业：使单位产品或服务受益的作业，它对资源的消耗量往往与产品的产量或销量成正比。常见的单位作业如加工零件、对每件产品进行的检验等。

(2) 批别作业：使一批产品受益的作业，作业的成本与产品的批次数量成正比。常见的批别作业如设备调试、生产准备等。

(3) 产品作业：使某种产品的每个单位都受益的作业，例如零件数控代码编制、产品工艺设计作业等。

(4) 支持作业：为维持企业正常生产，而使所有产品都受益的作业，作业的成本与产品数量无相关关系，例如厂房维修、管理作业等。通常认为前三个类别以外的所有作业均是支持作业。

从上面的描述可以看出，作业是指为某一业绩或成果而做出的具体行动过程，是在生产过程或者调试过程中遇到的某一具体难题、具体的工序，这就是作业过程。要求对作业进行解决，从而可以更好地为整个项目服务。一个项目可以细分为多个作业，一项作业也可能涵盖多个项目，为多个项目服务。

3. 目标的特定性

任何项目的设立都有其特定的目标，这种目标从广义的角度看，表现为项目创造的独特的产品或服务。这类目标称为项目的成果性目标，是项目的最终目标，在项目实施过程中被分解成为项目的功能性要求，是项目全过程的主导目标。一个项目的成果性目标必须是明确的，项目的所有活动都围绕着最终达成这一项目目标而进行。

目标的特定性允许有一个变动的幅度，也就是可以修改。不过一旦项目目标发生实质性变化，它就不再是原来的项目了，将产生一个新的项目。

4. 组织的临时性和开放性

任何项目都有其确定的时间起点和终点，项目是有始有终的，是在一段有限的时间内存在的，而不是重复、循环的。项目班子在项目的全过程中，其成员、人数、职责是在不断变化的。某些项目班子的成员是借调来的，项目终结时班子要解散，人员要转移。参与项目的组织往往有多个，有时达几十个甚至更多。他们通过协议或合同以及其他的社会关系组织到一起，在项目的不同阶段，不同程度地介入项目活动。可以说，项目组织没有严格的边界，是临时性、开放性的。这一点与一般企、事业单位和政府机构组织有很大的不同。项目的临时性并不意味着时间短，有的项目可以持续若干年，也不意味着项目产品是临时的。

5. 资源的约束性

任何项目都是在一定的限制条件下进行的，这类限制条件也称为项目的约束性目标，是项目实施过程中必须遵循的条件，也是项目管理的主要目标。通常项目的约束条件有范围、时间、成本、质量等。

6. 活动的整体性

项目是一系列活动有机结合形成的一个完整的过程。多余的活动是不必要的，但是缺少某些活动必将损害项目目标的实现。在项目管理中要运用系统工程的理论和方法，追求系统的整体优化，局部必须服从整体，阶段必须服从全过程。

7. 结果的不确定性

项目是一次性任务，是经过不同阶段渐进完成的，通常前一阶段的结果是后一阶段的依据和条件，不同阶段的条件、要求、任务和成果是变化的。同时，在项目实施过程中也会面临很多的不确定性因素。

8. 成果的不可挽回性

项目的一次性属性决定了项目不同于其它事情——可以试做，做坏了可以重来；也不同于生产批量产品——合格率达 99.99%是很好的了。项目在一定条件下启动，一旦失败就永远失去了重新进行原项目的机会。

1.2.2 软件项目的特殊性

随着信息技术的飞速发展，软件行业成为目前项目管理应用最为广泛的领域之一。与一般项目相比，软件项目具有明显的特殊性，充分了解并认识软件项目的特点以及项目管理过程中常见的一些问题，是软件项目成功的关键。

1. 时间紧迫性

任何项目都有周期限制，但是软件行业的特点决定了其在这方面有更加严格的要求。软件项目的紧迫性决定了项目的历时有限，具有明确的起点或终点，当达到了目标或目标被迫终止时，项目即告结束。随着信息技术的飞速发展，软件项目的生命周期越来越短，时间甚至成为项目成功的决定性因素，因为市场时机稍纵即逝，如果项目的实施阶段耗时过长，市场将被竞争对手抢走。因此，作为软件项目经理，在开始一个项目之前，就必须明确项目的时间约束，甚至具体到每一个任务都必须有明确的时间要求。

2. 项目独特性

按照项目定义可知，每一个项目都是唯一的，世界上没有完全一样的两个项目。这一特性在软件行业表现得更为突出，软件项目不仅向客户提供产品，更重要的是根据客户的要求提供不同的解决方案。即使有现成的解决方案，也需要根据客户的特殊要求进行一定的定制工作。因此，软件项目经理必须在项目开始前通过合同(或等同文件)明确地描述或定义最终的产品是什么。如果刚开始对项目的目标没能定义清楚，或未达成一致，则最终交付产品或服务时将很容易发生纠纷，造成不必要的商务和名誉损失。在软件项目中，即便是定义清楚了项目的目标，客户仍然会经常调整实现指标，这就使得项目变得很难控制，因此这就需要项目组与客户单位有良好的沟通渠道，否则变更是无止境的。

3. 不确定性

软件项目的不确定性是指项目不可能完全在规定的时间内、按规定的预算、由规定的人员完成。因为项目计划和预算本质上是一种预测，其执行过程与实际情况肯定会有差异，这种差异在软件项目中表现得尤其明显。另外，在执行过程中还会遇到各种始料未及的“风险”，使得项目不能按原有的计划来运行。因此，在软件项目实施过程中既要制定切实可行的计划，又不能过度计划。过度计划就是将项目中非常微小的事情都考虑清楚才动手实施，其目的是试图精确地预测未来，但这有时是不切实际的，在执行过程中经常会出现计划与实际不一致而不得不频繁地调整计划的情况。因此，在软件项目执行过程中会碰到各种各样意想不到的问题，而且往往没有现成的处理方法，这就需要项目经理掌握必要的工具和方法，掌握整体过程和关键要素，灵活面对，妥善解决。

1.3　什么是项目管理

项目管理涉及项目计划和项目监控，包括以下内容。

- 项目计划：
  - ◆定义工作需求；
  - ◆定义工作数量和质量；
  - ◆定义需要的资源。
- 项目监控：
  - ◆过程跟踪；
  - ◆预期效果和实际成果的对比；
  - ◆影响分析；
  - ◆调整。

那么，要成功地管理项目就应该实现下面的项目目标：

- 在规定的时间内完成项目；
- 在规定的成本内完成项目；
- 达到期望的性能/技术水平；
- 有效且高效地使用已分配的资源；

- 为客户所接受。

当然，项目管理还会带来许多潜在的好处，比如：

- 识别职能，以确保所有的活动都已考虑到，而无需顾及人员流动；
- 满足最小化的连续报告的需要；
- 明确调度的时间限制；
- 确定权衡分析的方法；
- 完成计划的措施；
- 早期发现问题，以便纠正后续的行动；
- 改进未来计划的估算能力；
- 知道什么时候目标无法实现或要超出目标。

但是，如果不克服下面的障碍，就无法获得上面的效益：

- 项目的复杂性；
- 客户的特殊需求和范围变更；
- 组织结构调整；
- 项目风险；
- 技术变更；
- 远期规划和定价。

项目管理对不同的人意味着不同的事情。很多时候，人们误解了这一概念。例如，有的公司正在进行着项目，而且他们认为他们正在使用项目管理来控制项目活动，在这种情况下，项目管理只是制造幻象的行为，看起来所有的结果都是一系列预定的、深思熟虑的行动的必然，但事实上只是偶然的运气罢了。这或许是某些公司实施项目的方法，但不是项目管理。

1.3.1 为什么要管理 IT 项目

数据：IT 项目形势不容乐观

1995 年，Standish Group 公布了《混沌(CHAOS)》研究报告。该权威咨询机构在美国国内调查了 365 位 IT 执行经理人，他们管理了超过 8380 个不同的 IT 应用项目。正如研究题目所包含的意思那样，这些 IT 项目处于混沌状态。在 20 世纪 90 年代初期，美国公司每年要在大约 17.5 万多个 IT 应用开发项目上花费 2500 多亿美元。这类项目包括主管机动车州政府部门的新数据库系统开发项目，汽车租赁与旅馆的预订系统开发项目，银行系统客户端/服务器结构的设计与完成项目等。

调查发现，大公司大约在一个 IT 应用开发项目上的平均投入超过 230 万美元，中等规模的公司要花费 130 万美元以上，而小型公司的花费也在 43.4 万美元以上。研究表明，所有 IT 项目的平均成功率只有 16.2%。所谓的成功，是指在计划的时间和预算内实现项目目标。

研究还发现，超过 31%的 IT 项目在完工之前就取消了，这花掉了美国公司和政府有关部门 810 亿美元。研究者认为 IT 业的项目管理有改进的必要，他们认为：“软件开发项目正处于混沌状态，再也不能效仿这样愚蠢的行为：对失败充耳不闻、对失败视而不见、对失败闭口不谈。”

许多组织都声称应用项目管理给他们带来了很多好处，例如：

- 更好地控制财力、物力和人力资源；
- 改进客户关系；
- 缩短开发时间；
- 降低成本；
- 提高质量和可靠性；
- 获取更高的边际利润率；
- 改善生产力；
- 获得更好的内部协调；
- 获得更高的员工积极性。

虽然项目管理可以应用在许多不同的行业和各种类型的项目中，但是本书只重点介绍项目管理在软件项目中的应用。

工业统计表明：大于 60% 的企业资源计划(ERP)实施项目从历史的观点看是失败的；70% 的工程项目没有达到目标；83% 的知识管理项目没有收到预期的效果，而且 33% 是失败的。根据 Standish Group 的《混沌(CHAOS)》研究报告，可以得到图 1.4 的 IT 项目执行情况统计。

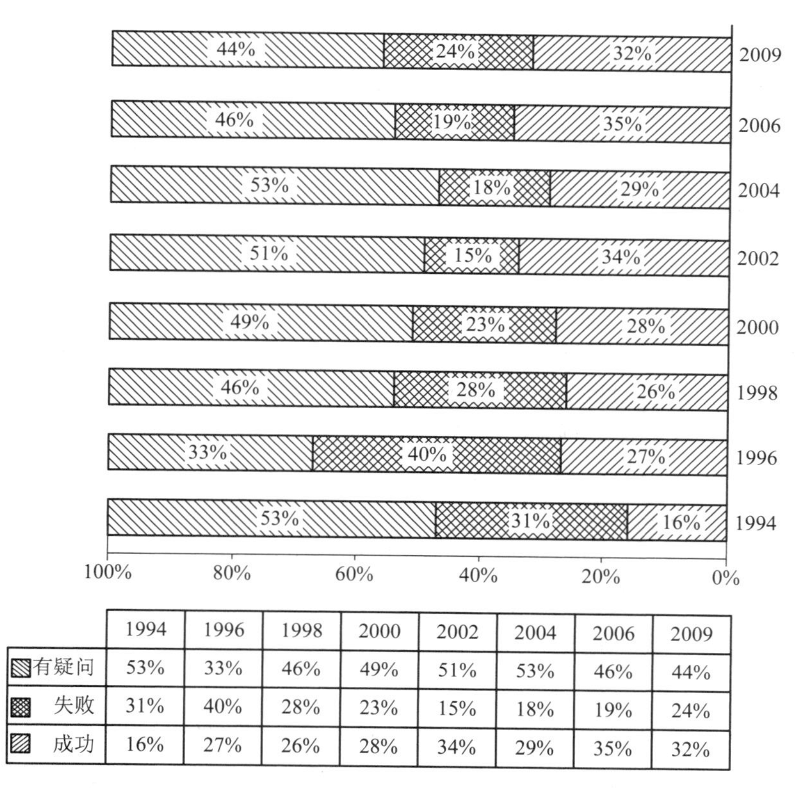

	1994	1996	1998	2000	2002	2004	2006	2009
有疑问	53%	33%	46%	49%	51%	53%	46%	44%
失败	31%	40%	28%	23%	15%	18%	19%	24%
成功	16%	27%	26%	28%	34%	29%	35%	32%

图 1.4　CHAOS 报告中的 IT 项目情况统计(可以看出，IT 技术和管理技术发展到今天，IT 项目的成功率也没有从根本上得到提高)

从图 1.4 中可以看出，即使 IT 技术和管理技术发展到今天，IT 项目的成功率也没有得到根本的提高。从 1996 年到 2015 年，IT 项目的成功率大约在 30% 左右，很显然，这样的成功率是很难令人满意的。

有许多项目是失败的。有时正如“手术是成功的，但是，病人还是死了”一样，有些项目可能满足了传统的项目成功标准(即在规定的时间和预算下实现了需求)，但仍然失败了，因为完成的项目是人们想当然的结果；有时有些项目明显是失败的，例如：项目在交付之前就取消了、交付了错误的结果、交付的成果太迟以至于产品已经毫无用处了、产品质量太糟糕以至于产品无法使用、项目花费太多以至于没有资金继续支持等。

根据调查，人们找出了一系列项目失败的原因，例如，不正确的需求、缺乏用户参与、资源/进度不足、不现实的预期、缺乏管理层的支持、需求变更、缺乏计划等；同样，也对成功项目的经验进行了研究，发现成功地实施项目的组织经常采用的一些做法，例如，用户参与、高层主管的支持、明确的商业目标、有经验的项目经理、最小化项目范围和需求、迭代和敏捷过程、技能熟练的人力资源、规范的方法、财务管理、标准化的工具和基础平台等。从 1994 年到 2015 年成功和失败的经验可以看出，在对于 IT 项目所做的改进中，贡献最大的因素就在于项目管理。

1.3.2 项目管理的三大约束

任何项目都会受到范围、时间及成本三个方面的限制，这就是项目管理的三大约束。项目管理，就是以科学的方法和工具，在范围、时间、成本三者之间找到一个平衡点，以使项目所有干系人都尽可能地满意。项目是一次性的，旨在产生独特的产品或服务，但不能孤立地看待和运行项目。这要求项目经理用系统的观念来对待项目，认清项目在更大的环境中所处的位置，这样在考虑项目范围、时间及成本时，就会有更为适当的协调原则。

1. 项目的范围约束

项目的范围就是规定项目的任务是什么。作为项目经理，首先必须搞清楚项目的商业利润核心，明确把握项目赞助人(以现金或其它形式为项目提供财务资源的个人或团体)期望通过项目获得什么样的产品或服务。对于项目的范围约束，容易忽视项目的商业目标，而偏向技术目标，导致项目最终结果与项目赞助人期望值之间的差异。

因为项目的范围可能会随着项目的进展而发生变化，从而与时间和成本等约束条件产生冲突，因此面对项目的范围约束，主要是根据项目的商业利润核心做好项目范围的变更管理。既要避免无原则地变更项目的范围，也要根据时间与成本的约束，在取得项目干系人一致意见的情况下，合理地按程序变更项目的范围。

2. 项目的时间约束

项目的时间约束就是规定项目需要多长时间完成，项目的进度应该怎样安排，项目的活动在时间上的要求，各活动在时间安排上的先后顺序。当进度与计划之间发生差异时，要重新调整项目的活动历时，以保证项目按期完成，或者通过调整项目的总体完成工期，以保证活动的时间与质量。

在考虑时间约束时，一方面，要研究因为项目范围的变化对项目时间的影响，另一方面，要研究因为项目历时的变化对项目成本产生的影响，并及时跟踪项目的进展情况，通过对实际项目进展情况的分析，提供给项目发起人一个准确的报告。

3. 项目的成本约束

项目的成本约束就是规定完成项目需要花多少钱。对项目成本的计量，一般用花费多少资金来衡量，但也可以根据项目的特点，采用特定的计量单位来表示。通过成本核算，能让项目发起人了解在当前成本约束之下，所能完成的项目范围及时间要求。当项目的范围与时间发生变化时，将依据产生的成本变化来决定是否变更项目的范围，改变项目的进度，或者扩大项目的投资。

图 1.5 表示这三项约束的三个维度。每个区域(范围、时间和成本)在项目开始时都有相应的目标，这些目标构成项目的预期，通过实现目标满足项目发起人的要求。

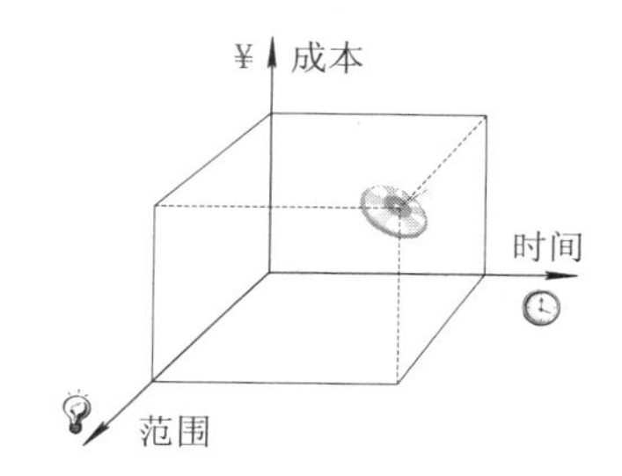

图 1.5　项目管理三大约束之间的关系(项目经理就是要运用项目管理的知识，对项目的范围、时间及成本进行权衡，尽可能地实现项目干系人的期望，使他们获得最大的满意度)

管理这三项约束就是要对项目的范围、时间及成本进行权衡。例如，可能需要增加项目预算来满足项目在范围和时间上的要求，同样地，可能缩小项目范围来满足项目在时间和成本上的要求。

在实际完成的许多项目中，多数只重视项目的进度，而不重视项目的成本管理。一般只是在项目结束时，才交给财务或计划管理部门的预算人员进行项目结算。对内部消耗资源性的项目，往往不做项目的成本估算与分析，使得项目干系人根本认识不到项目所造成的资源浪费。因此，对内部开展的一些项目，也要进行成本管理。

由于项目是独特的，每个项目都具有很多不确定性的因素，项目资源使用之间存在竞争性，除了极小的项目，其他项目最终很难完全按照预期的范围、时间和成本三大约束条件完成。因为项目干系人总是期望用最低的成本、最短的时间，来完成最大的项目范围。这三个期望之间是互相矛盾、互相制约的。项目范围的扩大，会导致项目工期的延长或需要增加加班资源，会进一步导致项目成本的增加；同样，项目成本的减少，也会导致项目范围的限制。

虽然三项约束描述了项目的基本要素(范围、时间和成本)之间的相互联系，但是其他因素也在项目中扮演着重要角色。例如，项目质量常常也是项目的关键要素。事实上，有些人将质量与范围、时间、成本放到一起，称为项目的“四大约束”。还有人认为，对质量的考虑(包括客户的满意度)必须融入到项目的范围、时间和成本目标的设定中。如果项目团队不重视质量问题，那么该项目就可能在达到范围、时间和成本三要素既定目标的同时却没有达到质量标准，或不能使发起人感到满意。

作为项目经理，就是要运用项目管理的知识，在项目管理过程中，与项目发起人随时进行沟通，以保证项目符合发起人的预期，并科学合理地分配各种资源，尽可能地实现项目干系人的期望，使他们获得最大的满意度。

1.3.3 什么是项目管理

项目管理就是为了满足甚至超越项目干系人对项目的需求和期望而将理论知识、技能、工具和技巧应用到项目的活动中去。有效的项目管理是在规定的时间内，为实现具体目标和指标，对组织机构资源进行计划、引导和控制工作。

假设把项目管理与一个乐队演出进行比较，可以发现一个项目经理和一个乐队指挥的角色非常相似。作为乐队指挥，他的目标就是要成功地完成演出，最大限度地满足听众对演出的目标要求。要演奏好一场音乐会，需要所有参加乐队演出的演奏人员齐心协力，同时还要有一个统一的指挥、统一的要求。乐队的总谱就相当于项目管理的一个计划，乐队指挥要按照项目计划进行，演出工作才得以开展。演奏过程的先后次序、节奏的轻重缓急、乐曲的强弱、不同声部的进入等，都需要有一个完整、周密的安排。

一个好的项目经理，也相当于一个乐队指挥，项目经理的作用就是使整个项目团队齐心协力，形成一种合力，为达成项目的目标而共同努力。

图 1.6 表明了某些公司的组织结构。不同的管理层之间总是存在等级上的差别，组织的工作部门之间也存在职能上的差异。如果把管理层和部门级的隔阂叠加在一起，就会发现整个公司是由一系列小的操作级的孤岛组成的。如果因为担心放弃信息可能会加强其竞争对手的力量，就拒绝互相沟通，那么项目经理的职责就是要把这些孤岛联系起来，向着共同的目标前进。

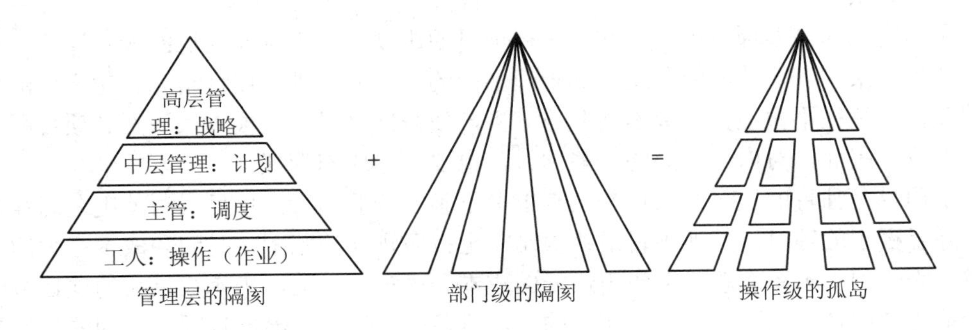

图 1.6　公司组织结构存在的条块分割现象(管理层和部门级的隔阂叠加在一起，就造成了一系列小的操作级的孤岛，形成管理的障碍)

不管是纵向控制，还是横向控制，项目管理会充分利用现有资源使工作更加有效。它不破坏纵向、横向的工作流，而是简单地要求纵向职能部门能互相横向交流，使工作在整个组织中更顺利地完成。纵向工作流是职能部门经理的权责，横向工作流是项目经理的职责，他们主要是沟通与协调纵向职能部门之间的横向活动。

管理一个项目通常要：

● 识别需求；

● 在规划和执行项目时，处理干系人的各种需要、关注和期望；

● 平衡相互竞争的项目制约因素，这些因素包括(但不限于)范围、质量、进度、预算、资源和风险。

项目管理要求在给定的资源约束下成功地达到预定的目标，为此，必须采用科学的方法和有效的管理手段。

具体的项目会有具体的制约因素，项目经理需要加以关注。这些因素间的关系是：任何一个因素发生变化，都会影响至少一个其他因素。不同的项目相关人员可能对哪个因素最重要有不同的看法，从而使问题更加复杂。改变项目需求可能导致额外的风险。为了取得项目成功，项目团队必须能够正确分析项目状况以及平衡项目需求。

由于可能发生变更，项目管理计划需要在整个项目生命周期中反复修正、渐进明细。渐进明细是指随着信息越来越详细和估算越来越准确，而持续改进和细化计划。它使项目管理团队能随项目的进展而进行更加深入的管理。

典型的项目管理通常有下面五个功能或原则：计划、组织、人事、控制和指挥。

在上面的项目管理的定义中，之所以忽略了人事功能，是因为项目经理不安排项目员工。人事是部门经理的职责，项目经理有权要求特定的资源，但最后的决定权在于部门经理。

图 1.7 是项目管理示意图。图示表明：项目管理是在时间、成本和绩效等约束条件下管理或控制公司特定活动上的资源，时间、成本和范围是项目约束。如果项目是针对外部客户的，那么该项目还应该有第四个约束，即良好的客户关系。高层领导经常根据客户和客户关系来选择项目经理，以促使项目顺利实施。

图 1.7　项目管理示意图(除了资源、时间、成本和范围等项目约束外，良好的客户关系对项目的顺利实施起着很好的促进作用)

有些人认为，项目管理就是完成工作，项目管理就是按计划进行管理。也有人说，项目管理就是目标管理，项目管理就是风险管理。这些说法都有一定的道理，但都不全面。

1. 项目管理与目标管理的区别

项目管理主要是基于目标开展管理，它把项目从大项目分解到子项目，再分解到每个工作包，依据不同层次的工作包来制订各自的目标，并实施目标管理。

目标管理是一个范围更大、更抽象的管理模式，而项目管理本身只针对一个具体的项目。项目管理可以采用目标管理模式。

2. 项目管理与企业管理的区别

项目管理和企业管理不同，企业管理的范围更大。企业的很多工作都可以看成一个个子项目，按照项目来进行管理；而项目管理的系统较小，它是当前企业管理当中的一种新的管理模式，它所指的系统是一个项目，而企业是一个整体。在企业管理当中可以按照项目管理模式进行企业管理。

在企业的运作过程中，一个企业里经常同时进行着多个项目。企业运作也可以划分成一系列的项目，企业管理可以按照项目管理模式来开展，也就是说，用项目管理来取代过去的运作管理，这样就形成一套基于项目的管理。基于项目的管理模式，不仅适用于大项目，同时也可以把这种管理模式应用到企业的运作当中。

1.3.4 项目成功的要素

为什么有些项目成功了，而另一些项目失败了呢？企业能否提供更好的环境来提高项目的成功率呢？这些问题很难回答，不过很多人都在项目管理领域做出了贡献，从而有效地提高了项目管理的理论和实践水平。

表 1-1 总结了 2000 年 Standish Group 的研究成果，将 IT 项目的成功要素按照重要性进行了排序。高层主管的支持排在了第一位，取代了以前研究中认为最重要的用户参与。还需要注意，另外一些成功要素也会受到高层主管的重要影响，比如激励用户的参与、提供明确的业务目标、任命有经验的项目经理、使用标准化的软件基础平台、遵循规范的方法论等。其他的成功要素与优秀的项目范围、时间管理相关，比如最小化的项目范围、明确的基本需求以及可靠的评价体系等。

表 1-1 2000 年项目成功的要素

1. 高层主管的支持
2. 用户参与
3. 有经验的项目经理
4. 明确的业务目标
5. 最小化的项目范围
6. 标准化的软件基础平台
7. 明确的基本需求
8. 规范的方法论
9. 可靠的评价体系
10. 其他标准，如建立短期目标、合理的规划等

2006 年，项目成功的要素随着技术的进步和市场的变化已经发生变化，表 1-2 总结了 Standish Group 的研究成果，将 IT 项目的成功要素按照重要性进行了排序。用户参与排在了第一位，高层主管的支持下降到第二位。迭代或敏捷的过程出现在 Top10 中，也是由于

现在的项目管理更注重过程管理的结果。

表 1-2　2006 年项目成功的要素

1. 用户参与
2. 高层主管的支持
3. 明确的业务目标
4. 优化的项目范围和需求
5. 有经验的项目经理
6. 迭代或敏捷的过程
7. 财务管理
8. 熟练的人力资源
9. 规范的方法论
10. 标准化的软件基础平台

实际上，97% 的成功项目要归功于有经验的项目经理，他们经常能够影响这些促使项目成功的要素，从而提高项目成功完成的可能性。

2004 年的一项研究调查了我国 247 个信息系统项目从业人员。其中一个非常重要的发现是：在我国信息系统项目成功的最重要因素是人际关系管理，这并未在美国的研究中提及。研究还表明，对项目成功来说，在中国拥有高水平员工不如在美国那样重要。当然，我国和美国都强调高层主管的支持、用户参与、高水平的项目经理在项目中的重要作用。

事实上，不应该过多地在意某个项目的成功率，应该注重企业如何从整体上提高项目的运作水平。通过对成功完成项目交付的企业的研究发现，这些企业往往具有以下四个非常重要的实践环节。

1. 使用集成的工具箱

在项目管理中不断取得成功的企业，总是清楚地知道在一个项目中需要做什么、由谁来做、什么时候做和怎么做。企业使用集成的工具箱，包括项目管理的工具、方法和技术，根据项目和业务目标慎重地选择工具，进行量化，并提供给项目经理以得到优秀的成果。

2. 培养项目经理

成功的企业明白，一个优秀的项目经理对项目的成功至关重要。一个优秀的项目经理往往具有很强的人际沟通能力和自我管理能力。擅长项目管理的公司通常会对项目经理进行培训、引导、监管并提供晋升机会。

3. 开发线性的项目交付过程

在项目交付过程中，成功的企业将检验每个步骤，分析质量的波动变化，寻求降低偏差的方法，消除瓶颈，从而完成可复制的项目流程。所有的项目都被清楚地划分为几个阶段，并设置明确的阶段目标。项目经理使用统一的路线图，将项目目标与企业的整体目标整合，集中完成项目的关键业务。

4. 对项目的健康度进行量化

成功完成项目交付的企业通常使用绩效标准对项目过程进行量化，将少数几种重要的度量方法用在所有的项目中。度量的内容通常包括客户满意度、投资回报、工程进度的百分比等。

项目经理对项目的成功起到了极大的作用，也因此间接地决定了企业的成功。

1.3.5 项目干系人

项目干系人(Stakeholders)是积极参与项目或其利益可能受项目实施或完成的积极或消极影响的个人或组织(如客户、发起人、执行组织或公众)。干系人也可能对项目及其可交付成果和项目团队成员施加影响。除了项目发起人外，项目干系人还可能包括政府的有关部门、社区公众、项目用户、新闻媒体、市场中潜在的竞争对手和合作伙伴等，甚至项目班子成员的家属也可视为项目干系人。

不同的项目干系人对项目有不同的期望和需求，他们关注的目标和重点常常相去甚远。例如，在房屋建筑项目中，业主通常十分在意时间进度，设计师往往更注重技术一流，政府部门可能关心税收，附近社区的公众则希望尽量减少不利的环境影响等。弄清楚哪些是项目干系人，他们各自的需求和期望是什么，对项目经理来说是至关重要的。只有这样，才能对项目干系人的需求和期望进行管理并施加影响，调动其积极因素，化解消极影响，以确保项目获得成功。

项目干系人主要包括下面的人员。

项目经理：负责管理项目的人。

顾客或用户：使用项目产品的组织或个人。在一些应用领域，顾客和用户的意思是一样的。而在有的领域，顾客是指采购产品的实体，用户是指真正使用项目产品的人。

执行组织：雇员直接为项目工作的组织。

项目管理团队：执行项目工作的集体。

项目组成员：直接参与项目管理活动的团队成员。

赞助人：以现金或实物形式为项目提供经济资源的组织或个人。

权力阶层：并不直接采购或使用项目产品，但是因为自身在消费者组织或执行组织中的位置，可以对项目进程施加积极或消极影响的个人或组织。

项目管理办公室(Project Management Office，PMO)：如果在执行组织中存在，并对项目的结果负有直接或间接的责任，项目管理办公室可能也是项目干系人之一。

除这些主要的项目干系人外，还有许多其他类型，包括内部和外部干系人、业主和投资商、销售商和分包商、团队成员和他们的家属、政府机构和媒体渠道、公民、临时或永久的游说团体等，甚至整个社会。

首先识别出项目干系人，并对干系人的兴趣、影响力等进行分析，理解关键项目干系人的需要和期望；然后，根据对项目干系人的分析结果，制定相应的沟通计划并执行；接着，对沟通过程发现的问题，记录并采取行动进行解决。这就是项目干系人管理。图 1.8 表示了项目干系人在项目管理中的作用。通过项目干系人管理来满足项目干系人的需要，可以赢得更多人的支持，从而能够确保项目取得成功。

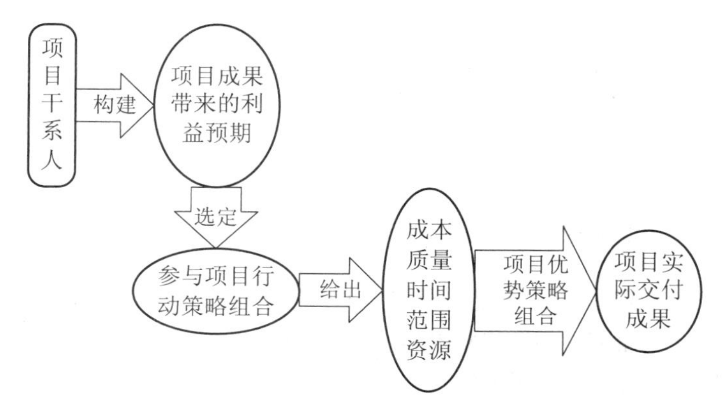

图 1.8　项目干系人的管理作用(不同的干系人对项目有不同的预期，通过干系人分析，尽可能地实现干系人的期望，使他们获得最大的满意度，促进项目成功)

 讨论：干系人分析

张经理是 A 信息技术公司软件开发部的项目经理，6 个月前被公司派往新动力贸易集团有限公司(以下简称新动力)现场组织开发财务管理信息系统，并担任项目经理。张经理已经领导开发过好几家公司的财务系统，并已获得较为成熟的财务管理软件产品，所以，他认为此次去后应当只要适当地做一些二次开发，并根据用户需求做少量的新功能开发即可大功告成。

张经理满怀信心地带着项目团队进驻了新动力，张经理和项目团队在技术上已经历过多次考验，在 3 个月的时间内就完成了系统开发，项目很快进入了验收阶段。可是新动力分管财务的陈总认为，一个这么复杂的财务系统在短短 3 个月时间里就完成了，这在新动力的 IT 项目中还是首次，似乎不太可能。他拒绝在验收书上签字，并要求财务部的刘经理和业务人员认真审核集团公司及和各个子公司的财务管理上的业务需求，并严格测试相关系统的功能。

财务部的刘经理和相关人员经过认真审核和测试，发现系统开发基本准确，但是，实施起来比较困难，因为业务流程变更较大。这样一来，又过去了 1 个月，新动力的陈总认为系统没有考虑集团公司领导对财务的需求，并针对实施较困难的现状，要求项目组从集团公司总部开始，一家一家子公司地逐步推动系统的使用。

张经理答应了新动力陈总的要求，开始先在集团公司总部实施财务系统。可是 2 个月过去了，连系统都没有安装成功。集团公司信息中心的人员无法顺利地购买服务器，因为这个项目没有列入信息部门的规划；财务部门的人员说项目在集团中都推不动，何必再上？张经理一筹莫展：“我该如何让项目继续走向成功？”眼看半年过去了，项目似乎没有终了之日，更不用说为 A 信息技术公司带来效益了。

面对项目的艰难处境，张经理和他的团队认真分析了他们在项目中的整体管理中所做的工作，发现了项目中存在的主要问题，积极主动地采取了应对措施，最终圆满完成了整个项目的开发和应用。

案例讨论：

(1) 请识别该项目中的关键干系人。

(2) 请说明如何进行项目干系人管理。

(3) 请描述张经理和他的团队发现项目中存在的主要问题(不超过4项)。如果你是张经理，你该如何做呢？

1.3.6 项目管理知识领域

项目管理涉及相关的资源，需要在范围、时间、成本、质量等目标上进行均衡，因此，项目管理人员需要多方面的知识。PMBOK(Project Management Body Of Knowledge，项目管理知识体系)将项目管理划分为9个知识领域。

1. 项目范围管理(Project Scope Management)

项目范围管理就是要确保项目完成全部规定要做的，且仅仅是完成规定要做的工作，最终成功地达到项目的目的。项目范围管理主要在于定义和控制哪些工作应该包括在项目内，哪些工作不应该包括在项目内。

2. 项目时间管理(Project Time Management)

项目时间管理包括保证项目按时完成的各个过程。

3. 项目成本管理(Project Cost Management)

项目成本管理包括对成本进行估算、预算和控制的各个过程，从而确保项目在批准的预算内完工。

4. 项目质量管理(Project Quality Management)

项目质量管理包括执行组织确定的质量政策、目标与职责的各个过程和活动，从而使项目满足其预定的需求。它通过适当的政策和程序，采用持续的过程改进活动来实施质量管理体系。

5. 项目人力资源管理(Project Human Resource Management)

项目人力资源管理包括组织、管理与领导项目团队的各个过程。项目团队由为完成项目而承担不同角色与职责的人员组成。

6. 项目沟通管理(Project Communications Management)

项目沟通管理包括为确保项目信息及时且恰当地生成、收集、发布、存储、调用并最终处置所需的各过程。项目沟通管理是在人、思想和信息之间建立联系，这些联系对于取得成功是必不可少的。参与项目的每一个人都必须准备用项目“语言”进行沟通，并且要明白，他们个人所参与的沟通将会如何影响到项目的整体。

7. 项目风险管理(Project Risk Management)

项目风险管理包括风险管理规划、风险识别、风险分析、风险应对规划和风险监控等各个过程。项目风险管理的目标在于提高项目积极事件的概率和影响，降低项目消极事件的概率和影响。

8. 项目采购管理(Project Procurement Management)

项目采购管理包括从项目组织外部采购或获得所需产品、服务或成果的各个过程。项目采购管理包括合同管理和变更控制过程。通过这些过程，编制合同或订购单，并由具备相应权限的项目团队成员加以签发，然后再对合同或订购单进行管理。

9. 项目集成管理(Project Integration Management)

项目集成管理包括为识别、定义、组合、统一与协调项目管理过程组的各过程及项目管理活动而进行的各种过程和活动。在项目管理中，“集成”兼具统一、合并、连接和一体化的性质，对完成项目、成功管理干系人期望和满足项目要求都至关重要。

图 1.9 表示了项目管理框架。从中可以找到这 9 大知识领域，其中包括：4 大核心知识领域——范围、时间、成本和质量管理，因为这四大知识领域直接形成具体的项目目标，对项目成功有着直接的关系；还包括 4 大辅助知识领域——人力资源、沟通、风险和采购管理，因为项目目标是通过这四大知识领域来实现的，它们对项目成功有着间接的作用；项目集成管理是整个功能的集成，影响着其他所有的知识领域，同时也受其他知识领域的影响。项目经理必须具备所有这九大知识领域中的知识和技能，因为它们对项目的成功都是至关重要的。

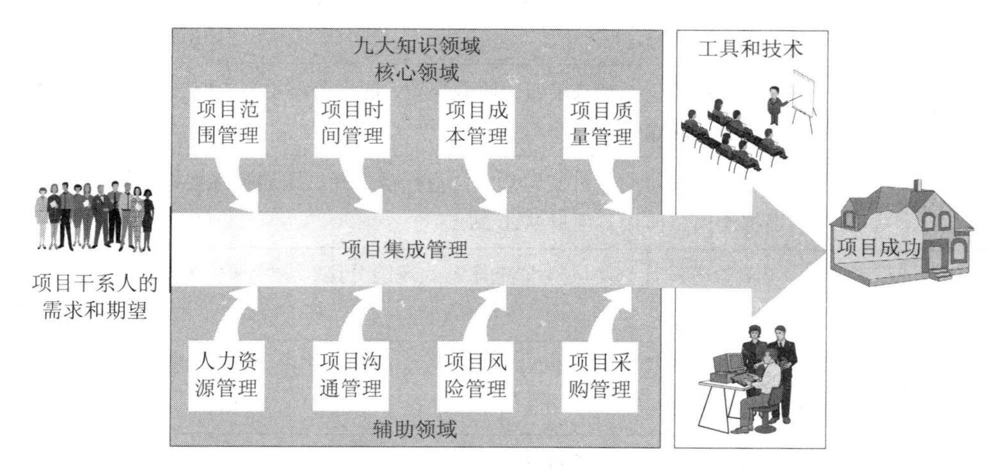

图 1.9　项目管理框架(4 大核心知识领域和 4 大辅助知识领域在项目集成管理的整合下，共同作用、互相影响，因此，对项目经理来说，这些项目管理知识和能力都非常重要)

尽管项目管理能带来许多好处，但它也并不是确保所有项目都能够成功的“灵丹妙药”。项目管理是一门非常广泛、复杂的学科。有的做法在一个项目上很有效，但在另一个项目上就不一定管用。所以对于项目经理来说，努力提高项目管理知识和能力的同时，还应该汲取别的项目成功和失败的经验。

1.3.7　项目管理工具和技术

著名历史学家和作家托马斯·卡莱尔曾经说过：“人是使用工具的动物。没有工具他一无是处，有了工具他无所不能。”世界变得越来越复杂，对人类来说，开发并使用工具就变得尤为有意义，特别是用来管理重要项目的工具。项目管理工具和技术(Project Management

Tools and Techniques)帮助项目经理和项目团队进行九大知识领域的工作。例如，流行的时间管理工具和技术有甘特图(Gantt Chart)、项目网络图(Project Network Diagram)以及关键路径分析(Critical Path Analysis)等。

表 1-3 按知识领域列出了一些经常使用的工具和技术。这些工具和技术在管理过程的不同阶段发生作用，实现相应知识领域的管理任务。在实际项目管理过程中，应该掌握相应的工具和技术，以便更好地监控项目进程，成功地实施项目管理。

表 1-3 常用项目管理工具和技术

九大知识领域	工具和技术
范围管理	项目范围说明书、工作分解结构、工作说明书、范围管理计划、需求分析、项目范围变更控制
时间管理	甘特图、项目网络图、关键路径分析、PERT、关键链调度、赶工、快速跟进、里程碑评审
成本管理	净现值、投资回报率、投资回收分析、业务案例、净值管理、项目组合管理、成本估算、成本管理计划、财务软件
质量管理	六西格玛、质量控制图、帕雷托图、鱼骨或石川图、质量审核、成熟度模型、统计方法
人力资源管理	激励技术、共鸣式聆听、团队契约、职责分配矩阵、资源直方图、资源平衡、团队建设训练
沟通管理	沟通管理计划、冲突管理、沟通介质选择、沟通基础架构、状态报告、虚拟沟通、模板、项目 Web 站点
风险管理	风险管理计划、风险/影响矩阵、风险分级、蒙特卡罗模拟、前 10 位风险跟踪
采购管理	自制或购进分析、合同、建议书或报价邀请函、供方选择、谈判、电子采购
集成管理	项目选择方法、项目管理方法学、干系人分析、项目章程、项目管理计划、项目管理软件、变更管理委员会、配置管理、项目评审会、工作授权系统

1.3.8 项目管理软件

项目管理和软件开发界早已对提供更多软件来帮助管理项目的需求做出了积极的反应。项目管理学会(Project Management Institute, PMI)在 1999 年公布了一项项目管理软件的调查报告，该报告对 200 多个项目管理软件工具进行了介绍、比较和分析。

项目管理学会提供了数百个按字母排列的项目管理软件方案。该网站和其他提供项目管理软件信息的网站表明，实用的项目管理软件产品，尤其是基于网络的软件工具正在不断增多。决定使用什么项目管理软件已经成为项目管理的重要内容。现在有数百种项目管理软件工具可以为项目管理提供特定的功能，根据功能和价格，项目管理软件工具可以分为三大类型。

● 低端工具：具有基本的项目管理特性，用户通常花费不到 200 美元，因此，小型项目和单个用户经常选用。这类工具能帮助用户制作甘特图，例如，KIDASA 软件公司的 Milestones Simplicity 软件中提供进度设置向导，能指导用户通过简单的步骤绘制甘特图。该软件每套 99 美元，还提供大量的分类符号、灵活的格式，以及模板应用和互联网发布等功能。有的公司向 Excel 或 Access 中加入新功能，从而让这些熟悉的工具软件具有基本的项目管理特性。

● 中端工具：比低端工具高级，功能丰富，为大型项目、多用户和多项目而设计。这类工具可以制作甘特图和网络图，可以进行关键路径分析、资源配置、项目追踪和编写状态报告等。软件的价格每套 200～500 美元不等，有些软件在使用工作组功能时需要额外的服务器软件。微软的 Project 是当今最流行的项目管理软件，其他销售中端项目管理工具的公司有 Artemis、PlanView、Oracle Primavera 和 Welcom 等。

● 高端工具：也叫企业项目管理软件，这类工具具有处理超大型项目和分散的工作组的强大能力，能够归纳和整合分散的项目信息，为企业提供企业项目的整体信息。这类产品通常以用户为基础发放许可，与企业数据库管理软件相结合，可以通过 Internet 访问。2002 年微软发布了第一版企业项目管理软件，2003 年又推出了微软企业项目管理解决方案。在市场上，有一些基于网络的项目管理软件产品还是很便宜的，例如，VPMi Enterprise Online(www.vcsonline.com)每用户每月只需 10 美元。可以登录项目管理学会的网站或类似的网站找到销售项目管理软件的公司的链接地址。

正如前面所说，学习项目管理有很多原因，尤其是 IT 项目或软件项目。IT 项目的数量在不断增加，复杂程度也与日俱增，同时项目管理的专业知识也在扩展和完善。随着越来越多的人在 IT 领域的努力，IT 项目的成功率也一定会越来越高。

1.4 系统的思想

尽管项目是临时的，提供的是特定的产品或服务，但也不能孤立地实施项目。如果项目经理孤立地组织和实施项目，那么项目就不可能真正地满足组织的需要。因此，项目必须在组织环境中综合处理，同时项目经理也需要在组织背景中考虑项目。为了有效地处理复杂的环境，项目经理需要应用整体的观点和系统的方法理解项目是如何与组织发生关联的。

1.4.1 系统方法

系统是为达到某些目的而在某个环境中运行的、由相互作用的要素组成的集合体。系统方法出现于 20 世纪 50 年代，指的是采用整体的分析方法来解决复杂问题，包括系统哲学、系统分析和系统管理等内容。系统哲学是系统地思考事物的思维模式。系统分析是解决问题的方法，它通过定义系统的范围，将整个系统分解成各个部分，确认并评估相应的问题、机会、约束和需求，之后，比较各种解决方案，确定优化方法、最低的满意度，制定方案或行动计划，并检查整个系统计划，完成解决方案。系统管理则处理与系统的创建、维护和变更相关的业务、技术和组织问题。

系统方法对成功的项目管理是至关重要的，应该从系统的角度认识和分析项目，将系统的方法应用于项目管理。系统的特点是整体性和前瞻性。系统的思想和方法往往受到高级管理人员的关注，而在一般项目的管理方面没有受到重视。但是“不谋万世者，不足谋一时；不谋全局者，不足谋一域”，项目管理经常会应用于大系统大项目，比如航空、航天等方面，因此，高层主管和项目管理人员必须采用系统哲学来理解项目与整个组织机构的关系，应用系统分析来说明问题解决方案的必要性，通过系统管理来确定与每个项目相关的关键业务、技术和组织问题，使项目干系人满意，从而对整个组织最有利。

案例：校园笔记本电脑项目

Tom Walters 最近被任命为学院的 IT 部主任。该学院是一个位于西南部的、小的私立学院，提供文科和职业技术领域的课程。注册的学生包括 1500 个全日制的学生和大约 1000 个读夜校的在职成人学生。许多老师使用因特网上的信息和课程站点来辅助教学，但是并不提供远程教育课程。像多数学院一样，该学院在过去五年里，IT 的使用率迅速增长。过去在校园里只有部分教室为教师和学生配备了计算机，还有一些教师工作站和投影系统。Tom 了解到国内几所学院要求所有的学生都租借笔记本电脑，而且将信息技术融入到大多数课程中，他非常欣赏这个做法。他和另外两个 IT 部的同事访问了一个当地的学院，所见所闻给他们留下了非常深刻的印象：在过去的三年里，该学院要求所有的学生租借笔记本电脑。Tom 和他的同事计划在下一年开始要求本校学生租借笔记本电脑。

在九月份，Tom 给所有教职员工都发了一封电子邮件，简要描述了这个计划，但没有得到什么反馈。然后，到二月份的教师会上，当他谈论计划细节的时候，历史、英语、哲学和经济系的系主任都纷纷反对这个计划。他们辩称该学院不是一个技术培训学院，认为这个主意是可笑的。计算机科学系的教师们认为所有的学生都已经有一台最新的台式机，他们不想花多余的钱租借低性能的笔记本电脑。负责成人教育的主任认为成教的学生会对学费的增加表示不满。听到同事的这些反映，Tom 感到非常震惊，特别是他们已经花费了大量时间设计如何在校园里实施笔记本电脑计划。为什么会这样呢？

这里，当 Tom Walters 在计划笔记本电脑项目的时候，并没有使用系统的方法。IT 部的人完成了所有的计划，即使 Tom 给所有教职工都发了电子邮件来阐述笔记本电脑项目，他也没有提及该项目所涉及的、众多的组织机构问题。在秋季学期开学的那段时间里，多数的教职员工是非常忙碌的，许多人可能并没有将整封邮件读完，另一些人可能太忙了以至于没有与 IT 部进行沟通。Tom 没有意识到笔记本电脑项目对学院的其他部门的影响，没有很全面地考虑与该项目相关的业务、技术和组织问题，即 Tom 和 IT 部在孤立地开展该项目。如果他们采用系统的方法，考虑到该项目的其他部分，同时有重要的项目干系人参与，他们就应该能够在二月份的教师会议之前确定和解决会议上提出的许多问题。

1.4.2　系统管理的模型

系统管理可以用业务、组织和技术这三个简单的理念来概括，它对成功地选择和管理项目将产生巨大的影响。

图 1.10 给出了笔记本电脑项目的业务、组织和技术问题，这是笔记本电脑项目的三个影响因素的例子。这里，技术问题虽然不简单却是最易于确定和解决的。但是，项目必须解决系统管理模型中的所有问题。将注意力集中到特定项目的紧迫性和资源的有限性上会使项目更加容易，所以项目经理及其成员必须牢记，任何项目都会对整个系统或组织的利益和需求造成影响。在进行信息系统(IS)工作时，信息技术专家经常沉迷于解决技术和日常问题，而对组织中存在的“人际问题”或者政治分歧视而不见；而且，有些信息技术专家可能忽视重要的业务问题，比如，“财务上是否支持采用该技术？”或者“公司应该自己开发该软件还是从外部定制？”

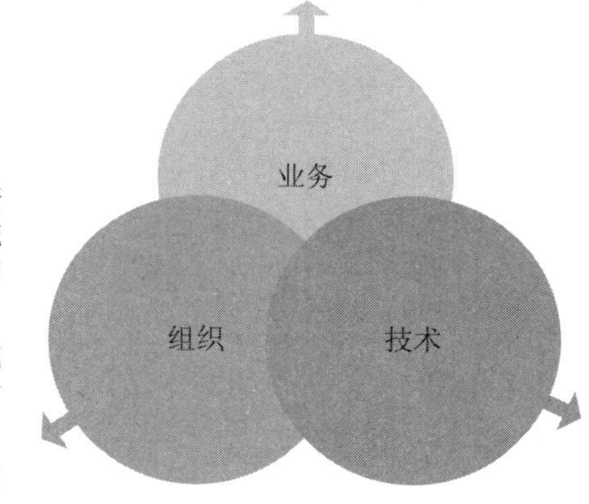

图 1.10　系统管理的三球模型(系统地研究了笔记本电脑项目，从业务、组织和技术三个方面进行了分析，便于项目经理做出决策)

项目经理可以使用系统的方法将业务和组织问题融合到项目计划中，并将项目看成一系列相关的阶段，使项目更容易成功。

1.5　组织的影响

项目经理采用系统方法时需要把项目放在整个组织中。在管理项目的时候，组织问题通常是最困难的部分。例如，很多人认为大多数项目的失败是由于公司内部的政见不同，项目经理通常没有花足够的时间来确定参与项目的所有干系人，特别是反对项目的人。类似地，项目经理通常不考虑项目的政治环境或者组织文化。但是，项目经理对人员和组织的了解有利于提高信息技术项目的成功率。

1.5.1 组织的构成要素

组织就是指人们为了实现一定的目标，互相协作结合而成的集体或团体。在系统科学研究中，人们从各个方面描述了系统的具体特征，例如整体性、统一性、结构性、功能性、层次性、动态性和目的性等。其中，目的性、整体性和开放性是系统最普遍、最本质的特征。根据组织表现出的性质，可以把组织的构成要素确定为组织环境、组织目的、管理主体和管理客体。这四个基本要素相互结合、相互作用，共同构成一个完整的组织。

1. 组织环境

组织环境是组织的必要构成要素。组织是一个开放系统，组织内部各层级、部门之间和组织与组织之间，每时每刻都在交流信息。任何组织都处于一定的环境中，并与环境发生着物质、能量或信息交换关系，脱离一定环境的组织是不存在的。组织是在不断与外界交流信息的过程中得到发展和壮大的。所有管理者都必须高度重视环境因素，必须在不同程度上考虑到外部环境，如经济的、技术的、社会的、政治的和伦理的等因素，使组织的内外要素互相协调。

2. 组织目的

组织目的也是一个组织的要素。所谓组织目的，就是组织所有者的共同愿望，它是得到组织所有成员认同的。任何一个组织都有其存在的目的，建立一个组织，首先必须有目的，然后建立组织的目标，如果没有目的，组织就不可能建立。已有的组织如果失去了目的，这个组织也就名存实亡，从而失去了存在的必要。企业组织的目的，就是向社会提供用户满意的商品和服务，从而为企业获得尽量多的利润。政府行政部门的目的是为了提高办公效率，更好地为广大市民服务。

3. 管理主体和管理客体

组织组成要素应当是相互作用的，或者说是耦合的。在组织中，这两个相互作用的要素是管理主体和管理客体。管理主体是指具有一定管理能力，拥有相应的权威和责任，从事现实管理活动的人或机构，也就是通常所说的管理者。管理客体是管理过程中在组织中所能预测、协调和控制的对象。管理主体与管理客体之间的相互联系和相互作用构成了组织系统及其运动，这种联系和作用是通过组织这一形式而发生的。管理主体相当于组织的施控系统，管理客体相当于组织的受控系统。组织是管理主体与管理客体依据一定规律相互结合，具有特定功能和统一目标的有序系统。在管理的过程中，管理主体领导管理客体，管理客体实现组织的目的，而管理客体对管理主体又有反作用，管理主体根据管理客体对组织目的的完成情况，从而调整管理主体的行为。它们通过这样的相互作用，形成了耦合系统，从而更好地实现组织的目的。

组织的构成要素形成了组织文化、风格和结构，对项目实施会产生重要影响。组织的项目管理成熟度及其项目管理系统也会影响项目。与外部企业合资或合伙的项目，会受到不止一家企业的影响。

许多组织通过实施 IT 项目来整合企业的业务功能，例如采购、库存、配送、财务和人力资源管理等，他们清楚 IT 项目所能带来的好处，但是许多公司没有意识到组织问题对 IT 项目实现的重要性。

经验：问题的根源通常不是技术

在 Workforce.com 的新闻邮件中，有一篇文章是讲述进行一个梦魇一般的人力资源(HR)IT 项目时所犯下的可怕错误：

2007 年 1 月，洛杉矶联合校区启动了一个造价 9500 万美元的系统建设，该系统基于 SAP，由德勤咨询负责实施，是为了用流水作业系统来替换一堆过时的技术，以便对 95 000 名教师、校长、管理人员以及其他校区雇员的收入情况进行跟踪，并进行工资发放。

然而，由于技术失误，来自老系统的数据不准确且经常互相冲突，员工培训力度不足，以及校区内部的勾心斗角、内部监督的匮乏等等问题，项目从第一天起就注定了失败的命运。

新软件启用的第一个月就出现了问题。有的老师的工资发少了，而有的又发多了，还有的连名字都被从系统中删除了。然后又花了 1 年的时间以及额外的 3700 万美元来解决相关问题。2008 年 11 月，校区和德勤咨询解决了工作争端，承包商同意退还 825 万美元，并在未付款发票中扣除 700 万到 1000 万美元，以平息该事件。

根据这里的介绍，HR IT 项目有着很高的失败率。Michael Krigsman 说：“根据你所读到的信息，该项目中有 30%到 70%会延迟、超预算或未能达到计划目标。”

Workforce 概括了该项目失败的几个具体原因，包括缺乏一位高水平、具备 IT 经验的专职项目管理者(校区原来的关键人物是一位几乎没有计算机经验的 COO(Chief Operating Officer，首席运营官))，项目范围定义不明确，以及老系统漏洞百出等。还有，HR IT 项目是非常复杂的。

在谈到这种项目的时候，Krigsman 提出了一个有趣的观点。他说：“问题的根源通常不是技术方面的，在几乎每一个案例里面，实质上都是组织、政治、文化方面的问题。”

为了在组织中履行好自己的职责，项目经理必须学习在组织中如何进行工作。下面来看看组织结构是如何影响项目的。

1.5.2　组织结构

组织结构是一种事业环境因素，它可能影响资源的可用性，并影响项目的管理模式。一般来说，组织结构分为三类：职能型、项目型和矩阵型。当前，大多数的公司都包含这三种结构，但是一般只有一种是最常用的。图 1.11～图 1.15 描述了这三种组织结构。

职能型组织结构(Functional Organization Structure)是一个金字塔式层次结构，如图 1.11

所示。各个方面的职能经理或者副总裁都直接向首席执行官(CEO)负责，包括：工程、制造、信息技术(IT)和人力资源(HR)等方面。各部门的人员在相应的专业领域都有专门的技能。例如，大学一般是非常强的职能型组织，即商业系的教师只讲授商业课程，历史系的教师只讲授历史课程，艺术系的老师只讲授艺术课程，等等。

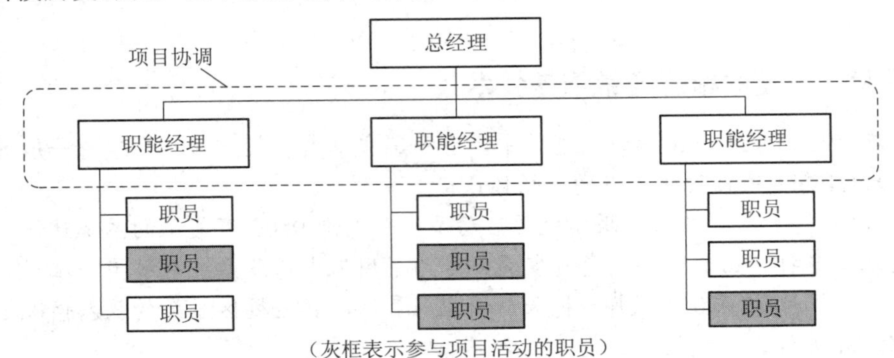

图 1.11 职能型组织(各部门的人员在相应的专业领域都有专门的技能，不利于项目管理)

项目型组织结构(Project Organization Structure)同样具有层次结构，如图 1.12 所示，但并不是职能经理或者副总裁向 CEO 负责，而是项目经理直接向 CEO 负责。员工需要具有多种技能，这样才能按照计划完成任务。使用该结构的组织主要以合同的形式替其他团体执行项目来获得收入。例如，许多国防、建筑、工程和咨询公司使用项目型组织结构。这些公司通常雇用熟悉特定项目的专业人才。

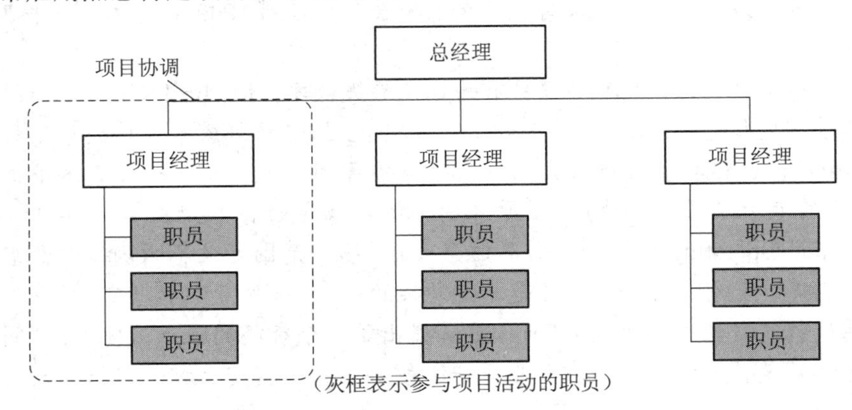

图 1.12 项目型组织(需要具有多种技能的不同员工，便于按计划完成任务，有利于项目管理)

矩阵型组织结构(Matrix Organization Structure)是职能型和项目型组织结构的中间形式。员工一般对职能经理和 1 到 2 个项目经理负责。例如，在许多公司中，信息技术方面的员工通常参与两个或者更多的项目，但是只对信息技术部的经理负责。在矩阵型组织结构中，项目经理的下属员工来自各自项目的不同职能领域，基于项目经理所能运用的控制力，矩阵型组织结构可以很强、很弱或者平衡，如图 1.13～图 1.15 所示。弱矩阵型组织保留了职能型组织的大部分特征，其项目经理的角色更像是协调员或联络员，而非真正的项目经理，如图 1.13 所示。平衡矩阵型组织虽然承认全职项目经理的必要性，但并未授权其全权管理项目和项目资金，如图 1.14 所示。强矩阵型组织则具有项目型组织的许多特征，拥有掌握较大职权的全职项目经理和全职的项目行政人员，如图 1.15 所示。

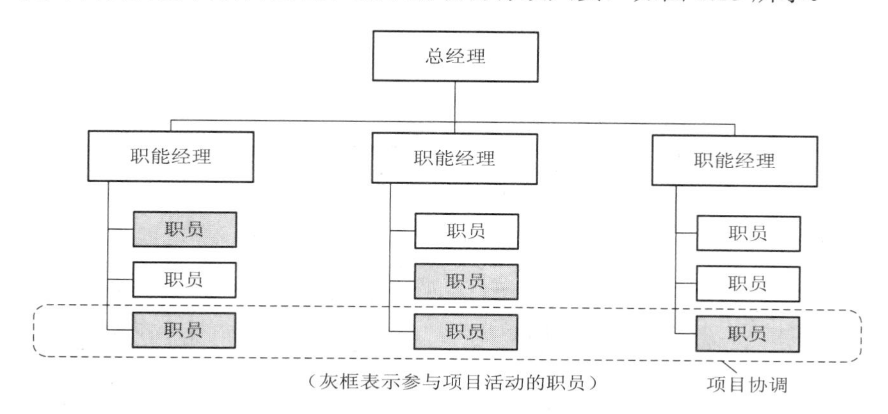

图 1.13　弱矩阵型组织(保留了职能型组织的大部分特征，项目经理的角色更像是协调员或联络员，不利于项目管理)

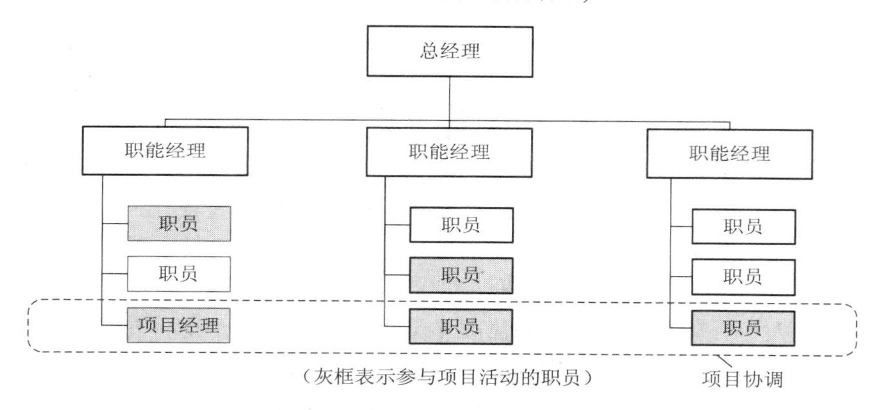

图 1.14　平衡矩阵型组织(承认全职项目经理的必要性，但并未授权其全权管理项目和项目资金)

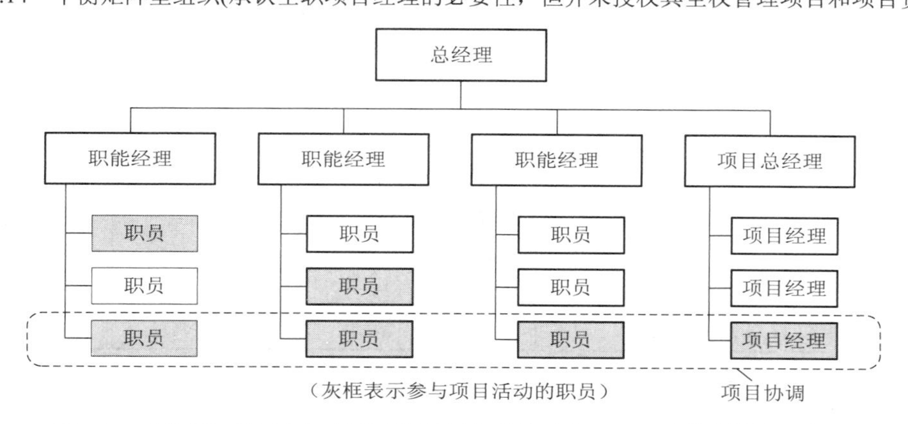

图 1.15　强矩阵型组织(保留了项目型组织的许多特征，拥有掌握较大职权的全职项目经理和全职的项目行政人员，有利于项目管理)

很多组织都会在不同层次用到上述所有结构，如图 1.16 所示(复合型组织)。即使是典型的职能型组织，也有可能建立专门的项目团队，来实施重要的项目。该团队可能具备项目型组织中的项目团队的许多特征，可能拥有来自职能部门的全职人员，可以制定自己的办事流程，甚至可以不按标准或正式的流程结构运作。

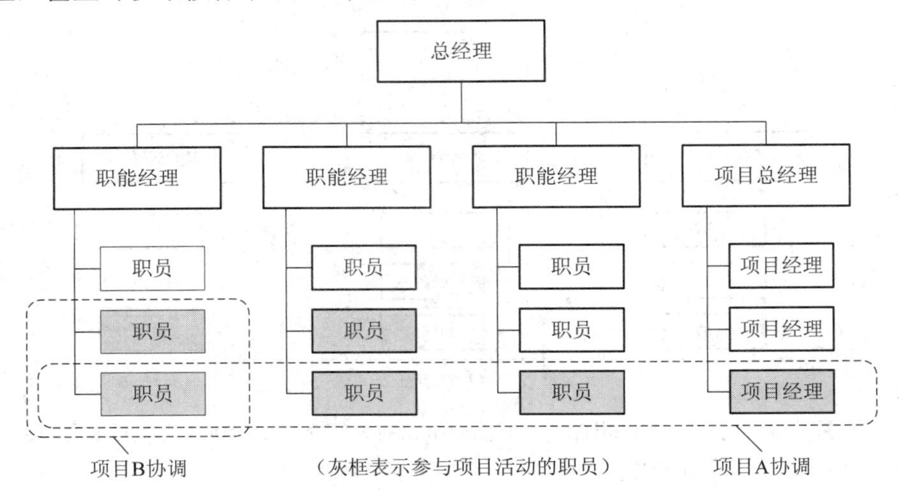

图 1.16　复合型组织(具备项目型组织中的项目团队的许多特征，可能拥有来自职能部门的全职人员，可以制定自己的办事流程，甚至可以不按标准或正式的流程结构运作)

表 1-4 总结了组织结构是如何影响项目和项目经理的。项目经理在纯粹的项目型组织结构中具有的职权最大，而在职能型的组织结构中的职权最低。项目经理了解所在组织的组织结构是非常重要的。例如，如果在职能型组织中安排某个人领导一个项目，该项目需要来自多个不同的职能部门的支持，他就需要来自高层主管的支持；被支持人应当从相关的职能部门得到所需的支持，保证相关职能部门能够在项目上进行合作，以及能够获得项目所需要的合格人员。项目经理可能还需要申请单独的预算用于支付与项目有关的差旅、会议和培训费用，或者向支持该项目的人员提供经济上的奖励。

表 1-4　组织结构对项目的影响

组织结构 / 项目特征	职能型	矩阵型			项目型
		弱矩阵	平衡矩阵	强矩阵	
项目经理的职权	很少或没有	有限	小到中	中到大	几乎全权
可用的资源	很少或没有	有限	少到中	中到多	几乎全部
项目预算控制者	职能经理	职能经理	职能经理与项目经理	项目经理	项目经理
项目经理的角色	兼职	兼职	全职	全职	全职
项目管理行政人员	兼职	兼职	兼职	全职	全职

在项目型组织结构中，项目经理虽然具有最大的职权，但对整个公司来说，这种类型的组织通常缺乏效率，将全职人员分配到项目上时经常会造成人力资源的浪费或者分配不合理。例如，如果将技术文档书写员的全部时间都安排到一个项目上，那么，在某一特定的时间就没有他的工作，而组织仍然要给他付全职的薪水，这样就造成了浪费。这些缺点恰恰是使用系统方法管理项目的优点。例如，这种情况下，项目经理可能建议雇佣一个专门的人员来做技术写作工作而不是使用一个全职员工，这样既可节约开销，同时也能满足

项目的需要。使用系统方法，项目经理能够更好地做出决策以满足整个组织的需求。

1.5.3　组织文化

组织文化(Organization Culture)与组织结构一样也能影响管理项目的能力。组织文化是共同的设想、价值观和组织职能的认识，例如，如何完成工作、哪些工作方式是可接受的，以及谁能有力地推动工作的完成。组织文化的影响力巨大，很多人认为公司中出现的许多问题不是由于组织结构或者员工的问题，而是文化问题。需要注意的是同一个组织可以有不同的分支文化，例如信息技术部门与财务部门具有不同的组织文化。

大多数组织都形成了自己独特的文化，其表现形式包括(但不限于)：共同的愿景、价值观、行为规范、信念和期望；政策、方法和程序；对职权的看法；工作伦理和工作时间。

组织文化是一种事业环境因素。因此，项目经理应该了解可能对项目造成影响的不同的组织风格和文化。例如，在某些情况下，位于组织结构图顶层的那个人其实并不掌握实权。项目经理必须了解谁才是组织真正的决策者，并通过与其合作来争取项目成功。

按照组织行为学家斯蒂芬·罗宾斯的说法，组织文化有 10 个特点。

(1) 成员认同度：指的是雇员将组织视为一个整体而不只是其工作类型或职位。例如，比起工作或者职位，项目经理或者团队成员可能更专注于公司或者项目团队，也可能对公司或团队没有任何忠诚可言。可以想象，在雇员认同度高的组织文化中，企业更有可能发展优秀的项目文化。

(2) 团队专注度：是指工作活动围绕着团体或者团队而不是个人的程度。强调团队工作的组织文化对于管理项目是最好的。

(3) 人员专注度：是指管理决策考虑到组织中员工个人需求的程度。项目经理在分配任务的时候，可能完全没有考虑到个人需求，或者项目经理非常了解每一个人，在分配工作或者做其他决定的时候，能够关注个人需求。优秀的项目经理经常需要平衡个人和组织需求。

(4) 单位集成度：是指在组织中，鼓励单位或部门与其他单位或部门合作的程度。大多数项目经理都努力争取高的单位集成度来成功完成一个产品、一项服务或得到好的结果。具有高单位集成度的组织文化使得项目管理工作更加容易。

(5) 控制力：是指使用规则、政策和直接监管来检查和控制员工行为的程度。有经验的项目经理知道，控制程度的平衡通常能得到好的项目结果。

(6) 抗风险能力：是指鼓励员工具有进取心、创新性和冒险精神的程度。因为项目通常涉及新的技术、思想和过程，具有高抗风险能力的组织文化对于项目管理来说是最好的。

(7) 奖励标准：是指奖励(例如晋升和工资增长)分配是按照员工的绩效还是按照资历、兴趣或者其他非绩效因素来进行的程度。如果奖励主要是根据绩效，那么项目经理和其团队的工作就会非常出色。

(8) 抗冲突能力：是指鼓励员工把意见和批评公开的程度。对所有项目干系人来说，良好的沟通能力是非常重要的，所以在一个能够公开而自由地讨论矛盾冲突的组织中，工作会开展得很好。

(9) 结果导向度：是指管理着眼于产出而不是完成这些结果所需要的技术和过程的程度。在该方面使用平衡方法的组织通常能做出最好的项目。

(10) 开放系统的重视度：是指组织对外部环境改变的监测和响应的程度。独立的项目是组织环境的一部分，所以系统要有很强的开放性。

可以知道，在组织文化和成功的项目管理之间有着明确的联系。在这样的组织文化中实施项目是最容易成功的：员工认同组织、工作重视团队、单位凝聚力强、抗风险能力高、基于绩效的奖励、对不同意见的容忍程度高、对开放系统的重视、注重个人需求、控制和基于产出的平衡等。因此，项目经理应该了解可能对项目造成影响的不同的组织文化。

1.5.4 组织对项目干系人的影响

《孙子兵法》开篇就讲到了决定战争胜利的五个方面，即道、天、地、将、法，显然这是从战争的内因和外因两大因素来审视战争胜利的决定因素的。在战争中，制约战争胜利的外因主要是道、天、地，内因主要是将、法。“道”是战争中最重要的一点，也就是整体的、大的政治环境，就是说政治是不是得人心；“天”是讲时；“地”是说战场的地理环境。而“将”是说带领打仗的人是不是有才能；“法”是说队伍是不是纪律严明，做事有没有法度。所以，这五个方面也就涵盖了战争的各个方面。可以借鉴该方法考查项目的内部因素和外部因素，分析项目干系人，了解他们的期望，推动项目的成功。

因为项目的目标是达到项目要求并使项目干系人满意，所以就需要项目经理花足够的时间来识别、了解和管理与所有项目干系人之间的关系，这是非常重要的。不同组织对项目干系人的影响不同，从不同组织层面来考虑项目干系人有助于满足他们的期望，使项目干系人满意。

案例：校园笔记本电脑项目——项目干系人

在笔记本电脑项目中，Tom Walters 只是关注内部的项目干系人，只看到了学院结构框架的一部分，他所在的部门与笔记本项目实施管理部门有很大关系，所以他只关注这些项目干系人，甚至没有考虑到该项目的主要用户 —— 学院学生的想法。虽然 Tom 给学院所有的教职工都发了电子邮件，但没有召开任何包括学院内的高级管理人员或教师参与的会议，因此 Tom 对笔记本电脑项目的干系人是谁考虑得非常狭隘。

在教职工会议上，很明显笔记本电脑项目的干系人除了信息技术部和学生外，还有其他干系人。如果 Tom 能够评审整个学院的组织结构图，加强对组织结构的认识，那么就可以识别出其他关键的干系人，就能发现笔记本电脑项目将对学院部门领导和许多不同管理领域的成员产生影响；如果 Tom 关注了组织需要和人力需求之间的协调和协同，那么就能扩大对学院的了解，识别出哪些人支持或反对笔记本电脑的需求；如果考虑不同的个人和兴趣团体，Tom 就能关注到受项目成果影响的主要利益群体；如果 Tom 积极宣传笔记本电脑项目对学院环境构造的意义，他就能预料到在学校内对信息技术的应用持反对意见的人的态度，也能在教职工会议之前得到校长或学院院长的有力支持。

这里，Tom Walters 的技术和分析技能很难保证项目管理任务的成功完成。为了提高效率，他必须识别和描述不同干系人的需求，并理解其项目和整个组织的关系。

1.5.5　高层主管支持的重要性

毫无疑问，高层主管是项目的关键干系人。项目经理能够成功实施项目的一个非常重要的因素是高层主管的参与和支持程度。事实上，没有高层主管的参与，很多项目会失败。如前所述，项目是组织环境的一部分，影响项目的许多因素是超出项目经理控制的。许多研究表明高层主管的支持几乎是所有项目成功的关键因素之一。

高层主管参与对项目经理来说是至关重要的，原因如下：

- 项目经理需要获取足够的资源。终止项目的最好方式就是剥夺项目进行所需要的资金、人力资源和项目成功的希望。如果项目经理得到高层主管的参与，他们将能够获得足够的资源，就不会被无关的事件牵扯精力。
- 项目经理经常要得到对特殊项目需求的认可。对大型的 IT 项目，高层主管必须明白非预期的结果可能是项目成员的特定技能产生的。例如，当项目进展到一半的时候，团队可能需要额外的硬件和协同软件来进行项目测试，项目经理可能需要采取特定的措施来吸引和挽留关键的项目人员。如果有高层主管的参与，项目经理就能够及时满足这些特殊的需求。
- 项目经理必须与组织内其他部门的员工进行合作。大多数的 IT 项目都需要其他职能领域的合作，因此，高层主管必须帮助项目经理处理这种情况下可能出现的政治问题。如果某些职能经理未能积极地满足项目经理所需的信息要求，那么高层主管必须干预，鼓励职能经理积极配合，以保证项目的成功。
- 项目经理经常需要获得管理方面的指导和帮助。许多 IT 项目经理是从技术职位提拔上来的，缺乏管理方面的经验。高级经理应该花时间教导他们怎样才能成为一个优秀的管理者，鼓励他们参加培训以开发领导技能，同时给予时间和资金上的支持。

经验：高层的支持非常重要

Adrian Butler 是 Accor(法国雅高酒店集团)北美 IT 和电信服务部副总裁，他认识到为 Accor 北美公司服务了多年的网络已经“难以发挥作用”，需要扩容旅馆网络带宽，并提高其他技术如增加 Wi-Fi 等。但是，任何改变现有网络进行升级的项目都要与公司其他项目一起竞争项目资金，而且网络升级的收益并不能很好地体现在投资回报中。Butler 说：“我仔细研究了公司业务，了解各方面的要求并通过政治手段同各机构沟通，重点在于认真听取公司内部的意见。”例如，Butler 发现公司培训中心需要增加网络带宽以辅助在线学习功能的高效运作，他还发现其他部门也需要增加网络宽带。因此他动员这些部门的主管一起向高层反映这一需求。

Butler 所做的努力包括让公司高层明白，公司需要对网络进行何种变化才能满足扩张的需求。为此公司高层广泛听取了业务部门、技术部门以及其他部门的综合建议。为了设计新的网络，Butler 以浅显易懂的语言，重点对业务总监和大股东们讲解新的网络需求。

Butler 说：“我花了大量时间准备可行性论证，避免晦涩难懂的专业术语，尽量清晰地向他们解释升级网络所能带来的收益。”Accor 公司还打算增加网络带宽以满足管理新的客户和新增销售点的要求。

在对网络升级的同时，Accor 还同时进行了另一个单独的项目：根据交易卡(PCI)数据安全标准，将客户的信用卡和借记卡交易信息进行编译。Accor 的 CEO 认为 PCI 项目有一定的优先意义。但正是由于 Butler 将网络升级的项目得到实施，才使升级后的网络扩大了编译容量。

这个项目花了 Butler 数月的时间，于 2006 年 10 月圆满竣工。这归功于他能够获得管理层乃至老板、执行副总裁兼 CIO 的同意。总裁兼执行官评价说："Adrian 对项目所执行的正确政策和他所具有的技术、见识以及将公司目标和 IT 战略相结合是项目成功的关键。"

IT 项目经理在高层主管重视信息技术的环境中会工作得更加出色。在重视良好的项目管理并制定相应标准的组织中工作，能够帮助项目经理成功。

1.5.6 组织对信息技术的重视

另一个影响 IT 项目成功的要素是组织对于 IT 的重视。如果组织本身并不重视 IT，那么一个大型的(或小型的，但很重要)IT 项目要想成功是非常困难的。许多公司都认识到 IT 对其业务的必要性，并为 IT 主管设立了副总裁或相当的职位，通常称为首席信息官(CIO)。有些公司还任命非 IT 领域的人全职参与大型的项目以增加最终用户对系统的参与度。有些 CEO 甚至在 IT 项目中承担重要的领导角色，以推进 IT 在组织中的应用。

经验：信息技术会产生巨大的推动作用

著名的 IT 咨询公司 Gartner Group 授予波士顿州街银行公司(State Street Boston Corp)的 CEO 马歇尔·卡特(Marshall Carter)1998 年度杰出技术奖章。卡特策划并领导其组织成功实施了信息技术，这些技术已经成功地扩展了银行的业务。他们需要收集、协调和分析全球海量的数据以向其客户提供资产管理服务，公司花了六年时间转型为一家向顾客提供最新工具和服务的公司。银行的收入、利润和股票分红在卡特担任 CEO 的前五年翻了一倍。卡特的成功秘诀是他对于技术的预见，他认为技术是业务不可缺少的方面，而不只是将原有的银行服务业务自动化。卡特采用了高度个性化的方式来保持员工的能动性，经常出席项目的评审会以支持从事 IT 项目的经理。

1.5.7 组织标准

在组织中容易产生的另一个问题是没有标准或准则来帮助进行项目管理。这些标准或准则包括提供用于一般的项目文档的标准的表格或模板，例如有效的项目计划，或项目经理提供项目状态信息给高层主管的项目报告等。项目计划的内容以及如何提供项目状态信息对高级经理来说也许是常识，但是许多初级的 IT 项目经理可能从来就没有做过计划或非技术类的状态报告。高层主管必须支持这些标准或准则的开发，并鼓励甚至强迫使用。例如，组织也许需要以标准化的形式给出所有可能有关联的项目信息来做出项目组合管理的决策。如果项目经理不能以适当的格式提交项目，该项目就可能被否决。

如前所述，有些组织通过项目管理办公室来协调项目管理。项目管理办公室是一个组织实体，其目的是帮助项目经理完成项目目标。

1.6 项目经理对项目管理的作用

前面曾经提到，项目经理必须与项目的其他干系人，特别是项目的发起人和项目团队紧密合作。项目经理必须对项目管理的九大知识领域非常熟悉，并能够使用与项目管理相关的各种工具和技术。经验丰富的项目经理是项目成功的助推器，那么，项目经理到底应该做些什么？需要哪些技能才能顺利地完成工作？下面会给出这些问题的简要回答。即使没有成为项目经理，仍可能成为项目团队中的一员。作为团队成员，有效地帮助项目经理完成工作也是非常重要的。

案例：猴子与芒果树

从前有一片美丽的芒果园，园中结满成熟的果实。一群猴子从果园经过，看见满园的芒果，就进入果园。它们摘下芒果，咬过几口便不耐烦地丢下，又去摘下一个。突然一只猴子尖叫起来，原来它被一块大石头打中了。猴子们回过头，发现园丁们正向它们扔石头。它们慌忙逃进附近的森林中，等园丁们离开，又立刻返回。但是它们刚刚开始吃芒果，石头便再次雨点般向它们打来。猴子们只得逃走。

这样的情景一次又一次地再现，最后大多数猴子都受了伤。这时猴王说："我们应当拥有自己的芒果树，那样就能太太平平地吃果子。"于是猴王召集众猴开会，以寻求解决办法。最聪明的一只猴子说："我听说芒果树来自芒果中的种子，人类把种子埋到地里，芒果树就会长出来。我们可以偷一只芒果，把种子埋到地里，种出我们自己的树。"

猴子们一致认为这是个好主意，于是它们派出最灵活的一只猴子回到芒果园。它躲开园丁的几块石头，摘下一颗硕大的芒果，带着它奔回森林。猴子挖了一个坑，放进一颗种子，盖上土。然后它们围坐在坑的周围，目不转睛地盯着树坑，期待着树长出来。10 分钟过去了，芒果树并没长出来，一些小猴子们坐不住了，偷偷地溜走。又 10 分钟又过去了，芒果树仍然没有长出来，一些大猴子也溜走了。最后猴王喝道："都回来!你们要去哪儿？"

"我们不想等下去了。果园里有那么多芒果可吃。"

"你们不明白吗？吃别人的果子是没有前途的，我们必须有自己的树。我确信它很快会长出来。"

众猴们在猴王的号召下又等了整整一天，但是芒果树还是没有长出来。第二天又过去了，芒果树还是没有长出来。"等这么长时间是不正常的!"一只猴子说，"把它挖出来，看看出了什么问题。""耐心点。"猴王说。第三天过去了，芒果树依旧没有长出来。全体猴子一齐求猴王让它们把种子挖出来，看看发生了什么。最后，猴王同意了，猴子挖了下去，种子露了出来，但是它们把刚刚萌发的细芽弄断了。

“你们看见了，孩子们!”猴王说，“愿望不会一夜成真。你们有拥有一棵树的梦想，也有了种子，却没有实现梦想的耐心。”

案例：“芒果树种植”项目失败的原因

读了上面的故事之后大家也许会一致认为“芒果树种植”项目彻底失败的主要原因是群猴们没有耐心，但实际上主要原因在于猴王这个项目经理的错误管理。从软件项目的角度考虑，主要表现在以下几个方面：

(1) 需求分析没有做好。正确的需求应该是拥有自己的芒果园，而不是单单的一棵芒果树。

(2) 解决方案没有做好。猴王召集众猴开会，以寻求解决办法，这个可以认为是“头脑风暴”方式的问题解决方法，但风暴后的结果却是错误的，因为有只公认的最聪明的猴子说“我听说芒果树来自芒果中的种子，人类把种子埋到地里，芒果树就会长出来。我们可以偷一只芒果，把种子埋到地里，种出我们自己的树。”并且猴子们一致认为这是个好主意，其实这是个错误的主意。其一，这个解决方案只是听说，并没有进行可行性研究；其二，偷一只芒果，显然是资源需求没有做好，一只芒果的种子的数量是远远不够的。

(3) 项目成本投入太少。最灵活的一只猴子回到果园，摘下一颗硕大的芒果，带着它奔回森林。猴子挖了一个坑，放进一颗种子，盖上土。大家注意，这里整个项目组只挖了一个坑，并且只投入了一颗种子，显然成本投入太少。

(4) 资源管理混乱，没有进行科学的任务分配。种子种下之后，他应该只派一两只猴子看守种子的成长情况，以观察项目的进度；再派其他猴子偷学园丁的果园管理技术，以及芒果树的种植技术；还得加强一批猴子的技术训练如敏捷度，并将这只训练有素的队伍外派到人类的芒果园偷果子，以解决项目组其他成员的伙食问题，使项目进行下去。

(5) 项目技术不成熟。种子种下之后，应该给予浇水、施肥，甚至给予适当的温度，以保证种子的合理生长环境。

(6) 项目测试混乱。整个项目只经过一次现场测试，也就是Beta测试，但测试的结果是项目因为资源耗尽而导致失败，显然没有进行有效的备份。

(7) 推卸责任。项目总结时，猴王是这样总结的：“愿望不会一夜成真。你们有拥有一棵树的梦想，也有了种子，却没有实现梦想的耐心。”挖种子是在猴王的同意之下才进行的，而当萌芽被破坏后，猴王却将责任推向众猴，显然猴王不是一个敢于承担责任的项目经理。

(8) 没有进行合理的效益分析。一棵芒果树从生根、发芽再到开花、结果，大约需要三年的时间，如果整个猴群项目组花三年的时间就为了培育一棵芒果树，那么项目的成本回收是何年何月？项目出业绩又是何年何月？

(9) 风险意识太差。一颗芒果种子生根、发芽、结果需要多长时间，猴王没想过，一棵树结了果实又能养活多少只猴子他也没想过。

案例：猴王应具备的素质

从辩证的角度考虑，猴王主要违背了以下 4 个项目经理具备的素质：

(1) 既要计划，又要变化。有人说计划赶不上变化，但倘若没有变化，要计划还有何用；“芒果树种植”项目中没有任何的计划，也没有应对变化的对策。

(2) 既要见林，又要见木。不要因一叶遮目，但也不能因为整片森林而忽略眼前参天大树；“芒果树种植”项目应该树立远大的目标——芒果园，而不是芒果树。

(3) 既要冷静分析，又要相信直觉。冷静也是一种直觉，猴王这个项目经理没有经过冷静的分析，而只是凭着他个人的感觉，相信“芒果树一定会长出来”。如果他能冷静地分析出芒果树的生长规律，相信就不会再犯这样的直觉错误。

(4) 既要有原则性，又要有灵活性。猴王有原则，但不够坚持。

“芒果树种植”项目的失败，主要是项目经理没有合理地调度工期、质量、成本、人员、范围，也就是 T、Q、C、P、S 这五大要素。

1.6.1　项目经理的位置

成功的项目管理依赖于项目经理在组织内的位置，要确定项目经理在组织中的位置需要回答下面两个问题：

- 项目经理的薪水是多少?
- 项目经理该向谁汇报工作?

图 1.17 表明了典型的组织层次(编号代表工资等级)。理想的情况下，项目经理应该与和他进行沟通的人处于相同的工资级别。在这样的标准下，假设项目经理负责与部门经理之间的联络和沟通，项目经理的薪水等级应该在 20 到 25 之间。项目经理与职能经理薪水的多少通常会产生冲突。项目经理最终的位置很大程度上依赖于组织是项目或非项目驱动的，以及项目经理是否负责利润或损失。

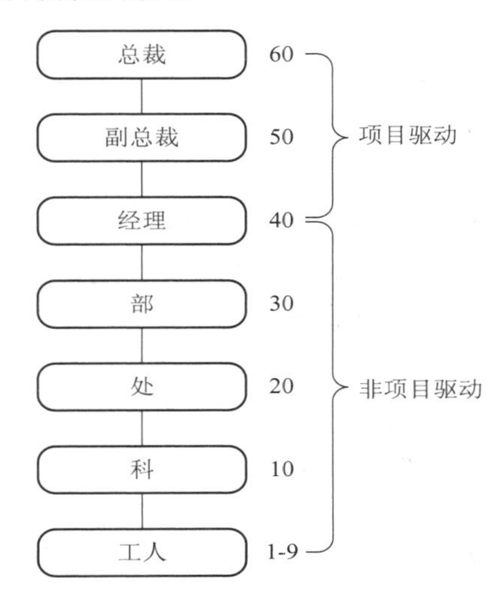

图 1.17　组织层次(项目经理在组织内的位置依赖于组织是项目或非项目驱动的，以及项目经理是否负责利润或损失)

在组织中，项目经理需要向高层、下层汇报、沟通项目情况。在项目的计划阶段，项目经理通常需要向高层汇报，而在项目实施阶段，项目经理一般和下层沟通。同样，项目经理的定位依赖于项目的风险、规模或客户。

最后，应该注意的是，在项目计划阶段，项目经理在和下层进行沟通的同时，仍然有权与高层主管进行交流，尽管在项目经理与高层主管之间可能存在两级或更多级控制。另外，项目经理应该有权直接指挥组织的下层，如图 1.18 所示。项目经理有两周的时间来完成一个小型项目的计划和成本估算，大量的工作是在科级完成的，如果项目经理的所有工作需求(包括估算)，都必须遵循行政管理级别的顺序来完成，那么等到科级主管接到项目经理请求的时候，可能 14 天中的 12 天已经过去了，这种情况下的估算必然会产生很大的误差，很难达到预期的成果。图中的组织层次应该用于项目审批而不是项目计划，在项目计划阶段，强制项目经理使用行政管理顺序可能会导致大量的非生产性时间成本和空闲时间成本。

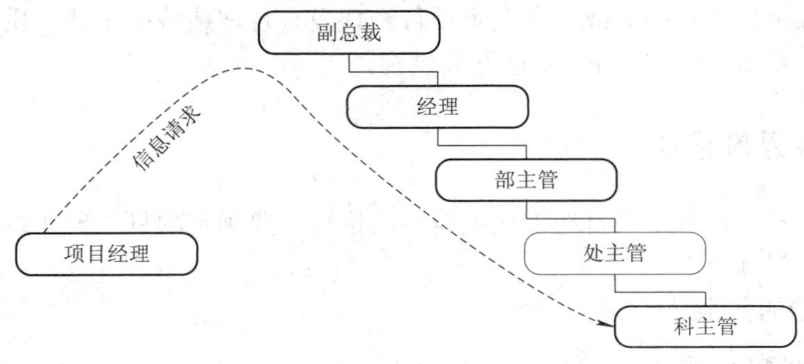

图 1.18 组织层次与命令链(在项目计划阶段，行政管理顺序可能会导致大量的非生产性时间成本和空闲时间成本，项目经理应该有权直接指挥组织的下层)

1.6.2 项目经理的工作职能

不同的企业对项目经理工作的描述不同。下面是 monster.com 提供的项目经理部分工作的描述。

- 咨询公司的项目经理：应用技术、理论和管理技能计划、确定项目进度，控制项目活动来达到既定目标，以满足项目的需求；协调、整合团队和个人的成果，并建立有效的、基于客户和合作者的业务关系。
- 金融服务公司的 IT 项目经理：为了满足业务需求，整理、优化、开发和实现解决方案；在规范的方法论指导下，运用项目管理软件设计、实现项目计划；建立具有交互功能、以用户为目标的团队，在预算之内按时完成项目；在第三方服务供应商和最终用户之间扮演联络者的角色，从而开发并实现技术解决方案；参与合同的签订和预算管理。
- 非营利性咨询公司的 IT 项目经理：负责业务分析、需求汇总、项目规划、预算评估、开发、测试和实现；与不同的资源供应商共同工作，保证项目能够准时、高质量的完成，并获得良好的成本效益。

由此可见，在不同的行业和企业中，项目经理的工作职能也不尽相同。尽管如此，项目经理还是有一些相似的工作内容。来自美国国家科学基金会(NSF)的研究表明，在 IT 领域，无论是数据库管理员，还是网络专家，抑或是程序员，项目管理对于他们都是一项必不可少的技能。表 1-5 列出了 15 种对成功的项目管理至关重要的工作职能。

表 1-5　15 种项目管理工作职能

1. 定义项目范围
2. 确定项目干系人、决策者和扩充途径
3. 制定详细的任务列表(工作分解结构)
4. 估算时间需求
5. 建立初始的项目管理流程图
6. 确定资源需求和预算
7. 评估项目需求
8. 识别并评估风险
9. 准备应急计划
10. 确定相互依赖关系
11. 辨识并跟踪重要的阶段目标
12. 参与项目的阶段评审
13. 保障所需资源
14. 管理变更
15. 报告项目状态

就像在不同的职位描述中所介绍的职责一样，表 1-5 所列出的每一项工作职能都需要不同的技能。那么，项目经理需要什么样的技能呢？这些技能是后天培养的，还是天生的呢？IT 项目经理在专业知识领域又应该达到什么样的水平呢？

1.6.3　IT 项目经理的重要技能

优秀的项目经理需要具备很多技能，项目管理知识体系(《项目管理知识体系指南第 4 版》)建议项目管理团队理解并运用以下几个方面的专业知识：

- 项目管理知识体系；
- 应用领域的知识、标准和规范；
- 项目环境知识；
- 通用管理知识和技能；
- 软技能或人际关系能力。

对 IT 项目经理来说，要想在激烈的市场竞争中取得成功还需要哪些技能呢？该问题成了学院派和实践派争论的焦点。项目经理应该是“一定能成功”的乐观主义还是应该“总是进行最坏假设”的现实主义？项目经理应该面向细节还是注重远景、大局观？不同的派别对此有不同的看法，但是，都认同“最重要的技能是要依靠项目和相关人员的独特性取得竞争的胜利”。项目经理确实需要拥有很多项能力，但他们更需要在不同情况下判断出哪些能力在领导团队时更重要。

有人认为，对 IT 项目经理来说，了解项目中用到的技术是非常重要的。但是，一般情况下，IT 项目经理并不需要是某项技术的专家，而是需要有能力建立一个优秀的团队并推动团队沿着既定的正确轨道发展。在小型项目中，项目经理很可能只有部分时间在从事管理工作，而另外的时间则参与到项目中。例如，在小型网站研发项目中，项目经理可能在领导团队的同时也会编写网页，参与项目开发。还有人认为，IT 项目经理更重要的是具有优秀的业务和能力来领导团队，并提出解决方案，以满足用户需求。

在大型 IT 项目中，没有 IT 背景的人是很难成为项目经理的，因为没有 IT 背景，就很难与其他经理和供应商交流，也很难在项目团队中赢得尊重。这并不是说大型 IT 项目的项目经理一定是领域专家，他需要掌握各种各样技术相关的知识，更要了解他所管理的项目能够如何为企业创造价值。很多企业发现，优秀的业务经理可以成为优秀的 IT 项目经理，因为他们注重满足业务需求，并依靠关键的项目成员处理技术细节。IT 项目经理不仅需要利用自身或团队成员的专业技术能力，还应该把更多的时间用在领导团队成功上，优秀的项目经理不应该只是 IT 专家。

IT 项目经理像其他项目经理一样，需要与项目发起人、项目团队和其他干系人合作来完成具体的项目和企业目标。所有项目经理都要不断地学习项目管理、日常管理以及他们所在的行业知识，并在实践中积累经验。

现在，很多 IT 从业人员只注重专业技术的学习，而忽视了那些能给他们带来更高收益和更高绩效的软技能和业务能力。大多数项目经理不赞成这样的倾向，他们认为改进 IT 技术专家和客户之间的沟通更为重要。其实，每个人都应该学习一些专业技术之外的技能，让自己成为更富有创造力的团队成员和未来的项目经理。无论是谁，即使是走技术路线，也需要培养商业素养和软技能。

1.6.4 领导才能的重要性

对 100 位项目经理的调查研究发现了导致项目成功与失败的项目经理表现出的领导才能不同，表 1-6 列出了研究结果。研究发现，成功的项目经理所展示的领导才能有：远见卓识、专业技能、决策果断、善于沟通和激励等，他们善于运用榜样的力量来激励团队，能够在必要时拿出勇气反驳高层主管，支持、鼓励团队成员的新思想。研究还发现，优秀的领导能力是项目成功最重要的因素。

表 1-6 好的项目经理和差的项目经理最重要的特征

好的项目经理	差的项目经理
树立了好的榜样	树立了差的典型
有远见	不自信
技术能力强	缺乏技术上的专业能力
具有决策能力	不能进行有效沟通
具有良好的沟通技能	不善于激励团队成员
善于激励团队成员	
必要时，能顶住上层的压力	
支持团队成员	
鼓励新思想	

领导能力和管理能力这两个词经常互换使用，但实际上它们的意思并不完全一样。通

常，领导者制定长远的、宏大的目标，同时激励员工去实现目标；而管理者要处理日常的细致工作，完成具体的目标。所以，有些人说："管理者负责把事情做好，而领导者决定该做什么。""领导者确定目标，管理者实现目标。""领导人，管理事。"尽管如此，项目经理通常既是管理者又是领导者。优秀的项目经理知道那些赞助人和企业想要什么，因而能够很好地管理项目，并敏锐地提出新目标。善于进行项目管理的企业在培养项目"领导者"的时候，更强调业务能力和沟通技能，但是，优秀的项目经理还需要重视每项任务的日常运作的细节。与其把领导者和管理者看作是一类特殊的人，还不如说他们只是一些具有领导和管理能力的普通人。他们有远见，能够激励团队成员，提高效率，并将各种资源和人员整合在一起。因此，优秀的项目经理拥有领导者和管理者的特质：不仅应该注重实效，还要有远见，而且能够抓住要点。

1.7　项目生命周期

项目作为一种创造独特产品与服务的一次性活动是有始有终的，项目从始到终的整个过程构成了项目生命周期(Project Life Cycle)。PMI 对项目生命周期的定义如下："项目生命周期是通常按顺序排列而有时又相互交叉的各项目阶段的集合。"该定义强调了项目过程的阶段性，对开展项目管理是非常有利的。

阶段的名称和数量取决于参与项目的一个或多个组织的管理与控制需要，和项目本身的特征及其所在的应用领域密切相关。可以根据所在组织或行业的特性或者所用技术的特性来确定或调整项目生命周期。虽然每个项目都有明确的起点和终点，但其具体的可交付成果以及项目期间的活动会因项目的不同而有很大差异。无论项目涉及什么具体工作，生命周期都能为管理项目提供基本框架。

1.7.1　项目生命周期的特征

项目的规模和复杂性各不相同，但不论其大小繁简，所有项目都呈现如图 1.19 所示生命周期结构。

这个通用的生命周期结构常被用来与高级管理层或其他不太熟悉项目细节的人员进行沟通。即使项目的性质完全不同，项目周期结构也从宏观视角为项目间的比较提供了通用参照系。

通用的生命周期结构通常具有以下特征：

● 成本与人力投入：在开始时较低，在工作执行期间达到最高，并在项目快要结束时迅速回落。这种典型的走势如图 1.19 中的虚线所示。

● 干系人的影响力、项目的风险与不确定性：在项目开始时最大，并在项目的整个生命周期中随时间推移而递减，如图 1.20 所示。

● 变更的代价随着项目的进行呈指数级数增加：在不显著影响成本的前提下，改变项目产品最终特性的能力在项目开始时最大，并随项目进展而减弱。图 1.20 表明，变更和纠正错误的代价在项目接近完成时通常会显著增加。

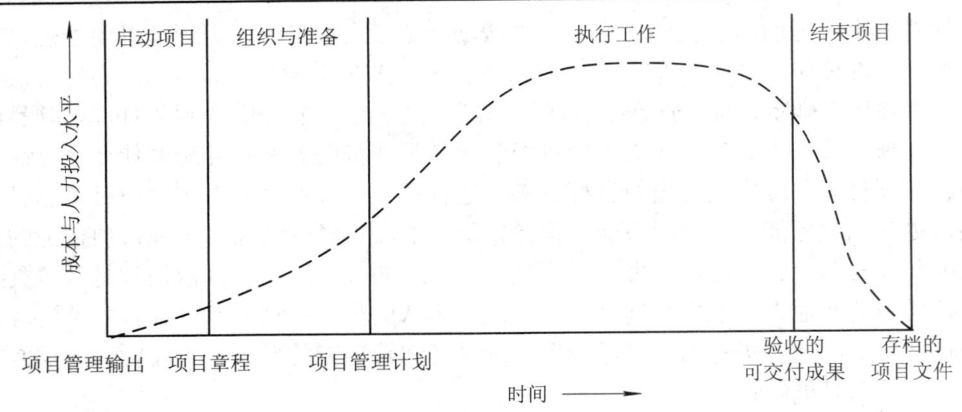

图 1.19 项目生命周期中典型的成本与人力投入水平(在项目早期，成本和人力投入缓慢增加；在项目执行期，人力和成本达到高峰；在项目结尾阶段，人力和成本急剧减少)

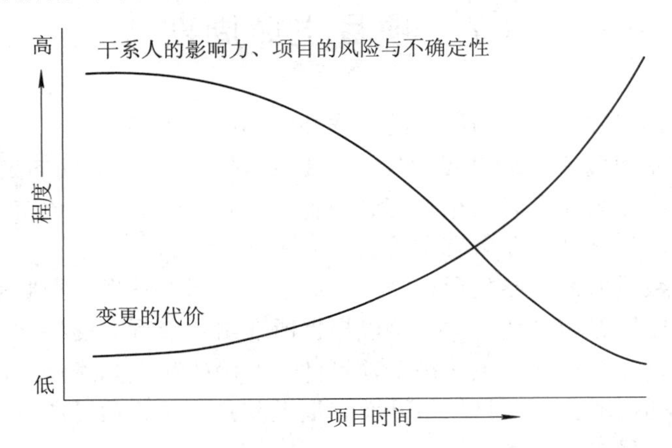

图 1.20 随项目时间而变化的变量影响(干系人的影响力、项目的风险与不确定性随项目的进展逐渐减弱，变更的代价随项目的进行呈指数级数增加)

在通用生命周期结构的指导下，项目经理可以决定对某些可交付成果施加更有力的控制。大型复杂项目尤其需要这种特别的控制。在这种情况下，最好能把项目工作正式分解为若干阶段。

1.7.2 产品生命周期与项目生命周期的关系

产品生命周期通常包含顺序排列且不相互交叉的一系列产品阶段。产品阶段由组织的制造和控制要求决定。产品生命周期的最后阶段通常是产品的退出。一般而言，项目生命周期包含在一个或多个产品生命周期中。要注意区分项目生命周期与产品生命周期。任何项目都有自己的目的或目标，如果项目的目标是创造一项服务或成果，则其生命周期应为服务或成果的生命周期，而非产品生命周期。

如果项目产出的是一种产品，那产品与项目之间就有许多种可能的关系。例如，新产品的开发，其本身就可以是一个项目；或者现有的产品可能得益于某个为之增添新功能或新特性的项目，或可以通过某个项目来开发产品的新型号。产品生命周期中的很多活动都可以作为项目来实施，例如进行可行性研究、开展市场调研、开展广告宣传、安装产品、召集焦点小组会议、试销产品等。在这些例子中，项目生命周期都不同于产品生命周期。

由于一个产品可能包含多个相关项目，所以可通过对这些项目的统一管理，来提高效率。例如，新车的开发可能涉及许多单独的项目，虽然每个项目都是不同的，但最终都是为了将这款新车推向市场。由一位高级负责人监管所有项目，能显著提高成功的可能性。

1.7.3　项目阶段

为有效完成某些重要的可交付成果，在需要特别控制的位置将项目分界，就形成项目阶段。每个项目阶段都是由该阶段的可交付成果标识的。所谓项目阶段的可交付成果，就是一种可见的、能够验证的工作结果(或叫产出物、交付物)。例如，一个工程建设项目通常需要划分成项目的定义阶段、设计计划阶段、工程施工阶段和交付使用阶段，而项目可行性研究报告、项目设计方案、项目实施结果和项目竣工验收报告等都属于项目阶段的可交付成果。项目阶段大多是按顺序完成的，但在某些情况下也可重叠。项目阶段具有的这种宏观特性使之成为项目生命周期的组成部分。

在项目生命周期的早期阶段，对资源的需求是最低的，不确定性的程度是最高的。在项目的早期阶段，项目赞助人能最大程度地影响项目的产品、服务和结果。在项目的后期阶段，进行大的修改的代价就比较高。在项目生命周期的中期，随着项目的开展，项目的确定性逐渐提高，比开始和最终阶段需要更多的资源。项目的最后阶段关注于保证满足项目需求，以及项目赞助人对项目完成情况的认可。

根据项目和行业的不同，项目阶段的变化较大。传统的项目管理存在一些基本的阶段，例如概念、开发、实施和收尾等阶段。前两个阶段(概念和开发)关注计划编制，通常称为项目可行性(Project Feasibility)阶段；后两个阶段(实施和收尾)关注实际工作的交付，通常称为项目获取(Project Acquisition)阶段。在进行下一个步骤前，项目应该成功完成之前的每一个步骤。项目周期法提供了更好的项目控制和方便的组织运作。图 1.21 描述了传统项目周期通用阶段的框架。

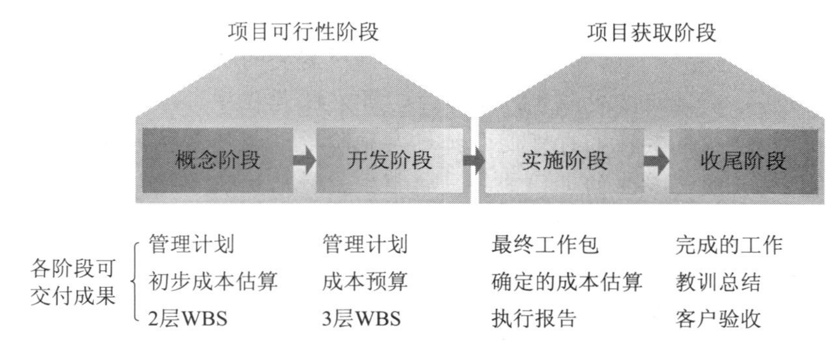

图 1.21　传统的项目生命周期阶段(项目可行性阶段是降低风险的时期，以确定项目是可行的；项目获取阶段投入大量资源，以获得规模效益)

在项目的概念阶段，经理一般简要地描述项目——提出项目概要计划，描述项目的需求和基本的构造，给出最初的或粗略的成本估计，生成项目大概的工作内容。

案例：校园笔记本电脑项目——概念阶段

在笔记本电脑项目中，如果 Tom Walters 遵循了项目生命周期而不是全面地推进笔记本电脑项目，他就应该建立一个教职工委员会；该委员会制定管理计划，可能会提供一个小型的项目来研究提高学院技术水平的可选方法，估计该项目会花费六个月的时间和两万美元来进行详细的技术研究；该阶段的 WBS(Work Breakdown Structure，工作分解结构)也许有三个方面：对五个类似学校进行对比分析，对本地学生和教职工的调查，以及使用这些技术将对成本和入学率产生什么影响进行粗略的评价等；在概念阶段的最后，委员会将根据分析报告来评估结果，报告和结果是该项目阶段的可交付成果。

概念阶段完成后，开发阶段就开始了。在开发阶段，项目团队将建立更详细的项目计划、更精确的成本估计和更详细的 WBS。

案例：校园笔记本电脑项目——开发阶段

在笔记本电脑项目中，假定概念阶段的报告建议学生拥有笔记本电脑能提高学院技术水平，那么项目团队就需要决定，如果学生购买或租借笔记本电脑，将需要什么样的硬件和软件，如何收费，如何进行培训和维护，如何把新技术应用到现在的课程中，等等；相反，如果概念阶段报告显示笔记本电脑项目对学院来说不是一个好主意，那么项目团队就不需要考虑在开发阶段通过使用笔记本电脑项目来提高学院的技术水平。阶段化的方法可以使得开发不适当项目所需要的时间和金钱最小化，项目计划在进行到开发阶段的时候必须通过概念阶段的论证。

第三个阶段是实施阶段，项目团队制定了明确的或者说是非常准确的成本估算，交付了需要的工作，同时向项目干系人提供绩效报告。

案例：校园笔记本电脑项目——实施阶段

在笔记本电脑项目中，假设在开发阶段 Tom Walters 的学院采纳了笔记本电脑项目，那么在实施阶段，项目团队就要获得所需要的硬件和 OA 软件，安装必要的网络设备，将笔记本电脑发放给学生，开发收费程序，以及给学生和教职工提供培训等；学校的其他人也可能牵扯进实施阶段：教师需要考虑如何利用新技术带来的优势，负责招生的部门需要更新招生材料来反映学院新特点，安全部门需要解决学生随身携带贵重设备而产生的新问题等。项目组通常要花费大量的精力与金钱在项目实施阶段。

最后一个阶段是收尾阶段，该阶段将完成所有的工作，客户对整个项目进行验收，项目团队应该在经验总结报告中总结项目经验。

案例：校园笔记本电脑项目——收尾阶段

在笔记本电脑项目中，如果笔记本电脑项目最终通过了实施阶段，所有的学生都收到了笔记本电脑，那么项目团队应当通过结束所有相关活动来完成该项目，可以通过调查问卷收集学生和教职工对项目进展的意见，保证与供应商的合同都完整执行了，账目也结算清楚了，这样就可以把与笔记本电脑项目相关的工作移交给其他部门。另外，项目团队还可以考虑与其它实施类似项目的学院共享其经验教训。

很多项目并没有遵循传统的项目生命周期，虽然它们仍然具有传统项目生命周期的一些阶段的类似特征，但更加灵活。例如，项目只有三个阶段：初始、中间和最后阶段，或者有几个中间阶段，也许会有一个独立的项目来完成可行性研究。如果不考虑项目生命周期的特定阶段，就可以将项目看成是由开始和结束连接起来的一系列阶段，这样就能够在每一个阶段中来度量项目的进展和达到目标的情况。

1.7.4　系统开发生命周期

系统开发生命周期(System Development Life Cycle, SDLC)是描述开发信息系统不同阶段的框架。它定义了一个软件开发过程，通过调查、分析、设计、执行和维护来开发信息系统，包括需求、确认、培训和用户所有权。SDLC 是问题解决的系统方法，由几个阶段组成，每个阶段包含多个步骤：软件概念——确定和定义一个新系统的需要；需求分析——分析终端用户的信息需要；构架设计——用硬件、软件、人和数据资源等为设计创建一个蓝图；编码和调试——创建和实现最终系统；系统测试——评估系统的最终功能。系统开发生命周期的通用模型包括瀑布模型、螺旋模型、渐增式构建模型、原型法和快速应用开发模型(RAD)等，它们都是可预测生命周期(Predictive Life Cycle)模型，意味着项目范围可以明确表达，进度和成本可以精确预测。

软件类型和信息系统的复杂度决定了使用什么样的生命周期模型，理解项目的生命周期以满足项目环境的需要也是非常重要的。

大型 IT 产品是通过一系列的项目来开发的。例如，新订单处理系统或一般的框架系统的开发，这些系统还包括一个针对用户的调研项目，以便得到他们对当前信息系统的意见；信息系统完成组织的业务功能，系统分析阶段也许包括一个项目来处理组织中特定业务的功能模型，还可能包括一个项目来建立已有数据库的业务模型，该数据库与公司的业务功能和应用相关；实施阶段的业务包括一个项目来雇佣合同制的程序员对系统组件进行编码；收尾阶段也许包括一个项目，针对新应用为用户开发和进行培训。所有例子都表明，大型的信息技术项目通常是由几个小型的项目组成的。把大型项目看成是小型的、更容易管理的项目序列是很好的做法。

项目管理是过程管理，可能在产品生命周期的各个阶段发生，所以对 IT 专家来说，在整个产品的生命周期中理解和进行良好的项目管理是非常重要的。

1.7.5　项目阶段评审的重要性

由于 IT 项目及其产品的复杂性和重要性，评审项目的每个阶段的状态是非常重要的。在进行后续阶段之前，项目应该成功通过阶段评审。随着项目的开展，组织通常需要投入更多的资金，在阶段完成时，应该评价该阶段的进展、潜在的成功以及与组织目标的一致性，以决定其完整性和可接受性。通过阶段末评审，可以获准结束当前阶段和开始下一个阶段，对保持项目的进度，决定是否继续、改变方向或终止都是非常重要的管理手段。阶段结束点是对项目进行重新评估，并在必要时变更或终止项目的一个当然时点。同时对关键可交付成果和累计项目绩效进行评审，是一种良好的做法，可据此决定项目能否进入下一个阶段以及经济有效地发现和纠正错误。正式结束一个阶段时，并不一定要批准下一阶段，例如：如果项目继续下去的风险太大，或项目目标已变得毫无意义，那么就可以只结束当前阶段，而不启动任何其他阶段。

项目只是整个组织系统的一部分，所以组织其它部分的改变可能影响到项目的状态，反过来一个项目的状态也可能同样影响组织的其它部分。把项目分解为各个阶段，高层主管就可以保证项目仍然与公司其它部分的需求相一致。

案例：校园笔记本电脑项目——理评审

在笔记本电脑项目中，假定 Tom Walters 的学院确实完成了一个关于提高学院技术水平的研究，该研究得到了学院院长的支持。在概念阶段结束的时候，项目团队就能够向学院领导和教职工提供这些信息：关于提高学院技术水平的不同意见、竞争的学院正在怎么做，以及项目干系人对项目意见的调查结果等。在概念阶段最后要进行的是管理评审。假定研究表明，90%的学生和教职工强烈反对所有学生都用笔记本电脑的想法，同时，很多成教的学生说如果要付费的话，他们就会选择另一个学院上学。该学院将不能再推行该方法。如果 Tom 采用了分阶段的方法，他和他的团队就不会浪费时间和金钱做详细计划。

除了正式的管理评审外，重要的是在项目的生命周期中有高层主管的参与。直到项目或者产品阶段的结束才有高层主管的参与是不明智的。很多项目都由高层主管定期进行评审，例如每周甚至每天，以保证项目进展顺利。每个人都想成功完成工作目标，高层主管的参与能保证项目和组织目标的顺利实现。

1.8 IT 项目环境

在 IT 项目管理中有几个与项目环境相关的问题，包括项目的本质、项目团队成员的特征和相关技术的本质。IT 项目经理必须具有更多的知识来处理这些问题。

1.8.1 IT 项目的本质

与其它行业的项目不同，IT 项目有很多的差异。一部分项目要安装现货供应的硬件和相关的软件；另一部分项目可能有成百人去分析组织的业务流程，然后与用户协同开发新软件来满足业务需求。即使是基于硬件的项目，硬件的类型也有很多种，例如个人电脑、大型主机、网络设备、电子自助服务终端或移动设备等，网络设备可以是无线的、电话的、电缆的或需要卫星连接的。软件开发项目比基于硬件的项目更加多种多样：软件开发项目可能开发一个简单的、独立的 Excel 或 Access 应用，也可能使用最新的编程语言开发复杂的、全球性的电子商务系统。

IT 项目支持所有可能的行业和业务功能。管理电影公司动画部门的 IT 项目与改进国家税收系统或在其他国家安装通信基础设施的 IT 项目相比，对项目经理及其团队的知识需求是不同的。由于 IT 项目的多样性和应用领域的新颖性，在管理各种不同项目时，最佳项目管理实践就具有非常重要的意义，这样，IT 项目经理就有一个通用的起点和方法来完成每一个项目。

1.8.2　IT 项目团队成员的特征

由于 IT 项目的本质，所涉及的人员需要不同的背景和技能。很多公司有意识地雇佣其它领域的人员，以便从其它角度了解 IT 项目，例如工程、经济、数学或文科等。即便是拥有不同的教育背景，在很多 IT 项目中还是能提供通用的职位，例如业务分析员、程序员、网络专家、数据库分析员、质量保证专家、技术文档书写员、安全专家、硬件工程师、软件工程师和系统构架师等。在程序员里，又有具体的职位名称来描述具有专业技术的程序员，例如 Java 程序员、XML 程序员和 C/C++ 程序员等。

有的 IT 项目只需要成员有一定的经验，但很多项目需要有很多不同的或全部的项目职位的经验。有时，IT 专家在职位之间轮换，但更多的是成为领域技术专家，或者决定从事管理职位。对技术专家或项目经理来说，在一个公司呆很长时间是很少见的，事实上，很多 IT 项目使用大量的合同人员。

1.8.3　技术的多样性

IT 专家的职位名称通常反映了该职位所需要的技术。硬件专家一般不理解数据库专家的技术，反之亦然。安全专家与业务专家沟通起来可能困难重重。相同 IT 工作职位的人可能由于使用了不同的技术而产生交流问题。例如，程序员可能经常需要使用几种不同的编程语言，然而 COBOL 程序员对 Java 项目的作用就不大。某些专业职位同样会造成项目经理在组织和领导项目团队时的困难。使用不同技术带来的另外的问题是变化太快，当项目团队发现一种新技术可以大大提高项目业绩或能满足长期的业务需求时，项目的工作可能已接近尾声了。新技术能缩短很多产品的开发、生产和配送的时间期限，但是快节奏的环境需要同样快速的处理来管理和生产 IT 项目和产品。

1.9　项目管理过程

项目管理就是将知识、技能、工具和技术应用于项目活动，以满足项目的要求。需要对相关过程进行有效管理，来实现知识的应用。

过程(Process)是为完成预定的产品、成果或服务而执行的一系列相互关联的行动和活动。每个过程都有各自的输入、工具和技术以及相应输出。

项目管理是综合性的工作，要求每个项目和产品过程都同其它过程恰当地配合与联系，以便彼此协调。在一个过程中采取的行动通常会对这一过程和其它相关过程产生影响。例如，项目范围变更通常会影响项目成本，但不一定会影响沟通计划或产品质量。各过程间的相互作用往往要求在项目目标之间进行权衡，究竟如何权衡，会因项目和组织而异。成功的项目管理包括积极地管理过程间的相互作用，以满足发起人、客户和其他干系人的需求。在某些情况下，为得到所需结果，需要反复多次实施某个过程或某些过程。

项目存在于组织中，不是一个封闭的系统。项目需要从组织内外部得到各种输入，并向组织交付所形成的能力，项目过程会产生出可用于改进未来项目管理的信息。这里，从各过程之间的整合、相互作用以及各过程的不同用途等方面来描述项目管理过程，把项目过程分为五大类项目管理过程组(Project Management Process Group)，包括启动过程组、计划过程组、执行过程组、监控过程组以及收尾过程组。在项目期间，应该在项目管理过程组及其所含过程的指导下恰当地应用项目管理知识和技能。项目管理过程的采用具有重复性，在一个项目中很多过程要反复多次。

- 启动过程组(Initiating Process Group)包括定义和批准项目或项目阶段。启动项目或项目的概念阶段，必须定义项目的业务需求，必须有项目赞助人，必须有项目经理。启动过程组在项目的每个阶段都会发生。例如，项目经理和团队应该在项目生命周期的每个阶段重新检查项目的业务需求，来决定项目是否值得继续进行；终止项目同样需要启动过程组，必须有启动活动以保证项目团队完成所有的工作、归档、经验总结和重新分派项目资源，并保证客户接受工作的结果。

- 计划过程组(Planning Process Group)包括制订和维护一个可执行的计划，以保证项目满足组织的要求。通常不是单一的“项目计划”，有几种项目计划，例如范围管理计划、调度管理计划、成本管理计划和采购管理计划等，这些管理计划定义了与项目相关的知识领域。项目团队必须定制一个计划来确定需要从事的工作，安排相关的活动，估计工作需要的成本，决定需要采购什么样的资源来完成工作等。为了适应项目和组织不断变化的环境，项目团队经常需要在项目生命周期的每个阶段修改项目计划，以便更好地完成项目。

- 执行过程组(Executing Process Group)包括协调人力和其它资源来执行项目计划，以产生项目或者项目阶段的产品、服务或结果。例如，组织项目团队、指挥和管理项目团队、执行质量保证、发布信息和选择供应商等活动。

- 监控过程组(Monitoring and Controlling Process Group)包括定期地测量和监视项目进程以保证项目团队能够达到项目目标。项目经理和项目成员监视和测量偏离计划的程度，在需要的时候采取正确的行动。监视和控制通常通过绩效评估产生绩效报告，在报告中，应该标识所有的需求变化，以保证项目没有偏离目标。

- 收尾过程组(Closing Process Group)包括对项目或项目阶段的正式验收和有效终止。例如，项目文件归档、完成合同、总结经验教训等活动，同时需要正式确认交付的成果。

项目管理过程组的每个过程都完成特定的任务。

图 1.22 的流程图概述过程组之间以及过程组与具体干系人之间的基本流程和相互作用。一个过程组包含若干项目管理过程，这些过程以相应的输入输出相联系，即一个过程的成果或结果成为另一个过程的输入。过程组不同于项目阶段。大型或复杂项目可以分解为不同的阶段或子项目，如可行性研究、概念开发、设计、建模、构造和测试等，每个阶段或子项目通常都要重复所有过程组。

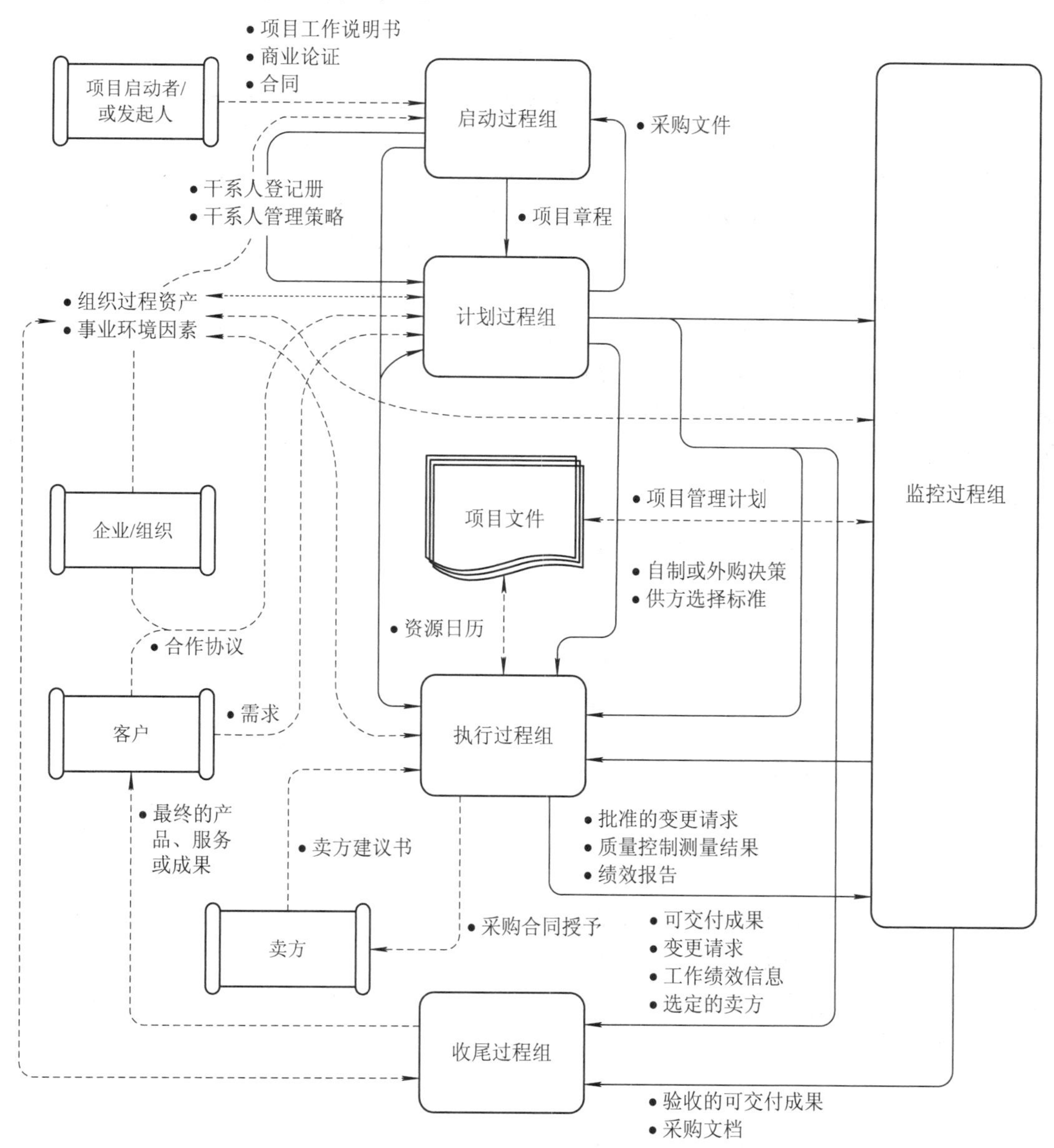

注：实线表示过程组之间的关系，虚线表示过程组与外部因素的关系。

图 1.22　项目管理过程组之间的相互作用(一个过程组包含若干项目管理过程，这些过程以相应的输入输出相联系，项目管理过程组的每个过程都完成特定的任务)

项目管理的综合性要求监控过程组与其它所有过程组相互作用，如图 1.23 所示。另外，既然项目是临时性工作，就需要以启动过程组开始项目，以收尾过程组结束项目。

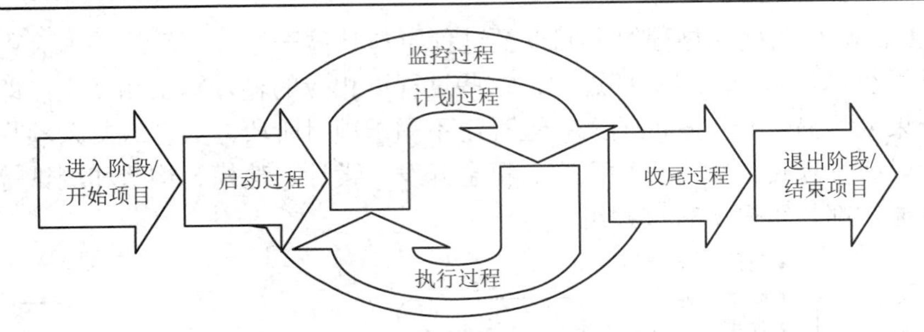

图 1.23　项目管理过程组(监控过程组与其它过程组相互作用，通过监控过程组，定期地测量和监视项目进程，以保证项目团队能够满足项目目标)

各项目管理过程组通过它们所产生的输出来相互联系。过程组极少是孤立的或一次性事件，而是在整个项目期间相互重叠的。一个过程的输出通常成为另一个过程的输入，或者成为项目的可交付成果。计划过程组为执行过程组提供项目管理计划和项目文件，而且随项目进展，不断更新项目管理计划和项目文件。图 1.24 描述了各项目管理过程组如何相互作用以及在不同时间的重叠程度。如果将项目划分为若干阶段，各过程组会在每个阶段内相互作用，每个过程组的长度随着项目的不同而发生改变。执行过程组需要最多的资源和时间，接着是计划过程组，启动和收尾过程组通常是最短的，需要的资源和时间最少，而监控过程组贯穿整个阶段或项目。可以把项目过程组应用到项目的每个主要阶段，也可以把它们应用到整个项目。

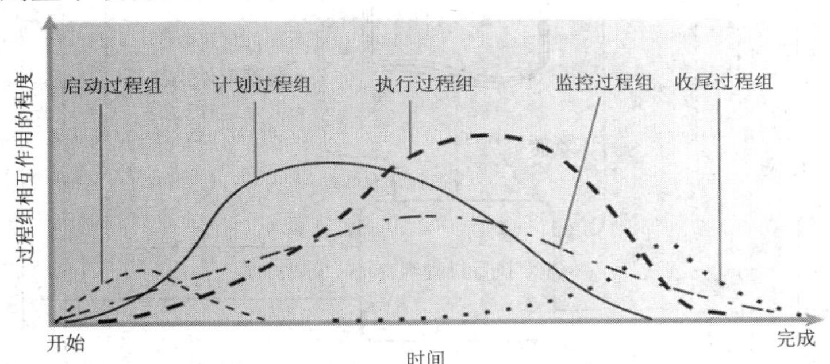

图 1.24　过程组在项目或阶段中的相互作用(过程组在整个项目期间相互重叠，各过程组会在每个阶段内相互作用，在不同时间相互重叠。每个过程组的长度随着项目的不同而发生改变)

这 5 大过程组有清晰的相互依赖关系，而且在每个项目上一般都按同样的顺序进行。它们与应用领域或行业无关。在项目完成之前，往往需要反复实施各过程组及其所含过程。各过程可能在同一过程组内或跨越不同过程组相互作用。过程之间的相互作用因项目而异，并可能按或不按某种特定的顺序进行。

1.10　把过程组映射到知识领域

PMI 把 42 个项目管理过程归入 5 大项目管理过程组和 9 大项目管理知识领域，如表 1-7 所示，把项目管理活动、项目管理过程组和知识领域联系起来了。各项目管理过程都被归入其大多数活动所在的过程组中。例如，某个通常在计划过程组进行的过程，即便在执行过程组重新进行，也不看作是一个新过程。

很多项目管理过程是计划过程组的一部分。因为每个项目都有其特殊性，项目团队总是要做一些以前没有做过的事情，为了成功完成独特的、新的活动，项目团队必须做一些计划工作，但是，在执行上花费的时间和金钱最多。

表 1-7　项目管理过程组与知识领域

知识领域	项目管理过程组				
	启动过程组	计划过程组	执行过程组	监控过程组	收尾过程组
项目集成管理	• 制定项目章程	• 制定项目管理计划	• 指导与管理项目执行	• 监控项目工作 • 实施整体变更控制	• 结束项目或阶段
项目范围管理	—	• 收集需求 • 定义范围 • 创建工作分解结构	—	• 核实范围 • 控制范围	—
项目时间管理	—	• 定义活动 • 排列活动顺序 • 估算活动资源 • 估算活动持续时间 • 制定进度计划	—	• 控制进度	—
项目成本管理	—	• 估算成本 • 制定预算	—	• 控制成本	—
项目质量管理	—	• 制定质量计划	• 实施质量保证	• 实施质量控制	—
项目人力资源管理	—	• 制定人力资源计划	• 组建项目团队 • 建设项目团队 • 管理项目团队	—	—
项目沟通管理	• 识别干系人	• 制定沟通计划	• 发布信息 • 管理干系人期望	• 产生绩效报告	—
项目风险管理	—	• 制定风险管理计划 • 识别风险 • 实施定性风险分析 • 实施定量风险分析 • 风险应对计划	—	• 监控风险	—
项目采购管理	—	• 制定采购计划	• 实施采购	• 管理采购	• 结束采购

1.11　开发 IT 项目管理方法

很多组织花费了大量的时间和金钱来培训通用的项目管理技巧，但是在培训之后，项目经理可能还是不知道如何将这些项目管理技巧应用到组织的特定需求中。因此，有的组织开发了自己的 IT 项目管理方法学。《PMBOK Guide》是项目管理的标准指南，描述管理项目的最佳实践。方法学(Methodology)描述如何做事情的方法，不同的组织通常有不同的做事方式。

经验：项目管理指南有助于组织的项目管理

在 Blue Cross Blue Shield of Michigan(蓝十字蓝盾，美国健康保险组织)遵循系统开发生命周期(SDLC)来实施 IT 项目管理之前，因为其开发者和项目经理在不同的 IT 项目上通常以不同的方式来开展工作，所以可交付成果经常缺失，或随着项目的不同而不同；他们有项目章程、状态报告、技术文档(数据库设计文档、用户界面需求等)，但是产生和交付这些可交付成果的方法不同。常见的情况是缺少一致性，需要标准来指导初级的和经验丰富的项目经理。高层主管决定提供资金为项目经理开发一种统一的项目管理方法学，作为组织内 IT 项目管理培训的基础。组织启动了一个为期三个月的计划来开发自己的项目管理方法学。由于有些项目团队成员已经拿到了 PMP 认证，所以决定将他们的方法学建立在《PMBOK Guide》的基础上，并做必要的调整来适应组织的项目管理，收到了良好的效果。

有的组织把项目管理包含到六西格玛管理方法论中，有的组织将项目管理放到软件开发方法论中，例如统一开发过程(Rational Unified Process, RUP)框架。RUP 是迭代的软件开发过程，重点是为所有的团队成员提供开发并交付最佳软件的实践方法。

1.12 软件项目管理

随着信息技术的飞速发展，软件行业是目前项目管理应用最为广泛的领域之一。软件项目管理是为了使软件项目能够按照预定的范围、成本、进度、质量顺利完成，而对人员(People)、产品(Product)、过程(Process)和项目(Project)进行分析和管理的活动。

软件项目管理和其他的项目管理相比有相当的特殊性。首先，软件是纯知识产品，其开发进度和质量很难估计和度量，生产效率也难以预测和保证。其次，软件系统的复杂性也导致了开发过程中各种风险难以预见和控制。例如，Windows 2000 有 5000 万行代码，约 1700 多名开发人员，约 3200 多名测试人员，约 250 名项目经理，这样庞大的系统如果没有很好的管理，其软件质量是难以想象的。

因此，软件项目管理的根本目的是为了让软件项目尤其是大型项目的整个软件生命周期(从需求、分析、设计、实现到测试、维护全过程)都能在管理者的控制之下，以预定成本按期、按质地完成软件并交付用户使用。而研究软件项目管理为了从已有的成功或失败的案例中总结出能够指导今后开发的通用原则、方法，同时避免前人的失误。

软件项目管理的内容主要包括：人员的组织与管理、软件度量、软件项目计划、风险管理、软件质量保证、软件过程能力评估、软件配置管理等。

1.12.1 软件项目计划

软件项目计划是一个软件项目进入系统实施的启动阶段，主要进行的工作包括：确定详细的项目实施范围，定义递交的工作成果，评估实施过程中主要的风险，制定项目实施的时间计划、成本和预算计划、人力资源计划等。

软件项目管理过程从项目计划活动开始，而第一项计划活动就是估算：需要多长时间，需要多少工作量，以及需要多少人员。此外，还必须估算所需要的资源(硬件及软件)和可能涉及的风险。

要想估算软件项目的工作量和完成期限，首先需要预测软件规模。度量软件规模的常用方法有直接的方法——LOC(代码行)，间接的方法——FP(功能点)。这两种方法各有优缺点，应该根据软件项目的特点选择适用的软件规模度量方法。

根据项目的规模可以估算出完成项目所需的工作量，可以使用一种或多种技术进行估算，这些技术主要分为分解和经验建模两大类。分解技术需要划分出主要的软件功能，接着估算实现每一个功能所需的程序规模或人月数。经验技术的使用是根据经验导出的公式来预测工作量和时间的，可以使用自动工具来实现某一特定的经验模型。

精确的项目估算一般至少会用到上述技术中的两种。通过比较和协调使用不同技术导出的估算值，可能得到更精确的估算。软件项目估算永远不会是一门精确的科学，但将良好的历史数据与系统化的技术结合起来能够提高估算的精确度。

当对软件项目给予较高期望时，一般都会进行风险分析。在标识、分析和管理风险上花费的时间和人力可以从多个方面得到回报：更加平稳的项目进展过程，更高的跟踪和控制项目的能力，由于在问题发生之前已经做了周密计划而产生的信心。

对于一个项目管理者，其目标是定义所有的项目任务，识别出关键任务，跟踪关键任务的进展情况，以保证能够及时发现拖延进度的情况。为此，项目管理者必须制定一个足够详细的进度表，以便监督项目进度并控制整个项目。

常用的制定进度计划的工具主要有 Gantt 图和工程网络两种。Gantt 图具有历史悠久、直观简明、容易学习、容易绘制等优点，但是，它不能明显地表示各项任务彼此间的依赖关系，不能明显地表示关键路径和关键任务，进度计划中的关键部分也不明确。因此，在管理大型软件项目时，仅用 Gantt 图是不够的，不仅难于做出既节省资源又保证进度的计划，而且还容易发生差错。

工程网络不仅能描绘任务分解情况及每项作业的开始时间和结束时间，而且还能清楚地表示各个作业彼此间的依赖关系。从工程网络图中容易识别关键路径和关键任务。因此，工程网络图是制定进度计划的强有力的工具。通常，同时使用 Gantt 图和工程网络这两种工具来制定和管理进度计划，使它们互相补充、取长补短。

进度安排是软件项目计划的首要任务，而项目计划则是软件项目管理的首要组成部分。与估算方法和风险分析相结合，进度安排将为项目管理者建立起一张计划图。

1.12.2　项目控制

对于软件开发项目而言，控制是十分重要的管理活动。下面介绍软件项目控制活动中的质量保证和配置管理。其实上面所提到的风险分析也可以算是软件项目控制活动的一类，而进度跟踪则起到连接软件项目计划和控制的作用。

软件质量保证(Software Quality Insurance, SQA)是在软件过程中的每一步都进行的“保护性活动”。SQA 主要有基于非执行的测试(也称为评审)、基于执行的测试(即通常所说的测试)和程序正确性证明。

软件评审是最为重要的SQA活动之一。它的作用是，在发现及改正错误的成本相对较小时就及时发现并排除错误。审查和走查是进行正式技术评审的两类具体方法。审查过程不仅步数比走查多，而且每个步骤都是正规的。由于在开发大型软件过程中所犯的错误绝大多数是规格说明错误或设计错误，而正式的技术评审发现这两类错误的有效性高达75%，因此软件评审是非常有效的软件质量保证方法。

软件配置管理(Software Configuration Management，SCM)是应用于整个软件过程中的保护性活动，它是在软件整个生命周期内管理变化的一组活动。

软件配置由一组相互关联的对象组成，这些对象也称为软件配置项，它们是作为某些软件工程活动的结果而产生的。除了文档、程序和数据这些软件配置项之外，用于开发软件的开发环境也可置于配置控制之下。

一旦一个配置对象已开发出来并通过了评审，它就变成了基线。对基线对象的修改导致建立该对象的版本，版本控制是用于管理这些对象而使用的一组规程和工具。

变更控制是一种规程活动，能够在对配置对象进行修改时保证质量和一致性。配置审计是一项软件质量保证活动，有助于确保在进行修改时仍然保持质量。状态报告向需要知道关于变化的信息的人提供有关每项变化的信息。

1.12.3 组织模式

软件项目可以是一个单独的开发项目，也可以与产品项目组成一个完整的软件产品项目。如果是订单开发，则成立软件项目组即可；如果是产品开发，需成立软件项目组和产品项目组(负责市场调研和销售)，组成软件产品项目组。公司实行项目管理时，首先要成立项目管理委员会，项目管理委员会下设项目管理小组、项目评审小组和软件产品项目组。

1. 项目管理委员会

项目管理委员会是公司项目管理的最高决策机构，一般由公司总经理、副总经理组成。其主要职责如下：

(1) 依照项目管理相关制度管理项目；
(2) 监督项目管理相关制度的执行；
(3) 对项目立项、项目撤销进行决策；
(4) 任命项目管理小组组长、项目评审委员会主任、项目组组长。

2. 项目管理小组

项目管理小组对项目管理委员会负责，一般由公司管理人员组成。其主要职责如下：

(1) 草拟项目管理的各项制度；
(2) 组织项目阶段评审；
(3) 保存项目过程中的相关文件和数据；
(4) 为优化项目管理提出建议。

3. 项目评审小组

项目评审小组对项目管理委员会负责，可下设开发评审小组和产品评审小组，一般由公司技术专家和市场专家组成。其主要职责如下：

(1) 对项目可行性报告进行评审；

(2) 对市场计划和阶段报告进行评审；

(3) 对开发计划和阶段报告进行评审；

(4) 项目结束时，对项目总结报告进行评审。

4. 软件产品项目组

软件产品项目组对项目管理委员会负责，可下设软件项目组和产品项目组。软件项目组和产品项目组分别设开发经理和产品经理。成员一般由公司技术人员和市场人员构成，其主要职责是根据项目管理委员会的安排具体负责项目的软件开发和市场调研及销售工作。

1.12.4 配置管理

软件配置管理简称(Software Configuration Management，SCM)是在团队开发中，标识、控制和管理软件变更的一种管理。是否进行配置管理与软件的规模有关，软件的规模越大，配置管理就显得越重要。配置管理的使用取决于项目规模和复杂性以及风险水平。

1. 目前软件开发中面临的问题

- 在有限的时间、资金内，要满足不断增长的软件产品质量要求；
- 开发的环境日益复杂，代码共享日益困难，需跨越的平台增多；
- 程序的规模越来越大；
- 软件的重用性需要提高；
- 软件的维护越来越困难。

2. 软件配置管理的功能

在 ISO 9000.3 中，对配置管理系统的功能作了如下描述：

- 唯一地标识每个软件项的版本；
- 标识共同构成完整产品的特定版本的每一软件项的版本；
- 控制由两个或多个独立工作人员同时对一给定软件项的更新；
- 按要求在一个或多个位置对复杂产品的更新进行协调；
- 标识并跟踪所有的措施和更改，这些措施和更改是在从开始直到发行期间，由于更改请求或问题引起的。

3. 版本管理

软件配置管理分为版本管理、问题跟踪和建立管理三个部分，其中版本管理是基础。版本管理应完成以下主要任务：

- 建立项目；
- 重构任何修订版的某一项或某一文件；
- 利用加锁技术防止覆盖；
- 当增加一个修订版时要求输入变更描述；
- 提供比较任意两个修订版的实用工具；

- 采用增量存储方式；
- 提供对修订版历史和锁定状态的报告功能；
- 提供归并功能；
- 允许在任何时候重构任何版本；
- 设置权限；
- 提供各种报告。

1.12.5 风险管理

软件项目风险是指在整个项目周期中所涉及的成本预算、开发进度、技术难度、经济可行性、安全管理等各方面的问题，以及这些问题对项目所产生的影响。项目的风险与其可行性成反比，即其可行性越高，风险越低。软件项目的可行性分为操作可行性、技术可行性、经济可行性、进度可行性等四个方面。而软件项目风险则分为产品规模风险、需求风险、相关性风险、技术风险、管理风险和安全风险等六个方面：

1. 产品规模风险

项目的风险是与产品的规模成正比的，一般产品规模越大，问题就越突出。关于产品规模主要有以下风险：

(1) 估算产品规模的方法；
(2) 产品规模估算的信任度；
(3) 产品规模与以前产品规模平均值的偏差；
(4) 产品的用户数；
(5) 复用软件的多少；
(6) 产品需求变更的多少。

2. 需求风险

很多项目在确定需求时都面临着一些不确定性。当在项目早期容忍了这些不确定性，并且在项目进展过程当中得不到解决时，这些问题就会对项目的成功造成很大威胁。如果不控制与需求相关的风险因素，那么就很有可能产生错误的产品或者拙劣地构造预期的产品。每一种情况对产品来讲都可能是致命的，这些风险因素有：

(1) 对产品缺少清晰的认识；
(2) 对产品需求缺少认同；
(3) 在做需求分析过程中客户参与不够；
(4) 没有优先需求；
(5) 由于不确定的需求导致新的市场；
(6) 不断变化需求；
(7) 缺少有效的需求变化管理过程；
(8) 对需求的变化缺少相关分析等。

3. 相关性风险

许多风险都是因为项目的外部环境或因素的相关性产生的。要想控制外部的相关性风险，其缓解策略应该包括可能性计划，以便从第二资源或协同工作资源中取得必要的组成部分，并觉察潜在的问题。与外部环境相关的因素有：

(1) 客户供应条目或信息；

(2) 交互成员或交互团体依赖性；

(3) 内部或外部转包商的关系；

(4) 经验丰富人员的可得性；

(5) 项目的复用性。

4. 技术风险

软件技术的飞速发展和经验丰富员工的缺乏，意味着项目团队可能会因为技巧的原因影响项目的成功。在早期，识别风险从而采取合适的预防措施是解决风险领域问题的关键，比如培训、聘请顾问以及为项目团队招聘合适的人才等。关于技术主要有下面这些风险因素：

(1) 缺乏培训；

(2) 对方法、工具和技术理解得不够；

(3) 应用领域的经验不足；

(4) 对新的技术和开发方法应用不熟悉。

5. 管理风险

尽管管理问题制约了很多项目的成功，但是不要因为风险管理计划中没有包括所有管理活动而感到惊奇。在大部分项目里，项目经理经常是编写项目风险管理计划的人，他们有先天性的不足——不能检查到自己的错误。这就使项目的成功变得更加困难。如果不正视这些棘手的问题，它们就很有可能在项目进行的某个阶段影响项目本身。当定义了项目追踪过程并且明晰项目角色和责任后，就能处理以下这些风险因素：

(1) 计划和任务定义不够充分；

(2) 对实际项目状态不了解；

(3) 项目所有者和决策者分不清；

(4) 不切实际的承诺；

(5) 不能与员工之间进行充分的沟通。

6. 安全风险

软件产品本身是属于创造性的产品，产品本身的核心技术保密非常重要。但一直以来，在软件这方面的安全意识比较淡薄，对软件产品的开发主要注重技术本身，而忽略了专利的保护。软件行业的技术人员流动是很普遍的现象，随着技术人员的流失、变更，可能会导致产品和新技术的泄密，致使软件产品被其他公司窃取，导致项目失败。而且在软件方面关于知识产权的认定目前还没有明确的一个行业规范，这也是软件项目潜在的风险。

7. 回避风险的方式

(1) 以开发方诱导而保证需求的完整，使需求与客户的真实期望高度一致。再以书面方式形成用户需求文档，避免疏漏造成的损失在软件系统的后续阶段被逐步地放大。

(2) 设立监督制度。项目开发中任何较大的决定都必须有客户参与进行，在项目中的项目监督由项目开发中的质量监督组来实施。

(3) 需求变更需要经过统一的负责人提出，并且要用户需求的审核领导认可。需求变更应该是定期而不是随时提出的，而且开发方应该做好详细的记录，让客户了解需求变更的实际情况。

(4) 控制系统的复杂程度。过于简单的系统结构，会使用户的使用比例有明显的降低，甚至造成软件寿命过短。反之，软件结构过于灵活和通用，必然引起软件实现的难度增加，系统的复杂度会上升，这又会在实现和测试阶段带来风险。适当控制系统的复杂程度有利于降低开发的风险。

(5) 从软件工程的角度看，软件维护费用约占总费用的 55%～70%，系统越大，该费用越高。对系统可维护性的轻视是大型软件系统的最大风险。在软件漫长的运营期内，业务规则肯定会不断发展，科学地解决此问题的做法是不断对软件系统进行版本升级，在确保可维护性的前提下逐步扩展系统。

(6) 设定应急计划。每个开发计划都至少应该设定一个应急预案去应对出现的突发情况和不可预知的风险。

1.12.6 能力评估

软件过程能力描述了一个开发组织开发高质量软件产品的能力。现行的国际标准主要有两个：ISO9000.3 和 CMM。

ISO9000.3 是 ISO9000 质量体系认证中关于计算机软件质量管理和质量保证标准部分。它从管理职责、质量体系、合同评审、设计控制、文件和资料控制、采购、顾客提供产品的控制、产品标识和可追溯性、过程控制、检验和试验、检验/测量和试验设备的控制、检验和试验状态、不合格品的控制、纠正和预防措施、搬运/贮存/包装/防护和交付、质量记录的控制、内部质量审核、培训、服务、统计系统等 20 个方面对软件质量进行了要求。

CMM(能力成熟度模型)是美国卡纳基梅隆大学软件工程研究所(CMU/SEI)于 1987 年提出的评估和指导软件研发项目管理的一系列方法，它用 5 个不断进化的层次来描述软件过程能力。现在 CMM 的最新版本是 2.0。

ISO9000 和 CMM 的共同点是二者都强调了软件产品的质量。所不同的是，ISO9000 强调的是衡量的准则，但没有告诉软件开发人员如何达到好的目标，如何避免差错。CMM 则提供了一整套完善的软件研发项目管理的方法，告诉软件开发组织，如果要在原有的水平上提高一个等级，应该关注哪些问题，而这正是改进软件过程的工作。

CMM 描述了五个级别的软件过程成熟度(初始级、可重复级、已定义级、已管理级、优化级)，成熟度反映了软件过程能力的大小。

初始级的特点是软件机构缺乏对软件过程的有效管理，软件过程是无序的，有时甚至是混乱的，对过程几乎没有定义，其软件项目的成功来源于偶尔的个人英雄主义而非群体行为，因此它不是可重复的；可重复级的特点是软件机构的项目计划和跟踪稳定，项目过程可控，项目的成功是可重复的；已定义级的特点在于软件过程已被提升成标准化过程，从而更加具有稳定性、可重复性和可控性；已管理级的软件机构中软件过程和软件产品都有定量的目标，并被定量地管理，因而其软件过程能力是可预测的，其生产的软件产品是高质量的；优化级的特点是过程的量化反馈和先进的新思想、新技术促进过程不断改进，技术和过程的改进被作为常规的业务活动加以计划和管理。

这些方面都是贯穿、交织于整个软件开发过程中的，其中人员的组织与管理把注意力集中在项目组人员的构成、优化上；软件度量关注用量化的方法评测软件开发中的费用、生产率、进度和产品质量等要素是否符合期望值，包括过程度量和产品度量两个方面；软件项目计划主要包括工作量、成本、开发时间的估计，并根据估计值制定和调整项目组的工作；风险管理预测未来可能出现的各种危害到软件产品质量的潜在因素并由此采取措施进行预防；质量保证是保证产品和服务充分满足消费者要求的质量而进行的有计划、有组织的活动；软件过程能力评估是对软件开发能力的高低进行衡量；软件配置管理针对开发过程中人员、工具的配置和使用提出管理策略。

如果有一天也能指挥数千人的庞大开发队伍，开发 Windows 这样巨型规模的软件项目，并生产出高质量的产品，才有理由宣称自己的软件项目管理能力达到了一个“自主自足”的水平。

讨论：如何辨别项目

W 科技是一家手机代工制造商，主要的客户是国际知名的手机大厂如 A、N、S 等公司。王经理是该公司的行销及业务部经理，除了主要负责公司年度整体行销企划之拟定与执行、一般市场的调查与分析外，其任务还包含组成一个销售团队以直接面对客户，针对客户的不同需求，提出 OEM 代工或 ODM 代研发的提案(建议书)，包含所有相关技术问题的探讨与合约的制定与签署。之后在履约期间，他还要参与所有的审查与成效评价的工作，并确保能按合约执行所有任务，以及掌握进度与收到客户按阶段支付的款项。

王经理对这些工作与业务压力感到不胜负荷，急需把他所负责的工作进行一些调整，以最有效的方式圆满达成所有任务。

9 月上旬某日，总经理又赋予王经理一项新任务，要求他在一个月内完成 A 公司所提新增需求的合约签订，并同时提醒他 N 及 S 公司的现行订单以及将先后于两个月内完成并应同时予以续约，而其年度大事，即下年度的行销企划亦必须在年底前完成。

案例讨论：

(1) 若你是王经理，请问你如何区分以上所述的任务有哪些属于项目性质？又有哪些属于非项目(或一般作业)性质？

(2) 面对总经理的要求，你应采取什么特殊方法去面对你近期这么多任务的圆满执行？A 公司的合约可分成哪些阶段或程序来完成？

1.13　小　　结

项目无处不在，本章从项目管理的历史(1.1.1 节)入手，介绍了软件项目管理的产生背景和概貌，阐述了项目的属性(1.2.1 节)和软件项目的特点(1.2.2 节)，通过 Standish Group 的研究，分析了为什么要管理 IT 项目(1.3.1 节)，阐述了项目管理的三大约束之间的关系(1.3.2 节)，强调了质量因素的影响，介绍了 IT 项目成功的要素(1.3.4 节)，以指出企业应该努力的方向；围绕项目管理知识体系(PMBOK)，阐述了 9 大知识领域及其关系(1.3.6 节)，接着，介绍了项目管理的相关工具和技术(1.3.7 节)，这些技术同样适用于软件项目。系统方法对项目管理来说是非常重要的，本章还介绍了系统方法(1.4.1 节)，强调了从系统的角度来认识和分析项目。组织的构成要素(1.5.1 节)形成了组织文化、风格和结构，对项目实施会产生重要影响；通过介绍组织结构(1.5.2 节)、组织文化(1.5.3 节)以及组织对项目的影响(1.5.4 节)，分析了高层主管的支持是 IT 项目成功的关键因素(1.5.5 节)。经验丰富的项目经理是项目成功的助推器，本章还分析了项目经理的地位(1.6.1 节)、职能(1.6.2 节)、技能(1.6.3 节)，强调了领导才能的重要性。项目作为一种创造独特产品与服务的一次性活动是有始有终的，要理解项目生命周期的特征(1.7.1 节)和阶段(1.7.3 节)，了解系统开发生命周期,理解阶段评审对项目质量的贡献。本章还介绍了 IT 项目环境(1.8 节)和项目管理过程(1.9 节)，分析了过程组和知识领域的联系(1.10 节)。最后，本章围绕着软件项目管理(1.12 节)，从软件项目计划、项目控制、组织模式、软件配置管理、风险管理、软件过程能力评估等方面对人员的组织与管理、软件度量、软件质量保证等软件项目中的管理问题进行了阐述。

1.14 习　题

1. 什么是项目？项目有哪些属性？

2. 辨别下面的事情，哪些更像一个项目？

(1) 出版一份报纸。

(2) 结婚。

(3) 为金融部门的计算机系统处理 2000 年问题。

(4) 上课。

(5) 对什么是好的人机接口形式的研究。

(6) 对用户使用计算机系统出现问题的调查。

(7) 社区安保。

(8) 为一个新计算机写一个操作系统。

(9) 为一个机构安装新的 Word 版本。

(10) 每天的卫生保洁。

(11) 造一个跨海隧道。

3. 什么是软件项目？软件项目有哪些属性？

4. 什么是项目管理？

5. 为什么要管理 IT 项目？

6. 简述项目管理的三大约束及其关系。

7. IT 项目有哪些成功的要素？

8. 什么是项目干系人？

9. 简述项目管理知识领域及其关系。

10. 组织对项目干系人有哪些影响？

11. 阐述高层主管的支持对项目的重要性。

12. IT 项目经理需要哪些技能？

13. 简述项目生命周期的特征。

14. 某学院原来属于政府管辖，现在独立办学，但是工资单仍然由政府的计算机中心生成。现在政府对这一服务进行收费，因而学校考虑是否自行采用一个现成的系统来管理这些数据，该项目包含哪些阶段？

15. 为什么要进行项目阶段评审？

16. 软件项目管理主要包含哪些内容？

17. 某研究所人员规模 500 人左右，主要承接部里下达的研究任务和从市场上获取的横向项目。研究所准备实施一个 OA 系统，试分析：项目干系人、项目是目标导向的还是产品导向的、项目阶段、项目目标、项目环境。

18. 试分析以下故事中的项目所存在的错误：

一天，一位年青人被选来“写”一个用在自动化制造设备上的程序。选择他的理由很简单：他是技术小组中唯一参加过编程培训的人。他懂得汇编语言和 FORTRAN 语言，但是他不知道软件工程，更不知道软件计划和跟踪方面的知识。

他的老板给了他一些手册和对系统功能的口头描述。他被告知系统必须在两个月内开发完成。

他读了手册，考虑了他的方法，然后开始编程，两个星期后，老板把他叫到了办公室并问他事情干得怎么样。

“很好”，雄心勃勃的年青的工程师说，“比我想象得要简单的多。我已经接近完成 75%了。”

老板笑了，“真不可思议”，然后他告诉这个年青人继续好好干，在下个星期他将再次会见他。

一个星期后，老板把年青人叫到了办公室，问他进展如何。

“很顺利”，年青人说，“但是我遇到了一些小难题，我将解决它们并且很快就能保持进度。”

“那么，最终日期能保证吗？”老板问。

“没问题，”工程师说，“我已经快完成 90%了。”

如果你在软件界工作了几年，你可以完成这个故事。毫不惊奇，年青人在项目的 90%处停滞不前，直到在别人的帮助下在一个月后完成了项目。

19. (项目管理)制定图书馆软件产品的项目开发计划。

20. (项目管理)制定网络购物系统的项目开发计划。

21. (项目管理)制定自动柜员机的项目开发计划。

第 2 章　可行性分析和项目范围管理

请试着回答以下问题：你会骑自行车吗？你会开车吗？你会修理汽车传动装置吗？你会做面包吗？你会滑雪吗？这门课你能得 A 吗？你能在月球上行走吗？当你在思考这几个问题时，你脑海中可能会迅速地以如下一问一答方式进行某种可行性研究：“你会骑自行车吗？”，“当然会！我上周刚和好朋友一起骑车郊游。”；“你会开车吗？”，“当然啦。今天我就开车送朋友到机场了，汽油又涨价啦。”；“你会修理汽车传动装置吗？”，“开什么玩笑？我连什么是汽车传动装置都不知道。”；“你会做面包吗?”，“没做过。不过照着菜谱和指南我肯定会做。我妈做的好吃极了。”；“你会滑雪吗?”，“试过一次。实在不怎么样，冷得刺骨，花费太高。”；“这门课你能得 A 吗？”，“可能比登天还难。”；“你能在月球上行走吗？”，“有人已经做到了。只要经过训练，我认为我也会。我很期望在月球上行走。”。每天每个人都要做成千上万次可行性分析，有些不假思索，有些则要好好想一想。软件项目在开发之前和开发之中通常要进行一次或多次可行性分析，通过可行性分析来度量开发或实施该项目究竟能给组织带来多大收益。可行性分析是可行性度量的过程。联想集团总裁柳传志曾说：“没钱赚的事我们不干；有钱赚但投不起钱的事我们不干；有钱赚也投得起钱但没有可靠人选的事我们也不干。”柳传志为项目决策设立了上述准则，同时也为可行性分析指明了重点。可行性分析经常在开发过程中不断进行，以不断增进用户信任，衡量项目当前状况。

学习目标

本章概括介绍可行性分析和项目范围管理的基本概念和相关技术。通过本章学习，读者应能够做到以下几点：

(1) 了解可行性分析的主要内容；

(2) 学习项目选择方法，培养作为项目经理的敏锐洞察力；

(3) 学习编写项目章程，制定项目管理计划，学会实施项目范围管理；

(4) 掌握可行性分析的方法和技术，通过初步调查，理解项目目的，规划项目范围，提出建议，并做出结论。

案例：都江堰水利工程

都江堰水利工程位于四川成都平原西部都江堰市西侧的岷江上，距成都 56 公里，建于公元前 256 年，是战国时期秦国蜀郡太守李冰率众修建的一座大型水利工程，是现存的最古老而且依旧在灌溉田畴、造福人民的伟大水利工程。

公元前 256 年秦昭襄王在位期间，蜀郡郡守李冰率领蜀地各族人民修建了都江堰这项千古不朽的水利工程。这项工程主要由鱼嘴分水堤、飞沙堰溢洪道和宝瓶口进水口三大部分和百丈堤、人字堤等附属工程构成，科学地解决了江水自动分流(鱼嘴分水堤四六分水)、自动排沙(鱼嘴分水堤二八分沙)、控制进水流量(宝瓶口与飞沙堰)等问题，消除了水患，使川西平原成为“水旱从人”的“天府之国”。

都江堰水利工程充分利用当地西北高、东南低的地理条件，根据江河出山口处特殊的地形、水脉、水势，乘势利导，无坝引水，自流灌溉，使堤防、分水、泄洪、排沙、控流相互依存，共为体系，保证了防洪、灌溉、水运和社会用水综合效益的充分发挥。

都江堰水利工程最伟大之处是建堰两千多年来经久不衰，而且发挥着愈来愈大的作用。都江堰的修建以不破坏自然资源、充分利用自然资源为人类服务为前提，变害为利，使人、地、水三者高度协调统一。随着科学技术的发展和灌区范围的扩大，从 1936 年开始逐步改用混凝土浆砌卵石技术对渠首工程进行维修、加固，增加了部分水利设施，古堰的工程布局和“深淘滩、低作堰”，“乘势利导、因时制宜”，“遇湾截角、逢正抽心”等治水方略没有改变。都江堰水利工程以其“历史跨度大、工程规模大、科技含量大、灌区范围大、社会经济效益大”的特点享誉中外、名播四方，在政治、经济、文化上都有着极其重要的地位和作用，并成为世界最佳水资源利用的典范。

案例：考勤应用系统的开发背景

W 公司需要开发考勤应用系统(TimeCard Application System, TCAS)，用来记录 W 公司雇员(大约 1000 人)的可记账和不可记账工时，以代替现在的每半个月提交一个 Excel 表格来记录工时的方式，最后这些数据将导出到支付系统并用来产生账单，以计算雇员的工资。

可行性分析是通过对项目的主要内容和配套条件，如市场需求、资源供应、技术路线、设备选型、环境影响、资金筹措和盈利能力等，从技术、经济和工程等方面进行调查研究和比较分析，对项目建成以后可能取得的经济效益、财务及社会环境影响进行预测，从而提出该项目是否值得投资和如何进行建设的咨询意见，是为项目决策提供依据的一种综合性系统分析方法。项目范围管理也就是对项目应该包括什么和不应该包括什么进行相应的定义和控制，其包括：确定项目的需求、定义规划项目的范围、范围管理的实施、范围的变更控制管理以及范围核实等。项目干系人必须在项目要产生什么样的产品方面达成共识，也要在如何生产这些产品方面达成一定的共识。因此可行性分析与项目范围管理密切相关。

2.1　可行性分析

可行性分析的第一步就是确定并排除不可行的软件或系统需求，即使需求是可行的，也可能是不必要的。而且随着项目的进行，条件会发生变化，导致最初可行的项目变成不可行了，这就使得可行性分析成为软件和系统开发整个过程中始终进行着的工作。

可行性分析主要从4个方面进行：操作可行性、技术可行性、经济可行性和进度可行性。图2.1表明了这4个方面。

图2.1 可行性分析的4个方面(这4个方面是可行性分析的主要内容，随着项目的进行条件会发生变化，因此可行性分析是整个项目过程中始终进行着的工作)

可行性分析有时候相当简单，可以在几个小时内完成。但是如果需求包含一个新的软件系统或者要求进行较大的变化，则需要进行更多的事实发现和调查。因此可行性分析付出努力的多少主要取决于需求。例如：如果某部门需要对现存的报表按照不同的顺序进行排序，则分析人员可以很快地确定此需求是否可行，而市场部关于建立新的市场研究系统以预测销售趋势的建议则可能需要更多的分析。在这个事例中，分析人员会针对上述4个方面提出以下问题：

● 从操作的角度考虑这项建议需求合乎需要吗？这是解决问题或抓住机会实现组织目标行之有效的方法吗？

● 这项建议需求在技术上可行吗？具备项目必需的技术和人力资源吗？

● 从经济的角度考虑这项建议需求合乎需要吗？问题值得解决吗？这些需求可以带来可靠的业务收益投资吗？项目成本有哪些？还包括其他的无形因素吗？例如客户满意度、公司形象等。

● 这项建议可能在一个可以接受的时间段内完成吗？

下面就来谈谈可行性分析的4个方面。

2.1.1 操作可行性

操作可行性指目标系统在开发完成后将得到有效的使用。操作可行性用来度量一个特定软件系统在给定环境下的工作性能，如果用户很难使用新系统，则达不到预期的效果。通常在4个可行性中操作可行性最容易遭到忽略、轻视或想当然。例如几年前很多超市安装了“会讲话的”销售终端，结果发现顾客不喜欢让别人听到他们购买的货物名称，出纳员也不喜欢这些会说话的销售终端(因为很容易分心)，现在的销售终端又重新保持沉默。在评价操作可行性时，分析人员需要考虑以下问题：

● 管理人员支持该项目吗？用户支持该项目吗？现有系统很受欢迎并可以高效地使

用吗？用户感觉到需要改变了吗？

- 新系统可能导致工作人员数量的缩减吗？如果是，会对波及到的员工造成什么影响？
- 新系统需要对用户进行培训吗？如果需要，组织准备好培训现有员工的必要资源了吗？
- 用户是从新系统规划开始就参与新系统的开发了吗？
- 新系统对用户提出新的要求或做了操作上的改变了吗？例如，有没有哪些信息无法访问或不产生信息?性能有没有以何种方式下降? 如果有，组织的总体收益是否大于局部的损失?
- 客户经验会产生什么负面的影响吗？是暂时的还是永久的？
- 在组织的形象和声誉方面有什么风险吗？
- 开发进度与组织的其他重要事务冲突吗？
- 需要考虑法律或种族问题吗？

2.1.2　技术可行性

技术可行性指开发、购买、安装或运行软件系统所需要的技术资源。技术可行性用来度量一个特定软件系统技术解决方案的实用性及技术资源的可用性。在评价技术可行性时，分析人员必须考虑以下问题：

- 组织有必要的硬件、软件和网络资源吗？如果没有，在获取这些资源的过程中有什么困难吗？
- 组织有必要的专业技术知识吗？如果没有，能获得吗？
- 目标平台能够充分地满足未来的需要吗？如果不能，可以扩展吗？
- 需要建立原型吗？
- 硬件和软件环境可靠吗？现在或者将来需要和其他组织的信息系统集成吗？能够和客户或供应商操作的外部系统正常交互吗？
- 硬件和软件的结合能够提供适当的性能吗？有明确的期望或设计任务说明吗？
- 系统能够应付未来的交易量和组织的发展吗？

2.1.3　经济可行性

经济可行性指目标系统的利润要高于预算成本。经济可行性用来度量一个特定软件系统解决方案的性价比。毫无疑问，经济可行性常常是 4 者之中最重要的一个。软件和信息系统也被看作公司的资本投资，因此应该进行与其他资本投资相同的投资分析。性价比分析确定给定时间内开发和运行软件系统的费用和财务回报，并对两者进行比较，从经济角度看，当收益超过成本时，系统对公司是有经济价值的，但是价值究竟有多大，这要看管理层的投资观点。软件和系统开发费用主要包括进行运行和维护的成本及设备购置成本，因此分析人员必须考虑下面这些方面：

- 人员，包括 IT 员工和用户；
- 硬件和设备；
- 软件，包括内部自主开发以及从供应商处购买的；
- 正式和非正式的培训；

- 许可证和相关费用；
- 咨询费；
- 设备成本；
- 不开发系统或者项目延期的预算成本。

除了成本还需要评估组织的有形和无形效益以便进行成本估算，从而来确定是否在最初的审查阶段基础上继续实施该项目。

有形效益指能够用金钱来衡量的收益，有形效益来源于增加收入、减少支出。下面是有形效益的一些例子：新的调度系统减少了超时现象；在线包裹跟踪系统改进了服务、减少了操作人员；改进的库存控制系统减少了多余的库存，消除了生产延迟。

无形效益指那些难以用金钱来衡量却对组织非常重要的收益。下面是无形效益的一些例子：用户友好的系统改善了员工的工作满意度；销售跟踪系统为市场决策提供了更多的信息；新的Web站点提升了组织形象。

还必须考虑开发时间表，因为有些效益在系统一投入使用时就会产生，而有的效益可能产生得较晚。

2.1.4 进度可行性

进度可行性指项目可以在可接受的时间范围内完成。进度可行性用来度量一个特定软件系统达成目标的限制时间。有时加快项目进度可能会使项目变得可行，但可能消耗更多的成本，因此分析人员必须考虑时间和成本的相互关系。在评估进度可行性时分析人员必须考虑下面的问题：

- 组织或开发小组能控制影响进度可行性的因素吗？
- 管理人员是否创建了组织的项目时间表？
- 在系统和软件开发过程中必须满足哪些条件？
- 加快进度会引起风险吗？如果会，这些风险可以接受吗？
- 可以采用什么项目管理技术来协调和控制项目？
- 需要任命项目经理吗？

案例：考勤应用系统——可行性分析报告

W公司需要开发考勤应用系统，下面是可行性分析报告的一部分，其中只保留了主要内容。

1 引言

1.1 编写目的

1.2 背景

1.3 参考资料

2 可行性研究的前提

2.1 要求

A. 主要功能

工时登记：雇员可以登记自己的工时信息，管理员可以为请假的雇员登记工时信息。

工时导出：管理员可以导出 XML 格式的工时信息，以便支付系统使用。

辅助信息管理：要完成工时登记，还需要对雇员、客户、项目和收费项目代码等信息提供方便的管理。

其它功能：要有提供用户身份验证、数据备份和恢复以及日志管理等功能。

B. 主要性能

在雇员登记工时信息时，系统必须在 2～3 秒内做出响应。

C. 可扩展性

能够适应应用要求的变化和修改，具有灵活的可扩展性。

D. 安全性

对不同的用户提供不同的功能模块，只有具有权限的用户才能进行操作。有完善的备份机制，如果系统被破坏则能够快速恢复。

2.2 目标

W 公司开发考勤应用系统，以记录 W 公司雇员(大约 1000 人)的可记账和不可记账工时，并将工时数据导入到支付系统(基于 XML 的)用来产生账单。项目要在 7 个月内完成。除了软件开发外还必须升级软件运行的硬件和网络环境。预算是 100 万。

2.3 条件，假定和限定

软件预计寿命：10 年。

进行系统方案选择比较合适的时间：20 天。

硬件条件：添加 PC 机 20 台、服务器 2 台，升级服务器 1 台，扩展局域网，连接 INTERNET。

软件条件：WINDOWS7 操作系统、OFFICE 软件、ORACLE 数据库、浏览器等。

2.4 决定可行性的主要因素

按照软件工程规范研究目前正使用的系统，导出新系统的高层逻辑模型，重新定义问题，提出系统的实现方案，推荐最佳方案，并对推荐的方案进行经济、技术、操作和进度的可行性分析，最后得出系统是否值得开发的结论。

2.5 评价尺度

软件开发费用不能超过 20 万元，开发时间不超过 7 个月，软件应比现在容易操作，响应速度 2～3 秒，搭建系统运行的硬件和网络环境。

3 对现有系统的分析

3.1 工作负荷

随着雇员越来越多，现有的处理方式已明显不能适应目前的庞大数据量，现有系统的工作负荷过大。

3.2 费用开支

由于现有的工时处理方式，数据处理经常出现滞后，影响雇员的工作积极性，急需改进。

3.3 人员

原来的工时处理是通过 Excel 表格的方式来提交，现在需要基于 Internet 的方式来处理，雇员通过浏览器就可以方便地完成，不会造成负担。

3.4 实用性

雇员登记工时的界面设计应该和雇员现在的习惯保持一致。

3.5 局限性

经过分析，原来的工时处理不能及时处理工时信息，因此需要开发新的考勤应用系统，以便支付系统使用。

4 所建议的系统

4.1 处理流程和数据流程

雇员可以填写并编辑当前考勤信息，一旦提交就不允许再修改，这些信息提交后，管理员可以将这些信息导出到 XML 格式的文件中，供支付系统使用，如图 2.2 所示。

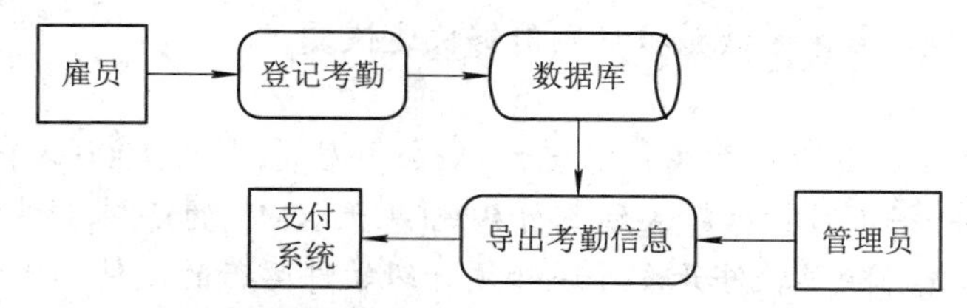

图 2.2 考勤应用系统处理流程(雇员填写考勤信息，管理员导出考勤信息，以便支付系统生成账单)

管理员可以为请假的雇员做同样的事情。

4.2 系统功能框架结构

考勤应用系统主要由设置雇员、设置收费代码、导出工时记录和登记工时等功能组成，如图 2.3 所示。

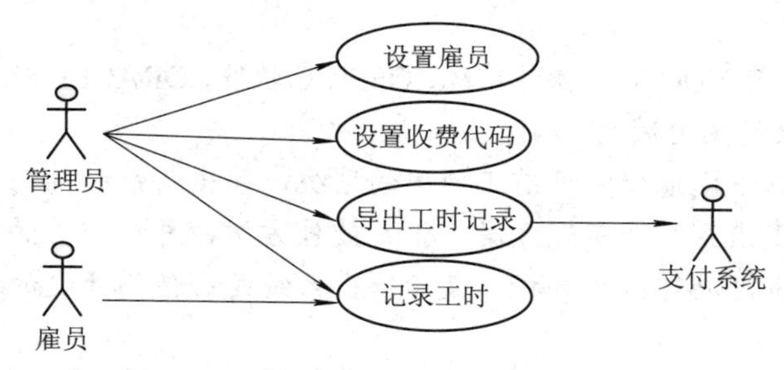

图 2.3 考勤应用系统的功能(考勤应用系统主要由设置雇员、设置收费代码、导出工时记录和登记工时等功能组成)

4.3 系统数据流图

图 2.4 是考勤应用系统的数据流图，全面描述了系统的数据处理逻辑。

图 2.4 考勤应用系统的数据流图(顶层数据流图，显示了雇员、管理员、支付系统与考勤应用系统之间的信息流动)

4.4 使用该系统的一些要求

管理员：维护基本信息，导出工时信息，数据备份和恢复，要求有一定的计算机基础知识及一定的软件维护能力。

雇员：不需要专门的学习即可使用该系统。

4.5 影响

在建立所建议系统时，预期会带来的影响包括以下几个方面。

4.5.1 对设备的影响

建议系统是基于 WINDOWS 操作系统和互联网的，所以需要配备足够符合以上各种软硬件条件的计算机和通信线路。系统失效后服务器端需要利用备份的数据库恢复数据信息，因此要有合理的数据备份策略。

4.5.2 对现有软件的影响

需要确认是否有符合报告列出的软件环境，如果没有则需要购买。

4.5.3 对用户的影响

对用户没有影响。

4.5.4 对系统运行的影响

投入使用前还需改进现有的管理模式。

4.5.5 对开发环境的影响

开发过程需要用户进行密切的配合，准确阐明需求。

4.5.6 对运行环境的影响

现在的系统基于互联网，只要有浏览器就可运行。安全需要特别注意。

4.5.7 对经费支出的影响

除了需要支付开发费用外，每年还需要一定的运行维护费用(见经济可行性分析)。

5 经济可行性分析

5.1 投资成本

1) 一次性支出

(1) 软件开发费用共 20 万元，可外包。其中：本系统开发期为 7 个月，需开发人员 5 人(不一定都是参加满 7 个月)；根据软件系统的规模估算，开发工作量约为 30 人月，每人的月人工费按 5000 元计算，开发费用为 15 万元；雇员、项目等基础信息建立需要 25 人月，每人的月人工费用按 2000 元计算，需 5 万元。

(2) 硬件设备费共 32 万元，其中：计算机 20 台约 12 万元；服务器 2 台约 12 万元，升级服务器 1 台约 1 万元，网络设备费 7 万元。

(3) 外购开发工具、软件环境费用共 8 万元。

(4) 其它费用共 2 万元。

一次性支出总费用：62 万元。

2) 经常性费用

主要是系统运行费用，假设本系统运行期 10 年，每年的运行费用(包括系统维护、设备维护和线路租用等)5 万元，按年利率 5%计算，如表 2-1 所示。

表 2-1　经常性费用估算

年份	将来费用/万元	$(1+0.05)^n$	现在费用值/万元	累计现在费用值/万元
第一年	5	1.05	4.7619	4.7619
第二年	5	1.1025	4.5351	9.2970
第三年	5	1.1576	4.3191	13.6161
第四年	5	1.2155	4.1135	17.7296
第五年	5	1.2763	3.9176	21.6472
第六年	5	1.3401	3.7310	25.3782
第七年	5	1.4071	3.5534	28.9316
第八年	5	1.4775	3.3841	32.3157
第九年	5	1.5513	3.2230	35.5387
第十年	5	1.6289	3.0695	38.6082

系统投资成本总额为：62 + 38.6082 = 100.6082 万元。

5.2 收益

假设投入本系统效率可以提高 50%，按原来雇员每周花在考勤上的时间是 2 小时计算，现在只需要 1 小时，可节省 1 小时，以现有工作人员 1000 人计算，可节省约 25 人的工作量，每人每月平均工资按 2500 元计算，每年节约人员工资 $25 \times 12 \times 0.25 = 75$ 万元/年。按年利率 5% 计算，效益计算如表 2-2 所示。

表 2-2　收 益 估 算

年份	将来收益值/万元	$(1+0.05)^n$	现在收益值/万元	累计现在收益值/万元
第一年	75	1.05	71.4286	71.4286
第二年	75	1.1025	68.0272	139.4558
第三年	75	1.1576	64.7892	204.2450
第四年	75	1.2155	61.7030	265.9480
第五年	75	1.2763	58.7636	324.7116
第六年	75	1.3401	55.9660	380.6776
第七年	75	1.4071	53.3011	433.9787
第八年	75	1.4775	50.7614	484.7401
第九年	75	1.5513	48.3465	533.0867
第十年	75	1.6289	46.0433	579.1300

系统收益总额为：579.1300 万元。

5.3 成本/收益分析

在 10 年内，系统总成本 100.6082 万元，系统总收益 579.1300 万元。

投资回收期：1 + (100.6082 − 71.4286)/68.0272 = 1.43 年；

纯收益：579.1300 − 100.6082 = 478.5218 万元

从经济上考虑，开发本系统是完全可行的。

6 进度可行性分析

(略)

7 社会因素可行性分析

7.1 法律方面的可行性

所有软件都用正版，软件开发由开发方负责，数据信息可保证合法来源。所以在法律方面是可行的。

7.2 用户使用可行性

使用本系统的人员均有一定计算机应用基础，管理员由专业人员担任，除管理员外其他人员不需要培训即可使用新的考勤应用系统，当然经过简单培训效果会更好。

8 结论

项目技术成熟，业务清晰，投资回报利益大，技术、经济、操作、进度、法律方面都是可行的，所以可以开发本系统。

2.2 项 目 选 择

成功的领导会纵观全局，紧紧围绕组织的战略规划来确定什么类型的项目会给组织带来最大的价值。因此作为项目经理要学会鉴别潜在的项目，掌握选择项目的有效方法，从而启动有价值的项目。

2.2.1 项目成因

大多数项目的起点称为项目需求，通常以请求 IT 支持的方式呈现出来。这些需求可能是对现有系统的改进、问题的纠正、旧系统的替换或者是需要一个支持公司当前和未来业务需求的全新 IT 系统的开发。系统需求的主要成因是为客户提供改进的服务、更好的性能、对新产品和服务的支持、更多的信息、更强有力的控制以及减少成本等，如图 2.5 所示。

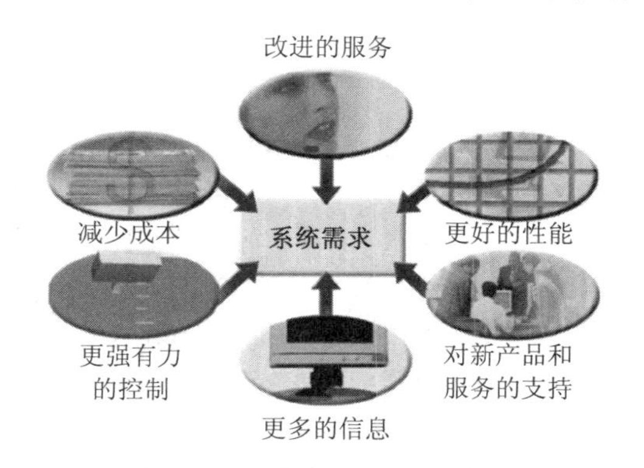

图 2.5　形成系统需求的 6 个主要原因(这些原因促使公司当前和未来业务需求的全新 IT 系统的开发)

除了这 6 个主要的原因之外，影响着公司制定每项企业决策的因素有内部因素和外部因素，IT 项目也不例外，图 2.6 给出了主要的内部和外部因素。

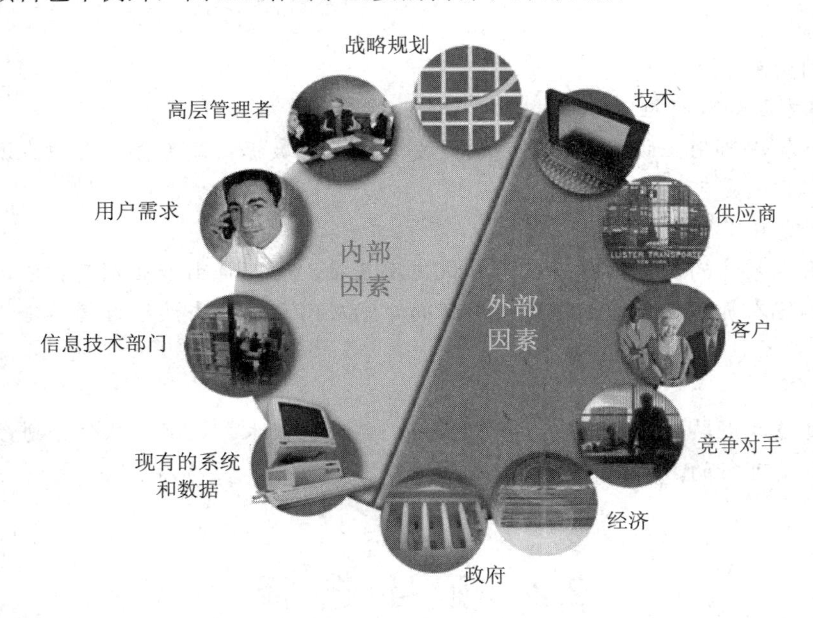

图 2.6 影响 IT 项目的内部和外部因素(内因主要源于组织内部的需求，外因主要指外部的因素和推动)

从图中可以看出：内部因素包括战略规划、高层管理者、用户需求、信息技术部门和现有的系统和数据等；外部因素包括技术、供应商、客户、竞争对手、经济和政府等。

了解项目的主要成因和内外部因素有助于培养敏锐的洞察力，形成全局观，便于鉴别潜在的项目。

2.2.2 识别潜在的项目

项目管理的第一步就是确定要做哪些项目。选择项目可以从战略规划开始，通过业务分析列出潜在的项目，才能开始项目，以及分配资源。图 2.7 给出了选择 IT 项目的 4 个阶段。

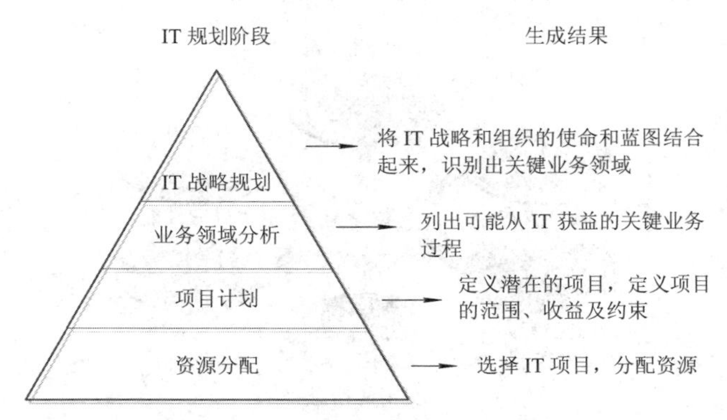

图 2.7 选择项目的规划过程(IT 项目的选择，从 IT 战略规划开始，经过业务领域分析，以确定潜在的目，到选择合适的 IT 项目，并分配相关资源，整个过程必须为组织的整体战略服务)

首先，从 IT 战略规划开始，将 IT 战略规划和组织的整体战略规划相结合。战略规划(Strategic Planning)是指通过分析组织的优势和劣势，研究商业环境中的机遇和威胁，预测未来趋势并预测新产品和新服务的需求，以确定组织的长期目标。SWOT 分析法，即分析优势、劣势、机遇和威胁，常用于辅助战略规划。IT 项目应该支持组织的整体战略规划，因此需要识别出关键业务领域，为组织的整体战略服务。

接下来就要进行业务领域分析，勾勒出达到战略目标所需的核心过程，以确定哪些人将从 IT 项目中获益。

然后开始定义潜在的项目，确定项目的范围、收益及约束。

最后选择要开始哪些项目，开始项目运作，并分配相关资源。

2.2.3　选择项目的方法

有许多 IT 项目的选择方法，如图 2.8 所示。财务评价方法依赖于未来收入与成本的估计，要么包括不确定性要么不包括不确定性。其他方法的评价，不完全依靠未来经济估计，可用于补充或替换金融模型。这些方法可能纯粹是出于战略考虑，也可能会涉及到许多前提，其中包括风险、环境、社会条件等。

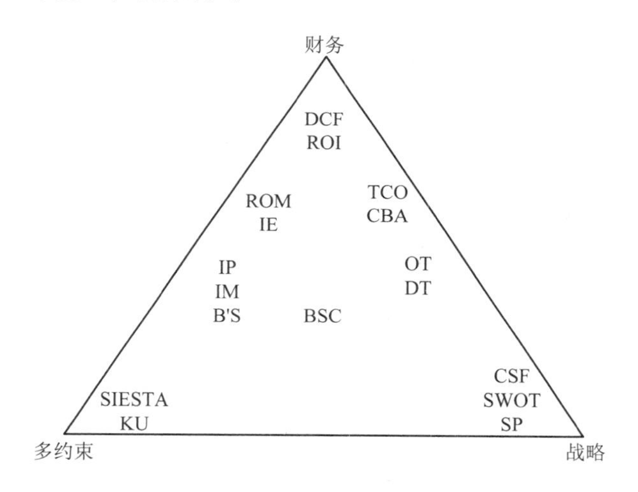

图 2.8　选择项目的方法(IT 项目的选择方法受各种因素的影响，有出于战略因素的考虑，也有依赖财务评价的方法，也可能涉及多种约束)

各缩写代表的方法：B'S—Bedell 方法；BSC—平衡计分卡(Balanced Scorecard)；CBA—成本效益分析(Cost Benefit Analysis)；CSF—关键成功因素(Critical Success Factors)；DCF—贴现现金流(Discounted Cash Flow)；DT—决策树(Decision Trees)；IE—信息经济学(Information Economics)；IM—投资映射(Investment Mapping)；IP—投资组合(Investment Portfolio)；KU—Kobler 单元框架(Kobler Unit Framework)；OT—期权理论(Option Theory)；ROI—投资回报率(Return on Investment)；ROM—返回保证金(Return on Margin)；SIESTA—“午睡”方法(“Siesta” Method)；SP—场景规划(Scenario Planning)；SWOT—SWOT(Strengths Weakness Opportunity Threats)分析法(SWOT Analysis)；TCO—总拥有成本(Total Cost of Ownership)。

组织可能识别出很多潜在的项目作为其战略规划过程的一部分，因此组织需要将这些潜在的项目列表并进行精简，以选择将带来最大收益的项目。选择项目不是精确的科学，却是项目管理中十分关键的部分。图2.8给出了10余种选择项目的技术，下面介绍五种常用的技术：

- 集中在组织的主要需求上；
- 将IT项目分类；
- 进行经济分析；
- 使用权重计分模型；
- 实施平衡记分卡。

在实践中组织常常混合使用多种方法来选择项目，每一种方法都有其优缺点，选择项目的最佳方法由管理层根据组织的特定情况来决定。

1. 集中在组织的主要需求上

高层经理在决定进行什么项目、何时进行、以及将项目进行到何种程度时，必须集中考虑其是否满足组织的某些需求。能够达到组织需求的项目更可能获胜，因为这些项目可能对组织更重要。例如组织的主要需求可能是改善安全性、提高士气、提供更好的通信、或者改善客户服务，然而对很多IT项目来说，实现这样的组织需求往往是很困难的。

基于组织的主要需求来选择项目，一个方法是确定它们是否满足3个重要的标准：需求、资金和意愿，即组织员工是否认为该项目应该做？组织是否愿意并且有能力提供足够的资金来实施该项目？对于该项目的成功是否存在强烈的愿望？例如很多有远见的CEO可能实现一个旨在改善组织某些方面的主要需求，比如通信，尽管他们不知道如何去改善通信，但是他们会向解决这一需求的项目分配资金。随着项目的进展组织必须重新为每一个项目评价需求、资金和意愿，以确定该项目是否该继续、重新定义或者终止。

2. 将IT项目分类

选择项目的另一种方法是基于各种分类法。

一种分类法是评估项目是否对一个问题、机遇或者指示做出响应。

- 问题(Problems)是阻止组织达成其目标的不利的情形。问题可能是现存的也可能是预期的。例如信息系统用户可能会因为系统达到容量极限而出现系统登录故障或者不能及时获取信息的情形。作为响应，组织可能会启动一个项目来增强现有系统，通过增加更多的访问线路、使用更快的处理器、更多的内存或者更大的存储空间来升级硬件。

- 机遇(Opportunities)是改善组织的机会。例如很多项目可能涉及创造一个新产品，该产品可能造就或毁掉整个组织。

- 指示(Directives)是由管理层、政府或者某些外部影响强加的新要求。例如很多项目所涉及的医学技术都必须符合严格的政府要求。

组织会因为上述的任何一种原因而选择项目。通常解决问题或者指示的项目更容易获得批准和资金，因为组织必须对这类项目做出响应以免影响业务。很多问题和指示必须快速地解决，经理们必须进行系统化的思考，寻找IT项目来改善组织能力和扩大机遇。

另一种IT项目的分类法是基于完成项目的时间或者项目必须完成的日期。例如某些项目必须在一个特定的时间段完成。如果它们无法在给定的日期内完成，就不再是有效的项目。有些项目可以很快地完成——在几个星期、几天甚至几分钟。很多组织都有一个终端用户支持部门来处理能很快完成的小项目，尽管很多项目能很快完成，但是把它们按优先次序排列仍然很重要。

第三种项目选择的分类法是考虑整个项目的优先级。很多组织将 IT 项目根据当前的业务状况分为高、中、低不同的优先级。例如，如果快速削减运营费用十分关键，那么对削减费用可能帮助最大的项目将被赋予高优先级。即使完成中、低优先级的项目所需的时间更少，组织也应该首先完成高优先级的项目。通常组织中能够实施的 IT 项目可能比较多，而资源总是有限的，因此从最重要的工作开始无疑是最佳选择。

3. 进行经济分析

经济考虑常常是项目选择过程中一个重要的方面，特别是在财务紧张的时候。很多组织需要在项目进行前通过业务案例分析，而经济预测是业务案例分析中的一个关键组成部分。确定预期的经济价值主要有 3 种基本方法，包括净现值分析、投资回报率和投资回收期分析。项目经理常常要和业务主管打交道，因此必须理解如何用他们的语言来沟通，而他们的语言常常归结为重要的财务概念。

1) 净现值分析

净现值(Net Present Value，NPV)是指投资方案所产生的现金净流量以资金成本为贴现率折现之后与原始投资额现值的差额。大家都知道今天挣的一元钱要比五年后挣的一元钱具有更多的价值。净现值分析是计算预期净货币收益或损失的方法，该方法将投资的未来现金流量全部折现成投资开始时的价值，以计算该投资的净现金流量。假设投资的净现值为正数，代表该投资的结果可以增加企业的价值；反之如果投资评估的净现值为负数，代表此投资会减少企业的价值，不应该被接受。当然净现值为正数仍不代表该接受此投资建议，或许存在其他净现值更高的投资机会。如果经济价值是项目选择的关键评判标准，那么组织就应该只考虑那些 NPV 值为正的项目。在有多项投资提案时，应选择净现值最高的投资提案。在其他因素都一样的情况下，具有较高 NPV 值的项目比具有较低 NPV 值的项目更理想。净现值是多数企业进行投资评估时的依据，因为它将投资期间的所有现金流量纳入考虑，并且以折现后的金额做计算。

图 2.9 为两个不同的项目展示了这一概念。请注意：这个例子从第一年就开始计算折

	A	B	C	D	E	F
1	折现率	10%				
2						
3	项目1	第1年	第2年	第3年	第4年	第5年
4	收益	0	2000	3000	4000	5000
5	成本	5000	1000	1000	1000	1000
6	现金流	-5000	1000	2000	3000	4000
7	NPV	￥2,316.35				
8		↑ 公式=npv(b1, b6:f6)				
9						
10	项目2	第1年	第2年	第3年	第4年	第5年
11	收益	1000	2000	4000	4000	4000
12	成本	2000	2000	2000	2000	2000
13	现金流	-1000	0	2000	2000	2000
14	NPV	￥3,201.41				
15		↑ 公式=npv(b1, b13:f13)				
16						

图 2.9　净现值实例(从项目的净现值可以很好地评价项目的财务情况)

现，并且折现率是 10%。可以用微软 Excel 中的 NPV 函数快速计算 NPV，手工计算的详细步骤可参考相关的资料。请注意首先列出的是预期收益，接着是成本，然后是计算得出的现金流。请注意两个项目的现金流(收益减去成本、或者收入减去开销)之和都是 5000 元。然而两个项目的 NPV 却不同，因为 NPV 还将金钱的时间价值考虑在内了。在第一年中项目 1 有 5000 元的负现金流，而在第一年项目 2 仅有 1000 元的负现金流。尽管在不做折现时两个项目有相同的总现金流，但是这些现金流并没有财务价值的可比性。项目 2 的 3201 元的 NPV 比项目 1 的 2316 元的 NPV 要好。从这个例子中我们可以看到 NPV 分析是一种对持续多年项目现金流的一种公平比较方法。

2) 投资回报率

投资回报率(Return On Investment, ROI)是指通过投资而应返回的价值，也是企业从一项投资性商业活动的投资中得到的经济回报，它涵盖了企业的获利目标。利润和投入的经营所必备的财产相关，因为管理人员必须通过投资和现有财产获得利润。如果你今天投资了 100 元，并且它明年的价值为 110 元，此时投资回报率是(110 元−100 元)/100 元，即 10%。

投资回报率总是以百分比的形式出现，它可能是正值，也可能是负值。计算投资回报率时，最好考虑多年项目的折现成本和收益。

下面是投资回报率的计算公式：

投资回报率 = (折现收益总额 − 折现成本总额)/折现成本总额

投资回报率当然是越高约好。许多组织对于项目都有必要回报率或必要报酬率的要求。必要报酬率是最低可接受的投资回报率。例如组织对于项目提出至少要达到 10%的必要报酬率，而这个数字是组织根据在相同风险下投资在别处期望获得的回报来确定的。还可以通过找到导致项目净现值为 0 的投资回报率来确定内部收益率。

3) 投资回收期分析

投资回收期分析是选择项目时的另一种重要的财务工具。投资回收期(payback period)是指以现金流的方式将在项目中的总投资全部收回的时间。换句话说就是投资回收期分析决定了在不断增长的收益超过不断增长和继续花费的成本时所经历的时间长度。此时净累计收益等于净累计成本，或者净累计收益减去净累计成本等于 0。投资回收期衡量的是收回初始投资的速度的快慢。其基本的选择标准是：在只有一个项目可供选择时，该项目的投资回收期要小于决策者规定的最高标准；如果有多个项目可供选择时，在项目的投资回收期小于决策者要求的最高标准的前提下，还要从中选择回收期最短的项目。

许多组织对于投资回收期的时间有一定的要求，例如会要求所有的 IT 项目在两年之内甚至一年之内达到回收期，而不管净现值和投资回报率如何。

为了便于项目选择，项目经理必须了解组织对项目的经济预测，而且应该注意的是高层经理必须了解财务估算的局限性，特别是对 IT 项目则更是如此。例如对 IT 项目来说很难对项目成本和项目收益进行良好的估算，后面的章节会对成本估算做进一步的研究。

4. 使用权重计分模型

权重计分模型(Weighted Scoring Model)是一种基于多种标准进行项目选择的系统方法。这些准则可能包括许多因素，例如满足整个组织的需求，解决问题、把握机会以及应对指示的能力，完成项目所需的时间限制，项目整体优先级以及项目预期财务指标等。

构建权重计分模型的第一步是识别出项目选择的重要准则。建立并使这些准则达成一致通常要花费很多的时间，进行头脑风暴会议或通过团队活动交流看法有助于这些准则的建立。对 IT 项目而言，有下面一些可选用的准则：

- 支持主要的业务目标；
- 有极具实力的内部发起人；
- 有很强的客户支持；
- 有符合实际的技术；
- 可以在 1 年或更短的时间内得以实施；
- 可提供正的净现值；
- 能在较低的风险水平下满足范围、时间和成本目标。

随后对各个准则赋予权重，当然确定权重需要经过磋商并最后达成一致。这些权重意味着你对每个准则的评价或每个准则的重要程度。可以用百分比表示权重，所有准则的权重总和必须等于 100%。然后可以对每个项目的每一个准则进行评分(如可以从 0～100)，这些分数意味着每个项目达到每个准则的程度。可以通过电子表格软件创建项目、准则、权重和评分矩阵。

计算方法是：∑(单个准则的权重 × 单个准则的分数)＝项目权重得分。

很多老师都使用权重计分模型判定成绩。假设某门功课的成绩由两次作业和两次测验决定。为获取最后成绩，老师需为每一项赋以权重。假设作业 1 占成绩的 10%，作业 2 占成绩的 20%，测验 1 占成绩的 20%，测验 2 占成绩的 50%。学生希望每一项都做好，但应集中精力做好测验 2，因为它占到了成绩的 50%。

也可以通过分值进行评价。例如如果一个项目完全符合主要业务目标，那么可以得 10 分；如果在一定程度上符合，则可以得 5 分；如果与主要的业务目标根本没有关系，则只能得 0 分。运用分值模型可以简单地把所有分值相加，然后选择最好的项目，而不用将权重与得分相乘之后再相加才能得到结果。

在权重计分模型中可以为特定的准则设定最低分值或限值，例如如果某个项目在某个准则上没有达到 50 分(100 分为满分)，该项目将不予考虑。可以在权重计分模型中结合这种类型的最低分值，在项目不符合最低目标时则不予考虑。因此权重计分模型可以用来进行项目的选择。

5. 实施平衡计分卡

平衡计分卡(Balanced Scorecard)是由罗伯特・卡普兰(Robert Kaplan)和大卫・诺顿(David Norton)博士共同开发的一种帮助选择和管理与业务战略一致的项目的方法。平衡计分卡是将组织的价值驱动器(例如用户服务、创新、执行效率和财务指标等)转换为一组定义好的矩阵的方法，组织记录和分析这些矩阵，以确定项目能否很好地帮助他们实现战略目标。通过平衡计分卡协会或其他来源可获得更多有关平衡计分卡如何工作的细节。尽管此概念可专用于 IT 部门，但最好在整个组织中实施平衡计分卡，因为这有助于使业务和 IT 项目保持一致。平衡计分卡协会为组织提供使用该方法的培训和指导，下面是卡普兰和诺顿博士对有关平衡计分卡的说明。

平衡计分卡保留了传统的财务方法，而财务方法给出过去事件的例子，关于行业公司寿命的充分的例子说明投资的长期性和客户关系对于成功并不是最关键的。许多财务方法是不充分的，在指导公司和估计信息有效期的过程中，公司必须通过对用户、供应商管理、雇员、过程、技术和创新来创造未来价值。

综上所述：组织可应用多种方法选择项目。许多项目经理对于组织选择项目实施有自己的看法，即使不使用这些方法，他们仍需要了解将要管理项目的目的和整个业务战略。经常会要求项目经理和项目组成员证明他们项目的合理性，了解这些项目选择方法对他们从事这方面的工作会有帮助。

2.2.4 项目章程

高层管理决定了要做的项目之后，随后一项重要工作是让组织中的所有其他部门都知道这些项目的存在。管理层需要制定正式文件并发放给各个部门和有关人员，以授权项目的开展，这种文件可以有很多形式，但最常用的是项目章程。项目章程(Project Charter)是用来正式确认项目存在并指明项目目标和项目管理的一种文件。项目经理负责使用组织的资源来完成项目，理想情况是在制定项目章程时项目经理起主要作用，也有可能一些组织不使用项目章程，而使用简单的协议函来启动项目，而另一些组织则使用非常长的文件或正式合同的形式启动项目。无论如何主要项目干系人都需在项目章程上签字，以表示已在项目需求和目标上达成一致。

《PMBOK Guide, Fourth Edition》列出了七个项目综合管理过程中的输入、工具与技术和输出，如图 2.10 所示。例如有助于制定项目章程的输入包括下列内容：

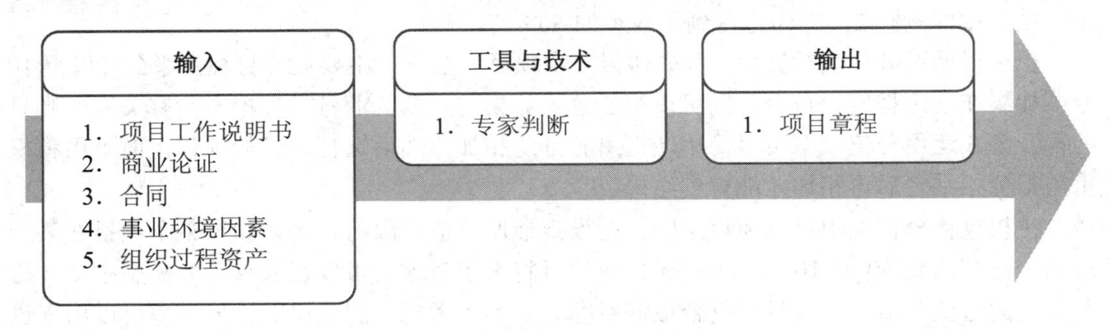

图 2.10 制定项目章程：输入、工具与技术和输出(输入表明了制定项目章程需要的基本信息，工具与技术说明了其采用的主要方法)

工作说明书：工作说明书是说明将要由项目组完成的产品或服务。其通常包括该项目的业务需求说明，产品或服务的要求和特点的综述，以及组织信息，例如显示项目与战略目标一致性的战略计划的适当部分。

商业论证：商业论证或类似文件能从商业角度提供必要的信息，决定项目是否值得投资。为证实项目的价值，在商业论证中通常要包含业务需求和成本效益分析等内容。对于外部项目可以由项目发起组织或客户撰写商业论证。可基于市场需求、组织需要、客户要求、技术进步、法律要求、生态影响、社会需要等方面的一个或多个原因来编制商业论证。在多阶段项目中可通过对商业论证的定期审核，来确保项目能实现其商业利益。在项目生命周期的早期，项目发起组织对商业论证的定期审核也有助于确认项目是否仍然必要。

合同：如果根据合同实施项目，合同应该包括形成好的项目章程所需要的很多信息。有些人可能用合同代替章程，但是相当多的合同是很难读懂的，并且可能经常改动，因此最好还是形成一个项目章程。

环境因素：这些因素包括组织结构、文化、基础设施、人力资源、人事制度、市场状况、干系人的风险承受力、行业的风险信息以及项目管理信息系统。

组织过程资产信息：组织过程资产(Organizational Process Assets)包括正式和非正式的计划、制度、流程、指南、信息系统、财务系统、管理系统、获得的经验教训以及便于在特定组织中人们理解、遵守以及改进业务过程的历史信息。当一个组织在形成项目章程时，该组织如何管理其业务过程、促进学习，以及共享知识还可为其提供重要信息。当制定项目章程时经理应该对正式和非正式的企业计划、制度、流程、指南和供应链管理系统进行审查。

制订项目章程的工具和技术包括项目选择方法、项目管理方法论、项目管理信息系统以及专家决策。前面描述了几种项目选择方法，也已经论述过项目管理方法。专家判断常用于评估制定项目章程的输入，在制订项目章程的过程中可以借助专家判断和专业知识来处理各种技术和管理问题。专家判断可来自具有专业知识或专业培训经历的任何小组或个人，并可通过许多渠道获取。项目管理信息系统是有助于组织和集成整个组织的项目管理信息的自动化工具。除了项目管理软件(例如 Microsoft Project 或类似软件)，项目管理信息系统可包括帮助组织中的人员生成、修改、跟踪和交流项目信息的附加软件。专家决策也是产生项目章程以及执行许多其他项目管理过程的重要方法。

制订项目章程过程的唯一产品是项目章程。尽管项目章程的形式可以有很大的变化，但它应该包括下列基本信息：

- 项目目的或批准项目的原因；
- 可测量的项目目标和相关的成功标准；
- 项目的总体要求；
- 概括性的项目描述；
- 项目的主要风险；
- 总体里程碑进度计划；
- 总体预算；
- 项目审批要求(用什么标准评价项目成功，由谁对项目成功下结论，由谁来签署项目结束)；
- 委派的项目经理及其职责和职权；
- 发起人或其他批准项目章程人员的姓名和职权。

表 2-3 描述了考勤应用系统的项目章程。但是许多内部项目没有项目章程，通常有预算和一般性的指南，但不是正式的、签过字的文档。项目章程通常并不难写，困难的是让人们具有正确的知识和权利来撰写项目章程并签字。如果没有项目章程，项目经理应该与主要干系人(包括高层管理)一起制定项目章程。

案例：考勤应用系统——项目章程

表 2-3 考勤应用系统——项目章程

项目标题：考勤应用系统	
项目开始日期：2012 年 6 月 1 日	项目结束日期：2012 年 12 月 30 日
项目经理：老王	
项目目标：为 W 公司开发考勤应用系统，记录 W 公司雇员(大约 1000 人)的可记账以及不可记账工时，并将工时数据导入到支付系统(基于 XML 的)用来产生账单。项目要在 7 个月内完成，除了软件开发外还必须升级软件运行的硬件和网络环境。预算是 100 万的软硬件成本，其中软件开发费用不超过 20 万元。	
方法： 1. 分析现有的工作方式，进行规划，设计合适的计算机处理流程； 2. 针对 W 公司的基础设施，规划 W 公司的软硬件和网络环境； 3. 开发详细的项目成本估算，报 CIO 审核； 4. 询价； 5. 公司人员应尽可能参与项目的计划、分析、安装等工作。	

角 色 和 责 任

姓 名	角 色	责 任
老谢	CEO	项目投资人，监控项目
老苗	CIO	监控项目，安排人员
老王	项目经理	规划并实施项目
大张	信息部主任	技术指导
小张	软件开发小组负责人	软件开发、调试、安装
老周	人力资源部主任	人员安排
小李	销售部主任	协助软硬件的购买
签名：(略)		
说明： 项目必须在 7 个月内完成，越快越好。——老苗 希望有足够的人员能够参与并支持该项目，而且，项目过程中可能由于某些因素造成的问题，需要加班，以保证最终的交付日期。——老王、大张		

由于不清楚需求和期望的结果导致了许多项目失败，在开始时制定项目章程会有很多好处，例如如果项目经理难以得到项目干系人的支持，就可以求助于对项目章程达成一致的每位人员。在正式确认项目存在之后，下一步工作是准备初步的范围说明书。

2.3 初步的范围说明书

范围说明书(Scope Statement)是项目文档中最重要的文件之一。它正式明确了项目所应该产生的成果和项目可交付的特征，并在此基础上进一步明确和规定了项目干系人之间希望达成共识的项目范围，为未来项目的决策提供一个管理基线。它是防止范围蔓延(scope creep，项目范围逐渐变大的趋势)的重要工具。在进行范围确定前，一定要有范围说明书，因为范围说明书详细说明了为什么要进行这个项目，明确了项目的目标和主要的可交付成果，是项目班子和任务委托者之间签订协议的基础，也是未来项目实施的基础，并且随着项目的不断实施进展，需要对范围说明进行修改和细化，以反映项目本身和外部环境的变化。在实际的项目实施中不管是对于项目还是子项目，项目管理人员都要编写其各自的项目范围说明书。

在项目的启动过程中产生初步的范围说明书，使得整个项目组可以开始重要的讨论并开展关于项目范围的工作，可准备更详细的范围说明书作为项目范围管理的一部分。通常有几个范围说明书的版本，随着项目的进展每个版本都变得更详细，项目干系人从中可获得更多的信息。

范围说明书和项目章程一样，随着项目的类型而不同。复杂的项目有很长的范围说明书，而较小的项目的范围说明书则较短。政府项目通常会有一个被称作工作说明书(SOW)的范围说明，有的工作说明书可以长达几百页，特别是要对产品进行详细说明的时候。总之范围说明书应根据实际情况做适当的调整以满足不同的、具体的项目需要。

初步的范围说明书经常包括项目目标、产品或服务的需求和特点、项目的界限、可交付成果、产品验收标准、项目的条件和约束、项目的组织结构、风险的初始列表、概要的进度里程碑、主要成本的粗略估计、配置管理需求以及批准需求的描述等。表2-4给出了考勤应用系统初步的范围说明书，供大家参考。

案例：考勤应用系统——初步的范围说明书

表2-4　考勤应用系统——初步的范围说明书

<table>
<tr><td colspan="2">项目标题：考勤应用系统</td></tr>
<tr><td>项目开始日期：2012年6月1日</td><td>项目结束日期：2012年12月30日</td></tr>
<tr><td colspan="2">项目经理：老王</td></tr>
<tr><td colspan="2">项目目标：为W公司开发考勤应用系统，记录W公司雇员(大约1000人)的可记账以及不可记账工时，并将工时数据导入到支付系统(基于XML的)，用来产生账单。项目要在7个月内完成，除了软件开发外，还必须升级软件运行的硬件和网络环境。预算是100万的软硬件成本，其中软件开发费用不超过20万元。</td></tr>
<tr><td colspan="2">初步的范围：
1. 服务器：升级可能影响服务器，为支持项目而添加的服务器必须和现有的服务器兼容，如果需要扩展现有的服务器，必须给出扩展方案并报CIO审批，服务器的配置参考附件1，CEO应该在2周内对报告进行审核；
2. 网络：网络升级扩展应该能支持现有的应用和使考勤应用系统正常运行，不能影响现有系统的正常运行，要考虑将来扩展的需要，网络配置参考附件2，方案需要报CIO审批；
3. 正版软件：相关硬件的配套软件需要购买正版软件，配件参考附件3；</td></tr>
</table>

续表

4. 软件开发：开发考勤应用系统，实现考勤记录和信息导出，软件功能需要报 CIO 审批，软件功能参考附件 4，CEO 应该在 2 周内对报告进行审核； 5. 项目将购买 2 台服务器，升级 1 台服务器，构建公司局域网，支持 Web、数据库、应用服务和打印功能，服务器和网络设备的位置及安装参考附件 5。
可交付的成果：考勤应用系统软件和支持系统运行硬件、网络基础设施。
里程碑： 2012 年 7 月 1 日，完成软硬件、网络设备的采购，完成软件开发需求分析工作。 2012 年 8 月 1 日，完成软硬件、网络环境的安装和调试，完成软件开发设计工作。 2012 年 9 月 1 日，完成软硬件、网络环境的试运行，完成软件开发编码工作。 2012 年 10 月 1 日，完成软硬件、网络环境的验收，完成软件开发测试工作。 2012 年 11 月 1 日，完成软件开发系统测试工作。 2012 年 12 月 1 日，完成软件开发系统的试运行。 2012 年 12 月 30 日，完成软件开发系统的验收。

2.4 项目管理计划

项目管理计划是项目的主计划(或称为总体计划)，其确定了执行、监控和结束项目的方式和方法，包括项目需要执行的过程、项目生命周期、里程碑和阶段划分等全局性内容。项目管理计划是其他子计划制定的依据和基础，从整体上指导项目工作的有序进行。

要想创建并整合一个很好的项目管理计划，项目经理必须运用项目集成管理技巧，因为需要来自项目管理知识领域多方面的信息。项目经理与项目团队以及其他的干系人一起工作来创建项目管理计划，将帮助他指导项目的执行并理解整个项目。

2.4.1 制定项目管理计划

制定项目管理计划是对定义、编制、整合和协调所有子计划所必需的行动进行记录的过程。项目管理计划确定项目的执行、监控和收尾方式，其内容会因项目的复杂性和所在应用领域而异。编制项目管理计划，需要整合一系列相关过程，而且要持续到项目收尾，产生的项目管理计划需要通过不断更新来渐进明细，随着项目的进展，这些更新需要由实施整体变更控制过程进行控制和批准。图 2.11 给出了制定项目管理计划的输入、工具与技术和输出。

图 2.11 制定项目管理计划：输入、工具与技术和输出(输入表明了制定项目管理计划需要的基本信息，工具与技术说明了其采用的主要方法)

编制项目管理计划需要整合诸多规划过程的输出。其他规划过程所输出的任何基准和子管理计划都是本过程的输入。此外对这些文件的更新都会导致对项目管理计划的相应更新。从图 2.12 可以发现，项目管理计划和诸多规划过程的关系。

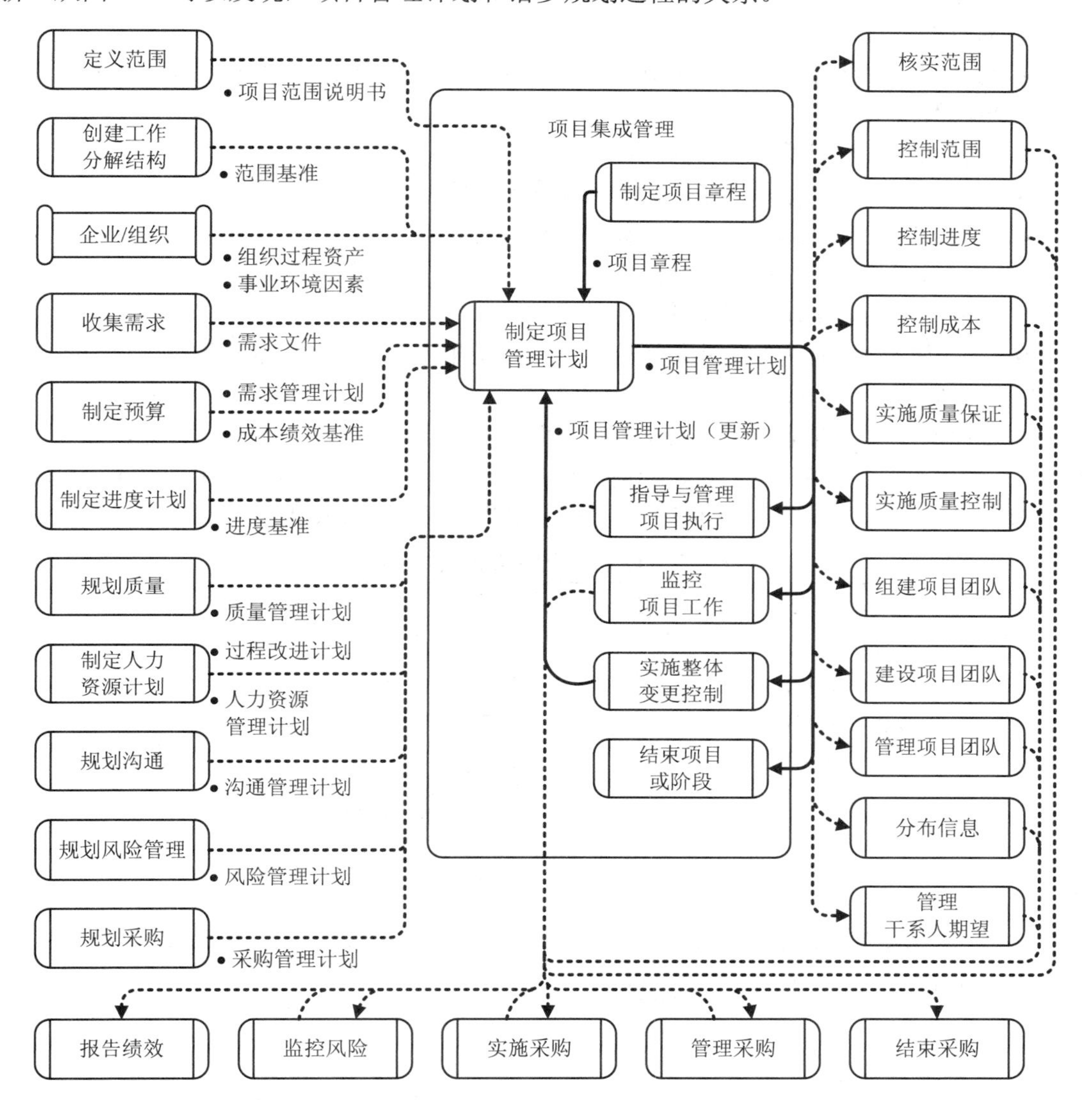

图 2.12 制定项目管理计划的数据流向图(项目管理计划与诸多规划过程密切相关，其他规划过程的输出，都是项目管理计划的输入，而且，项目管理计划控制项目的执行过程，并反过来影响项目管理计划)

2.4.2 项目管理计划的内容

项目管理计划整合了其他规划过程输出的所有子管理计划和基准。项目管理计划包括(但不限于)下列内容：

- 项目所选用的生命周期以及各阶段将采用的过程；
- 项目管理团队进行“剪裁”的结果，包括下列内容：

◆ 项目管理团队所选择的项目管理过程；

◆ 每个所选过程的执行水平；

◆ 对这些过程所需的工具与技术的描述；

◆ 将如何利用所选过程来管理具体项目，包括过程间的依赖关系和相互影响，以及过程的主要输入和输出。

- 如何执行工作以实现项目目标；
- 一份变更管理计划，用来明确如何对变更进行监控；
- 一份配置管理计划，用来明确如何开展配置管理；
- 如何维护绩效测量基准的严肃性；
- 干系人的沟通需求和适用的沟通技术；
- 为处理未决事宜和制定决策而开展的管理层重点审查，以便审查相关内容、涉及程度和时机把握等。

项目管理计划可以是概括的或详细的，也可以包含一个或多个子管理计划，如表 2-5 所示。每个子计划的详细程度取决于具体项目的要求。项目管理计划一旦确定并成为基准，就只有在提出变更请求并经实施整体变更控制过程批准后才能变更。

表 2-5 项目计划大纲包含的内容

1 项目概述	5 详细工作计划
2 范围陈述	6 资源计划
2.1 项目理由	7 风险管理计划
2.2 项目目标	8 质量计划
2.3 假设	9 沟通计划
2.4 关键成功因素	10 变更管理计划
2.5 主要里程碑	11 项目跟踪与控制
3 工作分解结构	12 项目结束
4 项目进度	

项目基准包括(但不限于)下列内容：

- 进度基准；
- 成本绩效基准；
- 范围基准。

子计划包括(但不限于)下列内容：

- 范围管理计划；
- 需求管理计划；
- 进度管理计划；
- 成本管理计划；
- 质量管理计划；
- 过程改进计划；
- 人力资源计划；
- 沟通管理计划；

- 风险管理计划；
- 采购管理计划。

2.5　项目范围管理

项目范围的管理是指对项目应该包括什么和不应该包括什么进行相应的定义和控制。这个过程用于确保项目组和项目干系人对作为项目结果的项目产品以及生产这些产品所用到的过程有一个共同的理解。它由用以保证项目能按要求的范围完成所涉及的所有过程组成，其包括：确定项目的需求、定义规划项目的范围、范围管理的实施、范围的变更控制管理和范围确认等。

2.5.1　什么是项目范围管理

影响项目成功的因素很多，例如用户参与、清晰的业务目的、最小化业务范围和明确的基本需求等都是项目范围管理的组成要素。美国凯勒管理研究生院的项目经理威廉·黎巴(William V. Leban)认为缺少正确的项目范围定义是导致项目失败的主要原因。

软件项目管理最重要也是最难做的一件工作就是确定项目范围。范围(scope)是指开发项目产品过程中包含的所有工作及用来开展工作的所有过程。可交付物(deliverable)指作为项目的一部分而生产的产品。可交付物可以是和产品相关的，例如一件硬件或是软件；也可以是过程相关的，例如计划文档或会议记录。项目干系人必须在项目要产生什么样的产品方面达成共识，也要在如何生产这些产品方面达成一定的共识。

很多项目在开始时都会粗略地确定项目的范围、时间以及成本，然而在项目进行到一定阶段之后往往会变成让人感觉到不知道项目什么时候才能真正结束，要使项目结束到底还需要投入多少人力和物力，整个项目就像一个无底洞，对项目的最后结束谁心里也没有底。这种情况的出现对公司的高层来说是最不希望看到的，然而这样的情况出现并不罕见。造成这样的结果就是由于没有控制和管理好项目的范围。

项目范围管理有 5 个主要过程：

(1) 范围计划包含范围如何确定、验证和控制，以及工作分解结构(Work Breakdown Structure, WBS)如何构造。项目组需要为项目范围控制过程制定项目范围管理计划。

(2) 范围定义包含回顾初始过程中生成的项目章程和初步范围说明书，随着需求的发展在计划过程中增加更多的信息，主要是批准的变更请求。项目范围说明书、项目的变更和项目范围管理计划的更新是范围定义的主要输出。

(3) 创建 WBS 是指将主要的项目可交付成果细分为更小、更易于管理的组件，主要输出包括 WBS、WBS 字典、范围纲要、针对项目提出的变更、项目范围说明书的更新和项目范围管理计划。

(4) 范围确认(Scope Verification)是指对项目范围的正式验收，项目主要干系人，如项目客户和项目发起人等正式验收项目的可交付成果。如果可交付成果不能接受，客户或发起人通常会请求变更，变更会产生促成项目改进的建议。因此范围确认的主要输出是可以接受的可交付成果、请求变更和建议的纠正措施。

(5) 范围控制(Scope Control)是指对项目范围变更的控制。在很多 IT 项目的实施过程中，范围控制都是一个挑战。范围控制包括识别、评估项目范围和在项目进展时执行变更。范围变更总是影响团队的完成项目时间和成本目标，因此项目经理必须仔细地权衡范围变更的成本和收益。范围控制的主要输出包括请求变更、建议的纠正措施、项目范围说明书的更新、WBS 和 WBS 字典、范围基线、项目管理计划和组织过程资产。

失败经验

有这样一个实际案例，一个软件开发的项目进行了两年多之后，项目何时结束还是处于不明确的状态，因为用户不断有新的需求出来，项目组也就要根据用户的新需求不断去开发新的功能。这个项目实际是一个无底洞，没完没了地往下做，项目成员“肥的拖瘦，瘦的拖死”，实在做不下去只能跑了。大家对这样的项目已经完全丧失了信心。

该项目其实就是一开始没有很明确地定义整个项目的范围，在范围没有明确定义的情况下，又没有一套完善的变更控制管理流程，任由用户怎么说，项目成员就怎么做，从而导致整个项目成了一个烂摊子。

成功经验

同样是一个软件开发的项目，比上面案例讲到的项目要小一些，这时候公司已经开始实施 CMM 对软件开发活动进行管理，有相对完善的软件开发管理过程。项目在一开始就先明确用户需求，而且需求基本上都是量化的、可检验的。项目组在公司 CMM 的变更管理过程的框架指导下制定了项目的范围变更控制管理过程，在项目的实施过程中，用户的需求变更都是按照事先制定好的过程执行。

因此这个项目完成得比较成功，项目的时间和成本基本上是在一开始项目计划的完成时间及成本的基础上略有增加。

2.5.2 项目范围管理计划

范围计划是项目范围管理计划中的首要步骤。项目的大小、复杂程度、重要性和其他因素都将影响范围计划所需要投入的精力。举例来说，为资产过亿、公司地点超过 50 个的企业改善整个会计账目系统的项目组应该花一定的时间来做范围计划。与之相对应的，针对只有 5 名雇员的小型会计公司的硬件和软件改善项目就需要小得多的范围计划。无论哪种情况，对项目组来说，决定如何定义范围、制定详细的范围说明书、构造工作分解结构、确定范围和控制每个项目的范围都是十分重要的。

经验

很多金融服务公司应用客户关系管理(Customer Relationship Management, CRM)系统改进他们对于客户的理解和响应。加拿大资金管理公司动态共用基金(DMF)

的高级管理小组发起了 2 个企业级别的国家项目，该项目用来构建和管理企业的客户关系。很快他们发现公司过去开发的项目范围计划和定义都不再适用于该项目。他们需要更加有组织的、高参与度的并且能快速完成的途径。

于是，项目组提出了新的项目范围设计概念，由下面 7 个步骤组成:

(1) 分析项目的环境、干系人和影响中心;

(2) 将项目范围同组织的战略目标和业务挑战结合在一起;

(3) 确定业务可以增加价值的部分;

(4) 研究业务运营单元之间的流程关系;

(5) 制定有效的沟通策略;

(6) 开发项目方法;

(7) 协调新项目和现存的其他已启动项目。

2001 年 6 月，DMF 的客户关系管理的项目成功地完成了以上步骤中的第一个阶段，同年 10 月 DMF 赢得了在加拿大市场中具有世界级的创新电子客户金奖。

范围计划的主要输出是范围管理计划。范围管理计划(Scope Management Plan)是描述项目组如何准备项目范围说明书、如何创建 WBS、如何确定项目可交付成果的完成以及如何控制项目范围变更的需求描述。项目经理应该和项目组成员一起撰写项目范围管理计划，在完成计划草稿之后，应该和项目干系人一起探讨从而确保其方法能够达到预期的目标。

2.5.3 项目范围说明书

项目范围说明书是项目文档中最重要的文件之一。它正式明确了项目所应该产生的成果和项目可交付的特征，并在此基础上进一步明确和规定了项目干系人之间希望达成共识的项目范围，为未来项目的决策提供管理基线。

在进行范围确定前，一定要有范围说明书，因为范围说明书详细说明了为什么要进行该项目，明确了项目的目标和主要的可交付成果，是项目班子和任务委托者之间签订协议的基础，也是未来项目实施的基础，并且随着项目的不断实施进展，需要对范围说明进行修改和细化，以反映项目本身和外部环境的变化。在实际的项目实施中，不管是对项目还是子项目，项目管理人员都要编写项目范围说明书。

具体来看，项目的范围说明书主要应该包括以下三个方面的内容：

(1) 项目的合理性说明。解释为什么要实施该项目，也就是实施该项目的目的是什么。项目的合理性说明为将来评估各种利弊关系提供了基础。

(2) 项目目标。项目目标是所要达到项目期望的产品或服务。确定了项目目标，也就确定了成功实现项目所必须满足的某些衡量标准。项目目标至少应该包括费用、时间进度和技术性能或质量标准。当项目成功地完成时，必须向他人表明项目事先设定的目标均已达到。值得注意的是：如果项目目标不能够被量化，就要承担很大的风险。

(3) 项目可交付成果清单。如果列入项目可交付成果清单的事项一旦被圆满实现，并交付给使用者——项目的中间用户或最终用户，就标志着项目阶段或项目已完成。例如某软件开发项目的可交付成果有能运行的电脑程序、用户手册和帮助用户掌握该电脑软件的交互式教学程序，但是如何才能得到他人的承认呢？这就需要向他们表明项目事先设立的目标均已达到，至少要让他们看到原定的费用、进度和质量均已达到。

表 2-6 给出了考勤应用系统的范围说明书，简单描述了项目的范围说明书包含的内容。

案例：考勤应用系统——范围说明书

表 2-6　考勤应用系统——范围说明书

项目标题：考勤应用系统	
项目开始日期：2012 年 6 月 1 日	项目结束日期：2012 年 12 月 30 日
项目经理：老王	
项目目标：为 W 公司开发考勤应用系统，记录 W 公司雇员(大约 1000 人)的可记账以及不可记账工时，并将工时数据导入到支付系统(基于 XML 的)，用来产生账单。项目要在 7 个月内完成，除了软件开发外还必须升级软件运行的硬件和网络环境。预算是 100 万的软硬件成本，其中软件开发费用不超过 20 万元。	
项目范围： 1. 服务器：升级可能影响服务器，为支持项目而添加的服务器必须和现有的服务器兼容，如果需要扩展现有的服务器，必须给出扩展方案并报 CIO 审批，服务器的配置参考附件 1，CEO 应该在 2 周内对报告进行审核； 2. 网络：网络升级扩展应该能支持现有的应用和使考勤应用系统正常运行，不能影响现有系统的正常运行，要考虑将来扩展的需要，网络配置参考附件 2，方案需要报 CIO 审批； 3. 正版软件：相关硬件的配套软件需要购买正版软件，配件参考附件 3； 4. 软件开发：开发考勤应用系统，实现考勤记录和信息导出，软件功能需要报 CIO 审批，软件功能参考附件 4，CEO 应该在 2 周内对报告进行审核； 5. 项目将购买 2 台服务器，升级 1 台服务器，构建公司局域网，支持 Web、数据库、应用服务和打印功能，服务器和网络设备的位置及安装参考附件 5。	
可交付的成果： 1. 考勤应用系统软件及相关文档； 2. 支持系统运行的硬件、网络基础设施，以及相关的解决方案； 3. 购买的第三方产品。	

2.5.4　工作分解结构

工作分解结构(Work Breakdown Structure, WBS)以可交付成果为导向对项目要素进行分组，归纳和定义了项目的整个工作范围，每下降一层代表对项目工作的定义就更详细。项目可交付成果之所以应在项目范围定义过程中进一步被分解为 WBS，是因为较好的工作分解可以：防止遗漏项目的可交付成果；帮助项目经理关注项目目标和澄清职责；建立可视化的项目可交付成果，以便估算工作量和分配工作；帮助改进时间、成本和资源估计的准确度；帮助项目团队的建立和获得项目人员的承诺；为绩效测量和项目控制定义一个基准；辅助沟通清晰的工作责任；为其它项目计划的制定建立框架；帮助分析项目的最初风险。无论在项目管理实践中，还是在 PMP、IPMP 考试中，WBS 都是最重要的内容之一。WBS 总是处于计划过程的中心，是制定进度计划、资源需求、成本预算、风险管理计划和采购计划等的重要基础，同时也是控制项目变更的重要基础。项目范围是由 WBS 定义的，所以 WBS 也是项目集成的工具。

WBS 是由 3 个关键的名词构成：工作(Work)—可以产生有形结果的工作任务，分解(Breakdown)—是一种逐步细分和分类的层级结构，结构(Structure)—按照一定的模式组织各部分。根据这些概念，WBS 有相应的构成因子与其对应。

1. 结构化编码

编码是最显著和最关键的 WBS 构成因子，用于将 WBS 彻底的结构化。通过编码体系，可以很容易识别 WBS 元素的层级关系、分组类别和特性。而且由于近代计算机技术的发展，编码实际上使 WBS 信息与组织结构信息、成本数据、进度数据、合同信息、产品数据、报告信息等紧密地联系起来。

2. 工作包

工作包(Work Package)是 WBS 的最底层元素，一般的工作包是最小的“可交付成果”，很容易识别出完成它的活动、成本、组织以及资源信息。例如基于 C/S 结构的软件部署工作包可能含有网络拓扑结构、软件系统的安装与升级模式、故障处理等几项活动，包含网络布线施工费用、服务器和客户端软件费用和安装的人工费等成本，过程中产生的报告、检验结果等文档，以及被分配的小组等责任包干信息等。这些组织、成本、进度、绩效信息使工作包乃至 WBS 成为了项目管理的基础。因此用于项目管理的 WBS 必须被分解到工作包层次才能够成为有效的管理工具。

案例：考勤应用系统——工作包成本估算

表 2-7　考勤应用系统——工作包成本估算

<table>
<tr><td colspan="12">项目名称：考勤应用系统</td></tr>
<tr><td colspan="6">WBS：TimeCardWorkflow 需求分析</td><td colspan="6">名称：考勤卡工作流需求分析</td></tr>
<tr><td colspan="12">组织代码：TCAS-SRS-02</td></tr>
<tr><td colspan="4">进度开始：2012 年 6 月 4 日</td><td colspan="4">估计持续时间：2 周</td><td colspan="4">工作日：10</td></tr>
<tr><td colspan="12">每天所需工时数</td></tr>
<tr><td>资源名称</td><td>6/4</td><td>6/5</td><td>6/6</td><td>6/7</td><td>6/8</td><td>6/11</td><td>6/12</td><td>6/13</td><td>6/14</td><td>6/15</td><td>总工时</td></tr>
<tr><td>大张</td><td>2</td><td></td><td></td><td></td><td>2</td><td>2</td><td></td><td></td><td></td><td>2</td><td>4</td></tr>
<tr><td>小张</td><td>2</td><td></td><td></td><td></td><td>2</td><td>2</td><td></td><td></td><td></td><td>2</td><td>4</td></tr>
<tr><td>小周</td><td>8</td><td>8</td><td>8</td><td>8</td><td>8</td><td>8</td><td>8</td><td>8</td><td>8</td><td>8</td><td>80</td></tr>
<tr><td colspan="12">旅行</td></tr>
<tr><td colspan="4">起始：</td><td colspan="4">目的地：</td><td colspan="4">日期：</td></tr>
<tr><td colspan="4">人数：</td><td colspan="8">目的：</td></tr>
<tr><td colspan="12">其他直接成本</td></tr>
<tr><td colspan="2">咨询费：</td><td colspan="10">材料：</td></tr>
<tr><td colspan="12">备注与说明：</td></tr>
<tr><td colspan="6">意见：
日期：</td><td colspan="6">意见：
日期：</td></tr>
</table>

3. WBS 元素

WBS 元素实际上就是 WBS 结构上的“节点”，通俗的理解就是“组织机构图”上的“方框”，这些方框代表了独立的、具有隶属关系和汇总关系的“可交付成果”。经过数十年的总结，大多数组织都倾向于 WBS 结构必须与项目目标有关并且面向最终产品或可交付成果，因此 WBS 元素更适于描述输出产品的名词组成(Effective WBS, Gregory T. Haugan)。很明显：即使不同组织、文化等为完成同一工作所使用的方法、程序和资源不同，但是结果必须相同，必须满足规定的要求。只有抓住最核心的可交付结果才能最有效地控制和管理项目，另一方面，只有识别出可交付成果才能识别内部、外部组织完成此工作所使用的方法、程序和资源。工作包是最底层的 WBS 元素。表 2-8 描述了考勤应用系统的 WBS 元素和活动。

案例：考勤应用系统——WBS 元素和活动

表 2-8 考勤应用系统——WBS 元素和活动

1 项目管理	3 TCAS 设计说明书
1.1 项目开始和结束	3.1 初始 TCAS 设计说明书
1.1.1 开始	3.1.1 编写初始 TCAS 设计说明书
1.1.2 完工	3.1.2 审查初始 TCAS 设计说明书
1.2 项目会议	3.1.3 更新初始 TCAS 设计说明书
1.2.1 准备启动会议	3.2 最终 TCAS 设计说明书
1.2.2 开始启动会议	3.2.1 审查最终 TCAS 设计说明书
1.3 项目报告	3.2.2 批复最终 TCAS 设计说明书
1.3.1 准备中期进展报告	4 TCAS 软件
1.3.2 交付中期进展报告	4.1 TCAS TimeCardWorkflow
2 TCAS 需求说明书	4.1.1 TCAS TimeCardWorkflow 编码
2.1 初始 TCAS 需求说明书	4.1.2 TCAS TimeCardWorkflow 单元测试
2.1.1 编写初始 TCAS 需求说明书	4.2 TCAS TimeCardUI
2.1.2 审查初始 TCAS 需求说明书	4.2.1 TCAS TimeCardUI 编码
/*更新初始 TCAS 需求说明书*/	4.2.2 TCAS TimeCardUI 单元测试
2.2 最终的 TCAS 需求说明书	4.3 集成
2.2.1 审查最终 TCAS 需求说明书	4.3.1 集成系统测试
2.2.2 批复最终 TCAS 需求说明书	4.3.2 完成 TCAS 软件

4. WBS 字典

管理的规范化、标准化一直是众多公司追求的目标，WBS 字典就是这样一种工具，用于描述和定义 WBS 元素的工作文档。字典相当于对 WBS 元素的规范，即规定了 WBS 元素必须完成的工作以及对工作的详细描述，工作成果的描述和相应规范标准，元素上下级关系以及元素成果输入输出关系等。同时，WBS 字典对于清晰的定义项目范围也有着巨大的规范作用，使 WBS 易于理解和被组织以外的参与者(如承包商)接受。WBS 字典通常包括工作包描述、进度日期、成本预算和人员分配等信息；对于每个工作包，应尽可能地包括有关工作包的必要的、尽量多的信息。表 2-9 描述了考勤应用系统的 WBS 字典。

案例：考勤应用系统——WBS 字典

表 2-9　考勤应用系统——WBS 字典

项目名称：考勤应用系统		日期：2012 年 6 月～2012 年 12 月	
WBS 号码：	TCAS-SRS-02	WBS 名称：	考勤卡工作流需求分析
父级 WBS 号码：	TCAS-SRS-01	父级 WBS 名称：	TCAS 需求分析
责任人/组织(如有必要)：小周			
工作描述：考勤卡工作流需求分析包含了与考勤卡登记有关的工作过程，是系统要完成的主要目标之一。			
子级 WBS 号码：	TCAS-SRS-03	子级 WBS 名称：	登录过程需求分析
子级 WBS 号码：	TCAS-SRS-04	子级 WBS 名称：	记录工时需求分析
子级 WBS 号码：	TCAS-SRS-05	子级 WBS 名称：	设置收费代码需求分析
制定人：	批准人：	日期：	
职务：	职务：		

WBS 是一个描述思路的规划和设计工具，将项目的“交付物”自顶向下逐层分解到易于管理的若干元素，帮助项目经理和项目团队确定和有效地管理项目的工作。WBS 清晰地表示各项目工作之间的相互联系，最低层次的项目可交付成果是工作包(Work Package)，具有下列特点：

- 工作包可以分配给一位项目经理进行计划和执行；
- 工作包可以通过子项目的方式进一步分解为子项目的 WBS；
- 工作包可以在制定项目进度计划时，进一步分解为活动；
- 工作包可以由唯一的一个部门或承包商负责，用于在组织之外分包时，称为委托包(Commitment Package)；
- 工作包的定义应考虑 80 小时法则(80-Hour Rule)或两周法则(Two Week Rule)，即任何工作包的完成时间应当不超过 80 小时。在每 80 小时或少于 80 小时结束时，只报告该工作包是否完成。通过定期检查，可以控制项目的变化。

创建 WBS 的过程非常重要，因为在项目分解过程中，项目经理、项目成员和所有参与项目的职能经理都必须考虑该项目的各个方面。下面是制定 WBS 的过程：

- 得到范围说明书(Scope Statement)或工作说明书(Statement of Work)；
- 召集有关人员，讨论项目主要工作，确定项目工作分解的方式；
- 分解项目工作，如果有现成的模板，应该尽量使用；
- 画出 WBS 的层次结构图，WBS 较高层次的一些工作可以定义为子项目或子生命周期阶段；

● 将主要项目可交付成果细分为更小的、更易于管理的成分或工作包，工作包必须详细到可以对该工作包进行估算(成本和历时)、安排进度、做出预算、分配负责人员或组织单位；

● 验证分解的正确性。如果较低层次的项目没有必要，则修改组成成分。如果有必要，建立编号系统。随着其他计划活动的进行，不断地更新或修正 WBS，直到覆盖所有工作。

WBS 的制定没有固定的方法，但一般可以参考下列原则：

● 确保能把每个底层工作包的职责明确地分配到一个成员、一组成员或者一个组织单元，同时应尽量使一个工作细目容易让具有相同技能的一类人承担；

● 根据 80 小时的原则，工作包的时间跨度不要超过 2 周时间，否则会给项目控制带来困难，同时控制的粒度不能太细，否则会影响项目成员的积极性；

● 可以将项目生命周期的各个阶段作为 WBS 的第一层，将每个阶段的交付物作为第二层，如果交付物的组成复杂，则将交付物的组成元素放在第三层；

● 分解时要考虑项目管理本身也是工作范围的一部分，可以单独作为一个细目；

● 对各阶段中存在的共性工作可以提取出来，例如人员培训作为独立的细目；

● 确保能够进行进度和成本估算。

根据 WBS 的特点和创建 WBS 的原则，制定 WBS 可采取基于产品的 WBS、基于过程的 WBS、由输出产品组织的 WBS，或采用其他的组织方式。

基于产品的 WBS 可以清晰地表达产品的各个组成部分及其要完成的工作。其任务明确，有利于项目的组织和管理，如图 2.13 所示。

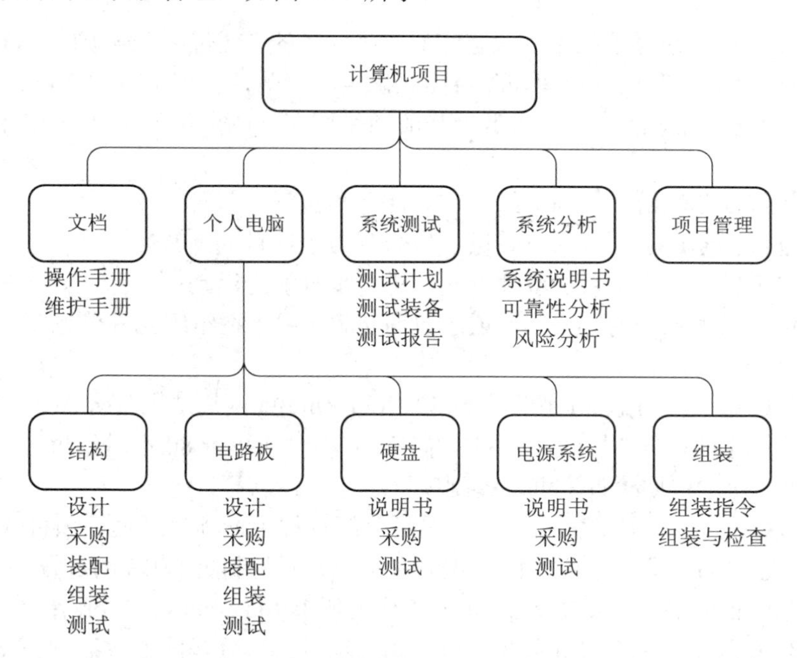

图 2.13　基于产品的 WBS 示例(从产品的各个组成部分及其要完成的工作出发来组织和管理)

基于过程的 WBS 可以清晰地表达项目在各个工程阶段要完成的工作，随着项目的进展来组织和管理相关的工作和任务，如图 2.14 所示。

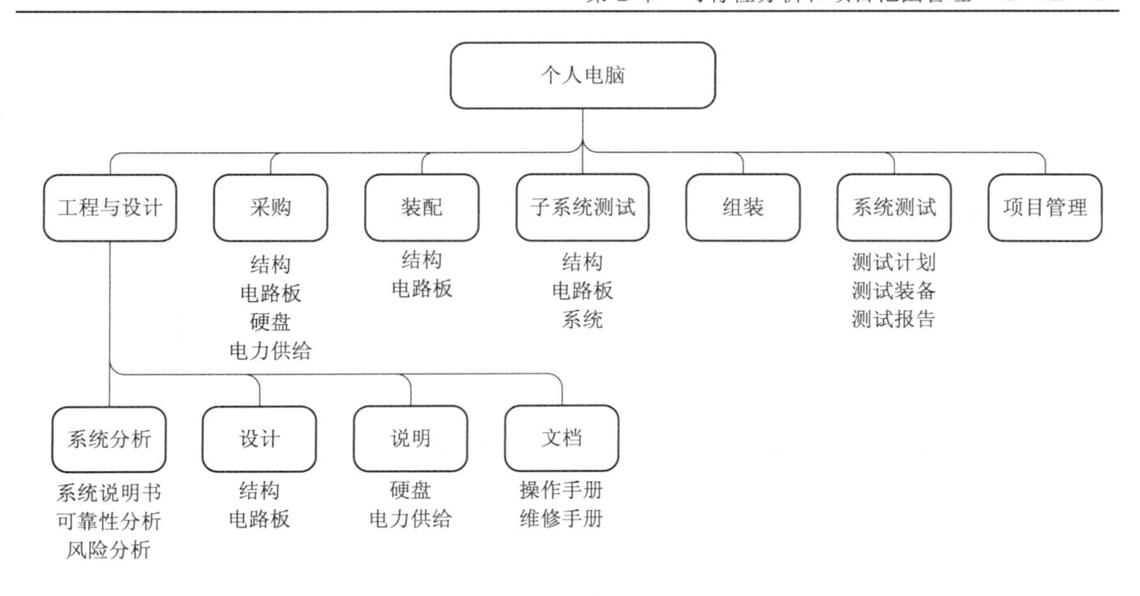

图 2.14　基于过程的 WBS 示例(从各个工程阶段要完成的工作出发来组织和管理)

由输出产品组织的 WBS 可以清晰地表达项目最后要得到的产品，根据最终产品来组织和管理相关的工作和任务，如图 2.15 所示。

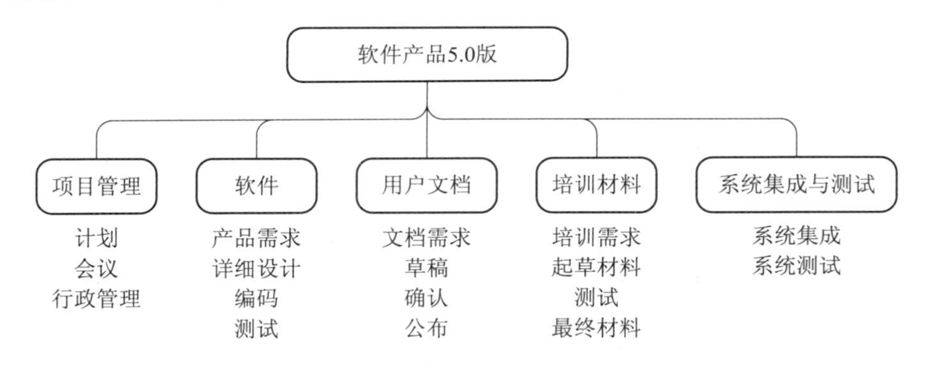

图 2.15　由输出产品组织的 WBS 示例(从最终产品出发来组织和管理)

典型的项目控制系统包括进度、费用、会计等不同的子系统。这些子系统在某种程度上是相互独立的，但是各个子系统之间的系统信息转移是必不可少的，必须将这些子系统很好地集成起来，才能够真正达到项目管理的目的，工作分解结构的应用可以提供这样的手段。在应用 WBS 的系统中各个子系统都利用它收集数据，这些子系统都是在 WBS 字典和编码结构的共同基础上来接受信息的。应用 WBS 字典使所有进入到系统的信息都通过统一的定义方法来得到，这样就可以保证所有收集到的数据能够与同一基准相比较，并使项目工程师、会计师以及其他项目管理人员都参照具有同样意义的信息，这对项目控制的意义是显而易见的。例如许多项目中的典型问题之一是会计系统和进度控制系统不是采用完全相同的分类或编码，但是在组织相同的基础上对成本和进度做出统一、恰当的解释、分析和预测对于项目的有效管理是非常重要的。此外各个子系统之间在 WBS 基础上的共同联系越多，对项目控制就越有益，因为这样可以减少或消除分析中的系统差异。

讨论：WBS

某信息系统项目较为复杂，有许多需要进行的工作，老刘是项目经理，为了更好地制定项目计划，更有效地对项目实施过程进行管理和控制，老刘需要对项目开发过程可能涉及的工作进行分解。老刘的助手对开发过程进行了分解，认为可以划分为 5 大块：确定需求、设计、研发、测试和安装，并列了一个简单的表格。老刘认为，制订 WBS 是项目范围管理中的重要过程，一个详细的工作分解结构对项目管理工作很有好处，但助手的工作分解结构并不完整。老刘组织团队进行了重新分解。

确定需求
初步需求
详细需求
设计
功能设计
系统设计
研发
模块定义
接口定义
程序编码
测试
内部测试
集成测试
报告制定
安装
软件安装
系统调试
培训

案例讨论：

请给出此项目的 WBS(建议分解到三层)。

2.5.5 项目范围确认

创建一个优秀的项目范围说明书和项目的 WBS 是很困难的。但是确认项目范围并最小化范围变化对于 IT 项目来说更加困难。有些项目组从项目开始就知道项目的范围不明确，他们需要和项目客户一起密切合作，设计和生产各种不同的可交付成果。在这种情况下项目组必须开发出针对范围确认的过程，确保客户得到他们想要的，从而满足项目的特定要求，这样项目组能够有足够的时间和资金去制造期望的产品和服务。

有时虽然定义了良好的项目范围，很多 IT 项目还是存在范围蔓延(Scope Creep)—项目范围不断扩大的趋势。历史上有很多故事描述 IT 项目由于范围问题而最终导致失败，因此确认项目范围并开发控制范围变化的过程就变得非常重要。

错在哪里?

项目范围过于宽泛和宏大会导致严重的问题。美国得克萨斯州 FoxMeyer 制药厂就因为范围蔓延和过分强调技术的重要性而破产。在 1994 年，公司的 CIO 发起了 6500 万美元的系统项目，目标是对公司的核心操作进行管理，但是他不愿意将事情做得简单化。公司花费了近 1 千万美元购买了最新的硬件和软件，同时将该管理项目签给了一家名声显赫(也很贵)的咨询公司。项目包括建造一间价值 1800 万美元的机器人仓库，根据业内人士的评论，这间仓库看上去好像科幻电影中描述的一样。项目的范围变得越来越大，也越来越不切实际。精心制作的仓库没有按时完工，新系统导致了错误的订单，使得 FoxMeyer 制药厂在过量运输上遭受了超过 1500 万美元的未收回成本。在 1996 年 7 月，公司为它的第四个财政季度承担了 3400 万美元的费用，并于同年 8 月宣布破产。

还有一种 IT 项目范围问题是缺少用户参与。例如 20 世纪 80 年代末期，专门从事防御电子设备、IT 和高级飞行器、船厂和空间技术生产的公司 Northrop Grumman 成立了一个项目小组，项目小组认为应该设计流程自动审阅政府的建议并通过项目组建造了一个强大的工作流系统管理过程。但是系统的最终用户是空间工程师，他们喜欢工作在特别随意的环境中。他们将该系统评论为“纳粹系统”并拒绝使用。

不按照好的项目管理过程进行和使用非定制的软件通常会导致范围问题。位于加州 Woodland Hill 的 21 世纪保险集团支付了计算机科学公司 1 亿美元用于开发管理业务应用的系统。该系统包括管理保险政策、账单、产权和客户服务。五年之后，这个系统仍然在开发中，并且只能用来支持公司 2002 年全部业务的不到 2%的业务量。企业应用咨询公司(Enterprise Applications Consulting, EAC)的分析师 Joshua Greenbaum 将该项目称为“巨大的灾难”，并同时质疑这家保险公司“管理常见流程”的能力，他说:“我对他们找不到任何非定制的组件或是低风险的途径来建造他们所需要完成的项目感到吃惊”。

范围确认(Scope Verification)是指干系人对于整个项目范围的正式验收。验收通常通过客户审查实现，并在关键可交付成果上签字。要形成正式的项目范围验收，项目组必须就项目产品和过程建立清晰的记录，从而评价该项目是否可以正确地、令人满意地完成。为了最小化范围变更，进行良好的项目范围确认是至关重要的。

范围确认的主要输入是项目范围说明书、WBS 字典、项目范围管理计划以及可交付成果。进行范围确认的主要工具是检查。在工作提交之后，客户、发起人或用户对其进行检查。范围确认的主要输出是被接受的可交付成果、请求变更以及建议的纠正措施。例如假设项目开发的团队成员将采购的计算机作为项目的一部分提交给用户，某些用户可能会抱怨，因为这些计算机没有他们需要的、特殊的、用于车间工作的键盘。适当的人员将评审这一变更请求并采取合适的变更措施，如获得发起人的批准以购买这种特殊键盘。

2.5.6　项目范围变更控制

项目中的变更是不可避免的，特别是 IT 项目中的范围变更。范围控制(Scope Control)涉及对项目范围变更的控制。用户通常对如何呈现屏幕或真正需要什么功能来提高业务绩效并不确定，开发者对如何解释用户需求也不确定，而且他们还需应对不断变化的技术。

范围控制的目标是影响导致范围变更的因素，当变更出现的时候进行管理，确保变更按照变更控制过程来处理。如果范围定义和确认做得不好，就不可能做好范围控制。如果没有对要进行的工作达成一致或发起人没有对提出的工作进行验收，就不可能防止范围蔓延。这就需要开发一个用于请求和监视项目范围变更的过程。

范围控制的主要输入是项目范围说明书、项目范围管理计划、WBS 和 WBS 字典、绩效报告、工作绩效信息以及批准的变更请求。进行范围控制的两个重要工具包括变更控制系统和配置管理，其他工具包括重新规划项目范围和进行偏差分析。偏差(variance)是计划的与实际的效果之间的区别。例如可以衡量成本偏差和进度偏差。范围控制的输出包括请求变更、推荐的纠正措施以及对项目范围说明书、WBS 和 WBS 字典、范围基线、组织过程资产和项目管理计划的更新。

范围确认和控制可以帮助 IT 项目成功，例如用户参与、明确的业务目标、项目范围最小化和明确的基本需求，因此要想避免项目的失败，IT 项目经理和其团队必须对用户的输入进行改进，并同时减少不完善的、变更的需求和规范。

1. 改善用户输入的建议

缺少客户输入的信息将导致管理范围蔓延以及控制变更的问题。如何才能管理好该问题呢?下面是改善用户输入的建议：

● 开发良好的 IT 项目选择过程。所有的项目必须在客户方有一个发起人，该发起人不应该是 IT 部门的，也不应该是项目经理。项目信息(包括项目章程、项目管理计划、项目范围说明书、WBS 和 WBS 字典等)在组织内易于使用，可以避免重复劳动和保证重要的项目有人在做。

● 让用户参与项目组。一些组织要求项目经理来自项目的业务领域而不是 IT 小组。有的组织任命双项目经理管理 IT 项目，一个经理来自 IT 领域，另一个来自主要的业务团体。在大型 IT 项目中用户应全职分派到项目中；在小型 IT 项目中用户以兼职的形式任职。

● 按照指定的日程表召开例会。定期开会给人的感觉是很正常的，然而很多 IT 项目的失败原因就在于项目成员没有能够和用户进行定期的信息交换。他们认为掌握了用户的需求，不需要用户的反馈信息。为了鼓励交互正常进行，用户应该在出席会议的关键可交付成果上签字。

● 经常向用户和项目发起人提交信息。如果是协同软件或是硬件，首先要确认它们能够正常运行。

● 不要承诺在特定时间框架内提交不能提交的物品。确保项目的安排有足够的时间来生产可交付成果。

● 让用户和开发者一起工作。人们通常在彼此接近之后才会互相了解得更加深入，如果用户不能在项目周期内和开发者一起工作，那么也应该专门安排一些时间进行面对面的交流。

2. 减少不完善和变更请求的建议

在 IT 项目中有些变更请求是期望发生的，但是很多项目都有太多的变更请求发生，尤其是项目生命周期后面的阶段出现时，往往难以执行。下面是改善需求变更的建议：

● 制订并遵循需求管理过程，该过程包括初步需求确定程序。

● 使用诸如原型开发、用例建模和联合应用设计等技术来彻底理解客户需求。

● 让所有的需求用纸面文件体现出来，并保持实时更新和有效性。很多工具都可以让这项工作自动完成。例如需求管理工具可以辅助获取和维护需求信息，提供及时的信息访问，并可以在需求和其他工具创建的信息之间建立必要的联系。

● 创建需求管理数据库以管理文档和控制需求。计算机辅助软件工程工具或者其他的技术可以维护项目数据仓库。

● 提供足够的测试来确认项目的产品都可以像预期的那样。在项目生命周期内应该一

直坚持进行测试，以保证项目质量。

● 以系统化的观点采用正式流程来评审提交的变更请求，例如保证需求范围变更，包括相关的成本和进度变更。需求被相应的干系人批准。

● 强调项目完成的日期。

● 为处理变更请求而有针对性地配置资源。

2.5.7　使用软件辅助项目范围管理

项目经理和团队可以使用很多种软件辅助项目范围管理。例如图表可以使用文字处理软件创建范围相关的文件，很多人都会使用电子表格或演示软件开发各种与范围管理相关的不同的表格和图片。项目干系人也会使用不同的通信软件来传送项目范围管理信息，例如 Email 和基于 Web 的应用软件等。

项目管理软件可以帮助开发 WBS，WBS 可以作为开发甘特图、分配资源、分配成本等的基础，当然也可以用项目管理软件生成的模板来帮助创建 WBS。例如 Project 具体使用信息中的项目范围管理部分。同样可以使用很多专业软件辅助项目范围管理。很多 IT 项目使用专门的软件进行需求管理、原型处理、建模和其他与范围相关的工作。由于范围是项目管理的重要组成部分，所以有很多软件产品可用于辅助管理项目范围。

项目范围管理很重要，尤其对 IT 项目而言。选择项目之后，组织必须决定项目要完成的工作计划，将项目分解到可以管理的更小部分中，与项目干系人确认范围，并在范围内管理变更。使用项目范围管理基本概念、工具和方法，可以有助于成功地进行项目范围管理。

2.6　初 步 调 查

系统分析员通过进行初步调查来研究系统需求并建议具体行为。在获得授权继续进行后，分析员与管理人员和用户交流。如图 2.16 所示的模型，分析员收集存在的问题或机遇、项目规模和约束条件、项目利润以及估计的开发时间和成本等事实。初步调查的最终结果是向管理人员提交一份报告。

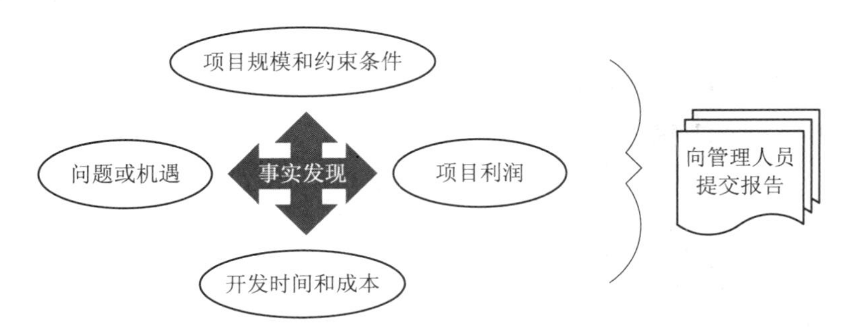

图 2.16　初步调查模型(分析员收集存在的问题或机遇、项目规模和约束条件、项目利润以及估计的开发时间和成本等事实，在这些事实的基础上，向管理人员提交调查报告)

2.6.1 与管理人员和用户交流

在开始初步调查之前系统分析员应该通过备忘录提前通知人们关于调查的事情，并解释该自己承担的角色。应该和主要的管理人员、用户以及IT员工面谈，介绍项目、解释自己的职责、回答问题并邀请大家提出意见。这样就开始了与用户的重要对话，并贯穿于整个开发过程中。

通常系统项目在公司的运作中产生显著的变化，员工可能好奇、关心，甚至反对这些变化。在初步调查阶段遭遇到用户的阻力并不奇怪，员工的态度和反应都很重要，必须慎重对待。

在与用户交流时，应该慎用“问题”一词，因为该词常常产生负面影响。当询问用户有什么问题时，一些用户常常强调当前系统的局限性而非他们期望的新特征或改进。除了重点讨论问题外，应该询问用户需要哪些额外的功能。通过这种方法强调改进用户工作的方法，从而达到自身对操作的充分了解，并可以与用户建立更好的、更积极的关系。

2.6.2 规划初步调查

在初步调查阶段，系统分析员常常遵循一系列步骤，如图2.17所示。具体的程序依赖需求的性质、项目的规模以及紧迫程度。

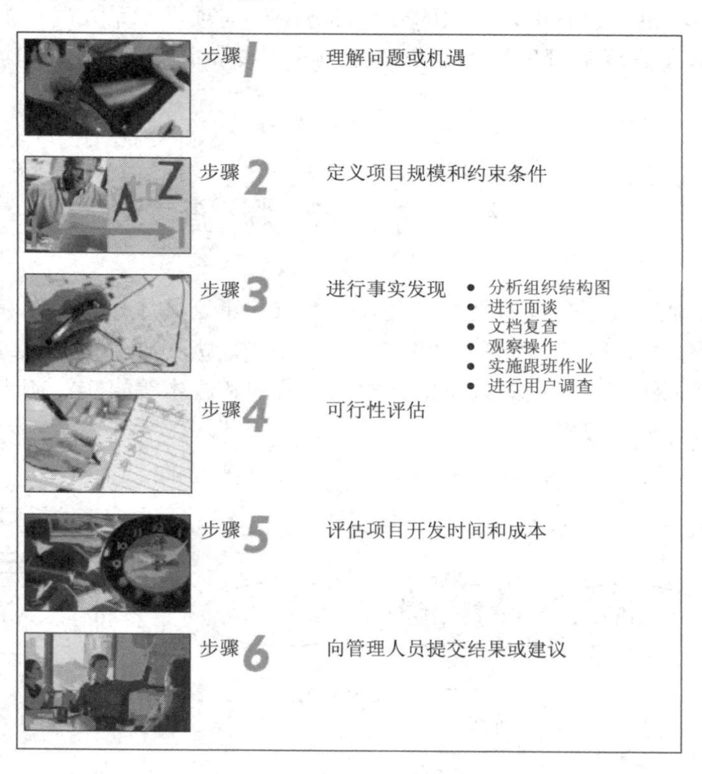

图2.17 初步调查步骤(初步调查常常遵循一系列步骤，具体的程序依赖需求的性质、项目的规模以及紧迫程度)

1. 理解问题或机遇

如果系统需求包含一个新的信息系统或一个对现有系统进行实质性的改变，系统分析员需要开发一个业务框架来描述企业的业务过程和功能。即使需求所包含的是相对较小的变化或改进，也仍然需要理解这些变化将对业务运营和其他信息系统造成怎样的影响。系统中的变化常常对其他系统造成难以预料的影响。当进行系统需求分析时，需要确定将涉及哪些部门、用户以及业务过程。

在许多情况下系统需求并不能暴露出潜在的问题，而只是一些外在的现象。例如检查主机处理延迟的需求可能会暴露不合理的安排习惯，而不是硬件问题；类似地对客户投诉分析的需求可能会暴露出销售代表缺乏培训的问题，而不是产品的问题。

调查原因和效果的一种常用技术称为鱼骨图或石川图，如图 2.18 所示。鱼骨图是一种用图形框架来表示问题的可能原因的分析工具。当使用鱼骨图时，分析员首先阐述问题并画出一个主骨和多个代表问题的可能原因的子骨。在如图 2.18 所示的例子中，问题是“不快乐的工人”，分析员分四个调查领域：环境、工人、管理人员以及机器。在每个领域中，分析员确定了可能的原因，并画出水平的子骨。例如“太热了”是一个可能的环境原因。对于每个原因分析员必须挖掘得更加深入并提出问题：什么原因促使这种现象的发生呢？例如“为什么太热？”，如果回答是空调的功率低，则分析员将此作为“太热了”原因的子骨。用这种方式分析员向图中添加额外的子骨，直到揭示出最根本的原因，而不仅仅是现象。

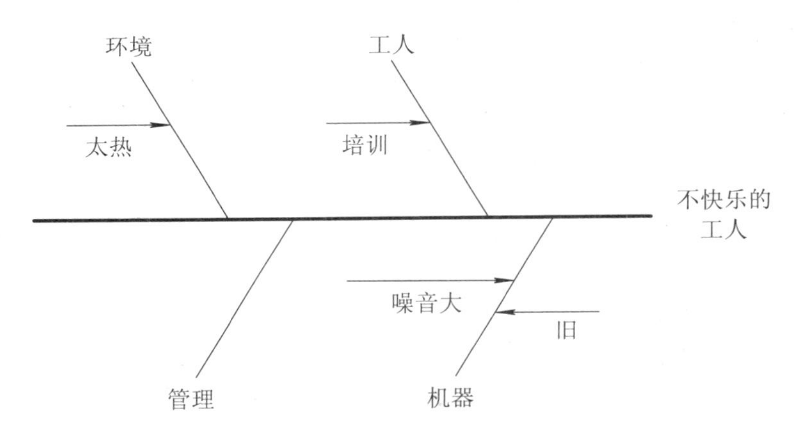

图 2.18　鱼骨图(看上去像鱼骨，问题或缺陷标在“鱼头”外。在鱼骨上长出鱼刺，上面按出现机会多寡列出产生问题的可能原因。鱼骨图有助于说明各个原因之间如何相互影响，也能表现出各个可能的原因是如何随时间而依次出现的，有助于着手解决问题)

Pareto 图是另一种广泛使用的分析问题的原因并为可能的原因排列优先级的工具。由 19 世纪的意大利经济学家 V.Pareto 命名，Pareto 是垂直的条形图，如图 2.19 所示，表示了问题各种原因的条形图按降序排列，以便 IT 小组可以集中力量于最主要的原因。在如图所示的例子中，系统分析员使用 Pareto 图找出库存系统问题的更多原因，以便做出必要的改进。用 Excel 创建 Pareto 图的过程很简单。

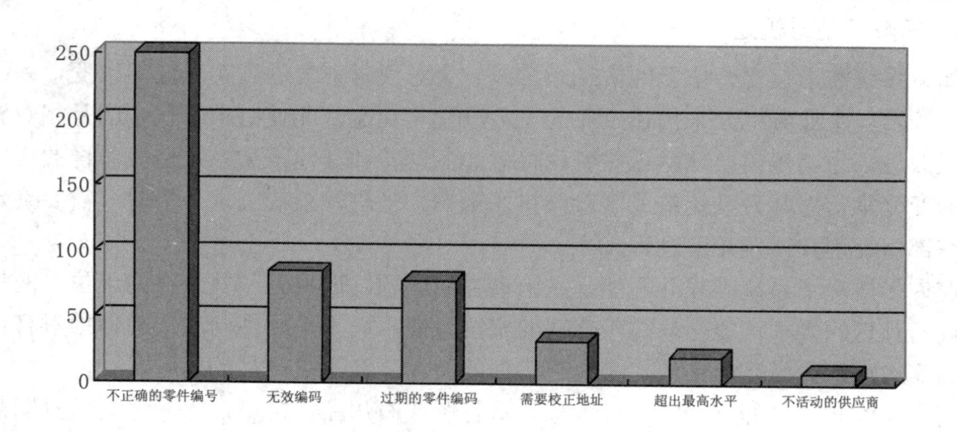

图 2.19 Pareto 图——库存系统错误的起因(Pareto 图来自于 Pareto 定律，该定律认为绝大多数的问题或缺陷产生于相对有限的起因，就是常说的 80/20 定律，即 20%的原因造成 80%的问题)

2. 定义项目规模和约束条件

确定项目规模就是尽可能具体地定义项目边界或广度。例如“薪水清单生成得不够准确”相比较“工厂的第二班产品工人加班费计算不准确”而言就太笼统了；类似地将项目规模描述成“修改应收款系统”就不如“允许客户在线查询财务结算和近期交易”具体。

有些分析员认为创建诸如“必须做、应该做、可以做、不能做”任务列表有助于定义项目规模，该列表可在开发系统需求文档时进行审查。

一般定义的项目规模没有特定的授权，其常面临扩展方面的风险，在开发的过程中称为“项目需求扩展”。为了避免该问题，应该尽可能清晰地定义项目规模，可使用图形模型来表示系统、人以及会影响到的业务过程。项目规模同时也规定了初步调查本身的边界，系统分析员应该将重点集中于即将到来的问题上，从而避免不必要的时间和财力的花费。

在定义项目规模的同时还应该确定系统的约束条件。约束条件指系统必须满足的要求或系统必须达到成果的条件，其包括硬件、软件、时间、政策、法律或成本等，它们同样会影响项目规模。例如如果系统必须运行在现有的硬件上，就成为影响潜在解决方案的一个约束条件；订单处理系统必须接受来自 15 个远程站点的输入；人力资源信息系统必须在雇佣进行的过程中产生统计信息；新的 Web 站点必须在 3 月 1 日之前投入运行。

在检查约束条件时，应该确定它们的特征，如图 2.20 所示。

现在和未来：约束条件是系统开发或修改时必须满足的条件还是在未来的某些时间必须满足的条件？

内部和外部：约束条件是来源于公司内部还是外部的力量，例如政府规章的影响？

强制和期望：约束条件是强制的吗？这些约束必须满足还是仅是预期的最佳结果？

图 2.20 给出了约束条件的 5 个例子。注意每个约束都有 3 个方面的特征，特征由图中的位置以及代表约束条件的符号表示。例 1 中的约束条件是现在的、外部的和强制的，例 2 中的约束条件是未来的、外部的和强制的，例 3 中的约束条件是现在的、内部的和期望的，例 4 中的约束条件是现在的、内部的和强制的，例 5 中的约束条件是未来的、内部的和期望的。

价经济可行性，另外事实发现的结果也有助于对操作、技术以及进度可行性的评估。

5. 评估项目开发时间和成本

为了对下一个开发阶段进行明确的时间和成本估计，应该考虑下列问题：

- 必需的信息是什么？如何收集和分析这些信息？
- 要使用的源信息是什么？在获取信息的过程中会面临什么样的困难？
- 需要面谈吗？要和多少人面谈？进行面谈需要花费多少时间？
- 需要用户调查吗？包括哪些人？完成用户调查需要多少时间？要花多少时间来准备该调查并得到统计结果？
- 分析所收集的信息，利用这些事实和建议，准备一份报告将花费多少？

除了下一阶段的时间和费用评估，还应该提供对项目整体的评估，使得管理人员可以了解整个成本和时间安排。这些评估也许并不能得到确切的数字，但所得时间和成本的大致范围在预测最好和最坏方案时是十分有用的。

6. 向管理人员提交结果或建议

这一阶段有几种选择。你可能发现没有必要采取什么行动，或者发现一些其他的策略是必要的，例如额外的培训等。为了解决少数问题，可以实施一个简单的方案而不是进行更进一步的分析。在其他情形下建议继续进行项目，进入下一阶段。

初步调查的最终任务是向管理人员提交一份报告，确切地说是一份陈述报告，如图 2.22 所示。报告要包含系统需求评价，成本和效益评估，以及提出的建议。

图 2.22　报告会(系统开发中通常需要口头陈述报告)

不同的公司初步调查报告的格式常常是不同的。典型的报告包括以下几个部分：

- 引言。第一部分是报告的概述部分，主要包括对系统简单的介绍、进行调查的个人或团体的名称以及发起调查的个人或团体的名称。
- 系统需求摘要。主要描述系统需求的基础。
- 事实。主要介绍初步调查的结果，包括对项目规模、约束条件以及可行性的描述。
- 建议。根据特定的原因和合理的分析，对下一步要采取的行动提出建议。管理人员将做出最终决策，但IT部门的建议是很重要的因素。

- 项目人员。列出参与项目开发的人员，并介绍每个人员的职责。
- 时间和成本评估。包括开发和安装系统的成本，以及系统使用阶段的总拥有成本。
- 预期的效益。包括预期的有形和无形效益以及产生效益的时间表。
- 附录。如果希望在报告中添加一些支持信息，可以写进附录。例如可以列出进行的面谈、审查的文档以及获取信息的其他来源。但不需要详细报告面谈的过程以及其他文档。关键是保留这些支持事实发现的文档，作为将来的参考。

案例：考勤应用系统

老王参考了W公司和其他创建WBS的指南，召开了一次会议，同三个主要团队领导进行了讨论，为项目如何进行提供输入。他们回顾了几个样例并决定为他们的项目进行分组：基于数据库的更新、获取必要的软件和硬件、安装这些软件和硬件、考勤应用系统软件开发以及项目管理。他们决定基本的方法之后，老王和项目组全部12名成员进行了会晤，他回顾了项目章程和初步的范围说明书，介绍了管理项目范围的基本方法，同时回顾了样例WBS。小张为提出的问题一一做了回答。他让每一个项目领导带领他的组员开始撰写详细的范围说明书以及他们负责的WBS和WBS字典。参与会议的每个人都在分享各自的专业经验以及提问，项目有了一个良好的开端。

讨论：活动排序

您所在的单位刚刚把你分到一个新组建的项目核心班子中去工作，该项目班子最近接管由发展部处理的一个新项目，而当前的责任和权限是先制定一份管理项目的计划，在单位最高层对计划审批后进行实施。

你们班子的所有成员对这个项目的情况缺乏资料，如表2-10所示，只知道该项目很有发展前途，并随着项目规模的扩大还要增加人员。

表2-10　活动排序

序号	管理活动
A	为新工作职位确定资质条件，明确新岗位的关系、权限和责任，并物色合适人选
B	搜集项目信息，确定项目目标
C	识别并分析项目实施所必需的各项工作，制定项目策略(优先次序、先后顺序以及各阶段的时间安排)
D	分析各种实施方案可能产生的不良后果，确定项目实施的基本方案
E	制定备选的项目实施方案
F	制定个人和领导双方均可接受的工作目标
G	根据工作目标和标准评定个人业绩表现
H	对人员进行培训，使其胜任新的工作
I	评价项目进展或项目偏离的程度

案例讨论：

请设计一种方法，充分发挥项目组成员的作用，对表 2-10 描述的管理活动进行排序。

2.7　小　　结

可行性分析是项目开始的前提，本章主要从操作可行性(2.1.1 节)、技术可行性(2.1.2 节)、经济可行性(2.1.3 节)和进度可行性(2.1.4 节)等 4 个方面进行，只有可行的项目才会投入资源进行后续的过程，这里以考勤应用系统的可行性分析为例进行了系统的阐述。随着项目的进行，条件会发生变化，导致最初可行的项目变成不可行的了，这就使得可行性分析成为软件和系统开发的整个过程中始终进行着的工作。在可行性分析之前，作为项目经理，必须掌握选择项目的有效方法，要学会鉴别潜在的项目(2.2.2 节)，选择合适的项目(2.2.3 节)，制定项目章程(2.2.4 节)，从而启动有价值的项目，本章介绍了选择项目的方法和原则。在正式确认项目存在之后，要准备初步的范围说明书(2.3 节)，编制项目管理计划(2.4 节)。项目范围管理包括确定项目的需求、定义规划项目的范围、范围管理的实施、范围的变更控制管理(2.5.6 节)以及范围确认(2.5.5 节)等，在项目早期，要制定项目范围管理计划(2.5.2 节)、编制项目范围说明书(2.5.3 节)、编制 WBS 和 WBS 字典(2.5.4 节)，这些文件在项目管理和实施过程中将逐步演变并细化，WBS 技术是项目管理的一项重要内容。最后，本章介绍了进行可行性分析和项目范围管理所用到的初步调查方法(2.6 节)，通过一系列步骤，对需求的性质、项目的规模以及紧迫程度进行系统的了解，这是项目早期了解和理解项目经常采用的技术和方法。

2.8　习　　题

1. 主要从哪些方面进行可行性分析？这些方面主要解决哪些问题？
2. 影响公司制定企业决策的因素主要有哪些？
3. 如何识别潜在的项目？
4. 有哪些选择项目的方法？常用的有哪几种，其核心思想是什么？
5. 项目章程主要包括哪些内容？
6. 如何制定项目管理计划，项目管理计划包括哪些内容？
7. 什么是项目范围管理？为什么要进行范围管理？
8. 如何编制项目范围管理计划？有哪些技术和方法？
9. 如何规划初步调查？有哪些方法和技术？
10. X 学院考虑替换原来的工资系统，代之以第三方运行的、定制的商品化软件系统，列出成本效益，并对每一项解释如何度量。
11. 某回国人员创办了一家软件公司，该公司瞄准企业信息化市场，拟选定某一产品作为企业发展的基础，请提出项目建议书。

12. 某研究所有人员 400 人左右，主要承担部委下达的纵向课题和从市场上获取的横向课题，研究所领导认为需要加强研究所的信息化建设，请提出项目建议书。

13. (项目管理)制定图书馆软件产品的项目章程、WBS 和可行性分析报告。

14. (项目管理)制定网络购物系统的项目章程、WBS 和可行性分析报告。

15. (项目管理)制定自动柜员机的项目章程、WBS 和可行性分析报告。

第 3 章　开发方法选择

正如任何事物一样，软件也有其孕育、诞生、成长、成熟和衰亡的生长过程，一般称其为“软件生命周期”。软件生命周期一般分为 7 个阶段，即计划、需求、分析、设计、实现、测试、运行和维护。软件开发各个阶段之间的关系不可能是顺序且线性的，应该是带有反馈的迭代过程。在软件工程中软件开发模型用来描述和表示这个复杂的过程。

软件开发模型是跨越整个软件生存周期的系统开发、运行和维护所实施的全部工作和任务的结构框架，并给出了软件开发活动各阶段之间的关系。目前常见的软件开发模型大致可分为下面 2 大类：

- 以瀑布模型(Waterfall Model)为代表的线性开发过程；
- 基于迭代的非线性开发模型，如螺旋模型(Spiral Model)。

对于项目的主要计划，生命周期模型对项目成功的影响和其他计划一样重要。合适的生命周期模型可以使项目流程化，并有助于项目接近目标。如果选择了恰当的生命周期模型就可以提高开发速度、提高质量、加强项目跟踪和控制、减少成本、降低风险或改善客户关系等。选择了错误的生命周期模型，必定会导致工作拖沓、劳动重复、无谓的浪费和遭受挫折。不选择生命周期模型也会导致与选择了错误的生命周期模型同样的结果。

学习目标

本章将介绍生命周期模型并阐述如何选择合适的生命周期模型，通过本章学习，读者应能够做到以下几点：

(1) 在策划项目时考虑待开发系统的特征以便选择合适的方法和技术；

(2) 了解线性开发过程的优劣，学会在合适的场合使用“瀑布”过程模型；

(3) 了解原型方法，学习通过创建合适的原型来降低风险；

(4) 掌握迭代增量式开发技术来降低其他风险的方法；

(5) 识别可以通过使用“敏捷”开发方法消除不必要的组织及障碍的情况；

(6) 学习选择合适的过程模型。

案例：选择效率低下的生命周期模型

Giga-Safe 公司的区域代理商们吵吵嚷嚷地想要升级 Giga-Quote 1.0、改正错误并且修改一些令人厌烦的用户界面上的小问题。在 Randy 的建议下 Giga-Quote 1.0 项目后期调离的 Bill 又重新当上了 Giga-Quote 1.1 项目的项目经理。

“这就是你的任务。”Randy 说，“上次的进度安排出现了很多问题，所以这次你必须按最快的速度来组织项目。原型法是进度最快的方法，让你的团队采用这种方法。”Bill 想了想，觉得挺不错。过几天开会时，他告诉大家要采用原型法。

Mike 是项目的技术负责人，他觉得很惊讶。“Bill，我不同意你的想法。”他说道，“我们有 6 个星期来修改一系列的错误，而且只需要对用户界面作一些小的改变。你用原型干什么呢？”

“我们需要采用原型来提高项目开发速度，”Bill 暴躁地说，“原型法是最新、最快的方法，这就是为什么我要求你采用的原因。还有什么问题吗？”

“好吧，”Mike 说道，“如果那是你想要的，我们会开发一个原型。”

Mike 和另外一个开发人员 Sue，开始开发原型。因为和他们做的现有系统几乎一样，没几天就做出了整个系统的仿制品。

在第 2 周一上班，他们给代理商经理 Jack 演示了原型。“该死！我怎么说服区域代理们用这个东西！”Jack 大声叫道，“和现在的程序相比几乎没有什么改进！区域代理们只不过想要更好用，加上我对一些新的报表有点想法而已。就在这儿，我给你们看看。”Mike 和 Sue 耐心地听着，开完会，Mike 找到了 Bill。

“我们给 Jack 演示了原型，他想增加一些新的报表，而且很坚决。可是我们的工作计划都排满了。”

“我看不成问题。”Bill 说，“他是经理。如果他说要这些报表，就肯定是需要的。你们要做的就是想办法怎么给他们按时做出来。”

“我试试看吧，”Mike 说，“但是我要告诉你的是，如果增加这些报表，我们按时完成任务的机会只有 1%。”

“好吧，反正得做，”Bill 说，“也许采用了原型，工作进展会比你预期的要快。”

两天后，Jack 去了 Mike 的办公室。“我看了那个原型，我想我们还得增加一些数据录入窗口。我昨天在每月的地区代理例会上给一些代理看了你们做的原型，他们有些想法想和你谈谈。我给了他们你的电话号码，希望你别介意。”

后来，Mike 问 Bill 是否该和 Jack 谈谈变更的问题，但是 Bill 说：“不用。”

第二天，Mike 接到了两个参加了地区代理例会的代理的电话。他们想再调整一下系统。接下来的两星期里，他每天接到电话，需要修改的内容累积了一大堆。

他们的项目只有 6 个星期的时间，在第 4 个星期末，Mike 和 Sue 估计他们还有 6 星期的活，却要在两个星期内完成。Mike 又去找了 Bill。“我对你很失望，”Bill 说，“我答应过 Jack 和代理会按他们的要求进行修改。看来你没有很好地利用原型模型，这下麻烦就大了。”

“麻烦早就有了”，Mike 想，“只是没想到竟会落到我的头上。”但是，Bill 还是固执己见。

在第 8 个星期末，Bill 开始抱怨 Mike 和 Sue 工作不够努力。到了第 10 个星期末，Bill 开始每天两次去他们的办公室检查进展情况。快到第 12 个星期末的时候，代理们开始抱怨。于是 Bill 说，“我们得拿点什么东西出来了，就把你们现在已经完成的部分交付给用户吧。”因为新的报表和新的数据录入窗口还没有完成，Mike 和 Sue 中断了开发编码工作，简单地修改了一些原来计划中要修改的主要错误和用户界面上粗糙的地方，就交付了成果。但是他们原计划 6 个星期的时间变成了 12 个星期。

看到这种情形，是不是感到很熟悉？在软件开发过程中经常会遇到这些情况，如何解决呢？这里就来看看如何选择合适的生命周期模型的问题。

3.1　选择技术

内部软件开发通常意味着：

- 开发人员和用户属于同一组织；
- 将正在考虑的应用程序嵌入，使其成为现有计算机系统的一部分；
- 要使用的方法学和技术不是由项目经理来选择，而是由组织内部的标准来规定。

但是软件公司在为不同的外部客户成功地实现的开发项目中，每个项目使用的方法学和技术都要进行单独的评审。这样就需要在项目分析的基础上做出评价，有的组织将这类决策制定过程称为“技术规划”。因此即使是内部项目开发，也要考虑与先前的项目使用不同的方法进行开发的、新项目的具体特征。

通过对项目的分析以选择最合适的方法学和技术。方法学包括像统一软件开发过程(Unified Software Development Process，USDP)、结构化系统分析和设计方法(Structured Systems Analysis and Design Method，SSADM)以及领域驱动的设计(Domain-Driven Design，DDD)等，这些技术包括相应的应用构造和自动测试环境。

与产品和活动一样，选择的技术将影响：

- 开发人员的培训需求；
- 要招聘的员工类型；
- 开发环境(包括硬件和软件环境)；
- 系统维护安排。

因此，要选择某项技术，需要从这几个方面，进行详细分析，下面将阐述如何分析项目以选择合适的技术。

3.1.1　识别项目是目的驱动还是产品驱动

要区别项目的目标是为了生产一种产品，还是为了满足一定目的。一方面，项目可能生产客户规定的产品，客户负责验证该产品；另一方面，项目也可能为了满足一定的目的，有多种方法实现该目的，例如可以开发一个新的信息系统，来改进组织提供的服务，这时作为目的的服务标准是协议的主题，而不是特定信息系统的特征。

很多软件项目有 2 个阶段。第 1 阶段是目的驱动项目，以验证该软件系统能满足需求，是一个推荐活动过程；第 2 阶段实际创建该软件产品，是产品驱动项目，经过第 1 阶段的验证，可以进行规模生产。

理想情况下，项目经理有明确的目的，可以尽可能自由地选择满足目的的方法。例如在一个刚起步的公司中目的可能是要可靠地、准确地给员工支付报酬，并具有较低的管理费用，那么就没有必要在开始时就使用特定的软件解决方案，当然可能存在例外情况。

有时，项目的目的是不确定的或是未达成一致意见的主题。人们可能会遇到各种问题，但没有人知道如何正确地解决这些问题。ICT(Information Communication Technology)专家可能为解决某些问题提供帮助，但是有些问题则需要来自其他领域的专家的帮助，在这种情况下可能需要考虑软系统方法(Soft Systems Methodology, SSM。软系统方法是一项运用系统思考解决非系统问题的定性研究技术，主要用于解决包含大量社会的、政治的以及人为因素的问题)。

识别项目是目的驱动还是产品驱动有助于选择合适的技术。

3.1.2 分析其他项目特征

区别软件项目之间的差异非常重要，因为在某一环境下适用的技术和方法，在另外的情境下就可能不适用了。了解项目特征便于选择合适的技术，通常会回答下面的问题：

- 要实现的系统是面向数据的还是面向过程的？面向数据的(Data-Oriented)系统通常指的是有实际数据库的信息系统；面向过程的(Process-Oriented)系统指的是嵌入式控制系统；同时具备两个要素的系统很少见。前者的系统界面是与组织的接口，例如库存管理系统，是组织管理订购原材料的信息系统；后者的系统界面是与机器的接口，例如空调控制系统，控制建筑物空调设备的嵌入式系统；二者兼具的系统，例如，上面的库存管理系统可以控制一个自动化仓库。有人认为 OO(Object-Oriented)方法更适用于面向过程的系统，在这类系统中控制要比数据库系统重要。
- 要开发的软件是通用工具还是面向特定应用领域的？通用工具的例子有电子表格或字处理程序包，特定应用领域的程序包如航空公司机票预订系统等。
- 要实现的应用程序是不是特殊类型的(已为这类应用程序开发了特定的工具)？例如：
  - 是否包含并发处理？要考虑使用适合这类系统的分析和设计技术。
  - 要创建的系统是不是基于知识的？专家系统都有规则(在应用于某个问题时会产生“专家建议”)，而且有开发这类系统的特定方法和工具。
  - 要产生的系统大量使用计算机图形吗？
- 要创建的系统是不是安全至上的？例如系统中的故障是否会危及人的生命？如果是，测试就非常重要。
- 要创建的系统是用来执行已定义好的服务还是作为一种兴趣和娱乐？如果软件用来娱乐，那么设计和评价会有别于一般的软件产品。
- 要运行的系统的硬件/软件环境的特点是什么？最终软件要运行的环境可以不同于其他开发环境。嵌入式软件可能在大型开发机(有许多支持软件工具，比如编译器、调试器和静态分析工具等)上开发，但是软件要下载到小型处理器上运行。独立的桌面应用程序需要不同于大型机或客户/服务器环境的方法。

3.1.3 识别重要的项目风险

项目开始时，即使忽略许多影响项目的重要因素，管理人员还是期待有详细描述的计划。但是只有在仔细调查用户需求的基础上，才能估计项目需要多少工作量。开始时项目的不确定性越大，项目的风险就越大。但是一旦识别了特定领域的不确定性，就可以采取相应的措施来降低这些不确定性。

项目的不确定性与项目的产品、过程和资源有关。

● 产品不确定性(Product Uncertainty)。对需求的理解如何？用户可能不能确定要构造的信息系统究竟要做什么。例如有些环境变化非常快，以至于表面上准确和有效的需求陈述很快就过时了。

● 过程不确定性(Process Uncertainty)。要开发的项目可能会使用对组织来说完全崭新的方法，开发方法的任何变更都会引入不确定性。例如极限编程(XP)或新的应用开发环境。

● 资源不确定性(Resource Uncertainty)。这里主要指具有合适的能力和经验的人员的可获得性，需要的资源数越多或项目周期越长，隐含的风险就越高。

有些因素增加了不确定性，例如不断地变更需求；而另一些因素增加了复杂性，例如软件规模。因此，需要不同的策略来处理这些截然不同的风险。

3.1.4　考虑与实现有关的用户需求

项目计划人员要保证假设或约束不会影响项目目标，例如开发校园管理系统的确切的规格说明。但是有时这类约束不可避免，比如整个组织要求使用相同的程序包来确保兼容性。

客户组织通常会规定软件承包商必须采用的标准。例如，软件供应商要通过ISO 9000或CMMI认证，这会影响项目的实施方法。

3.1.5　选择生命周期方法

选择项目所使用的开发方法学和生命周期方法会受到前面问题的影响。对很多软件开发人员来说方法的选择很明显，使用过去用过的方法需要注意当前项目与以前项目的异同，并及时做出调整。但是如果开发者开发过去没有接触过的项目，就很有必要研究该项目中要用到的典型方法，这有助于选择最佳解决方案进行软件开发实践。下面是典型系统的解决方案：

● 控制系统(Control System)　实时系统需要使用合适的方法学来实现，具有并发处理的实时系统可能要使用诸如Petri网的技术。

● 信息系统(Information System)　类似地，信息系统需要诸如SSADM或信息工程这样与环境类型相称的方法学。SSADM特别适合于有大量的开发人员需要协同工作的项目，该方法详细规定了每步需要的活动和产品。因此开发组成员要确切地知道期望的是什么。

● 通用工具(General Tool)　如果软件是针对通用市场的，而不是针对特定的应用领域或用户的，就需要考虑诸如SSADM这样的方法学。该方法的制定者做出了有特定用户存在的假设，该方法的有些部分还假设要分析已有的文档来产生新的基于计算机系统的逻辑特征。

● 专用技术(Specialized Technique)　例如已经发明了专家系统外壳和基于逻辑的程序

设计语言来促进基于知识系统的开发。类似地，许多专用技术和工具可用于辅助基于图形系统的开发。

● 硬件环境(Hardware Environment)　系统要在硬件上运行的环境会制约实现该系统的方法。例如快速响应时间或计算机内存受限的需求可能意味着只能使用低级编程语言。

● 安全至上的系统(Safety-critical System)　在安全性和可靠性至关重要的情况下使用诸如 Z 或 VDM 之类表示法的形式化规格说明的额外费用被证明是适用的。实际上，关键的系统要考虑让独立的小组并行开发具有相同功能系统的费用。然后可运行的系统要并行运行并不断进行交叉检测，这称为 n 版本编程。

● 不准确的需求(Imprecise Requirement)　不确定性或新颖的硬件、软件平台意味着应该考虑原型开发方法。如果系统要在其上实现的环境是快速变化的，就特别需要考虑使用增量式交付。如果用户有与项目有关的不确定的目的，也可以考虑使用软系统方法。

3.1.6 技术计划

通过项目分析提出要使用的实际技术需求，这些需求包括额外的活动、软件或硬件的获取或特定人员的培训等。所有这些都隐含着一定的成本，应该正式地记录下来。

软件公司可能会产生初步的技术计划来帮助准备合同的投标。有时将计划展示给客户，以便解释投标价格的依据，并使客户对要使用方法的合理性留下深刻的印象。技术计划主要包含下面内容，如图 3.1 所示。

1. 介绍和概括约束条件
   (1) 待开发系统的特征。
   (2) 项目的风险和不确定性。
   (3) 与实现有关的用户需求。
2. 推荐的方法
   (1) 选择的方法学或过程模型。
   (2) 开发方法。
   (3) 需要的软件工具。
   (4) 目标硬件/软件环境。
3. 开发需求
   (1) 需要的开发环境。
   (2) 需要的维护环境。
   (3) 需要的培训。
4. 有关的问题
   (1) 项目的产品和活动，这会影响进度和人员时间。
   (2) 财务，这个报告用于计算成本。

图 3.1　技术计划内容清单(将这些技术内容展示给客户，以便解释投标价格的依据，使客户对要使用方法的合理性留下深刻的印象)

如果项目的实现成本超过预期的效益，那么项目分析的结果就是放弃项目。

3.2　选择过程模型

软件开发过程模型(Software Development Process Model)是指软件开发全部过程、活动和任务的框架。软件开发包括需求、分析、设计、实现和测试等阶段，有时也包括维护阶段。软件开发过程模型能清晰、直观地表达软件开发全过程，明确定义要完成的主要活动和任务，用来作为软件项目工作的基础。对于不同的软件系统，可以采用不同的开发方法，使用不同的程序设计语言以及各种不同技能的人员参与工作，运用不同的管理方法和手段，并允许采用不同的软件工具和不同的软件工程环境。

最早出现的软件开发模型是 1970 年 Winston Royce 提出的瀑布模型。该模型给出了固定的顺序，将生存期活动从上一个阶段向下一个阶段逐级过渡，如同流水下泻，最终得到所开发的软件产品，从而投入使用。但是瀑布模型存在着缺乏灵活性、无法通过并发活动澄清本来不够确切的需求等缺点。

典型的开发模型有：瀑布模型(Waterfall Model)、渐增模型/演化/迭代(Incremental model)、原型模型(Prototype Model)、螺旋模型(Spiral Model)、喷泉模型(Fountain Model)、智能模型(Intelligent Model)、混合模型(Hybrid Model)等，下面会介绍相关的模型。

计划的主要任务是选择开发方法并把其嵌入到过程模型中。

3.3　交 付 速 度

在软件开发中客户更关心以较低的成本快速交付业务应用程序，应对的方法是快速应用开发(Rapid Application Development, RAD)，RAD 强调快速产生供用户评价的软件原型。

RAD 方法不但使用一些传统开发的基本要素(如逻辑数据结构图)，而且采用联合应用开发(Joint Application Development, JAD)研讨会策略。在研讨会中开发人员和用户一起工作，例如 3～5 天，标识和认可完全文档化的业务需求，研讨会通常在远离常规的业务和开发环境的净室(不受外部干扰的会议室，配备有合适的白板和其他辅助沟通的设备)中进行，这些条件的好处是可加速沟通和磋商，不像传统方法那样要花几周或几个月的时间。

在组织 JAD 会议之前，需要对项目范围定义，以及对包含访谈关键人员、创建初始数据和过程模型在内的初步工作进行计划和执行，JAD 会议的结果可以使用非常传统的方法来实现。

另一种加速交付的方法是减少交付内容，可以将大的项目分解成小的增量来实现，每个增量都快速交付一部分可用的功能。

在软件项目中存在两种竞争压力。一是尽可能快速并廉价地完成工作，二是确保最终产品的结构是健壮的并能满足变化的需要。具体如何开发软件项目，不同的过程模型在交付速度和软件质量方面的表现也各不相同。

3.4 边做边改模型

边做边改模型(Build-and-Fix Model)比较常见，曾被说成是地狱式编程(Code-like-Hell Programming)，也称为编码修正(Code-and-Fix)模型。如果没有项目计划，也没有选择其他生命周期模型，配上一个简略的进度表，也许就不自觉地进行编码，然后修改。

当使用边做边改模型的时候，一般从一个大致的想法开始工作(可能有一个正式的规范，也可能没有)随着客户的需要一次又一次地不断修改软件。在这个模型中开发人员拿到项目立即根据需求编写程序，调试通过后生成软件的第一个版本。在提供给用户使用后如果程序出现错误，或用户提出新的要求，开发人员重新修改代码，直到用户满意为止。图3.2 说明了这种过程。

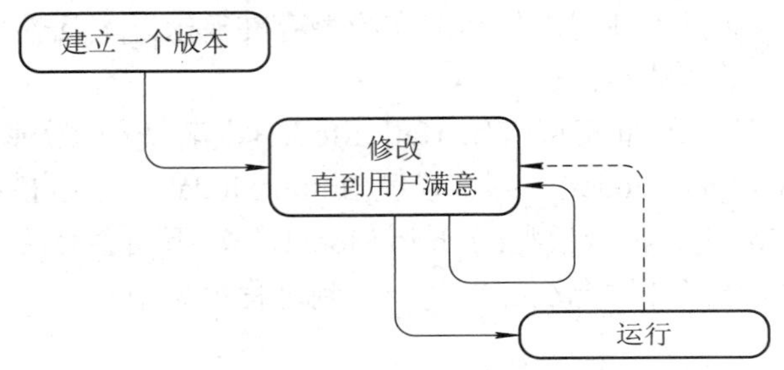

图 3.2　边做边改模型(边做边改模型是一种不规范的模型，比较带见的原因是因为它简单，但是不能起到很好的作用)

边做边改模型有两个好处：第一，不需要什么成本。不需要在除了纯粹编码工作以外的项目计划、文档编制、质量保证、标准实施或任何其他活动中花费时间，直接进入编码阶段，能立即展示进展情况；第二，只需要极少的专业知识。写过计算机程序的人都非常熟悉边做边改模型，任何人都能使用它。

对于一些非常小的、开发完以后会很快丢弃的软件，例如一些小的验证程序、寿命很短的示例或要丢弃的原型，边做边改模型有一定的优势。

对于稍微大一点的项目，采用边做边改模型是很危险的。虽然不需要什么成本，但是也不提供评估项目进展情况的手段。如果干了 3/4 的工作才发现设计时就走错了路，那就别无选择，只能全部重做。使用其他模型可以及早发现这种根本性的错误，减少修改工作的成本。所以除非是无足轻重的小程序，这种生命周期模型在快速开发项目中毫无用处。

3.5 瀑 布 模 型

瀑布生命周期模型是所有生命周期模型的原型，是其他生命周期模型的基础。在瀑布模型中项目从始至终按照一定的步骤从初始的软件概念进展到系统测试。项目在每个阶段结束时进行检查，以判断是否可以开始下一阶段的工作。例如从需求分析到构架设计。如果检查的结果是项目还没有准备好进入下一阶段，那么就停留在当前阶段，直到当前阶段的工作完成为止。

瀑布模型是文档驱动的，主要工作成果是将一个阶段的文档传递到下一个阶段。在纯瀑布模型中，各阶段不连续也不重叠。图 3.3 说明纯瀑布模型是如何工作的。

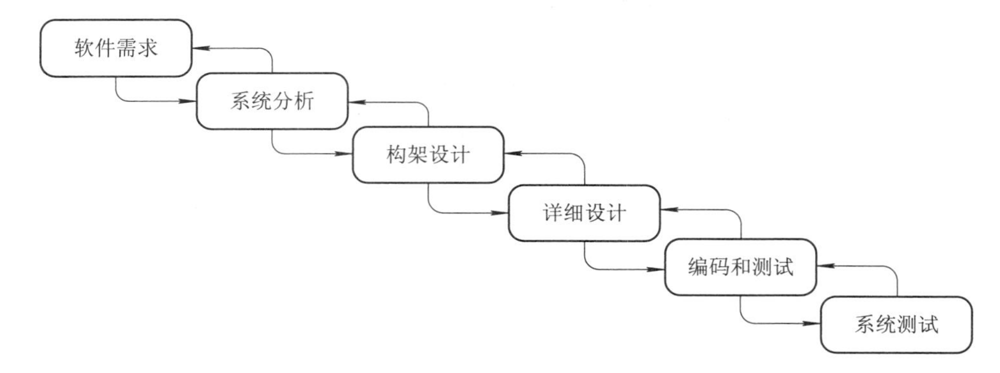

图 3.3　纯瀑布模型(瀑布模型是最著名的生命周期模型，在某些情况下提供了很快的开发速度)

纯瀑布模型能够降低计划管理费用，可以预先完成所有计划。设计之前瀑布模型不提供有形的软件成果，只有到软件集成时，才得到可执行的软件。熟悉的人都明白：文档提供了贯穿生命周期进展过程的充分说明。

当有明确的产品定义和很容易理解的技术解决方案时，纯瀑布模型特别合适。在这种情况下，瀑布模型可以及早发现问题，降低项目的阶段成本，提供开发者渴望的稳定需求。如果要对定义得很好的版本进行维护或将产品移植到一个新的平台上，瀑布生命周期模型是快速开发的恰当选择。

对容易理解但很复杂的项目，采用纯瀑布模型比较合适，这样就可以用顺序的方法处理复杂的问题。在质量需求高于成本需求和进度需求的时候，其表现尤为出色。这样的项目在进展过程中基本不会产生需求变更，因此纯瀑布模型就避免了一个常见的、巨大的潜在错误源。

当开发队伍的技术力量比较弱或缺乏经验的时候，瀑布模型很合适，它为项目提供了一种节省开支、减少浪费的方法。

纯瀑布模型的缺点是在项目开始的时候、在设计工作完成前和在代码写出来之前很难充分地描述需求。

因此，瀑布模型最主要的问题是缺乏灵活性。必须在项目开始时定义全部需求，这恰恰是最难的，也许在开始软件开发工作前就已经花了几个月甚至几年。对于现代商业需求，奖励常常会颁发给在项目结束时实现最主要功能的开发者。正如微软的 Roger Sherman 指出项目开始时确定的最终目标常常无法达到，只能在有限的时间和资源下尽可能地提高可能性。

有人抱怨瀑布模型不允许返回去改正错误，这不完全对。如图 3.3 所示，允许回去，但是很困难。这就是瀑布模型的另一种表现形式——鲑鱼生命周期模型，如图 3.4 所示。

允许逆流而上，结果可能是死路一条！在构架设计的最后阶段，需要做几件事，说明正在完成的工作，如进行设计检查、在正式的构架设计文档上签字等。如果在编码和调试阶段发现一个构架设计的缺陷，很难逆流而上地进行构架改变。

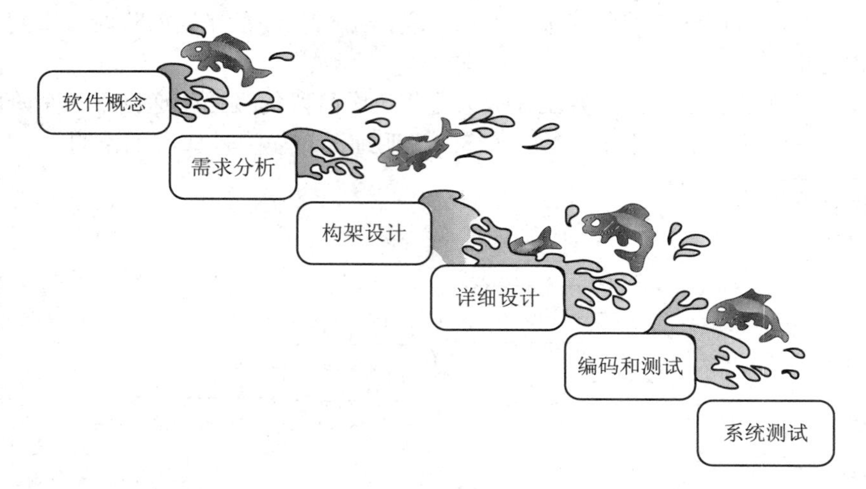

图 3.4 瀑布模型的另外一种形式——鲑鱼生命周期模型(返回不是不可能，只是很困难)

瀑布生命周期模型有明显的弱点。例如如果某些工具、方法和活动跨越了瀑布模型的几个阶段，就很难适应瀑布模型不连续阶段的特性。对需要快速开发的项目，瀑布模型会导致过多的文档。如果保留灵活性，更新文档会成为一项专门的工作。在开发过程中使用瀑布模型能看到的东西很少，直到后期阶段才能看到，这会给人一种开发速度缓慢的印象，用户喜欢看到实在的东西以保证项目能准时完成。

因此纯瀑布模型的缺点是其在面对要求快速开发的项目时捉襟见肘，即便在项目中的优势大于弱点，而有时候经过修改的瀑布模型则表现得更出色。

3.6 瀑布模型的变种

纯瀑布模型中指出的所有活动都是软件开发过程中固有的，无法避开的。以什么方式获取软件概念，从哪里得到需求，即使不用瀑布生命周期模型来收集需求，也要用某种方法来达到目的。同样无法避开构架，也无法避开设计或编码，它们都是软件开发过程的基本活动。

纯瀑布模型的最大的弱点不是活动本身，而在于把它们看做是不连续的、有序的阶段来处理。因此可以进行调整来修正纯瀑布模型的主要弱点，例如可以使阶段重叠，可以减少对文档编制的强调，可以允许更多的后退等。

3.6.1 生鱼片模型

Peter DeGrace 把瀑布模型的一种改进叫做“生鱼片(Sashimi)模型”，是一种允许阶段重叠的瀑布模型，名字来源于日本硬件开发模型(富士通——施乐)。图 3.5 表示了生鱼片模型的基本原理。

传统的瀑布模型在阶段结束时，通过检查就进入下个阶段，否则继续该阶段，阶段间存在最低限度的重叠，生鱼片模型则建议大幅度的重叠。例如，在系统分析完成之前可以进行构架设计和部分详细设计。对很多项目来说，生鱼片模型是一种合理的方法，将注意力集中在开发过程中要干什么，但是，它不太适合严格的、连续的开发计划。

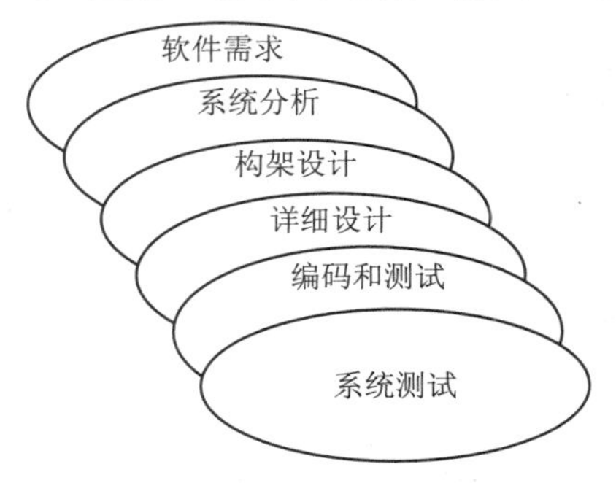

图 3.5　生鱼片模型(将瀑布模型的各个阶段重叠以克服其中的某些弱点，但产生了新问题)

纯瀑布模型中，任意两个阶段交接时，完整的文档从一个团队交给另一个完全隔离的团队。问题是“为什么要这样做？”，如果实施软件需求、系统分析、构架设计、详细设计、编码和测试等阶段的是同一组开发人员，实际上就不需要那么多文档，这样，就可以采用修正后的瀑布模型，以充分减少文档需求。

生鱼片模型也有问题，由于阶段重叠，里程碑很不明确，难以进行精确地过程跟踪。并行执行的活动可能导致无效的沟通、错误的想法以及低下的效率。如果做一个小的、定义的很好的项目，该模型是非常有效的模型。

3.6.2　包含子项目的瀑布模型

从快速开发的观点来看，纯瀑布模型的另一个问题是必须在全部完成构架设计后才能开始详细设计，而在详细设计全部完成后才能进行编码和测试。实际工作中系统的某些部分可能在设计上有独特的地方，而且有些部分以前可能做过很多次，没有什么特别的，为什么仅仅因为在等待一个困难部分的设计而延迟容易执行部分的设计呢？如果构架把系统分成几个逻辑上相对独立的子系统，就允许拆分项目，每个子项目就可以按自己的步调走。图 3.6 说明了这种模型的基本结构。

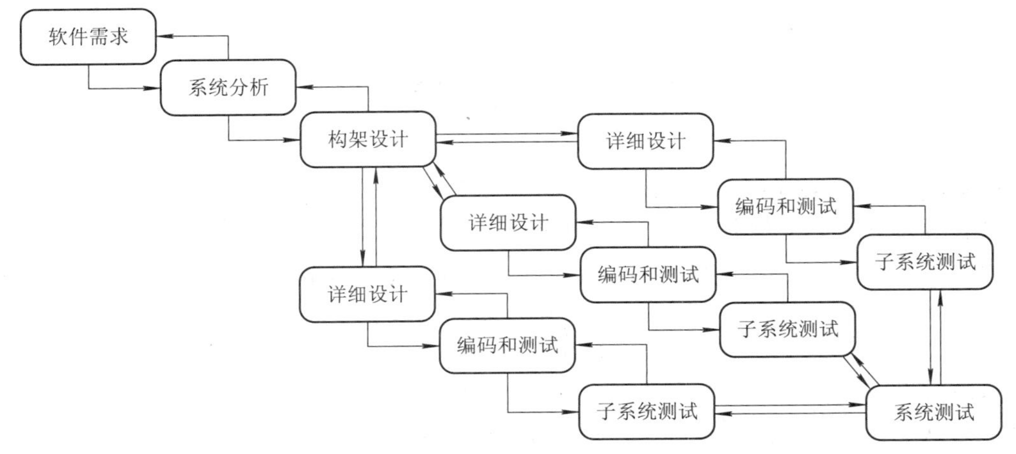

图 3.6　包含子项目的瀑布模型(仔细地计划以允许并行地执行瀑布模型的任务)

包含子项目瀑布模型的主要风险是子系统的相关性无法预料，这可以在构架时或等到详细设计之后，通过把项目分解成子项目来排除部分依赖性。

3.6.3 可以降低风险的瀑布模型

瀑布模型的另一个弱点是要求在开始构架设计之前，完整地定义需求。虽然看起来很有道理，但在实际工作中是比较困难的。因此稍微改变一下瀑布模型，即在瀑布模型的顶端引入降低风险的螺旋(Spiral)以便处理需求风险。也可以先开发一个用户界面原型，或采用系统故事板(System Story Board)，引导用户提出需求，记录用户与原系统的交互操作情况，或采用其他获取用户需求的方式。

图 3.7 表明了能够降低风险的瀑布模型。软件需求、系统分析和构架设计用阴影表示，以指出它们是在降低风险阶段而不是在瀑布阶段。

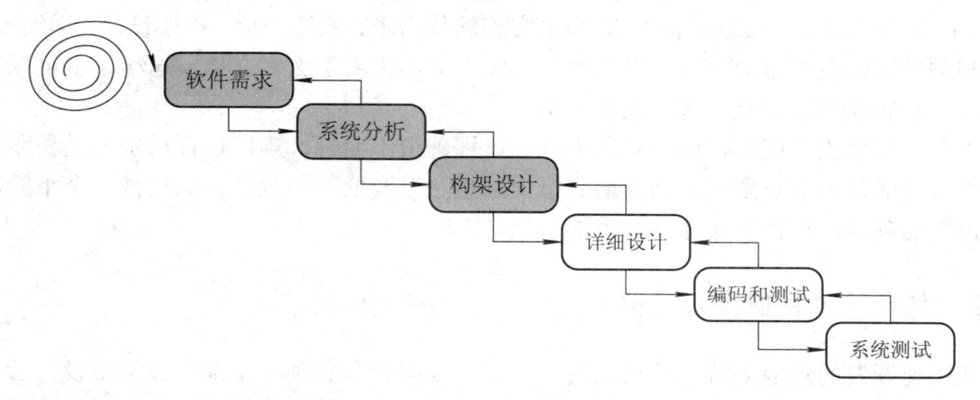

图 3.7 可以降低风险的瀑布模型(为了克服瀑布模型的风险问题，可以在使用瀑布模型的时候，对需求、分析和构架设计阶段采用降低风险的螺旋模型)

降低风险模型并不局限在需求和分析阶段，也可以用它降低构架风险或项目的其他任何风险。如果项目要开发一个高风险的系统内核，在交付项目前，就可以通过一个风险降低周期来进行开发。

3.7 螺旋模型

螺旋模型是 B. W. Boehm 于 1988 年提出，是一种以风险为导向的生命周期模型，它把一个软件项目分解成一个个小项目，标识出每个小项目的一个或多个主要风险因素，直到确定所有的主要风险为止。“风险”可能是没有理解清楚需求或构架、潜在的性能问题、根本性的技术问题等。在确定所有的主要风险因素后，螺旋模型就像瀑布模型一样终止。

图 3.8 说明了螺旋模型，是个复杂的图形，值得研究。螺旋模型的基本思路是从一个小范围的关键中心地带开始寻找风险因素，制定风险控制计划，并交付给下一步骤，如此迭代，每次迭代都把项目扩展到一个更大的规模。等到完成一个螺旋，检查并确认之后，再开始进入下一螺旋。

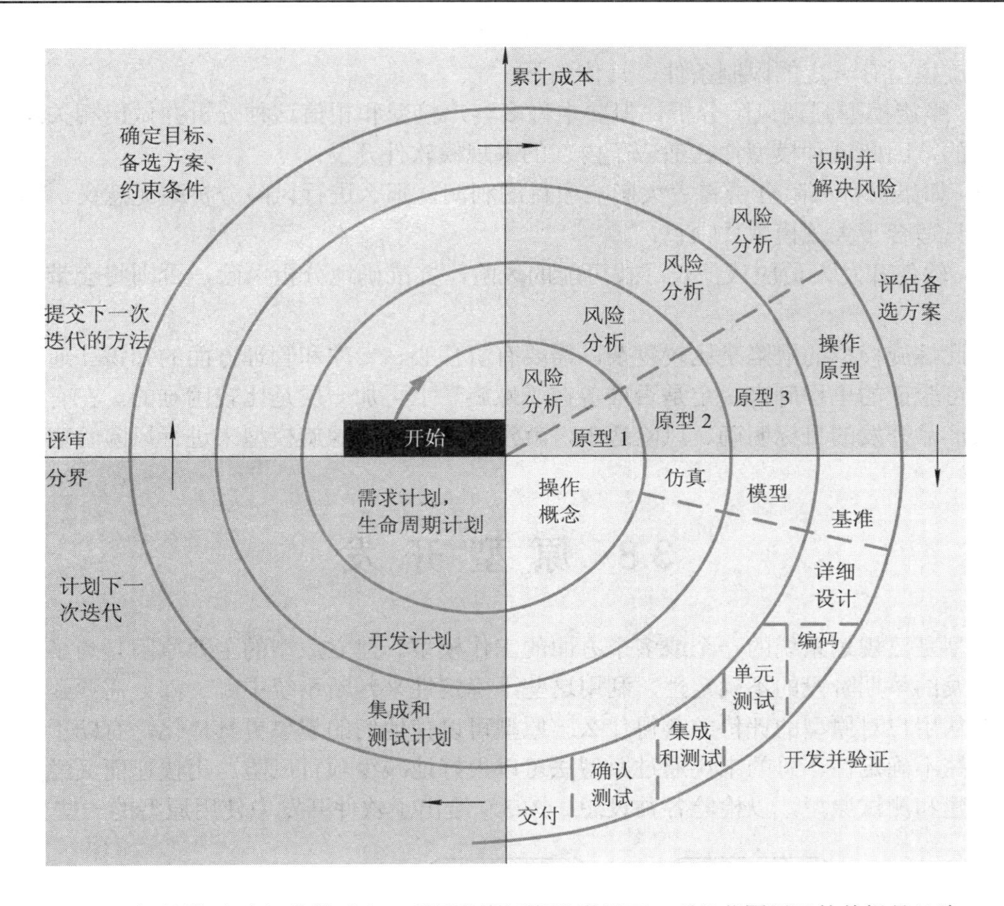

图 3.8　螺旋模型(在螺旋模型中，项目范围逐渐递增展开。项目范围展开的前提是风险降低到下一步扩展部分的可接受的水平)

每次迭代都包括下面六个步骤：

(1) 确定目标、备选方案和约束条件；

(2) 识别并解决风险；

(3) 评估备选方案；

(4) 开发本次迭代要交付的内容，并检查其正确性；

(5) 规划下一次迭代过程；

(6) 交付给下一步骤，开始新的迭代过程(如果想继续的话)。

在螺旋模型中越早期的迭代过程成本越低，这样当发现项目不可行时所消耗的成本最低。因此，计划概念比需求分析的代价低，需求分析比开发设计、集成和测试的代价低。

螺旋有精确的四个环并不重要，同样严格地执行上述六个步骤也不重要，虽然那是很好的工作顺序，也应该根据项目的实际需求调整螺旋的每次迭代过程。

螺旋模型最重要的优势是随着成本的增加，风险程度随之降低。时间和资金花得越多，风险越小，这正是快速开发项目所需要的。

螺旋模型提供至少和传统的瀑布模型一样多的管理控制。在每次迭代过程结束时都设置了检查点，因为模型是风险导向的，可以预知任何无法逾越的风险。如果项目因为技术和其他原因无法完成，就可以及早发现，而且不会增加太多的成本。

螺旋模型有一定的限制条件，具体如下：

(1) 螺旋模型强调风险分析，但要求许多客户接受和相信这种分析并做出相关反应是不容易的，因此这种模型往往适应于内部的大规模软件开发；

(2) 如果执行风险分析将大大影响项目的利润，那么进行风险分析毫无意义，因此螺旋模型只适合于大规模软件项目；

(3) 软件开发人员应该擅长寻找可能的风险，并准确地分析风险，否则将会带来更大的风险。

因此螺旋模型的缺陷是比较复杂，需要有责任心、专注和管理方面的知识。通过确定目标和可验证的里程碑来决定是否准备在“螺旋”上再加一层是比较困难的。在有些项目中如果产品开发的目标明确、风险适中，就没有必要采用螺旋模型来进行风险管理。

3.8 原型开发

原型是已规划系统的一个或多个方面的工作模型。建立原型的主要原因是为了解决在产品开发的早期阶段的不确定性，利用这些不确定性来判断系统中哪一部分需要建立原型和希望从用户对原型的评价中获得什么。原型可以使他们的想象更具体化，有助于说明和纠正这些不确定性，总的来说通过原型法可以很好地减少项目风险。用快速而又经济的方法来构建和测试原型，以检验各种设想。图 3.9 给出了软件开发中使用原型的一些方法。

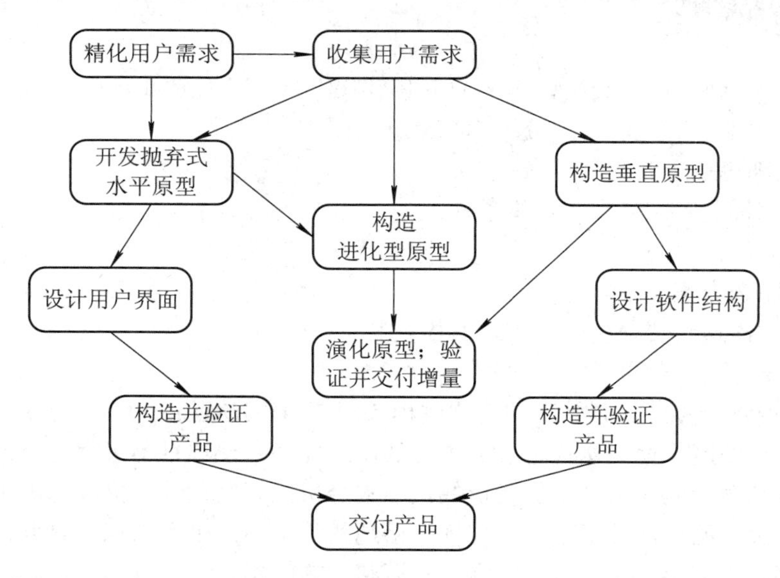

图 3.9 软件开发中使用原型的可能方法(建立原型可以解决在产品开发的早期阶段不确定的问题，原型有助于说明和纠正这些不确定性，可以用快速而又经济的方法来构建和测试原型，以检验各种设想)

原型可以分为水平和垂直的原型：

● 水平原型。也叫做“行为原型”(Behavioral Prototype)。用来探索预期系统的一些特定行为，并达到细化需求的目的。当用户在考虑原型中所提出的功能能否使他们完成各自的业务时，原型使用户所探讨的问题更加具体化。它更多从业务需求着手，应用在需求阶段。

● 垂直原型(Vertical Prototype)。也叫做结构化原型或概念的证明，实现了一部分应用功能。当预期实现阶段可能存在技术风险时可以开发一个垂直原型。垂直原型通常用在生产运行环境中的生产工具构造，使其结果一目了然(更有意义)。比起在软件的需求开发阶段，垂直原型更常用于软件的设计阶段以减少风险。

原型又可以分为抛弃型或进化型：

● 抛弃型原型。只用来检验某些想法，而后在真正开始开发可运行的系统时将其抛弃。由于在开发阶段最终将抛弃这些原型，所以不需要花太大力气去建立原型。原型可使用不同的软件环境来开发(如桌面应用程序构造工具，而不用像开发最终系统那样使用过程编程语言，机器效率对最终系统来说是重要的)，甚至可以在不同的硬件平台上开发。

● 进化型原型。开发并修改原型，直到它最终成为可运行的系统。这种情况下必须仔细考虑用于开发软件的标准。进化型原型是在已经清楚地定义了需求的情况下，作为产品的部分实现，为开发渐进式产品提供了坚实的开发基础。与抛弃型原型的快速、粗略的特点相比，进化型原型一开始就必须具有健壮性和产品质量级的代码。一个进化型原型必须设计为易于升级和优化的，要达到进化型原型的质量要求并没有捷径。进化型原型一般在处理构架时会采用。

原型技术对软件项目的促进作用很明显。使用原型可以带来下面的好处：

● 改进沟通。尽管用户确实阅读了系统规格说明，但他们可能并不知道系统实际上是如何工作的。

● 改进用户参与。用户可以更主动地参与新系统的设计决策。

● 澄清部分已知的需求。在没有现成的系统可模仿的情况下用户可以通过试验原型更好地理解什么对他们是有用的。

● 验证规格说明的一致性和完整性。试图在计算机上实现规格说明的任何办法都可能发生歧义和遗漏。例如简易的电子表格可以检查计算是否已得到了正确的结果，这是一种检验规格说明的方法。

● 减少文档的需要。由于可以检查工作原型，因此减少了对详细需求文档的需要。

● 降低维护成本。如果没有原型阶段，用户不能有效地提出修改建议，那么就很可能在将来提出对可运行系统的变更。

● 特征约束。如果使用应用程序构造工具，原型就具有该工具很容易实现的特征，而基于书面的设计可能带来实现费用昂贵的特征。

● 产生期望的结果。与测试用例有关的问题一般不是创建测试输入，而是得到准确的期望结果，原型有助于做到这一点。

但是，软件原型开发并不是没有缺点和危险，主要体现在以下方面：

● 用户可能曲解原型的作用。例如他们可能期望原型与可运行的系统一样有严格的输入确认或很快的响应速度，即使这不是预期的。

● 可能缺乏项目标准。进化型原型可能只是草率的“编写完并看看发生什么”的方法。

● 可能缺乏控制。如果驱动力是用户爱好试验新事物，那么要控制原型开发的周期是很困难的。

● 额外的费用。构建和使用原型要花额外的费用，但是不应该过高估计，因为无论用什么方法都要承担许多分析和设计任务。

● 机器效率。尽管通过原型开发构建的系统易于满足用户的需要，但是从机器效率的角度来讲它可能不如用常规的方法开发的系统。

● 与开发人员密切接近。原型开发意味着开发人员在场地上要邻近用户。一种趋势是发达国家的组织以较低的成本将软件开发转移到发展中国家，如印度、中国等，原型开发可能阻碍这种趋势。

3.9 分类原型的其它方面

3.9.1 要从原型中学到什么

原型开发最重要的目的是需要了解不确定的领域。因此重要的是要在开始时确定要从原型中学到什么。

计算机领域的学生经常认为他们要编写的作为毕业设计项目的一部分软件不可能被实际的用户安全地使用，因而他们称这样的软件为“原型”。但是如果是实际的原型，他们应该：

● 详细说明希望从原型中学到什么；

● 计划如何评价原型；

● 报告实际从原型中学到了什么。

在试验项目中使用原型，可以用于发现新的开发技术。开发方法可能是众所周知的，但应用程序的不确定性是本质的。

不同的项目在不同的阶段有不确定性。因此原型可在不同的阶段使用。例如原型可以用在需求收集阶段来弄清楚似是而非和变幻莫测的需求；另外，原型可能用在设计阶段来检验用户浏览一系列输入屏幕的能力。

3.9.2 原型要做到什么程度

对整个应用程序进行原型化是很少见的。原型开发通常只是模仿目标应用程序的某些方面。例如：

● 实验模型。也许模仿的输入屏幕要在工作站上显示给用户看，而且这样的屏幕实际上是不能使用的，例如嵌入式开发中的界面设计。

● 模仿交互。例如用户输入请求来访问记录，而系统显示记录的细节，但显示的记录总是一样的，而且不是对数据库进行访问。

● 部分工作模型：

♦纵向的。有一些但不是所有的特征彻底进行原型化。

♦横向的。所有的特征都要原型化，但不详细进行(也许输入没有完全验证)。

3.9.3　哪些要进行原型化

● 人机界面。对商业应用程序来讲，需求一般要在早期阶段处理，因此原型往往局限于为操作员提供交互操作上。这时原型的表现方式应该尽可能与可运行的系统保持一致。

● 系统的功能性。这里并不知道系统内部运行的准确方式，例如正在开发的某些现实世界的计算机模型。除非模仿现实世界的行为令人满意，否则使用的算法可能需要反复调整，以达到预期的效果。

3.9.4　在原型开发期间控制变更

原型开发的主要问题是遵循用户提出的建议来控制对原型的变更。下面的方法把变更归为三种类型之一：

● 表面的(约占变更的 35%)。主要是对屏幕布局的简单变更。它们是：

(1) 已实现的；

(2) 已记录的。

● 局部的(约占变更的 60%)。主要包括屏幕处理方法的变更，但不影响系统的其他部分。它们是：

(1) 已实现的；

(2) 已记录的；

(3) 已备份的，必要时在后期阶段可以删除；

(4) 已追溯审查的。

● 全局的(约占变更的 5%)。这些变更会影响多个部分的处理。毫无疑问这里的变更在实现之前是设计评审的主题，是关注的焦点。

3.10　渐进原型

渐进原型是从基本需求开始项目开发的一种生命周期模型，通常从最明显的方面开始向用户展示完成的部分，然后根据用户的反馈信息继续开发原型，并重复这一过程，直到用户认为原型已经“足够好”为止，然后结束开发工作，并交付作为最终产品的原型。图 3.10 描述了该过程。

在需求变化很快，用户很难提出明确的需求，在开发人员和用户都不知道怎么才好的时候，当开发人员对最佳的构架或算法没有把握的时候，渐进原型特别有用。

渐进原型主要的缺点是：开发人员不可能在开始的时候知道开发一个令人满意的产品要花多长时间，甚至不知道究竟要反复多少次。不过由于用户能看见项目进展情况，对什么时候能最终得到产品不至于紧张，所以实际上缺点有所减轻。另外采用渐进原型有可能陷入“保持原型，直到延时、超支，并声称会做完”的困境中。

渐进原型的另一个缺点是该方法很容易成为采用边做边改模型的借口。真正的渐进原型，包括真正的需求分析、设计和可维护的代码，与采用传统的方法相比，可能会觉得每次重复时实际的进展较小。

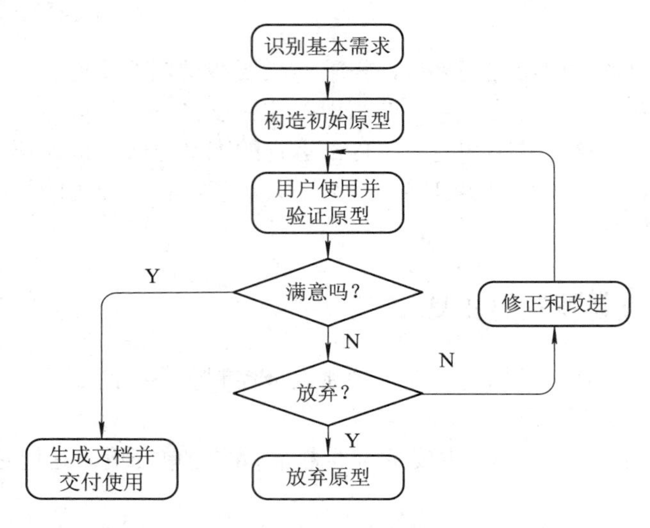

图 3.10　渐进原型模型(采用渐进原型，应从设计和实现原型程序中最明显的部分开始，然后增添、精炼原型，直到完成所有的工作，原型演化为最终可交付的软件)

3.11　增 量 交 付

增量交付将应用程序分解为小的构件，然后按顺序实现和交付构件。每个要交付的构件应该给用户带来一些效益。图 3.11 描述了该方法的基本思想。

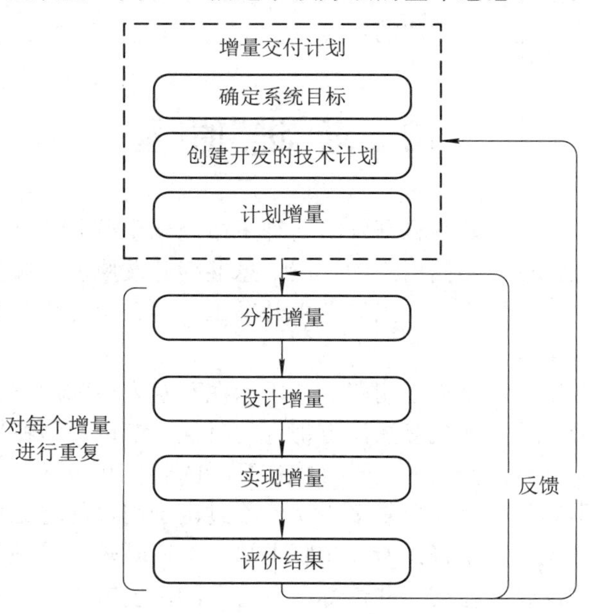

图 3.11　有目的的增量交付(增量交付将应用程序分解为小的构件，然后按顺序实现和交付构件)

时间盒(Time Boxing)通常用于增量式方法。增量交付随着交付时间的限制不同，它的表现形式不同，例如阶段交付、面向进度的设计等。

3.11.1　优点

下面是该方法的一些优点：

- 早期增量得到的反馈可用来改进后面的阶段。
- 由于构件设计与其实现之间的时间跨度较短，因此减少了需求变更的可能性。
- 与常规的方法相比，用户在早期就能得到效益。
- 一些有用构件的早期交付改进了现金流，因为早期就能得到一些投资回报。
- 划分为较小型的子项目，更易于控制和管理。
- “镀金”(即对不需要的和事实上不使用的特征的要求)是不太重要的，因为用户知道由此得到的效益是微不足道的。如果一个特征不在当前增量中，那么可以包含在下一个增量中。
- 如果突然出现更多紧急的工作，那么项目可以临时放弃。
- 增强了开发人员的工作成就感，能短时间地、定期地看到自己的劳动果实。

3.11.2　缺点

另一方面，该方法有以下缺点：

- 软件变更量，也就是说后面的增量可能要求修改早期的增量。
- 程序员在大型系统上工作，可能要比在一系列小型项目上工作有更高的效率。
- Grady Booch 认为：“对于“需求驱动”的项目(等价于增量交付)来讲，有时会破坏概念上的完整性，因为除了可能隐含含糊的需求之外，几乎没有什么动机来处理可伸缩性、可扩充性、可移植性或可重用性。”Booch 还认为：“大量分散的功能可能会导致没有公共的基础设施。”

3.11.3　增量交付计划

每个要交付给用户的增量特征和顺序必须在开始时就策划好。这个过程类似于战略规划，但要更详细一些。要注意用户应用程序的增量，而不是整个应用程序。增量计划的基本组成是系统目的、开放的技术计划和增量。

3.11.4　系统目标

项目计划人员要有明确的目标，但如何满足这些目标则应该尽可能自由。然后将总体目标扩展为更明确的功能目标和质量目标。目标包括：

- 想要实现的目标；
- 系统要做的工作；
- 实现这些目标的计算机和非计算机功能。

另外可度量的质量特性应该定义成可靠性、响应时间和安全性等。如果这样定义了，那么这种以质量需求为中心的做法，多少能满足 Grady Booch 所关心的事项，即在增量中过于关注功能需求可能导致忽视质量需求。它还反映了 Tom Gilb 所关心的事项，即系统开发人员看到的总是以客户代理的身份努力实现客户的目标。在应用程序不断变化的环境中某些需求会随着项目的进展而变化，但目标不会变。

3.11.5 开放的技术计划

如果要使系统能够应付不断增加的新构件，则系统必须是可扩充、可移植和可维护的。这至少要求使用：

- 标准的高级语言；
- 标准的操作系统；
- 小模块；
- 可变的参数，例如组织及其部门的名称、费用比率等，应该保存在不用程序员干预就能修改的参数文件中；
- 标准的数据库管理系统。

毫无疑问：这些都是现代软件开发环境所期望的。

3.11.6 增量

定义了总体目标和制定好开放的技术计划后，下一阶段是使用下面的指南来计划增量：

- 这一步通常应该占总项目的 1%～5%；
- 应该包括非计算机步骤；
- 理想情况下，每个增量不超过一个月，最坏情况下也不应多于三个月；
- 每个增量应该给用户带来一些价值；
- 每个增量在物理上依赖于其他增量。

哪些步骤应该优先完成？有些步骤因物理依赖性而必须先做，而其他步骤可以是任何顺序。可以使用价值-成本比(如表 3-1 所示)来确定增量开发的顺序。让用户用 1～10 个等级来评定每个增量的价值，开发人员还可用 0～10 的得分来评定开发每个增量的成本。这可能是很粗略的，但人们通常并不希望更准确。然后将评定的价值除以评定的成本就可以得到对每个增量相对的“资金价值”的评定。

表 3-1 价值-成本比的等级

步 骤	价值	成本	比率	等级
利润报告	9	1	9	第 2
在线数据库	1	9	0.11	第 6
特定查询	5	5	1	第 4
产生序列计划	2	8	0.25	第 5
购买利润因子	9	4	2.25	第 3
文档规程	0	7	0	第 7
基于利润给予经理报酬	9	0	∞	第 1

3.11.7　增量示例

Tom Gilb 描述了一个项目。在该项目中，一家软件公司要与瑞典政府商谈一两个月交付时间的固定价格合同，以便提供一个系统来支持图形制作。后来才发现，基于投标的估计初始工作量大概是实际工作量的一半。

项目重新做了计划，将它分成 10 个增量，每个增量提供一些客户要使用的功能。最后一个增量在合同交付期之后的三个月才可用。客户对此并没有感到不高兴，因为该系统最重要的部分实际上早期就已经交付了。

可参考下面的案例：考勤应用系统——迭代增量式开发。

3.12　阶段交付

阶段交付模型可以持续地在确定的阶段向用户展示软件。和渐进原型不同的是在阶段交付的时候，开发人员明确地知道下一步要完成什么工作。阶段交付的特点是不会在项目结束的时候一下交付全部软件，而是在项目整个开发过程中持续不断地交付阶段性成果(这种模型以“增量实现”而闻名)。图 3.12 表明了阶段交付模型的工作流程。

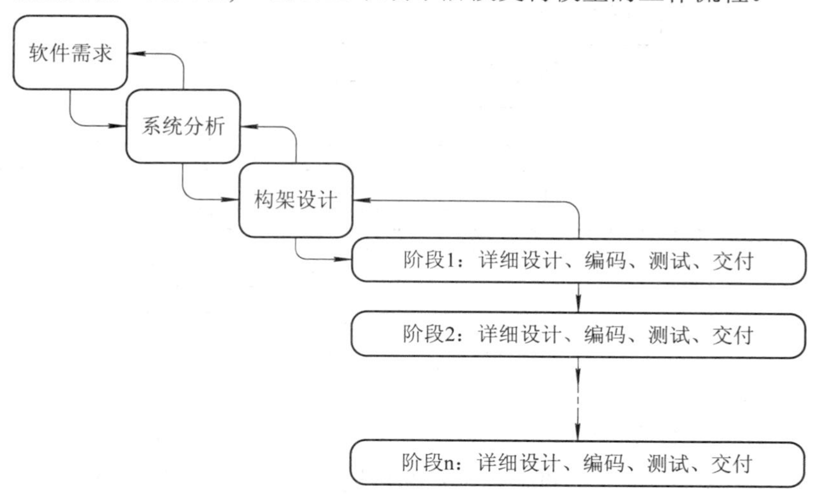

图 3.12　阶段交付模型(阶段交付避免了瀑布模型的问题，即除非全部完成，系统没有任何一部分是可用的。一旦设计完成，就可以分阶段逐步实现和交付成果)

如图 3.12 所示，对于要构建的软件，如果采用阶段交付模型，首先需要获取软件需求、系统分析、构架设计等阶段，然后分几个阶段进行详细设计、编码和测试。

阶段交付的主要优点是在项目结束交付 100%的产品前，分阶段把有用的功能交到用户手中。如果仔细地规划了每个阶段，就可以尽可能早地交付给用户最重要的功能，使用户尽早使用软件。

阶段交付在项目中提供明确的阶段进展标志，其价值在于可以把进度的压力控制在一个可管理的水平上。

阶段交付的主要缺点是：如果管理层和技术层缺乏仔细的规划，工作就无法进行。使用阶段交付模型需要注意的问题是：在管理层，确保所规划的阶段对用户非常有意义，而且在工作安排上要保证项目开发人员能及时地在阶段的最后期限完成工作；在技术层，确保考虑了不同产品组成部分的技术依赖，一个常犯的错误是把一个组件的开发推迟到第四阶段，而没想到的是在第二阶段没有该组件就不能继续工作。

3.13 面向进度的设计

面向进度的设计(Design to Schedule)生命周期模型类似于阶段交付生命周期模型，二者的相同之处是都在连续的阶段规划开发产品；不同之处是面向进度的设计生命周期模型在开始的时候不必知道究竟能达到什么样的预定目标。项目可能规划了五个阶段，但是因为无法改变的最后期限的限制，仅仅完成了三个阶段，如图 3.13 所示。

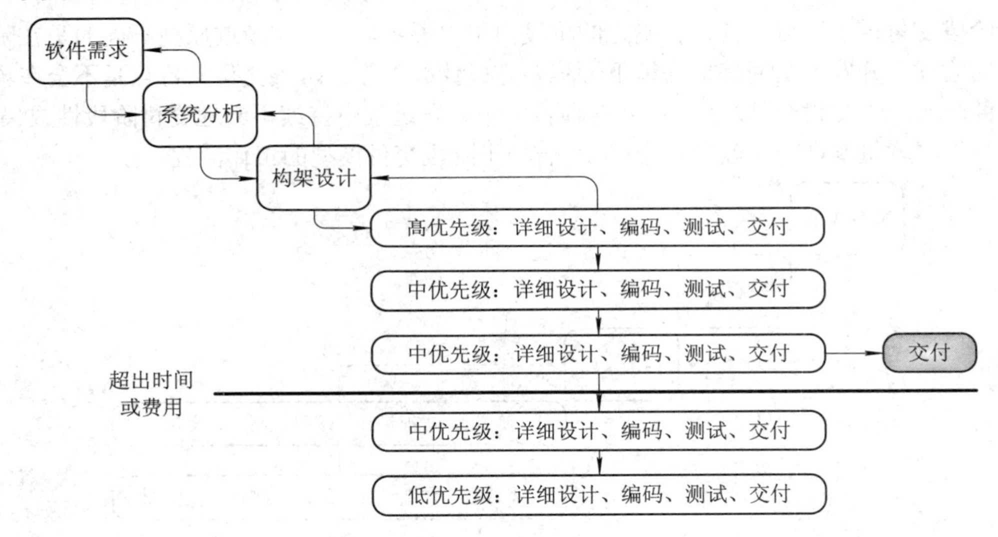

图 3.13 面向进度的设计模型(和阶段交付类似，当系统有一个无法改变的交付期限或费用的时候，面向进度的设计是很有用的)

该生命周期模型是确保能按照一个确定的日期发布产品的可行策略。如果为了内部交付，年末或其他不可改变的日期必须及时地交付软件，该策略可以保证到时能交付一些成果。例如 Microsoft Windows 操作系统包括了一些“小应用程序”：写字板、记事本、画笔和红心大战等。Microsoft 可以为小应用程序采用面向进度的设计来避免在总体上耽误了 Windows 系统的开发。

如图 3.13 所示，该生命周期模型的一个关键是按优先级划分系统特性，规划开发阶段，保证前面的阶段包括高优先级的特性，而将低优先级的特性放在后面阶段。

该方法的最大缺点是如果开发人员不明白所有的阶段，就会浪费时间去开发构架和设计不必要的特性。如果不把时间消耗在很多不必要的特性上，就能挤出时间去做一两个需要的特性。

是否使用面向进度的设计取决于开发人员对自己安排工作的能力是否有足够的信心。如果能确保达到进度目标，这就是一个低效率的方法；如果不那么自信，用面向进度的设计模型就很有用。

3.14 渐进交付

渐进交付是结合了渐进原型和阶段交付两种模型的生命周期模型。开发者将开发产品的一个版本展示给用户，然后根据用户的反馈改进产品。渐进交付和渐进原型有多少类似取决于要满足用户需求的程度。如果要满足用户的绝大部分需求，渐进交付和渐进原型差不多。如果要满足少量的用户需求，渐进交付就和阶段交付差不多。图 3.14 表明了该方法的工作过程。

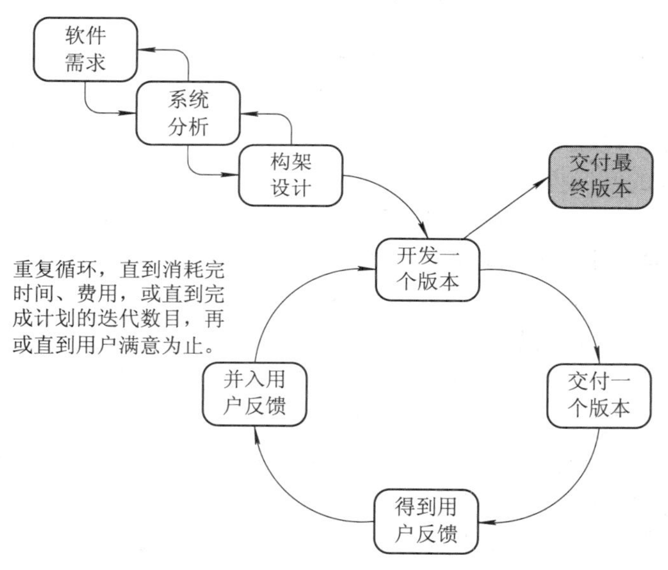

图 3.14　渐进交付模型(该模型结合了阶段交付便于控制和渐进原型比较灵活的优点，通过调整，可以满足对控制和灵活性的需求)

渐进原型和渐进交付的最大不同不在于基本方法，而在于着重点。在渐进原型中，最初强调的是系统看见的样子，然后回来堵住系统上的漏洞。在渐进交付中，最初的重点是系统核心，包括了不太可能因为用户反馈意见而改变的底层系统的功能。

3.15 快速应用开发模型

快速应用开发(Rapid Application Develop，RAD)模型也是一个增量型的软件开发过程模型，它强调极短的开发周期。该模型是瀑布模型的一个“高速”变种，通过大量使用可复用构件，采用基于构件的建造方法来赢得快速开发。如果正确地理解了需求，而且约束了项目的范围，利用这种模型可以很快创建出功能完善的信息系统。其流程从业务建模开始，随后是数据建模、过程建模、应用生成、测试及反复。图 3.15 表明了快速应用开发模型的工作过程。

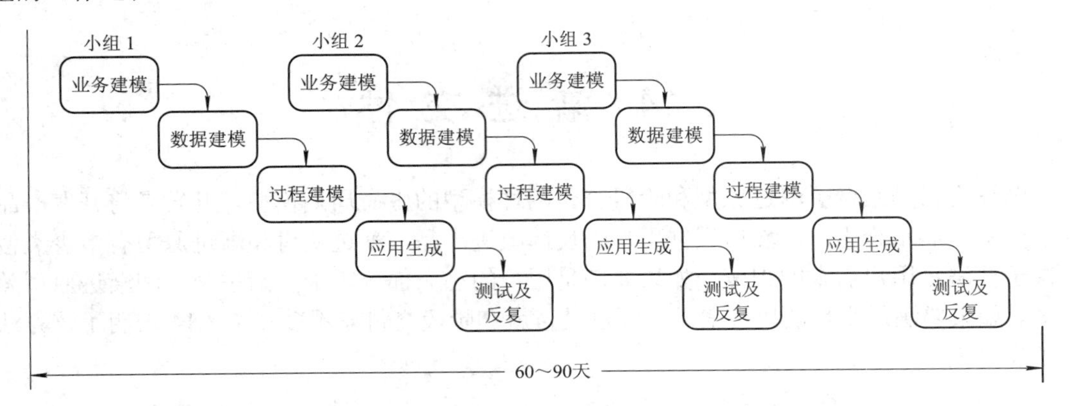

图 3.15 快速应用开发模型(该模型是瀑布模型的一个“高速”变种，通过大量使用可复用构件赢得快速开发)

与瀑布模型相比，快速应用开发模型不是采用传统的第 3 代程序设计语言来构造软件，而是采用基于构件的开发方法，复用已有的程序结构(如果可能)或使用可复用构件和/或创建可复用的构件(如果需要)。在所有情况下均使用自动化工具辅助软件创建。很显然，加在一个 RAD 模型项目上的时间约束需要“一个可伸缩的范围”，如果一个业务能够模块化，而且其中每个主要功能均可以在不到 3 个月的时间内完成，那么就可以使用 RAD 方法。每个主要功能可由一个单独的 RAD 组来实现，最后集成起来构成一个整体。

RAD 模型大量使用可复用构件以加快开发速度，对信息系统的开发特别有效。但是与其他软件过程模型一样，RAD 方法有下面的缺陷：

(1) 并非所有应用都适合 RAD。RAD 模型对模块化要求比较高，如果有哪个功能不能模块化，那么构造 RAD 所需要的构件就会有问题。如果高性能是一个指标且该指标必须通过调整接口使其适应系统构件才能获得，那么 RAD 方法也可能并不奏效。

(2) 开发人员和客户必须在很短的时间内完成一系列的需求分析，任何一方配合不当都会导致 RAD 项目失败。

(3) RAD 只能用于信息系统开发，不适合技术风险很高的情况。当一个新应用要采用很多新技术或当新软件要求与已有的计算机程序的高互操作性时，这种情况就会发生。

3.16 并发开发模型

并发开发模型也称为“并发工程”，关注多个任务的并发执行，表示为一系列的主要技术活动、任务及其相关状态。并发开发模型由客户要求、管理决策、结果评审驱动，不是将软件工程活动限定为一个顺序的事件序列，而是定义一个活动网络，网络上的每个活动均可与其他活动同时发生。这种模型可以提供项目当前状态的准确视图。并发开发模型的每个活动在不同的状态之间的转换，如图 3.16 所示。

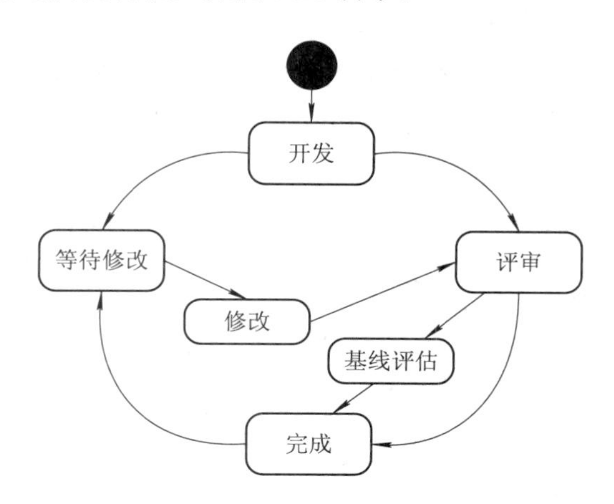

图 3.16　并发开发模型活动的状态图(并发开发模型由客户要求、管理决策、结果评审驱动，定义一个活动网络，每个活动均可与其他活动同时发生，每个活动在不同的状态之间转换)

并发开发模型定义了一系列事件，对于每个软件开发活动，它们触发一个状态到另一个状态的变迁。当它应用于客户机 / 服务器系统时，并发开发模型在两个维度上定义活动，即一个系统维和一个构件维，其并发性通过下面两种方式得到：

(1) 系统维和构件维活动同时发生，可以使用面向状态的方法进行建模。

(2) 典型的客户/服务器应用通过多个构件来实现，其中的每个构件都可以并发设计并实现。

项目管理者根本不可能了解项目的状态，因而需要使用比较简单的模型来追踪非常复杂的项目活动，并发开发模型就试图根据传统生命周期的主要阶段来追踪项目的状态。并发开发模型使用状态图(表示一个加工状态)来表示与一个特定事件(如在开发后期需求的一个修改)相关的活动之间存在的并发关系，但它不能捕获到一个项目中所有软件开发和管理活动的大量并发。

大多数软件并发开发模型均为时间驱动，越到模型的后端，就越到开发过程的后一阶段，而一个并发开发模型是由用户要求、管理决策和结果复审驱动的。并发开发模型在软件开发全过程活动的并行化打破了传统软件开发的各阶段分割封闭的观念，强调开发团队人员之间的协作，注重分析和设计等前期开发工作，从而避免不必要的返工。并发开发模型的优点是可用于所有类型的软件开发，对客户 / 服务器结构更加有效，可以随时查阅到开发的状态。

3.17　面向开发工具的设计

随着完整的应用系统框架、可视化编程环境、丰富的数据库编程环境等开发工具的发展完善，开发工具更灵活、更强大，可以采用面向开发工具的设计模型的项目越来越多。

面向开发工具的设计模型隐含的意思是在现有软件工具直接支持的情况下增强产品的

功能，如果工具不支持，就放弃该功能。

如图 3.17 所示，采用该模型的结果是无法实现理想中要包括的全部功能。不过如果认真地选择工具，就可以实现想要的绝大部分功能。当时间成为约束条件时，采用本模型实际上可以比采用其他模型能实现更完整的功能，但是这些功能是工具最容易实现的，而不一定是最想要的。

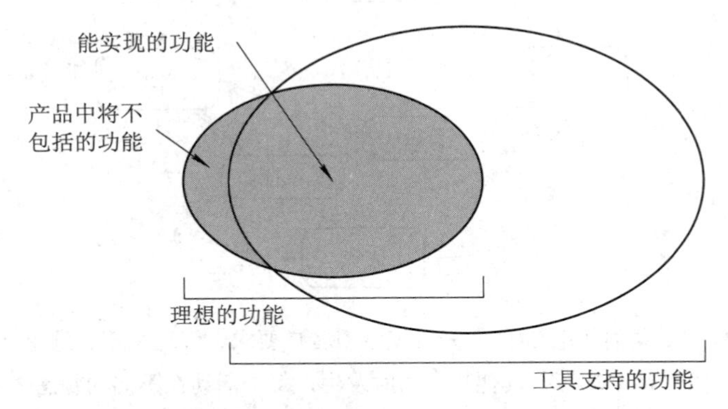

图 3.17 面向开发工具设计模型的产品概念(面向开发工具的设计可以提供快速的开发速度，但是与其他生命周期模型相比，受工具的限制，只提供了较少的对产品功能的控制)

该模型可以和其他灵活的生命周期模型结合在一起使用。例如可以采用初始阶段的螺旋来判断现有软件工具的能力，确定核心需求和面向开发工具的设计是否有用；可以采用面向开发工具的设计方法去实现一个临时的原型，试验是否可以通过工具很容易地实现系统，然后采用其他生命周期模型实现真正的软件；也可以将面向开发工具的设计和阶段交付、渐进交付、面向进度的设计合起来使用。

面向开发工具设计的主要缺点：会失去对产品的控制，不能实现想要的所有特性，而且也不能准确地实现其他想要的特性，更加依赖商用软件厂商的产品策略和运行的稳定情况。如果只是实现一个随便用用的小程序，倒不成问题，但是如果完成的程序是打算要用上几年的，那么提供工具的厂商会潜在地成为产品链上的薄弱环节。

3.18 动态系统开发方法

近来人们已经对结构化系统分析与设计方法(SSADM)失去了兴趣，部分原因是认为它过于呆板和墨守成规。相反地，迭代和增量式方法引起了人们更大的兴趣。结果出现了动态系统开发方法(Dynamic Systems Development Method, DSDM)。

该方法有下面 9 个核心的实践。

(1) 用户主动参与是势在必行的；

(2) DSDM 组应该得到授权以便做出决策；

(3) 重点是经常交付产品；

(4) 满足业务目标是可交付产品验收的基本准则；

(5) 迭代式和增量式交付是达成准确的业务解决方案所必需的；

(6) 开发期间的所有变更都是可逆的；

(7) 需求要在较高层次上基线化；

(8) 测试要集成到整个生命周期中；

(9) 所有项目相关人员之间的合作和协作方法是基本的。

图 3.18 概括了这些做法。各种功能之间的箭头说明这些活动的顺序是非常灵活和可重复的。

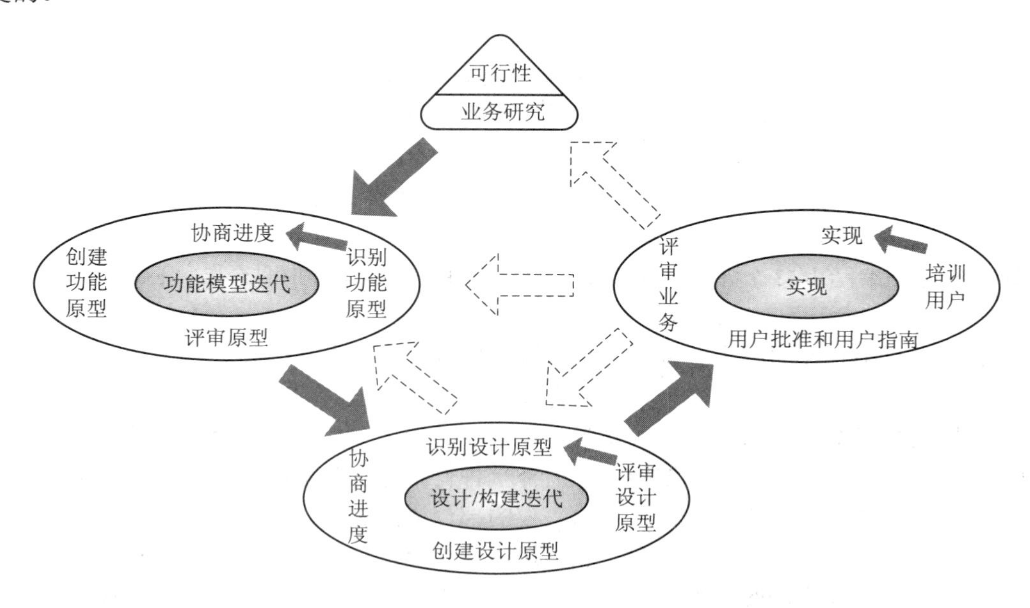

图 3.18　DSDM 过程模型(以 9 个核心的实践为基础，采用迭代和增量交付的方式，实现需要的功能)

DSDM 鼓励使用时间盒，典型的时间盒是 2～6 周，在时间间隔内使参与者重点关注实际需要的功能。要想满足时间盒规定的最终期限，可能将不重要的特征推迟到后面的增量去实现(甚至完全删掉)。

可以将需求分配到不同增量来实现，这意味着如果要成功地控制项目，那么项目计划就需要经常更新。

3.19　极 限 编 程

谈到极限编程(Extreme Programming, XP)，必然会联想到 Kent Beck。极限编程起源于与 Beck 相关联的 Chrysler C3 工资单项目。极限编程是上面已经探讨的许多 RAD 和 DSDM 原理的进一步发展。在某些方面，极限编程可以看成是“超级程序员”描述他们对编码世界的想法。它属于一组类似的方法学，包括 Jim Highsmith 的适应性软件开发(Adaptive Software Development, ASD)和 Alistair Cockburn 的水晶灯(Crystal Light, CL)方法，这些方法统称为敏捷方法(Agile Method, AM)。

基于敏捷的核心思想和价值目标，极限编程要求项目团队遵循 13 个核心实践，如图 3.19 所示。

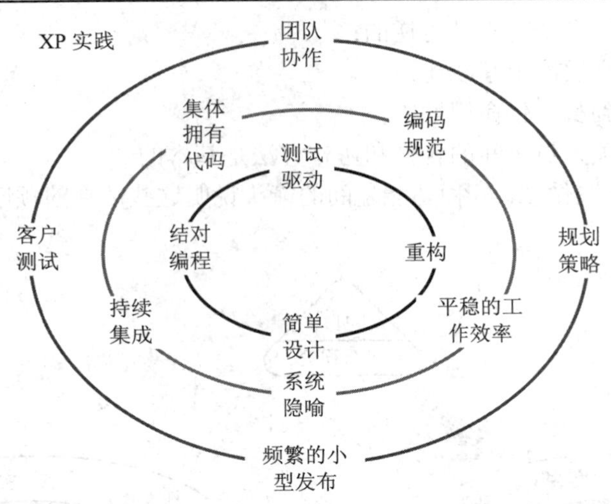

图 3.19　极限编程(由 13 个核心的实践组成，XP 方法拥抱变化，强调团队合作，通过测试获得客户反馈，总是争取尽可能早地将软件交付给客户)

在软件项目中存在的一个普遍问题是交流。项目规模越大，问题就越严重。当然大项目意味着更多的人一起交流。由于项目的完成时间长，必须对项目最初阶段产生的信息进行记录，以便可以在项目后面的阶段获得，这很容易导致信息的不完整或过期。解决该问题的一种方案是将交流正式化、结构化，另外一种替代方法是减少交流的信息和信息保留的时间。可能的情况下交流直接在两个感兴趣的部分之间进行，输出结果立即合并到软件和测试中，从而使按照需求进行的开发能够快速地得到反馈结果。所以客户代表实际上是团队的一部分，在适当的时候解释需求。用户的需求写在卡片上，包括各种描述软件需求特征的“故事板”，然后开发人员和客户代表协商这些需求的开发顺序。

类似于 DSDM，极限编程倡导者主张应用程序应该在花几周时间就能完成的工作软件的增量中编写。如果有什么区别的话，它比 DSDM 更进一步，在理想情况下每个增量只花 1～3 周时间，那么客户在任何阶段都可以提出对软件功能的改进。

在这些增量中，新的需求以很快的频率增加到整个产品中，并且立即进行集成测试。如果在新的软件构件版本中发现了一个错误，那么错误修复以后，将立刻反馈给上一个版本。

XP 方法的产生是因为难以管理的需求变化，XP 方法的建立同时也是为了解决软件开发项目中的风险问题。XP 方法是为小团体开发建立的，在 2～10 个人之间，因此 XP 方法不适用大团体的开发项目。而且在需求经常动态变化或具有高风险的项目中，XP 方法在小团体开发中的作用要远远高于在大团体开发中的作用。

3.20　领域驱动设计

领域驱动设计是由 Eric Evans 在《领域驱动设计》一书中提出，实质上是一种由内而外的设计方法，俗话说的先中间(模型和服务)后两边(界面、数据库以及集成)。

一个看上去正确的模型不代表该模型能够直接转换成代码，而且模型的实现有可能会违背某些软件设计原则。那么应该如何实现从模型到代码的转换，让代码具有可扩展性、可维护性、高性能等指标呢？另外如实反映领域的模型可能会导致对象持久化的一系列问题，或导致不可接受的性能问题，对此又该怎么做呢？

解决的方法是紧密关联领域建模和设计，将领域模型和软件编码的实现捆绑在一起，模型在构建时就考虑到软件设计和实现。开发人员要参与到建模的过程中来。主要的想法是选择一个恰当的模型，这样设计过程会很顺畅，而且代码和模型紧密关联会让代码更有意义。有了开发人员的参与就会有反馈，能保证模型的实现。如果其中某处有错误，在早期就会标识出来，问题也会容易修正。编码的人会很好地了解模型，会感觉自己有责任保持模型的完整性，会意识到对代码的一个变更其实就隐含着对模型的变更，另外如果那里的代码不能表现原始模型的话，他们会重构代码。如果分析人员从实现过程中分离出去，他会不再关心开发过程中引入的局限性，最终结果是模型不再使用。任何技术人员想对模型做出贡献必须花费一些时间来接触代码，无论他在项目中担负的是什么角色，任何一个负责修改代码的人都必须学会用代码表现模型，每位开发人员都必须参与到一定级别的领域讨论中并和领域专家联络。

领域驱动设计分为以下两个阶段：

- 以一种领域专家、设计人员、开发人员都能理解的“通用语言”作为相互交流的工具，在交流的过程中不断发现一些主要的领域概念，然后将这些概念设计成一个领域模型；
- 由领域模型驱动软件设计，用代码来实现该领域模型。

由此可见：领域驱动设计的核心是建立领域模型，领域模型在软件构架中处于核心地位，是软件中最有价值和最具竞争力的部分。软件开发过程中必须以建立领域模型为中心。

3.21　成 品 软 件

在开始开发一个新系统的时候常常被忽略的选择就是可以直接购买软件。尽管成品软件不能够满足所有的需求，但是还是有下面几个明显的优点。

首先成品软件可以立即使用。从购买软件到交付自己开发软件之间的这段时间，用户至少能增长一些有价值的能力。随着时间推移，成品软件也可能会进一步修改以便更加适应用户需要。

而且定制的软件和理想的软件不会完全符合。将定制的软件和成品软件进行比较类似于将实际放在货架上的软件和理想中的定制软件相比较。当自己开发软件的时候，得去设计、考虑成本和进度，而且实际上为用户定制的软件可能不会如预想中的那么完美。如果仅仅交付了理想产品的 75%，那么和成品软件相比又能好到哪里去呢？(这种观点同样适用于面向开发工具的设计模型。)

3.22　管理迭代过程

Booch 认为开发有两个层次：宏过程(Macro Process)和微过程(Micro Process)。宏过程与瀑布过程模型密切相关，在这个层次必须协调各种专家组执行的一系列活动。需要确定未来的某些日期，即主要活动何时将完成，以便知道何时让员工做后续的活动。在宏过程内包含微过程活动，这些活动可能涉及迭代的工作，系统测试总是一次。图 3.20 描绘了连续的宏过程如何受到迭代微过程的影响。对于迭代的微过程，需要在宏过程层次中用时间盒进行控制。

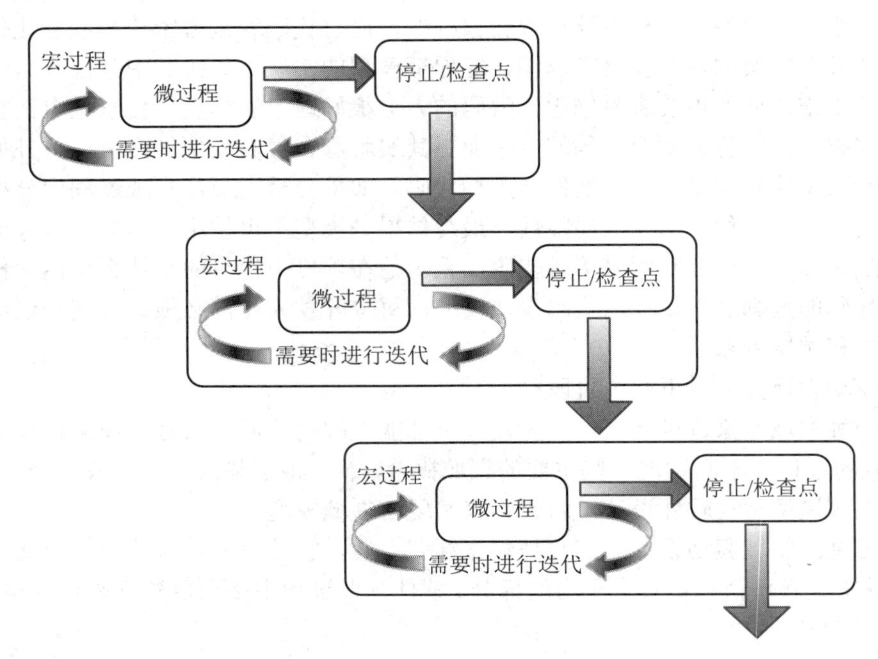

图 3.20 包括三个迭代微过程的宏过程(宏过程受迭代微过程影响，迭代微过程需要在宏过程层次用时间盒进行控制)

可能出现宏过程本身需要迭代的情况。一个复杂系统的原型可能要用两三个连续的版本来产生，每个版本要花几个月时间来创建和评价。在这些情况下每个迭代本身可以当成一个项目来处理。

 案例：考勤应用系统——迭代增量式开发

W 公司开发考勤应用系统，要求在 7 个月内完成考勤应用系统、集成测试、系统测试、试运行等方面的软件开发工作，这些工作由小张负责。

小张要求小周制定项目开发计划。“这不是问题，关键是需求是否清楚，所以可以采用迭代增量式开发。在第一次迭代中就可以搞清楚需求问题，通过增量可以进行演示，可以很方便地判断软件中的问题。”

小周工作了 3 个星期，和小张一起评估他确定的方法：“我已经实现了考勤应用系统的主要需求，能够进行考勤和导出数据，可以确定考勤工作流程和导出的数据符合支付系统的要求。”

“很好！”小张说。“我认为可以和大张联系，以便确定是否有遗漏或其他方面的问题。”之后，小张约见了大张，进行了演示。

"大张认为我们的需求没有问题，但是大张要求我们提供一个美观的界面和可靠的性能，下面的工作就是要和界面技术结合起来。"

小张给小周派去了 1 个界面开发人员，这次花了 4 个星期去完成这次迭代，结合具体的界面技术，设计并实现了界面核心模块，完成了新的增量。小周将工作情况及时地汇报给小张，小张将结果再次向大张进行了演示，大张很清楚项目的进展情况，感到很满意。

这时，大部分的技术问题和需求问题都已解决，可以投入更多的编程人员，编写辅助模块，剩下的软件开发的时间还有 13 个星期，小张又准备了 2 个设计人员和 4 个开发人员，然后开始最后一次迭代，以实现完整的软件。最终完成了辅助模块的添加，圆满完成了任务。

下面是考勤应用系统的迭代增量模型(不包括数据准备、试运行等环节 10 个星期)，如图 3.21 所示。

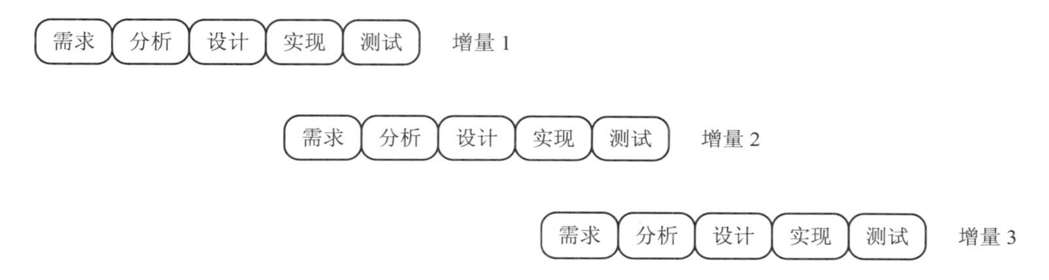

图 3.21　考勤应用系统的迭代增量模型(增量之间的过程可以重叠，重叠的深度视具体情况而定)

3.23　选择最合适的生命周期

尽管项目都需要尽快地开发出来，但是不同的项目有不同的需求。这里讨论了 10 余种软件生命周期模型以及它们的变种和组合，以便提供一个较为全面的选择。那么哪个最合适呢？

没有任何事情像"快速开发生命周期模型"和项目需求结合得那么紧密了，最有效的模型完全适合项目需求(如图 3.22 所示)。有的生命周期模型有时会被吹捧成比其他模型更有效，速度也快得多，但实际情况却是每个生命周期模型都会在某些合适的情况下最快，而在其他情况下变慢。如果滥用的话，一个很好用的生命周期模型也会表现得很差(就像前面案例中的原型法)。

要想为项目选择最有效的生命周期模型，仔细检查项目并回答下面的问题：

● 项目的基本特征是否符合该模型？当需要对模型调整时，容易吗？

● 需要多少经验和技巧才能成功地实施这种生命周期模型？

● 在项目开始时对需求的理解是否充分？在项目进行过程中对需求的理解有可能改变吗？

● 对系统构架的理解是否充分？是否有可能在项目进展过程中对构架进行重大改变？

菜单

欢迎光临软件开发生命周期咖啡厅，希望你有好胃口！

正餐

螺旋模型
手制烤鸡，外配风险减少调料
￥20

渐进交付模型
令人垂涎的大杂烩，阶段交付和渐进原型混搭
￥20

阶段交付模型
五道菜的盛宴，详情请咨询服务员
￥18

面向进度的设计
方法集锦餐点，特别适合快速制作午餐
￥15

纯瀑布模型
经典菜肴，按原配方制作
￥18

改进的瀑布模型
经典菜肴的改进款，配方更优良
￥18

敏捷方法
拥抱变化，短周期工作，根据客户反馈进行调整
￥12

沙拉

面向工具的设计
烤鸭，内填各种丝状豆角
时价

成品软件
名厨手艺，每日变动
￥5

边做边改
无底碗面，浇上冒烟设计或鲁莽放弃
￥7

图 3.22 选择生命周期模型(没有一个生命周期模型对所有项目来说都是最好的，对特定的项目来说，应根据项目本身的需求选择最好的生命周期模型)

- 可靠性需求有多大？
- 需要在项目中为未来的版本提前进行多少计划和设计？
- 项目要承受多大的风险？
- 是否被迫预先确定进度？
- 需要在项目整个开发过程中提供给用户可视的进展情况吗？
- 需要在项目整个开发过程中提供给管理者可视的进展情况吗？
- 需要具备在开发过程中进行变更的能力吗？

在回答完上面的问题后，表 3-2 可用于确定应该采用哪种生命周期模型。一般来说，采用线性的、类似瀑布的方法，进行有效地实施，也一样会取得比较好的效果，但是如果有理由认为线性的方法不行，比较安全的是选择更灵活的方法。

表 3-2 软件开发生命周期模型形式分析

生命周期模型能力	纯瀑布	边做边改	螺旋	改进的瀑布	渐进原型	阶段交付	渐进交付	面向进度	面向工具	成品软件	敏捷方法	RAD	并发开发	领域驱动
模型适用的领域	好	好	差～一般	一般～好	好	好	好	好	差～一般	差	一般～好	一般	一般	一般～好
模型应用的灵活程度	差	好	一般～好	好	一般～好	好	好	一般～好	差	差	好	好	一般～好	好
软件开发的速度	差	一般	好	一般～好	好	一般～好	好	一般	好	N/A	好	好	好	好
需要极少的管理和开发经验	一般	好	差	差～一般	差	一般	一般	差	一般	一般	一般	一般	一般	一般
没有充分理解需求	差	差	好	好～一般	好	差	一般～好	差～一般	一般	好	好	差～一般	一般	好
没有充分理解构架	差	差	好	好～一般	差～一般	差	差	差	差～好	差～好	一般～好	差	差～好	一般～好
开发高可靠性的系统	好	差	好	好	一般	好	一般～好	一般	差～好	差～好	好	一般	一般	好
开发极大的成长性的系统	好	差～一般	好	好	好	好	好	一般～好	差	N/A	一般～好	一般～好	一般～好	一般～好
管理风险	差	差	好	一般	一般	一般	一般	一般～好	差～一般	N/A	一般～好	一般	一般	一般～好
可以强制执行预先定义的进度	一般	差	一般	一般	差	一般	一般	好	好	好	一般	一般	一般	一般
低管理费用	差	好	一般	好	一般	一般	一般	一般	一般～好	好	一般～好	一般	一般	一般～好
给用户提供可视的进展情况	差	一般	好	一般	好	一般	好	一般	好	N/A	一般～好	一般～好	一般	一般～好
给管理者提供可视的进展情况	一般	差	好	一般～好	一般	好	好	好	好	N/A	一般～好	一般～好	一般	一般～好
允许中途变更	差	好～差	一般	一般	好	差	一般～好	差～一般	好	差	好	一般	一般	好

每个等级分别是“差”,“一般”或“好”，在这个层次上再进一步精确区分的意义就不大了。表中的等级是基于哪个模型最好的可能性，任何生命周期模型的实际效果取决于如何去实施。和表中给出的结果相比，任何更坏的结果都可能出现。另一方面如果知道在某个特定领域里该模型的弱点，就可以尽早地在计划中标识出来，也许可以采用几种模型的混合来弥补。当然表中的可能性受许多开发因素的影响，而不只是受模型选择的影响。

下面是对在表 3-2 中详细阐述的生命周期模型能力的进一步说明：

● 模型适用的领域：是指软件开发模型是适合特定领域还是通用的软件开发，例如瀑布模型可用于组织一般的软件开发，其适用的范围更广，而 RAD 更擅长信息系统的应用开发。

● 模型应用的灵活程度：是指使用模型时应对开发过程中出现的各种问题是否能很容易地做出调整以满足开发的需要。

● 软件开发的速度：是指使用该模型指导软件开发是否能获得较快的开发速度。

● 需要极少的管理和开发经验：是指成功地使用生命周期模型所需要的教育和培训与能力程度，其中包括过程跟踪、避免生命周期模型内在的风险、避免浪费时间，而且认识到采用这种生命周期模型能带来的首要利益。

● 没有充分理解需求：是指当开发者和用户没有很好地理解系统需求或用户倾向于改变需求时生命周期模型的工作状态。它表明模型是否能更好地适应研究性的软件开发。

● 没有充分理解构架：是指当开发一个新领域的应用或在一个熟悉领域开发不熟悉的部分时，生命周期模型的工作状态。

● 开发高可靠性的系统：是指在实际操作过程中，系统开发采用的生命周期模型可能会带来多少缺陷。

● 开发带有极大的成长性的系统：是指是否能比较容易地在系统的生命周期中调整系统的大小并做出不同的改变。这些变化并不在设计人员最初的预料之内。

● 管理风险：是指生命周期模型对定义和控制进度风险、产品风险和其他风险的支持能力。

● 可以强制执行预先定义的进度：是指生命周期模型对存在不可改变交付日期的项目是否能很好地支持。

● 低管理费用：是指有效地使用生命周期模型带来的管理费用和技术费用的节省。这些费用包括进度状态跟踪、文档书写、产品包装和其他不直接涉及软件开发本身的活动在内。

● 给用户提供可视的进展情况：是指生命周期模型可以自动生成一些阶段标识以便用户具备跟踪项目进展状态的能力。

● 给管理者提供可视的进展情况：是指生命周期模型可以自动生成一些阶段标识以便管理者具备跟踪项目进展状态的能力。

● 允许中途变更：是指在开发过程中对产品进行重大变更的能力。这些变更不包括对产品基本定义的改变，但是包括显著的扩展。

案例：选择有效的生命周期模型

Eddie 主动要求监理 Square-Tech 公司新版科学制图软件包“Cube-It”的开发工作。首席执行官 Rex 觉得原来开发的 Square-Calc 为该项目的开发奠定了良好的基础，使他们有望成为科学制图市场的领先者。

Eddie 找了两个开发人员 George 和 Jill 来制定项目计划。“对我们来说这是个新领域，所以我们想把项目的风险降到最低。Rex 希望在一年内完成初步产品开发。我们不知道是否有可能，所以我们认为应该采用螺旋生命周期模型。在螺旋的第一次迭代中就可以搞清楚是幻想还是可以做到。”

George 和 Jill 工作了两个星期，和 Eddie 一起评估他们确定的可供选择的方法：“我们发现如果要使项目目标成为科学制图软件市场的领先者，有两个基本方案，即通过特色或操作简便来打败竞争者。我们分析了两种方案的风险。看起来操作简便更容易实现。如果完全走特色的路线，为了开发业界领先的产品，最少需要 200 人月。以一年时间为约束条件来完成产品，而且最多只有 8 个人的团队完全不能满足项目约束条件。如果走操作简便的路线，大约需要 75 个人月。就比较适合项目的约束条件，并且市场空间更大。”

“干得好!”Eddie 说，“我认为 Rex 会喜欢后一种方案。”之后，Eddie 约见了 Rex，第二天早上回来找 George 和 Jill。

“Rex 指出我们需要找一些公司内部关于软件可用性方面的专家参加你们的工作，他认为开发一个产品强调可用性是一个很好的战略举措，所以竖起了大拇指。现在我们需要计划螺旋的下一个迭代。我们的最终目标是细化产品规格，尽量减少开发时间，尽可能提高可用性。”

George 和 Jill 花了四个星期去完成这次迭代，然后他们和 Eddie 讨论他们发现的问题。“我们做了一张表格，”George 汇报道，“表格是按可用性的优先级排序的，还有估计的实现时间。我们对每个特性都做了最好和最坏两种估算。你可以看到其中有很多变化，大多数变化要求我们对每个特性进行详细的定义。另外对产品要花多少时间实现有很多控制的方法。”

“因为我们很清楚我们的主要目标是最容易使用，这使得我们比较容易做出决策。最花费时间的特性也最少。我建议去掉一些，这样就可以通过进度和产品方面的优势去弥补。”

“很有意思。”Eddie 回答，“你认为应该采用什么样的方案？”

“我们推荐两种可能的方案。”Jill 说，“一种是‘安全的’版本，采用经过检验的技术，把重点放在可用性上；一种是‘有风险的’版本，可以巧妙地推进可用性状态。任何一种选择都会比现在市场上同类软件的可用性好得多。风险版本将让竞争对手更难追上我们，但是和安全版本 40 个人月的需求相比，大约需要 60 个人月。这不是全部的差别，就最坏的情况来说，‘有风险的’版本需要 120 个人月，而‘安全的’版本需要 55 个人月。”

“嗬!”Eddie 说，“真是个好消息。是否有可能先实现‘安全的’版本，但是设计上超前一些，以便我们可以在第二版中巧妙地向‘有风险的’版本推进呢？”

“很高兴你问这个问题，”Jill 说，“我们估计‘安全的’版本和为第二版的超前设计大约需要 45 个人月，最坏的情况是 60 个人月。”

“那就很清楚了，不是吗？”Eddie 说，“现在只剩下 10 个半月的时间了，所以我们就先做‘安全的’版本，并且为第二版进行超前设计。在你们集中注意技术风险的时候，我已经注意到了人员安排的风险，而且我已经准备了 3 个开发人员。我们现在把他们增加到队伍中，然后开始下一次迭代。George，你提到进度中有很多不确定因素，每个特性都需要最终确定，是吗？在下一次螺旋迭代过程中我们必须将注意力集中在设计和执行上的风险最小化上面。我们仍然对于可用性的最终目标持一致意见，那就意味着尽可能地把那些特性用最少的时间去实现。我还希望新参与的开发人员重新检查一下你的估算以避免任何估算错误的风险。”

George 和 Jill 都同意。

在下一个迭代过程中集中在设计上，花了 3 个月，达到了项目 4.5 个月的阶段标志。他们重新检查并确保他们的设计是可靠的，而且已经包括了为第二版进行的超前设计。设计工作使他们能更精确地估算，现在他们估计剩余的工作需要 30 个人月，最坏的情况是 40 个人月。Eddie 认为这有问题，因为这意味着在最坏的情况下，要推迟两个星期交付软件。在开始编码的迭代过程中，开发人员把代码质量低和状态可视度差作为主要风险。为了把风险程度降到最低，他们建立了代码复查制度以便检查和改正代码错误，并且设置较短的里程碑以提供最好的状态可视度。他们的估算并不完美，最后迭代过程多花了 2 个星期。他们推迟到第 11 个月才进行系统测试，而不是原定的 10.5 个月。但是产品的质量非常高，Cube-It 1.0 准时交付了。

讨论：临时性团队的项目开发

某公司承接了一个电子政务平台的项目，该项目主要分“政务办公”与“政务公开”两大部分。甲方很配合，协助整理了国家电子政务管理规范和相关文档。通过沟通，拟定的开发周期也相对宽松。

甲方聘请了监理；三方各派代表成立项目控制委员会(CCB)。公司也在项目团队中派了长驻 QA 小组，以协助项目管理。

但是电子政务并不是公司的主营业务，整个研发团队是公司临时招聘组建，约 6 人左右，大多是应届毕业，除了项目经理之外，最有经验的也不过两三年开发经历。

案例讨论：

针对这种情况，作为项目经理，应该采用哪种开发模式比较合理？

讨论：时间约束紧的项目开发

当项目刚开始不久，甲方接到通知，要在当年国庆前后参加全国电子政务网站评比，当地主管领导希望能在 9 月份先进行本地区评比。准备充足后再备战全国评比。此时刚过五一，总计用于研发的时间也就 4 个月左右。

项目主管在了解情况后向 CCB 提出项目变更申请，考虑先做前端功能，后端仅做现阶段需要的模块。同时向公司申请从其他项目组抽调技术骨干到该项目组协助。

经各方协商，以上方案得到支持，项目范围、开发计划的变更得到认可；公司抽调 3 名有多年协作经验的老员工，到该团队参与开发。

案例讨论：

在这种情况下，作为项目经理，应该采用哪种开发模式？

讨论：产品化软件的项目开发

最终，该电子政务平台项目完满成功。团队成员觉得可以考虑将该项目转化为产品，作为一项稳定业务看待，向公司建议后，得到公司高层支持，公司内部通过评审，确定以上思路。项目经理转为产品研发经理，从事产品化工作。

在评审过程中，也顾虑到很多问题，具体如下：

● 研发经理考虑到在项目开发中，由于工期限制，程序构架不够灵活，产品化后调整工作量会比较大，存在技术风险；

● 公司高层认为，市场定位依然不够明晰，大幅投资不太现实，现阶段仅限尝试。

案例讨论：

在这种情况下，作为研发经理，应该采用哪种开发模式？

3.24　小　　结

软件项目要考虑与先前的项目使用不同的方法进行开发的、新项目的具体特征，需要在项目分析的基础上做出评价，以选择最合适的方法学和技术，介绍了如何识别项目特征(3.1.1 节、3.1.2 节)和风险(3.1.3 节)，要掌握典型系统的解决方案(3.1.5 节)，了解技术计划的内容(3.1.6 节)。软件开发过程模型是软件项目工作的基础，计划和管理人员不仅要选择方法，还要选择过程模型(3.2 节)，不同的模型有不同的特点适用不同类型的项目，不同的过程模型在交付速度和软件质量方面的表现也各不相同。在软件开发中，客户更关心以较低的成本快速交付业务应用程序，只有了解各种模型的优劣，才能选择合适的过程模型，本章介绍了边做边改模型(3.4 节)、瀑布模型(3.5 节)、生鱼片模型(3.6.1 节)、包含子项目的瀑布模型(3.6.2 节)、可以降低风险的瀑布模型(3.6.3 节)、螺旋模型(3.7 节)、原型开发(3.8 节)、渐进原型(3.10 节)、增量交付(3.11 节)、阶段交付(3.12 节)、面向进度的设计(3.13 节)、渐进交付(3.14 节)、快速应用开发模型(3.15 节)、并发开发模型(3.16 节)、面向开发工具的设计(3.17)、动态系统开发方法(3.18 节)、极限编程(3.19 节)、领域驱动设计(3.20 节)、成品软件(3.21 节)等方法。现代的敏捷方法更强调沟通的重要性，通常采用迭代的方法，就需要管理迭代和增量(3.22 节)，以控制开发过程。本章最后给出了选择最合适的生命周期模型的判定方法，以便选择合适的生命周期模型(3.23 节)。

3.25 习　　题

1. 如何按书中介绍的分类方法对下面的系统进行分类？

(1) 工资单系统。

(2) 控制装瓶设备的系统。

(3) 保存供水给消费者的水厂所用设备设计图细节的系统。

(4) 支持项目经理的软件程序包。

(5) 由律师用于访问与公司税收有关的诉讼法的系统。

2. 建筑协会用基于计算机的信息系统来支持其分支机构的工作已经有了很长的历史，其使用专有的结构化系统分析和设计方法。现在已经决定要创建一个房地产市场的计算机模型，试图计算利率变化对房屋价值的影响。他担心通常使用的信息系统开发方法不能适用于新的项目。

(1) 为什么会有这样的担心？是否应该考虑其他可供选择的方法？

(2) 概述系统的开发计划，描绘你为这个项目选择的方法。

3. 比较瀑布模型、生鱼片模型、包含子项目的瀑布模型、可以降低风险的瀑布模型的优劣。

4. 什么是螺旋模型？有哪些优势和限制？

5. 要设计和构建一个软件程序包来辅助软件成本估计。该程序包输入参数，然后产生按投入时间计算需要多少费用的初步估计。

(1) 已经了解到在这种情况下软件原型是有用的。解释一下这是为什么？

(2) 讨论如何控制这样的原型开发，确保它是按有序和有效的方法并在指定的时间间隔内实施。

6. 在 3.9 节强调需要定义将从原型中学到什么以及评价获得新知识的方法。对于以下情况，概述一下学习成果和评价：

(1) 一名毕业班的学生要构建一个在工厂中起“建议箱”作用的应用程序。这个应用程序允许员工提出关于过程改进的建议，并且在所提的建议被评价时跟踪它的后续进展。该学生要使用传统的数据库来实现基于 Web 的前端应用，该学生以前没有用这种混合的技术开发过任何应用程序。

(2) 一个工程公司要维护大量不同类型的与当前和以前的项目有关的文档。该公司已经决定评价基于计算机的文档检索系统，并希望在试验的基础上加以实现。

(3) 一所本地大学的计算机学院已提出一项专门研究“电子解决方案”的业务，即采用万维网开发商业应用程序。该学院正在研究为以前的学生建立专门的 Web 站点。该 Web 站点的核心是提供关于就业和培训机会的信息，希望通过广告创收。学院同意进行试验来评价该方案是否可行。

7. 如何选择最合适的生命周期模型？

8. 在学院环境中，通常建立了保存课程信息(如讲授计划、参考书目和任务摘要)的学生内部网 Intranet。作为一个“实际的”练习，计划、组织和召开 JAD 会议来设计内部网实施(或改进其设计)。

要求：

● 进行初步研究，标识有代表性的、关键的项目干系人(例如可能为内部网提供信息的员工)；

● 创建 JAD 活动中使用的文档；

● 记录 JAD 活动；

● 创建一个报告来描述 JAD 会议的发现。

9. (项目管理)选择图书馆软件产品的开发方法，提交报告，修订项目开发计划。

10. (项目管理)选择网络购物系统的开发方法，提交报告，修订项目开发计划。

11. (项目管理)选择自动柜员机的开发方法，提交报告，修订项目开发计划。

第4章　需求开发和需求管理

在软件项目中，项目干系人都感兴趣的就是需求分析阶段，干系人包括客户、用户、业务或需求分析员(负责收集客户需求并编写文档，以及负责客户与开发机构之间联系沟通的人)、开发人员、测试人员、用户文档编写者、项目管理者和客户管理者等。如果需求分析工作做好了，就能开发出很出色的产品，使客户感到满意，开发者自己也会感到满足、充实、富有成就感；如果处理不好，就会导致误解、挫折、障碍以及潜在质量和业务价值上的威胁。因此，需求分析奠定了软件工程和项目管理的基础，所有项目干系人最好都采用有效的需求分析过程和管理技术。

学习目标

本章将概括介绍需求开发和需求管理的基本概念和相关技术，通过本章学习，读者应能够做到以下几点：

(1) 了解需求的重要性，明确什么是软件需求，搞清楚需求管理的困难性主要集中在哪些方面；

(2) 理解软件需求各组成部分之间的关系，了解需求说明的特征，以便找到需求陈述中的问题并加以改进；

(3) 了解需求工程领域的组成，清楚需求开发与需求管理之间的界限；

(4) 掌握获取需求的技术和方法，学习编制需求规格说明并验证需求；

(5) 学习需求管理的技术和方法，掌握需求的版本控制、变更管理和需求跟踪技术。

案例：雇员系统需求变更

“喂，是Phil吗？我是人力资源部的Maria，我们使用你编写的雇员系统时遇到一个问题，就是一个雇员想把她的名字改成Sparkle Starlight，而系统不允许，你能帮帮忙吗？”

“她嫁给了一个姓Starlight的人吗？”Phil问道。

“不，她没有结婚，仅仅是要更改她的名字，”Maria回答道。“就是这问题，好像只能在婚姻状况改变时才能更改姓名。”

“当然是这样，我从没想过谁会莫名其妙地更改自己的姓名。我记不起你曾告诉我系统需要处理这样的事情，这就是为什么你们只能在改变婚姻状况对话框中才能进入更改姓名的对话框。”Phil说道。

Maria 说："我想你应该知道每个人只要愿意都可以随时合法更改他(她)们的姓名。但不管怎样，我们希望在下周五之前解决这个不合理的地方，否则，Sparkle 就不能支付她的账单。你能在此前修改好这个错误吗？"

"这并非是个错误！我从不知道你要处理这种情况。我现在正忙着做一个新的性能检测系统，并且我还要处理雇员系统的一些需求变更请求(传来翻阅稿纸的声音)。""哦，这儿还有别的事。我只可能在月底前修改好，一周内不行，很抱歉。下次若有类似情况，请早一些告诉我并把它们写下来。"

"那我怎么跟 Sparkle 说呢？" Maria 追问道，"如果她不能支付账单，那她只能挂账了。"

"Maria，你要明白，这不是我的过错。" Phil 坚持道，"如果你一开始就告诉我，你要能随时改变某个人的名字，这些都不会发生。因此你不能因为我未猜出你的想法(需求)就责备我。"

Maria 不得不很愤怒地屈从道："好吧，好吧，这种烦人的事使我恨死计算机系统了。等你修改好了，马上打电话告诉我，行吧？"

案例是不愉快的。其实，在软件开发中遇到的许多问题，都是由于收集、编写、协商、修改产品需求过程中的失误带来的。例如上面的 Phil 和 Maria，出现的问题涉及非正式信息的收集，未确定的或不明确的功能，未发现或未经交流的假设，不完善的需求文档，以及突发的需求变更过程。

4.1　从一幅幽默画看到的需求问题

软件危机不是危言耸听，在软件开发过程中会发生各种各样的问题，甚至是挺荒唐的事，所以才有了如图 4.1 所示的这张经典的幽默画。该画讽刺了软件工程的低水平开发和管理。

图 4.1 表明了软件组织中各种角色对软件要实现的功能特性有不同的理解，经过各个环节，误差被不断放大，最终产生令人啼笑皆非的结果。分析其原因，有以下几条：

- 客户没有把自己的需求描述清楚，一开始就有问题。
- 项目经理没有认真倾听客户的需求，客户的需求打了折扣。
- 分析人员进一步误解了客户的需求，设计的内容可能到了不可理喻的地步。
- 程序员编写的代码也是漏洞百出，使原来就很糟糕的功能设计雪上加霜。
- 业务咨询师却将软件功能吹嘘得天花乱坠。
- 项目过程中忽视文档，几乎是一片空白。
- 软件在安装之后，某些功能不能正常工作，或几乎不可用。
- 还是照样按照高科技产品收取客户的费用。
- 技术支持人员可能将问题弄得更糟糕……

图 4.1 讽刺软件工程危机的著名幽默画(不同的角色对软件的理解不同，而且经过各环节放大后，误差被不断放大)

4.1.1 每个项目都有需求

Frederick Brooks 在他 1987 年的经典文章《No Silver Bullet: Essence and Accidents of Software Engineering》中充分说明了需求过程在软件项目中扮演的重要角色：

> 开发软件系统最困难的部分就是准确说明要开发什么。最困难的概念性工作便是编写详细技术需求，包括所有面向用户、面向机器和其他软件系统的接口。该工作一旦做错，最终会给系统带来极大损害，而且以后再对它修改也极为困难。

每个软件产品都是为了使用户能以某种方式改善其工作和生活，因此，花在了解用户需求上的时间便是项目成功的高层投资。对商业的最终用户应用程序，企业信息系统和软件作为一个大系统的某一部分的产品是显而易见的。但是，对开发人员来说，并没有编写客户认可的需求文档，又怎么知道项目何时结束呢？如果不知道什么对客户来说很重要，又怎么能使客户感到满意呢？

而且，即便非商业目的的软件需求也是必需的，例如软件库、组件和工具等供开发小组内部使用的软件，当然也可能偶尔不需文档说明就与其他人意见接近一致，但是，更常见的是出现重复返工这种不可避免的后果。无论怎样，重新编制代码的代价远远超过重写一份需求文档的代价。

4.1.2　需求是软件项目成败的关键

解决问题的第一步是理解问题。Standish Group 公司在调查中让被调查人员确定项目的重要因素，项目分为“成功”、“遇到困难”(推迟且没有达到预期)以及“损坏”(被取消)。调查数据表明，与软件开发有关的、最常见、最严重的问题都与需求有关。Standish Group 公司(1994)研究特别指出了三种最经常提到的使项目“遇到困难”的因素：

- 缺乏用户输入：占所有项目的 13%；
- 不完整的需求和规格说明：占所有项目的 12%；
- 不断改变的需求和规格说明：占所有项目的 12%。

当然，项目失败的原因还有很多，可能是不合理的进度或时间安排(4%)、人力和资源不足(6%)或技术技能不够(7%)，以及其他诸多原因。Standish 的数据在业界具有代表性，研究表明至少三分之一的软件项目是因为与需求获取、需求文档和需求管理有关的原因而陷入困境的。

很多项目都有进度的推迟或预算的超支，如果没有取消的话，Standish Group 发现大公司 9%的项目是按时在预算内交付的；小公司 16%的项目是成功的。那么，项目最主要的“成功因素”是什么？根据 Standish Group 的研究，三个最重要的因素是：

- 用户介入：占所有成功项目的 16%；
- 高层管理支持：占所有成功项目的 14%；
- 需求陈述清晰：占所有成功项目的 12%。

根据 IDC(International Data Corporation)的统计，80%失败的 IT 项目是由于需求分析做得不好，没有真正反映用户的需求。根据 Standish Group 的分析，项目失败最重要的 8 个原因中的 5 个都与需求有关：

- 不完整的需求；
- 缺少用户参与；
- 不实际的客户期望；
- 需求和规范的变更；
- 提供不再需要的能力。

此外，CHAOS 大学工作人员 Sanjiv 指出：“如果没有搞定需求，则项目一定会失败；如果搞定需求，则项目一定会交付。”1995 年，ESPITI(European Software Process Improvement Training Initiative)调查了 3800 人以确定在产业中相对重要的软件问题，调查也印证了 Standish Group 公司的调查结果。相对而言，编码“不是问题”，问题在于需求阶段，需求分析无疑是软件项目的关键。很显然，完全可以把需求当作导致软件问题的最根本原因。因此，软件需求的重要性正在不断增强。

4.1.3　软件需求的定义

软件需求包含着多个层次，不同层次从不同角度与不同程度反映问题的细节。

IEEE 软件工程标准词汇表(1997 年)中将需求定义为：

(1) 用户解决问题或达到目标所需的条件或权能(Capability)；

(2) 系统或系统部件要满足合同、标准、规范或其他正式规定的文档所需的条件或权能；

(3) 一种反映上面(1)或(2)所描述的条件或权能的文档说明。

IEEE 的定义包括从用户角度(系统的外部行为)以及从开发者角度(一些内部特性)来阐述需求。其中，一个关键的问题是要编写需求文档。如果未编写需求文档，只有一堆邮件、便条、会谈或一些零碎的对话记录，就要让人确信你已明白需求，那完全是在自欺欺人。

Jones 认为需求是“用户所需要的并能触发一个程序或系统开发工作的说明”。需求分析专家 Alan Davis 认为需求是“从系统外部发现系统所具有的满足用户的特点、功能、属性等”。这些定义强调的都是产品是什么样的，而非产品是怎样设计、构造的。下面的定义从用户需要进一步转移到了系统特性：“需求是指明必须实现什么的规格说明，它描述了系统的行为、特性或属性，是在开发过程中对系统的约束。”

这些不同形式的定义表明：没有一个清晰、无二义性的“需求”术语存在，真正的“需求”实际上存在于人们的脑海中。任何文档形式的需求(例如需求规格说明)仅是一个模型，一种叙述。因此，要确保所有项目干系人在对描述需求的名词的理解上务必达成共识。

4.2 需求管理的困难性

需求分析是软件工程中最复杂和最难处理的过程。归结起来，需求分析的问题主要体现在下面 4 个方面：

(1) 需求的复杂性。由于用户需求涉及的因素繁多，如运行环境和系统功能、性能等，就导致了需求分析的复杂化。因此，需要积极与用户交流，捕捉、分析和修订用户对目标系统的需求，以提炼出符合问题领域的用户需求。

(2) 分析人员或客户理解有误。系统需求涉及人员较多，如软件系统的用户、问题领域专家、需求工程师和项目管理人员等，这些人员具有不同的背景和知识，处于不同的角度，扮演不同的角色，不可避免地造成了交流的困难。例如，软件系统分析人员不可能都是全才，对于客户表达的需求，不同的分析人员可能有不同的理解；客户大多不懂软件，可能会认为软件是万能的，会提出一些无法实现的需求。

(3) 不完整性和不一致性。每项需求都必须将要实现的功能描述清楚，以使开发人员获得设计和实现这些功能所需的所有必要信息。由于种种原因，用户对问题的陈述往往是不完整的，而且各方面的需求可能会互相矛盾。此外，用户需求必须和业务需求一致，功能需求必须和用户需求一致。严格遵守不同层次间的一致性关系，才可以保证最后开发出来的软件系统不会偏离最初的目标。

(4) 需求的易变性。随着客户对项目的理解越来越深刻，其需求也可能会随之改变，这些变化的可能性越大，项目风险就越大。在需求分析的时候要充分考虑到哪些需求是相对固定的，哪些需求可能发生变动，考虑到需求的可变性，在设计功能和数据库的时候就不会因为后面的变动而影响整个工程。

软件需求的特性，使得不重视需求过程的项目队伍将自食其果，需求工程中的缺陷将给项目成功带来极大的风险。下面讨论一些需求风险，这些都增加了需求管理的难度：

1. 缺乏足够的用户参与

客户经常不明白为什么要花费那么多工夫来收集需求和确保需求质量，开发人员可能也不重视用户参与。究其原因：一是与用户合作不如编写代码有趣；二是开发人员觉得自己已经明白用户需求了。某些情况下，与实际使用产品的用户直接接触很困难，而且用户也可能不太明白到底需要什么。无论怎样，还是应该让具有代表性的用户在项目早期直接参与到开发队伍中，并一同经历整个开发过程，这有利于项目的成功。

2. 用户需求的不断扩展

在开发中如果不断地补充需求，项目就越变越庞大，以致超过其计划安排及预算范围。计划并不总是贴近项目需求规模与复杂性的实际情况、风险、开发生产率及需求变更情况，这使得问题更难解决。事实上，问题的根源在于用户对需求的改变和开发者对新需求所做的修改。

产品开发中不断延续的变更会使其整体结构日渐紊乱，补丁代码也使整个程序难以理解和维护。插入补丁代码也使模块违背了强内聚、松耦合的设计原则，而且，如果项目配置管理不完善的话，收回变更和删除特性也会带来问题。如果能尽早区别可能带来变更的特性，就能开发一个更健壮的结构，并能更好地适应它，这样设计阶段的需求变更不会直接导致增加补丁代码，同时也有利于控制因变更导致的质量下降。

3. 模棱两可的需求

模棱两可是需求规格说明中最可怕的问题。它的一层含义是指不同角色对需求说明产生了不同的理解；另一层含义是指单个角色能用不止一种方式来解释某个需求说明。

模棱两可的需求会使不同的项目干系人产生不同的期望，会使开发人员为错误问题而浪费时间，并且使测试者与开发者所期望的也不一致。系统测试人员就经常对需求理解有误，以致不得不重写许多测试用例和重做许多测试。

处理模棱两可的需求，一种方法是组织一支从不同角度负责审查需求的队伍。仅仅靠简单浏览需求文档是不能解决模棱两可的问题的。如果不同的评审者从不同的角度对需求说明给予解释，使每个评审人员都有所了解，那么二义性就不会直到项目后期才被发现，那时才发现的话会使变更的代价很大。

4. 不必要的特性

“镀金”是指开发人员力图增加一些“用户欣赏”，但并未在需求规格说明中涉及的新功能。经常发生的情况是用户并不认为这些功能很有用，以致在其上耗费的努力“白搭”了。开发人员应当为客户构思方案并考虑一些创新思路，具体确定哪些功能要在客户所需与开发人员所允许的时限之间求得平衡。开发人员应努力使其简单易用，而不要未经客户同意，擅自脱离客户要求，自作主张。

同样，客户有时也可能要求一些看上去很“酷”，但缺乏实用价值的功能，这些只能徒耗时间和成本。为了将“镀金”的危害尽量减小，应确信已明白：为什么要包括这些功能，以及这些功能的“来龙去脉”，使需求分析过程始终关注那些能使用户完成其业务任务的核心功能。

5. 过于精简的规格说明

有时，客户并不明白需求分析如此重要，于是只提供一份精简之至的规格说明，仅涉及产品概念上的内容，然后让开发人员在项目进展中去完善，结果很可能出现的是开发人员先建立产品的结构之后再完成需求说明。这种方法可能适合于尖端研究性的产品或需求本身就十分灵活的情况。在大多数情况下，这样做会给开发人员带来挫折(使他们在不正确假设的前提下和极其有限的指导下工作)，也会给客户带来烦恼(他们无法得到设想的产品)。

6. 忽略了用户分类

大多数产品是由不同的人使用其不同的特性，使用频繁程度也有差异，使用者受教育程度和经验水平也不尽相同。如果不能在项目早期就针对所有的主要用户进行分类的话，必然会导致有的用户对产品感到失望。例如，菜单驱动操作对高级用户太低效了，而含义不清的命令和快捷键又会使不熟练的用户感到困难。

7. 不准确的计划

“这是我对新产品的看法，那么，能告诉我什么时候能完成吗？”许多开发人员都遇到过这种难题。对需求分析缺乏理解会导致过分乐观的估计，当不可避免的超支发生时，会带来颇多麻烦。据报道，导致需求过程中软件成本估计极不准确的原因主要有五点：频繁的需求变更、遗漏的需求、与用户交流不够、质量低下的需求规格说明和不完善的需求分析。

对估计时间问题的正确响应应该是“等我真正明白你的需求时，就会告诉你”。基于不充分信息和未经深思的不成熟估计很容易延期。要做出估计时，最好是给出一个范围(例如最好的情况、很可能的情况、最坏的情况)或一个可信赖的程度(我有 90%的把握，能在 8 周内完成)。通常没有准备的估计是作为一种猜测给出的，而用户却认为是一种承诺，因此，要尽量给出可达到的预期期望并坚持达到该期望。

4.3 管理需求的层次

软件需求包括三个不同的层次——业务需求、用户需求和功能需求(也包括非功能需求)。业务需求反映了组织机构或客户对系统、产品高层次的目标要求，在项目视图与范围文档中予以说明。用户需求描述了用户使用产品必须完成的任务，在用例文档或场景说明中予以说明。功能需求定义了开发人员必须实现的软件功能，帮助用户能完成其任务，从而满足业务需求。对一个复杂产品来说，软件功能需求也许只是系统需求的一个子集，因为另一些需求可能来自于其他部件。软件需求各组成部分之间的关系如图 4.2 所示。

在软件需求规格说明(Software Requirements Specification, SRS)中描述的功能需求充分阐明了软件系统应该具有的外部行为。软件需求规格说明在开发、测试、质量保证、项目管理以及项目相关活动中都起到了重要的作用。

作为功能需求的补充，软件需求规格说明还应包括非功能需求，它描述了系统展现给用户的行为和执行的操作等，包括产品必须遵从的标准、规范和合约，外部界面的具体细

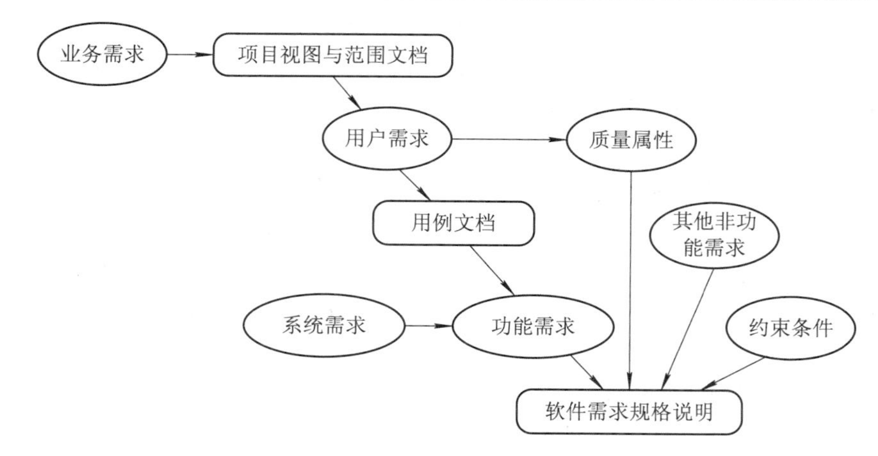

图 4.2　软件需求各组成部分之间的关系(三个层次的需求反映了不同层面的问题，软件功能需求也许只是系统需求的一个子集)

节，性能要求，设计或实现的约束条件及质量属性等。所谓约束，是指对开发人员在软件产品设计和构造上所具有的选择和限制。质量属性从多个角度对产品的特点进行描述，从而反映产品功能，这对用户和开发人员都极为重要。

需求并不包括设计细节、实现细节、项目计划信息或测试信息。需求与这些没有关系，它关注的是充分说明究竟想开发什么。项目也有其他方面的需求，如开发环境需求或发布产品及移植到支撑环境的需求等。

4.4　需 求 工 程

整个软件需求工程研究领域可划分为需求开发和需求管理两部分，如图 4.3 所示。

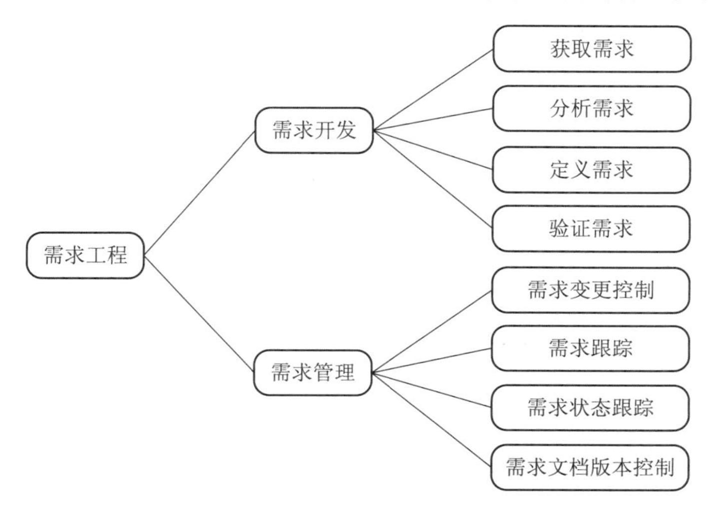

图 4.3　需求工程领域的组成(需求工程包括需求开发和需求管理，需求管理对需求开发获取的需求进行管理和跟踪，并控制需求变更)

需求开发可进一步分为：获取、分析、定义和验证需求四个阶段。它们包括软件类产品的需求收集、评价、编写文档等活动。需求开发活动包括下面几个方面：

- 确定要开发产品的用户类；
- 获取每个用户类的需求；
- 了解实际用户任务和目标以及这些任务所支持的业务需求；
- 分析源于用户的信息以区别用户任务需求、功能需求、业务规则、质量属性、建议解决方法和附加信息；
- 将系统级的需求分为几个子系统，并将需求中的一部分分配给软件组件；
- 了解相关质量属性的重要性；
- 商讨实施优先级的划分；
- 将收集的用户需求编写成规格说明和建立模型；
- 评审需求规格说明，确保对用户需求达到共同的理解与认识，并在整个开发小组接受说明之前将问题都弄清楚。

需求管理“建立并维护在软件工程中同客户达成的契约”，契约包含在编写的需求规格说明与模型中。客户的接受仅是需求成功的一半，开发人员也必须能接受，并真正把需求应用到产品开发中。通常的需求管理活动包括：

- 定义需求基线；
- 评审提交的需求变更，评估每项变更的影响以决定是否实施；
- 以一种可控制的方式将需求变更融入到项目中；
- 使当前的项目计划与需求一致；
- 在基于对变更需求所产生影响的估计的基础上，协商新的承诺(约定)；
- 让每项需求都能与对应的设计、源代码和测试用例联系起来以实现跟踪；
- 在整个项目过程中跟踪需求状态及其变更情况。

从图 4.4 中可以了解需求开发和需求管理之间的区别。

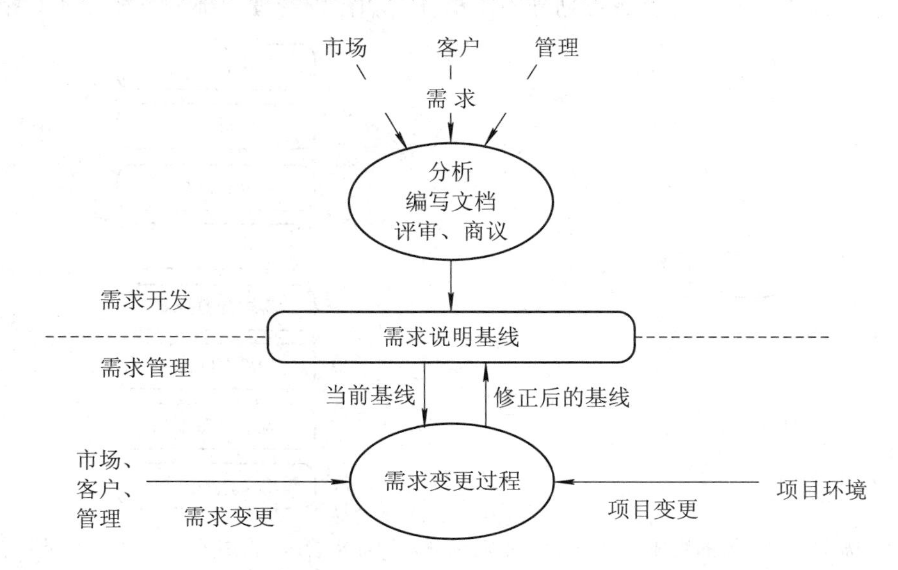

图 4.4　需求开发与需求管理之间的界限(需求基线是需求开发的目标，是需求管理的基础)

4.5　如何获取需求

4.5.1　客户的需求观

案例：客户的需求观

Contoso 制药公司的高级管理长官 Gerhard，会见 Contoso 公司的信息系统开发小组的新管理员 Cynthia。

“我们需要建立一套化学制品跟踪信息系统”，Gerhard 说道，“该系统可以记录库房或某个实验室中已有的化学药品，这样，化学专家可以直接从楼下的某人那里拿到所需的药品，而不必再买一瓶新的。另外，卫生保健部门也需要为联邦政府编写关于化学药品的使用报告。你们小组能在五个月内开发出该系统来吗？”

“我已经明白这个项目的重要性了，Gerhard，”Cynthia 说道，“但在我制定计划前，我们必须收集系统的需求。”

Gerhard 觉得很奇怪，“你的意思是什么？我不是刚告诉你我的需求了吗？”

“实际上，你只说明了整个项目的概念与目标。”Cynthia 解释道，“这些高层的业务需求并不能提供足够的信息以确定究竟要开发什么样的软件，以及需要多长时间。我需要与分析人员和一些使用系统的化学专家进行讨论，然后才能真正明白达到业务目标所需的各种功能和要求。我们甚至并不需要开发一个新的软件系统，这样可节省许多金钱和时间。”

Gerhard 此前从未遇到过类似这位系统开发人员的看法。“那些化学专家都非常忙，”他坚持道，“他们没有时间与你们详细讨论各种细节，你不能让你手下的人说明吗？”

Cynthia 尽力解释从使用新系统的用户处收集需求的合理性。“如果我们只是凭空猜想用户要求，结果不会令人满意。我们只是软件开发人员，并非化学专家。我们并不能真正明白化学专家们需要用化学制品跟踪系统做什么。我曾经尝试过，未真正明白这些问题就匆忙开始编码，结果没有人对产品满意。”

“行了，行了，我们没有那么多时间。”Gerhard 坚持道，“我来告诉你需求，请马上开始开发系统，随时将你们的进展情况告诉我。”

像这样的对话经常出现在软件开发过程中，要求开发新信息系统的客户通常并不懂得从系统的实际用户处得到信息的重要性。市场人员在有了一个不错的新产品想法后，也就自认为能充分代表产品用户的兴趣和要求。但是，直接从产品的实际用户那里收集需求有着不可替代的必要性。Standish 对 8380 个项目的调查发现，导致项目失败的最主要的两个原因是缺乏用户参与和不完整的需求以及不完整的规格说明。

引起需求问题的一部分原因是混淆了不同层次的需求(业务、用户、功能)。Gerhard 说明了一些业务需求，但他并不能清楚地描述用户需求，因为他并不是“化学制品跟踪系统”的实际使用者。只有实际用户才能描述他们用此系统完成什么任务，但他们又不能指出完成这些任务所需要的、所有的、具体的功能需求。

4.5.2 与客户协商

客户是指直接或间接从产品中获得利益的个人或组织。软件客户包括提出要求、支付款项、选择、具体说明或使用软件产品的项目干系人或是获得产品所产生结果的人。

Gerhard 代表支付、采购或投资软件产品的一类客户，处于 Gerhard 层次上的客户有义务说明业务需求，他们应阐明产品的高层概念和将发布产品的主要业务内容。业务需求为后继工作建立了一个指导性的框架，其他任何说明都应遵从业务需求的规定，但是，业务需求并不能为开发人员提供很多开发所需的细节说明。

用户需求必须从使用产品的用户那里收集。这些用户(通常称作最终用户)构成了另一种软件客户，他们能说清楚要使用该产品完成什么任务和一些非功能特性，而这些特性有利于用户接受具有该特点的产品。

说明业务需求的客户有时会试图替代用户说话，但是他们通常无法准确地说明用户需求。因为，用户需求应来自于真正使用产品的操作者。

商业软件开发的情况有些不同，因为通常其客户就是用户。对于市场部这类客户代理，可能想确定究竟软件产品的购买者会喜欢什么。但是，即使是商业软件，也应该让实际用户参与到收集需求的过程中来。如果不这样做，产品很可能会因缺乏足够的用户提供的信息而出现很多隐患。

优秀的软件产品是建立在优秀的需求基础之上的，高质量的需求来源于客户与开发人员之间有效的交流与合作。但是，开发人员与客户或客户代理，如市场人员间的关系反而会成为一种对立关系，双方的管理者都只想自己的利益而搁置用户提供的需求从而产生摩擦，在这种情况下，不会给双方带来任何好处。

只有当双方参与者都明白要成功自己需要什么，同时也应知道要成功合作方需要什么时，才能建立起一种合作关系。由于项目压力与日俱增，所有项目干系人很容易遗忘他们有着一个共同的目标。其实大家都想开发出一个既能实现商业价值，又能满足用户需要，还能使开发者感到满足的、优秀的软件产品。

为产品需求签订协议是客户与开发人员关系中的重要部分，但这里存在这样一个问题：客户代表经常把“签字”看作是毫无意义的。“他们要我在一张纸的最后一行文字下面签上名字，于是我就签了，否则这些开发人员不开始编码。”这种态度会给将来带来麻烦，例如，客户想更改需求或对产品有不满时。“不错，我是在需求上签了字，但我并没有时间去读完所有的内容。我是相信你们的，是你们非要让我签字的。”

同样的问题也发生在管理人员身上。一旦有需求变更出现，他便指着软件需求规格说明说道：“你已经在需求上签字了，所以这些便是我们要开发的。如果你想要别的什么，你应该早点告诉我们。”

这样的态度都是不正确的，不可能在项目早期就了解所有需求，而且毫无疑问，需求将会出现变更。在需求上签字是终止需求开发过程的正确方法，而参与者必须明白他们的签字意味着什么。

更重要的是签字是建立在一个需求基线上的，因此，在需求规格说明上签字应该这样理解："我同意该文档描述了目前对项目软件需求的了解，进一步的变更可在此基线上通过项目定义的变更过程来进行，我知道变更可能需要重新协商成本、资源和项目工期、任务等。"

对于基线达成一定的共识会易于接受将来的摩擦，这些摩擦来源于项目的改进和需求的误差或市场和业务的新要求等。给初步的需求开发工作画上一个双方都明确的句号将有助于形成良好的客户与开发人员之间的关系，为项目的成功奠定基础。

4.5.3　需求获取技术

需求获取技术包括下面两方面的工作：

- 建立获取用户需求方法的框架；
- 支持和监控需求获取的过程。

获取用户需求的主要方法是调查研究。

(1) 了解系统的需求。软件开发常常是系统开发的一部分，仔细分析研究系统的需求规格说明，对软件的需求获取是很有必要的。

(2) 市场调查。了解市场对待开发软件有什么样的要求，了解市场上有无与待开发软件类似的系统。如果有，再了解其在功能上、性能上、价格上的情况如何。

(3) 访问用户和领域专家。分析从用户那里得到的信息，这是重要的原始资料。访问领域专家所得到的信息将有助于对用户需求的理解。

(4) 考察现场。了解用户实际的操作环境、操作过程和操作要求，对照用户提交的问题陈述，对用户需求可以有更全面、更细致的认识。

在做调查研究时，可以采取下面的调查方式：

- 制定调查提纲，向不同层次的用户发放调查表；
- 按用户的不同层次分别召开调查会，了解用户对待开发系统的想法和建议；
- 向领域专家或在关键岗位上工作的人个别咨询；
- 实地考察，跟踪现场业务流程；
- 查阅与待开发系统有关的资料；
- 使用各种调查工具，如数据流图、任务分解图、网络图等。

为了能够有效地获取和理清用户需求，应当打破用户(需方)和开发者(供方)的界限，共同组成联合开发小组，发挥各自的长处，协同工作。

4.5.4　需求获取

需求有三个层次：业务、用户和功能。在项目中它们有不同的来源，也有不同的目标和对象，需要用不同的方式编写文档。业务需求(或产品视图和范围)不应包括用户需求(或用例)，而功能需求应该来源于用户需求。同时，还需要获取非功能需求，如质量属性等。需求获取主要包括下面的活动：

(1) 确定需求开发过程。对组织需求进行收集、分析、细化并验证，然后编写文档，对重要的工作和步骤给予一定的指导，将有助于分析人员的工作，而且也使收集需求活动的安排和进度计划更容易进行。

(2) 编写项目视图和范围文档。项目视图和范围文档应该包括高层的业务目标，所有的用例和功能需求都必须遵从能达到的业务需求。项目视图使所有项目参与者对项目的目标能达成共识，而范围文档则作为需求或潜在特性的参考。

(3) 将用户群分类并归纳各自特点。为避免出现某一用户群需求遗漏的情况，需要将可能使用产品的客户分成不同类别，他们可能在使用频率、使用特性、优先等级或熟练程度等方面都有差异，详细描述出他们的个性特点及任务状况，将有助于产品设计。

(4) 选择每类用户的产品代表。为每类用户至少选择一位能真正代表他们需求的人作为用户代表，代表他们做出决策。这对内部信息系统开发来讲很容易实现，此时用户就是身边的雇员；对商业开发而言，就得在主要的客户或测试人员中建立起良好的合作关系，并确定合适的产品代表，他们必须一直参与项目的开发而且有权做出决策。

(5) 建立典型用户的核心队伍。把同类产品或产品的先前版本用户代表召集起来，从他们那里收集目前产品的功能需求和非功能需求。与产品代表的区别在于，核心队伍成员通常没有决定权。

(6) 让用户代表确定用例。从用户代表处收集他们使用软件完成工作任务的描述——用例，讨论用户与系统间的交互方式和会话要求。在编写用例文档时可采用标准模板，在用例基础上可得到功能需求。

(7) 召开应用程序开发联系会议。应用程序开发联系会议(Joint Application Development, JAD)是范围广泛、简便的专题讨论会，也是分析人员与客户代表之间合作的一种方法，能由此拟出需求文档的底稿。该会议通过紧密而集中的讨论得以将客户与开发人员间的合作伙伴关系付诸于实践。

(8) 分析用户工作流程。观察用户完成业务的过程，画出简单的示意图(如数据流图)来描绘出用户什么时候获得什么数据，并怎样使用这些数据。编制业务过程流程文档将有助于明确产品的用例和功能需求，甚至可能发现客户并不需要一个全新的软件系统就能达到其业务目标。

(9) 确定质量属性和其他非功能需求。在功能需求之外考虑非功能的质量特点，将使产品达到并超过客户的期望。这些特点包括性能、有效性、可靠性、易用性等，在这些质量属性上客户提供的信息是非常重要的。

(10) 检查当前系统的问题以进一步完善需求。客户的问题报告及补充需求为新产品或新版本提供了大量丰富的改进及增加特性的想法，负责提供用户支持及帮助的人能为需求收集提供极有价值的信息。

(11) 跨项目重用需求。如果客户要求的功能与已有的产品很相似，就可以查看需求是否有足够的灵活性以允许重用一些已有的软件组件。

4.5.5 需求分析

需求分析包括提炼、分析和仔细审查已收集到的需求，以确保所有的干系人都明白其含义并找出其中的错误、遗漏或不足的地方。分析员通过评价来确定是否所有的需求和软件需求规格说明都达到了优秀需求说明的要求，目的在于开发出高质量的需求。

通常，把需求中的一部分用多种形式来描述，如文本、图形等。分析不同的视图将揭示出一些更深刻的问题，这是单一视图无法提供的。分析还包括与客户的交流以澄清某些混淆并明确哪些需求更重要，其目的是确保所有干系人尽早地对项目达成共识并对将来的产品有相同而清晰的认识。下面是需求分析的任务：

(1) 绘制系统上下文示意图。该示意图是用于定义系统与外部实体间的界限和接口的简单模型，同时也明确了通过接口的信息流。

(2) 建立数据字典。数据字典是对系统用到的所有数据项和结构的定义，以确保开发人员使用统一的数据定义。在需求阶段，数据字典至少应该定义客户数据项，以确保客户与开发小组使用一致的定义和术语。分析和设计工具通常包括数据字典组件。

(3) 为需求建立模型。需求的图形分析模型是软件需求规格说明极好的补充说明，能提供不同的信息，有助于找到不正确的、不一致的、遗漏的和冗余的需求。需求模型包括数据流图、实体联系图、状态变换图、对话框图、对象图及交互作用图等。

(4) 建立用户界面原型。当开发人员或用户不能确定需求时，开发用户界面原型——一个局部的可能实现——将使许多概念和可能发生的事更直观明了。用户通过评价原型使项目参与者能更好地相互理解要解决的问题，并找出需求文档与原型之间的冲突。

(5) 分析需求可行性。在允许的成本、性能要求下，分析每项需求实施的可行性，明确与每项需求实现相联系的风险，包括与其他需求的冲突，对外界因素的依赖和技术障碍等。

(6) 确定需求优先级。应用分析方法来确定用例、产品特性或单项需求实现的优先级，以优先级为基础确定产品版本将包括哪些特性或哪些需求。当允许需求变更时，在特定的版本中加入变更，并在版本计划中做出安排。

(7) 使用质量功能展开。质量功能展开(Quality Function Deployment, QFD)是一种高级系统技术，将产品特性、属性与用户价值联系起来。QFD 将需求分为三类：期望需求，即客户或许并未提及，但如果缺少则会让他们感到不满意的需求；普通需求；兴奋需求，即实现了会给客户带去惊喜，如果未实现也不会受到责备的需求。QFD 技术提供了一种分析方法以明确哪些是客户最关注的特性。

案例：考勤应用系统——需求获取和分析

对考勤应用系统的需求获取，主要使用研讨会和访谈来进行，通过会议了解系统的功能和用途，通过访谈来进一步了解细节。由于每个人都有不同的需求和视角，为了达成对系统的共识，可能需要用几个单元来召开几次会议。

会议和访谈都应该有记录，整理后需要参与人员签字，以防有遗漏或误解的地方，之后进行归档。

下面是访谈的一部分。

开发者：谁会使用考勤系统？

客　户：所有用它来记录可记账以及不可记账工时的雇员。

开发者：在什么地方？这里、家里还是使用客户端？在防火墙之后？

客　户：在办公室里，有时候也可以在家里，但肯定是通过防火墙后的客户端来访问。

开发者：很好，这很有用。那么，现在是怎么考勤的呢？

客　户：每半个月用一个 Excel 表格来记录。每个雇员将表格填好，然后用电子邮件发给我。表格格式标准：纵向是收费项目代码，横向是日期。雇员可以在每个条目上填写说明。

…

有了这些信息，就可以进一步分析，找出参与者和用例，建立用例模型，进行用例描述。从考勤应用系统中可以找到6个用例，图4.5显示了其用例图。

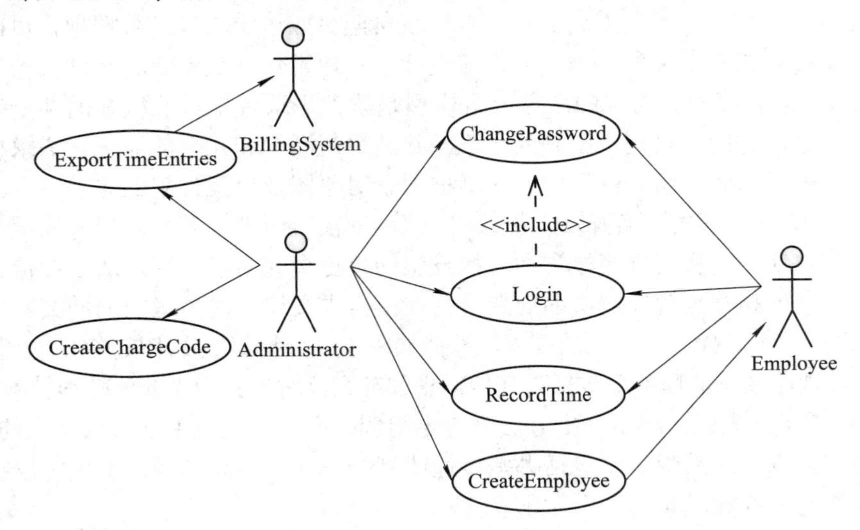

图4.5 考勤应用系统的顶层用例图(考勤应用系统包括6个用例和3个参与者)

之后，还需要区分用例优先级，以便安排迭代次序。

每个用例可根据其风险、对用户和构架的重要性、对团队是否有能力开发等方面划分等级。一旦用例按这些类别来分类，就可以确定哪个用例的子集是最重要的，并适合在第一次迭代中实现。该过程包括一系列权衡和妥协的综合考虑。例如，一个用例的风险可能很高，就想在第一次迭代中实现它，但是，如果开发团队对实现该用例完全没有把握，那么作为妥协，就应该选择一个风险较低、容易实现的用例。

通常，可以将用例的风险、重要性、适用性分成1～5个数字表示的等级。级别越高，该用例就越适合在第一次或者下一次迭代中实现。

可以从风险、重要性以及对当前开发团队的合适性等方面来描述每个用例，分级结果如表4-1所示。

表4-1 考勤应用系统——用例分级

用　例	风险	重要性	合适性	迭代次序
ExportTimeEntries	2	5	4	1
CreateChargeCode	1	1	5	2
ChangePassword	1	1	5	2
Login	1	2	4	1
RecordTime	3	5	2	1
CreateEmployee	1	1	5	2

在表 4-1 的迭代次序中，之所以把“Login”用例安排在第 1 次迭代，主要是希望获得一个更真实的系统，当然，也可以把它安排在后面的迭代中来实现。

4.6　需求规格说明

无论需求从何而来，也不管是怎么得到的，都必须用统一的方式将它们编写成可视的文档。软件需求规格说明包含了软件的功能需求和非功能需求，必须为每项需求明确建立标准的风格，并在 SRS 中采用，以确保 SRS 风格的统一。下面是编写需求文档的几个方面：

(1) 记录业务规范。业务规范是关于产品的操作原则，比如谁能在什么情况下采取什么行动。将这些编写成 SRS 中的一个独立的部分，或独立的业务规范文档。某些业务规范将引出相应的功能需求，这些需求也应能追溯到相应的业务规范。

(2) 采用 SRS 模板。在组织中要为编写软件需求文档定义标准模板，该模板为记录功能需求和各种其他与需求相关的重要信息提供了统一的结构，其目的并不是创建一种全新的模板，而是采用一种已有的、可满足项目需要并适合项目特点的模板。很多组织一开始就采用 IEEE 标准 830-1998 描述的 SRS 模板，有时也要根据项目特点进行适当的改动。

(3) 为每项需求加上标记。制定一种风格来为 SRS 中的每项需求提供一个独立的、可识别的标记或记号，该风格应当很健全，允许增加、删除和修改。作了标记的需求能被跟踪、记录需求变更并为需求状态和变更活动建立度量。

(4) 指明需求来源。为了让所有项目干系人明白 SRS 中为何提供这些功能需求，要让每项需求都能追溯到来源，这可能是一个用例或其他客户要求，也可能是更高层的系统需求、业务规范、政府规则、标准或其它外部来源。

(5) 创建需求跟踪能力矩阵。建立一个矩阵，把每项需求与设计、实现和测试等部分联系起来，这样的需求跟踪能力矩阵同时也把功能需求和高层需求及其他相关需求联系起来了。在开发过程中就应建立这个矩阵，不要等到最后才去补建。

4.6.1　软件需求规格说明的特性

怎样才能把好的需求规格说明和有问题的需求规格说明区分开呢？项目干系人从不同角度对软件需求规格说明进行认真评审，以便确定哪些需求确实是需要的。只要在编写、评审需求时把这些特点记在心中，就会写出更好的需求文档，同时也会开发出更好的产品。

了解需求说明的以下特征，便于找到需求陈述中的问题并加以改进。

1. 完整性

每一项需求都必须将要实现的功能描述清楚，以便使开发人员获得设计和实现这些功能所需的信息。

2. 正确性

每一项需求都必须准确地陈述要开发的功能。判断正确与否的基准来源于需求，如客户或高层的系统需求规格说明。如果软件需求与对应的系统需求相抵触，就是不正确的。只有用户代表才能确定用户需求的正确性，这就是为何一定要有用户积极参与的原因。没有用户参与的需求评审将导致类似说法：“那些毫无意义，这些才很可能是他们想要的。”其实这完全是评审者的凭空猜测。

3. 可行性

每一项需求都必须在已知系统和环境的权能和限制范围内可以实现。为避免不可行的需求，最好在获取需求(收集需求)过程中始终有一位项目组的成员与需求分析人员或考虑市场的人员一起工作，由他来负责技术可行性方面的检查。

4. 必要性

每一项需求都应把客户真正需要的和最终系统需要遵守的标准记录下来。“必要性”也可以理解为每项需求都是授权编写文档的“根源”，要使每项需求都能回溯到某项客户的输入，如用例或其它来源。

5. 划分优先级

给每项需求、特性或用例分配一个实施优先级以指明它在特定产品中所占的分量。如果把所有的需求都看作同样重要，那么项目经理在组织开发或节省预算或任务调度中就会丧失控制的自由度。

6. 无二义性

对所有需求说明都只能有一个明确、统一的解释，由于自然语言极易导致二义性，所以应尽量把每项需求用简洁明了的、用户的语言表达出来。避免二义性的有效方法包括对需求文档的正式审查、编写测试用例、开发原型以及设计特定的方案脚本等。

7. 可验证性

检查每项需求是否能通过测试用例或其他验证方法的检验，如通过演示、检测等来确定产品是否确实按需求实现了。如果需求不可验证，那么实施是否正确就无法判断，无法进行客观的分析。一份前后矛盾、不可行或有二义性的需求也是不可验证的。

4.6.2 软件需求规格说明模板

每个软件开发组织都应该在项目中采用一种标准的软件需求规格说明模板，有许多推荐的软件需求规格说明模板可以使用。

图 4.6 为将 IEEE 830 标准改写并扩充的软件需求规格说明模板，可以根据项目的需要来修改这个模板。如果模板中某一特定部分不适合你的项目，那么就在原处保留标题，并注明该项不适用，这可以防止读者认为是否不小心遗漏了一些重要的部分。与其他任何软件项目文档一样，该模板包括一个内容列表和一个修正的历史记录，该记录包括对软件需求规格说明所作的修改、修改日期、修改人员和修改原因等。

1 引言
  1.1 目的
  1.2 文档约定
  1.3 预期的读者和阅读建议
  1.4 产品的范围
  1.5 参考文献
2 综合描述
  2.1 产品的前景
  2.2 产品的功能
  2.3 用户类和特征
  2.4 运行环境
  2.5 设计和实现上的限制
  2.6 假设和依赖
3 外部接口需求
  3.1 用户界面
  3.2 硬件接口
  3.3 软件接口
  3.4 通信接口
4 系统特性
  4.1 说明和优先级
  4.2 激励/响应序列
  4.3 功能需求
5 其它非功能需求
  5.1 性能需求
  5.2 安全设施需求
  5.3 安全性需求
  5.4 软件质量属性
  5.5 业务规则
  5.6 用户文档
6 其它需求
附录A：词汇表
附录B：分析模型
附录C：待确定问题的列表

图 4.6　软件需求规格说明模板(以 IEEE 830 为模板的需求规格说明书的主要内容)

4.6.3　编写需求文档的原则

编写优秀的需求文档没有固定的方法，最好是根据经验进行，可从过去遇到的问题中受益。很多需求文档通过使用有效的技术编写风格和使用用户术语而不是计算机专业术语的方式得以改进。在编写软件需求文档时，应牢记下面的建议：

- 保持语句和段落的简短。
- 采用主动语态的表达方式。
- 编写具有正确的语法、拼写和标点的完整句子。
- 使用的术语应该与词汇表中所定义的一致。
- 需求陈述应该具有一致的样式，例如“系统必须……”或者“用户必须……”，并紧跟一个行为动作和可观察的结果。例如，“仓库管理子系统必须显示一张指定的仓库中有库存的化学药品容器清单”。
- 为了减少不确定性，必须避免模糊的、主观的术语，例如，用户友好、容易、简单、迅速、有效、支持、许多、最新技术、优越的、可接受的和健壮的等。当用户说“用户友好”或“快”或“健壮”时，你应该明确它们的真正含义并且在需求中阐明用户的意图。
- 避免使用比较性的词汇，例如提高、最大化、最小化和最佳化等。应定量地说明所需要提高的程度或说清一些参数可接受的最大值和最小值。当客户说明系统应该“处理”、“支持”或“管理”某些事情时，你应该能理解客户的意图。含糊的语句表达将引起需求的不可验证。

由于需求的编写是层次化的，因此可以把顶层不明确的需求向低层细分，直到消除不明确性为止。编写详细的需求文档，所带来的益处是如果需求得到满足，那么客户的目的也就达到了，但是不要让过于详细的需求影响了设计。如果能用不同的方法来满足需求且这些方法都是可接受的，那么需求的详细程度也就足够了。然而，如果评审软件需求规格说明的设计人员对客户的意图还不甚了解，那么就需要增加额外的说明，以减少由于误解而产生返工的风险。

4.6.4 需求验证

验证是为了确保需求说明准确、完整地表达了必要的质量特点。在阅读软件需求规格说明(SRS)时，可能觉得需求是对的，但实现时很可能会出现问题。当以需求说明为依据编写测试用例时，就可能会发现说明中的二义性。所有这些都必须修改，因为需求说明要作为设计和最终系统验证的依据。

● 审查需求文档。对需求文档进行正式审查是保证软件质量的有效方法。组织一个由不同代表(如分析人员、客户、设计人员、测试人员)组成的小组，对 SRS 及相关模型进行仔细地检查。另外，在需求开发期间所做的非正式评审也是有益的。

● 以需求为依据编写测试用例。根据用户需求要求的产品特性编写黑盒功能测试用例，客户通过使用测试用例以确认是否达到了期望的要求，还要从测试用例追溯到功能需求以确保没有遗漏需求，并确保所有测试结果与测试用例相一致。同时，使用测试用例可以验证需求模型的正确性，如对话框图和原型等。

● 编写用户手册。在需求开发早期即可起草一份用户手册，用它作为需求规格说明的参考并进行辅助需求分析。优秀的用户手册要用浅显易懂的语言描述出所有对用户可见的功能，而辅助需求如质量属性、性能需求及对用户不可见的功能则在 SRS 中予以说明。

● 确定合格的标准。让用户描述什么样的产品才算是满足他们的要求和适合他们使用的，将确认是否合格的测试建立在场景描述或用例的基础之上，以便进行验证。

案例：考勤应用系统——需求说明

对考勤应用系统的开发，主要使用面向对象技术来进行，采用迭代增量开发过程，因此，在描述用例的时候，也将使用用例描述模板去描述每个用例，如图 4.7 所示。

下面给出 Login 用例描述的示例。

用例名称　登录(Login)。

描述　“登录”用例允许雇员和管理员进入系统。

前置条件　无

部署约束　必须可以让雇员从家中、公司客户端、行程中的任何一台计算机登录，并可以通过防火墙进入系统。

正常事件流　管理员或雇员的姓名和密码是有效的。

(1) 管理员或雇员输入姓名和密码。

(2) 验证用户是管理员还是雇员。用户在登录的时候并没有选择身份，而是由系统根据用户名来确定。

用例名称
描述
前置条件
部署约束
正常事件流
可选事件流
异常或错误事件流
活动图
非功能性需求
说明(可选)
未解决的问题(可选)

图 4.7 用例描述模板(用例驱动的软件开发通常采用用例模式模板来描述用例)

可选事件流 第一次登录。

(1) 管理员或雇员输入姓名和密码。

(2) 验证用户是管理员还是雇员。用户在登录的时候并没有选择身份，而是由系统根据用户名来确定。

(3) 系统提示用户更改密码。

(4) 在这一入口点包含“修改密码”用例。

可选事件流 无效的验证信息。

(1) 管理员或雇员输入姓名和密码。

(2) 系统通知用户，输入的登录信息不正确。

(3) 系统在日志中记录登录失败。

(4) 用户可以无限次重试登录。

活动图 如图 4.8 所示。

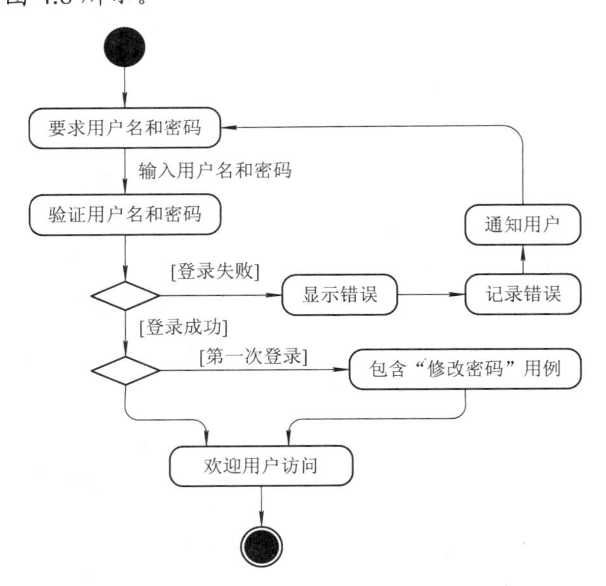

图 4.8 “登录”用例的活动图(从活动图可以很直观地了解“登录”用例的执行过程)

非功能性需求　密码不能以明文显示。

未解决的问题　无。

4.7 需 求 管 理

当完成需求规格说明之后，不可避免地会遇到项目需求的变更，有效的变更管理需要对变更带来的潜在影响及可能的成本费用进行评估。变更控制委员会与关键的项目干系人进行协商，以确定哪些需求可以变更。同时，无论是在开发阶段还是在系统测试阶段，都应跟踪每项需求的状态。

建立良好的配置管理方法是进行有效需求管理的先决条件。很多开发组织使用版本控制和其他管理配置技术来管理代码，当然，也可以采用这些方法来管理需求文档。需求管理的改进也是将全新的管理配置方法引入项目的组织中的一种方法。下面介绍需求管理涉及的各种技术，如图 4.9 所示。

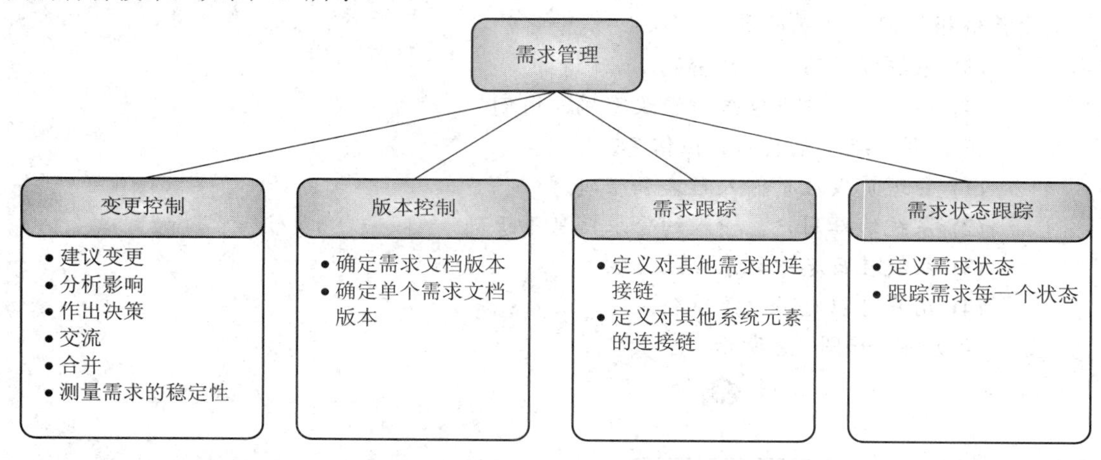

图 4.9　需求管理的主要活动(需求管理通常使用配置管理软件，以便进行版本控制和变更控制，也方便需求跟踪和状态统计)

建立需求基线和需求控制版本文档。确定需求基线之后，遵循变更控制过程来实施需求变更。每个版本的需求规格说明都必须独立说明，以避免将底稿和基线或新旧版本相混淆，最好的办法是使用合适的配置管理工具在版本控制下为需求文档定位。

确定需求变更控制过程。确定选择、分析和决策需求变更的过程，所有的需求变更都遵循此过程，商业化的问题跟踪工具都支持变更控制过程。

建立变更控制委员会。组织一个由项目干系人组成的小组作为变更控制委员会，由他们来确定进行哪些需求变更，评价变更是否在项目范围内，做出决策以确定选择哪些变更，放弃哪些变更，并设置实现的优先顺序。

进行需求变更影响分析。评估每项选择的需求变更，以确定对项目计划安排和其他需求的影响；明确与变更相关的任务并评估完成这些任务需要的工作量；通过这些分析将有助于变更控制委员会做出更好的决策。

跟踪所有受需求变更影响的工作产品。当进行某项需求变更时，参照需求跟踪能力矩阵找到相关的其他需求、设计模板、源代码和测试用例，这些相关部分可能也需要修改，这样能减少疏漏，使需求变更带来的产品变更变得更容易。

维护需求变更的历史记录。记录变更需求文档版本的日期以及所做的变更、原因，以及由谁负责更新和更新的新版本号等。版本控制工具能自动完成这些工作。

跟踪每项需求的状态。建立数据库，其中每一条记录保存一项功能需求，保存每项功能需求的重要属性，包括状态(如已推荐的、已通过的、已实施的或已验证的等)，这样在任何时候都能得到每个状态的需求数量。

测量需求稳定性。记录基本需求的数量和每周或每月的变更数量(添加、修改、删除)，过多的需求变更“是一个报警信号”，意味着问题并未真正弄清楚，项目范围并未很好地确定下来，或是政策变化较大。

使用需求管理工具。商业化的需求管理工具可以在数据库中存储不同类型的需求，确定每项需求的属性，跟踪其状态，并在需求与其他软件开发工作产品间建立跟踪链接。

4.7.1　需求与其它项目过程的联系

需求是软件项目成功的核心所在，它为其他许多技术、管理活动奠定了基础。变更需求开发和管理方法将对其他项目过程产生影响，反之亦然。需求与其它过程的关系如图 4.10 所示。

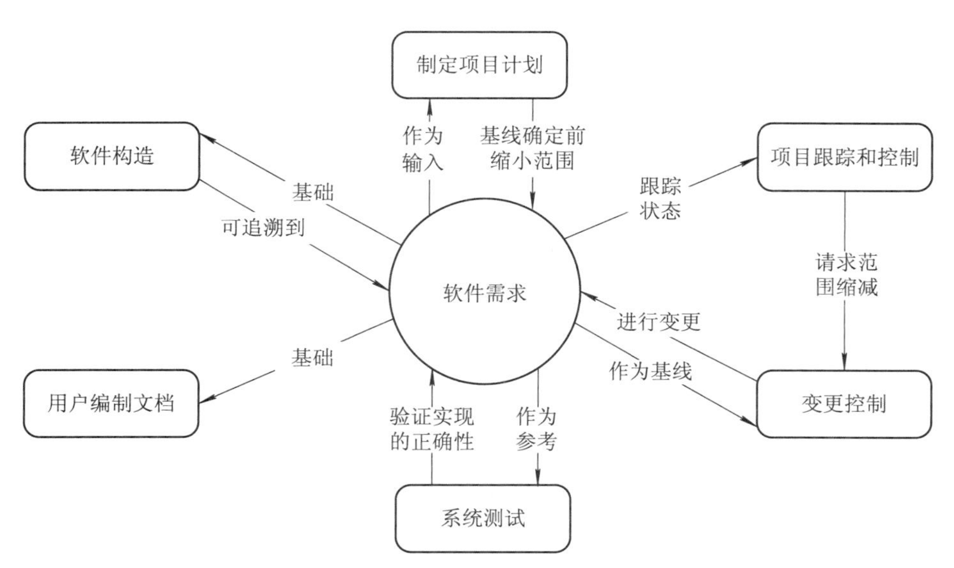

图 4.10　需求与其他项目过程的关系(需求是软件项目的根基，需求变更对项目的影响最大)

下面简要介绍各过程间的接口：

(1) 制定项目计划。需求是制定项目计划的基础，因为开发资源和进度安排的估计都要建立在对最终产品的真正理解之上。通常，项目计划指出所有希望的特性不可能在允许的资源和时间内完成，因此，需要缩小项目范围或采用版本计划对功能特性进行选择。

(2) 项目跟踪和控制监控。项目跟踪和控制监控每项需求的状态，以便项目管理者能发现设计和验证是否达到预期的要求。如果没有达到，管理者通常请求变更控制过程来进行范围的缩减。

(3) 变更控制。在需求编写成文档并建立基线以后，所有接下来的变更都应通过确定的变更控制过程来进行。变更控制过程能确保以下内容：

- 变更的影响是可以接受的；
- 受变更影响的所有人都接到通知并明白这一点；
- 由合适的人选来做出接受变更的正式决定；
- 资源按需进行调整；
- 保持需求文档是最新版本并是正确的更新文档。

(4) 系统测试。用户需求和功能需求是系统测试的重要参考。如果没有说清楚产品在各样条件下的期望行为，系统测试者将很难明确正确的测试内容。反过来说，系统测试是一种方法，可以验证计划中所列的功能是否按预期要求实现了。同时，也验证了用户任务是否能正确地执行。

(5) 用户编制文档。产品的需求是编写文档的重要参考，低质量和拖延的需求会给编写用户文档带来极大的困难。

(6) 软件构造。软件项目的主要产品是交付可执行软件，而不是需求说明文档。但需求文档是所有设计、实现工作的基础。要根据功能要求来确定设计模块，而模块又要作为编写代码的依据。采用设计评审的方法来确保设计正确地反映了所有的需求。而代码的单元测试能确定是否满足了设计规格说明和是否满足了相关的需求。应跟踪每项需求与相应的设计和软件代码。

4.7.2 需求管理的步骤

开发组织应该定义项目组执行管理需求的步骤。文档化这些步骤能使组织成员持续有效地进行必要的项目活动。文档化的内容可以选择下面的主题：

- 用于控制各种需求文档和单个需求版本的工具、技术和习惯做法；
- 建议、处理、协商、通告新的需求和变更有关的功能域的方法；
- 如何确定需求基线；
- 将使用的需求状态，并且给出是谁允许做出的变更；
- 需求状态跟踪和报告过程；
- 分析已建议变动的影响应遵循的步骤；
- 在何种情况下需求变更将会怎样影响项目计划和约定。

可以在一个文档中包含上面所有的信息，或者分专题叙述，例如分成变更控制过程、影响分析过程、状态跟踪过程等。这些过程可能在多个项目中都有用，它们反映了每个项目所应遵循的公共功能。

4.7.3 需求规格说明的版本控制

“我终于实现了库存报告中重新排序的功能。”Shari 在项目的每周例会上说。

“噢，用户在两周前就取消这个功能了。”项目经理说，“你没看改过的软件需求规格说明吗？”

如果以前曾听过这样的谈话，你一定知道浪费时间为已废弃的需求工作会使员工多么地沮丧。

版本控制是管理需求的一个必要方面。需求文档的每一个版本必须被统一确定。组内每个成员必须能够得到需求的当前版本，必须清楚地将变更写成文档，并及时通知到项目开发所涉及的人员。为了尽量减少困惑、冲突、误传，应仅允许指定的人来更新需求。这些策略适用于所有关键项目文档。

版本控制的最简单方法是根据标准约定手工标记软件需求规格说明的每一次修改。根据修改日期或印刷日期区别文档的不同版本容易产生错误，所以不被推荐。可以使用一种手工方法：任何新的文档的第一版当标记为“1.0 版(草案 1)”，下一稿标记为“1.0 版(草案 2)”，在文档被采纳为基线前，草案数可以随着改进逐次增加；而当文档被采纳后即标记为“1.0 正式版”；若只有较小的修改，可认为是“1.1 版(草案 1)”；若有较大的修改时，可认为是“2.0 版(草案 1)”(“较大”和“较小”只是一个主观的判断)。这种方式清楚地区分草稿和定稿的文档版本，但要求用手工来操作。

版本控制的最有力方法是使用商业需求管理工具的数据库存储需求，这些工具能跟踪和报告每个需求的变动历史，当需要恢复早期的需求时这很有价值。在添加、变动、删除、拒绝一个需求后，附加一些评语描述变更的原因在将来需要讨论时将会很有用。

4.7.4　度量需求管理的效果

在每个项目的工作分类细目结构中，需求管理活动应该表现为分配资源的任务。估算当前项目中的需求管理成本，是计划未来需求管理工作或经费的最佳途径。

估算实际开发和项目管理的工作量要求组织文化上的改变和养成记录日常工作的习惯。但是，估算并不像人们所担心的那样花费时间，了解成员花费在各个项目任务上的确切工作量会使项目经理获得有价值的资料。应该注意到工作量计算与时间不成正比，任务进度可能打断或因同客户协商造成拖延。每个单元的工作时数总和表明一个任务的工作量，这个数据没必要随外界因素变化，但总体上却要比原计划长一些。

跟踪实际的需求管理效果能使项目经理了解组员是否采取了措施进行需求管理。执行需求管理措施不得力，会由于不受约束的变更、范围蔓延和遗漏需求等原因而增加项目的风险。考虑下列需求管理活动的效果：

- 提出需求变更和建议新的需求；
- 评估已建议的变更，包括影响分析；
- 变更控制委员会的活动；
- 更新需求文档或数据库；
- 在涉及人员或团队中交流需求的变更；
- 跟踪和报告需求状态；
- 定义和更新需求跟踪能力信息。

软件项目中，忽视和效率不高会随时发生，管理项目需求能确保投资到需求的收集、归档和分析的努力没有白费。有效的需求管理策略能在整个开发过程中使项目参与者获悉需求的当前状态信息，从而减少大家在需求认识上的差距。

4.7.5 变更控制过程

一个好的变更控制过程给项目风险承担者提供了正式的建议需求变更机制。通过这些处理过程，项目负责人可以在信息充分的条件下做出决策，这些决策通过控制产品生存期成本来增加客户和业务价值。通过变更控制过程可以跟踪已建议变更的状态，确保不会丢失或疏忽已建议的变更。一旦确定了需求集合的基线，就应该对所有已建议的变更都遵循变更控制过程。

变更控制过程并不是给变更设置障碍。相反地，它是一个渠道和过滤器，通过它可以确保采纳最合适的变更，使变更产生的负面影响减少到最小。变更过程应该文档化，尽可能简单、有效。

控制需求变更同项目其他配置管理决策紧密相连。管理需求变更类似于跟踪错误和做出相应决定的过程，这类工具能支持这两种活动，然而这只是工具而不是过程。使用商业问题跟踪工具来管理已建议的需求变更，并不能代替决定变更需求的内容和处理的过程。

需求变更管理应该达成一个策略来描述如何处理需求变更。策略具有现实可行性，要强制实行才有意义。下面给出了一些有用的需求变更策略：

- 所有需求变更必须遵循统一的过程，按照此过程，如果一个变更需求未被接受，则其后过程不再予以考虑；
- 对于未获批准的变更，除可行性论证之外，不应再做其他的设计和实现工作；
- 简单请求一个变更不能保证能实现变更，要由项目变更控制委员会(Change Control Board, CCB)决定实现哪些变更；
- 项目风险承担者应该能够了解变更数据库的内容；
- 绝不能从数据库中删除或修改变更请求的原始文档；
- 每一个集成的需求变更必须能跟踪到一个经核准的变更请求。

当然，大的变更会对项目造成显著的影响，而小的变更就可能不会有影响。原则上，应该通过变更控制过程来处理所有的变更。实践中，可以将一些具体的需求决定权交给开发人员来决定，只要变更涉及两个人或两个人以上都应该通过控制过程来处理。

案例：变更控制缺乏带来的问题

有一个项目它由两大部分组成，一个是用户集成界面应用，另一个是内部知识库，但缺乏变更过程。当知识库开发人员改变了外部界面但没有将此变更通知应用开发人员时，这个项目就碰到了麻烦。还有一个项目，开发人员在测试时才发现有人应用了新的已修改的功能却没有通知小组的其余人员，导致重做了测试程序和用户文档。采用统一的变更控制方法可以避免这样的问题所带来的错误、开发的返工和耗费的时间。

图 4.11 给出了一个变更控制的模板，适用于需求变更和其他项目变更。

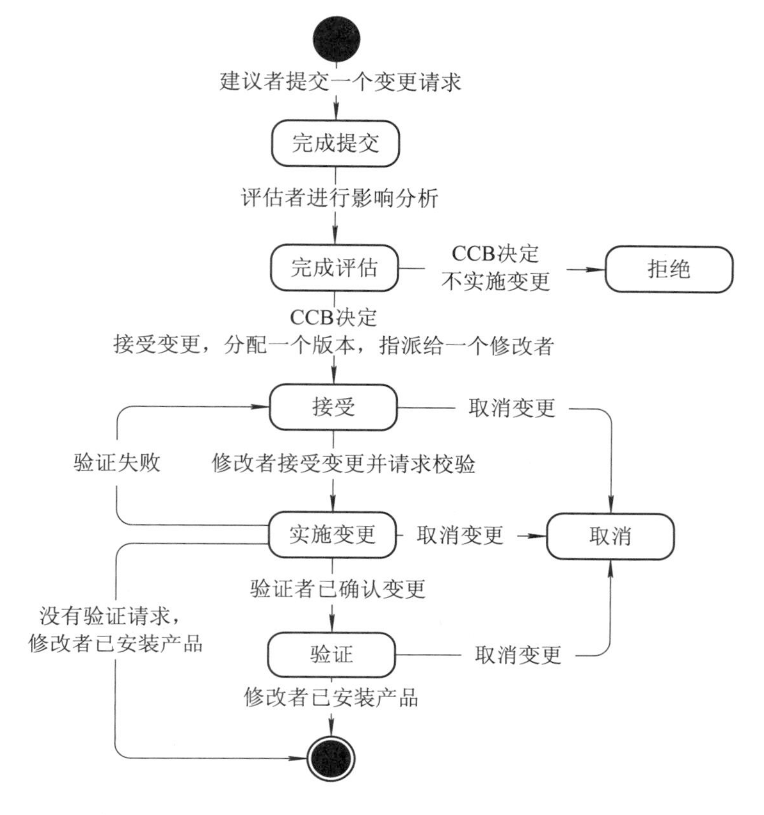

图 4.11　变更需求的状态转换图(需求变更必须严格控制，按照标准的变更流程进行管理；否则，项目很难成功)

4.7.6　需求跟踪

跟踪能力(联系)链(Traceability Link)能跟踪一个需求使用期限的全过程，即从需求源到实现的前后生存期。跟踪能力是优秀需求规格说明书的一个特征，为了实现可跟踪能力，必须统一标识每一个需求，以便能明确地进行查阅。

图 4.12 说明了四类需求跟踪能力链。客户需求可向前追溯到需求，这样就能区分出开发过程中或开发结束后由于需求变更受到影响的需求，也确保了需求规格说明书包括所有客户需求。同样，可以从需求回溯相应的客户需求，确认每个软件需求的源头。如果用用例的形式来描述客户需求，图 4.12 上半部分就是用例和功能性需求之间的跟踪情况。

图 4.12 的下半部分指出：由于开发过程中系统需求转变为软件需求、设计、编码等，所以通过定义单个需求和特定的产品元素之间的(联系)链可从需求进行追溯。通过这种联系链可获得每个需求对应的产品部件，从而确保产品部件满足每个需求。第四类联系链是从产品部件回溯到需求，通过该联系链可获得每个部件存在的原因。绝大多数项目不包括与用户需求直接相关的代码，但对于开发者却要知道为什么写这一行代码。如果不能把设计元素、代码段或测试回溯到一个需求，则可能有一个“画蛇添足的程序”；如果这些孤立的元素表明了一个正当的功能，则说明需求规格说明书漏掉了一项需求。

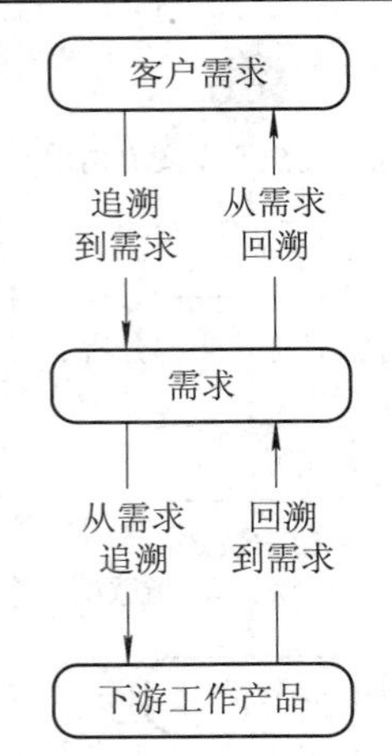

图 4.12 四类需求可跟踪能力(需求是开发人员和客户之间交流的桥梁，当开发人员对需求不清楚时，需要追溯到客户，以便搞清楚客户的需求)

跟踪能力联系链记录了单个需求之间的层次、互连、依赖的关系。当某个需求变更(删除或修改)后，这种信息能够确保正确的变更传播，并对相应的任务做出正确的调整。图 4.13 说明了能在项目中定义的直接跟踪能力联系链。一个项目不必拥有所有种类的跟踪能力联系链，应根据具体的情况进行调整。

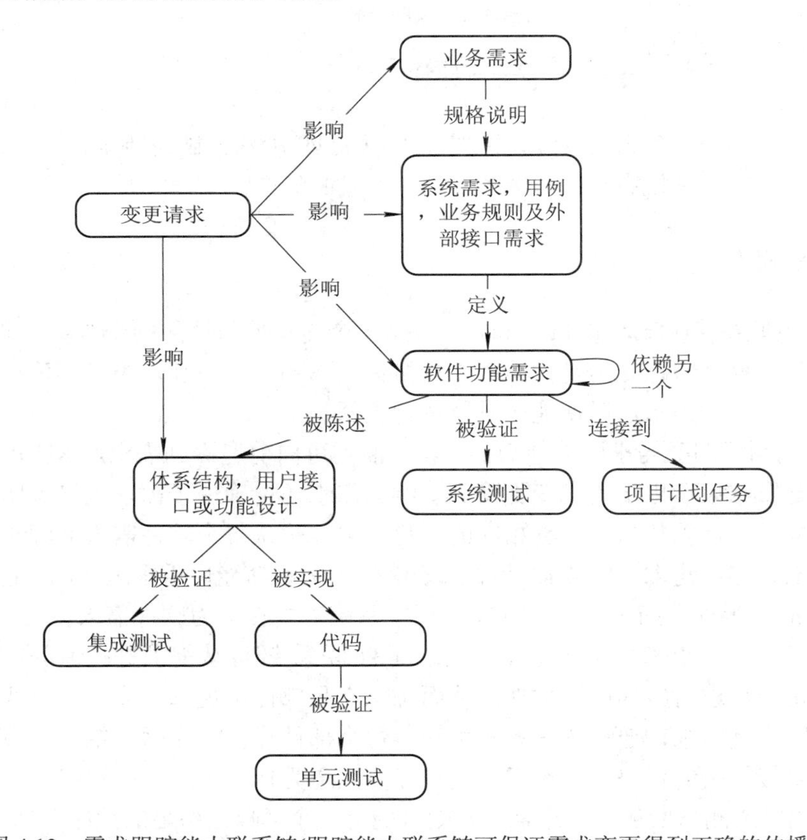

图 4.13 需求跟踪能力联系链(跟踪能力联系链可保证需求变更得到正确的传播)

4.7.7 需求跟踪能力矩阵

表示需求和其它系统元素之间的联系链的最普遍方式是使用需求跟踪能力矩阵。表 4-2 展示了这种矩阵，这是一个“化学制品跟踪系统”实例的跟踪能力矩阵的一部分。这个表说明了每个功能性需求向后连接一个特定的用例，向前连接一个或多个设计、代码和测试元素。设计元素可以是模型中的对象，例如数据流图、关系数据模型中的表单、或对象类。代码参考可以是类中的方法，源代码文件名、过程或函数。加上更多的列项就可以拓展到与其他工作产品的关联，例如在线帮助文档。包括越多的细节就越花时间，但同时很容易得到相关联的软件元素，在做变更影响分析和维护时就可以节省时间。

表 4-2　一种需求跟踪能力矩阵

<table>
<tr><th>用例</th><th>功能需求</th><th>设计元素</th><th>代　码</th><th>测试用例</th></tr>
<tr><td rowspan="2">UC-28</td><td rowspan="2">catalog.query.sort</td><td rowspan="2">class catalog</td><td rowspan="2">catalog.sort()</td><td>search.7</td></tr>
<tr><td>search.8</td></tr>
<tr><td rowspan="3">UC-29</td><td rowspan="3">catalog.query.import</td><td rowspan="3">class catalog</td><td>catalog.import()</td><td>search.8</td></tr>
<tr><td rowspan="2">catalog.validate()</td><td>search.13</td></tr>
<tr><td>search.14</td></tr>
</table>

跟踪能力联系链可以定义各种系统元素类型间的一对一、一对多、多对多关系。表 4-2 允许在一个表单元中填入几个元素来实现这些特征。

养成创建需求跟踪能力矩阵的习惯，这样做即使对小项目也很有效。一旦确立用例基准，就准备在矩阵中添加每个用例演化成的功能需求，并随着软件设计、构造、测试开发的进展不断更新矩阵。

4.7.8 需求管理工具

基于文档存储需求的方法有若干限制，例如：

- 很难保持文档与现实的一致；
- 通知受变更影响的设计人员是手工过程；
- 不太容易做到为每个需求保存增补的信息；
- 很难在功能需求与相应的用例、设计、代码、测试和项目任务之间建立联系链；
- 很难跟踪每个需求的状态。

需求管理工具使用多用户数据库保存与需求相关的信息，不需要担心上面的问题。小一点的项目可以使用电子表格或简单的数据库管理需求，既保存需求文本，又保存它的几个属性。大项目可以从使用商业需求管理工具中获益，其中包括让用户从源文档中产生需求，定义属性值，操作和显示数据库内容，把需求以各式各样的形式表现出来，定义跟踪能力联系链，把需求同其他软件开发工具相连等功能。在考虑自行开发工具前先调查一下是否有可用的成熟工具。

之所以把这些工具称为需求管理而不是需求开发工具，是因为这些工具不会帮助用户确认未来的客户或从项目中获得正确的需求。但是，可以获得很多灵活性，可用来在整个开发期间管理需求的变动，使用需求作为设计、测试、项目管理的基础。这些工具不会代替已定义用来描述如何获取和管理需求的处理过程。尽管其他方法同样可以完成工作，但为了高效率就应该使用工具。

表 4-3 列出了一些商业需求管理工具。这些工具更新速度较快，甚至价格、支持平台、供应商都变动频繁。可以使用表 4-3 中的 Web 地址获得有关工具的最近信息(注意，这些 Web 地址也可能变化)。有关这些需求管理工具的特性比较及其他几个工具的介绍可以查阅系统工程国际委员会的网址 http://www.incose.org/toc.html，该网址内容同时还提供了如何挑选需求管理工具的指导。

表 4-3　商业需求管理工具

工　具	供　应　商	以数据库或文档为核心
Caliber-RM	Technology Builders, Inc. http://www.tbi.com	以数据库为核心
DOORS	Quality Systems and Software, Inc. http://www.qssinc.com	以数据库为核心
QSSrequireit	Quality Systems and Software, Inc. http://www.qssrequireit.com	以文档为核心
RequisitePro	Rational Software Corporation. http://www.rational.com	以文档为核心
RTM Workshop	Integrated Chipware, Inc. http://www.chipware.com	以数据库为核心
VitalLink	Compliance Automation, Inc. http://www.complianceautomation.com	以文档为核心

这些工具最大的区别是以数据库还是以文档为核心。以数据库为核心的产品(例如 Caliber-RM 和 DOORS)把所有的需求、属性和跟踪能力信息存储在数据库中。依赖于这样的产品，数据库可以是商业(通用)的或是专用的，关系型的或面向对象的。可以从不同的源文档中产生需求，但结果都存储在数据库中。在大多数情况下需求的文本描述简单地处理为必需的属性。有一些产品可以把每个需求与外部文件相联系(如微软的 Word 文件、Excel 文件、图形文件等)。通过这些文件提供额外的补充性需求说明。

以文档为核心的方法使用 Word 或 Adobe 公司的 FrameMaker 等字处理程序制作和存储文档。RequisitePro 通过允许选择文档作为离散需求存储在数据库中来加强以文档为核心的处理能力。只要需求存储在数据库中，就可以定义属性和跟踪能力联系链，如同以数据库为核心的工具一样。该工具同时提供一些机制同步数据库和文档的内容。QSSrequireit

不使用分离的数据库，而是在 Word 需求文档中的文本后面插入一个属性表。RTM Workshop 两方面都包括在内，尽管它以数据库为核心，但允许在 Word 中维护需求。

案例：考勤应用系统——需求管理和变更控制

对考勤应用系统的需求管理，主要使用工具来进行，通过版本控制，可以保证需求更新，防止需求混乱。通过工具，可以从设计、代码、测试等部分跟踪到需求，了解需求的相关任务。需求跟踪也可以使用需求跟踪能力矩阵，如表 4-4 所示，这里只给出了 ExportTimeEntries 用例的需求跟踪。

表 4-4　考勤应用系统——需求跟踪能力矩阵

用　例	ExportTimeEntries
用例编号	UC-05
功能需求	导出工时
设计元素	class： 　ExportCriteria.java 　ExportFile.Java 　ExportTimeEntriesApplicacion.java package： 　BillingSystemInterface model: 　“ExportTimeEntries”用例的正常工作流的顺序图 　参与“ExportTimeEntries”用例的类图
外部文件	ExportCriteria.xml
代码	ExportTimeEntriesApplicacion.exportEntries()
测试用例	exportEntries.1 exportEntries.2 exportEntries.3 exportEntries.4 exportEntries.5

需求变更应该严格按照变更控制流程：由变更人提出申请，然后进行评估，以确定是否实施变更，如果实施，则安排人员执行变更，变更后进行评审，进入版本控制库，构成新的需求基线。通过变更控制过程可以跟踪已建议变更的状态，确保不会丢失或疏忽已建议的变更。表 4-5 是一张需求变更描述表，包含了需求变更需要的相关信息。

表 4-5　需求变更描述表

<table>
<tr><td>用　例</td><td colspan="2">CreateEmployee</td><td>用例编号</td><td>UC-04</td></tr>
<tr><td>功能编码</td><td colspan="2">UC-04-2</td><td>功能名称</td><td>删除组织</td></tr>
<tr><td>变更时间</td><td colspan="2">2012-7-20</td><td>变更申请人</td><td>李四(用户)</td></tr>
<tr><td>变更原因</td><td colspan="4">删除组织(UC-04-2)，在需求分析中描述为删除一个组织(部门)，并解除与其下所有员工的关系。服务器更新数据库，并写日志
经过仔细考虑和实际实施发现，那些被解除关系的员工，可能无人认领而长期游离于组织之外，给管理造成不便</td></tr>
<tr><td colspan="5">相关资料</td></tr>
<tr><td>编　号</td><td colspan="2">资 料 名 称</td><td>提供人和部门</td><td>资料作用</td></tr>
<tr><td>1</td><td colspan="2">考勤应用系统需求规格说明书</td><td>软件开发组</td><td>变更依据</td></tr>
<tr><td>2</td><td colspan="2"></td><td></td><td></td></tr>
<tr><td>3</td><td colspan="2"></td><td></td><td></td></tr>
<tr><td>4</td><td colspan="2"></td><td></td><td></td></tr>
<tr><td colspan="5">功能变更描述</td></tr>
<tr><td colspan="5">只能对那些没有员工的组织执行删除操作，若组织下有员工，则不能删除</td></tr>
<tr><td colspan="5">操作规程变更描述</td></tr>
<tr><td colspan="5">用户删除非空组织时提示：该组织下存在员工，不能被删除，请先将该组织下的员工删除或移至其他组织下</td></tr>
<tr><td colspan="5">处理过程变更描述</td></tr>
<tr><td colspan="5">用户执行空组织删除操作时，程序首先检查该组织下有没有员工，若有，弹出对话框提示用户“组织下存在员工，不能被删除，请先将该组织下的员工删除或移至其他组织下”若没有，则删除该组织</td></tr>
<tr><td colspan="5">性能需求变更描述</td></tr>
<tr><td colspan="5">无</td></tr>
</table>

 讨论：需求管理与变更控制

对于需求管理与变更控制，应该使用专业工具，这样才能及时更新需求，避免由于需求变更而带来的混乱。

黄工负责某基金投资公司的一个证券分析系统项目的研发，率领项目组进驻该基金公司进行研发已经快一年了，现在项目已经接近尾声，但似乎并没有交付的意思。从系统试运行那天起，用户就不断提出新需求，似乎总是有新的需求要项目研发方来做，基金公司的经理在试用系统时，经常把自己的新思路讲给黄工，要求优化系统功能，项目变成了一个无底洞，没完没了地往下做。

黄工要求结项，但基金公司以系统功能没有满足需求为由而推迟验收，要求继续完善。黄工查阅了项目开发合同，但合同中并没有对需求的详细描述。此时，国家新出台了一项投资法规，依据这个法规，系统的一些功能肯定又要修改，虽然这些功能不影响系统的正常运行，但这些功能需求似乎仍在合同规定的范围之

内，这些功能的需求开发也需要大量的时间和人力。

黄工认为，含糊的需求和范围经常性地变化严重影响了项目的进展，他必须寻找良策以管理范围，促使项目早日完工。

案例讨论：

(1) 指出本项目开发中存在的问题。

(2) 建议黄工该如何解决现在的问题。

4.8 小　结

需求开发和变更管理是软件项目无法回避的问题，本章从一幅幽默画开始，深入到需求问题的本质，阐述了需求问题的困难，明确了软件需求对项目的重要性(4.1.2 节)，给出了软件需求的定义(4.1.3 节)。本章还分析了需求管理的困难性(4.2 节)，以便在工程和管理过程中对这些问题给予关注，增进项目成功的可能性。本章还讲述了软件需求包括三个不同的层次——业务需求、用户需求和功能需求(4.3 节)，反映了系统不同层面的需求。软件功能需求也许只是系统需求的一个子集，因此，有效识别并说明软件需求就非常关键。软件需求可划分为需求开发和需求管理两部分(4.4 节)，对需求开发主要围绕着如何获取需求来展开，对需求管理主要围绕着跟踪和变更来展开。这里介绍了获取用户需求的方法，通过了解客户的需求观(4.5.1 节)，学会与客户协商(4.5.2 节)，灵活运用需求获取技术(4.5.3 节)，以获取需求并通过分析(4.5.5 节)来开发出高质量的需求。无论需求从何而来，都必须编制需求规格说明，应该了解软件需求规格说明的特性(4.6.1 节)，使用软件需求规格说明模板(4.6.2 节)，遵循编写需求文档的原则(4.6.3 节)，要确保需求说明准确、完整地表达了必要的质量特点(4.6.4 节)。最后，本章围绕着需求管理，介绍了需求规格说明的版本控制(4.7.3 节)，通过了解变更控制过程(4.7.5 节)，掌握需求跟踪技术(4.7.7 节)，使用自动化的需求管理工具(4.7.8 节)，可以更有效地实施需求管理和控制需求变更。

4.9 习　题

1. 为什么要进行需求管理？

2. 什么是软件需求？

3. 需求分析是软件工程中最复杂和最难处理的过程，需求分析的问题主要体现在哪几个方面？是什么增加了需求管理的难度？

4. 需求有哪三个层次，有什么关系？

5. 什么是软件需求工程？

6. 有哪些获取需求的技术？如何编制需求规格说明？

7. 如何实施需求变更控制？

8. 如何跟踪需求？

9. 陈工为某系统集成公司项目经理，负责某国有企业信息化项目的建设。陈工在带领项目成员进行业务需求调研期间，发现客户的某些部门对于需求调研不太配合，时常上级推下级，下级在陈述业务时经常因为工作原因在关键时候要求离开去完成其他工作，而某些部门对于需求调研只是提供一些日常票据让其进行资料收集，为此陈工非常苦恼。勉强完成了需求调研后，项目组进入了软件开发阶段，在软件开发过程中，客户经常要求增加某个功能或对某个表进行修改，这些持续不断的变更给软件开发小组带来了巨大的修改压力，软件开发成员甚至提到该项目就感觉没动力。项目期间由于客户需求变更频繁，陈工采取了锁定需求的办法，即在双方都确认变更后，把变更内容一一列出，双方盖上公司印章生效，但是这样做还是避免不了需求变更，客户认为这些功能是他们要求的，如果需要新的变更列表，他们可以重新制作并加盖印章。陈工对此很无奈。最终在多次反复修改后，项目勉强通过验收，而陈工对于该项目的后期维护仍然感到担忧。

(1) 请分析案例中变更管理存在的问题。

(2) 如果你是陈工，可以采取哪些措施解决遇到的问题？

10. (项目管理)编制图书馆软件产品的需求规格说明，提交需求变更申请，修订项目开发计划。

11. (项目管理)编制网络购物系统的需求规格说明，提交需求变更申请，修订项目开发计划。

12. (项目管理)编制自动柜员机的需求规格说明，提交需求变更申请，修订项目开发计划。

第5章 软件项目成本估算

项目成本估算是对完成项目工作所需要的费用进行估计和计划，是项目计划中的一个重要组成部分。要实行成本控制，必须先估算费用。对大型的IT软件项目而言，由于项目的复杂性及IT项目的独特性，开发成本的估算不是一件容易的事情，需要进行一系列的估算处理，主要依靠分析和类比推理的手段进行，这样很难精确。而且各种估算法都有优势和不足，不能简单评价某种方法和好坏。因此在大型IT项目中通常要同时采用几种估算方法并且比较各种估算的结果，如果采用不同方法估算的结果大相径庭，就说明没有收集到足够的成本信息，应该继续设法获取更多的成本信息，重新进行成本估算，直到几种方法估算的结果基本一致为止。

学习目标

本章主要介绍软件项目估算的相关概念和规模估算、成本估算等内容，通过本章学习，读者应能够做到以下几点：

(1) 了解软件项目估算的概念、意义、时机和步骤；

(2) 熟悉软件规模估算的PERT方法、软件项目成本估算的自顶向下、自底向上、类推、专家判定方法以及Putnam模型；

(3) 掌握软件规模估算的LOC、FP方法；

(4) 掌握软件项目成本估算的COCOMO模型、COCOMOⅡ模型；

(5) 理解和掌握软件项目规模和成本估算的具体过程。

案例：凭直觉的项目估算

Carl负责Gaga-safe公司库存控制系统1.0版本的开发(ICS)，在参加项目监督委员会第一次会议的时候，对期望的功能已经有了总体设想。Bill是监督委员会的领导，他问：“Carl，ICS1.0需要多长时间？”

Carl回答：“大概要9个月，不过这只是粗略的估算。”

“不行，”Bill说，“我真希望你说的是3或4个月啊，一定要在6个月内拿出系统，能完成吗？”

“不能肯定，”Carl坦白地说，“我还得仔细研究一下，不过我觉得可以找到办法在6个月内完成的。”

“那么把6个月当成项目完成的目标，”Bill说，“无论如何都必须这么做。”委员会的其他人一致同意了这个决定。

到第5周的时候又增加了一些产品概要设计工作，这使Carl更确信项目的时间更接近9个月而非6个月，但是他还是认为运气好的话有可能在6个月内完成项目。他不想被看作惹麻烦的人，所以决定等等再说。

Carl的团队努力地工作着，进展稳定，但是需求分析的时间比期望的要长。预定6个月要完成的项目已经过去4个月了。“2个月无论如何也做不完剩下的工作。”他只好告诉Bill，项目需要延长2个月，总共需要8个月的时间。

几个星期后Carl意识到设计进度也不像期望的那么快。“先做容易的部分”他告诉项目组成员，“其余的部分遇到时再考虑。”

Carl再次向监督委员会汇报：“8个月的项目已经过去7个月，详细设计基本完成，工作卓有成效，但是8个月内还是无法完成。”Carl通报了第2次进度拖延，并将完成时间定为10个月。Bill对拖延产生了抱怨，并要求Carl想办法仍将进度安排在8个月左右。

第9个月项目组完成了详细设计，但部分模块的编码还没有开始。Carl第3次要求延期——12个月。Bill?

编码进行顺利，但有些地方需要重新设计和重新实现，这些地方项目组没有把详细设计调整好，一些实现过程相互冲突。在第11个月的项目监督委员会上，Carl宣布了第4次项目延期——13个月。Bill?

结果可想而知!

有些估算做得很仔细，而有些却只是凭直觉的猜测(像案例那样)。大多数项目超过估算进度25%到100%，但是也有少数一些组织的进度估算准确到了10%以内，能控制在5%之内的还没有听说过。

这里将介绍怎样做一个有用的估算——怎样处理数据，怎样利用这些数据做出合理的估算。当然如果你提出的估算不能被接受，那么估算再准确也没有任何意义。

5.1 软件项目估算概述

不仅要重视软件项目估算，更要提高软件项目估算的准确性，这就需要将主观估算和客观估算结合起来进行，而且要以客观、科学、合理的估算方法为主进行软件项目的估算，以便为制定项目计划提供准确的、可信的、客观的项目估算数据，同时也为项目的管理和跟踪提供科学的、可行的依据。

5.1.1 软件项目估算的概念

估算是建立在客观事实上对未来可能发生的事情的一种合理性预测。估算本身的不确定性决定了估算不可能是百分之百准确无误的，但是依据某种方法进行合理估计显然比主观猜测要好得多。

软件项目估算是指预测构造软件项目所需要的工作量以及任务经历过程的时间。主要包括规模估算、工作量估算、进度估算和成本估算四个主要任务。

规模估算是指根据清晰、有界限的用户需求，估算项目所包含的软件工程任务及其规模。主要估算软件程序的规模，即最后交付的程序和文档的规模，在此基础上考虑软件质量控制、软件测试和项目管理等非程序规模因素，将其增加一定比例作为软件项目规模，从而为工作量估算提供依据。

工作量估算是指根据软件规模估算结果，结合用户提出的进度要求和项目的其他因素估算软件开发所需要的工作时间。通常以人月、人年、人天、人时等作为衡量单位。对软件项目工作量估算时需要充分考虑程序的规模、复杂度、难度、项目团队的规模、素质，以及项目管理水平等因素。

进度估算是指根据软件工作量估算结果以及用户提出的进度要求，估算实施一系列软件工程任务的持续时间，即软件项目历时估计。进度估算涉及人、财、物等项目资源的分配，形成项目进度计划，用来跟踪和沟通项目进展状态，也可跟踪变更对项目的影响。

成本估算是根据软件规模及其工作量估算结果，估算完成该项目要付出的经济代价。软件项目的成本主要体现在人力资源成本上，但也不能忽视资源配置、软件培训、人员变动、进度压缩和进度延期等因素产生的其他成本。

工作量估算结果和进度估算结果对于组建项目团队具有重要作用。

案例：建筑估算

一天，你去找建筑师 Stan，告诉他你想盖一所房子，并问 Stan 能否用 10 万元建一幢有三个卧室的房子。Stan 说可以，但也告诉你依据要求的细节，费用会有所变化(如图 5.1 所示)。

如果你愿意接受 Stan 的设计，那么他有可能按照估算完成工作。但是，如果你对想要的房子有特殊的需求——坚持要有能容纳三辆车的车库、美食厨房、日光浴室、桑拿房、游泳池、书房、两个壁炉、镀金家具、意大利大理石天花板和地板，另外还要选择州内风景最好的地点，那么即使当初建筑师曾告诉你可能用 10 万元建一幢三个卧室的房子，最终你的房子的造价可能会是最初估算(10 万元)的好几倍。

图 5.1　客户的需要(除非你很清楚地知道客户想要什么，否则你很难知道能否在期望的时间段内建造客户想要的产品)

盖一幢新房子要花多少钱呢？取决于房子本身。一个新的计费系统要花多少钱呢？也取决于计费系统本身。一些组织希望在按需求定义投入工作前就把成本估算误差控制在10%以内，尽管项目估算的精确程度越早达到越好，但理论上是不可能实现的。

5.1.2 软件项目估算的意义

软件项目估算是有效的软件项目管理必不可少的，没有比较准确的估算，软件项目将不可避免地造成产品性能的损失、软件成本大幅度增长、项目的超支、软件开发工作处于失控状态和进度拖期等问题。从上述的案例也可以发现这里列出的一些问题。

软件项目估算是制定项目计划的基础和依据，目的就是为某个软件项目的实施制定一个较准确的经费预算和进度估计，从而支撑整个项目在可控的状态下按计划执行，并且能够实现预期目标。除此之外，还能够为后续的软件度量提供依据，以便发现项目实施中存在的问题，并总结项目管理和实施的经验与教训，继而提升软件开发企业的软件生产能力和软件项目管理人员的管理水平。

值得注意的是：由于软件自身的抽象性、软件项目的复杂性、以往经验数据的可重复性、估算工具的缺乏以及人为主观经验的影响，将会导致软件项目估算与实际情况有较大差异。在项目实施之初，估算有着非常重要的意义，但这一阶段的估算有较大的误差，随着项目计划的逐步落实，估算结果会越来越准确，但是后期的估算将逐渐失去意义，如图5.2所示。

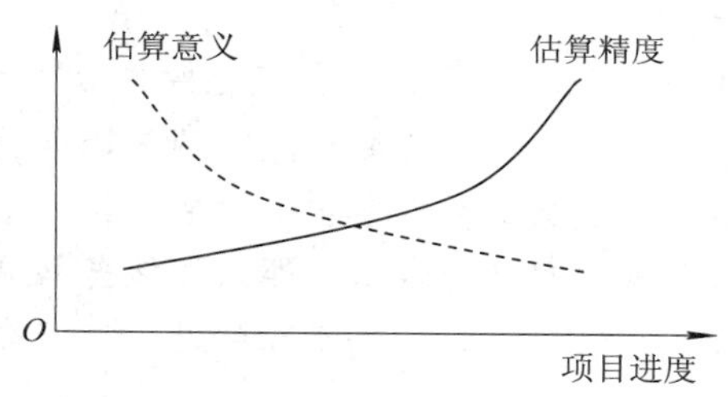

图5.2 软件项目估算的意义和精度(估算的意义随项目的进展逐渐减弱，估算的精度则正好相反)

因此，软件项目估算具有以下几个特点。

(1) 估算是有误差的。实践证明，大多数项目超过估算25%到100%，但也有少数的估算准确到10%以内。

(2) 经验(历史)数据非常重要，这种估算大多是利用以前的代价和经验作为参考而做出的。

(3) 估算可以借助估算工具和数学模型进行，旨在减少人为误差，但不要过分迷信数学模型。

(4) 软件开发是逐步细化的过程，估算也是随项目的进行逐步求精的过程，因此项目估算要考虑合适的时间节点。

5.1.3 软件项目估算的时机

基于软件项目估算的特点，可以将估算工作与软件产品的生命周期结合起来，使其既有意义，又有较高的精度。

软件产品的生命周期可以划分为问题定义、可行性研究、需求分析、构架设计、详细设计、编码与测试和运行与维护等八个阶段。这些阶段反映了软件开发实质是一个逐步细化的过程，在不同阶段对项目进行估算，存在着不同程度的误差(如图 5.3 所示)，这种误差随着项目的推进具有收敛特性，并对项目实施能否成功有着重要的影响。

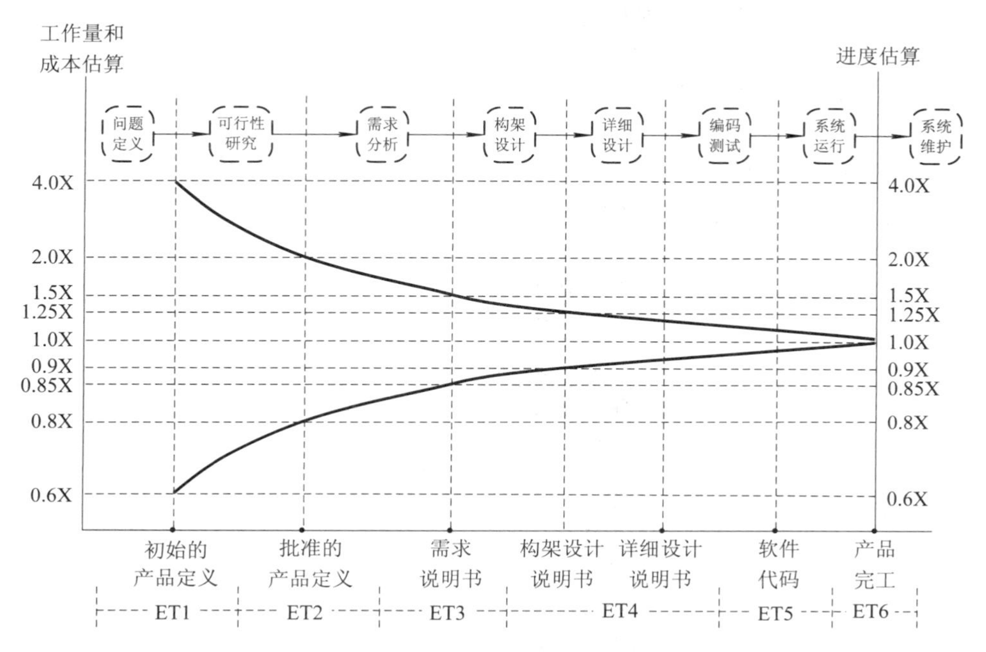

图 5.3　软件项目估算的时机和收敛曲线(软件项目估算的时间越早，误差越大，意义也越大)

图 5.3 表明，软件项目估算要把握 6 个不同的时机：

● 粗略估算期 ET1：在问题定义阶段，对软件产品的认识存在着诸多的不确定性，因此成本和进度估算的偏差很大，分别达到±4 倍和±1.6 倍，此时的估算只能作为粗略估算，很难成为项目成本和进度管理的依据。

● 初级精度估算期 ET2：在可行性分析阶段，通过研究问题确定是否存在可行的办法，使得项目的不确定性降低了很多，成本和进度估算的偏差分别降至±2 倍和±1.25 倍，启动或取消项目也能随之定夺下来。

● 一级精度估算期 ET3：在需求分析阶段，进一步明确了系统的功能目标，通过项目实施完成需求说明书中描述的功能及其规格，便会有比较明确的成本和进度，此时的成本和进度估算偏差分别降至±1.5 倍和±1.15 倍，开发方可再次权衡产品实现的可行性，进而决定项目是否继续执行。

● 二级精度估算期 ET4：在构架设计和详细设计阶段，确定了系统实现的最佳方案及其详细计划、体系结构、功能模块及其算法和数据结构，成本和进度估算更多考虑的是如何将系统开发完成、后期各阶段资源的分配以及相关的其他细节，不确定性因素更少，此时的成本和进度估算具有较高的精度，其偏差分别降至±1.25 倍和±1.1 倍以下，开发方一般不会做出终止项目的决定，他们会将主要精力投入到更好的管理和实施项目上来。

● 估算调整期ET5：在编码调试阶段，人、财、物等资源随着系统实现工作的推进，投入量更加清楚明了，为确保后期工作的顺利实施，需要总结前面各阶段的实际量，对成本和进度估算进行调整。

● 估算评价期ET6：产品完工、系统投入运行之后，前面各阶段存在的不确定性都已成为已知量，此时可以将各阶段的估算值与实际量进行比较评价，从中获得项目估算的经验教训，有助于提高开发方管理和实施软件项目的能力和水平。

5.1.4 软件项目估算的方法

软件项目估算根据不同任务采用不同的估算方法，如表5-1所示。

表5-1 软件项目估算方法

估算任务	估 算 方 法
规模估算	代码行估算法 功能点估算法 计划评审技术估算法
成本估算	类推估算法 专家判定估算法 参数模型估算法
进度估算	基于规模的进度估算 工程评价技术 关键路径法 专家估算法 类推估算法 模拟估算法 进度表估算法 基于承诺的进度估算法 Jones的一阶估算准则

5.1.5 软件项目估算的步骤

软件项目的范围、时间和成本是互相制约的，导致规模估算、工作量估算、进度估算和成本估算之间是密切相关的，因此软件项目估算首先要确定项目范围，其估算步骤如图5.4所示。

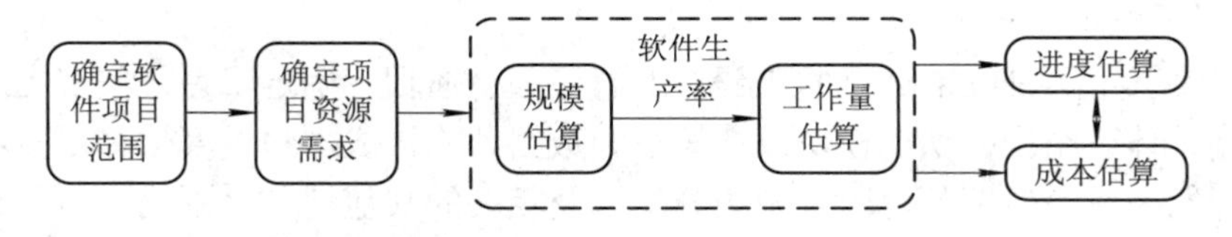

图5.4 软件项目估算的步骤(软件项目估算涉及规模、工作量、进度、成本等方面，它们是密切相关的，软件规模的估算是基础)

图 5.4 表明，软件项目估算包括以下四个步骤。

1. 确定软件项目范围

通过问题定义、可行性研究和需求分析，确定软件的功能、性能、约束条件、接口和可靠性，并得到软件用户的认可。

(1) 功能包括：系统将做什么？系统将在何时做？有几种操作方式？系统能在何时、怎样被改变或增强？

(2) 性能包括：对执行速度、响应时间等有无限制？

(3) 约束条件包括：系统可占用多少物理空间，有几种类型的用户，每种类型用户的技术水平怎样。

(4) 接口包括：转入(导入)来自一个或多个别的系统？转出(导出)至一个或多个别的系统？有用于格式化数据的规定的方式吗？

(5) 可靠性包括：系统必须检测并隔离故障，失败间隔的平均时间规定为多少，对一次失败后重启系统的最大时间。

2. 确定项目的资源需求

如何配置人力资源和环境资源对软件项目的进度和成本估算有着非常重要的影响。

项目团队的规模和素质关系到开发方能否以最高的效率和最小的成本完成既定任务和目标，不同水平和责任心的项目组成员完成同一任务所需的时间和质量有着明显的差异，所以确定项目可用的人力资源时，需要考虑软件系统的复杂性、技术的难易度、用户对进度的要求和项目经费的支撑能力等因素。

软件项目的实施离不开软硬件的支撑，例如操作系统、计算机/服务器、数据库系统和开发工具等，也需要舒适的办公环境和人性化的管理制度，因此合理规划软件开发所需的环境资源，有利于保障项目在有限经费的支撑下高效推进。

3. 估算规模和工作量

采用 WBS，确定和说明项目包含的工作(任务)，然后借助软件生产率将其转化为工作量，为下一步估算进度和成本提供依据。

软件生产率是指软件规模与软件工作量的比值。一般用代码行/人月、功能点/人月来表示。

4. 估算进度和成本

以工作量估算结果为主要输入，综合考虑软件用户的要求和开发方的软件生产能力等其他因素，估算项目的进度和成本。完成某一工作量的时间越短，成本将越是大幅度增加，所以进度和成本估算要密切结合起来进行，充分考虑二者之间相互制约、相互影响的一些关键因素。

5.2　软件项目规模估算

软件项目规模估算和工作量估算具有密切关系，通常以软件生产率作为它们之间的转化量，这对于软件开发机构来说是一个关键指标，因为它能够反映该机构的效率。

5.2.1 软件生产率

软件生产率是指人均每月能生产的有效源代码行数。

软件生产率的计算通常比较困难，不仅要考虑编码阶段，还应该包括软件生存期的各个阶段，同时要考虑人、问题、过程和环境等因素的影响。

1. 人的因素影响

开发机构的规模和经验关乎软件项目以何种组织形式开展工作，以及组织内成员之间交流沟通的方式和路径数量。而且通信路径的多少对软件生产率的影响不容忽视。

假设机构内缺乏经验多、技术好、能力强的主程序员，项目的组织形式恐怕要采用民主制小组的形式，当开发小组有 n 个人时，总的通信路径需要 $n \times (n-1)/2$ 条，且连接每个人的通信路径都是 $n-1$ 条。

假设一个程序员正常情况下独立开发软件的生产率为 L 代码行/人月，当 n 个人组成一个小组共同开发且耗费在每条通信路径上的工作量相当于每人月编写 L_C 行源代码时，组内每个成员的软件生产率就会降低为：

$$L - [n \times (n-1)/2] \times L_C$$

假定 L 为 500 行/人月、L_C 为 25 行/人月，在以下几种情况下，观察软件生产率的变化幅度：

若一个人单独开发(即 $n = 1$)，则每个成员的软件生产率为 500 行/人月；

若二个人共同开发(即 $n = 2$)，则每个成员的软件生产率降为 475 行/人月；

若三个人共同开发(即 $n = 3$)，则每个成员的软件生产率降为 425 行/人月；

若四个人共同开发(即 $n = 4$)，则每个成员的软件生产率降为 350 行/人月；

若五个人共同开发(即 $n = 5$)，则每个成员的软件生产率降为 250 行/人月；

由此可见，采用民主制小组的组织形式开发软件，由一个人单独开发的生产率最高；通过多人共同开发必然降低每个人的软件生产率，而且人数越多、总的通信路径越多，个体的软件生产率就会越低。所以拥有丰富开发经验的、成熟的开发机构必然有较高的生产率。

历史经验证明，开发机构中最优秀的开发人员和新入职的人员相比，其生产率比值接近 10∶1；最优秀的开发人员和平均水平的人员相比，比例接近 2.5∶1；可见，要提高开发机构的软件生产率，聘用和培养优秀人才是一个永恒的主题。

2. 问题因素影响

软件系统试图解决的问题常常涉及不可避免的复杂性，其功能需求已经很难理解，再加上一些隐含的非功能需求，使得用户很难用开发者能够理解的形式对自己的需求给出准确的描述，具备不同领域知识背景的用户和开发者之间关于问题的沟通变得很困难。

另外，随着软件开发过程的推进，用户和开发者对问题的理解比项目初期更加清晰、准确，但系统演化本身改变了问题的规则，导致需求变更频繁发生，相当一部分资源被迫用在了应对需求变化和修复以前的错误上。

3. 过程因素影响

使用结构化方法和面向对象(OO)方法进行软件分析和设计时，选择不同的程序设计语言以及评审的过程会对软件开发的效率有较大的差异。通常面向对象方法开发软件的生产率明显高于结构化方法。

面向对象的分析与设计方法有利于开发人员和用户之间的交流，有助于使有关开发人员与用户从一开始就考虑程序的易理解性、易维护性及软件质量等因素，便于快速开发大型软件系统，也便于开发小组人员之间的合作，避免重复工作。

4. 环境因素影响

软件开发工具是软件开发过程中必不可少的部分，是用于辅助软件生命周期过程的基于计算机系统的工具，用来支持特定的软件工程方法，协助开发人员开展需求、分析、设计、测试、维护、模拟、移植或管理等工作。

软件开发工具对设计模式、对象结构以及管理的支撑情况不同，在减少人工负担、提高软件生产率和软件质量方面的能力就会存在较大差异。

一个软件开发机构根据历史数据获取近期的软件生产率，才能弄清自己的软件开发能力，继而对新项目做出尽可能客观、合理的估算。

建议按照以下步骤获取软件生产率的估算值：

- 从规模、程序设计语言、应用领域、开发经验等方面对比分析新项目和已完成的项目，选择与新项目相似度较高的最近完成的一些项目；
- 提取选中项目的规模数据和人员数据；
- 针对每个选中项目分别计算其软件生产率；
- 计算所有选中项目的平均生产率，并作为新项目软件生产率的估算值。

5.2.2 LOC 估算法

LOC(Lines of Code，代码行)估算法是一种衡量软件项目规模的最常用方法。

LOC 是指所有的可执行的源代码行数，包括可交付的工作控制语言语句、数据定义、数据类型声明、等价声明和输入/输出格式声明等。

LOC 是从程序员的角度、通过测量软件产品源代码的行数来估算软件规模的方法，因此在早期的系统开发中较为广泛使用。

如果把代码行分为两类，即 NCLOC(Non-Commented Source Lines Of Code，无注释的源代码行)和 CLOC(Commented Source Lines Of Code，注释的源代码行)，那么源代码行数如下：

$$L_C = L_{NCLOC} + L_{CLOC} \tag{5-1}$$

式中：LC 表示软件代码行数，单位：千行源代码(KLOC)；

L_{NCLOC} 表示无注释的源代码行数，单位：千行源代码(KLOC)；

L_{CLOC} 表示注释的源代码行数，单位：千行源代码(KLOC)。

通常用 KLOC(thousands Lines Of Code，千行源代码)作为代码行估算结果的单位，也有用 SLOC(Single of Lines Of Code，行源代码)表示的。

用代码行数不仅能度量软件的规模，而且可以度量软件开发的工作量。

如果开发团队根据相关历史项目的经验数据获知该组织的软件生产率，就可以在估算出软件规模之后，进一步估算软件开发的工作量，其计算公式如下：

$$E = L_C / P_S \tag{5-2}$$

式中：E 表示软件开发工作量，单位：人月(PM)；

L_C 表示软件代码行数，单位：千行源代码(KLOC)；

P_S 表示软件生产率，单位：千行源代码/人月(KLOC/PM)。

开发团队可以根据对历史项目的审计来核算开发团队的软件生产率、单行代码的平均成本和千行代码出错率等。人月均代码行数和每行代码的平均成本可以体现一个软件开发团队的生产能力。

由公式 5-2 可得软件生产率估算公式如下：

$$P_S = L_C / E \tag{5-3}$$

式中：P_S 表示软件生产率，单位：千行源代码/人月(KLOC/PM)；

L_C 表示软件代码行数，单位：千行源代码(KLOC)；

E 表示软件开发工作量，单位：人月(PM)。

单行代码的平均成本(行均成本)估算公式如下：

$$C_L = C_T / L_C \tag{5-4}$$

式中：C_L 表示单行代码的平均成本，单位：元/行源代码(元/SLOC)或(美元/SLOC)；

C_T 表示软件的总成本，单位：元或美元；

L_C 表示软件代码行数，单位：行源代码(SLOC)。

软件总成本可用如下公式估算：

$$C_T = C_{PM} \times E \tag{5-5}$$

式中：C_T 表示软件的总成本，单位：元或美元；

C_{PM} 表示每人月的成本，单位：元或美元；

E 表示软件开发工作量，单位：人月(PM)。

千行源代码的文档页数(文档代码比)计算公式如下：

$$D_{KL} = N_D / L_C \tag{5-6}$$

式中：D_{KL} 表示千行源代码的文档页数，单位：页/千行源代码(页/KLOC)；

N_D 表示软件文档的规模，单位：页；

L_C 表示软件代码行数，单位：千行源代码(KLOC)。

千行源代码的平均错误数(软件程序的错误率)计算公式如下：

$$Q_{KL} = N_E / L_C \tag{5-7}$$

式中：Q_{KL} 表示千行源代码的平均错误数，单位：个/千行源代码(个/KLOC)；

N_E 表示软件中出现的错误数量，单位：个；

L_C表示软件代码行数，单位：千行源代码(KLOC)。

根据公式(5-1)～公式(5-7)，得到基于 LOC 估算的相关指标，表 5-2 是 sp001、sp002、sp003 三个项目的运行结果。

表 5-2　LOC 估算的各种指标

项目名称	工作量 E PM	总成本 C_T 千元	代码行 L_C KLOC	文档页数 N_D 页	错误数 N_E 个	生产率 P_S KLOC/PM	行均成本 C_L 元/SLOC	文档代码比 D_{KL} 页/KLOC	错误率 Q_{KL} 个/KLOC
Sp001	25	175	12.5	375	30	500	14.00	30	2.4
Sp002	60	422.4	26.4	1056	66	440	16.00	40	2.5
Sp003	40	270	18.0	900	63	450	15.00	50	3.5
...	...	...	...	...	...	...	...	...	...

由表 5-2 可以看出，软件开发工作量、总成本和文档规模通常与代码行数成正比，但行均成本、文档代码比和错误率不一定遵循这个规律，尤其是文档代码比和错误率表现最为明显。Sp002 的文档代码比和错误率都比 sp003 的小正好说明了这一点。

由此可见：LOC 估算法的缺点在于代码行数的含糊不清，不能正确反映一项工作的难易程度以及代码的效率，难以正确反映软件的最终质量；另外在开发初期估算代码行比较困难，适用于过程式程序设计语言。

但是，LOC 估算法具有计算方便、估算软件的规模相对简单、容易监控和能反映程序员的思维能力等优点，因此业界一直广泛使用。

案例：LOC 估算实例

W 公司通过统计发现，每 10 000 行 C 语言源代码形成的源文件(.c 和.h 文件)约为 250 KB。该公司为实施 X 项目累计投入工作量为 150 人月，每人月费用为 7500 元(包括人均工资、福利、办公费用公摊等)，形成的代码源文件大小为 1.875 MB，请问 X 项目中代码的行均成本是多少？W 公司在 X 项目中的软件生产率为多少？

由上述条件可知，X 项目的总成本估算值为：

$$C_T = C_{PM} \times E = 7500 \times 150 = 1\,125\,000 \text{ 元}$$

X 项目中源代码的行数估算值为：

$$L_C = 1.875 \times 1000 \times 10\,000/250 = 75\,000 \text{ 行}$$

代码的行均成本为：

$$C_L = C_T / L_C = 1\,125\,000/75\,000 = 15 \text{ 元/SLOC}$$

X 项目中的软件生产率为：

$$P_S = L_C / E = 75\,000/150 = 500 \text{ SLOC/人月}$$

5.2.3　FP 估算法

FP(Function Points，功能点)估算法是一种相对抽象的方法，是一种人为设计的估算方式。FP估算法从系统的复杂性和系统的特性来估算系统的规模，关注程序的“功能性”和“实用性”，并从用户的角度来估算软件规模，与开发语言无关，是对软件和软件开发过程的间接估算。

FP最初是由IBM的工程师艾伦·艾尔布策(Allan Albrech)于20世纪70年代提出的，随后被国际功能点用户组(The International Function Point Users' Group)提出的IFPUG方法继承，是目前国际上常见的软件规模估算方法。

功能点估算法的核心是利用软件信息域中的一些计数估算和软件复杂性估计的经验关系式而导出功能点FP。

使用FP方法估算软件的功能点数一般要经过以下步骤：

(1) 识别功能点的类型；

(2) 识别待估算应用程序的边界和范围；

(3) 计算数据类型功能点所提供的未调整的功能点数；

(4) 计算人机交互功能所提供的未调整的功能点数；

(5) 确定调整因子；

(6) 计算调整后的功能点数。

1. 功能点估算法的基本要素

FP将软件的功能分为5个基本要素，其含义及特征如表5-3所示。

表5-3 FP的5个基本要素

功能项	含 义 及 特 征
用户输入(EI)	EI(External Input)指的是处理来自于应用程序边界外部的一组数据的输入，可以是控制信息，也可以是事务数据输入。主要目的是维护一个或多个ILF，且/或更改系统的行为
用户输出(EO)	EO(External Output)指的是输送数据到应用程序边界外部的过程。主要目的是通过逻辑处理过程向用户呈现信息。该处理过程必须包含至少一个数学公式或计算方法，或生成派生数据。一个EO也可以维护一个或多个ILF，且/或改变系统行为
用户查询(EQ)	EQ(External Queries)指的是向应用程序边界外发送数据基本处理的过程。主要目的是从ILF或EIF中通过恢复数据信息来向用户呈现。该处理逻辑不包括任何数学公式或计算方法，也不会生成任何派生数据。EQ不会维护任何一个ILF，也不会改变应用程序的系统行为
外部接口文件(EIF)	EIF(External Interface Files)指的是一组在应用程序边界内被查询，但在其他应用程序中被维护的、从用户角度来识别的、逻辑上相关的数据。一个应用程序中的EIF必然是其他应用程序中的ILF。主要目的是为边界内的应用程序提供一个或多个通过基础操作过程来引用的一组数据或信息
内部逻辑文件(ILF)	ILF(Internal Logical Files)指的是一组从用户角度识别的、在应用程序边界且由用户输入来维护的逻辑相关数据或控制信息。主要目的是通过应用程序的一个或多个基本处理过程来维护数据，可能是某个大型数据库的一部分或是一个独立的文件

1) EI 的计算规则

① 从应用边界之外收到数据。

② 如果进入系统边界内的数据不是一个改变系统行为的控制信息，那么至少一个 ILF 应该被改变。

③ 对于已识别的处理过程，至少满足下面三个条件之一：

● 该基本处理过程(Elementary Process)的逻辑与本应用系统中其他基本处理过程的逻辑不同。该基本处理过程应该具有唯一性。例如不能存在两个完全一模一样的存盘操作。

● 在应用程序边界内，该基本处理过程所使用的这组数据应该与其他基本处理过程所使用的数据不同。

● 在应用程序边界内，基本处理过程所引用的 ILF 或 EIF 是不同于其他基本处理过程所引用的 ILF 或 EIF 的。

2) EO 和 EQ 通用计算规则

必须全部满足以下内容才能被视为一个 EO 或 EQ：

① 从外部发送数据或控制信息到应用程序边界内。

② 为了识别这个过程，以下三点必须满足一个：

● 该基本处理过程逻辑上必须是唯一的，该唯一性是指其在应用程序中与其他 EO 或 EQ 的逻辑性上保持唯一。

● 该基本处理过程所使用的数据应该是唯一的，该唯一性是指其在应用程序中与其他 EO 或 EQ 所使用的数据不同。

● 该基本处理过程所引用的 ILF 或 EIF 文件应该是唯一的，该唯一性是指其在应用程序中与其他 EO 或 EQ 所引用的 ILF 或 EIF 文件不同。

3) EO 补充的计算规则

除了要满足上面的通用规则外，还要满足下面其中一条：

● 在基本操作过程中至少包含一个数学公式或计算方法；
● 在基本操作过程中要产生派生数据；
● 在基本操作过程中至少要维护一个 ILF；
● 在基本操作过程中要改变系统的行为。

4) EQ 补充的计算规则

除了要满足上面的通用规则外，还要满足下面其中一条：

● 基本操作过程从 ILF 或 EIF 中获取数据；
● 基本操作过程不能包含数学公式或计算方法；
● 基本操作过程不能生成派生数据；
● 基本操作过程不能维护任何一个 ILF；
● 基本操作过程不能改变系统的行为。

5) EIF 遵循的规则

① 从用户角度出发识别的一组逻辑数据；

② 这组数据是在应用程序外部，并被应用程序引用的；

③ 计算功能点的这个应用程序并不维护该 EIF；

④ 这组数据是作为另一个应用程序中的 ILF 被维护的。

6) EI、EO和EQ的区别和联系

EO和EQ有着相同的主要目的，即是通过基本操作过程展现数据给用户看。表示人机交互事务类型的三类功能点EI、EO和EQ的主要目的对比如表5-4所示，它们的主要行为对比如表5-5所示。

表5-4 EI、EO和EQ的主要目的对比

目　的	EI	EO	EQ
改变应用程序的属性或行为	主要目的	次要目的	不允许
维护一个或多个ILF	主要目的	次要目的	不允许
显示信息给用户	次要目的	主要目的	主要目的

表5-5 EI、EO和EQ的主要行为对比

目　的	EI	EO	EQ
数学公式或计算被执行	可以	至少选择一次	不可以
至少一个ILF被修改	至少选择一次	至少选择一次	不可以
至少一个ILF或EIF被引用	可选	可选	必选
数据被重新恢复	可选	可选	必选
派生数据被创建	可选	至少选择一次	可选
应用程序的行为或属性被修改	至少选择一次	至少选择一次	可选
准备或呈现信息到系统边界外	可选	必选	必选
接收进入系统边界内的数据的能力	必选	可选	可选

2. 功能点估算法的计算方法

项目的功能点数是几个测量参数(用户输入数、用户输出数、用户查询数、文件数和外部接口数)的功能点之和。

用户输入数：计算每个用户输入，它们向软件提供面向应用的数据。输入应该与查询区分开来分别计算。

用户输出数：计算每个用户输出，它们向软件提供面向应用的信息。这里输出是指报表、屏幕和出错信息等，一个报表中的单个数据项不单独计算。

用户查询数：一个查询被定义为一次联机输入，它导致软件以联机输出的方式产生实时的响应。每个不同的查询都要计算。

内部逻辑文件数：计算每个逻辑的主文件(如数据的一个逻辑组合，可能是某个大型数据库的一部分或是一个独立的文件)。

外部接口数：计算所有机器可读的接口(如磁带或磁盘上的数据文件)，利用这些接口可以将信息从一个系统传送到另一个系统。

归纳起来，FP方法的计算公式如下：

$$FP = UFC \times TCF \tag{5-8}$$

式中：UFC表示未调整的功能点数(Unadjusted Function Point Count)；

TCF表示技术复杂度因子(Technical Complexity Factor)。

1) UFC 的计算

估算每类功能项的数量 FP_{ij} 之后，根据待开发软件的特点评估各类功能的复杂性，通常分为简单、一般和复杂三个等级，并且用复杂度权重 W_{ij} 来量化(如表 5-6 所示)，将二者相乘，最后把每类功能项的加权结果逐一累加起来，便可得到项目未调整的功能点数，UFC 的估算公式如下：

$$UFC = \sum_{i-1}^{5}\sum_{j=1}^{3}(FP_{ij} \times W_{ij}) \tag{5-9}$$

表 5-6　功能点的复杂度权重

功　能　项	权重(W_{ij})		
	简单	一般	复杂
用户输入(EI)	3	4	6
用户输出(EO)	4	5	7
用户查询(EQ)	3	4	6
外部接口文件(EIF)	7	10	15
内部逻辑文件(ILF)	5	7	10

需要说明的是，表 5-6 给出的功能点复杂度权重是通过使用者自行拟定一些准则来确定的一个系数，带有一定的主观性。

假设估算人员对项目 X 进行分析研究之后识别的功能数如表 5-7 所示。

表 5-7　X 项目中识别的功能数

功　能　项	识别的功能数(FP_{ij})实例		
	简单	一般	复杂
用户输入(EI)	5 个	2 个	2 个
用户输出(EO)	6 个	6 个	0
用户查询(EQ)	0	2 个	4 个
外部接口文件(EIF)	4 个	2 个	2 个
内部逻辑文件(ILF)	8 个	0	2 个

那么 X 项目的未调整功能点数可用公式 5-9 计算如下：

$$\begin{aligned} UFC &= (5 \times 3) + (2 \times 4) + (2 \times 6) + (6 \times 4) + (6 \times 5) + (0 \times 7) \\ &\quad + (0 \times 3) + (2 \times 4) + (4 \times 6) + (4 \times 7) + (2 \times 10) + (2 \times 15) \\ &\quad + (8 \times 5) + (0 \times 7) + (2 \times 10) \\ &= 257\ \text{个} \end{aligned}$$

如果不考虑功能项的复杂度，那么表 5-7 中识别的功能数是 45(即 5 + 2 + 2 + 6 + 6 + 0 + 0 + 2 + 4 + 4 + 2 + 2 + 8 + 0 + 2)个，与考虑了复杂度后估算出来的 257 个相比，存在很大的差距。过于简单的方法使得估算可能很容易，但是给项目实施埋下的隐患将不可低估，例如由此导致的进度估算远远不够、人力资源调配不合理、项目经费根本难以支撑到成功的那一刻，最坏的情况是项目最终以失败而告终。所以依据功能点估算时，不仅要识别各类功能项的数量，更要对各功能项的复杂度做出尽可能正确的判断。

- EIF 和 ILF 的复杂度判断

EIF 和 ILF 的复杂性取决于记录单元类型(Record Element Type，RET)和数据单元类型(Data Element Type，DET)的数量。

RET 是指一个 EIF/ILF 中用户可以识别的 DET 的集合。如果把 DET 简单理解为字段的话，那 RET 就可以简单理解为数据库中的表。RET 在 ILF/EIF 中分为两种类型：可选的(Optional)和必选的(Mandatory)。

DET 是一个从用户角度识别的、非重复的、有业务逻辑意义的字段。

RET 计算的规则：

① 在一个 ILF/EIF 中每个可选或必选的集合都被计算为一个 RET；

② 如果一个 ILF/EIF 没有子集，则 ILF/EIF 被计算为一个 RET。

DET 计算的规则：

① 通过一个基本处理过程的执行，对 ILF 进行维护或从 ILF/EIF 中返回一个特定的、用户可识别的、非重复的字段，那么每个这样的字段算一个 DET；

② 当两个应用程序维护和/或引用相同的 ILF/EIF，但是每个应用程序分别维护/引用它们相应的 DET 时，这些 DET 在这两个应用程序的维护或引用中将单独计算。

ILF/EIF 复杂度的判定矩阵如表 5-8 所示。

表 5-8　ILF/EIF 复杂度的判定矩阵

	1～19 个 DET	20～50 个 DET	大于 51 个 DET
1 个 RET	简单	简单	一般
2～5 个 RET	简单	一般	复杂
大于 6 个 RET	一般	复杂	复杂

- EI、EO 和 EQ 的复杂度判断

EI、EO、EQ 的复杂性取决于文件引用类型(File Type Referenced，FTR)和 DET 的数量。

FTR 是被一个事务操作读取或维护的一个 ILF，或是被一个事务操作读取的一个 EIF。

EI 中识别 FTR 的规则：

① 每个 ILF 应该算作一个 FTR；

② 通过 EI 读取操作的每个 ILF 或 EIF 都应该被计算为一个 FTR；

③ 既被 EI 维护又被读取的 ILF 仅计算一个 FTR。

EI 中识别 DET 的规则：

① 在 EI 的过程中，从用户角度识别的、通过应用系统边界输入系统内部非重复的字段，那么该字段应算一个 DET；

② 如果在 EI 过程中，只要没有通过系统边界输入，就算它存在于系统内的一个 ILF 中，也不能算为一个 DET；

③ 在应用程序的 EI 操作时，系统提示的错误信息或完成操作的信息，应该被分别计算为一个 DET。

④ 在 EI 操作中如果遇到主外键的字段，应该算作一个 DET。

EI 复杂度的判定矩阵如表 5-9 所示。

表 5-9　EI 复杂度的判定矩阵

	1～4 个 DET	5～15 个 DET	大于 16 个 DET
0～1 个 FTR	简单	简单	一般
2 个 FTR	简单	一般	复杂
大于 2 个 FTR	一般	复杂	复杂

EO 和 EQ 计算 FTR 的通用规则：

每个在 EO/EQ 处理过程中读取的 ILF 和 EIF 算一个 FTR。

EO 额外的 FTR 计算规则：

① 在 EO 处理过程中每个被维护的 ILF 算一个 FTR；

② 在 EO 处理过程中即被读取又被维护的 ILF 算一个 FTR。

EO 和 EQ 计算 DET 的通用规则：

① 用户可识别的非重复的字段，进入应用边界并且指明处理什么，何时处理或处理方式，并且由 EO/EQ 返回或产生，那么这样的每个字段算一个 DET；

② 在应用边界内从用户角度识别的非重复字段算一个 DET；

③ 在 EO 或者 EQ 操作中如果对系统进行输入或读取操作时，相同的字段只计算一个 DET；

④ 在应用程序的 EO 或 EQ 操作时，系统提示的错误信息或完成操作的信息，应该被计算为 DET；

⑤ 在 EO 或 EQ 操作中如果遇到主外键的字段，应该算作一个 DET；

⑥ 如果在 EO 或 EQ 过程中，只要没有通过系统边界输入，就算它存在于系统内的一个 ILF 中，也不能算为一个 DET；

⑦ 页面的标题等类似的信息不计算 DET；

⑧ 系统字段生成的记号不能被算作一个 DET。

EO、EQ 复杂度的判定矩阵如表 5-10 所示。

表 5-10　EO、EQ 复杂度的判定矩阵

	1～5 个 DET	6～19 个 DET	大于 20 个 DET
0～1 个 FTR	简单	简单	一般
2～3 个 FTR	简单	一般	复杂
大于 4 个 FTR	一般	复杂	复杂

采用 FP 方法估算软件规模时，除了识别功能点数量和判定其复杂性，还需要根据项目具体情况，分析其运行环境，关注系统特性及其影响程度，进一步通过技术复杂度因子 TCF 对估算出来的 UCF 进行调整。

2) 用 TCF 调整 UFC

技术复杂度包括性能复杂度、配置项目复杂度、数据通信复杂度、分布式处理复杂度和在线升级复杂度等因素，具体表现为 14 个系统常规特性，并将它们对系统的影响程度分为 5 个等级：0 表示没有影响，1 表示偶然影响，2 表示适度影响，3 表示一般影响，4 表示重要影响，5 表示强烈影响。技术复杂度因子的组成如表 5-11 所示。

表 5-11　技术复杂度因子的组成

名　称	对系统的影响程度					
	无	偶然	适度	一般	重要	强烈
F_1 数据通信	0	1	2	3	4	5
F_2 分布式数据处理	0	1	2	3	4	5
F_3 性能	0	1	2	3	4	5
F_4 大业务量配置	0	1	2	3	4	5
F_5 联机数据输入	0	1	2	3	4	5
F_6 易操作性	0	1	2	3	4	5
F_7 在线升级	0	1	2	3	4	5
F_8 复杂处理	0	1	2	3	4	5
F_9 事务处理率	0	1	2	3	4	5
F_{10} 界面复杂性	0	1	2	3	4	5
F_{11} 重用性	0	1	2	3	4	5
F_{12} 易安装性	0	1	2	3	4	5
F_{13} 多重站点	0	1	2	3	4	5
F_{14} 支持变更	0	1	2	3	4	5

F_1～F_{14} 是复杂性校正值，它们应通过逐一回答相应的提问来确定。

F_1 数据通信指的是应用程序直接与处理器通信的程度，通常都是通过某种通信手段来实现在一个应用中所使用的数据或控制信息的。连接到本地控制器上的终端被认为是使用通信设施，而协议指的是两个系统或两个设备之间进行通信时所使用的一种约定。所有的数据通信链接都需要某种协议。数据通信因子取值参考如表 5-12 所示。

表 5-12　问题：系统是否需要数据通信？

答　案	取　值
应用程序是单纯的批处理或者 PC	0
应用程序是一种批处理过程，但是包含远程数据的录入或远程打印	1
应用程序是一种批处理过程，但是包含远程数据的录入和远程打印	2
应用程序包括在线数据收集或者包括批处理或查询系统的远程处理的前端应用	3
应用程序不单只是前端应用，但是仅支持一种远程处理通信协议	4
应用程序不单只是前端应用，还支持多于一种的远程处理通信协议	5

F_2 分布式数据处理是应用在内部组件之间传递信息的程度。这个特性是在应用边界内体现的。分布式数据处理因子取值如表 5-13 所示。

表 5-13　问题：系统是否需要分布式处理功能？

答　案	取　值
应用程序不支持组件之间的数据传输和处理功能	0
应用程序为用户可能进行的处理准备数据(例如使用电子表格或者数据库等)	1
应用程序所准备的数据是为了在系统另外一个组件上传输和处理。并非为终端用户所处理	2
分布式处理和数据传输是在线的，并且是单向的	3
分布式处理和数据传输是在线的，并且是双向的	4
由系统中最恰当的组件动态地执行处理功能	5

F_3 性能指的是吞吐量、处理时间等指标对开发的影响。用户所提出的性能要求将直接影响到系统的设计、实施、安装和支持。性能因子取值如表 5-14 所示。

表 5-14　问题：系统性能是否很关键？

答　案	取　值
用户没有提出性能方面的要求	0
用户提出了性能和设计方面的要求，但不需要采取特定措施	1
响应时间和吞吐量在系统峰值时是关键的，但是不需要采取相应的 CPU 使用方面的特殊设计。处理的最后期限是在下一个工作日	2
在任何时候响应时间和吞吐量都是关键的，但是不需要采取相应的 CPU 使用方面的特殊设计。处理的完成期限比较严格	3
除了上面一项的要求外，由于对需求的要求比较严格，在设计阶段就要进行性能分析	4
除了上面一项的要求之外，在设计和实施阶段需要使用性能分析工具来判断性能要求的完成情况	5

F_4 大业务量配置指的是计算机的资源对应用开发的影响程度。大业务量的运行配置对设计有特殊要求，是必须考虑的一个系统特性。大业务量配置因子取值如表 5-15 所示。

表 5-15　问题：系统是否需要高强度配置？

答　案	取　值
没有提出明确的运行方面的限制	0
有运行方面的限制，但是不需要采取特别的措施以满足运行限制	1
提出了一些安全和时间方面的限制	2
应用程序的某些部分对处理器有特定的要求	3
提出的运行限制对应用的中央处理器或者专用处理器有特殊的要求	4
除上面一项之外，还对应用的分布式组件提出了限制	5

F_5 联机数据输入是指数据通过交互方式输入系统的程度。系统中包括联机数据输入和控制信息功能。联机数据输入因子取值如表 5-16 所示。

表 5-16　问题：数据通过交互方式输入系统的程度如何？

答　案	取　值
所有事务都是批处理的	0
1%～7%的事务是以交互式的方式进行数据录入	1
8%～15%的事务是以交互式的方式进行数据录入	2
16%～23%的事务是以交互式的方式进行数据录入	3
24%～30%的事务是以交互式的方式进行数据录入	4
30%以上的事务是以交互式的方式进行数据录入	5

F_6 易操作性指的是应用对运行的影响程度，如对有效启动、备份和恢复规程的影响。易操作性是应用提供的一种特性，最小化了手工操作的要求。易操作性因子取值如表 5-17 所示。

表 5-17　问题：系统是否在一个已有的、很实用的操作环境中运行？

答　案	取　值
用户没有指定除正常备份程序外的其他特定操作	0
提供高效的启动、备份和恢复进程，但需要人手操作	1
提供高效的启动、备份和恢复进程，不需要人手操作(当作 2 项计算)	2
应用程序对磁带的需求最小化	3
应用程序对硬拷贝处理的需求最小化	4
程序设计成无人操作模式。无人操作模式的意思是除了启动和关闭之外，不需要对系统进行操作。程序的其中一个功能就是错误自动恢复	5

F_7 在线升级是指内部逻辑文件 ILF 被在线更新的程度。应用系统提供在线更新内部逻辑文件的功能。在线升级因子取值如表 5-18 所示。

表 5-18　问题：是否需要联机更新主文件？

答　案	取　值
没有在线更新	0
包含 1～3 个控制文件的在线更新。更新的流量低，恢复容易	1
包含对 4 个以上控制文件的在线更新。更新的流量低，恢复容易	2
包含对主要 ILF 的更新	3
除了 3 之外，在设计和实施中要考虑对数据丢失的防范	4
除了 4 之外，大量的数据恢复工作要考虑成本因素，同时包含了高度自动化的恢复流程	5

F_8 复杂处理描述了逻辑处理对应用开发的影响程度，包含以下要素：

- 敏感控制(例如特殊的审核过程)和/或程序特定的安全处理；
- 大量的逻辑处理；
- 大量的数学处理；
- 因为例外处理造成需要重新处理的情况(例如，由 TP 中断、数据值缺少和验证失败导致的 ATM 事务)；

- 多种可能的输入/输出造成的复杂处理。

复杂处理因子取值如表 5-19 所示。

表 5-19　问题：内部处理是否复杂？

答　案	取　值
上面 5 个因素都不满足	0
上面 5 个因素中只满足 1 个	1
上面 5 个因素中只满足 2 个	2
上面 5 个因素中满足 3 个	3
上面 5 个因素中满足 4 个	4
上面 5 个因素都满足	5

F_9 事务处理率是业务交易处理速度的要求对系统的设计、实施、安装和支持等的影响。事务处理率因子取值如表 5-20 所示。

表 5-20　问题：对事务处理效率有何要求？

答　案	取　值
预计不会出现周期性的高峰事务处理期	0
预计会有周期性的高峰事务处理期(例如：每月、每季、每年)	1
预计每周都会出现高峰事务处理期	2
预计每天都会出现高峰事务处理期	3
用户在应用程序需求或者服务级别协议中对事务率要求很高，因此必须在设计阶段进行性能分析	4
用户在应用程序需求或者服务级别协议中对事务率要求很高，因此必须进行性能分析并在设计、开发和安装阶段中使用到性能分析工具	5

F_{10} 界面复杂性是指对应用的人文因素以及使用的便捷方面的考虑程度。针对最终用户效率的功能设计，主要包括以下因素：

- 页面导航；
- 菜单；
- 在线帮助或文档；
- 光标自动跳转；
- 可以滚动；
- 在线远程打印；
- 预定义的功能键；
- 在线做批量提交任务；
- 光标可以选取界面上的数据；
- 用户使用大量反白显示、重点显示、下划线或其他的标识；
- 在线 copy 用户文档；
- 鼠标拖动功能；
- 弹出窗体；

- 使用最少的界面完成某种商业功能；
- 双语言支持(如果选择了这个就算 4 项)；
- 多语言支持(如果选择了这个就算 6 项)。

界面复杂性因子取值如表 5-21 所示。

表 5-21　问题：针对最终用户效率的功能设计主要包括哪些因素？

答　案	取　值
以上 16 个因素的一个都不包括	0
包括以上 16 个因素的 1～3 个	1
包括以上 16 个因素的 4～5 个	2
包括以上 16 个因素的 6 个或以上，但是没有用户对于效率的要求	3
包括以上 16 个因素的 6 个或以上，对用户使用效率有较高要求，因而必须考虑用户方面的设计(例如最少击键次数、尽可能提供默认值、模板的使用)	4
包括以上 16 个因素的 6 个或以上，用户对效率的要求使得开发人员必须使用特定的工具和流程以判定用户对效率的要求已经被达成	5

F_{11} 重用性指的是应用系统中的应用和代码经过特殊设计、开发和支持，可以在其他应用系统中复用。重用性因子取值如表 5-22 所示。

表 5-22　问题：代码是否需要设计成可复用的？

答　案	取　值
没有可复用的代码	0
代码在应用之内复用	1
应用中被其他用户复用的部分不足 10%	2
应用中被不止一个用户使用的部分超过 10%	3
应用遵从一种易于复用的方式被打包和文档化。用户在源代码级客户化该应用	4
应用按照一种易于复用的方式被打包和文档化。用户使用用户参数来对该应用进行客户化	5

F_{12} 易安装性指应用系统的转换和安装容易度对开发的影响程度。系统测试阶段提供了转换和安装计划和/或转换工具。易安装性因子取值如表 5-23 所示。

表 5-23　问题：设计中是否需要包括转换及安装？

答　案	取　值
用户对安装没有特定的要求	0
用户对安装没有特定的要求，但有特定的安装环境要求	1
用户提出了安装和转化的要求，转化/安装指南被经过测试提供给用户。但是转化的影响对该应用不重要	2
用户提出了安装和转化的要求，转化/安装指南被经过测试提供给用户。转化的影响对该应用来说是重要的	3
除了第 2 条的要求之外，需要提供经过测试的自动化的安装和转化工具	4
除了第 3 条的要求之外，需要提供经过测试的自动化的安装和转化工具	5

F_{13}多重站点指应用系统经特殊设计、开发可以在多个组织、多个地点应用的程度。多重站点因子取值如表 5-24 所示。

表 5-24　问题：系统的设计是否支持不同组织的多次安装？

答　案	取　值
用户需求不含多场地和组织的要求	0
考虑了多重站点的要求，但是设计要求应用在不同的站点使用相同的软硬件环境	1
考虑了多重站点的要求，但是设计要求应用在不同的站点使用类似的软硬件环境	2
考虑了多重站点的要求，同时设计支持应用在不同的站点使用不同的软硬件环境	3
在第 1 条或者第 2 条的要求之上，提供了经过测试的多重站点的文档和支持计划	4
在第 3 条的要求之上，提供了经过测试的多重站点的文档和支持计划	5

F_{14}支持变更指的是应用在设计上考虑支持处理逻辑和数据结构变化的程度。可以具有如下的特性：

- 提供可以处理简单要求的弹性查询和报告功能，如对一个 ILF 进行与(或)逻辑；
- 提供可以处理一般复杂度要求的弹性查询和报告功能，如对多于一个的 ILF 进行的与(或)逻辑(当作两项计算)；
- 提供可以处理复杂要求的弹性查询和报告功能，如对一个或多个 ILF 进行的与(或)逻辑的组合(当作三项计算)；
- 业务控制数据被保存到用户通过在线交互进程维护的表中，但变更只会在第二个工作日生效；
- 业务控制数据被保存到用户通过在线交互进程维护的表中，且变更即时生效。

支持变更因子取值如表 5-25 所示。

表 5-25　问题：对变更的支持情况如何？

答　案	取　值
上述 5 个特性 1 个都不满足	0
合计满足上述 5 个特性中的 1 个	1
合计满足上述 5 个特性中的 2 个	2
合计满足上述 5 个特性中的 3 个	3
合计满足上述 5 个特性中的 4 个	4
合计满足上述 5 个特性中的 5 个	5

通过分析判定获得上述技术复杂度因子的值后，可以用公式(5-10)估算 TCF 的值。

$$\mathrm{TCF} = 0.65 + 0.01 \times \sum_{i=1}^{14} F_i \tag{5-10}$$

由公式(5-10)可以看出，TCF 的取值范围是 0.65～1.35。

案例：FP 估算实例

W 公司为 X 学校开发一个教职工管理系统，主要功能涉及职工信息、部门信息和工资信息的管理，要求系统能够对职工信息、部门信息进行增加、删除、修改和查询，以及职工工资统计等操作。

假设系统涉及的信息如表5-26所示。

表5-26　X学校教职工管理系统中的基本信息

职工基本信息	职工ID、职工姓名、性别、出生年月、政治面貌、职称、职务、婚姻状况、身份证号、工作部门、家庭住址、家庭电话、移动电话、研究领域
受教育情况	最终学历、最高学位、毕业学校名称、所学专业名称、毕业时间
工作经历	工作时间、单位、部门、职务、职称
配偶信息	配偶姓名、工作单位
部门信息	部门ID、部门名称
工资表信息	职工ID、职工姓名、工资金额、工作部门

由上述信息，可以识别ILF和EIF的功能点数，如表5-27所示。

表5-27　X学校教职工管理系统中ILF和EIF的功能点数

		RET	DET	复杂度	UFC
ILF	职工信息	4个	26个	一般	7
	部门信息	1个	2个	简单	5
EIF	工资表信息	2个	4个	简单	7
合计：19个					

EI功能点数如表5-28所示。

表5-28　X学校教职工管理系统中EI的功能点数

EI	FTR	DET	复杂度	UFC
添加员工信息	职工、部门、工资表	26个	复杂	6
修改员工信息	职工、部门、工资表	26个	复杂	6
删除员工信息	职工、部门、工资表	1个	一般	4
添加部门信息	部门	1个	简单	3
修改部门信息	部门	1个	简单	3
删除部门信息	部门	1个	简单	3
合计：25个				

EQ功能点数如表5-29所示。

表5-29　X学校教职工管理系统中EQ的功能点数

EQ	FTR	DET个数	复杂度	UFC个数
查询员工信息	员工、部门、工资表	28个	复杂	6
查询部门信息	部门	2个	简单	3
合计：9个				

EO功能点数如表5-30所示。

表 5-30　X 学校教职工管理系统中 EO 的功能点数

EO	FTR	DET 个数	复杂度	UFC 个数
统计员工年薪	员工、工资表	5 个	简单	4
合计：4 个				

整个系统的未调整功能点数为 UFC = 19 + 25 + 9 + 4 = 57 个。

系统技术复杂度因子影响如表 5-31 所示。

表 5-31　X 学校教职工管理系统的技术复杂度因子

名　称	对系统的影响程度					
	无	偶然	适度	一般	重要	强烈
F_1 数据通信				3		
F_2 分布式数据处理			2			
F_3 性能	0					
F_4 大业务量配置	0					
F_5 联机数据输入						5
F_6 易操作性	0					
F_7 在线升级				3		
F_8 复杂处理	0					
F_9 事务处理率		1				
F_{10} 界面复杂性	0					
F_{11} 重用性				3		
F_{12} 易安装性	0					
F_{13} 多重站点	0					
F_{14} 支持变更		1				

系统的技术复杂度调整因子为 $TCF=0.65+0.01\times(3+2+5+3+1+3+1)=0.83$。

调整后系统的功能点为 $FP = UFC \times TCF = 57 \times 0.83 = 47.31$ 个。

在估算管理系统的功能点时应该多以用户的纸质表单为依据，每个表单就是一个 ILF 或 EIF，表单上显示的字段都是 DET，一个表单上的“核心”内容不管是由几个数据表来分别存放数据的，每个表都是一个 RET。

简单来讲，ILF 和 EIF 可以被看作数据库中的数据表，但是主、从表将被视为一个 ILF 或 EIF。那么 ILF 和 EIF 的复杂度就是由数据表中的字段 DET 和一个 ILF 或 EIF 自身所包含的主、从表个数 RET 来决定。在计算 DET 时主、外键只能算作一个。

EI 就是对应用户增加、修改和删除的操作，EO 和 EQ 都是用于用户查询的操作。EO 和 EQ 的区别是 EO 查询时使用了数学公式或计算方法。EI、EQ 和 EO 的复杂度是由 FTR 和 DET 决定的。FTR 的个数由 ILF 和 EIF 的个数决定，可以由主表中主、外键的个数来计算。在计算 EI 的 DET 时，只有用户在界面上直接输入的信息才算作 DET，通过页面自动计算或转换的数据不能算作 EI 的 DET。

在EO和EQ计算DET时，报表的标题、页码等信息不能被计算为一个DET。

3. FP估算法的特点

① FP估算法与程序设计语言无关，常用在项目开始或项目需求基本明确时使用，估算结果比较准确，假如这时使用LOC行估算法，则误差比较大；

② 使用FP估算法无需懂得软件使用何种开发技术，LOC估算法与软件开发技术密切相关；

③ FP估算法从用户角度进行估算，LOC估算法从程序员角度进行估算；

④ FP估算法涉及到的主观因素较多，有些数据不易采集，功能点FP值没有直观的物理意义；

⑤ 通过一些行业标准或企业自身度量的分析，FP估算法可以转换为LOC代码行。

功能点和源代码行从两个不同的角度来度量软件规模，它们之间存在着较强的相关性。对于具体的软件开发部门，可根据该部门历史数据经过统计处理获得功能点数和源代码行之间的关系。LOC和FP之间的换算与编程语言密切相关，表5-32给出了不同编程语言环境下每个功能点对应的源代码行数的参考值。

表5-32 不同编程语言下FP与LOC之间的换算关系

编程语言	LOC/FP	编程语言	LOC/FP	编程语言	LOC/FP
Assembly	320	Ada	71	Visual C++	34
C	150	PL/1	65	Visual Basic	29
Unix Shell Scripts	107	Prolog	64	Smalltalk	21
Cobol	105	Lisp	64	4GL	20
Fortran	105	Java	53	PowerBuilder	16
Pascal	91	Ada95	49	Spreadsheet	6

在项目刚开始的时候进行功能点估算可以对项目的范围进行预测，在项目开发的过程中由于需求的变更和细化可能会导致项目范围的蔓延，计算出来的结果会与当初估计的不同，因此在项目结束时还需要对项目的范围情况进行估算，这个时候估算的结果才能最准确反映项目的规模。

在软件项目管理中项目计划制定的优劣直接关系到项目的成败，项目计划中对项目范围的估算又尤为重要，如果项目负责人对项目的规模没有一个比较客观的认识，没有对工作量、所需资源和完工时间等因素进行估算，那么项目计划也就没有存在的意义。

5.3 软件项目成本估算方法

软件开发成本估算主要指软件开发过程中所花费的工作量及相应的代价。不同于传统的工业产品，软件的成本不包括原材料和能源的消耗，主要是人劳动的消耗。另外软件也没有一个明显的制造过程，其开发成本是以一次性开发过程所花费的代价来计算的。因此估算人员应该以整个开发过程(包括软件计划、需求、分析、设计、编码、单元测试、集成测试和确认测试)所花费的代价作为依据来估算软件开发成本。

软件项目成本估算有两种基本的方法：自顶向下和自底向上。

自顶向下估算法是估算人员从项目的整体出发，根据以前已完成项目所消耗的总成本(或总工作量)推算将要开发的软件的总成本(或总工作量)，然后按比例将它分配到各开发任务单元中去，再来检验它是否能满足要求。自顶向下估算法的优点在于：对系统级的重视，估算工作量小，速度快。自顶向下估算法的缺点是：对项目中的特殊困难估计不足，估算出来的成本盲目性大，有时会遗漏待开发软件的某些部分。

自底向上估算法是估算人员把待开发的软件细分，直到每个子任务都已经明确所需要的开发工作量和开发时间，然后把它们加起来，得到软件开发的总工作量。自底向上估算法的优点是估算各个部分的准确性高。这是由于细分之后的每一部分一般是由相应的负责人在充分理解其规模的基础上估算出来的。自底向上估算法的缺点是缺少各项子任务之间相互联系所需要的工作量，还缺少许多与软件开发有关的系统级工作量，往往造成项目估算花费精力多，而估算总值不足的结果。

任务单元法是一种常见的引用自底向上思想的估算方法。

软件项目成本估算的具体方法有多种，常用的主要有类推估算法、专家判定估算法和参数模型估算法。

5.3.1 类推估算法

类推估算法是比较科学的一种传统估算方法，适合评估一些与历史项目在应用领域、环境和复杂度方面相似的项目，通过新项目与历史项目的比较得到规模估计。类推估算法估计结果的精确度取决于历史项目数据的完整性和准确度，因此用好类推估算法的前提条件之一是开发机构需要建立较好的项目后评价与分析机制，对历史项目的数据分析必须是可信赖的。这种方法的基本步骤是：

(1) 整理出项目功能列表和实现每个功能的代码行；

(2) 标识出每个功能列表与历史项目的相同点和不同点，特别要注意历史项目做得不够的地方；

(3) 通过步骤(1)和(2)得出各个功能的估计值；

(4) 产生规模估计。

类推估算法引用自顶向下思想时，是将估算项目的总体参数与类似项目进行直接相比得到结果；引用自底向上思想时，类推是在两个具有相似条件的工作单元之间进行的。

5.3.2 专家判定估算法

专家判定估算法是依靠一位或多位专家对项目做出估计，其精确性主要取决于两点，即专家对估算项目定性参数的了解和专家的经验。所以专家要求具有专门的知识和丰富的经验，估算是一种近似的猜测。

因为单独一位专家可能会产生某种偏见，所以最好由多位专家进行估算取得多个估算值，然后采用某种方法把这些估算值合成一个最终的估算值。一种方法是简单地求各估算值的中值或平均值，优点是简便，缺点是可能会由于受一两个极端估算值的影响而产生严重的偏差；另一种方法是召开小组会议，使各位专家统一于或至少同意某一个估算值，优点是可以摈弃蒙昧无知的估算值，缺点是一些专家成员可能会受权威或政治因素的影响。

Delphi 法是常用的专家判定评估方法，在没有历史数据的情况下，这种方式适用于评定过去与将来、新技术与特定程序之间的差别。这种方法可以减轻由于专家具备的知识、经验及其对项目的理解程度不同所带来的估算偏差，尽管如此，这种方法在评定一个新软件实际成本时不经常使用，但是这种方式对决定其他模型的输入特别有用。

Delphi 法鼓励参与者就问题相互讨论。采用这种方法，要求具有多种软件相关经验的人参与，互相说服对方。Delphi 法的步骤是：

(1) 协调人向各专家提供项目规格和估计表格；

(2) 协调人召集小组会，各专家讨论与规模相关的因素；

(3) 各专家匿名填写迭代表格；

(4) 协调人整理出一个估计总结，以迭代表的形式返回专家；

(5) 协调人召集小组会，讨论较大的估计差异；

(6) 专家复查估计总结，并在迭代表上提交另一个匿名估计；

(7) 重复步骤(4)～(6)，直到达到最低和最高估计的一致。

Delphi 法不会产生一些专家成员受权威或政治因素影响的现象，因为估算专家是分散的，他们互不见面地开展估算工作，对应于每个专家的单个估算值不会受到其他人员的影响。

5.3.3 参数模型估算法

参数模型估算法是一种使用项目特性参数建立数学模型来估算成本的方法，是一种统计技术，如回归分析和学习曲线。采用这种方法很难完全依靠理论导出估算模型，一般要参考历史信息，借助经验公式得出估算模型，而且重要参数必须量化处理，根据实际情况对参数模型按适当比例调整。每个任务必须至少有一个统一的规模单位。

参数模型估算法与类推估算法、专家判定估算法相比，运用数学模型旨在尽力避免主观因素的影响，相对而言比较客观，估算过程比较简单，估算结果比较准确。数学模型可以简单也可以复杂，有的是简单的线性关系模型，有的模型却比较复杂。

模型中用一个唯一的变量(如程序规模)作为初始元素来计算所有其他变量(如成本和时间)，且所用计算公式的形式对于所有变量都是相同的，把这种模型称为静态模型。

模型中没有类似静态模型中的惟一基础变量，所有变量都是相互依存的，把这种模型称为动态模型。

目前运用的静态单变量成本估算模型，从其主要的输入参数来看，可以归为面向代码行驱动的成本模型和面向功能点的成本模型两大类，如表 5-33 所示。

从表 5-33 给出的模型估算公式可以看出，对于具有相同代码行数或功能点数的项目，选用不同模型估算出来的结果并不相同。究其原因，主要是这些模型只是根据若干应用领域内有限个项目的经验数据推导出来的，适用范围有限，因此目前还没有一种估算模型能够适用于所有的软件类型和开发环境，如果模型选择不当或数据不准，也会导致明显的偏差，从这些模型中得到的结果必须慎重使用。当然应该根据新项目的特点选择适用的估算模型，并且根据实际情况适当地调整估算模型。

表 5-33　常见的静态单变量估算模型

模型类型	模 型 名 称	计 算 公 式
面向 LOC 驱动的成本模型	Walston-Felix(IBM)模型	$E = 5.2 \times L_C^{0.91}$
	Balley-Basili 模型	$E = 5.5 + 0.73 \times L_C^{1.16}$
	Doty 模型	$E = 5.288 \times L_C^{1.047}$
	Boehm 模型	$E = 3.2 \times L_C^{1.05}$
面向 FP 驱动的成本模型	Albrecht and Gaffney 模型	$E = -13.39 + 0.0545 \times FP$
	Kemerer 模型	$E = 60.62 \times 7.728 \times 10^{-8} \times FP^3$
	Matson，Barnett 模型	$E = 585.7 + 15.12 \times FP$

注：E 表示工作量，单位：人月(PM)；L_C 表示代码行数，单位：千行源代码(KLOC)；FP 表示功能点数

除了表 5-33 列出的几种模型之外，还有 Farr-Zagorski 模型、Price-S 模型、Putnam 模型、COCOMO 模型等。

COCOMO 模型是一种典型的成本模型，用来提供工作量或规模的直接估计，其常常有一个主要的成本因素(例如规模)，还有很多的次要调节因素或成本驱动因素。典型的成本模型是将历史项目数据进行回归分析得出的基于回归分析的模型。

Putnam 模型是一种约束模型，显示出两个或多个工作量参数、持续时间参数或人员参数之间时间变化的关系。

5.4　软件项目成本估算模型

5.4.1　COCOMO 模型

COCOMO(Constructive Cost Model，结构化成本模型)是由巴里 • 勃姆(Barry Boehm)提出、TRW 公司开发的一种结构化成本估算模型。巴里 • 勃姆于 1981 年在该公司担任软件研究与技术总监，在对 TRW 飞机制造公司的 63 个项目的研究基础上，使得这项研究中的项目所包含的代码量从 2000 行到 10 000 行，包含的编程语言从汇编语言到 PL/I。这些项目采用瀑布模型进行软件开发，这是 1981 年时主流的软件开发模式。

COCOMO 模型使用一种基本的回归分析公式，使用从项目历史和现状中得出的某些特征作为参数来进行计算。COCOMO 模型是一个采用自底向上的方法进行估算的典范，是一种精确、易于使用的成本估算方法。

COCOMO 模型可以分为三个层次：基本 COCOMO 模型、中级 COCOMO 模型和高级 COCOMO 模型，分别用于软件开发的三个不同阶段。

- 基本 COCOMO 模型是一个静态单变量模型，用一个已估算出来的代码行数(LOC)作为自变量的经验函数计算软件开发工作量；
- 中级 COCOMO 模型在基本 COCOMO 模型的基础上，再用涉及产品、硬件、人员、项目等方面的因素调整工作量的估算；
- 高级 COCOMO 模型包括中级 COCOMO 模型的所有特性，但更进一步考虑了软件

工程中每一步骤(如分析、设计)的影响。

1. 基本 COCOMO 模型

基本 COCOMO 模型是一种静态单变量模型，用源代码行数(KLOC)为自变量的(经验)函数来计算软件开发工作量(即成本)。其工作量计算公式如下：

$$E = a \times L_C^b \tag{5-11}$$

式中：L_C 表示软件代码行数，单位：千行源代码(KLOC)；a，b 是与软件开发模式有关的两个经验常数。

开发时间计算公式如下：

$$T = c \times E^d \tag{5-12}$$

式中：E 表示软件开发工作量，单位：人月(PM)；c，d 是与软件开发模式有关的两个经验常数。

COCOMO 模型中，考虑开发环境，定义了三种软件开发模式，它们分别是组织型(Organic)、嵌入型(Embedded)和半独立型(Semidetached)。

- 组织型(Organic)：相对较小、较简单的软件项目。开发人员对软件产品开发目标理解比较充分，与软件系统相关的工作经验丰富，对软件的使用环境很熟悉，受硬件的约束较小，程序的规模不是很大，一般小于 5 万行。如多数应用软件和较早的 OS、Compiler。
- 嵌入型(Embedded)：要求在紧密联系硬件、软件和操作的限制条件下运行，通常与某种复杂的硬件设备紧密联系。对接口、数据结构和算法的要求较高，软件规模任意。如大型复杂的事务处理系统、大型/超大型操作系统、航天用控制系统和大型指挥系统等。
- 半独立型(Semidetached)：介于上述两种软件之间。规模和复杂度都属于中等或更高，最大可达 30 万行，如固定需求的事务处理系统。

上述三种软件开发模式的特性比较如表 5-34 所示。

表 5-34 COCOMO 模型的三种开发模式比较

特 性	软件开发模式		
	组织型	嵌入型	半独立型
对软件产品开发目标的理解	充分	一般	很多
与软件系统有关工作经验	大量	适中	很多
对需求一致性的要求	基本	充分	很多
对外部接口说明一致性的要求	基本	充分	很多
有关新硬件和操作程序的并行开发	若干	大范围	适中
对创新的数据处理结构、算法的需求	最低	很多	若干
提前完成时的奖金	低	高	适中
产品规模范围	小于 50KLOC	所有规模	小于 300KLOC
应用实例	普通操作系统，分批数据处理，Compiler，简单库存、生产管理	复杂事务处理系统，超大型操作系统，航天控制系统，大型指挥系统	事务处理系统，简单指令控制，新操作系统

基本 COCOMO 模型中与三种开发模式相关的常数取值如表 5-35 所示。

表 5-35　基本 COCOMO 模型中 a、b、c、d 的取值

开发模式	a	b	c	d
组织型	2.4	1.05	2.5	0.38
嵌入型	3.6	1.20	2.5	0.32
半独立型	3.0	1.12	2.5	0.35

用基本 COCOMO 模型估算软件项目的工作量和开发时间，必须首先确定项目的开发模式，以便获得与之对应的 a、b、c、d 值。b 和 d 的引入使得估算工作量和开发时间成指数增加，因为项目越大，协调和安排需要投入越多的时间和工作量。

基本 COCOMO 模型适用于系统开发初期对软件开发重要的方面进行快速和粗略的成本估计，但因其缺少不同的项目属性因素，所以准确性有一定的局限性。因为该模型只考虑了软件开发模式和程序规模，并未考虑软件开发方法、开发工具和项目管理等因素，只要不同项目的开发模式和程序规模相同，估算出来的工作量和开发时间就会相等，这显然是不准确的，需要慎重对待使用该模型估算的结果。

2. 中级 COCOMO 模型

在用 LOC 为自变量的函数计算软件开发工作量(此时称为名义工作量)的基础上，再用涉及产品、硬件、人员和项目等方面 15 种影响软件工作量的因素，通过决定下乘法因子，修正 COCOMO 工作量公式和进度公式，可以更合理地估算软件(各阶段)的工作量和进度。其工作量计算公式如下：

$$E = a \times L_C^b \times EAF \tag{5-13}$$

式中：L_C 表示软件代码行数，单位：千行源代码(KLOC)；EAF 表示工作量调整因子(Effort Adjustment Factor)；a、b 是与软件开发模式有关的两个经验常数。

中级 COCOMO 模型中与三种开发模式相关的常数取值如表 5-36 所示。

表 5-36　中级 COCOMO 模型中 a、b 的取值

开发模式	a	b
组织型	3.2	1.05
嵌入型	2.8	1.20
半独立型	3.0	1.12

调整前的工作量 $a \times L_C^b$ 称为名义工作量，是按照基础模型计算的。

工作量调整因子 EAF 的计算公式为：

$$EAF = \prod_{i=1}^{n} D_i \tag{5-14}$$

式中：D_i 表示成本驱动量，n 表示成本驱动因子的个数。

在中级 COCOMO 模型估算中，获取成本驱动量 D_i 成为重要工作之一。

中级 COCOMO 模型将成本驱动因子分为四类，分别是产品、计算机、人员及项目属性。每类又有一些具体的属性，总共形成了 15 个成本驱动因子。每个成本驱动因子按照重要程度或大小分为“很低”、“低”、“一般”、“高”、“很高”、“非常高” 6 个等级，通过逐项评价可以从表 5-37 中获得每个成本驱动因子的值。

表 5-37 中级 COCOMO 模型中的成本驱动量

成本驱动量			描述	取值					
				很低	低	一般	高	很高	非常高
产品	D_1	RELY	软件可靠性要求	0.75	0.88	1.00	1.15	1.40	–
	D_2	DATA	数据库规模	–	0.94	1.00	1.08	1.16	–
	D_3	CPLX	产品复杂性	0.70	0.85	1.00	1.15	1.30	1.65
计算机	D_4	TIME	执行时间限制	–	–	1.00	1.11	1.30	–
	D_5	STOR	主存限制	–	–	1.00	1.06	1.21	1.66
	D_6	VIRT	虚拟计算机可变性	–	0.87	1.00	1.15	1.30	1.56
	D_7	TURN	计算机响应时间	–	0.87	1.00	1.07	1.15	–
人员	D_8	ACAP	分析员能力	1.46	1.19	1.00	0.86	0.71	–
	D_9	AEXP	应用经验	1.29	1.13	1.00	0.91	0.82	–
	D_{10}	PCAP	程序员能力	1.42	1.17	1.00	0.86	0.70	–
	D_{11}	VEXP	虚拟机经验	1.21	1.10	1.00	0.90	–	–
	D_{12}	LEXP	编程语言经验	1.14	1.07	1.00	0.95	–	–
项目	D_{13}	MODP	现代编程经验	1.24	1.10	1.00	0.91	0.82	–
	D_{14}	TOOL	软件工具使用	1.24	1.10	1.00	0.91	0.83	–
	D_{15}	SCED	规定的开发进度表	1.23	1.08	1.00	1.04	1.10	–

在这 15 个成本驱动因子中，影响最大的是人员属性。因为不同水平的人员，其工作效率差异很大，例如当分析员的能力“低”时，该因子的值为 1.19，工作量将会增加 19%；而达到平均水平以上(“高”)时，该因子的值为 0.86，工作量将会降低 14%。由此可见，不同的人员完成同一个软件项目，需要付出的代价可能会有很大差别。

中级 COCOMO 模型中估算开发时间的公式与基本 COCOMO 模型的相同。

中级 COCOMO 模型也可以进行部件级估算。估算过程中，首先将软件划分成若干软件部件，再针对每个部件，运用上述估算方法进行估算，然后把各部件的估算值累加起来，便可得到整个软件的估算值。

3. 高级 COCOMO 模型

高级 COCOMO 模型包括中级 COCOMO 模型的所有特性，其名义工作量公式和进度公式与中级 COCOMO 模型相同，但用上述各种影响因素调整工作量估算时，还要考虑对软件工程过程中每一步骤(包括分析和设计等)的影响，于是引入了三层产品分级结构和阶段敏感工作量因素，而且工作量因素分级表被分层、分阶段给出。

针对软件系统的抽象性和复杂性，把成本驱动量放在模块、子系统和系统三个层次上予以考虑。随底层各模块的不同而变化的因素放在模块级处理；不经常变化的因素放在子系统级处理；系统级处理与软件项目总体规模等相关的问题。

考虑软件开发各阶段受成本驱动因素影响的大小不同，如某些阶段(例如设计、编码和调试等)比其他阶段受到某种因素的影响可能更大，因此根据阶段敏感工作量因素按需求计划和产品设计(RPD)、详细设计(DD)、编码和单元测试(CUT)、集成测试(IT)四个不同阶段的不同，为成本驱动变量赋予了不同的值。针对每一个影响因素，按模块级、子系统级和系统级有相应的工作量因素分级表(如表 5-38、表 5-39、表 5-40 所示)，供不同层次的估算使用。使用这些表格，可以比中级 COCOMO 模型更方便、更准确地估算软件开发工作量。

表 5-38　高级 COCOMO 模型中的模块级驱动因素

驱动因素			阶段	等级与取值					
				很低	低	一般	高	很高	非常高
产品	CPLX 产品复杂性	M_{1R}	RPD	0.70	0.85	1.00	1.15	1.30	1.65
		M_{1D}	DD	0.70	0.85	1.00	1.15	1.30	1.65
		M_{1C}	CUT	0.70	0.85	1.00	1.15	1.30	1.65
		M_{1I}	IT	0.70	0.85	1.00	1.15	1.30	1.65
人员	PCAP 程序员能力	M_{2R}	RPD	1.00	1.00	1.00	1.00	–	1.00
		M_{2D}	DD	1.50	1.20	1.00	0.83	–	0.65
		M_{2C}	CUT	1.50	1.20	1.00	0.83	–	0.65
		M_{2I}	IT	1.50	1.20	1.00	0.83	–	0.65
	VEXP 虚拟机经验	M_{3R}	RPD	1.10	1.05	1.00	0.90	–	–
		M_{3D}	DD	1.10	1.05	1.00	0.90	–	–
		M_{3C}	CUT	1.30	1.15	1.00	0.90	–	–
		M_{3I}	IT	1.30	1.15	1.00	0.90	–	–
	LEXP 编程语言经验	M_{4R}	RPD	1.02	1.00	1.00	1.00	–	–
		M_{4D}	DD	1.10	1.05	1.00	0.98	–	–
		M_{4C}	CUT	1.20	1.10	1.00	0.92	–	–
		M_{4I}	IT	1.20	1.10	1.00	0.92	–	–

表 5-39　高级 COCOMO 模型中的子系统级驱动因素

驱动因素			阶段	等级与取值					
				很低	低	一般	高	很高	非常高
产品	RELY	S_{1R}	RPD	0.80	0.90	1.00	1.10	–	1.30
		S_{1D}	DD	0.80	0.90	1.00	1.10	–	1.30
		S_{1C}	CUT	0.80	0.90	1.00	1.10	–	1.30
		S_{1I}	IT	0.60	0.80	1.00	1.30	–	1.70
	DATA	S_{2R}	RPD	–	0.95	1.00	1.10	–	1.20
		S_{2D}	DD	–	0.95	1.00	1.05	–	1.10
		S_{2C}	CUT	–	0.95	1.00	1.05	–	1.10
		S_{2I}	IT	–	0.90	1.00	1.15	–	1.30

续表

驱动因素			阶段	等级与取值					
				很低	低	一般	高	很高	非常高
计算机	TIME	S_{3R}	RPD	–	–	1.00	1.10	1.30	1.65
		S_{3D}	DD	–	–	1.00	1.10	1.25	1.55
		S_{3C}	CUT	–	–	1.00	1.10	1.25	1.55
		S_{3I}	IT	–	–	1.00	1.15	1.40	1.95
	STOR	S_{4R}	RPD	–	–	1.00	1.05	1.20	1.55
		S_{4D}	DD	–	–	1.00	1.05	1.15	1.45
		S_{4C}	CUT	–	–	1.00	1.05	1.15	1.45
		S_{4I}	IT	–	–	1.00	1.10	1.35	1.85
	VIRT	S_{5R}	RPD	–	0.95	1.00	1.10	–	1.20
		S_{5D}	DD	–	0.90	1.00	1.12	–	1.25
		S_{5C}	CUT	–	0.85	1.00	1.15	–	1.30
		S_{5I}	IT	–	0.80	1.00	1.20	–	1.40
	TURN	S_{6R}	RPD	–	0.98	1.00	1.00	–	1.02
		S_{6D}	DD	–	0.95	1.00	1.00	–	1.05
		S_{6C}	CUT	–	0.70	1.00	1.10	–	1.20
		S_{6I}	IT	–	0.90	1.00	1.15	–	1.30
人员	ACAP	S_{7R}	RPD	1.80	1.35	1.00	0.75	–	0.55
		S_{7D}	DD	1.35	1.15	1.00	0.90	–	0.75
		S_{7C}	CUT	1.35	1.15	1.00	0.90	–	0.75
		S_{7I}	IT	1.50	1.20	1.00	0.85	–	0.70
	AEXP	S_{8R}	RPD	1.40	1.20	1.00	0.87	–	0.75
		S_{8D}	DD	1.30	1.15	1.00	0.90	–	0.80
		S_{8C}	CUT	1.25	1.10	1.00	0.92	–	0.85
		S_{8I}	IT	1.25	1.10	1.00	0.92	–	0.85
项目	MODP	S_{9R}	RPD	1.05	1.00	1.00	1.00	–	1.00
		S_{9D}	DD	1.10	1.05	1.00	0.95	–	0.90
		S_{9C}	CUT	1.25	1.10	1.00	0.90	–	0.80
		S_{9I}	IT	1.50	1.20	1.00	0.83	–	0.65
	TOOL	S_{10R}	RPD	1.02	1.00	1.00	0.98	–	0.95
		S_{10D}	DD	1.05	1.02	1.00	0.95	–	0.90
		S_{10C}	CUT	1.35	1.15	1.00	0.90	–	0.80
		S_{10I}	IT	1.45	1.20	1.00	0.85	–	0.70
	SCED	S_{11R}	RPD	1.10	1.00	1.00	1.10	–	1.15
		S_{11D}	DD	1.25	1.15	1.00	1.10	–	1.15
		S_{11C}	CUT	1.25	1.15	1.00	1.00	–	1.05
		S_{11I}	IT	1.25	1.10	1.00	1.00	–	1.05

表 5-40　高级 COCOMO 模型中的工作量在四个阶段的分布情况

开发模式	工作量阶段分布(%)	小型 2 KLOC	次中型 8 KLOC	中型 32 KLOC	大型 128 KLOC	巨型 512 KLOC
组织型	RPD	16	16	16	16	–
	DD	26	25	24	23	–
	CUT	42	40	38	36	–
	IT	16	19	22	25	–
嵌入型	RPD	18	18	18	18	18
	DD	28	27	26	25	24
	CUT	32	30	28	26	24
	IT	22	25	28	31	34
半独立型	RPD	17	17	17	17	17
	DD	27	26	25	24	23
	CUT	37	35	33	31	29
	IT	19	22	25	28	31

高级 COCOMO 模型中的参数项太多，过于繁琐，适用于大型复杂项目的估算，这里不再详细介绍。

5.4.2　COCOMO II 模型

20 世纪 90 年代后期，软件项目管理和开发技术与工具发生了很大变化，未来软件市场被划分为基础软件、系统集成、程序自动化生成、应用集成和最终用户编程五个部分，早期 COCOMO 模型已不再适应新的软件成本估算和过程管理的需要。1994 年，Boehm 重新研究和调整原有 COCOMO 模型，发表了 COCOMO II 模型。该模型是对经典 COCOMO 模型的彻底更新，反映了现代软件过程与构造方法。后来，Boehm 又通过对大量软件开发项目进行测算，推出了 COCOMO II　2000。

COCOMO II 通过应用组合模型、早期开发模型和结构化后期模型支持上述的五种软件项目，这三个计算模型是按照软件生命周期划分的。

● 应用组合模型：通过原型来解决人机交互、系统接口和技术成熟度等具有潜在高风险的问题，通过计算屏幕、报表和第三代语言模块的对象点数来评估软件成本。适用于使用现代 GUI 工具开发的项目。

● 早期开发模型：适用于在软件架构确定之前对软件进行粗略成本和事件的估算，包含了一系列新的基于功能点或代码行成本和进度的估算方法。

● 结构化后期模型：在项目确定开发之后，对软件功能结构已经有了一个基本了解的基础上，通过源代码行数或功能点数来计算软件工作量和进度，使用 5 个规模度量因子和 17 个成本驱动因子调整计算公式。其是 COCOMO II 中最详细的模型，适用于在整体软件架构已确定之后。

1. COCOMO II 中处理软件复用的模型

COCOMO II 采用非线性估算模型处理软件复用，把复用代码和改变代码的有效规模调整为等价的新代码行。计算重用模块规模的公式如下：

$$L_{EC} = L_{MC} \times \left(1 - \frac{AT}{100}\right) \times AAM \qquad (5\text{-}15)$$

式中：L_{EC}表示等价的新代码行数，单位：千行源代码(KLOC)；L_{MC}表示改变的代码行数，单位：千行源代码(KLOC)；AT是一个附加因子，表示重构时转换代码的百分比。

AAM表示改变调整修改量

$$AAM = \frac{AA + AAF \times (1 + 0.02 \times SU \times UNFM)}{100}，(AAF \leqslant 50) \qquad (5\text{-}16)$$

$$AAM = \frac{AA + AAF + SU \times UNFM}{100}，(AAF > 50) \qquad (5\text{-}17)$$

式中：AA表示评估和选择参数，0～8；SU表示软件理解参数，10～50；UNFM表示程序员不熟悉的程度，是对SU的补充，0～1；AAF表示改变调整系数。

$$AAF = 0.4 \times DM + 0.3 \times CM + 0.3 \times IM \qquad (5\text{-}18)$$

式中：DM表示设计修改百分比；CM表示代码修改百分比；IM表示集成改变或复用软件所需集成工作量的百分比。

评估和选择参数AA的等级量如表5-41所示。

表5-41　评估和选择参数AA的取值参考

AA工作量等级	AA量值
无	0
基本的模块搜索和文档化	2
一些模块测试和评估、文档化	4
相当多的模块测试和评估、文档化	6
广泛的模块测试和评估、文档化	8

软件理解参数SU的等级量如表5-42所示。

表5-42　软件理解参数SU的取值参考

	等级				
	很低	低	一般	高	很高
结构	低内聚，高耦合，面条式代码	偏低内聚，高耦合	结构十分良好，存在一些薄弱环节	高内聚，低耦合	模块性很强，信息隐藏于数据/控制结构中
应用清晰	程序与应用不匹配	程序与应用有某种相关	程序与应用中度相关	程序与应用高度相关	程序与应用清晰匹配
自描述	代码难于理解，文档丢失或难于理解或陈旧	存在一些代码注释和标题，有一些有价值的文档	中等水平的代码注释、标题和文档	较好的代码注释和标题，有用的文档，但存在一些薄弱环节	代码能自描述，文档是最新的，组织良好，包含设计原理
SU取值	50	40	30	20	10

注：若不加修改地使用组件，则不需要SU。

程序员不熟悉程度 UNFM 的等级量如表 5-43 所示。

表 5-43　程序员不熟悉程度 UNFM 的取值参考

不熟悉程度	UNFM 量值
完全熟悉	0.0
大部分熟悉	0.2
部分熟悉	0.4
有点熟悉	0.6
大部分不熟悉	0.8
完全不熟悉	1.0

2. COCOMO II 中估算开发工作量的模型

COCOMO II 以代码行作为软件规模计算工作量的公式如下：

$$E = A \times L_C^B \times EAF + E_{AUTO} \tag{5-19}$$

式中：E 表示软件开发工作量，单位：人月(PM)；A 是一个可校准常数，COCOMO II 2000 中 A = 2.94；L_C 表示软件代码行数，单位：千行源代码(KLOC)；B 是一个依赖于 5 个规模经济性比例因子的指数；EAF 是一个依赖于成本驱动因素的工作量调整因子；E_{AUTO} 表示自动转换代码的工作量，单位：人月(PM)。公式(5-19)中指数 B 的计算公式如下：

$$B = C + 0.01 \times \sum_{i=1}^{5} SF_i \tag{5-20}$$

式中：C 是一个可校准常数，COCOMO II　2000 中 C = 0.91；SF_i 代表规模经济性比例因子，其值如表 5-44 所示。

表 5-44　COCOMO II 模型中的规模度量因子取值

因子	描　述	很低	低	一般	高	很高	非常高
PREC	先验性	6.20	4.96	3.72	2.48	1.24	0
FLEX	开发灵活性	5.07	4.05	3.04	2.03	1.01	0
RESL	体系结构/风险控制	7.07	5.65	4.24	2.83	1.41	0
TEAM	团队凝聚力	5.48	4.38	3.29	2.19	1.10	0
PMAT	过程成熟度	7.80	6.24	4.68	3.12	1.56	0

在 COCOMO II 中，用工作量估算公式中的指数 B 体现了不同规模的软件项目所具有的相对规模经济性和不经济性的最终影响合力。

● 若 B < 1.0，则表明项目架构、开发环境、团队都足够健壮和稳定，项目总体能够体现出规模经济性。当项目的规模加倍时，工作量不会翻倍。项目的生产率也随着产品规模的增加而提高。

● 若 B = 1.0，则表明项目的规模经济性和不经济性是平衡的，这个时候就等同于通过规模/生产率来确定项目工作量的情况。这种线性模型通常用于小项目的成本估算。根据实践经验，项目工作量并不是完全由简单的个体生产率来确定的，它还涉及到开发灵活性、架构风险、团队和过程成熟度等很多的影响因素。因此需要用表 5-39 中的规模经济性比例因子对 B 进行适当调整。

- 若 B > 1.0，则项目就表现出总体的规模不经济性。当规模增加的时候可能会导致工作量的成倍增加。这通常是由于人员交流开销的增大和大型系统集成开销的增长。

早期设计模型和结构后期模型中，A、B、C、SF_1～SF_5 都是相同的。

EAF 是一个工作量调整因子，可用公式(5-14)计算，关键在于确定成本驱动量。

在早期设计模型中，成本驱动因子有 7 个，其值如表 5-45 所示。

表 5-45　COCOMO Ⅱ 早期设计模型的成本驱动量

成本驱动量			描　述	取　值						
				非常低	很低	低	一般	高	很高	非常高
产品	D_1	RCPX	可靠性与复杂性	0.49	0.60	0.83	1.00	1.29	1.81	2.72
	D_2	RUSE	可重用性	–	–	0.91	1.00	1.14	1.29	1.49
平台	D_3	PDIF	平台难度	–	–	0.87	1.00	1.29	1.81	2.61
人员	D_4	PERS	人员能力	2.12	1.62	1.26	1.00	0.83	0.63	0.50
	D_5	PREX	人员经验	2.12	1.62	1.26	1.00	0.83	0.63	0.50
项目	D_6	FCIL	设施	1.43	1.30	1.10	1.00	0.83	0.73	0.62
	D_7	SCED	开发进度表	–	1.29	1.10	1.00	1.00	1.00	–

在结构后期模型中，成本驱动因子有 17 个，其值如表 5-46 所示。

表 5-46　COCOMO Ⅱ 结构后期模型的成本驱动量

成本驱动量			描　述	取　值					
				很低	低	一般	高	很高	非常高
产品	D_1	RELY	软件可靠性要求	0.82	0.92	1.00	1.10	1.26	–
	D_2	DATA	数据库规模	–	0.90	1.00	1.14	1.28	–
	D_3	CPLX	产品复杂性	0.70	0.88	1.00	1.15	1.30	1.66
	D_4	RUSE	可重用性	–	0.91	1.00	1.14	1.29	1.49
	D_5	DOCU	文档编制	–	0.95	1.00	1.06	1.13	–
平台	D_6	TIME	执行时间限制	–	–	1.00	1.11	1.31	1.67
	D_7	STOR	主存限制	–	–	1.00	1.06	1.21	1.57
	D_8	PVOL	平台易失性	–	0.87	1.00	1.15	1.30	–
人员	D_9	ACAP	分析员能力	1.50	1.22	1.00	0.83	0.67	–
	D_{10}	PCAP	程序员能力	1.37	1.16	1.00	0.87	0.74	–
	D_{11}	PCON	人员连续性	1.24	1.10	1.00	0.92	0.84	
	D_{12}	AEXP	应用经验	1.22	1.10	1.00	0.89	0.81	–
	D_{13}	PEXP	平台经验	1.25	1.12	1.00	0.88	0.81	–
	D_{14}	LTEX	语言和工具经验	1.22	1.10	1.00	0.91	0.84	–
项目	D_{15}	TOOL	软件工具	1.24	1.12	1.00	0.86	0.72	–
	D_{16}	SITE	多站点开发	1.25	1.10	1.00	0.92	0.84	0.78
	D_{17}	SCED	开发进度表	1.29	1.10	1.00	1.00	1.00	–

E_{AUTO} 表示自动转换代码的工作量，计算公式如下：

$$E_{AUTO} = \frac{L_{MC} \times \left(AT/100\right)}{P_{AT}} \tag{5-21}$$

式中：E_{AUTO} 表示自动转换代码的工作量，单位：人月(PM)；
L_{MC} 表示改变的代码行数，单位：千行源代码(KLOC)；
AT 表示重构时自动转换代码的百分比；
P_{AT} 表示自动转换生产率。

3. COCOMO II 中多模块的工作量估算

(1) 对所有组件的规模 S_i 求和，得到软件的总规模 S_A：

$$S_A = \sum_{i=1}^{n} S_i \tag{5-22}$$

(2) 应用项目级驱动因子 B 公式(5-20)和 SCED，计算基本总工作量 E_B：

$$E_B = A \times S_A^B \times SCED \tag{5-23}$$

(3) 考虑每个组件对总规模的贡献，将 E_B 按比例分配给每个组件，由此计算 E_{Bi}：

$$E_{Bi} = E_B \times \frac{S_i}{S_A} \tag{5-24}$$

(4) 应用除了 SCED 之外的 16 个成本驱动量调整每个组件的工作量：

$$E_i = E_{Bi} \times EAF_{USCED} \tag{5-25}$$

式中：EAF_{USCED} 表示用表 5-46 中的 16 个驱动量(除去 SCED)相乘所得的工作量调整因子：

$$EAF_{USCED} = \prod_{i=1}^{16} D_i \tag{5-26}$$

(5) 对每个组件的工作量求和，得到整个项目的总工作量 E_A：

$$E_A = \sum_{i=1}^{n} E_i \tag{5-27}$$

COCOMO II 不仅可以估算开发工作量，而且可以估算项目的进度，限于篇幅，这里不再详细介绍。

一系列成功案例显示，使用 COCOMO II 估算模型所得到的估算结果与实际工作量很接近，相对误差平均值都在可接受的范围内。而用未改进的估算模型计算出的结果与实际工作量的误差大于 20%。

5.4.3 Putnam 模型

Putnam 在研究来自美国计算机系统指挥部的 200 多个大型项目(项目的工作量在 30～1000 人年之间)中收集到的工作量分布数据之后，发现工作量在项目实施各阶段的前期缓慢上升，在后期急剧下降，类似于 Rayleigh 曲线的特性。于是，假定在软件开发的整个生存期中工作量有特定的分布，于 1978 年提出了 Putnam 模型，这是一种动态多变量模型，是一种引用了自顶向下思想的宏观估算模型，也称为软件生命周期模型(Software Lifecycle Model, SLIM)。

该模型以大型软件项目的实测数据为基础，大型软件项目的开发工作量分布可以用 Rayleigh-Norden 曲线表示(如图 5.5 所示)，但也可以应用在一些较小的软件项目中。

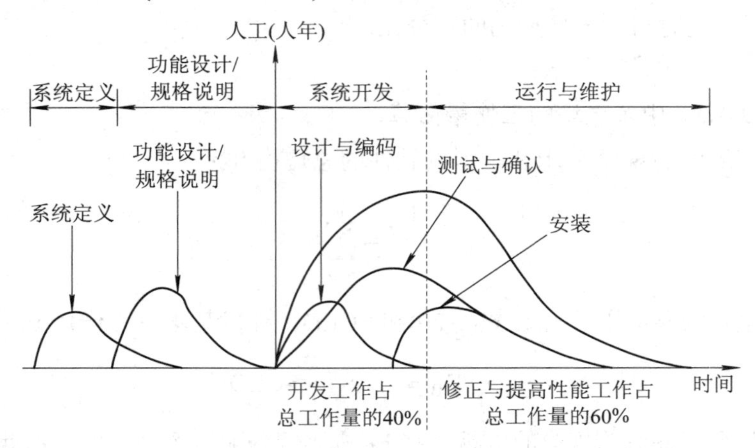

图 5.5　软件项目生命周期各阶段的 Rayleigh-Norden 曲线(不同生命周期阶段工作量分布情况不同。虚线左方大约相当于软件开发期，虚线右方相当于运行和维护期。曲线下方的曲面面积，就是整个软件生存期所需要的工作量。对于大型软件来说虚线左右两侧的面积比大约为 4∶6，即开发所需的工作量约占软件生存期总工作量的 40%，而维护工作量占 60%左右)

图 5.5 所示的曲线把已交付的源代码行数与工作量和开发时间联系起来。在软件项目的不同生命周期阶段分别使用不同的曲线，其所反映的各个阶段的工作量非常直观，但是不能反映人员、计算机资源和项目的属性。

用 Rayleigh-Norden 曲线可以导出 Putnam 模型的软件方程：

$$L_C = C_k \times E^{\frac{1}{3}} \times T^{\frac{4}{3}} \tag{5-28}$$

式中：L_C 表示软件的源代码行数，单位：行源代码(SLOC)；

C_k 是技术因子；

E 表示软件开发工作量，单位：人年(PY)；

T 表示软件开发持续的时间，单位：年(Y)。

技术因子 C_k 是由多个组成部分形成的复合成本驱动因子，其取值因开发环境而异，如表 5-47 所示。

表 5-47　Putnam 模型中技术因子的 C_k 的取值

开发环境	开发环境举例	C_k 的典型值
差	没有系统的开发方法，缺乏文档和复审、批处理方式	2000
好	有合适的系统的开发方法，有充分的文档和复审、交互执行方式	8000
优	有自动的开发工具和技术	11 000

将公式(5-28)加以变换，可以得到估算工作量的公式如下：

$$E = \frac{L_C^3}{C_k^3 \times T^4} \tag{5-29}$$

还可以得到估算开发时间的公式如下：

$$T = \left(\frac{L_C^3}{C_k^3 \times E} \right)^{1/4} \tag{5-30}$$

Putnam 模型的人力增加方程定义如下：

$$\mathbf{D = E/T^3} \tag{5-31}$$

D 是一个表示人员配备加速度的常数，其值如表 5-48 所示。

表 5-48　Putnam 模型中人员配备加速度常数 D 的取值

软 件 项 目	*D*
与其他系统有很多界面和互相作用的新软件	12.3
独立的系统	15
现有系统的重复实现	27

将公式 5-30 和公式 5-31 联立，可以得到工作量计算方程如下：

$$\mathbf{E} = L_C^{\frac{9}{7}} \times D^{\frac{4}{7}} / \mathbf{C}_K^{\frac{9}{7}} \tag{5-32}$$

5.4.4　成本模型的评价准则

从前面所述的估算模型不难看出，无论是模型结构、复杂度还是软件项目规模都是靠开发者的经验估计出来的，这些参数在开发的早期很难预测。大多数模型在当初导出它们的适用项目估算中发挥了很好的作用，但应用于普通情况时表现很差。软件需求是复杂而有差异的。虽然许多模型包含解决差异的调整因素，评估人员可依靠调整因素去解决当前问题的任何变动，但是这种方法常常是不合适的。

实际上，许多因素会相互影响，有时会导致过度忽略了某个因素的重要性。同时这些方法也非常具有主观性，常常带有开发者的个人倾向。另外调整因素的计算过程也过于复杂，不是一个容易确定的值。一般模型要求对软件规模进行估算，但项目初期很难预测。对规模的估计结果也很主观，并要求模型的规模度量和用于实际中的规模度量相同，否则不能给出准确的结果。

由于各种成本估算方法的适用范围不同，经常导致同一个软件项目采用不同的方法而得出不同的结果。给定一个具体的项目，如何选择最适合的成本估算方法是实施软件成本管理必须解决的关键问题。

Boehm 提出了 10 条评价成本模型的准则，包括定义、正确性、客观性、构造性、细节、稳定性、范围、易用性、可预期性、节约性。

(1) 定义：模型是否清楚定义了估算的成本和排除的成本；

(2) 正确性：估算是否接近于项目的实际成本；

(3) 客观性：模型是否避免将大部分软件成本的变化归纳为校准很差的主观因素，如复杂性；是否很难调整模型来获得想要的结果；

(4) 构造性：用户是否了解为什么模型能进行估计，是否有助于用户理解即将着手的软件项目；

(5) 细节：模型能否方便地对一个有很多子系统和单元组成的软件系统进行估算，是否能准确地分出阶段并相应的将活动分阶段；

(6) 稳定性：输入数据的微小变化是否产生输出成本估算值的微小变化，即输出对输入是否敏感；

(7) 范围：模型是否包含了需要你估算的软件项目类别；

(8) 易用性：模型的输入和选项是否易于理解和赋值；

(9) 可预期性：模型是否避免使用那些直到项目完成才能清楚了解的信息；

(10) 节约性：模型是否避免使用冗余的因素或对于结果没有重要影响到因素。

上述 10 条准则可作为选择、评价成本估算方法及其模型的参考标准，关键是与项目本身的实际情况相结合。

案例：库存管理信息系统成本估算

W 公司为 X 企业开发一个库存管理信息系统，现在以该项目为例估算其规模和成本。

1. 确定项目目标

通过本项目开发的 X 企业库存管理信息系统能够跟踪和管理 X 公司所有存货的状态，以及货物的收发情况，记录存货信息。使用该系统可以帮助 X 公司准确记录有关的存货情况，并跟踪采购订单的情况。

软件开发模式：组织型

开发平台：Visual Basic 作为开发工具，SQL Server 数据库。

2. 系统功能要求

X 企业库存管理信息系统支持和库存记录有关的活动，包括跟踪订单和库存记录，能够随时查询正在处理的材料数量，查询和统计各个供应商、面料处理商实时的供货和面料处理情况等，功能如图 5.6 所示。

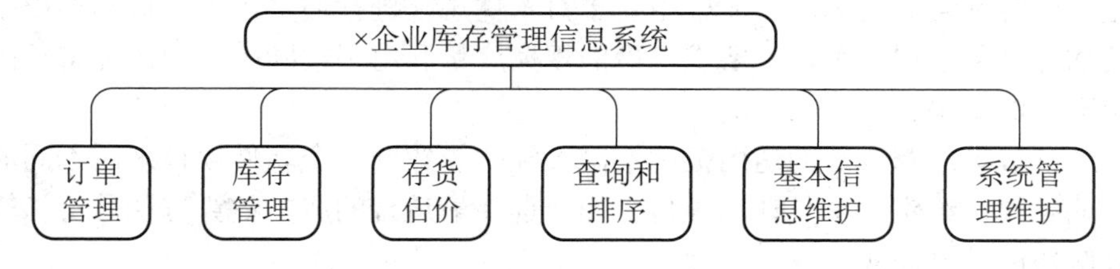

图 5.6　×企业库存管理信息系统功能结构图(主要有 6 个部分构成)

系统能够增加、修改和删除的信息有：供应商订单、处理商订单、供应商收据、处理商收据、处理商发货单、生产部发货单、加工商发货单、供应商退货、处理商退货、生产部退货、加工商退货、处理商库存调整、内部库存调整、原料负责人、供应商负责人、处理商负责人、加工商负责人。

系统能够报告的信息有：订单状态、存货明细、存货估价、生产交易列表、加工商交易列表、供应商交易列表、处理商交易列表、按日期排列的供应商订单列表、按日期排列的处理商订单列表、按日期排列的收据列表、按日期排列的发货列表。

系统能够查询的信息有：原料状态、处理商存货状态。

系统能够更新的信息有：已关闭的购买订单。

3. 系统基本信息描述

系统基本信息如表 5-49 所示。

表 5-49　×企业库存管理信息系统基本信息

原料基本信息	原料编号、原料类型编号、原料名称、原料规格、备注
原料类型信息	原料类型编号、原料类型名称、备注
供应商信息	供应商编号、供应商名称、供应商地址、供应商传真、供应商电话、联系人身份证号、备注
面料处理商信息	处理商编号、处理商名称、处理商地址、处理商传真、处理商电话、联系人身份证号、备注
加工商信息	加工商编号、加工商名称、加工商地址、加工商传真、加工商电话、联系人身份证号、备注
供应商主订单信息	订单编号、子订单编号、供应商编号、订单创建时间、交货时间、订单关闭时间、备注
供应商子订单信息	子订单编号、原料编号、原料数量、原料单价、交货时间、订单关闭时间、备注
面料处理商主订单信息	订单编号、子订单编号、加工商编号、订单创建时间、交货时间、订单关闭时间、备注
面料处理商子订单信息	子订单编号、原料编号、原料数量、原料单价、交货时间、订单关闭时间、备注
发货单信息	发货单编号、原料编号、发货数量、发货类型编号、目的地址、发货时间、订单关闭时间、备注
发货类型信息	发货类型编号、发货类型名称、备注
库存信息	库存单编号、原料编号、原料数量、库存日期、备注
收据信息	收据单编号、原料编号、收据来源(供应商或处理商或加工商的编号)、原料数量、原料单价、备注

4. 系统原始功能点估算

由上述信息可以识别 ILF 和 EIF 的功能点数，如表 5-50 所示。

表 5-50 ×企业库存管理信息系统中 ILF 和 EIF 的功能点数

		RET	DET	复杂度	UFC
ILF	原料信息	1	7	一般	7
	供应商信息	1	9	一般	7
	处理商信息	1	9	一般	7
	加工商信息	1	9	一般	7
	供应商订单信息	2	12	一般	7
	处理商订单信息	3	17	一般	7
	发货单信息	2	7	一般	7
	内部库存调整	2	7	一般	7
	处理商库存调整	2	10	一般	7
	收据信息	3	12	一般	7
EIF		0	0		
合计：70 个					

EI 功能点数如表 5-51 所示。

表 5-51 X 企业库存管理信息系统中 EI 的功能点数

EI	DET	添加			修改			删除		
		FTR	复杂度	UFC	FTR	复杂度	UFC	FTR	复杂度	UFC
供应商订单	12	3	一般	4	3	一般	4	1	简单	3
处理商订单	17	3	复杂	6	3	复杂	6	1	一般	4
供应商收据	8	3	一般	4	3	一般	4	1	简单	3
处理商收据	12	3	一般	4	3	一般	4	1	简单	3
处理商发货单	7	3	一般	4	3	一般	4	1	简单	3
生产部发货单	7	2	一般	4	2	一般	4	1	简单	3
加工商发货单	7	3	一般	4	3	一般	4	1	简单	3
供应商退货	8	3	一般	4	3	一般	4	1	简单	3
处理商退货	12	3	一般	4	3	一般	4	1	简单	3
由生产部退货	7	2	一般	4	2	一般	4	1	简单	3
由加工商退货	7	3	一般	4	3	一般	4	1	简单	3
由处理商退货	7	3	一般	4	3	一般	4	1	简单	3
处理商库存调整	10	3	一般	4	3	一般	4	1	简单	3
内部库存调整	7	2	一般	4	2	一般	4	1	简单	3

续表

EI	DET	添加			修改			删除		
		FTR	复杂度	UFC	FTR	复杂度	UFC	FTR	复杂度	UFC
原料信息	7	1	简单	3	1	简单	3	7	复杂	6
供应商信息	9	1	一般	4	1	一般	4	4	复杂	6
处理商信息	9	1	一般	4	1	一般	4	5	复杂	6
加工商信息	9	1	一般	4	1	一般	4	3	复杂	6
小计				73			73			67

EI	FTR	DET	复杂度	UFC
关闭订单	1	1	简单	3
小计：3				

EI 的 UFC 合计：216 个

EQ 功能点数如表 5-52 所示。

表 5-52　X 企业库存管理信息系统中 EQ 的功能点数

EQ	FTR	DET 个数	复杂度	UFC 个数
原料状态	7	34	复杂	6
处理商存货状态	1	10	简单	3
合计：9 个				

EO 功能点数如表 5-53 所示。

表 5-53　X 企业库存管理信息系统中 EO 的功能点数

EO	FTR	DET 个数	复杂度	UFC 个数
订单状态	1	11	简单	4
库存分类账	3	20	复杂	7
存货估价	1	9	简单	4
生产交易列表	3	10	一般	5
加工商交易列表	3	10	一般	5
供应商交易列表	3	10	一般	5
处理商交易列表	3	13	一般	5
按日期排列的供应商订单列表	1	12	简单	4
按日期排列的处理商订单列表	1	17	简单	4
按日期排列的收据列表	1	12	简单	4
按日期排列的发货列表	1	7	简单	4
合计：51 个				

整个系统的未调整功能点数为：

$$UFC = 70 + 216 + 9 + 51 = 346 \text{ 个}$$

系统技术复杂度因子影响如表5-54所示。

表5-54 X企业库存管理信息系统的技术复杂度因子

名称	对系统的影响程度					
	无	偶然	适度	一般	重要	强烈
F_1 数据通信		1				
F_2 分布式数据处理	0					
F_3 性能			2			
F_4 大业务量配置	0					
F_5 联机数据输入						5
F_6 易操作性	0					
F_7 在线升级		1				
F_8 复杂处理	0					
F_9 事务处理率		1				
F_{10} 界面复杂性				3		
F_{11} 重用性			2			
F_{12} 易安装性	0					
F_{13} 多重站点	0					
F_{14} 支持变更	0					
合计：15						

系统的技术复杂度调整因子为：

$$TCF=0.65+0.01 \times 15=0.80$$

调整后系统的功能点为：

$$FP = UFC \times TCF = 346 \times 0.80 = 276.8 \text{ 个}$$

软件采用VB开发，从表5-32可知，代码行/功能点换算比例为29，将上述估算的功能点转换成代码行，可得

$$L_C = 276.8 \times 29 \approx 8.028 \text{ KLOC}$$

5. 用基本COCOMO模型估算其工作量和成本

由表5-35可查得 $a = 2.4$，$b = 1.05$，计算开发工作量：

$$E = a \times L_C^b = 2.4 \times 8.028^{1.05} \approx 21.39 \text{ 人月}$$

假定每人月费用为8000元(包括人均工资、福利、办公费用公摊等)，则开发成本：

$$C_T = C_{PM} \times E = 8000 \times 21.39 \approx 171\,120 \text{ 元}$$

6. 用COCOMO Ⅱ模型估算其工作量和成本

表5-55为该企业库存管理信息系统的规模度量因子的参考取值。

表 5-55　×企业库存管理信息系统的规模度量因子取值参考

因子	描　述	很低	低	一般	高	很高	非常高
PREC	先验性					1.24	
FLEX	开发灵活性			3.04			
RESL	体系结构/风险控制				2.83		
TEAM	团队凝聚力		4.38				
PMAT	过程成熟度			4.68			
合计：16.17							

$$B = C + 0.01\times\sum_{i=1}^{5}SF_i = 0.91 + 0.01\times 16.17 = 1.0717$$

表 5-56 为该企业库存管理信息系统结构后期模型的成本驱动量。

表 5-56　X 企业库存管理信息系统结构后期模型的成本驱动量

成本驱动量			描　述	取　值					
				很低	低	一般	高	很高	非常高
产品	D_1	RELY	软件可靠性要求		0.92				
	D_2	DATA	数据库规模			1.00			
	D_3	CPLX	产品复杂性		0.88				
	D_4	RUSE	可重用性		0.91				
	D_5	DOCU	文档编制			1.00			
平台	D_6	TIME	执行时间限制				1.11		
	D_7	STOR	主存限制				1.06		
	D_8	PVOL	平台易失性			1.00			
人员	D_9	ACAP	分析员能力			1.00			
	D_{10}	PCAP	程序员能力			1.00			
	D_{11}	PCON	人员连续性		1.10				
	D_{12}	AEXP	应用经验			1.00			
	D_{13}	PEXP	平台经验			1.00			
	D_{14}	LTEX	语言和工具经验	1.22					
项目	D_{15}	TOOL	软件工具			1.00			
	D_{16}	SITE	多站点开发			1.00			
	D_{17}	SCED	开发进度表			1.00			
乘积：1.163									

假定项目组未采用代码自动转换工具，可得开发工作量为：

$$E = A\times L_C^B\times EAF + E_{AUTO} = 2.94\times 8.028^{1.0717}\times 1.163 + 0 \approx 31.87\ \text{人月}$$

开发成本：

$$C_T = C_{PM} \times E = 8000 \times 31.87 \approx 254\,960 \text{元}$$

7. 用 Putnam 模型估算其工作量和成本

假定开发环境较差，完成的系统是独立的，可从表 5-47、表 5-48 查得 C_k=2000，D=15，项目开发工作量为：

$$E = L_C^{\frac{9}{7}} \times D^{\frac{4}{7}} / C_k^{\frac{9}{7}} = 8028^{\frac{9}{7}} \times 15^{\frac{4}{7}} / 2000^{\frac{9}{7}} \approx 28.06 \text{人月}$$

开发成本：

$$C_T = C_{PM} \times E = 8000 \times 28.06 \approx 224\,480 \text{元}$$

8. 结果对比

上述 3 种方法的估算结果如表 5-57 所示。

表 5-57　3 种方法的估算结果

估算方法	开发工作量(人月)	开发成本(元)
基本 COCOMO 模型	21.39	171 120
COCOMO II 模型	31.87	254 960
Putnam 模型	28.06	224 480

上述案例不仅反映了不同的估算方法及其模型产生了不同的结果，而且从某种程度上说明软件项目管理中的成本估算是非常困难的，因为它受很多因素的影响。

用数学模型估算成本时，有时不总是有效的。许多项目管理人依靠自己的直觉做出最佳估计，这种方法简单易行，但也存在很大的差异，因此将数学模型与直观判定结合使用构造合理的估算可同时具备各自的优点，这将是一种较好的方法。

在软件项目成本估算中我们可以使用数学模型做初步估算，然后运用项目管理人的直觉调整结果。另外在项目执行和控制中也可以对特殊情况进行人为的判断调整。现在将两种或多种技术结合起来估算成本的合成技术估算方法应用较为广泛。

 讨论：某高校学生管理系统开发项目成本估算

张工是 W 信息技术有限公司的项目经理，1 个月前刚接手某高校学生管理系统研发项目。完成项目需求调研后张工开始制定详细的进度和成本计划。表 5-58 和表 5-59 分别是张工用两种方法做的项目成本估算，估算货币单位为元。

表 5-58　项目成本估算表(方法一)

WBS	名　称	估算值	合计值	总计值
1	学生管理系统			A
1.1	招生管理		40 000	
1.1.1	招生录入	16 000		
1.1.2	招生审核	12 000		
1.1.3	招生查询	12 000		
1.2	分班管理		81 000	

续表

WBS	名称	估算值	合计值	总计值
1.2.1	自动分班	30 000		
1.2.2	手工分班	21 000		
1.3	学生档案管理	30 000		
1.4	学生成绩管理		81 000	
1.4.1	考试信息管理	23 000		
1.4.2	考试成绩录入	30 000		
1.4.3	考试信息统计	28 000		

表 5-59　项目成本估算表(方法二)

成本参数	单位成员工时数	参与人数
项目经理(50 元/小时)	500	1
分析人员(40 元/小时)	500	2
编程人员(30 元/小时)	500	2
一般管理费	21 350	
额外费用(25%)	16 470	
交通费(2000 元/次，4 次)	8000	
计算机购置费(2 台，4000 元/台)	8000	
打印与复印费	2000	
总项目费用开支	B	

案例讨论：

1. 请说明信息系统项目管理过程进行成本估算的基本方法。
2. 表 5-58 和表 5-59 分别采用了什么估算方法，表中估算成本 A、B 各为多少？
3. 请分析信息系统项目成本估算过程中的主要困难和应该避免的常见错误。

5.5　小　　结

软件项目估算是指预测构造软件项目所需要的工作量以及任务经历时间的过程，主要包括规模估算、工作量估算、进度估算和成本估算四个主要任务(5.1.1 节)。软件项目规模估算的质量将直接影响其成本和进度的估算与管理，成本估算和进度管理是制定软件项目计划的依据，对于软件项目的整个运行过程有重要意义。在项目实施之初，估算有着非常重要的意义，但是这一阶段的估算有较大的误差；随着项目计划的逐步落实，估算结果会越来越准确，但是后期的估算将逐渐失去意义(5.1.2 节)。软件项目的范围、时间和成本之间互相制约，导致规模估算、工作量估算、进度估算和成本估算之间的密切关系，因此可以采用 LOC 估算法(5.2.2 节)、FP 估算法(5.2.3 节)等方法估算软件规模。有了软件规模，就可以选择 IBM 模型、COCOMO 模型(5.4.1 节)、COCOMO Ⅱ模型(5.4.2 节)和 Putnam 模型(5.4.3 节)等基于经验的数学模型来估算软件开发工作量和开发进度，进而估算开发成本。在制定软件项目计划期间，估算人员必须掌握合适的软件项目估算方法，学会利用以前的项目经验，将多种估算方法结合起来，就软件项目需要的人力、持续时间和成本做出估算，并且尽可能提高项目估算的精度，才能为项目开发过程提供一个良好的控制基准，以保证预算的有效实现。

5.6 习　　题

1. 软件项目估算涉及哪些主要任务？分别说明其含义。
2. 简述软件项目估算的特点。
3. 软件项目估算包括哪些步骤？
4. 影响软件生产率的因素有哪些？
5. 简单说明软件项目的 LOC 和 FP 两种估算方法的区别与相同处。
6. 软件成本估算方法有哪几种？简要说明它们的特点。
7. 软件成本估算模型主要有哪些？简要说明它们的特点。
8. 简述软件成本模型评价准则。
9. W 公司即将进行一个中等规模的半独立型的软件项目，预计有 60KLOC 的源代码，采用中级 COCOMO 模型估算其工作量，15 个成本驱动因子中只有可靠性为“很高”级别，其他因子均为“一般”(“正常”)级别，每人月的费用为 1.2 万元，试估算该项目的工作量和费用。
10. 王经理邀请 3 位专家，为即将进行的 X 中学生学籍管理系统估算项目成本， A 专家给出的乐观成本为 7 万、最可能成本为 8 万、悲观成本为 9 万，B 专家给出的成本分别为 4 万、6 万、8 万，C 专家给出的成本分别为 5 万、7 万、9 万，请问该项目的估算成本是多少？
11. 教师工资系统已经安装在 SCC 学院，目前有一个新的需求，需要在系统中添加一个子系统，该子系统从会计系统中提取老师每年的工资额，并从两个文件中分别提取课程情况和每位老师教的每门课程的时间，分析计算每门课程的教学成本，并将结果存成一个文件，此文件可以输出给会计系统，同时产生一个报表，以显示每位老师教授每门课程的时间及其成本。假定报表是具有高度复杂性的，其他具有一般复杂性，试求该子系统的未调整功能点数。
12. (项目管理)对图书馆软件产品进行成本估算。
13. (项目管理)对网络购物系统进行成本估算。
14. (项目管理)对自动柜员机进行成本估算。

第 6 章　软件项目进度管理

合理地安排项目时间是软件项目管理中一项关键的内容，其目的是保证按时完成项目、合理分配资源并发挥最佳工作效率。进度延误是软件项目管理中的常见问题，同时也是造成软件项目失败的主要原因之一。因此了解软件项目各个环节中可能出现的进度问题，掌握项目进度管理的关键技术和方法，对软件项目的成功都是至关重要的。

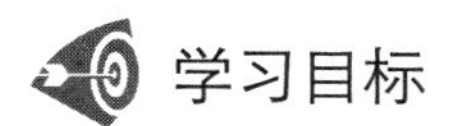

学习目标

本章主要介绍软件项目进度估算、进度安排、计划编制、进度跟踪和控制等内容。通过本章学习，读者应能够做到以下几点：

(1) 了解软件项目进度延期的主要原因、进度管理的概念和意义；

(2) 熟悉甘特图、网络图和里程碑图等软件项目进度安排图示方法；

(3) 掌握关键路径法和进度表估算法等软件项目进度估算方法；

(4) 掌握软件项目进度计划编制、修正和优化的方法和过程；

(5) 理解软件项目进度跟踪的方法和进度控制的流程。

案例：上大学需要做好时间管理

小刚于 2008 年考入 X 大学，攻读计算机科学与技术专业学士学位。报到之后，和同学们一起参加了新生入学教育，知道了该专业的培养目标，而且从学校提供的资料中看到了该专业的培养计划，表 6-1 是该培养计划的一部分。

表 6-1　计算机科学与技术专业本科培养计划(部分内容)

课程名称	学　期							
	第一	第二	第三	第四	第五	第六	第七	第八
大学英语	64	64	64	64				
高等数学	88	96						
……								
线性代数		32						
……								
概率论与数理统计			48					
面向对象技术			56					
……								
算法与数据结构				56				
……								

续表

课程名称	学期							
	第一	第二	第三	第四	第五	第六	第七	第八
操作系统原理					56			
算法设计与分析					40			
……								
计算机组成原理						56		
数据库原理						56		
……								
编译原理							48	
……								
毕业设计								13 周
……								

有了专业培养目标和培养计划，小刚觉得自己只要认真上课就行了。谁曾想大一第一学期，英语考试不及格。第二学期，他的情绪低落，不好好上课，不按照要求学习，结果期末考试，有三门主课不及格，他想主动退学。

后来，在老师的开导和帮助下，小刚认真反思自己存在的问题、分析自己的兴趣和优缺点，以专业培养计划为蓝本，制定了自己的年度学习计划，再以此为基础制定了每学期的学习计划，在每学期开学之初，以本学期课表为参考，制定每月和每周的学习计划，最后将学习任务细分到每天，例如，2009 年 3 月 6 日的计划如表 6-2 所示。

表 6-2　2009 年 3 月 6 日(星期五)学习生活计划

时　间	计　划	完成情况	备　注
06:50—07:30	洗漱、晨练		禁忌剧烈运动/无精打采
07:30—07:50	早餐		不能只吃生冷凉食
08:00—09:50	上课：大学英语		坐在前排，认真听讲，记好笔记，主动与老师沟通
10:10—12:00	上课：高等数学		
12:00—14:00	午餐、午休		可花 20 分钟看报纸
14:00—14:15	浏览专业领域新闻		写出一句话的点评
14:30—16:20	上课：体育		认真学习每一个动作
16:30—17:20	参加社团活动		可据实际情况机动调整
17:30—18:40	晚餐、散步		可花 20 分钟与同学边散步边交流学习或生活情况
18:50—19:40	训练英语听力、阅读、写作		熟记 10 个新词，会用 30 个已背会单词
19:50—22:00	认真完成今天的作业		作业少时可温习今天的上课内容
22:10—22:50	预习明天的课程或读课外书		准备若干问题向老师请教

续表

时　间	计　　划	完成情况	备　　注
22:50—06:50	洗漱、休息		什么都不想，安静睡觉
总　结	学习效果		
	社交收获		
	体育锻炼		
	生活状态		
	新鲜事物		
	奖励自己		
	惩罚自己		
	思想启示		

显然，表 6-2 所示的计划具有极强的可操作性，关键的问题是能否严格按照计划执行，落实其中的每项任务，并努力实现相应的目标。

为此，小刚给自己制定了奖励和惩罚措施，并将自己的计划告诉同班学习认真的几位同学，还有自己的班主任，获取他们无形的监督，断掉自己不好好学习的退路，很快他就能够严格按照计划开展自己每天的学习和生活，进步非常迅速，学期期末考试的总分及平均成绩在班上名列前茅。后面的大学三年，他一如既往，学会了更好地制定计划、控制进度和追求质量，最终以优异的成绩获得了计算机科学与技术专业的本科毕业证书和工学学士学位证书。

小刚对自己的大学四年进行了认真总结，其中包括了以下内容：

1) 要做好可行的学习计划、管好时间

为了提高效率，在制定计划时，要适当给自己“压力”，对每一科目的预习、听课和温习要考虑时间、速度、质量的限制，要学会三者之间的协调。这种目标明确、有压力的学习，可以使注意力高度集中，提高学习效率。同时每学习完一部分时，都有一种轻松感、愉悦感，便会更充满信心地学习下去。

2) 要注重计划的落实、跟踪与反馈

学习计划一旦制定，就要注重落实。若有完不成的，也应在次日立即加倍补上。同时要反省自己，当天的计划为什么没有完成？明天先干什么？再干什么？怎么干？如果完成的好可自我奖励一下；如果完成的不好必须自我惩罚一次。这样做，既有约束力又有可操作性，每天都会感到进步。一段时间后，还应该根据自己的学习情况，对计划做出进一步调整和完善，以更好地促进学习。

每天的上课不算项目，只是日常活动，但是从案例中仍然可以清晰地看到，时间、质量和成本之间相互影响、相互制约的关系，做好时间管理(即进度管理)在项目实施过程中就显得尤为重要。

进度估算及其管理也是软件项目管理的重要内容之一，也是在软件项目的早期开展的一项重要工作。

6.1 软件项目进度管理概述

案例：软件项目延期，原因何在？

W 是一家专门从事应用软件开发的公司，目前有员工 45 人，下设销售部、软件开发部和技术服务部等业务部门，其中销售部主要负责将公司现有的产品推销给客户，同时也会根据客户的具体需要，承接应用软件的研发项目，然后将承接的项目移交给软件开发部，进行软件的研发工作。软件开发部共有开发人员 16 人，主要进行软件产品的研发，以及客户委托的应用软件开发。技术服务部主要负责本公司售出软件系统的维护与技术支持工作。

2013 年 1 月 4 日，销售部与×制造公司签订了一个企业内部物流管理系统开发的软件项目，经双方洽谈，2013 年 6 月 10 日之前必须完成系统开发和测试，并投入试运行，这些都明确地写入了合同中。

合同签订后，销售部将合同移交给软件开发部，公司决定由大李作为项目经理，负责该项目的实施。软件开发部为此项目配备了 1 名系统分析员、2 名程序员(曾参与了 2 个软件系统的编程工作)和 1 名技术专家(不太熟悉制造企业内部物流管理的业务)，要求这些成员必须全程参加项目的实施工作。

大李是一名经过全国考试认证的系统分析师，作为软件研制的骨干先后参与了 10 多个应用软件的研发工作，曾担任过系统分析员、系统设计员和程序员，具有比较丰富的软件研制经验。在此之前从未作为项目负责人直接管理过任何软件项目，所以他暗下决心一定要干好这个项目。

于是，大李很快制定了项目的进度计划，如表 6-3 所示。

表 6-3 ×制造公司内部物流管理系统项目进度计划

	1/7～2/6	2/7～3/13	3/14～4/30	5/1～6/9	6/10
需求分析	▲				
系统设计		▲			
编码			▲		
系统测试				▲	
试运行					▲
项目历时：155 天					

但是，需求分析工作并未在 1 月 7 日开始，而是在 1 月 9 日正式开始。2 月初，大李检查工作时发现需求分析进行得不尽人意，他再三强调需求分析的重要性，同时要求项目组成员努力做好各自的工作。3 月初，他再次细致检查系统设计工作的进展，让他感到意外的是总体设计刚刚做完，详细设计还未开始。“这个项目要拖期了？很有可能按时完不成任务？现在该怎么办呢？……？”他的心里开始打鼓，感觉没有什么做得不太合适的地方，一时没了太好的主意。

有人积极地帮助他分析了其中的问题。

(1) 项目进度计划过粗

(2) 人力资源配置欠合理

(3) 部分子任务工作量估算不合理

(4) 项目疏于进度控制

(5) 缺少风险控制措施

……

下面来进一步了解软件项目进度延期频发的一些主要原因，以便今后可以避免这类问题的发生。

6.1.1　软件项目进度延期的主要原因

1. 项目进度本身不合理

当项目进度延迟时，应该首先分析进度计划本身是否合理？影响项目进度计划和安排的因素较多，主要从进度估算、关键资源、人力资源等方面进行分析和考虑。

1) 进度估算不准确

估算的准确性是项目进度计划安排中最关键的影响因素之一。估算不准确的原因很多，主要有两个方面：即缺少有经验的估算专家和缺少项目历史数据的收集。对于这两点只有通过多个项目的积累才可能得以改善。另外，估算过程中还需要考虑一些特殊因素的影响，例如项目增加了几名新员工可能会降低项目的平均生产率，项目过程中因为需要采用某种新技术而需要投入额外的预研时间等。

2) 关键资源安排不合理

在进度计划安排中未能优先保证项目关键路径上所需的资源，没有通过人员技能矩阵对项目关键资源进行分析和安排。在任务安排过程中要对关键资源进行保护，以尽量减少为关键资源安排非关键任务。在进度计划安排时适当考虑 10%～15%的余量，有利于项目遇到突发事件或项目风险转变为实际问题时有能力进行应急处理。

3) 人力资源未充分利用

由于存在关键路径和岗位角色矩阵，导致为项目配置的人力资源往往不能得到充分的利用。尤其在中小型项目实施过程中更应该采用敏捷和迭代的开发方法，以充分利用有限的人力资源，例如项目前期开发人员可以参与需求分析和公有组件的开发，而在后期他们也可以参与软件测试。对软件项目而言需要保证项目组成员的整体利用程度达到70%以上，否则就应该考虑采用新的开发模式和生命周期模型。

2. 团队及其成员存在负面影响

软件项目中的编程人员的角色类似于建筑工程项目中的泥瓦工和钢筋工等，经常从事创造性的工作，因此软件项目人员的流失往往给项目或软件开发机构带来短时间难以弥补的损失，因为新成员的培训和学习需要较长的时间，个体生产率在短期内很难提高到较高的水平。所以，在软件项目实施过程中开发团队及其成员的业务能力、责任心、交流沟通能力和关键人员对项目的进度和质量有着显著的影响。

1) 项目组成员的业务能力不足

在成立项目组时，往往忽视了成员业务能力的差异，事实上并不是每个成员有着同样的水平。如果在任务和进度安排上没有仔细考虑成员个体的生产率差异，造成项目拖期也许就是一种必然的结果。

为了避免这样的问题发生，在项目初期必须对项目成员的业务能力进行全面的评估，对于多数人都欠缺的能力应该安排统一的培训，后续还需要对培训的效果进行跟踪；对于少数能力欠缺的人员不应该让其承担主要任务，可以指定能力强的人员进行指导培养，借机参与主要任务，以期尽快提高业务能力，为后续项目储备人才；对于新员工承担的工作和任务应该加强监督和评审，保证过程和结果不出现大的偏差而导致后续大量的返工。

2) 项目组成员的责任心不强

软件项目通常是分阶段、分任务进行的，责任到人，这种情况下项目成员的责任心就成为一个不可小觑的因素，一旦有人敷衍了事，就会导致阶段性成果质量较差，需要大量返工，后继任务迟迟不能开始，继而延误项目整体进度。为了有效防止类似情况发生，项目组就要制定项目规范和标准，能够切实监控实施过程、评价阶段成果。除此之外，项目经理需要加强同责任心不强的成员之间的单独沟通，从正面影响他们的分工协作意识，帮助他们树立正确的价值观和集体荣誉感，加强项目团队的凝聚力，鼓励大家为共同的利益和荣誉而努力工作。

3) 项目组成员间的沟通不畅

在软件项目实施过程中，一周 5 个工作日，如果花了 3 天时间用于成员之间的沟通，2 天时间用于完成具体承担的任务，项目的进度恐怕难以保证。所以如何建立快捷顺畅的沟通渠道，并采用最佳的沟通方式来解决面临的问题，以保证成员之间的高效沟通是项目经理乃至软件开发机构必须做的事情。高效沟通最重要的是花最短时间，采用有效的方法或工具使交流各方达成一致意见。

如果出现沟通不畅，必须及时分析和总结原因，选择以下方式中的一种或几种解决此类问题：(a) 建立一个项目组局域网，项目非涉密电子资源统一存放在指定的服务器上，方便团队成员共享；(b) 建立一个项目组聊天群，按天通报项目进度，方便交流非涉密问题的解决办法；(c) 建立项目邮件组，一旦变更达成一致后，发送邮件确认；(d) 每周、每天召开交流座谈会，时间不需要太长，注重效果即可；(e) 面向项目组成员每周发送项目周报……

4) 项目实施期间关键人员流失

软件项目实施期间如果关键成员调离项目组或离开软件开发机构，则有可能导致项目短期停顿，严重时可能造成项目失败。不过这种情况一般很少发生，因为项目经理在项目初期进行风险评估时将这个问题作为高等级风险列入其中，制定了相应的风险跟踪策略和考虑具体的应对措施。

3. 质量和时间的制约关系被忽视

时间和质量是项目中两个重要因素，在特别关注项目进度的情况下往往会牺牲项目的质量。由于软件项目中测试环节的引入，就需要保证最终产品满足一定的质量规范。但是项目中经常出现项目后期测试问题太多，BUG 修改和回归测试等工作花费了大量的时间而导致项目的进度延迟。

一般情况下项目进度安排不会太宽松，容易促使项目管理者轻视或忽略项目各阶段性成果的质量评审环节。这样一来无形中隐藏了各阶段存在的错误或缺陷，直到项目后期测试时才可能全部暴露出来，如果是需求引起的缺陷，往往会耗费相当于前期评审的 5～20 倍的工作量来进行处理，反而导致项目拖期。

在软件项目实施过程中，必须注重项目各阶段的评审工作，以便提早发现问题并将其解决，避免项目后期大量返工造成进度失控，才能更好地保证软件项目的质量。

4. 项目的风险管理工作不够精细

软件风险是有关软件项目、软件开发过程和软件产品损失的可能性。在项目进行过程中，如果项目管理者能够不断对软件风险进行识别、评估、制定策略和监控的话，那么决策将更科学，并从总体上减少项目风险，保证项目的实现。如果项目管理者的风险管理意识淡漠，或对项目可能发生的问题或潜在的不利因素不能精心预测，也不制定有针对性的应对策略，就不会提前采取有效的应急措施，那么当风险在项目实施过程中真正转化为问题后，处理起来将费时费力，项目干系人的工作也会非常被动。

导致软件风险的原因很多，例如进度和经费紧张、产品性能要求很高、项目组成员水平差异较大等，所以作为项目管理者，对软件风险要精细化管理，形成一套突发事件的应对机制，能够通过各种方法、工具和冗余资源跟踪和处理软件风险。

5. 项目进度管理未能及时响应软件需求的频繁变化

在软件开发过程中用户的需求永远是没有止境的，用户会不停地提出这样或者那样的改进建议，希望软件人员能够满足其要求。在修改这些需求和解决相关问题的时候，会导致另一些功能发生异常，而且这些发生异常的功能模块又可能影响更多的模块。

需求频繁变更经常让软件开发方误入“需求陷阱”，在没有很好的应对办法时，加班赶进度就成了家常便饭，即便如此，能否按时保质保量完成项目都可能成为一个谁都不想回答的问题。因此在项目管理过程中应该对需求变更的管理形成一套完善的分析、控制和管理的机制，成立变更控制委员会专门对变更进行分析、调查和处理。

要避免“需求陷阱”，首先要弄清问题的种类。在开发后期，用户所提出的需求(或需要改进的地方)可以分为 3 类：第一类是影响业务流程的进行，用变通的方式无法解决的问题；第二类是不影响业务流程的进行，但是会降低客户工作效率的问题；第三类是为了让软件使用更加方便，也就是说锦上添花的问题。

显然，第一类问题的修改是非常必要的，必须及时修改。第二类问题要看对客户工作效率的影响程度，然后再决定是否进行修改。第三类问题在进度紧张的情况下无需进行修改。考虑到时间和成本制约而未修改的第二类和第三类问题可以统计出来，在以后的升级版本中进行修改。

6. 项目技术方案设计和实施时不重视进度约束

项目开发模式、生命周期、开发语言、开发环境、相关工具和技术的选择，在技术方案中都有明确的阐述，这些因素都会直接或间接的影响项目成员的个体生产率，一旦在方案设计之初没有充分考虑进度约束，轻率地给出了相关的描述，而且在后续实施过程中一味地按照方案中的要求去执行，那么项目各阶段的返工恐怕不再是一个偶然事件。

在技术方案中系统的总体设计和架构设计是一个非常值得重视的问题。

所以项目管理者在估算和安排进度时，要为系统总体设计和架构设计预备充足的时间，另外设计人员应该重视进度约束，有能力并且通过架构设计屏蔽整个系统的复杂性，向模块设计和开发人员提供一套简单、高效的开发规程和模式，从而真正提高后续设计开发的效率和质量，既保证了项目按进度实施，又能为系统提供一个稳定健壮的架构。

6.1.2 软件项目进度管理的概念和意义

进度是对执行的活动和里程碑制定的工作计划日期表。进度决定着项目是否达到预期目的，它是跟踪和沟通项目进展状态的依据，也是跟踪变更对项目影响的依据。

进度管理是指运用一定的工具和方法制定项目实施计划，经评审形成基线计划后，在项目实施过程中对项目的实际进展情况进行控制，在与质量、成本目标协调的基础上，确保项目能够按时完成所需的一系列活动。

按时完成项目是项目经理最大的挑战之一，而时间是项目规划中灵活性最小的因素，进度问题是项目冲突的主要原因，尤其在项目的后期。可见，有效的进度管理是项目管理追求的主要目标之一，其意义主要表现在以下几个方面：

1. 充分发挥资源效能、节省项目成本、保证软件质量

一般情况下项目范围越大，项目所要完成的任务越多，项目耗时就越长；项目范围越小，项目所要完成的任务越少，项目耗时就越短。如果用户特别要求较短的项目工期，那么项目组在确定其范围时，必须进行范围压缩或分割，要么简化项目的功能和性能，要么项目分期或外包进行，总之，要把项目的范围和进度统一起来与用户协商相关事宜。

例如成本估算既要考虑项目范围和进度，也要考虑用户对软件质量的要求。而在项目实施过程中将性能良好的软硬件资源、优秀的人力资源分配到关键任务和关键路径上，或者在资源充足的情况下安排一些工作并行进行，这能够大幅度缩短各项主要任务的时间开销，项目的整体进度就会加快，以人力成本为核心的软件项目成本也因此而降低。

当项目进度紧张，必须压缩工期时，项目的成本将会急剧上升，并且由于加班赶工导致项目质量难以保障。开发方可以采取以下措施保证项目进度：

(1) 在用户许可的情况下，缩减项目的部分任务，或者降低部分任务的质量，优先满足项目进度的要求；

(2) 增加项目经费投入(无论来源于用户还是开发方)，调配更多的项目资源，使某些工作能够并行完成或者加班完成；

(3) 把项目的部分任务外包出去，虽然以增加成本为代价，但能够保证项目的进度。这种情况下采购管理、质量管理和进度管理的协调又将成为开发方的重要工作。

2. 有助于形成正确的工作方法，减少时间浪费

软件项目实施包括需求分析、可行性分析、总体设计、详细设计、编码和测试等多个阶段，每个阶段的工作方法正确与否决定着项目干系人花费的时间是超过还是少于计划时间，其结果必然影响项目整体的进度。

例如在需求分析阶段，开发方一开始就采用与用户进行面对面访谈的方法，获得的效果与所花费的时间可能都会让项目组感到十分沮丧。

在访谈的过程中，由于开发方对用户的业务背景及其相关术语不甚了解，很容易忽略或听不懂用户讲到的一些术语，花了好长时间却没有完全弄清用户需要解决的问题，这次不行，下次还得再谈，这样的过程可能会重复两三遍。因为开发方和用户毕竟是处在两种或多种知识领域的人，在不太懂对方的专业术语时，谈话要么很谨慎，要么就是相互问得太多，一旦出现没完没了的问题，给面谈双方的感觉肯定不好。

这种效率和效果低下的调研方法将会导致调研时间延长而且调研成本增加，双方的信心和配合程度随着时间的拉扯而逐渐降低。

正确的需求调研方法应该是首先进行书面交流，然后熟悉业务流程，再进行面对面访谈，必要时发放匿名需求调查表，甚至召开高层业务主管报告会。

采用上述正确的需求调研方法，看似步骤较多，实际上每个步骤花费的时间并不是太长，而且每个环节都能获得很好的效果，与不停的返工相比，能够有效节约需求调研时间，把富裕的时间留给项目其他阶段，也有助于加快项目进度。

3. 有利于培养精诚团结和高效工作的软件项目团队

软件项目团队的成员往往存在着各方面的差异，例如个人性格、兴趣爱好、技术水平和成长经历等，这些差异使得他们在项目组成立初期，需要花时间熟悉组内其他成员、适应工作环境、接受新的工作任务，而且这段时间一般情况下都比较长，留给他们真正工作的时间相对就会减少，这是项目管理者必须应对的挑战之一。

善于管理的项目经理通过组织讨论会，让项目组成员尽快知道项目组成立的背景、成员选择的理由、每个角色的重要性、项目的目标、工作范围、质量标准、预算及进度计划的标准和限制，以及项目成功之后开发机构和成员所能获得的效益，激励成员对管理制度和工作环境等方面发表各自的意见和建议，积极参与项目计划的制定工作，从而使成员之间尽快了解对方的优势和不足，以便更加合理的分配任务和安排进度，同时也能很快凝聚人心，形成团队意识，大大缩短项目组成员磨合阶段的时间。

这样，项目组成员真正工作的时间就会相对充裕一些，他们就能从容应对自己或小组承担的任务，精诚团结，高效工作，并很快成长为优秀的软件项目团队。

6.1.3　软件项目进度管理的过程

软件项目进度管理包括活动定义(Activity Definition)、活动排序(Activity Sequencing)、活动历时估计(Activity Duration Estimating)、制定进度计划(Schedule Eevelopment)和进度控制(Schedule Control)等过程。

1. 活动定义

确定为完成软件项目的各个交付成果所必须进行的诸项具体活动。软件活动定义是一个过程，它涉及确认和描述一些特定的活动，需要完成 WBS 中的细目和子细目。

定义活动的输出结果包括以下内容：

- 活动目录(也称活动清单)。活动目录必须包括项目中要执行的所有活动，活动目录可视为 WBS 的细化。活动目录必须是完备的，不包含任何不在项目范围内的活动。

● 细节说明。细节说明是定义活动的依据，是有关活动目录细节的说明，以方便项目管理过程的执行。细节说明应包括对所有假设和限制条件的说明，细节说明也应文档化。

● WBS 结构的更新。在利用 WBS 进行定义活动的过程中，随着对软件项目认识的不断加深，如果发现 WBS 中任务的遗漏或错误要及时加以更新。

2. 活动排序

活动排序就是确定活动间的相关性，并根据这些相关性安排各项活动的先后顺序。某个活动的执行必须依赖于某些活动的完成，即某个活动必须在某些活动完成之后才能开始。活动必须被正确地加以排序，以便制订切实可行的进度计划。活动排序可由计算机或手工完成，对于小型项目手工排序很方便，对于大型项目早期用手工排序也很方便，但对于大型项目应该把手工编制和计算机排序结合起来效果更好。

在确定活动之间的先后顺序时有以下三种依赖关系：

● 强制性依赖关系(Mandatory Dependencies)。强制性依赖关系指工作性质所固有的依赖关系，也称为硬逻辑关系(Hard Logic)，它们往往涉及一些实际的限制。项目管理团队在确定活动先后顺序的过程中要明确哪些依赖关系属于强制性的，例如在施工项目中只有在基础完成之后才能开始上部结构的施工；在软件项目中必须在完成原型系统之后才能进行测试。

● 软逻辑依赖关系(Discretionary Dependencies)。软逻辑依赖关系是指由项目团队确定的依赖关系。这种依赖关系要有完整的文字记载，因为它们会造成总时差不确定、失去控制并限制今后进度安排的选择。软逻辑依赖关系有时称为优先选用逻辑关系、优先逻辑关系或者软逻辑关系(Soft Logic)。项目管理团队在确定活动先后顺序的过程中要明确哪些依赖关系属于软逻辑的。可以根据具体应用领域内部的最好做法来安排活动的关系，也可以根据项目的某些非寻常方面对活动顺序做出安排，通常根据以前成功完成类似的项目经验，选定活动的关系。

● 外部依赖关系(External Dependencies)。外部依赖关系是指受项目外部因素制约的那些依赖关系，涉及项目活动和非项目活动之间的依赖关系。项目管理团队在确定活动先后顺序的过程中要明确哪些依赖关系属于外部依赖的，例如学校图书馆建筑施工项目的场地平整，可能要在项目外部的校园环境听证会之后才能动工；软件系统的试运行可能取决于来自外部供应商提供的硬件是否安装。这种依赖关系的活动排序可能要依靠以前类似性质的项目历史信息或者合同和建议。

软件项目活动排序不仅要考虑它们之间的依赖关系，还要考虑它们之间的时间关系，如图 6.1 所示。

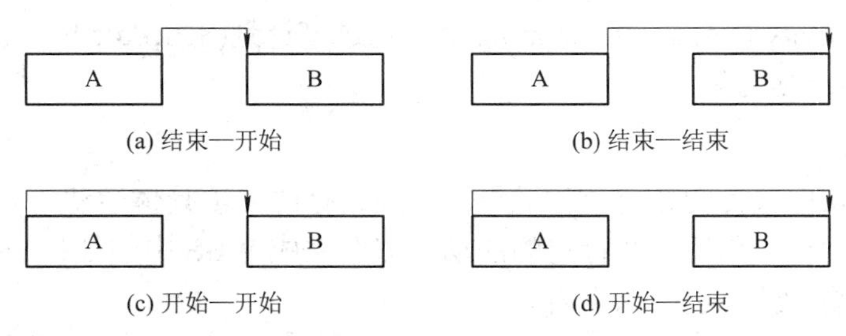

图 6.1 软件项目活动(任务)之间时间依赖关系(活动之间的时间依赖关系表明了活动的开始和结束之间的逻辑，最常见的是结束—开始关系)

图 6.1(a)是一种结束—开始关系，表示 A 活动结束，B 活动才能开始，A 活动是 B 活动的前置任务，是最常用且风险最低的一种依赖关系。例如，软件原型系统完成，才能对其进行测试；硬件选型完成，才能进行硬件安装。

图 6.1(b)是一种结束—结束关系，表示 A 活动结束，B 活动必须结束。A 和 B 往往是后续某一项活动的前置任务。例如，硬件安装结束时，软件编码和测试必须结束，只有这两个任务都完成，后续的系统安装和测试才能开始。

图 6.1(c)是一种开始—开始关系，表示 A 活动与 B 活动同时开始。这种情况下两项任务没有紧密的前后紧随关系，认为它们可以同时开始，只是通过并行安排工作，以便缩短项目的进度。例如需求获取和项目规划就可以同时开始。

图 6.1(d)是一种开始—结束关系，表示 B 活动结束时，A 活动必须开始。这是一种最容易出错的逻辑关系，实际工作中很少使用。

3. 活动历时估计

在确定活动的顺序后需要估计活动清单中的每项活动任务从开始到完成所需的时间。活动的持续时间是一个随机变量，无法事前确切地知道活动实际需要的时间，只能进行估计。

通过对活动目录、约束条件、各种假设、资源需求与供给以及历史资料的分析，再进行活动历时的估计将使估计的时间尽可能地接近现实，以便于项目的正常实施。

- 活动目录/清单。由活动分解和定义过程产生的目录/清单，包括了项目中所要执行的所有活动。活动目录可视为 WBS 的一个细化。活动目录应是完备的，它不包含任何不在项目范围里的活动。活动目录应包括活动的具体描述，以确保项目团队成员理解工作该如何去做，这样才能确保估计的准确性。

- 约束条件。约束因素将限制项目团队对时间的选择余地。具体地讲，例如学生学籍管理系统项目在大学和在中学进行就会有一些不同，系统管理的内容和任务量会有很大差别，需求分析这项活动持续时间的估计就会不一样。又如给软件系统限定了运行环境的项目，都将对项目形成约束条件。因此在不同的时间和地点，进行的同一类型项目会具有不同的约束因素，需要具体情况具体分析。

- 各种假设。项目实施过程中会有很多可能发生的事情，例如参加项目的人员可能在项目开发过程中请病假、事假、其他公务外出、甚至离职等情况。这时需要假设这些因素对活动持续时间的影响。当然假设是对风险确认的结果，也需要考虑这些因素的真实性和确定性。例如在很多情况下，给科研项目研究人员分配工作时间时，不是一年 12 个月，往往骨干成员是 8～10 个月，其他成员是 4～6 个月。这说明，事实上能够一年全天候为项目工作的项目成员基本上没有的。这与罗德尼·特纳(J·Redney Turner)的建议是一致的，他认为平均对于每个项目的工作人员来说，假设每年工作 260 天，一些项目全职人员只有 70%的可用性，实际上他们一年的工作时间是 180(260 × 0.7)天。因此在估计活动历时的时候，应该在估算出来的持续时间基础上乘以 1.4(1.0/0.7)，从而得到一个切合实际的历时估计。然而，因为项目的规模大小不一，整个持续时间长短也有很大差异，进行假设和选取影响系数，所以需要具体情况具体分析。

- 资源需求与供给。项目中多数活动所需时间由相关资源多少所决定。例如一项活动，如果由2个正常水平的技术人员承担，需要用5个月来完成，如果由同等水平的4个人承担，需要2.5个月完成，如果由2个高水平的技术人员承担，需要用4个月来完成。很显然软件项目中人力资源、个体生产率、软硬件性能和工作环境等资源的数量和质量对项目持续时间的影响必须给予重视。这也要求项目管理者能够科学地分配和管理项目资源。

● 类似项目活动的历史资料。相关类似项目活动的档案和专业数据等历史资料，对于估计活动所需的时间是有参考价值的。当活动所需的时间不能由实际工作内容推算时，可通过分析这些历史资料，帮助估计新项目中部分活动的持续时间。

当活动所需的时间估计出来以后，活动目录中应该增加各项活动的持续时间，并在相关文档中提供估计依据和细节，以便确保在制定进度时所用的假设合理、可信。

经验表明，由活动的具体负责人进行活动历时估计是较好的做法，即可以赢得活动负责人的承诺，又可以避免一个人进行所有活动估计所产生的偏差。

4. 制定进度计划

制定进度计划是分析活动顺序、持续时间、资源需求和进度约束，并编制项目进度计划书的过程。进度计划是监控项目实施的基础，也是项目管理的基准。制定进度计划时需要考虑时间、费用和资源三个方面的因素。

使用进度计划编制工具来处理各种活动、持续时间和资源信息，就可以制定出一份列明各项活动计划完成日期的进度计划。这一过程旨在确定项目活动的计划开始日期与计划完成日期，并确定相应的里程碑。

在编制进度计划过程中可能需要审查和修正持续时间估算与资源估算，以便制定出有效的进度计划。在得到批准后该进度计划即成为基准，用来跟踪项目绩效。随着工作的推进、项目管理计划的变更以及风险性质的演变，应该在整个项目实施期间持续修订进度计划，以确保进度计划始终现实可行。

制定项目进度计划的一般步骤如下：

(1) 进度编制；

(2) 资源调整；

(3) 成本预算；

(4) 计划优化调整；

(5) 形成基线计划。

5. 进度控制

软件项目进度控制和监督的目的是增强项目进度的透明度，以便当项目进展与项目计划出现严重偏差时可以采取适当的纠正或预防措施。已经归档和发布的项目计划是项目控制和监督中活动、沟通、采取纠正和预防措施的基础。软件开发项目实施中进度控制是项目管理的关键，若某个分项或阶段实施的进度没有把握好，则会影响整个项目的进度，因此应当尽可能地排除或减少上述干扰因素对进度的影响，确保项目实施的进度。

结合软件项目实施的阶段，其进度控制主要有：准备阶段进度控制、需求分析和设计阶段进度控制、实施阶段进度控制三个部分。

● 准备阶段进度控制的任务是向用户提供有关项目信息，协助用户确定工期总目标、编制阶段计划和项目总进度计划、控制该计划的执行；

● 需求分析和设计阶段进度控制的任务是编制与用户的沟通计划、需求分析工作进度计划、设计工作进度计划及控制相关计划的执行等；

● 实施阶段进度控制的任务是编制实施计划和实施总进度计划并控制其执行等。

为了及时地发现和处理计划执行中发生的各种问题，就必须加强项目的协同工作。协同工作是组织项目计划实现的重要环节，它要为项目计划顺利执行创造各种必要的条件，以适应项目实施情况的变化。

6.2　软件项目进度安排图示方法

为了简单直观地表达软件项目的进度计划，方便对比实际工作进展情况与计划之间的差异，软件项目进度安排一般采用甘特图、网络图、里程碑图等图示方法。

6.2.1　甘特图

甘特图(Gantt Chart，又称横道图、条形图)，是一个展示简单活动或事件随时间变化的方法。甘特图是亨利 •甘特于 1910 年开发的一个完整地用条形图表示进度的标志系统。甘特图中一个活动代表从一个时间点到另一个时间点所需的工作量，事件表示一个或几个活动的起点或终点。甘特图通过展示项目进展或定义完成目标所需具体活动的方式，使管理者对项目进行情况有个大致的了解，从而实现对进度大体上的控制。其示例如图 6.2 所示。

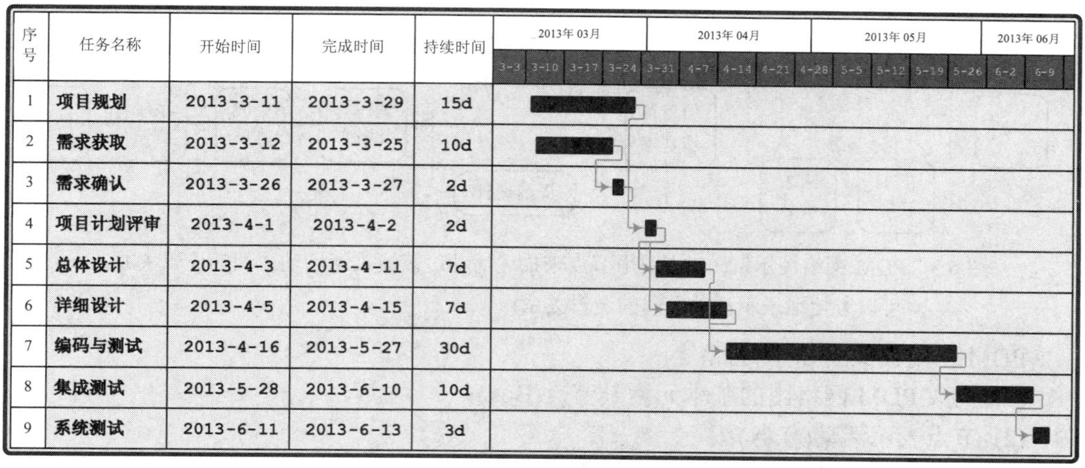
序号
任务名称
开始时间
完成时间
持续时间
2013年 03月
2013年 04月
2013年 05月
2013年 06月
3-3 3-10 3-17 3-24 3-31 4-7 4-14 4-21 4-28 5-5 5-12 5-19 5-26 6-2 6-9
1 项目规划 2013-3-11 2013-3-29 15d
2 需求获取 2013-3-12 2013-3-25 10d
3 需求确认 2013-3-26 2013-3-27 2d
4 项目计划评审 2013-4-1 2013-4-2 2d
5 总体设计 2013-4-3 2013-4-11 7d
6 详细设计 2013-4-5 2013-4-15 7d
7 编码与测试 2013-4-16 2013-5-27 30d
8 集成测试 2013-5-28 2013-6-10 10d
9 系统测试 2013-6-11 2013-6-13 3d

图 6.2　甘特图示例(这是一个典型的基于开发阶段组织的软件项目的甘特图)

甘特图的优势是容易理解和改变。它是描述进展最简单的方式，而且可以很容易通过扩展来确定提前或滞后于进度的具体要素，这种方法最大的优点是：形象直观、简明易懂、绘图简单、便于检查和计算资源需要量。它可以容纳大量信息，是用于沟通项目状态的优秀工具。

但是甘特图法不能给出项目的详细状况，只是对整个项目或项目作为一个系统的粗略描述。其主要缺陷有：

- 不能全面地反映出各活动错综复杂的相互联系和相互制约的协作关系；
- 没有表明在执行活动中的不确定性，并没有反映项目的真实状态，不能从图中看出计划的潜力所在；
- 不能突出影响工期的关键活动。

6.2.2 网络图

为了克服甘特图在进度标识中的缺点，网络计划技术应运而生。网络计划技术提供了一种描述项目活动间逻辑关系的图解模型——网络图。利用这种图解模型和有关的计算方法分析出项目活动关系、关键路径，并用科学的方法调整计划安排，找出最好的计划方案。采用这种计划不仅在计划制定期间可求得工期、成本和资源的优化，而且在计划的执行过程中通过跟踪和对比，也可以对进度进行有效的控制和调整，从而保证了项目预定目标的实现。

网络图是网络计划技术的基础，是由有向线段和节点组成的，用来表示活动流程的有向、有序的网状图形。网络图用于展示项目中的各个活动以及活动之间的逻辑关系，是活动排序的一个输出，它可以表达活动的历时。

常见的网络图有前导图法网络图、箭线图法网络图和条件箭线图法网络图。

1. 前导图法(PDM)网络图

前导图法(Precedence Diagram Method, PDM)网络图也称为节点图或单代号网络图，如图 6.3 所示。

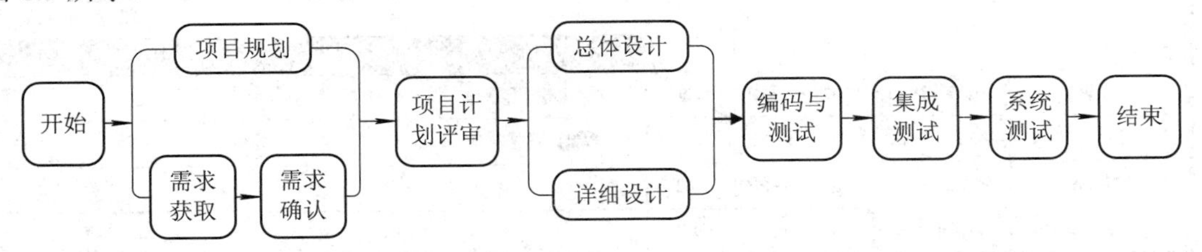

图 6.3 PDM 网络图示例(PDM 图用节点来描述活动，箭线表示活动之间的逻辑关系，可以方便地表示活动之间的逻辑关系)

PDM 网络图具有以下特点：

(1) 构成 PDM 网络图的基本元素是节点(Box)；

(2) 节点表示活动(任务)；

(3) 用箭线表示各活动(任务)之间的逻辑关系；

(4) 可以方便地表示活动之间的各种逻辑关系；

(5) 没有时标；

(6) 在软件项目中 PDM 比 ADM 更通用。

2. 箭线图法(ADM)网络图

箭线图法(Arrow Diagram Method, ADM)网络图也称为双代号网络图，如图 6.4 所示。

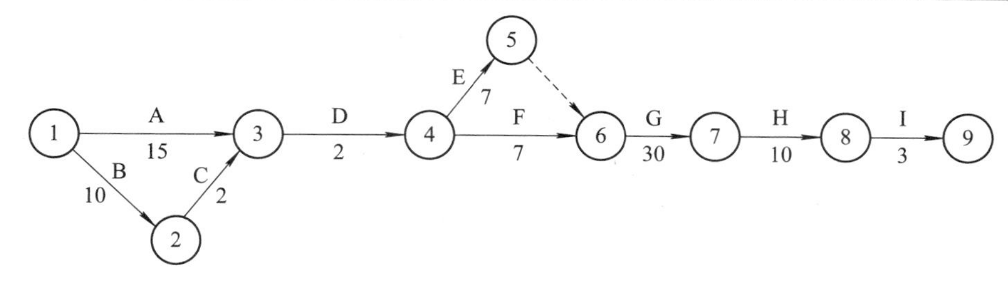

A：项目规划　B：需求获取　C：需求确认　D：项目计划评审　E：总体设计
F：详细设计　G：编码与测试　H：集成测试　I：系统测试

图 6.4　ADM 网络图示例(ADM 图用箭线表示活动，箭线上的标注表示活动名称和历时，节点表示活动的开始和结束，适合表示结束—开始的逻辑关系)

ADM 网络图具有以下特点：

(1) 箭线表示活动(任务)，箭线上方的文字表示活动(任务)名称，下方的数字表示其持续时间，图 6.4 中的时间单位为天；

(2) 节点(circle)表示前一个活动的结束，同时也表示后一个活动的开始；

(3) 只适合表示结束—开始的逻辑关系；

(4) 可以有时标。

3. 条件箭线图法(CDM)网络图

条件箭线图法(Conditional Diagram Method, CDM)网络图允许活动序列相互循环与反馈，从而在绘制网络图的过程中会形成许多条件分支，而在 PDM、ADM 中是绝对不允许的。

6.2.3　里程碑图

里程碑图(Milestone Chart)是一种直观表达重大工作完成情况的图示方法，如图 6.5 所示，能够反映重大事件完成时间的延迟量或提前量(实际完成时间与计划完成时间的偏差)。里程碑不同于活动，活动是需要消耗资源的，里程碑仅仅表示重大事件的标记，里程碑图主要用于对项目总体进度的跟踪，尤其是对项目交付日期的持续跟踪。

序号	里程碑事件	2013 年 3 月			2013 年 4 月			2013 年 5 月			2013 年 6 月		
		…	27	…	…	15	…	…	27	…	…	13	…
MS4	软件测试完成											◆	
MS3	程序编码完成								◆				
MS2	系统设计完成					◆							
MS1	需求分析完成		◆										

图 6.5　软件项目里程碑图示例(里程碑是项目中的重大事件，是一个时间点，通常指一个可支付成果的完成，里程碑图给项目执行提供指导)

该方法度量里程碑的进度，计算公式如下：

$$SV_{ms} = \frac{\sum_{i=1}(T_{ai} - T_{pi})}{T_D} \tag{6-1}$$

SV_{ms}表示里程碑进度偏差(Schedule Variance)

对每个已经完成的里程碑，T_{ai}表示第 i 个里程碑实际完成日期，T_{pi}表示第 i 个里程碑计划完成日期；

对每个已经开始但尚未完成的里程碑，T_{ai}表示第 i 个里程碑实际开始日期，T_{pi}表示第 i 个里程碑计划开始日期；

当对软件项目整体进度进行考察时，里程碑一般指软件项目生存周期内的阶段节点，T_D表示整个项目的工期；

当对软件项目阶段的内部进度进行考察时，里程碑一般指阶段内的活动(或任务)节点，T_D表示该阶段的工期。

需要说明一点，当对软件项目阶段的内部进度进行考察，而且完成该阶段目标的活动排列在不同路径时，以关键路径作为依据计算阶段内重大事件的$T_{ai} - T_{pi}$。

公式 6-1 反映了实际进度对项目交付期限和阶段节点计划进度的偏差程度，体现了项目的计划水平或实施能力，对于进度跟踪与控制具有参考价值。

里程碑图与其计划密切相关，所以里程碑计划的制定要与分配给项目的资源、经费和工作环境等实际情况结合起来，否则不切实际的里程碑计划容易让项目组成员遭受挫折，一旦非常努力仍然难以实现阶段目标的话，放弃也许是唯一的选择。

6.3　软件项目进度估算方法

软件项目进度估算有很多种方法，例如，类推估算法、专家估算法、基于规模的进度估算法、PERT 估算法、关键路径法、蒙特卡罗估算法、进度表估算法、基于承诺的进度估算法、Jones 的一阶估算准则。

类推估算法、专家估算法和成本估算方法相似，不同之处在于估算的是各项活动的持续时间以及整个项目的工期。

基于承诺的进度估算就是从需求出发安排进度，不进行中间的工作量估计，它是通过开发人员做出的进度承诺而进行的进度估计。其本质上来说不能算是一种进度估计，而且通常低估 20%～30%。所以项目管理者必须充分认识开发人员估算的重要性，鼓励开发人员充分考虑各种前提，并及时掌握开发人员估算的前提，加强事后总结，判断原因，协助开发人员改善估算方法，尽可能提高估算的准确性。

6.3.1　基于规模的进度估算法

在估算出项目规模和工作量、成立项目团队之后，项目进度估算可以用如下公式估算：

$$T_D = \frac{E}{S_{team} \times P_{dev}} \tag{6-2}$$

T_D 表示项目持续的时间，单位：月(当 E 的单位为人月时)；

E 表示项目的工作量，单位：人月；

S_{team} 表示团队规模，单位：人；

P_{dev} 表示团队的工作效率，无量纲。

案例：简单的基于规模的进度估算

W 公司实施×项目的工作量已经估算出来，为 14 人月，公司为寻求合理的进度计划，提出了三种基本的方案如下：

(1) 项目团队由 5 人组成，工作效率为 1.0;

(2) 项目团队由 4 人组成，工作效率为 1.2;

(3) 项目团队由 7 人组成，工作效率为 0.7。

请问应该选择上述哪一个方案？

第一种情况：

$$T_D = \frac{E}{S_{team} \times P_{dev}} = \frac{14}{5\times1.0} = 2.8\text{ 月}$$

第二种情况：

$$T_D = \frac{E}{S_{team} \times P_{dev}} = \frac{14}{4\times1.2} \approx 2.92\text{ 月}$$

第三种情况：

$$T_D = \frac{E}{S_{team} \times P_{dev}} = \frac{14}{7\times0.7} \approx 2.86\text{ 月}$$

由上述估算可以看出，在用户对工期要求尽可能短时，选择第一种方案。

假定上述例子中团队成员有 14 个，工作效率为 1.0，理论上该项目在 1 个月就可以完成，如果有 28 个人承担任务，就只需要 0.5 个月时间，这种情况肯定不符合实际。因为软件项目的实施过程决定着一些活动不可能并行进行，即项目工期是有下限的(最短工期)，它不像简单的劳动密集型的作业活动一样所有的人员可以在同一个时间段做同一件事。

事实上，项目的进度不只是取决于项目规模和团队规模的大小，还有很多因素需要考虑，例如，团队成员的组成，他们的个体差异，还有项目成本的约束等。不能简单地认为团队成员越多项目就会很快完成，应该更多关注团队结构的合理性。因此上述方法一般用于规模较小、相对简单和容易实现的软件项目进度估算。

6.3.2 PERT 估算法

PERT(Program Evaluation an Review Technique，计划评审技术)是 20 世纪 50 年代末美国海军部开发北极星潜艇系统时为协调 3000 多个承包商和研究机构而开发的，其理论基础是假设项目持续时间以及整个项目完成时间是随机的，且服从某种概率分布。PERT 通过考虑估算中的不确定性和风险，可以估计整个项目在某个时间内完成的概率，也可以提高活动持续时间估算的准确性。

假定各项活动的完成时间估算值服从正态分布，估算的标准差为 σ，那么在区间

$(-3\sigma, +3\sigma)$，正态随机变量的概率为99.72%，也就是说，在$(-3\sigma, +3\sigma)$间计算出的工期是最有把握完成的工期。

PERT 对各个项目活动的完成时间按三种不同情况估计，就是常说的三点技术，如图6.6所示。

- 乐观时间(Optimistic Time，T_O)：基于活动的最好情况，估计活动的持续时间；
- 最可能时间(Most Likely Time，T_M)：基于最可能获得的资源、最可能取得的资源生产率、对资源可用时间的现实预计、资源对其他参与者的可能依赖以及可能发生的各种干扰等估计活动的持续时间；
- 悲观时间(Pessimistic Time，T_P)：基于活动的最差情况，估计活动的持续时间。

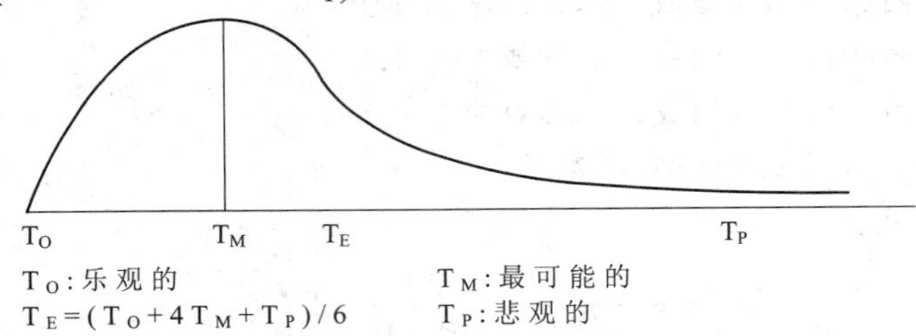

图6.6 三点技术确定项目活动、资源需求(考虑估算中的不确定性和风险，根据T_O、T_M、T_P三个值进行加权平均，计算出T_E，用以提高估算的准确性，使估算更加准确)

PERT 认为整个项目的完成时间是各个活动完成时间之和，且服从正态分布，对以上3种估算值进行加权平均，来计算预期活动持续时间。这3种估算结果能表明持续时间估算的变化范围。

假定各项活动的三个估计T_{Oi}、T_{Mi}、T_{Pi}服从β分布，由此可估算出第i项活动的期望时间T_i：

$$T_i = \frac{T_{Oi} + 4 \times T_{Mi} + T_{Pi}}{6} \tag{6-3}$$

第i项活动的方差：

$$\sigma_i^2 = \left(\frac{T_{Pi} - T_{Oi}}{6}\right)^2 \tag{6-4}$$

所有活动的期望时间：

$$T = \sum_{i=1}^{n} T_i \tag{6-5}$$

所有活动的方差：

$$\sigma^2 = \sum_{i=1}^{n} \sigma_i^2 \tag{6-6}$$

所有活动的标准差：

$$\sigma = \sqrt{\sigma^2} \tag{6-7}$$

用公式 6-3 估算出来的各项活动的持续时间可能更加准确。尽管没有理论证明使用 β 分布的正确性，但在 PERT 估算中表现出以下好处：

① 根据特定活动的性质，这种分布可能向左右偏斜也可能对称(近似于正态分布)；

② 分布的均值与差值能由上述三个时间估计值导出；

③ 该分布是一种单峰分布，最可能时间估计周围概率的集中趋势很强。

案例：PERT 估算实例

X 学校办公自动化系统的开发活动分解及其完成时间(单位：天)估计如表 6-4 所示。

表 6-4　X 学校办公自动化系统时间估计

活动顺序及名称	乐观时间 T_O	最可能时间 T_M	悲观时间 T_P
1. 需求分析	7	11	15
2. 设计编码	14	20	32
3. 测试	5	7	9
4. 安装部署	5	13	15

注：各个活动依次进行，没有时间上的重叠

采用公式 6-3 可算出每个活动的期望值 T_i，根据 β 分布的方差计算方法，可算出每个活动的持续时间方差 σ_i^2：

需求分析阶段：

$$T_1 = \frac{T_{O1} + 4 \times T_{M1} + T_{P1}}{6} = \frac{7 + 4 \times 11 + 15}{6} = 11$$

$$\sigma_1^2 = \frac{(T_{P1} - T_{O1})^2}{6^2} = \frac{(15-7)^2}{36} = 1.778$$

设计编码阶段：

$$T_2 = \frac{T_{O1} + 4 \times T_{M1} + T_{P1}}{6} = \frac{14 + 4 \times 20 + 32}{6} = 21$$

$$\sigma_2^2 = \frac{(T_{P1} - T_{O1})^2}{6^2} = \frac{(32-14)^2}{36} = 9$$

测试阶段：

$$T_3 = \frac{T_{O1} + 4 \times T_{M1} + T_{P1}}{6} = \frac{5 + 4 \times 7 + 9}{6} = 7$$

$$\sigma_3^2 = \frac{(T_{P1} - T_{O1})^2}{6^2} = \frac{(9-5)^2}{36} = 0.101$$

安装部署阶段：

$$T_4 = \frac{T_{O1} + 4 \times T_{M1} + T_{P1}}{6} = \frac{5 + 4 \times 13 + 15}{6} = 12$$

$$\sigma_4^2 = \frac{(T_{P1} - T_{O1})^2}{6^2} = \frac{(15-5)^2}{36} = 2.778$$

整个系统完成时间的期望值为

$$T = \sum_{i=1}^{4} T_i = 11 + 21 + 7 + 12 = 51$$

方差为

$$\sigma^2 = \sum_{i=1}^{4} \sigma_i^2 = 1.778 + 9 + 0.101 + 2.778 = 13.657$$

标准差为

$$\sigma = \sqrt{\sigma^2} = \sqrt{13.657} = 3.696$$

结合标准正态分布表，可得到整个项目在某一时间内完成的概率。根据正态分布规律，在±σ范围内即在47.304天与54.696天之间完成的概率为68%；在±2σ范围内完即在43.608天到58.393天完成的概率为95%；在±3σ范围内即39.912天到62.088天完成的概率为99%，如图6.7所示。如果客户要求在39天内完成，则可完成的概率几乎为0，也就是说，项目有不可压缩的最小周期，这是客观规律，千万不能不顾客观规律而对用户盲目承诺，否则必然会受到客观规律的惩罚。

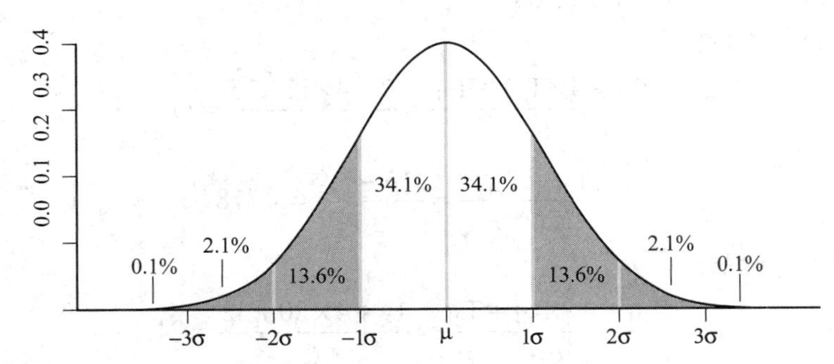

图6.7 标准偏差与标准正态分布(白色区域是距平均值小于1σ之内的数值范围，所占比率为68%，根据正态分布，2σ之内的比率合起来为95%，3σ之内的比率合起来为99%。实际应用中，常考虑一组数据具有近似于正态分布的概率分布。如果假设正确，则约68.3%数值分布在距离平均值有1σ之内的范围，约95.4%数值分布在距离平均值有2σ之内的范围，以及约99.7%数值分布在距离平均值有3σ之内的范围，称为“68-95-99.7法则”或“经验法则”)

实际上，大型项目的工期估算和进度控制非常复杂，往往需要将关键路径法和PERT结合使用，即用关键路径法求出关键路径，再对关键路径上的各个活动用PERT估算完成期望和方差，最后得出项目在某一时间段内完成的概率。

6.3.3 关键路径法

关键路径法(Critical Path Method，CPM)是根据指定的网络顺序逻辑关系和单一的历时估算计算每一个活动单一的、确定的最早和最迟开始时间以及完成时间。

关键路径法是一种网络图方法，由雷明顿–兰德公司(Remington-Rand)的 J.E.Kelly 和杜邦公司的 M.R.Walker 于 1957 年提出，用于对化工工厂的维护项目进行日程安排。关键路径法适用于有很多而且必须按时完成的项目，而且随着项目的进展不断更新。该方法采用单一历时估计，所包含的任务历时被视为是确定的。

用关键路径法估算项目进度，首先要绘制项目的网络图，然后确定网络图中所有路径的历时，其中历时最长的路径就是关键路径，整个项目的工期等于最长的历时。

关键路径法有正推法和逆推法两种常用方法。按照时间顺序计算最早开始时间和最早完成时间的方法，称为正推法。按照逆时间顺序计算最晚开始时间和最晚结束时间的方法，称为逆推法。

1. 进度时间参数

采用 PDM 图估算项目进度时，用图 6.8 所示的符号表达每个任务及其进度时间参数。

<table>
<tr><td>EST</td><td>T_D</td><td>EFT</td></tr>
<tr><td colspan="3">任务名称</td></tr>
<tr><td>LST</td><td>T_F</td><td>LFT</td></tr>
</table>

图 6.8　PDM 网络图中进度时间参数图示符号(PDM 图的节点记录最早开始时间、最晚开始时间、最早完成时间、最晚完成时间、持续时间和浮动时间，直观地表达每个任务及时间参数)

下面介绍相关符号代表的意义：

EST(Early Start Time，最早开始时间)：取该活动的所有前置活动的最早完成时间的最大值。

LFT(Late Finish Time，最晚完成时间)：取该活动的所有后置活动的最晚开始时间的最小值。

EFT(Early Finish Time，最早完成时间)：等于该活动的最早开始时间加上活动的持续时间。$EFT = EST + T_D$。

LST(Late Start Time，最晚开始时间)：等于该活动的最晚完成时间减去活动的持续时间。$LST = LFT - T_D$。

T_D(Duration，持续时间)：某项任务的历时。

浮动时间(Float Time)：表示一个活动的机动时间，它是一个活动在不影响其他活动或者项目完成的情况下可以延迟的时间量。各个活动的浮动时间是相关的，如果某个活动用了浮动时间，则后续的活动可能没有浮动时间使用。

浮动时间包括总浮动时间、自由浮动时间和干扰浮动时间。它是进行活动时间调整的依据，可以在不影响项目总工期的情况下合理利用浮动时间来调度任务。

T_F(Total Float Time，总浮动时间)：不影响项目最早完成时间，即本活动可以延迟的时间。它等于活动的最迟开始时间和最早开始时间之差，或者是活动的最迟结束时间和最早结束时间的差。

自由浮动时间(Free Float Time，FFT)：在不影响后置任务最早开始时间，本活动可以延迟的时间。它等于紧后活动的最早开始时间和本活动的最早结束时间之差。

干扰浮动时间(Interfering Float Time，IFT)：是活动的总浮动时间与自由浮动时间之差。它反映了自由浮动时间使用后，活动还能被延时多少而不影响整个项目的结束时间。

T_F 的大小反映了项目进度安排的合理程度，如下所示：

当 $T_F > 0$ 时，表示时间安排比较合理；

当 $T_F = 0$ 时，表示项目必须按期完成；

当 $T_F < 0$ 时，表示项目进度会推迟。

假定 A_j 代表当前活动，A_i 代表 A_j 的前置活动，A_i 有多个(包括 A_b，…，A_c)；A_k 代表 A_j 的后置活动，A_k 有多个(包括 A_m，…，A_n)。其 PDM 网络图如图 6.9 所示。

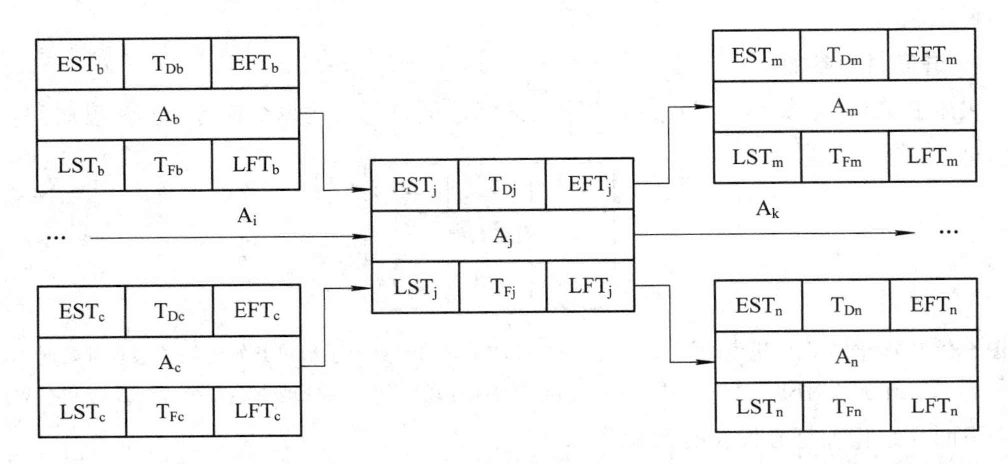

图 6.9 PDM 网络图中进度时间参数计算图例(用正推法计算活动 A_j 的最早开始时间，用逆推法计算活动 A_j 的最晚完成时间，最早开始时间或最晚完成时间之差就是 A_j 的浮动时间)

用正推法计算活动 A_j 的最早开始时间如下：

$$EST_j = \max\{EFT_i\} \qquad (i = b, \cdots, c) \tag{6-8}$$

用逆推法计算活动 A_j 的最晚完成时间如下：

$$LFT_j = \min\{LST_k\} \qquad (k = m, \cdots, n) \tag{6-9}$$

活动 A_j 的最早完成时间计算如下：

$$EFT_j = EST_j + T_{Dj} \tag{6-10}$$

活动 A_j 的最晚开始时间计算如下：

$$LST_j = LFT_j - T_{Dj} \tag{6-11}$$

活动 A_j 的浮动时间计算如下：

$$T_{Fj} = LST_j - EST_j = LFT_j - EFT_j \tag{6-12}$$

采用 ADM 图估算项目进度时，用图 6.10 所示的符号表达每个任务及其进度时间参数。

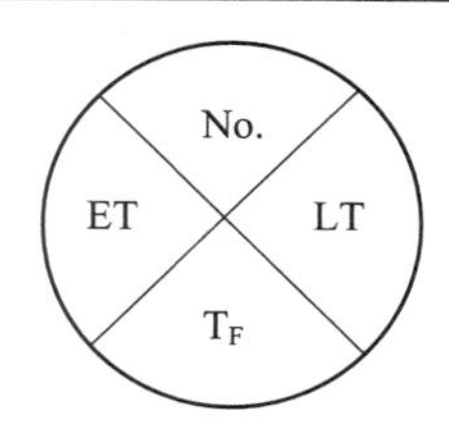

图 6.10　ADM 网络图中进度时间参数图示符号(ADM 图的节点记录最早完成时间的最大值和最晚开始时间的最小值，两者之差就是浮动时间)

图 6.10 中符号代表的含义如下：

① No.表示事件的编号。

② ET(Early Time，最早时间)：是指在该节点结束的各项活动最早完成时间的最大值，反映了从该节点开始的各项活动最早可能开始的时间。一般从网络图的起点开始计算 ET，起点的最早开始时间为 0 或规定时间。

③ LT(Late Time，最晚时间)：是指从该节点开始的各项活动最晚开始时间的最小值，反映了进入该节点的活动最迟必须完成的时间。它从网络图的终点开始、按节点编号从大到小反方向计算。表示终点的节点最迟结束时间等于其最早开始时间。

④ T_F：是指从该节点开始的各项活动的浮动时间，即 T_F=LT−ET。

假定 j 代表当前节点，i 代表 j 的前向节点，i 的取值有多个，即 i={b，…，c}(b＜c＜j)，分别代表在节点 j 结束的各项活动的开始节点，A_{ij} 代表节点 i 和 j 之间的活动，t_{ij} 是活动 A_{ij} 的持续时间；k 代表 j 的后继节点，k 的取值有多个，即 k={m，…，n}(j＜m＜n)，分别代表在节点 j 开始的各项活动的结束节点，A_{jk} 代表节点 j 和 k 之间的活动，t_{jk} 是活动 A_{jk} 的持续时间，其 ADM 网络图例如图 6.11 所示。

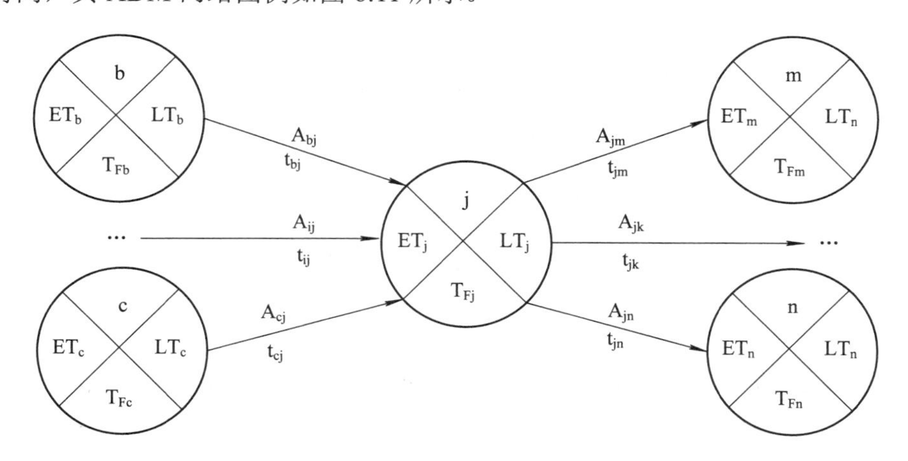

图 6.11　ADM 网络图中进度时间参数计算图例(用正推法计算节点 j 的最早时间，用逆推法计算节点 j 的最晚时间，两者之差表示从节点 j 开始的所有活动的浮动时间)

用正推法计算节点 j 的最早时间如下：

$$ET_j = \max\{ET_i + t_{ij}\} \qquad (i = b, \cdots, c) \tag{6-13}$$

用逆推法计算节点 j 的最晚时间如下：

$$LT_j = \min\{LT_k - t_{jk}\} \qquad (k = m,\cdots,n) \tag{6-14}$$

T_{Fj}表示从节点 j 开始的所有活动的浮动时间，其计算公式如下：

$$T_{Fj} = LT_j - ET_j \tag{6-15}$$

案例：进度时间参数计算

X 项目中的两个任务 A 和 B 并行进行，它们之间的时间关系是结束—结束型，完成 A 的持续时间是 5 天，完成 B 的持续时间是 1 天，请用 PDM 网络图安排这两个任务的进度，并标明其中的时间参数。

由于 $T_{DB} < T_{DA}$，所以先计算 A 的时间参数

对于任务 A：$EST = 0$，$EFT = EST + T_{DA} = 0 + 5 = 5$

$LFT = 5$，$LST = LFT - T_{DA} = 5 - 5 = 0$

$T_F = LST - EST = LFT - EFT = 0$

如果 A 和 B 同时结束，那么

对于任务 B：$LFT = 5$，$LST = LFT - T_{DB} = 5 - 1 = 4$

如果 A 和 B 同时开始(当 A 结束时，B 早已结束)，那么

对于任务 B：$EST = 0$，$EFT = EST + T_{DB} = 0 + 1 = 1$

$T_F = LST - EST = LFT - EFT = 4$

由此可知 A 和 B 的进度安排如图 6.12 所示。

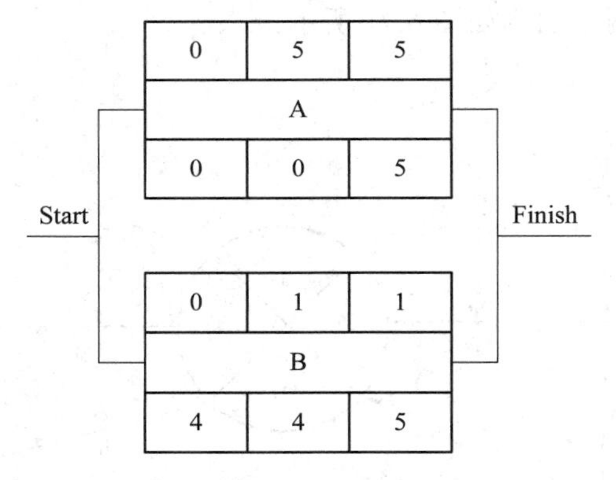

图 6.12　X 项目中任务 A 和 B 的进度安排 PDM 图(任务 A 没有浮动时间，任务 B 有 4 天的浮动时间，因此，可以在任务 A 开始后的 0～4 天中的任一天开始任务 B)

2. 构造 ADM 网络图的注意事项

采用关键路径法估算项目的进度，首先要构造网络图。PDM 网络图主要由节点和箭线组成，节点表示活动、箭线表示活动间的逻辑关系，它没有时标；而 ADM 网络图主要由节点、箭线和时标组成，箭线表示活动，节点表示活动的顺序，对节点编号后可代表时标，其中两个相邻节点之间只能表示一项活动，即相邻两个节点之间只能有一条箭线，这样估算时间时才不会产生歧义。所以在构造 ADM 网络图时必须注意以下事项：

1) 所有活动的排序要有明确的方向

一般情况下按照项目过程从左向右对活动进行排序，用无持续时间的节点表示顺序，对其编号时注意箭头节点的编号要大于箭尾节点的编号，但不强调连续性。节点之间用有持续时间的箭线连接，而且要体现明确的前置和后置活动。网络图中的前置活动是指某活动的紧前活动，后置活动是指某活动的紧后活动。

2) 项目网络图只能有一个起点和一个终点

整个项目的实施从开始到结束无论包含了多少活动，即便是部分活动并行作业，但网络图中只有一个起点代表项目开始，只有一个终点代表项目结束(完成)。当项目开始时有几个活动并行作业，或者在几个活动结束后完工，都用一个起点和一个终点表示项目的开始和结束，避免出现与客观现实不符的表达方式，例如网络图中显示项目有多个开始和/或多个结束，或者只有开始而永远不能结束等。

3) 合理引入虚活动解决逻辑混乱或悬点问题

虚活动是一个实际上并不存在的活动，不需要人力、物力和时间等资源，只是为了表达相邻活动之间的衔接关系而虚设的活动，在网络图中用虚箭线表示。在以下几种情况下需要引入虚活动：

(1) 相邻两节点之间有一条以上箭线时要引入虚活动。网络图中两个相邻节点之间的一条箭线表示一项活动。如果相邻两节点之间有多条箭线，就会造成逻辑上的混乱。图 6.13(a)所示的网络图中，节点 4 和 5 之间有两条箭线，用来表达活动 E 和 F，使得运用项目工具估算进度时，在选择节点 4 和 5 之间的箭线及其持续时间方面产生逻辑错误，这很难正确计算这两个节点的时间参数。

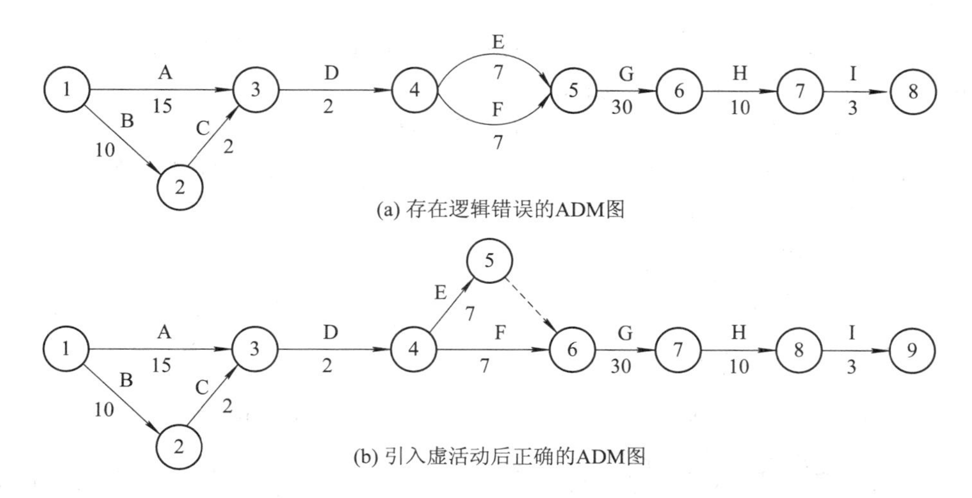

(a) 存在逻辑错误的ADM图

(b) 引入虚活动后正确的ADM图

图 6.13　相邻两节点之间有一条以上箭线时要引入虚活动(虚活动是为了表达相邻活动之间的衔接关系而虚设的活动，它可以改进网络图，使其逻辑更清晰)

引入虚活动，改进网络图可以解决上述问题。图 6.13(b)就是图 6.13(a)改进后的正确的网络图。在节点 4 和 5 之间用 1 条箭线表示活动 E，节点 4 和 6 之间的箭线表示活动 F，节点 5 和 6 之间的虚箭线表示一个虚活动，这样一来，节点 4、5、6 的时间参数计算起来很方便，而且结果也就唯一。

(2) 多条路径上的公共节点逻辑不清楚时最好引入虚活动。图 6.14(a)中节点 3 是路径 A-E-G-H 和 B-C-D-F-G-H 的公共节点，从(a)图可以看出，A 和 C 即是 E 的紧前活动，也是 D 的紧前活动。但项目的实施过程是：活动 E 的开始只取决于活动 A，活动 D 的开始既取决于活动 A，也取决于活动 C，活动 A 和 C 是可以并行作业的，活动 C 对于活动 E 的开始不起决定性作用。显然，(a)图存在着逻辑错误，不能正确反映项目的活动关系。

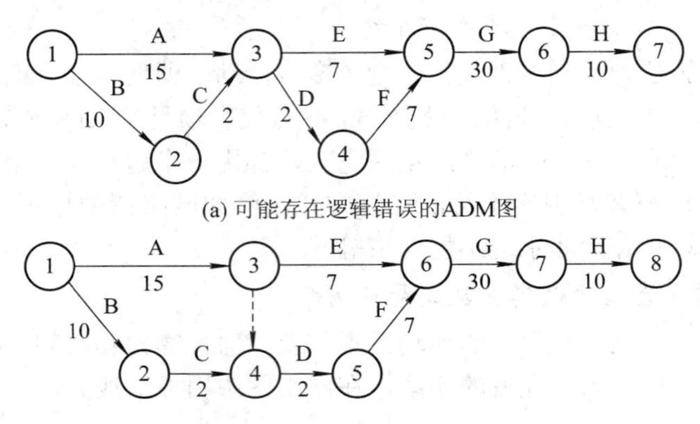

(a) 可能存在逻辑错误的ADM图

(b) 引入虚活动中止错误连接后正确的ADM图

图 6.14　多条路径上的公共节点逻辑不清时最好引入虚活动(引入虚活动可以使网络图更准确地反映活动之间的逻辑关系)

图 6.14(b)是引入虚活动之后的 ADM 网络图。引入虚活动后中止了活动 C 和 E 之间的连接，很明确地反映了项目的正确活动过程，即活动 A 和 C 是 D 的紧前活动，E 的紧前活动只有 A。

(3) 引入虚活动能够使网络图不存在悬点。图 6.15(a)中的节点 4 就是一个悬点，它仅在一侧有箭线与节点 3 连接，另一侧失去了与其他任何节点的联系，反映不出它为其他活动或整个项目做出了什么贡献，显然是不符合实际的。图 6.15(c)中的节点 2 也是一个悬点，它仅在一侧有箭线与节点 3 连接，另一侧失去了与其他任何节点的联系，该图显示项目有 2 个起点，也是不符合实际的。

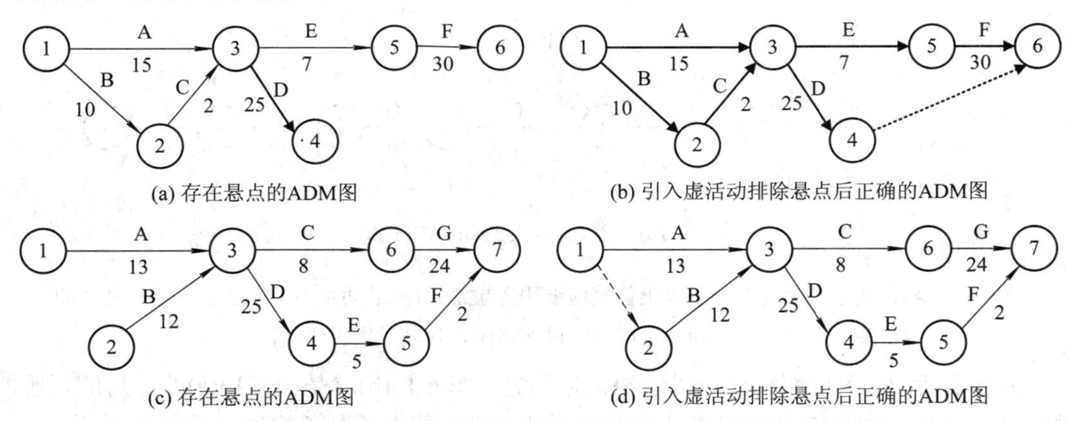

(a) 存在悬点的ADM图　　(b) 引入虚活动排除悬点后正确的ADM图

(c) 存在悬点的ADM图　　(d) 引入虚活动排除悬点后正确的ADM图

图 6.15　引入虚活动能够使网络图不存在悬点(可以根据活动之间的顺序关系引入虚活动，避免网络图中出现悬点)

在构造 ADM 网络图时，除了起点和终点外，其他各个节点的前后都应有箭线连接，使网络图从起点开始，经由任何路径都可以到达终点。否则将使某些活动失去与其前置或后置活动应有的联系。此外每项活动都应有节点表示其开始和结束，即箭线首尾都必须有一个节点，更不能从一条箭线中间引出另一箭线。

为了遵循这一规则，可以根据活动之间的顺序关系引入虚活动，避免网络图中出现悬点。图 6.15(b)是引入虚活动排除悬点 4 之后的 ADM 图，图 6.15(d)是引入虚活动排除悬点 2 之后的 ADM 图，都是正确的表示形式。

4) 网络图中不能有回路(即循环现象)

软件项目在实施过程中每个阶段的成果都要经过评审论证，如果达到要求就可以进入下个阶段的工作，否则需要进行修正。这种情况在绘制流程图时容易体现。但是在构造网络图时很容易导致网络图中出现回路，如图 6.16 所示。

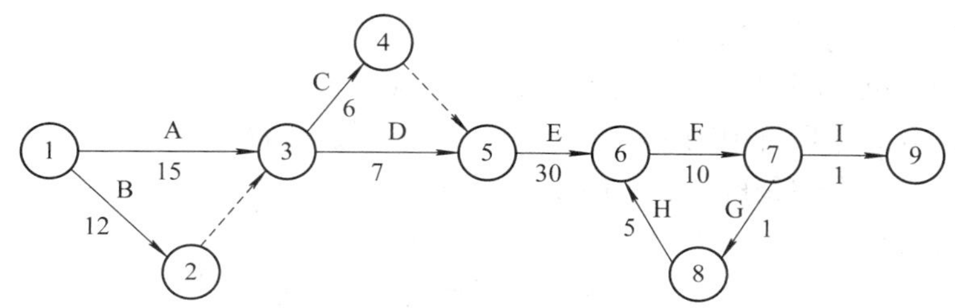

图 6.16　带有回路的 ADM 网络图(网络图中不能有回路，这里 F-G-H 主要体现测试-错误诊断-修改错误的活动过程，形成了回路，一旦出现回路就需要进行修正)

在图 6.16 中，F-G-H 主要体现测试-错误诊断-修改错误这一系列活动过程，因为编码完成后，需要经过测试、调试，发现和排除存在的错误，以保证软件质量。如果项目实施过程像图 6.16 表示的那样简单，一次就能发现所有错误，并且将其改正，那么项目的工期估算也会变得比较容易。然而事实证明，测试-错误诊断-修改错误的活动往往要反复进行，难以掌握的是不知道这样的循环究竟实施多少次，而且每次所用的时间还不尽相同，这给项目工期的估算带来了巨大困难。

如果能够估计测试-错误诊断-修改错误重复进行的次数，那么在构造网络图时，就可以将这个阶段的活动绘制成多个线性序列。假定测试-错误诊断-修改错误的活动重复了 3 次，每次的活动历时已经估计出来，则图 6.16 可以改进为图 6.17。

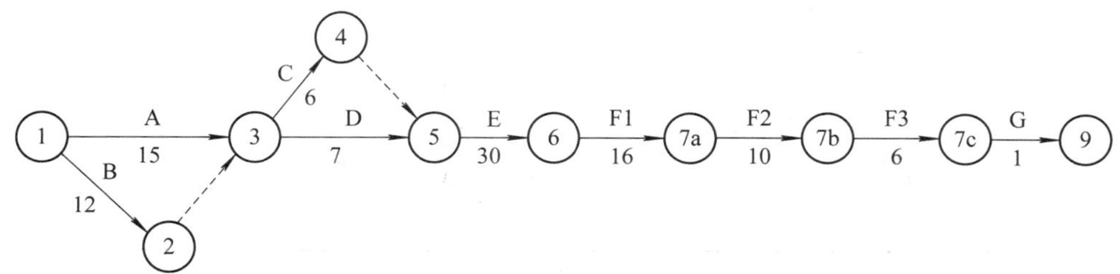

图 6.17　排除回路后的 ADM 网络图(如果能够估计测试-错误诊断-修改错误重复进行的次数，那么在构造网络图时，就可以将这些活动绘制成多个线性序列)

如果不能估计出某些活动循环的次数，就要重新定义这些活动。

5) 尽可能安排并行作业以缩短项目工期

在活动的逻辑关系、时间关系以及项目实施环境允许的情况下，尽可能将某些活动安排成并行作业以缩短项目工期。在安排并行作业时，选择能够并行作业的几个活动中持续时间最长的一个活动，并直接与其紧后活动衔接，其中另外的几个活动通过虚活动与其紧后活动衔接，方便确定关键路径和计算其持续时间。

3. 确定关键路径的几点说明

(1) 关键路径是项目整个网络图中完成时间最长的路径，是浮动时间为 0 的路径；

(2) 关键路径决定着项目完成的最短时间，关键路径上的任何活动延迟，都会导致整个项目完成时间的延迟；

(3) 关键路径上的任何活动都是关键活动，如果关键路径上的一个活动比计划的时间长，整个项目的进度将会拖延，除非采取纠正措施；

(4) 需要注意的是项目中的关键活动不一定都在关键路径上；

(5) 项目网络图中的关键路径可能不止一条；

(6) 在项目的推进过程中关键路径可能会改变；

(7) 确定关键路径后，就可以估算项目工期、合理安排进度。

4. 用关键路径法估算项目进度

案例：借助 PDM 网络图估算项目进度

W 公司为 X 企业开发一个人力资源管理系统(HRMS)，X-HRMS 项目组对其中的活动(任务)进行了分解和定义，并对各项活动(任务)的历时做出了估计，得出了如表 6-5 所示的项目活动目录/清单。假如你是项目组成员，希望你能依据该表绘制项目的 PDM 网络图，从中确定关键路径，并估算出该项目的工期。

表 6-5 X-HRMS 项目活动目录/清单

活动编号	活动描述	历时/天	紧前活动
A	…	70	
B	…	30	
C	…	60	A
D	…	30	B
E	…	20	B
F	…	30	C
G	…	30	D、E
H	…	20	F、G

假定项目的开始日期为 1，由表 6-5 提供的活动目录清单，首先运用公式 6-8 至公式 6-12 计算各活动的进度时间参数如下：

活动 A：$EST_A = 1$，$EFT_A = 1 + 70 = 71$

活动 B：$EST_B = 1$，$EFT_B = 1 + 30 = 31$

活动 C: $EST_C = EFT_A = 71$，$EFT_C = 71 + 60 = 131$

活动 D: $EST_D = EFT_B = 31$，$EFT_D = 31+30 = 61$

活动 E: $EST_E = EFT_B = 31$，$EFT_E = 31+20 = 51$

活动 F: $EST_F = EFT_C = 131$，$EFT_F = 131+30 = 161$

活动 G: $EST_G = \max\{EFT_D, EFT_E\} = 61$，$EFT_G = 61+30 = 91$

活动 H: $EST_H = \max\{EFT_F, EFT_G\} = 161$，$EFT_H = 161+20 = 181$

活动 H: $LFT_H = 181$，$LST_H = 181 - 20 = 161$，$T_{FH} = 161 - 161 = 0$

活动 G: $LFT_G = LST_H = 161$，$LST_G = 161 - 30 = 131$，$T_{FG} = 131 - 61 = 70$

活动 F: $LFT_F = LST_H = 161$，$LST_F = 161 - 30 = 131$，$T_{FF} = 131 - 131 = 0$

活动 E: $LFT_E = LST_G = 131$，$LST_E = 131 - 20 = 111$，$T_{FE} = 111 - 31 = 80$

活动 D: $LFT_D = LST_G = 131$，$LST_D = 131 - 30 = 101$，$T_{FD} = 101 - 31 = 70$

活动 C: $LFT_C = LST_F = 131$，$LST_D = 131 - 60 = 71$，$T_{FC} = 71 - 71 = 0$

活动 B: $LFT_B = \min\{LST_D, LST_E\} = 101$，$LST_B = 101 - 30 = 71$，$T_{FB} = 71 - 1 = 70$

活动 A: $LFT_A = LST_C = 71$，$LST_A = 71 - 70 = 1$，$T_{FA} = 1 - 1 = 0$

然后运用上述数据，绘制 X-HRMS 项目的 PDM 网络图如图 6.18 所示。

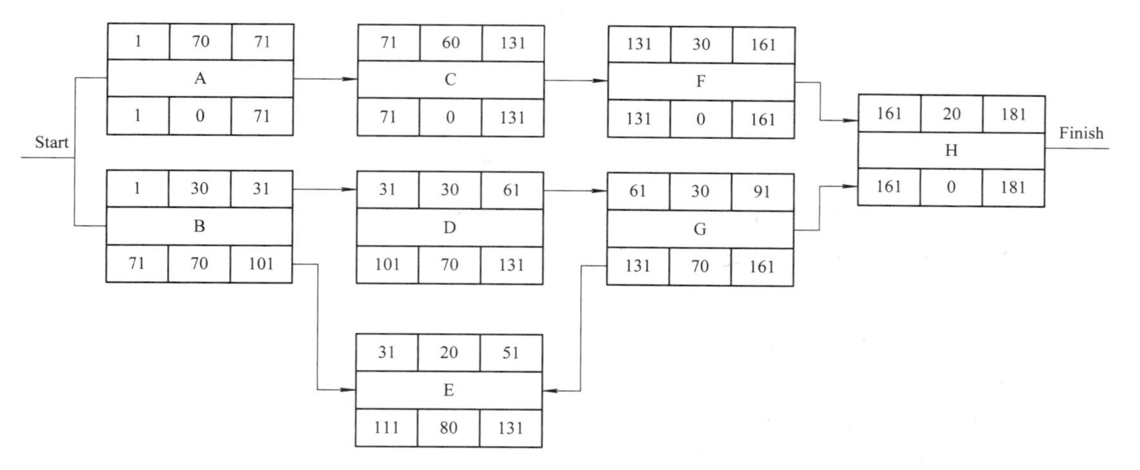

图 6.18　X-HRMS 项目的 PDM 网络图(根据表 6-5 描述的活动依赖关系绘制网络图)

从图 6.18 可以看出，X-HRMS 项目的工期为

$$T_D = 181 - 1 = 180(\text{天})$$

以图 6.18 为基础，计算各条路径的持续时间(等于该路径上各项活动的持续时间的累加和)如下：

$$P_{A\text{-}C\text{-}F\text{-}H}:\ T_{D1} = 70 + 60 + 30 + 20 = 180(\text{天})$$

$$P_{B\text{-}D\text{-}G\text{-}H}:\ T_{D2} = 30 + 30 + 30 + 20 = 110(\text{天})$$

$$P_{B\text{-}E\text{-}G\text{-}H}:\ T_{D3} = 30 + 20 + 30 + 20 = 100(\text{天})$$

从上述计算结果可知，$T_{D1} > T_{D2} > T_{D3}$

所以，X-HRMS 项目的关键路径有 1 条，即 A-C-F-H。

从图 6.18 可以看出，活动总浮动时间越大(例如图中的活动 B、D、E、G)，该活动在整个网络中的机动时间就越大，所以应该在一定范围内将该活动的人力、物力资源利用到关键活动上去，以达到缩短项目结束时间的目的。

案例：借助 ADM 网络图估算项目进度

W 公司为用户开发一个软件系统 K，项目组提供了如表 6-6 所示的项目活动目录/清单。假如你是项目组成员，希望你能依据该表绘制项目的 ADM 网络图，从中确定关键路径，并估算出 K 项目的工期。

表 6-6 K 项目活动目录/清单

活动编号	活动描述	历时/周	紧前活动
A	…	3	
B	…	2	
C	…	3	
D	…	4	A
E	…	5	B
F	…	4	B
G	…	6	C
H	…	6	D、E
I	…	2	G
J	…	3	F、H、I

假定项目的开始时间为 0，由表 6-6 提供的活动目录清单，首先运用公式 6-13、6-14、6-15 计算各节点的进度时间参数如下：

节点 1：$ET_1 = 0$

节点 2：$ET_2 = 0 + 3 = 3$

节点 3：$ET_3 = 0 + 2 = 2$

节点 4：$ET_4 = 0 + 3 = 3$

节点 5：$ET_5 = \max\{3 + 4 = 7，2 + 5 = 7\} = 7$

节点 6：$ET_6 = 3 + 6 = 9$

节点 7：$ET_7 = \max\{7 + 6 = 13，2 + 4 = 6，9 + 2 = 11\} = 13$

节点 8：$ET_8 = 13 + 3 = 16$

节点 8：$LT_8 = 16$，$T_{F8} = 0$

节点 7：$LT_7 = 16 - 3 = 13$，$T_{F7} = 13 - 13 = 0$

节点 6：$LT_6 = 13 - 2 = 11$，$T_{F6} = 11 - 9 = 2$

节点 5：$LT_5 = 13 - 6 = 7$，$T_{F5} = 7 - 7 = 0$

节点 4：$LT_4 = 11 - 6 = 5$，$T_{F4} = 5 - 3 = 2$

节点 3：$LT_3 = \min\{7 - 5 = 2，13 - 4 = 9\} = 2$，$T_{F3} = 2 - 2 = 0$

节点 2：$LT_2 = 7 - 4 = 3$，$T_{F2} = 3 - 3 = 0$

节点 1：$LT_1 = 0$，$T_{F1} = 0$

然后充分考虑构造注意事项，绘制 K 项目的 ADM 网络图，如图 6.19 所示。

以图 6.19 为基础，计算各条路径的持续时间如下：

$P_{A\text{-}D\text{-}H\text{-}J}$：$T_{D1} = 3 + 4 + 6 + 3 = 16$ (周)

$P_{B\text{-}E\text{-}H\text{-}J}$：$T_{D2} = 2 + 5 + 6 + 3 = 16$ (周)

$P_{B\text{-}F\text{-}J}$：$T_{D3} = 2 + 4 + 3 = 9$ (周)

$P_{C\text{-}G\text{-}I\text{-}J}$：$T_{D4} = 3 + 6 + 2 + 3 = 14$ (周)

从上述计算结果可知，$T_{D1} = T_{D2} > T_{D4} > T_{D3}$

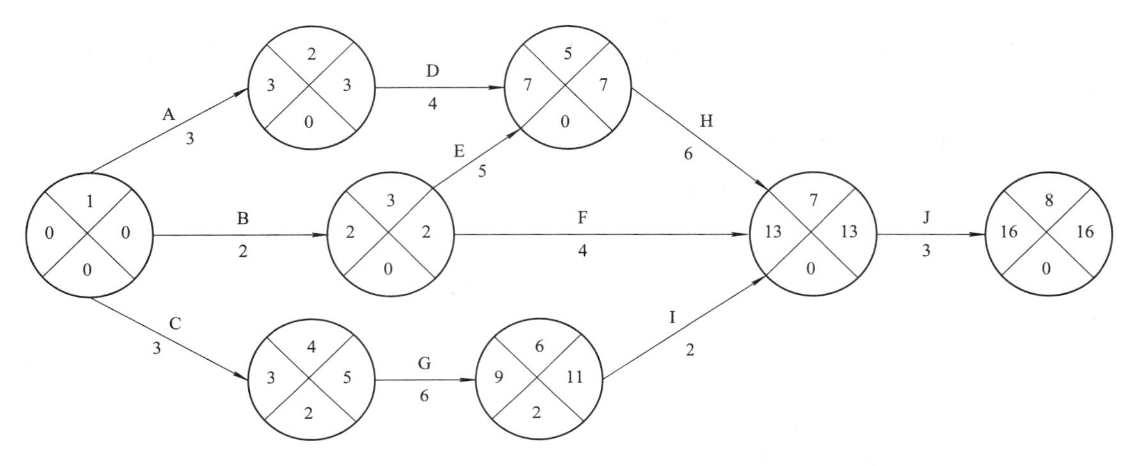

图 6.19　K 项目的 ADM 网络图(根据表 6-6 描述的活动依赖关系绘制网络图)

所以，K 项目的关键路径有 2 条，即 A-D-H-J 和 B-E-H-J，工期为：

$$T_D = \max\{T_{D1},\cdots,T_{D2}\} = 16(\text{周})$$

从图 6.19 可以看出，关键路径上的关键活动 A、D、B、E、H、J 的总浮动时间都为 0，一旦这几个活动中任何一个拖期，必然造成整个项目延期。

正推法估算项目进度时应该注意以下几点：

(1) 首先建立项目的开始时间；

(2) 项目的开始时间是网络图中第一个活动的最早开始时间；

(3) 从左到右，从上到下进行任务编排；

(4) 当一个任务有多个前置时，选择其中最大的最早完成日期作为其后置任务的最早开始日期。

逆推法估算项目进度时应该注意以下几点：

(1) 首先建立项目的结束时间；

(2) 项目的结束时间是网络图中最后一个活动的最晚结束时间；

(3) 从右到左，从下到上进行计算；

(4) 当一个前置任务有多个后置任务时，选择其中最小最晚开始日期作为其前置任务的最晚完成日期。

明确项目网络图中的关键路径，有利于将关键资源分配到关键路径上，以保证关键路径上的关键路径活动顺利执行并且能够按时完成，继而保证项目按期完成。如果要缩短整个项目周期，就必须缩短关键路径或者位于关键路径上关键活动的作业时间。

采用关键路径法估算和安排进度时，要确保网络图的完整性，规划出关键路径，认真分析关键路径上存在的风险，根据总浮动时间的大小调整活动到合理的路径上，尽可能减少非关键路径上存在较多的关键活动，不能将关键路径上的任务交由太少的骨干人员来承担，不能轻易将关键资源集中在非关键活动上，不能静态对待非关键活动，不能忽视非关键路径上的关键活动。总之要确保关键路径按时完成。

6.3.4 参数模型估算法

如果在规模和成本估算中采用的是参数模型估算法，那么进度估算尽可能采用统一的算法来进行。

1. Walston-Felix(IBM)模型

工作量估算公式如表 5-33 所示。

进度和人员估算公式如下：

$$T_D = 4.1 \times L_C^{0.36} = 2.47 \times E^{0.35} \tag{6-16}$$

$$S_{team} = 0.54 \times E^{0.6} \tag{6-17}$$

T_D 表示活动(任务)持续的时间，单位：月；

S_{team} 表示团队规模，单位：人；

L_C 表示软件代码行数，单位：千行源代码(KLOC)；

E 表示软件开发工作量，单位：人月(PM)。

2. 基本 COCOMO 模型

采用基本 COCOMO 模型估算进度的内容在第 5 章里做了简要介绍，针对三种软件开发模式的具体估算公式如下：

组织型：
$$T_D = 3.49 \times L_C^{0.399} = 2.5 \times E^{0.38} \tag{6-18}$$

嵌入型：
$$T_D = 3.77 \times L_C^{0.384} = 2.5 \times E^{0.32} \tag{6-19}$$

半独立型：
$$T_D = 3.67 \times L_C^{0.392} = 2.5 \times E^{0.35} \tag{6-20}$$

如果要把项目进度控制在某个范围之内，需要控制软件规模，同时必须考虑影响工作量的一些关键因素。

3. COCOMO Ⅱ模型

COCOMO Ⅱ模型中用于早期开发和结构化后期的进度估算公式如下：

$$T_D = 3.67 \times E^{[0.28+0.2\times(B-0.91)]} \times \frac{SCED\%}{100} \tag{6-21}$$

B 是一个依赖于 5 个规模经济性比例因子的指数，其计算见公式 5-20。

SCED 反映项目组面临的进度压力，是所要求的完成时间与同类项目标准进度之间的比例，可从表 5-45 或表 5-46 中选取。

6.3.5　蒙特卡罗估算法

模拟仿真方法是使用一个系统的替代物或模型来分析该系统的行为或绩效的方法。在软件项目进度估算中就是用不同的假设来计算相应的时间，最常见的是蒙特卡罗方法。

蒙特卡罗方法是一种以概率统计理论为基础，利用重复的统计实验来求解物理和数学问题的方法。这类问题可以直接或间接地利用一个随机过程来描述，蒙特卡罗方法就是通过模拟这个过程，找出希望求出的某些结果或观察感兴趣的某种现象。

在用蒙特卡罗方法求解一个问题时，需要用随机数来描绘问题中某种概率的分布形式，只要有了描绘问题的概率分布，便可以从头到尾模拟问题的整个过程，并进行仿真。它能够比较逼真地描述事物的特点及演变过程，借助计算机较好地求解一些在数学上很难写出恰当解析式的复杂随机过程的问题，项目进度估算便是其中之一。

应用蒙特卡罗方法进行软件项目进度估算时，需要通过多次试验，即反复虚拟“执行”项目，从而获得项目工期的统计分布，如图 6-20 所示。

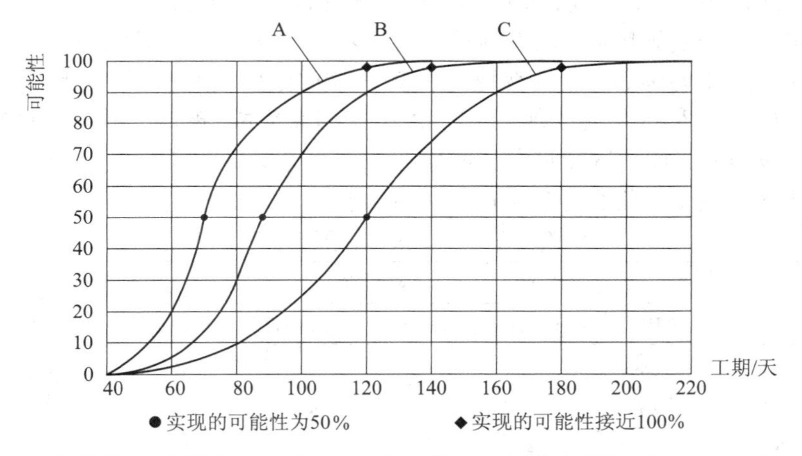

图 6.20　运用蒙特卡罗对项目计划进度仿真的结果(对规模分别为 10KLOC、20KLOC、40KLOC 的商业软件项目进行蒙特卡罗模拟仿真，得到三条曲线 A、B、C，可以预测项目在给定时间完成的可能性)

图 6-20 中的三条曲线 A、B、C，是对规模分别为 10KLOC、20KLOC、40KLOC 的商业软件项目进行了蒙特卡罗模拟仿真的结果。

图 6-20 中曲线 A 表明，当 10KLOC 的软件项目计划工期为 70 天左右时，该项目完成的可能性在 50%左右；当计划工期远小于 70 天时，项目完成的可能性趋于 0；当计划工期为 100 天时，项目完成的可能性达到了 90%；当计划工期为 120 天时，项目完成的可能性接近 100%。

图 6-20 中曲线 B 表明，当 20KLOC 的软件项目计划工期为 88 天左右时，该项目完成的可能性在 50%左右；当计划工期远小于 88 天时，项目完成的可能性趋于 0；当计划工期为 120 天时，项目完成的可能性达到了 90%；当计划工期为 140 天时，项目完成的可能性接近 100%。

图 6-20 中曲线 C 表明，当 40KLOC 的软件项目计划工期为 120 天左右时，该项目完成的可能性在 50%左右；当计划工期远小于 120 天时，项目完成的可能性趋于 0；当计划

工期为 160 天时，项目完成的可能性达到了 90%；当计划工期为 180 天时，项目完成的可能性接近 100%。

应用蒙特卡罗方法进行项目进度估算和安排时，需要考虑活动持续时间的随机因素，导致每次仿真得到的工期与关键路径都会有所不同，此时需要采用合理的方法对多次仿真结果进行分析，才能较好地描述项目进度计划的不确定性。

6.3.6 进度表估算法

进度表估算法是综合考虑软件规模(代码行)和软件类型(系统软件、商业软件和封装商品软件)，大致估算软件项目从设计到测试所需的时间(不包括需求分析的时间)。

针对特定规模的软件进度表有三种，分别是可能的最短进度表、有效进度表和普通进度表。参考哪一种进度表估算项目的进度要根据开发机构的实际情况而定。

1. 可能的最短进度表

可能最短进度表(如表 6-7 所示)中的数据从某种程度上讲已经达到了极限值，因为这些数据来源于最理想的实施环境、软件项目由精英团队开发、管理相当严格、资源十分充足、环境非常优越、需求明确而且没有变更、进度安排很紧凑、没有压缩余地。

例如 35KLOC 代码的系统软件至少需要 10 个月来完成。理论上需要 13(130/10)个具有相同水平的人来进行，如果试图将人员增加到 26 人，以求进度缩短到 5 个月，这根本不可能做到，因为人员过多，将会导致生产率下降，甚至产生更多的负面影响。

表 6-7 可能的最短进度表

	系统软件		商业软件		封装商品软件	
KLOC	E(PM)	T_D(M)	E(PM)	T_D(M)	E(PM)	T_D(M)
10	25	6	5	3.5	8	4.2
15	40	7	8	4.1	13	4.9
20	57	8	11	4.6	19	5.6
25	74	9	15	5.1	24	6
30	110	9	22	5.5	37	7
35	130	10	26	5.8	44	7
40	170	11	34	6	57	7
45	195	11	39	6	66	8
50	230	11	46	7	79	8
60	285	12	57	7	98	9
70	350	13	71	8	120	9
80	410	14	83	8	140	10
90	480	14	96	9	170	10
100	540	15	110	9	190	11
120	680	16	140	10	240	11

注：KLOC：千行源代码　　E(PM)：以人月为单位的工作量

T_D(M)：以月为单位的可能的最短进度

所以表 6-7 提供的数据对于绝大多数的开发机构来说缺乏可行性。如果采用了其中的数据就有可能导致项目延期。但是它可以作为参考，如用来判断某个项目的计划进度是否低于表中的数据，如果低于表中的数据，就需要调整计划进度，以保证项目的计划进度要大于或等于可能的最短进度。

2. 有效进度表

有效进度表(如表 6-8 所示)中的数据是在以下条件下获得的：① 开发团队由水平排名前四分之一的人员组成；② 开发人员有一年以上软件项目工作经验；③ 团队成员目标一致，没有严重冲突；④ 每年人员调整不超过 6%；⑤ 团队成员能够有效分工协作；⑥ 采用有效的编程工具；⑦ 进行主动的风险管理；⑧ 具备优良的工作环境；⑨ 沟通工具使用方便。

从表 6-7 和表 6-8 中可以看出，同等规模的同类软件项目，有效进度比最短进度要长，而工作量却要少一些，这主要是考虑了进度和成本之间的平衡问题。例如 25KLOC 的商业软件，有效进度表和可能的最短进度表中的进度分别为 7 个月和 5.1 个月，工作量分别为 14 人月和 15 人月。正因为这样，项目按照表 6-8 估算的进度顺利实施就意味着要比可能的最短进度行之有效。

表 6-8　有 效 进 度 表

	系统软件		商业软件		封装商品软件	
KLOC	E(PM)	T_D(M)	E(PM)	T_D(M)	E(PM)	T_D(M)
10	24	8	5	4.9	8	5.9
15	38	10	8	5.8	12	7
20	50	11	11	7	18	8
25	70	12	14	7	23	9
30	97	13	20	8	32	9
35	120	14	24	8	39	10
40	140	15	30	9	49	10
45	170	16	34	9	57	11
50	190	16	40	10	67	11
60	240	18	49	10	83	12
70	290	19	61	11	100	13
80	345	20	71	12	120	14
90	400	21	82	12	140	15
100	450	22	93	13	160	15
120	560	23	115	14	195	16
140	670	25	140	15	235	17

注：KLOC：千行源代码　　E(PM)：以人月为单位的工作量
T_D(M)：以月为单位的可能的最短进度

3. 普通进度表

普通进度表(如表 6-9 所示)中的数据是在下述更加宽松的条件下获得的：① 开发团队由中等以上水平的人员组成；② 开发人员比较熟悉软件项目工作；③ 开发人员对应用领域的经验一般；④ 每年人员调整可达到 10%～12%；⑤ 有可用的编程工具；⑥有一定的风险管理能力；⑦ 交流工具容易使用；⑧ 工作环境一般；⑨ 进度压缩一般。

从表 6-8 和表 6-9 中可以看出，对于同等规模的同类软件项目，普通进度比有效进度要长，工作量要大的多。例如 45KLOC 的封装商品软件，普通进度表和有效进度表中的进度分别为 13 个月和 11 个月，工作量分别为 100 人月和 57 人月。可见，普通进度表的有效性不及有效进度表。但是它被实现的可能性要比有效进度的大一些。所以普通进度表对于一般项目或者基础较弱的开发机构而言，或许是一种较好的选择。如果项目的大多数活动安排得当、落实到位的话，项目按期完成的可能性极高。

表 6-9 普通进度表

	系统软件		商业软件		封装商品软件	
KLOC	E(PM)	T_D(M)	E(PM)	T_D(M)	E(PM)	T_D(M)
10	48	10	9	6	15	7
15	76	12	15	7	24	8
20	110	14	21	8	34	9
25	140	15	27	9	44	10
30	185	16	37	10	59	11
35	220	17	44	10	71	12
40	270	18	54	11	88	13
45	310	19	61	11	100	13
50	360	20	71	12	115	14
60	440	21	88	13	145	15
70	540	23	105	13	175	16
80	630	24	125	14	210	17
90	730	25	140	15	240	17
100	820	26	160	15	270	18
120	1000	28	200	16	335	20
140	1200	30	240	17	400	21
160	1400	32	280	18	470	22
180	1600	34	330	19	540	23
200	1900	35	370	20	610	24
300	3000	41	600	24	1000	29

注：KLOC：千行源代码　　E(PM)：以人月为单位的工作量
T_D(M)：以月为单位的可能的最短进度

上述三个进度表为软件项目的进度估算提供了参考资料，尤其对于缺乏项目档案的开发机构有更大的帮助作用。如果开发的软件不属于表中所列类型，可以根据具体情况把两类或三类进行合并计算。

6.3.7　Jones 的一阶估算准则

Jones 根据数千个项目基本数据的分析，得到了由功能点粗略估算进度的方法。假设在规模估算中得出了项目功能点的总数，那么项目的进度可如下估算：

$$T_D = FP^j \tag{6-22}$$

T_D 表示项目持续的时间，单位：月；

FP 表示项目功能点总数；

j 表示与软件类型、开发水平相关的常数，从表 6-10 中选择。

表 6-10　由功能点估算进度的一阶幂次

软件类型	最优级	平均	最差级
系统软件	0.43	0.45	0.48
商业软件	0.41	0.43	0.46
封装商品软件	0.39	0.42	0.45

假设一个商业软件项目的功能点总数 FP = 200，由中等水平的软件公司负责开发，则项目的进度简单估算如下：

$$T_D = FP^j = 200^{0.43} \approx 9.8 \text{ 月}$$

Jones 的一阶估算准则也可以进行快速检查进度估算是否合理。例如 W 公司计划用 7 个月开发一个功能点总数为 200 的商业软件是否可行？

可以利用公式 6-22 计算最优开发情况下的进度估算值：

$$T_D = FP^j = 200^{0.41} \approx 8.8 \text{ 月}$$

很显然，7 个月的计划进度可能造成项目不能按期完成，需要调整计划进度。

6.4　软件项目进度计划编制

项目时间进度计划编制就是根据项目活动定义、活动排序、活动工期和所需资源的估计，对项目进行分析并编制项目进度计划的工作，其目的是控制项目活动的时间，保证项目能够在满足其时间约束条件的前提下实现其总体目标。

6.4.1 进度计划编制的目标

通过编制项目进度计划，对项目在时间上有一个总体把握，将有利于加强时间控制工作，保证项目能够在满足其时间约束条件的前提下，实现以下具体目标：

(1) 满足项目利益相关者的要求。项目能否在规定的时间内完成是部分项目干系人最关心的问题，提交一份明确的项目进度计划是项目管理的基本要求之一。

(2) 增强项目进度计划管理的透明度以及对计划执行者的执行压力。一份公开、明确、获得认可的进度计划将成为有关各方共享的文件，并且也对有关各方遵守计划施加了无形的压力。

(3) 明确项目所有活动的时间表，特别是能够清楚显示关键活动、关键路径以及里程碑事件的时间要求，有利于项目团队把握时间控制的关键点。

(4) 一份清晰的活动时间表同时也是调配资源的时间表，它从一开始就可以告知哪些资源可以共享，哪些资源必须保证供应等基本信息。

(5) 为时间、成本、范围和质量的均衡管理提供依据。特别是时间和费用的均衡，当项目需要压缩工期时，常常会带来直接成本的上升。进度计划配合费用信息，可以告诉项目管理者应该而且可以压缩哪些活动时间，可使总成本的增加最小化。

总之，通过进度计划的编制有助于使项目实施井然有序，并使项目的各个分项管理以进度计划为依据形成一个有机的整体。

6.4.2 进度计划编制的依据

软件项目进度计划编制需要参考以下依据：

1. 项目网络图

这是在活动排序过程中构造的完整、合理的网络图，它用来表达项目活动以及它们之间的关系，也是编制进度计划的重要依据之一。

2. 活动历时估算

这是在活动历时估算的过程中得到的有关各项活动可能历时的文件，其中包括所有活动的历时估计以及在此基础上对项目工期的估算。

3. 项目资源需求

这是有关项目工作分解结构中各组成部分所需资源的类型和数量的文件。在做活动历时估计时它也是重要的参考依据。

4. 资源库描述

要清楚何种资源在何时具有何种形式的可得性，例如共享资源由于其可利用性的高度相关从而很难固定其使用计划。此外，在资源库描述中资源的数量和专用性程度是不断变化的，例如对于一个软件项目的初步进度计划来说，只需要知道在某一特定的时间框架内有两个系统分析师是可利用的，而在该项目最终的进度计划中，必须要确定哪一个系统分析师在该时间是可利用的。

5. 项目日历和资源日历

日历标明了可能的工作时段。项目日历影响所有的资源，例如一些项目只在正常的工作时间开工，而另外一些则可能加班加点；资源日历影响某一具体资源或一类资源，例如一个项目团队成员可能在休假或正处于某个培训计划中，或者劳动合同可能会限制某些团队成员的工作时间。

6. 限制条件

限制条件是指会限制项目团队选择的各种因素。在项目进度计划的编制中应主要考虑强制日期、关键事件或主要的里程碑这三类限制。

项目的发起人、客户或其他外部条件可能会要求项目的某项可交付成果必须在某一特定日期内完成。这些日期一旦编入进度计划，就成为人们强烈预期的和确定的，只有在面临重大变化时才有可能改变。

7. 假设

在进度计划编制过程中，那些被认为应当预先确定的因素通常被视为假设。假设一般会包含一定程度的预测以及相应的风险，而且是风险识别的结果。

8. 超前与滞后

超前是指逻辑关系中允许提前后续活动的限定词。例如在一个有 2 天超前时间的“结束-开始”关系中后续活动在前导活动完成前 2 天就可以开始。

滞后是指逻辑关系中指示推迟后续任务的限定词。例如在一个有 3 天时间滞后的“结束-开始”关系中后续活动只能在前导活动完成 3 天后才能开始。

超前与滞后使活动的相关关系更加精确，但在项目的网络图中，对此一般不作考虑或加以特殊处理，例如滞后期要求可以纳入前导活动的历时估计中。

6.4.3　进度计划编制的输出

进度计划编制工作起初就有明确的目标，其中包含了该项工作的输出，这也是检验计划工作成效的依据。进度计划编制的主要输出结果如下：

1. 项目进度计划书

进度计划书中至少包括每一个项目活动的计划开始时间和期望结束时间。它既可以用总括的形式，也可以用细节的形式表示出来；既可以用列表的形式表示，也可以用以下的一种或几种形式表示。

1) 里程碑图

里程碑图有两种表现形式。一种里程碑图仅表示主要可交付成果的计划开始、结束时间和关键的外部界面。另外一种里程碑图仅表示里程碑事件(重要事件)的完成期限，它的活动历时是零，常用黑三角或黑钻石图案来表示。

里程碑图有利于项目团队与客户或上级沟通项目状态并汇报情况，同时有利于项目经理关注最主要工作的进度和成果，向成员们传递紧迫感。此外还有许多其他与项目进度计划相关的信息可在里程碑图上表示出来。

2) 甘特图

用甘特图可以显示项目活动的开始和完成时间，以及活动的历时估计和相互关系等多种简明信息。

3) 网络图

网络图通常情况下即显示项目活动间的逻辑关系，也显示项目关键路径上的活动。在PDM网络图上的每一个方框中，可以提供与项目进度计划相关的更多信息。

4) 电子表格

一般来说电子表格就是在表格处理软件中制作的带有部分或全部日期的工作任务分配表。项目进度计划的这种表示形式能够给出一个综合性的清单但不够直观。

2. 细节信息描述

项目进度计划的详细依据是对所有可识别的假设和限制进行详细描述。通常情况下作为详细依据适用的信息包括：

(1) 随时间进度而改变的资源需求，通常以资源柱状图的形式来显示；

(2) 可替代的进度计划，如最好的或最坏的情况，带有或不带有强制要求的资源等；

(3) 进度储备或进度风险评估。

3. 进度管理计划

进度管理计划包括如何执行和控制项目进度计划，以及当进度计划发生变化时怎样对其进行管理等内容。由于项目的需要不同，进度管理计划可以是正式的，也可以是非正式的，可以是详尽的，也可以是框架性的。它是整个项目计划的附属计划。

4. 资源需求更新

在进度计划编制过程中资源平衡和活动列表的更新可能对资源需求的初步估算产生重大的影响，因此可能会出现对项目活动资源需求的变更、调整和重新安排等情况，以便适应最新的工期要求，因此在进度计划制定过程中应该同步对项目活动资源需求进行变更和整理，生成最新的项目资源需求文件，以供项目进度管理、采购管理和成本管理等专项管理领域使用。

6.4.4 进度计划的修正和优化

软件项目活动的历时估计往往是不够精确的，存在着不同程度的偏差，这种影响将会反映在项目进度的估算和安排上。例如进度计划显示的项目工期与合同规定的工期不一致，特别是落后于合同规定，此时要么对活动历时重新进行估计，要么对网络计划做出新的调整，或二者同时进行，以便使再次计算得出的期望工期与合同规定相吻合。进度计划的修正和优化可以发生在计划阶段，也可以发生在执行阶段。在项目实施过程中发现本来可以满足要求的进度计划可能要落后于工期要求时，必须对现有进度计划进行修正和优化，以利于进度计划的跟踪和控制。

一般情况下，主要从时间、成本和资源这三个主要方面的相互影响、相互制约出发，进行进度计划的修正和优化。常用的方法有基于时间压缩的时间—成本平衡法、快速跟进法，还有基于资源调整的时间-资源平衡法。

1. 时间—成本平衡法

时间—成本平衡方法通常称为赶工，是在不改变活动的前提下通过压缩某一个或者多个活动的时间来达到缩短整个项目工期的目的。这是一种在最小相关成本增加的条件下压缩关键路径上的关键活动历时的方法，是一种典型的应急法。

时间压缩往往带来的是项目总成本增加，却未必生成一个有效的替代进度计划。图 6.21 反映了它们之间的这种关系，时间压缩越多，成本增加就越大。

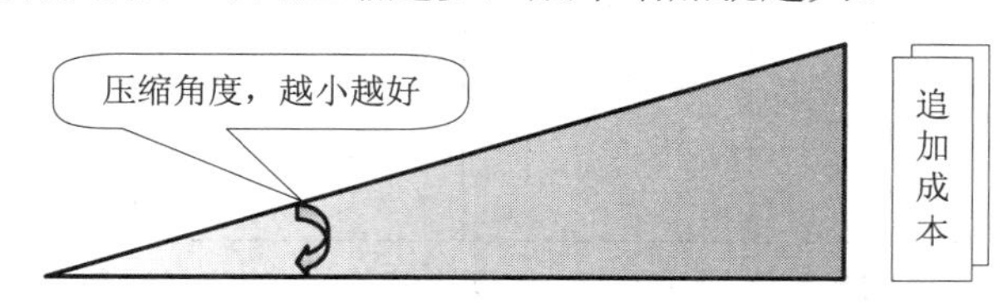

图 6.21　压缩时间与成本增加的关系(时间压缩往往带来的是项目总成本增加，时间压缩越多，成本增加就越大)

因此，这种方法必须关注时间和成本之间的平衡点，达到成本增加量最小、进度压缩最大的目标。

假设项目活动的进度压缩和成本增加成线性关系，那么可以通过计算活动的进度压缩单位成本来了解在某种压缩范围内要压缩哪些活动产生的成本增加最小。计算方法如下：

进度压缩单位成本 = (压缩成本 – 正常成本)/(正常进度 – 压缩进度)

① 正常进度指按照原进度计划在正常条件下完成某项活动所需要的估计时间；

② 正常成本指的是在正常进度下完成某项活动所花费的成本；

③ 压缩进度指的是在缩短工期的情况下完成某项活动的最快时间；

④ 压缩成本指的是在压缩进度的情况下完成某项活动所需要的成本。

例如：活动 A 的正常进度是 7 周，成本 5 万元；压缩到 5 周的成本是 6.2 万元。计算如下：

进度压缩单位成本 = (6.2 – 5)/(7 – 5) = 0.6 万元/周

压缩到 6 周的成本是：5 + (7 – 6) × 0.6 = 5.6 万元

案例：寻找×项目的时间和成本平衡点

图 6.22 是×项目的 PDM 网络图。图中历时时间单位是周。

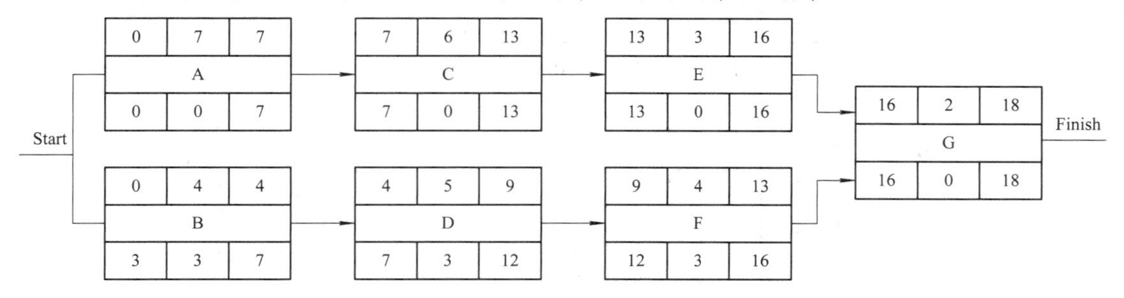

图 6.22　X 项目的 PDM 网络图(网络图表明了活动之间的依赖关系)

表 6-11 是×项目活动历时进度压缩和成本变化概况。

表 6-11 ×项目活动历时进度压缩和成本变化概况

活动编号	活动历时估计	活动正常成本	进度可压缩范围	进度压缩单位成本
A	7	5.0	2	0.5
B	4	2.0	1	0.4
C	6	4.5	1.5	0.8
D	5	2.0	1.5	0.5
E	3	2.5	1	0.6
F	4	2.0	1.5	0.4
G	2	1.5	0	/

进度单位：周　　成本单位：万元　　进度压缩单位成本：万元/周

请根据以上资料，合理地压缩项目进度。

由图 6.22 可知，×项目的计划总进度是 18 周，总成本是 19.5 万元。要缩短项目的工期，首先从关键路径上入手压缩时间效果会更加明显。X 项目过程中的关键路径是 A-C-E-G，比路径 B-D-F-G 的进度多了 3 周。也就是说，当关键路径上的进度缩短量大于 3 周时，才有必要对路径 B-D-F-G 压缩进度。

由于各项活动的成本增长有差异，所以在项目压缩进度未达到极限值，而且单个活动进度压缩相同的情况下，选择成本增长最小的活动予以优先压缩进度，给整个项目成本增长带来的影响会降到最低程度。所以要对每条路径上各项活动的进度压缩单位成本从小到大排序，以获得压缩进度的项目活动优先次序。同时要归纳分析每条路径可压缩进度的极限，以及路径成本增长极限，有助于寻找进度和成本之间的平衡点。表 6-12 给出了上述分析结果。

表 6-12 X 项目压缩进度的活动优先次序分析结果

路径	优先次序	活动进度压缩极限		活动进度压缩单位成本	路径可压缩进度极限	路径成本增长极限
A-C-E-G	1	A	2	0.5	4.5 (2 + 1 + 1.5)	2.8 (2 × 0.5 + 1 × 0.6 + 1.5 × 0.8)
	2	E	1	0.6		
	3	C	1.5	0.8		
	4	G	0	/		
B-D-F-G	1	B	1	0.4	4 (1 + 1.5 + 1.5)	1.75 (1 × 0.4 + 1.5 × 0.4 + 1.5 × 0.5)
	2	F	1.5	0.4		
	3	D	1.5	0.5		
	4	G	0	/		

进度单位：周　　成本单位：万元　　进度压缩单位成本：万元/周

从表 6-12 可以看出，在只考虑进度和成本关系的情况下，如果项目进度需要压缩 1 周，那么选择活动 A 就足够了，因为这种方案的成本增加是最少的。

表 6-13　×项目的压缩进度和压缩成本列表

期望总进度	优先压缩的活动[压缩量]	进度压缩比/(%)	压缩后总成本	成本增长比/(%)
18	/	0	19.5	0
17	A[1]	5.6	20.0	2.6
…	…	…	…	…
16	A[2]	11.1	20.5	5.1
…	…	…	…	…
15	A[2]，E[1]	16.7	21.1	8.2
…	…	…	…	…
14	A[2]，E[1]，C[1]，B[1]	22.2	22.3	14.4
…	…	…	…	…
13.5	A[2]，E[1]，C[1.5]，B[1]，F[0.5] A[2]，E[1]，C[1.5]，F[1.5]	25.0	22.9	17.4

进度压缩比 = (正常进度 − 压缩进度)/正常进度

成本增长比 = (压缩成本 − 正常成本)/正常成本

进度单位：周　　成本单位：万元　　进度压缩单位成本：万元/周

有研究表明，进度压缩比和成本增长比控制在 25%以内，进度压缩仍然具有积极意义。从表 6-13 可知，×项目的进度压缩量达到关键路径可压缩极限值为 4.5 周时，进度压缩比和成本增长比都没有超过 25%，因此表中提及的方案都是合理的。至于项目组选择哪一种方案，需要结合项目工期的限制性要求和项目经费的支持力度作出进一步判断。

当项目的进度压缩要求超过原计划关键路径可压缩极限值时，各项活动的进度已无法继续压缩，可能的解决办法是重新确定项目范围，缩小项目的开发工作量，以期较大幅度的缩短项目工期。

2. 快速跟进法

快速跟进法是指通过改变原计划按顺序完成的一些活动间的逻辑关系使其并行开展工作，所以又称为并行作业。快速跟进方法由于在前导工作还没有完全结束之前就过早开始某些任务，常常增加项目风险并有可能导致返工。

例如，软件项目在设计工作(A)完成之前 3 天就开始编写程序代码(B)，如图 6.23(a)所示，在项目网络图中可以用图 6.23(b)表示。其作用在于对活动(任务)进行合理的拆分，解决活动(任务)的搭接，缩短项目工期。在图 6.23 所示的例子中理论上项目工期将缩短 3 天。

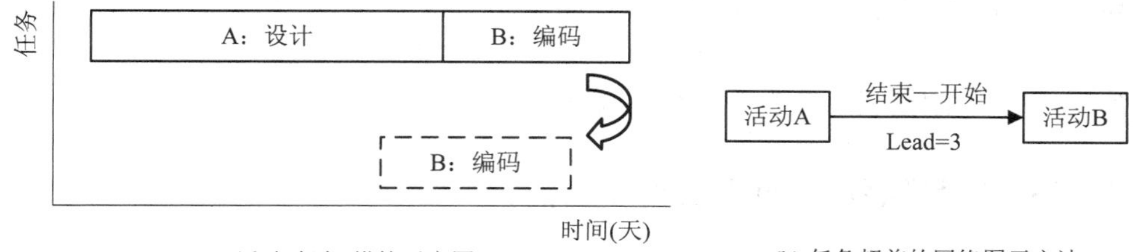

(a) 活动(任务)搭接示意图　　(b) 任务超前的网络图示方法

图 6.23　快速跟进法中任务搭接及其网络图示方法(快速跟进在项目网络图中用超前来表示)

假定在图 6.23 所示的项目×中，活动 C 可以在 A 结束之前 2 周开始，活动 E 在 C 结束之前 1 周开始，那么项目的 PDM 网络图可以表示成图 6.24。从图中可知，项目工期从 18 周缩短到 15 周，更值得注意的是，项目的关键路径由原来的一条(A-C-E-G)变成了两条(A-C-E-G，B-D-F-G)。

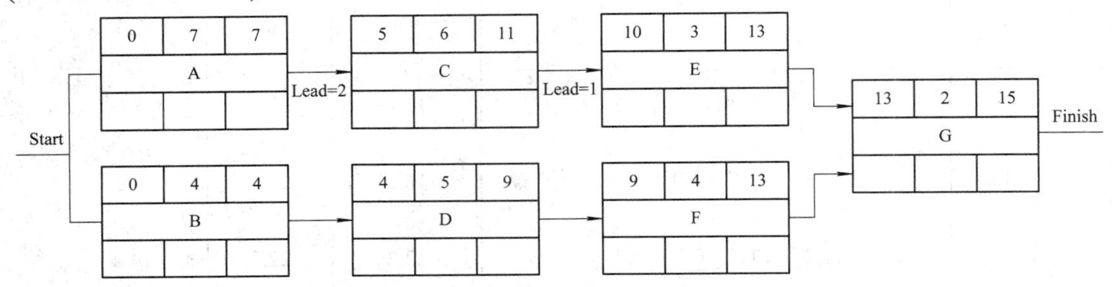

图 6.24　使用快速跟进法后 X 项目的 PDM 网络图(采用快速跟进法缩短项目工期，主要问题是弄清哪些活动能够或可以并行作业，而且超前量有多大，可能将非关键路径转变为关键路径)

采用快速跟进法缩短项目工期，首要解决的问题就是弄清哪些活动(任务)能够或者可以并行作业及其超前量有多大。另外要特别关注的是原计划中的关键路径和非关键路径的转变问题。一旦使用不慎，将会造成进度安排混乱。

无论是赶工还是快速跟进，都应该将注意力集中于关键路径。只有压缩关键路径的总历时，才能加快项目的整个进度。否则虽然加快了非关键路径上的进度，并花费了不少开支，但对于项目的总进度却不会产生积极影响。另外每次压缩活动历时，要注意压缩幅度并重新检查关键路径，因为在压缩某个活动的历时之后，很可能会出现新的关键路径。

3. 时间-资源平衡法

软件项目计划进度的修正和优化还会受到资源的影响，在时间压缩法中通常以增加资源和成本为代价，一旦项目所需资源无法增加，上述两种方法便在项目实施过程中缺乏可操作性，此时需要对时间和资源进行综合平衡，而且最终结果有可能缩短工期，也有可能延长工期，只要项目进度和资源利用都比较合理，优化效果即可达到。

在运用时间-资源平衡法时，需要把握以下几条基本原则：

(1) 优先安排关键活动所需的资源；

(2) 充分利用非关键活动的总浮动时间，调整它们的开始时间，避免出现资源使用高峰而供不应求，以至于延误工期；

(3) 在确实受到资源限制的条件下优先调整关键活动的开始时间，但这可能会推迟项目的完成时间。

因此，时间-资源平衡法有两种基本做法：

(1) 在尽可能不延长工期的情况下均衡利用现有资源；

(2) 在资源限制很强的情况下尽可能调整项目工期。

 案例：寻找项目的时间和资源平衡点

图 6.25 是一个带有时间和人力资源信息的 PDM 网络图。

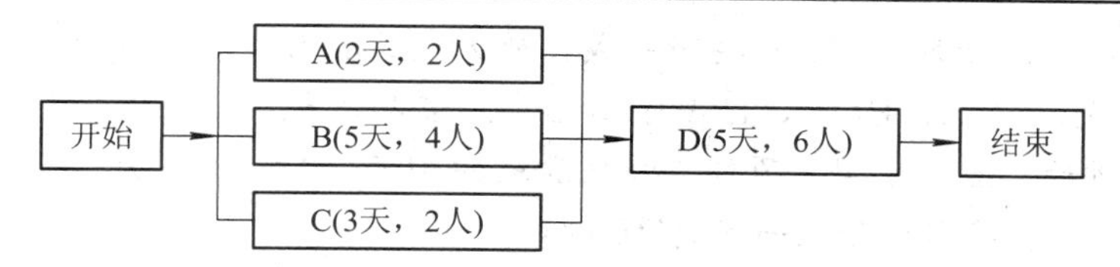

图 6.25　带有时间和人力资源信息的 PDM 网络图(除了活动之间的关系外，还可以从 PDM 网络图中了解资源的需求情况，以便对资源进行调整)

根据图 6.25，可以绘制出该项目原计划进度下的资源需求情况如图 6.26(a)所示。从图中可以看出项目刚开始的 2 天，人力资源需求量最大，达到了 8 人的要求，第 3 天降为 6 人，第 4、5 两天降为 4 人，在后 5 天又增至 6 人，资源需求波动比较明显，这种情况显然不是项目组所期望的。由于活动 A、B、C 是并行作业的，它们之间不存在紧前、紧后的强制性依赖关系，所以在只考虑资源和时间关系的情况下对各阶段的资源数量进行调整，形成如图 6.26(b)所示的资源需求情况，当然原计划进度随之被调整，如图 6.27 所示。

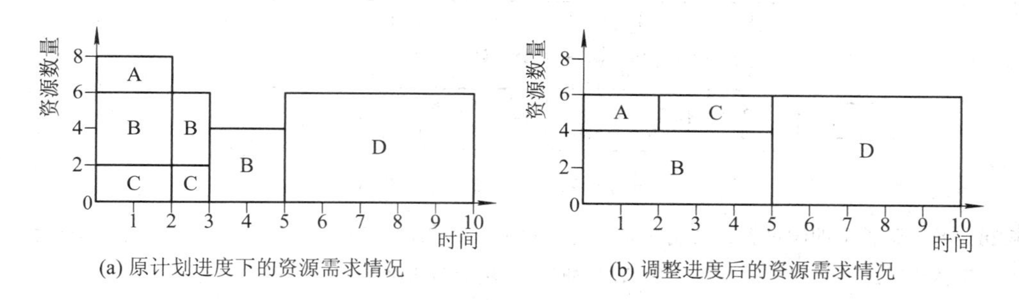

图 6.26　保证工期不变调整进度前后资源需求量对比图(资源调整将带来进度计划的调整)

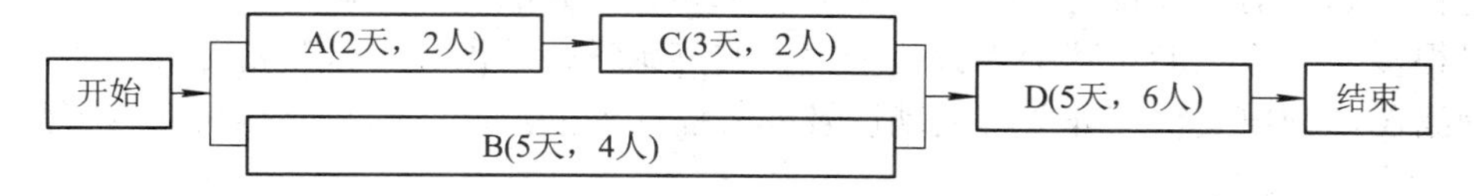

图 6.27　保证资源均衡利用和项目工期不变的 PDM 网络图(根据资源图重新调整活动之间的关系)

从图 6.25 和图 6.27 可知，资源调整前后，项目工期都是 10 天，这就说明资源均衡利用和项目工期保证不变的目标都已实现。

假定该项目可用的人力资源只有 4 人，图 6.26(b)和图 6.27 所示的方案显然不具备可行性，必须对资源需求和计划进度重新调整。

项目中活动 A、B、C 所需的人力资源都没有超过 4 人，而活动 D 所需的人力资源需求量为 6 人，供给明显满足不了需求，只能延长其作业时间。假设忽略其他因素，那么理论上原来 30 人天的工作量，现在由同等生产率的 4 个人员来承担，需要 7.5 天才能完成。

如果将 A、C 并行安排，B 和 D 依次紧跟其后，那么就形成资源调整方案一，如图 6.28(a)所示。图中表明，项目工期从原来的 10 天增加到 15.5 天，而且活动 A 和 C 只有 2 天并行作业，另外 1 天只有 2 人工作。

如果每个活动都由 4 个人共同完成，那么完成活动 A、B、C 分别需要 1 天、5 天、1.5 天，将 A、B、C、D 从左到右顺序安排，就形成资源调整方案二，如图 6.28(b)所示。图中表明，项目工期从原来的 10 天增加到 15 天，而且从项目开始到结束资源利用率理论上一直是 100%。

可见，图 6.28(b)所示的方案优于图 6.28(a)所示的方案。以图 6.28(b)所示的方案为基础，可以得到调整后的进度安排，如图 6.28(c)所示。

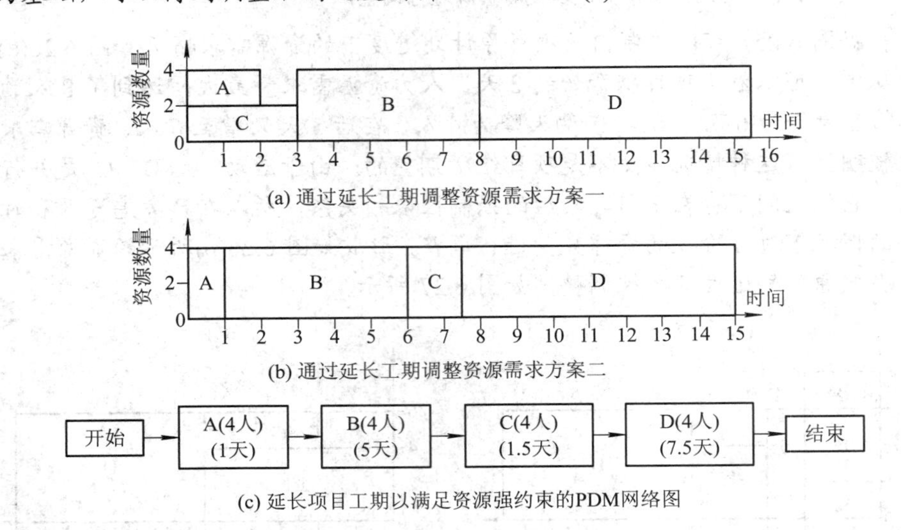

图 6.28　通过延长工期满足资源限制的计划进度调整示意图(由于项目资源的限制，资源需求分配方案必须满足这些限制，当改变活动次序时，必然会带来活动关系的改变，这些关系又要满足项目活动之间的依赖关系，这对复杂的大型系统来说是非常困难的)

进行资源平衡时，首先要确定平衡的对象和要达到的目标。由于项目实施中相互制约的因素很多，一般只能对其中少数几个突出的资源进行平衡。对象和目标确定后，要准备项目网络图，列出关键和非关键活动以及非关键活动的浮动时间，然后再进行资源平衡。

6.5　软件项目进度跟踪和控制

软件项目的进度管理机制是一个由计划、跟踪和控制形成的闭环控制系统。

6.5.1　软件项目进度跟踪

软件项目进度跟踪主要是根据进度的计划值对进度进行动态的监控，观测进度的状态是否正常，即实际的进度是否在计划值容许的偏差阈值范围内。

软件项目进度跟踪方法主要包括甘特图、网络图、里程碑、设定活动进度、工作单元进展、挣值法等。

(1) 甘特图主要用于对软件项目的阶段、活动和任务的进度完成状态的跟踪。集成化的 Microsoft Project 2003 项目管理软件具有甘特图功能，是业界普遍认同的实用软件项目管理工具。

(2) 网络图主要用于对软件项目的阶段、活动和任务的进度实施状态的跟踪和调整。

(3) 里程碑主要用于对项目总体进度的跟踪，尤其是对项目交付日期的持续跟踪。

(4) 设定活动进度跟踪方法主要用于对软件项目阶段的内部进度的跟踪。

(5) 工作单元进展跟踪方法主要用于对软件项目阶段的内部工程任务(即工作单元)完成状态的跟踪。

(6) 挣值法进度跟踪方法主要用于对软件项目阶段的内部工程任务进度与成本完成状态的跟踪。该方法依据软件项目阶段内的详细 WBS 的底层任务节点的估计值观测任务进度与成本的完成状态。采用挣值法的前提是将任务假定为原子任务，对任务的进度度量使用二元度量，即任务要么未完成，要么完成。

上述主要跟踪方法的比较如表 6-14 所示。

表 6-14　软件项目进度跟踪主要方法比较

<table>
<tr><th>方法名称</th><th>适用于 WBS 的节点级别</th><th>结果表示</th><th>使用时机</th><th>方法意义</th></tr>
<tr><td>甘特图</td><td rowspan="3">阶段级
活动级
任务级</td><td>● 计划完成与实际完成比较横道图</td><td rowspan="3">项目周期内的阶段节点
阶段内的里程碑、月、周节点</td><td>WBS 及其完成状态的可视化快照</td></tr>
<tr><td>网络图</td><td>● WBS 节点的进度依赖逻辑关系和关键路径的网络图</td><td>WBS 节点的进度依赖逻辑关系分析剖面</td></tr>
<tr><td>里程碑</td><td>● 偏差百分比
● 偏差量折线图</td><td>反映对项目交期、阶段节点的进度偏差程度</td></tr>
<tr><td>设定活动进度</td><td>活动级</td><td>● 进度百分比
● 计划完成与实际完成比较折线图</td><td rowspan="3">阶段内的里程碑、月、周节点</td><td>主观假设的进度关系</td></tr>
<tr><td>工作单元进展</td><td rowspan="2">任务级</td><td>● 进度百分比
● 计划完成与实际完成比较折线图</td><td>任务完成的状态</td></tr>
<tr><td>挣值法</td><td>● 进度和成本偏差百分比
● BCWS、BCWP、ACWP 比较折线图</td><td>进度与成本完成的状态</td></tr>
<tr><td colspan="5">BCWS(Budgeted Cost of Work Scheduled)已计划工作的预算成本
BCWP(Budgeted Cost of Work Performed)已完成工作的预算成本
ACWP(Actual Cost of Work Performed)已完成工作的实际成本</td></tr>
</table>

6.5.2　软件项目进度控制

软件项目进度控制主要是针对跟踪发现的进度异常状态分析导致进度异常的原因，采取纠正措施挽回或弥补进度的损失，在进度调整到正常状态后重新回到进度状态跟踪。

在软件项目开发过程中必须对进度不断进行跟踪，将实施状况与计划进度进行对比分析。当实际进度与计划进度不相符时，需要采取合适的对策，使项目按预定的进度目标执行以避免项目延期。软件项目进度控制的流程如图 6.29 所示。

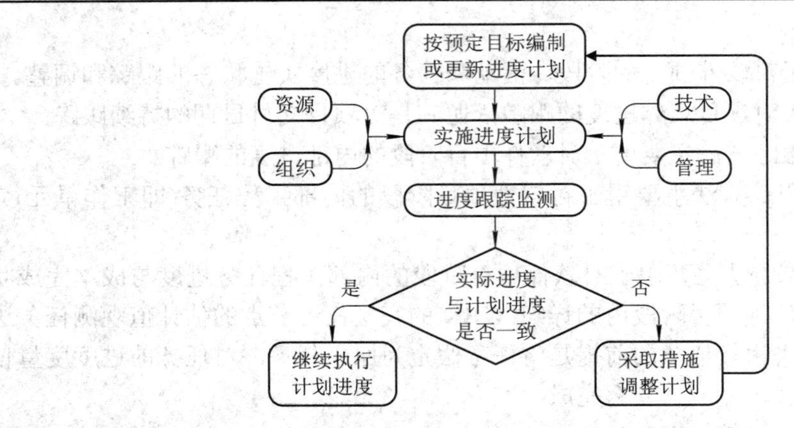

图 6.29　软件项目进度控制流程(针对跟踪发现的进度异常状态，分析导致进度异常的原因，采取纠正措施挽回或弥补进度的损失，在进度调整到正常状态后，重新回到进度状态跟踪)

软件项目进度控制的方法有甘特图法、网络图法、关键路径法和实际进度进展线法等多种方法。甘特图法、网络图法和关键路径法在前面已做了阐述，本节不再赘述。

实际进度进展线是项目执行过程中某一时刻各项活动的实际进度对应各活动在网络图上的有向线段到达点的连线，它从检查点开始自上而下依次连接各条有向线段的实际到达点(通常是一条折线)，其反映了进度计划的实际执行情况与其原计划在执行中的进度偏差。图 6.30 给出了某软件项目的 ADM 网络图及其进度进展线。

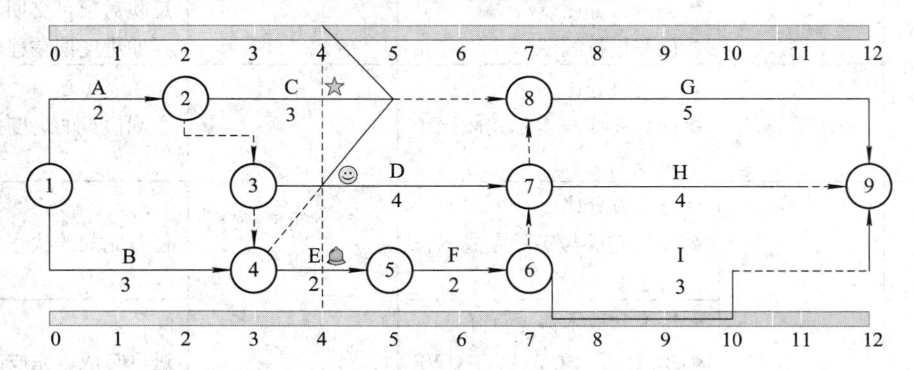

图 6.30　某软件项目的 ADM 网络图及其进度进展线(用不同的标记将进度执行情况标识出来，可以很直观地发现项目的进度情况)

实际进度进展线的基本作用是描述项目进度运行情况，以检查时间为基线：有向线路与进展线的交点正好在基线上，表示进度正常；交点在基线右边，表示进度提前；交点在基线左边，则表示进度落后。如果在检查基线之前开始的活动都按计划进行，进展线应该是一条从上到下的垂线。而图 6.30 表明，在项目开始第 4 天检查时，活动 C 提前 1 天，活动 D 进度正常，而活动 E 落后 1 天。

在 Microsoft Project 2003 项目管理软件中可在甘特图上构造进展线。

在软件项目管理中按已完成工作量的比例标定实际进度进展点。检查计划时某一活动的工作量完成了多少比例，它的实际进度进展点就从该活动的有向线段起点自左至右标在有向线段长度相应比例的位置。

根据实际进度进展线反映的信息对项目执行情况进行分析和汇总，可以对计划的进度情况做出更准确的处理，进而实现计划动态调整，其步骤如下：

(1) 通过对各活动的跟踪明确进度情况，并绘制出实际进度进展线；

(2) 将各活动的实际进度与计划进度进行对比，得到反映活动超前或滞后的进度状态数组；

(3) 根据进度状态数组以及由其得出项目进展平均状态值和项目稳定系数，对活动工期做出调整。

若发现预计的项目工期拖后，则根据进度进展线分析项目存在的问题。如果有些活动进度拖期，但后面有足够的机动时间可供利用，或可以预见能够加快进度赶上计划进度，那么可以对这样的活动不作处理。

如果拖期的是关键活动、机动时间很少的非关键活动，或者是进度缓慢并且有可能影响到项目总工期的非关键活动，则必须采取以下措施缩短此后计划的执行时间：

(1) 投入更多的人力物力资源来缩短活动持续时间；

(2) 不增加资源数量，安排项目组成员加班；

(3) 缩小活动范围或降低质量要求，更改项目计划；

(4) 改进工作方法或采用新技术提高生产率。

在纠正措施确定后都需要将纠正措施纳入进度计划，对其进行修正并重新计算进度。以便加快后续进度，保证项目能够按期完工。

案例：X-ERP 项目进度管理

W 公司于 2013 年 5 月 6 日为×企业实施一个 ERP 项目，请为该项目编制进度计划。

1. 活动定义

项目组借鉴以往为类似企业实施 ERP 项目的历史资料，结合×企业的实际情况，对该项目的活动(任务)进行了定义，如表 6-15 所示。

表 6-15　×-ERP 项目活动目录/清单

活动编号	活动描述	紧前活动
A	领导层培训	
B	企业诊断	A
C	需求分析	B
D	项目组织	A
E	ERP 原理培训	C、D
F	基础数据准备	D
G	产品培训	E
H	系统安装调试	D
I	模拟运行	F、G、H
J	系统验收	I
K	分步切换运行	J
L	改进、新系统运行	K

2. 活动历时估计

项目组首先对表6-15中定义的所有活动、项目的约束条件、一些假设、资源需求与供给以及以往历史资料进行了分析，然后按照各种有利因素都集中出现来估计各项活动的乐观时间 T_O，按照各种最不利的因素都集中出现来估计各项活动的悲观时间 T_P，按照各种因素实际可能出现的正常情况来估计各项活动的最可能时间 T_M，最后运用PERT估算法进一步对项目各项活动作了历时(T_D)估计，如表6-16所示。

表6-16　×-ERP项目活动目录及其历时估计

活动编号	活动描述	紧前活动	T_O/天	T_M/天	T_P/天	T_D/天
A	领导层培训		0.5	1	1.5	1
B	企业诊断	A	7	9	17	10
C	需求分析	B	1	2	3	2
D	项目组织	A	5	5	5	5
E	ERP原理培训	C、D	1	2	9	3
F	基础数据准备	D	9	14	25	15
G	产品培训	E	2	4	12	5
H	系统安装调试	D	1	2	3	2
I	模拟运行	F、G、H	10	15	20	15
J	系统验收	I	0.5	1	1.5	1
K	分步切换运行	J	20	28	48	30
L	改进、新系统运行	K	15	15	15	15

3. 制定项目进度计划

估算出各项活动的历时时间之后项目组为该项目编制了进度计划，图6.31是该项目的PDM网络图，图6.32是该项目的甘特图，其他详细内容在本书中不作介绍。

从图6.31可以看出，X-ERP项目的工期为 $T_D = 82$(天)。

以图6.31为基础，计算各条路径的持续时间如下：

$$P_{A\text{-}B\text{-}C\text{-}E\text{-}G\text{-}I\text{-}J\text{-}K\text{-}L}:\ T_{D1} = 1 + 10 + 2 + 3 + 5 + 15 + 1 + 30 + 15 = 82(\text{天})$$

$$P_{A\text{-}D\text{-}E\text{-}G\text{-}I\text{-}J\text{-}K\text{-}L}:\ T_{D2} = 1 + 5 + 3 + 5 + 15 + 1 + 30 + 15 = 75(\text{天})$$

$$P_{A\text{-}D\text{-}F\text{-}I\text{-}J\text{-}K\text{-}L}:\ T_{D3} = 1 + 5 + 15 + 15 + 1 + 30 + 15 = 82(\text{天})$$

$$P_{A\text{-}D\text{-}H\text{-}I\text{-}J\text{-}K\text{-}L}:\ T_{D4} = 1 + 5 + 2 + 15 + 1 + 30 + 15 = 69(\text{天})$$

从上述计算结果可知，

$$T_{D1} = T_{D3} > T_{D2} > T_{D4}$$

所以，X-ERP项目的关键路径有2条，即A-B-C-E-G-I-J-K-L和A-D-F-I-J-K-L。

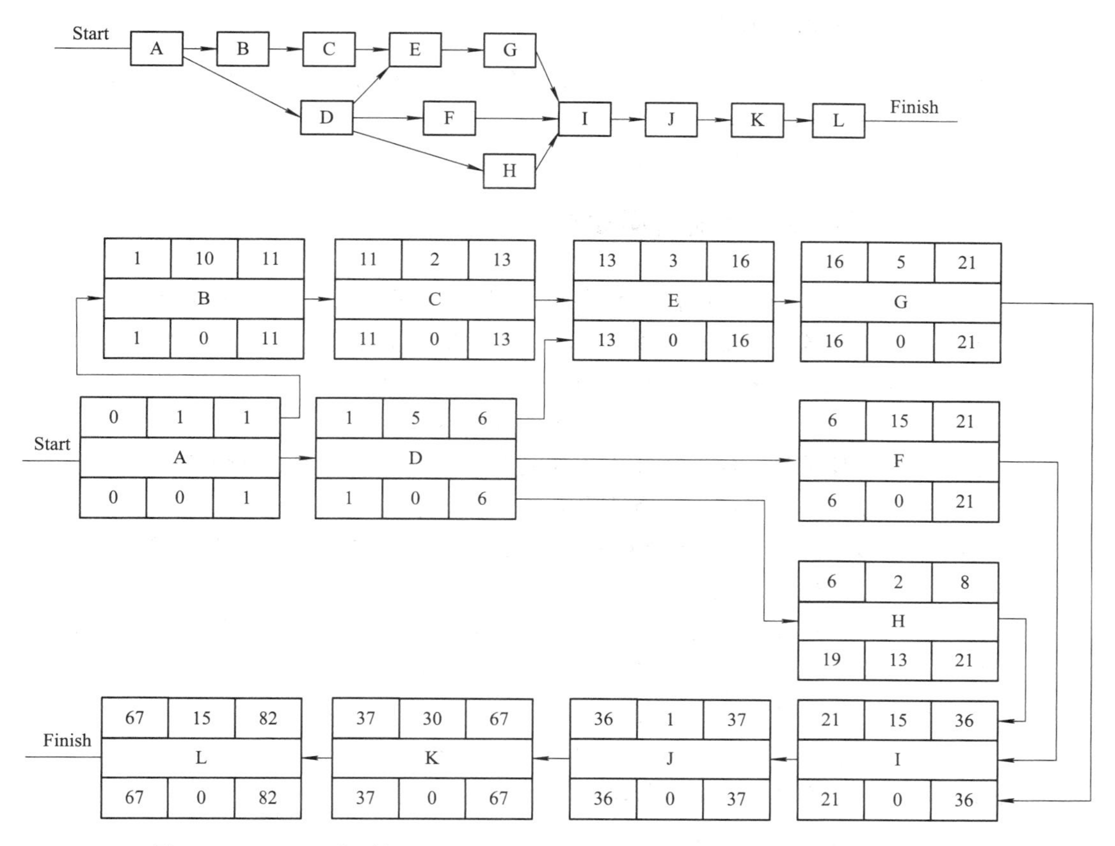

图 6.31　X-ERP 项目的 PDM 网络图(根据表 6-16 的活动依赖关系绘制网络图)

序号	任务名称	开始时间	完成时间	持续时间
1	**领导层培训**	2013-5-6	2013-5-6	1d
2	**企业诊断**	2013-5-7	2013-5-20	10d
3	**需求分析**	2013-5-21	2013-5-22	2d
4	**项目组织**	2013-5-7	2013-5-13	5d
5	**ERP原理培训**	2013-5-23	2013-5-27	3d
6	**基础数据准备**	2013-5-14	2013-6-3	15d
7	**产品培训**	2013-5-28	2013-6-3	5d
8	**系统安装调试**	2013-5-14	2013-5-15	2d
9	**模拟运行**	2013-6-4	2013-6-24	15d
10	**系统验收**	2013-6-25	2013-6-25	1d
11	**分步切换运行**	2013-6-26	2013-8-6	30d
12	**改进、新系统运行**	2013-8-7	2013-8-27	15d

2013年05月　2013年06月　2013年07月　2013年08月
5-5　5-12　5-19　5-26　6-2　6-9　6-16　6-23　6-30　7-7　7-14　7-21　7-28　8-4　8-11　8-18

图 6.32　X-ERP 项目的甘特图(根据表 6-16 的活动参数进行进度安排)

4. 制定项目进度跟踪控制方案

项目组从进度总体目标出发确定了其具体目标，并以此为导向制定了该项目的进度跟踪和控制方案，详细内容略。

讨论：信息系统项目中的时间管理问题

小张为W技术有限公司的IT主管，最近接到公司总裁的命令:负责开发一个电子商务平台。小张粗略地估算该项目在正常速度下需花费的时间和成本。由于公司业务发展需要，公司总裁急于启动电子商务平台项目，因此要求小张准备一份关于尽快启动电子商务平台项目时间和成本的估算报告。

在第一次项目团队会议上项目团队确定出了与项目相关的任务如下:

第一项任务是比较现有电子商务平台，按照正常速度估算完成这项任务需要花10天，成本为15 000元。但是如果使用允许的最多加班工作量，则可在7天、18 750元的条件下完成。

一旦完成比较任务，就需要向最高管理层提交项目计划和项目定义文件，以便获得批准。项目团队估算完成这项任务按正常速度为5天，成本3750元，如果赶工为3天，成本为4500元。

当项目团队获得高层批准后，各项工作就可以开始了。项目团队估计需求分析为15天，成本45 000元，如果加班则为10天，成本58 500元。

设计完成后有3项任务必须同时进行:

① 开发电子商务平台数据库;

② 开发和编写实际网页代码;

③ 开发和编写电子商务平台表格代码。

估计数据库的开发在不加班的时候为10天9000元,加班时可以在7天11 250元的情况下完成。同样项目团队估算在不加班的情况下，开发和编写网页代码需要10天17 500元，加班则可以减少两天，成本为19 500元。开发表格工作分包给别的公司，需要7天、成本8400元。开发表格的公司并没有提供赶工多收费的方案。

最后一旦数据库开发出来，网页和表格编码完毕，整个电子商务平台就需要进行测试、修改，项目团队估算需要3天，成本4500元。如果加班的话，则可以减少一天，成本为6750元。

案例讨论：

1. 如果不加班，完成此项目的成本是多少？完成这一项目要花多长时间？

2. 项目可以完成的最短时间是多少？在最短时间内完成项目的成本是多少？

3. 假定比较其他电子商务平台的任务执行需要13天而不是原来估算的10天。小张将采取什么行动保持项目按常规速度进行？

4. 假定总裁想在35天内启动项目，小张将采取什么行动来达到这一期限？在35天完成项目将花费多少？

6.6 小　　结

软件项目进度管理(6.1.2 节)是指运用一定的工具和方法制定项目实施计划，经评审形成基线计划后，在项目实施过程中对项目的实际进展情况进行控制，在与质量和成本目标协调的基础上，确保项目能够按时完成所需的一系列活动。按时完成项目是项目经理最大的挑战之一，了解项目进度拖延的主要原因(6.1.1 节)对当前项目的实施具有借鉴作用。软件项目进度管理包括活动定义、活动排序、活动历时估计、制定进度计划和进度控制等过程(6.1.3 节)。为了简单直观地表达软件项目的进度计划，方便对比实际工作进展情况与计划之间的差异，软件项目进度安排一般采用甘特图(6.2.1 节)、网络图(6.2.2 节)和里程碑图(6.2.3 节)等图示方法。软件项目进度估算有类推估算法、专家估算法、基于承诺的进度估算法、基于规模的进度估算法(6.3.1 节)、PERT 估算法(6.3.2 节)、关键路径法(6.3.3 节)、蒙特卡罗估算法(6.3.5 节)、进度表估算法(6.3.6 节)和 Jones 的一阶估算准则(6.3.7 节)等很多种方法，其中 PERT 估算法多用于活动(任务)的历时估计，关键路径法多用于估算整个项目的工期以及进度的跟踪控制。在编制软件项目进度计划(6.4 节)时，需要活动历时估算、项目网络图、项目资源需求、项目日历、资源日历和限制条件等资料作为依据(6.4.2 节)，从时间、成本、资源三个主要方面的相互影响、相互制约出发，运用时间—成本平衡法、快速跟进法和时间-资源平衡法等方法对进度计划进行修正和优化(6.4.4 节)，形成尽可能切实可行的软件项目进度计划书，以利于项目过程中跟踪和控制计划进度。在软件项目开发过程中必须运用甘特图、网络图和里程碑等方法对进度不断进行跟踪(6.5 节)，运用关键路径法和实际进度进展线法进行实施状况与计划进度的对比分析。当实际进度与计划进度不相符时，需要采取合适的对策使项目按预定的进度目标执行。

6.7 习　　题

1. 简述软件项目进度延期的主要原因。
2. 软件项目进度安排有哪几种常用的网络图？各有什么特点？
3. 甘特图有哪些优势和不足？
4. 软件项目进度估算的方法有哪些？简要说明三种常用方法的特点。
5. 已知软件项目活动的历时和逻辑关系，如何确定该项目的关键路径？
6. 软件项目进度计划编制的方法和技术有哪些？
7. 软件项目进度计划编制的输入有哪些？
8. 软件项目进度计划的输出有哪些表示方法？
9. 表 6-17 列出了 W 项目的活动清单，请绘制该项目的 ADM 网络图，计算其关键路径和项目工期。

表 6-17 W 项目活动清单

活动编号	活动描述	历时(天)	紧前活动
A	硬件选型	60	
B	软件设计	40	
C	硬件安装	30	A
D	软件编码和测试	40	B
E	档案工作	30	B
F	编制用户手册	100	
G	用户培训	30	E、F
H	系统安装和测试	20	C、D

10. 表 6-18 列出了 Y 项目的活动清单，请完成以下问题。

表 6-18 Y 项目活动清单

活动编号	历时(周)	紧前活动
A	6	
B	3	A
C	7	A
D	2	C
E	4	B、D
F	3	D
G	7	E、F

(1) 画出 Y 项目的 PDM 网络图。

(2) 确定项目的关键路径，估算项目工期。

(3) 假定项目最后期限为 27 周，请问项目的关键路径会发生变化吗？若发生变化，新的关键路径是哪条？若没有变化，请说明理由。

(4) 如果活动 F 的历时调整为 5 周，请问项目的关键路径是哪条？

11. 图 6.33 是 Z 项目的 ADM 网络图，活动历时单位是周。表 6-19 列出了 Z 项目中各项活动的正常进度、压缩进度、正常成本和压缩成本信息，进度单位是周，成本单位是万元。请完成以下问题。

(1) 确定 Z 项目的关键路径。

(2) 估算项目的工期。

(3) 为使项目工期缩短 2 周，应压缩哪些活动的时间？增加的费用是多少?关键路径有没有变化？

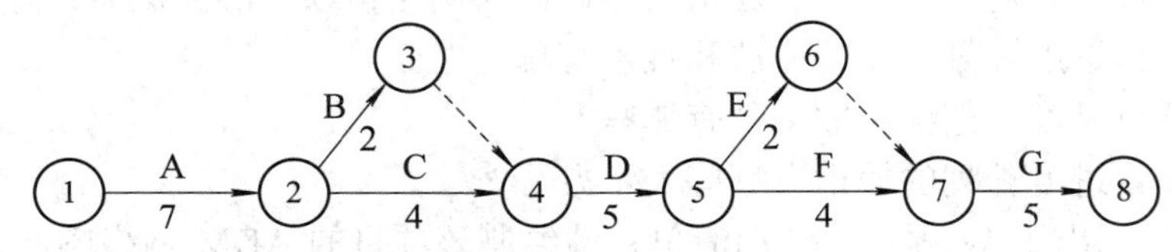

图 6.33 Z 项目的 ADM 网络图

表 6-19　Z 项目的正常进度及成本和压缩进度及成本

活动编号	正常进度	压缩进度	正常成本	压缩成本
A	7	6	0.7	0.8
B	2	1	0.5	0.7
C	4	3	0.9	1.02
D	5	4	0.3	0.45
E	2	1	0.2	0.3
F	4	2	0.4	0.7
G	5	4	0.5	0.8

12. W 技术有限公司是一家从事制造行业信息系统集成的公司，最近公司承接一家企业的信息系统集成业务。经过公司董事会的讨论，决定任命你作为新系统集成项目的项目经理，在你接到任命后，开始制订进度表，这样项目才能按照进度表继续下去。

在与项目团队成员讨论后，假设已经确认了 12 项基本活动。所有这些活动的名称、完成每项活动所需的时间、以及与其他活动之间的约束关系如表 6-20 所示。

表 6-20　WBS 活动清单

活动名称	需要的时间/天	前置任务
A	3	
B	4	
C	2	A
D	5	A
E	4	B, C
F	6	B, C
G	2	D, E
H	4	D, E
I	3	G, F
J	3	G, F
K	3	H, I
L	4	H, J

(1) 为了便于对项目进度进行分析，可以采用箭线图法和前导图法来描述项目进度，请画出项目进度计划中箭线图和前导图。

(2) 本题中的关键路径有几条？并给出关键路径。

(3) 你要花多长时间来计划这项工作？如果在任务 B 上迟滞了 10 天，对项目进度有何影响？作为项目经理，你将如何处理这个问题？

13. (项目管理)制定图书馆软件产品的项目进度管理计划。

14. (项目管理)制定网络购物系统的项目进度管理计划。

15. (项目管理)制定自动柜员机的项目进度管理计划。

第7章　软件项目资源管理与分配

资源的数量、类型、质量和资源投入节奏都是项目实践的重要的和直接的因素。项目资源的需求不仅会影响到项目成本，也会影响到项目时间管理。如果在项目时间管理中忽略项目资源的需求，那么制定的项目时间管理计划就很可能会受到资源是否能够及时到位的影响。当然，当假定资源可以无限使用并且可以随时随地使用时，项目所耗费的时间与资源需求是没有关系的。但是，在实际工作中，项目只能够得到有限的和相对固定的资源支持。因此在项目时间管理中不能忽略项目的资源状况，在确定项目资源管理与分配中应当考虑项目的约束情况，用集成管理的思想综合分析资源的影响，才能够确定正确的项目资源，在有效的项目时间管理的同时提高项目资源管理。这里，将会了解如何使项目活动的计划与可用的资源相符，必要时，需要评估变更计划来适应资源的效益。

学习目标

本章介绍软件项目资源的特性、分类、管理与分配的基本概念和相关技术，通过本章学习，读者应能够做到以下几点：

(1) 了解项目活动资源的概念和性质，搞清楚资源对项目的影响；
(2) 了解确定资源需求要考虑的因素，掌握确定项目需要的资源的方法；
(3) 在整个项目生命周期中，学习如何使资源需求更加均匀；
(4) 了解资源调度对关键路径和关键活动的影响；
(5) 分配资源，产生工作计划和资源进度表；
(6) 监督成本，掌握挣值分析法，监控项目执行情况；
(7) 理解资源调度和成本、进度之间的关系。

案例：资源分派问题

在 Xavier 公司，项目经理将项目计划保存在自己的本地驱动器上，却没有使用共享资源池。项目经理 Karen Smith 在 12 月 9 日开始的三周之内需要使用一个 DBA，而项目经理 Joe Green 在 11 月 15 日开工的为期三个月的项目之中需要占用 DBA 的 25%的工作时间。两个项目经理都想要使用 Frank Kelly——公司中最好的 DBA。Karen 找到了 Frank，问他现在正在做些什么工作，Frank 告诉 Karen 自己正在解决一些平常的问题，并在“业余时间”为 CRM 项目做支持工作。Karen 知道 CRM 项目预期在 11 月之内完工，因为这是 CRM 项目第 3 次推迟工期了，Karen 认为 11 月份的截止日期不会再有所改变。Karen 还认为，她的项目工作至关重要，即使是 CRM 项目延期，要找到 Frank 为她工作三周时间也不是什么太困难的事。Karen 对自己的合理的人员配置方案感到很满意，她给 Frank 的经理发了一封电子邮件，让他知道自己计划在 12 月的时候使用 Frank，而且她确定 Frank 的时间安排是没有问题的。

与此同时，Joe 也在进行着类似的工作，他也知道 CRM 项目应该在 11 月之内完成，即使 CRM 项目没有完成，Joe 也只是需要在每周之内占用 Frank 大约 8 至 10 个小时的时间，Joe 确信 Frank 可以抽出这个时间。作为一个好的项目经理，Joe 也给 Frank 的经理留了个信儿，表示他需要从 11 月 15 日开始每周使用 Frank 几个小时。

Frank 的经理收到了来自两个人的通知，沮丧地摇摇头嘟囔着，“这些人啊”。他知道 CRM 项目已经延误了工期，而且其中一些生产系统设计是很棘手的工作(需要占用 Frank 的大量时间)。而且在过去他发现 Karen 和 Joe 都对他们所需要的支持工作的量估计过高。Frank 的经理并不想加入到这个争斗之中，因此他给这两个项目经理发了一封电子邮件表示：“的确，事情有一些不确定性，但我们会找到办法的”。

那么，Frank 是否被过度分派了呢？看起来似乎是这样，事实上却没有。Joe 和 Karen 只是认为他们需要来自 Frank 或是他的经理的帮助。由于这里并没有任何公共的资源安排池，因此项目经理并没有办法确认所出现的问题。到了 11 月份后期和 12 月份时，当事情真的开始出问题时，所带来的影响就会很快升级，使多个项目工作处于风险之中。

当公司意识到这种情况存在时，可以使用资源池一类的软件来跟踪共享资源，问题就会变得更加清楚。Frank 的经理就可以看到 Frank 在 3 个星期的阶段之内的工作安排达到了 200%(100%给 Karen，75%做日常维护工作，还有 25%给 Joe)。忽略掉 CRM 项目很可能再次延期这一事实，给 Frank 的工作量增加另外的 25%，很显然目前的状况是相当紧张的。这样，公司的经理们在进行资源分配的时候就可以采取相应的措施。

当然，活动的资源分配导致要评审和修改理想化的活动计划，可能要修改阶段的完成日期或项目的完成日期。在任何事件中，很可能使可以调度的活动的时间间隔缩短。

资源管理与分配的最终结果通常包括：

- 活动进度：表示每个活动计划的开始日期和完成日期；
- 资源进度：表示每个资源要求的日期以及要求的调度等级；
- 成本进度：表示资源使用过程中计划的累积花费。

7.1 项目活动资源概述

项目活动资源需求属于项目成本管理的范畴，并且是成本管理的一项活动，同时又是项目活动历时估计的输入条件。因此，了解项目活动资源对项目成本估算和时间管理都有重要的影响。

7.1.1 项目活动资源的概念

“资源”是经常遇到的一个词，具有丰富的内涵。国内外的专家、学者对其有各种各样的解释，至今尚没有形成一个被人们普遍接受的定义。

现代管理学从资源经济学的角度扩展了资源的内涵。有人提出：“各种自然因素及其他成分组成的各种经济自然环境，以及人类社会形成并不断增长的人口、劳动力、知识、技术、文化和管理等，凡是能进一步有利于经济生产和使用价值提高者，都可称为资源，包括自然资源、经济资源和智力资源三大部分。”显然，这是对资源的广义解释。

这里需要区分资源和能力这两个术语。在管理学中，简单讲，资源意味着有什么，能力意味着能干什么。资源与能力之间不能简单地画等号，使用资源的人的素质、士气、使用资源的方向和方法等都决定着同样的资源在不同的人手里可能发挥的作用和产生的能力是不一样的。因此，资源到手之后，必须搞清楚到底能发挥多大效用，带来多大能力。所以，还要注意有关能力的术语。

● 额定能力(Rated Capacity)。它是指在理想的条件下，所获得的资源的最大产出量。设备的额定能力通常在有关的技术说明书中注明，劳动力的额定能力一般由工程师采用标准工作测量技术来估计。在实际使用中不一定能充分达到这种理想状态。

● 有效能力(Effective Capacity)。它是指在综合考虑活动分配计划编制和进度安排的约束、维修状况、工作环境以及使用的其他资源的条件下，可以获得的资源最大产出量。有效能力通常小于设计能力或额定能力，因此，在估计需要多少资源从而具备多大的能力时，更应该关心有效能力是多大。

7.1.2 为什么要进行资源分配

项目中的任务有了一系列的资源支持才得以完成。资源的范围比较广泛，在分配的时候往往无法做到“无限资源随便用”的现象。任务在分配资源的时候，往往看到资源的可用性，并没有考虑资源在可用之前是否已经被分配的情况，因此，在分配资源的时候就会出现被重复分配的现象，从而导致资源冲突。

在软件项目管理中，资源过度分配的原因主要有以下几点：

(1) 一个全职资源在同一时间段被分配给多个任务。例如，在 IT 项目管理中，小王被分配到设计部门去设计一个模块，但是，同一个时间段又安排他到测试部门去测试一个模块。这样就会出现一个全职资源(小王)在同一时间被两次或多次重复利用的局面，导致了资源的过度分配。

(2) 把一个任务的工期延长了。这种现象是说，一个任务因为某些原因，本来 10 天的工期，突然延长到了 12 天，那么，之前分配给它的资源一直在原有的时间内支持它，任务的突然延长，势必会使得支持它的资源也要增加数量，这样一来，资源就需要以 10 天的支持力度来支持 12 天的工作，资源的工作量增加，导致资源过度分配。

(3) 资源的单位可用性被减少或降低。一个全职资源可以表示为 100%，如果一个任务只需要一半的资源支持，即 50%，这个时候任务本身如果附加了一些非工作时间，就会出现资源不足的现象。例如，小李需要用半天的时间去拜访客户，半天的工时为 4 个小时，小李就被分配了 50%的任务量，但是，在分配时给任务多加了一个小时，即 5 个小时拜访客户，事实上对任务来说，5 个小时之内(即 4 个小时)就能完成任务，但是，对资源来说就出现了一个问题，即少了一个小时的资源支持。一个小时的非特殊工作时间影响了资源。

(4) 资源的日历和任务的需求没有统一好。工时类资源有自己独特的日历，这些日历就是为了能够很好地支持任务而设置的。例如，大周的工作日历设置为周五不上班，但是，在分配任务给大周的时候没有考虑这个特殊的情况，也把周五的工作安排给了大周，那么，这时候就出现了资源过度分配的现象，大周就需要用一周四天的时间来完成五天的工作。

(5) 摘要任务和其子任务双重分配。摘要任务的开始时间是其第一个子任务的开始时间，摘要任务的完成时间是其最后一个子任务的完成时间。如果把小张分配给了摘要任务，同时也分配给了其所有子任务，这个时候如果再将小张分配给子任务，很显然就出现了重复分配，导致小张被分配了两次。作为一般规律，还是把资源分配给子任务为好。

事实上上述问题反映了资源过度分配的两种现象：一是资源被重复分配而导致的资源过度分配；另一种是资源的工时总量大于需求的可用量。

7.2　项目资源的性质

资源是执行项目所需要的任何物品或人员，包括很多东西，从办公用品到关键人员，而且想要详细列举出需要的所有资源是不可能的，更不用说制定资源使用的进度了。例如，文具和其他标准办公用品通常不需要项目经理关注，确保有足够的供应是办公室主任的职责。项目经理应该关注那些如果不进行计划，就可能在需要时不能充分可用的资源。

7.2.1　项目资源的分类

根据会计学原理对资源分类，可将项目实施所需要的资源分为劳动力(人力资源)、材料、设备和资金等。这是划分项目资源最常见的方法。其优点是通用性强，操作简便，易于被人们接受。本章就按此分类讨论项目资源计划编制及资源价格。

根据资源的可得性分类，资源可分为可持续使用的资源、消耗性资源和双重限制资源。可持续使用的资源能够用于相同范围的项目各个时间阶段，例如固定的劳动力；消耗性资源在项目开始阶段往往以总数形式出现，随着时间的推移，资源逐渐被消耗掉，例如各种材料或计算机的机时；双重限制资源是指这类资源在项目的各个阶段的使用数量是有限制的，并且在整个项目的进行过程中，这类资源总体的使用量也是有限制的，例如在项目的实施过程中，资金的使用就是一种典型的双重限制资源。

根据项目使用资源的特点分类，可将项目分为没有限制的资源和价格非常昂贵或项目期内不可能完全得到的资源。没有限制的资源在项目的实施过程中没有供应数量的限制，例如没有经过培训的劳动力或通用设备；价格非常昂贵或项目期内不可能完全得到的资源如在项目实施过程中使用的特殊试验设备，每天只能进行 4 小时工作，或某些同时负责多个项目的技术工作的专家。

这里，将软件项目所需的资源分成以下七类：

● 劳动力(Labor)。软件项目的主要人员是开发项目组的成员，例如项目经理、系统分析员和软件开发人员等。同等重要的还有质量保证组和其他支持人员，以及承担或参与特定活动所要求的客户组织的任何雇员。

● 设备(Equipment)。显而易见的设备包括工作站以及其他计算机和办公设备。不要忘记员工还需要使用桌子和椅子等设备。

● 材料(Material)。材料是要消耗的资源，不是要使用的设备。在多数项目中材料不是很重要，但是对有些项目来讲可能是非常重要的，例如要广泛分发的软件可能要求提供专门购买的光盘。

● 场地(Space)。对于由已有员工承担的项目来讲，场地一般不是问题。如果需要任何额外的员工(新招聘的或签订合同的)，则需要寻找办公场地。

● 服务(Service)。有些项目要求获取专门学科的服务，例如广域分布式系统的开发要求计划好长途通信服务。

● 时间(Time)。时间是可由其他主要资源弥补的资源，有时可以通过增加其他资源来减少项目的时间，而且如果其他资源意外减少，几乎可以肯定要延长项目的时间。

● 资金(Money)。资金是次要的资源。资金用于购买其他资源，当使用其他资源时，就要消耗资金。类似于其他资源，资金要用一定的成本来获得，这就是利息费。

一般情况下，在制定计划的过程中，对于那些消耗性的资源和有限制的、需要定期使用的资源，应予以单独考虑。

7.2.2 项目活动资源的特点

项目是一种特殊的一次性努力，那么项目活动使用的资源有什么特点呢？大致上可以把这种特点概括为四个方面，即资源的有限性、即时消耗性、专有性和多用性。

● 有限性。资源的有限性亦称稀缺性，是资源最重要的特征。大量的资源在数量上总是有限的，不是取之不尽、用之不竭的，而且可代替资源的品种也是有限的。具体到项目，一般在项目建议书、项目论证与评估书、可行性研究报告或批准书中都对可供项目调用的资源具有十分明确的说明和规定，最明显的就是有限的人力资源(主体是项目团队)以及项目预算。因此，在实施项目时，资源的有限性必须引起人们的重视。在项目开展以后，项目经理不宜而且不易再从外部不断要求追加资源。

● 即时消耗性。项目是一次性努力，项目组织也是临时性机构，就项目来说，不可能设立庞大的库存系统和永久性地占有项目的资源。各种资源必须只在需要的时候按照需要的数量提供给项目使用，因此，在考虑项目的资源使用时必须确保在正确的时候、正确的地点向正确的人交付正确数量的资源。项目可以为防范资源不到位的风险而采取应对措施，但不会过早储存也不会过量储存那些比较昂贵的资源。

● 专有性。相对于日常的运行活动而言，项目是对时间进度要求非常强的一种活动，而且不可预见性也比较大，出现各种各样的变更是常有的事，软件项目尤其如此。为使变更不与资源使用计划产生过多的矛盾，项目最好是拥有一些能够自己决定的、相对固定的资源，不和其他项目或日常运作交叉使用，以免在资源使用上过多地受到外部因素的影响。

● 多用性。资源一般都有多种功能和用途，可满足多方面的需要，同一种资源可以作为不同活动的投入物，不同的项目活动对某一种资源也可能存在着共同的需求。所以，在考虑项目的资源使用时应尽可能使有限的资源满足不同项目活动的需要，使资源得到最有效的利用，并增加调配资源的灵活性，应付突发事件。资源的不断进出和调配本身就是一件很麻烦的事情，也会耗用时间和资金，因此，在资源使用上，项目应该避免出现频繁调进调出资源的情况，这尤其适用于人力资源的使用。新手的加入和一名老团队成员的退出，不仅要办理必要的手续，还有培训、融合以及退出安置等一大堆事情要做，千万不可小视。

7.2.3　项目资源需求的特点

项目的生命周期影响着项目对资源的需求。例如，某软件开发项目在早期阶段有一小部分设计人员和高级人员。当项目进行到大约一半时，项目组规模达到顶峰，主体开发和测试正全力进行，此时人员构成以中间人员和低层次人员为主。当项目接近终点时，小组规模缩小为仅仅几个人，着眼于将来的维护。

大多数项目全生命周期有相同的人力和成本投入模式，即开始时少，后来多，当项目快结束时又迅速减少。资源需求与项目生命周期各个阶段的关系可以用图形清楚地表示出来。图 7.1 表示某项目生命周期的各个阶段对劳动力和材料两种资源的需求状况。

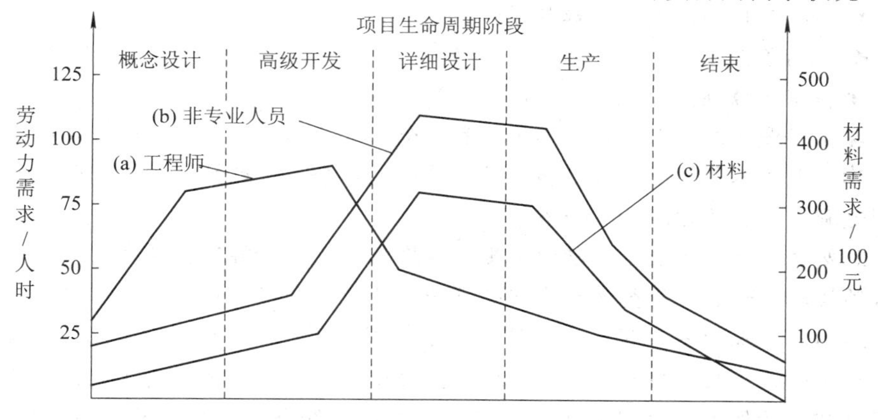

图 7.1　典型资源需求概况(生命周期的不同阶段对劳动力和材料这两种资源的需求状况不同)

图 7.1 中，曲线(a)表示随着时间的变化，该项目对工程师的需求变化情况。从该曲线的变化趋势可看出，项目对工程师的需求在项目的高级开发阶段达到最高点。曲线(b)表示随着项目进展的变化，该项目对非专业人员需求的变化情况。在项目的详细设计和生产两个阶段，项目对非专业人员的需求达到最高点。曲线(c)表示项目各阶段对材料的需求变化情况。同样是在详细设计和生产两个阶段，项目对材料的需求达到最高点。

由于项目的一次性特点，项目资源不同于常规组织机构的资源，多是临时拥有和使用的。资金需要筹集，服务和咨询力量可以采购(招标或招聘)，有些资源还可以租赁。资源的高效和合理使用对项目管理至关重要。任何资源的短缺、积压和滞留都会给项目带来损失。

7.2.4　项目活动资源数量的影响

项目活动工期的长短显然会受到能够分配的资源数量的影响，但二者之间不一定存在直接的线性关系，也不一定是正相关或负相关关系，软件项目尤其如此。例如，一个每天只工作半天的人完成一项活动所需时间可能正好是全天都工作人员所需工时的两倍，而两个人共同工作时，完成一项活动所需时间可能恰好是单独一个人工作时所需时间的一半。但是，并非投入工作人力的增多一定伴随着所需时间的减少。随着过多人力的增多，项目反而会出现沟通和协调问题，影响劳动生产率。也就是说，随着资源的增加，效益增长反而递减。

案例：项目活动资源数量的影响

设想在一个房间内，有一把普通的4条腿的椅子，房门是关着的。要求将这把椅子搬到屋外的走廊里去。如果在没有外来帮助的情况下去做这件事情，可能会采取如下步骤：

- 抬起椅子；
- 搬到门口；
- 放下椅子；
- 打开门；
- 用脚顶住门，同时抬起椅子；
- 把椅子搬出门；
- 把椅子放在走廊里。

现在假设可以使用的资源加倍，有一个人来开门，这样就可以直接把椅子搬到走廊，中间不需要任何转换和停留。显然，两个人一起做这项工作时，把椅子搬到走廊所需要的时间一定会缩短。

既然资源加倍缩短了活动的工期，再次加倍使用资源呢？现在让4个人来完成这项活动，会怎样进行呢？这就必须先召开会议明确责权利，然后把活儿分下去，总不能有人干多、有人干少吧，因为每个人可能都希望少干活儿、多获利，或者干同样的活儿、得相同的利，这样，每个人平均负责抓住椅子的一条腿，但到门口却被卡住了(分配资源时忘了安排人去做这件事，因为4个资源分别分配给椅子的4条腿是很容易平均的)。

当然这4个人还不至于如此愚蠢。这个案例只是想说明，一味求助于追加更多的资源可能得不到预期的回报。为了使活动工期满足要求，分配给任务的资源要适度，过多增加资源，不仅耗费了金钱，也可能达不到缩短工期的目的。这里有一个术语叫“压缩点(Crash Point)”，就是说从这一点开始再增加更多的资源只会延长活动的工期。

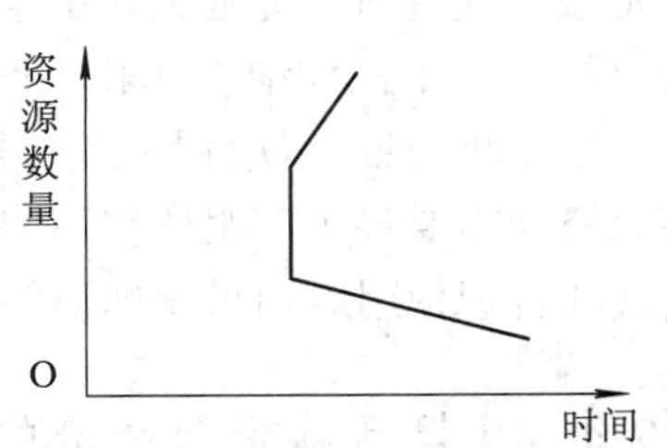

图 7.2　资源数量对项目时间的影响

从上面的讨论可以看出，资源数量和项目活动的工期之间主要有三种关系，如图7.2所示。

- 资源投入增加，工期减少。通常这种变化不一定总是同比例变化的。
- 资源投入增加，工期不变。当投入在活动上的资源超过一定的水平后，继续投入资源对项目的工期没有影响。

● 资源投入增加，工期增加。当投入在活动上的资源超过一定的水平后，继续投入资源反而会使工期延长。

7.2.5　项目活动资源质量的影响

大多数活动所需时间都受到分配的人力与物质资源能力的直接影响。例如，如果两个人都全力以赴投入工作，通常资深人员完成指定活动所用时间要比初级人员少。例如，一项翻译活动需要两个专业翻译工作两天，如果使用一般大学生来完成这项活动就可能需要很长的时间了。

如图 7.3 所示，一般而言，资源质量越好，项目活动所需时间就越短，但是到达一定的极限之后，再提高资源质量也不会减少活动时间。另外，过高的资源质量还可能意味着使用成本的增加。所以，与项目活动所需的资源的数量类似，资源质量也是以适用、好用、易用为首要原则的。

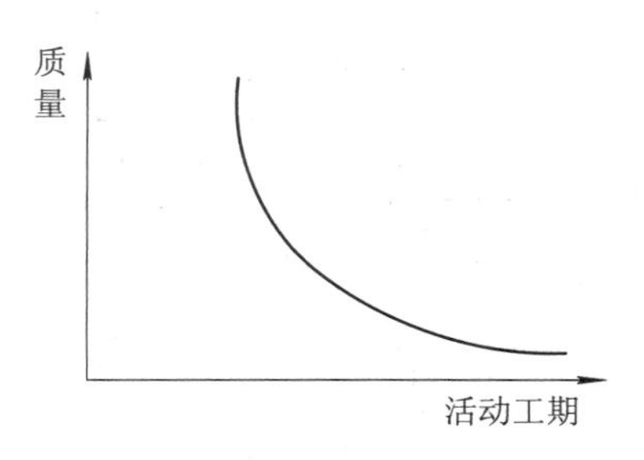

图 7.3　资源质量对项目时间的影响

另外，在探讨项目资源质量时还要注意区分物质资源和非物质资源的质量问题。对于物质资源，主要借用客观的检验指标，比如水泥的质量、设备的质量等。对于非物质资源，除了有客观判断外，还要有主观的判断。最明显的就是人力资源，除了要求具有一定的知识和技能以外，对项目的投入程度和热情也是判断这种资源质量好坏的重要依据。对软件项目来说，人力资源的差别非常巨大，尤其应该关注。

完成项目活动所需的资源有多种类型，也就存在多种形式的资源组合。通过增加资源数量、提高资源质量或改变资源类型都可以减少项目活动所需的时间，但是，这种减少都不是无限度的，也不一定都是有效的。所以，在确定资源需求的时候应当综合考虑各方面的因素。

7.3　确定资源需求

制定资源分配计划首先是列出所要求的资源以及要达到的期望等级，一般通过依次考虑每项活动并标识要求的资源来达到。有可能需要的资源并不是活动要求的，但却是项目基础设施的一部分(例如项目经理)或是支持其他资源所要求的(例如办公场地可能是内部签约软件开发人员所要求的)。因此，资源需求列表必须尽可能全面，宁愿所包含的某些资源在以后不需要时再删除掉，也不要忽略某些必需的资源。如下案例所示：小张已经因一项可能的需求(将要招聘签约软件开发人员)而增加了额外的办公场地。

案例：考勤应用系统——网络图

小张已经为TCAS项目生成了一个网络图(如图7.4所示)，并使用这个网络图作为资源需求列表的基础，该资源需求列表的一部分如表7-1所示。注意，这里他并没有为任务分配人员，但是，已经决定需要哪种类型的员工。活动周期假定活动将由"标准的"分析员或软件开发人员来执行。

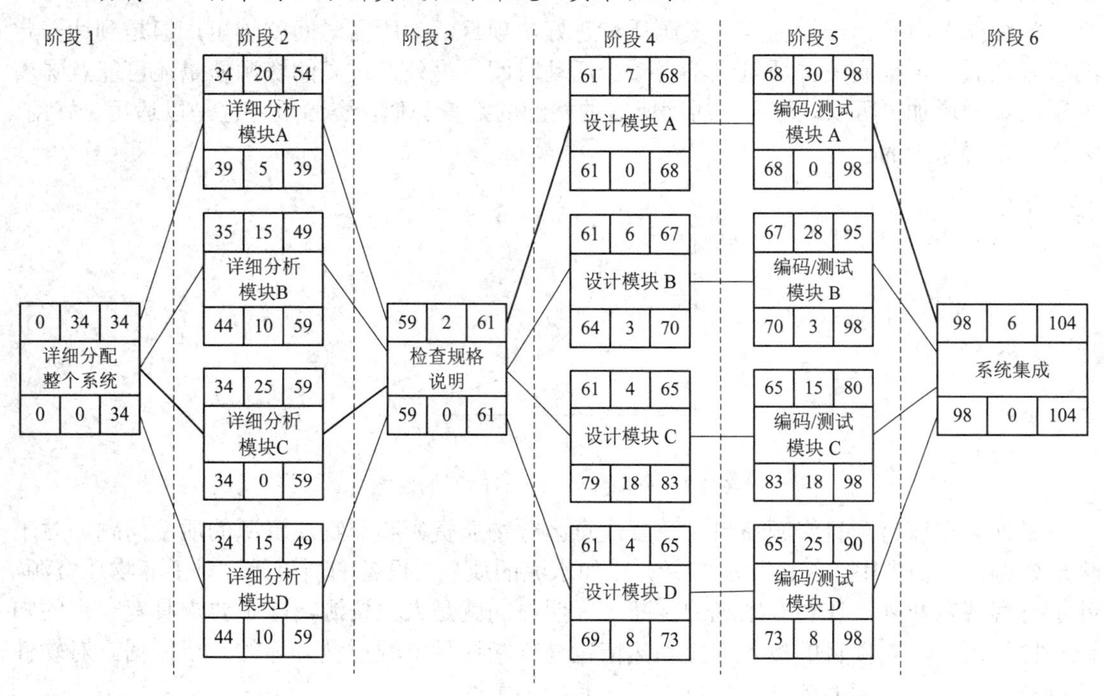

图7.4 TCAS网络图(这是典型的软件开发项目的网络图，可用于其他项目管理中)

表7-1 TCAS资源需求列表的一部分

阶段	活 动	资 源	天数	数量	备 注
全部		项目经理	104		
1	全部	工作站	—	34	检查软件可用性
	TCAS-SA-01	高级分析员	34		系统分析确定软件需求
2	全部	工作站	—	3	每人一台
	TCAS-SRS-02	分析员/设计人员	20		模块A的分析
	TCAS-SRS-03	分析员/设计人员	15		模块B的分析
	TCAS-SRS-04	分析员/设计人员	25		模块C的分析
	TCAS-SRS-05	分析员/设计人员	15		模块D的分析

续表

阶段	活　动	资　源	天数	数量	备　注
3	全部	工作站	—	2	
	TCAS-SRR-06	高级分析员	2		
4	全部	工作站	—	3	与阶段 2 一样
	TCAS-SD-07	分析员/设计人员	7		模块 A 的设计
	TCAS-SD-08	分析员/设计人员	6		模块 B 的设计
	TCAS-SD-09	分析员/设计人员	4		模块 C 的设计
	TCAS-SD-10	分析员/设计人员	4		模块 D 的设计
5	全部	工作站	—	4	每人一台
	全部	办公场所	—		
	TCAS-SP-11	程序员	30		模块 A 的编码和测试
	TCAS-SP-12	程序员	28		模块 B 的编码和测试
	TCAS-SP-13	程序员	15		模块 C 的编码和测试
	TCAS-SP-14	程序员	25		模块 D 的编码和测试
6	全部	全部机器访问	—		系统测试大约需要 8 小时
	TCAS-SI-15	分析员/设计人员	6		系统集成和测试

模块 A：TimeCardDomain 包和 TimeCardWorkflow 包

模块 B：TimeCardUI 包

模块 C：HtmlProduction 框架

模块 D：BillingSystemInterface 子系统

7.3.1　确定资源需求要考虑的因素

对一个给定的项目活动，确定资源需求时必须综合考虑多方面的因素，从而做出最恰当的资源需求预测。通常这些影响因素主要包括以下几个方面：

● 资源的适用性。在选择资源时，不要过分求好和贪多，要尽可能使其具有最大的适用性。这样，不但要考虑资源本身的质量和供给状况，还要考虑项目活动的需求、可以付出的成本，以及使用这种资源最想达到的目的，将其进行综合权衡。最典型的例子就是一个球队，全明星阵容并不一定就能夺取冠军。

● 资源的可获得性。在确定项目活动资源的需求时，有关什么资源、在什么时候、以何种方式可供项目利用是必须加以考虑的，否则，资源需求计划做得再好也没有实际意义。通常，项目活动所需的资源并不总是可以随时随地获得的。十八勇士渡大渡河就是一个例子，当他们上了船以后，再想获取额外的资源是不可能的。尤其是一些稀缺资源，例如具有特殊技能的专家、昂贵的设备等，这些资源一般在组织中很少或根本没有，必要时得从组织外部引进，而且市场上也不一定随时就能得到或很难完全得到。所以，在确定活动资源需求的时候，应当在满足项目活动顺利实施的前提下，尽量选择通用的资源类型，以确保项目活动资源在需要的时候可以得到。例如，一些关键的零部件如果可以在国内采购就没有必要引进，因为采用进口零部件一来成本较高，二来交货期长，不确定性很大。

● 项目日历和资源日历。项目日历和资源日历确定了可用于工作的资源的时间。资源有资源的可供应时间，项目有项目的运作时间，这两个时间表并不一定一致。例如，一些项目仅在法定的工作时间内可以进行，而资源随时都可以供应，或者相反。资源日历对项目日历有影响，反映了项目有关人员在该项目中需要共同遵守的工作日和工作时间。例如，项目团队成员可能在工厂停电的时候接受培训；一台多个项目共同占用的设备，当需要使用的时候，设备可能正在其他项目中使用，所以为不至于窝工等待，必须提前做出工作安排。

● 资源质量。不同的活动对资源的质量水平要求是不同的，在确定资源需求的时候必须保证资源的质量水平满足项目活动实施的要求。例如，在某些技术性要求很高的活动中，必须明确界定所需资源的质量水平。当资源质量不能满足要求时，就要考虑增大资源数量是否可以补救资源质量不足带来的问题。例如，对一项翻译活动，如果需要 2 个专业翻译干上两天，可否考虑让 4 个非专业翻译干上 2 个工作日，也能完成任务？当然也有可能因为技术水平的原因，无论增加多少资源也无法按质完成该项活动。

● 资源使用的规模经济和规模不经济。一种情况是资源投入得越多，单位时间段的成本反而会越小，而且使项目进度加快。这是因为规模经济的特点，分摊了一些成本和加快了学习曲线效应。但是，如果不断增加分配给某个活动的资源数量，当该资源的数量达到某一程度时，再增加该类资源，常常不会使该项活动的工期缩短，也就是说，超过这一数值时，再增加资源对该项活动来说不仅是无效的，而且会逐渐减少收益。例如，单位工作面上的劳动力人数达到一定的数量以后，如果再增加劳动力，其结果必然是成本增加，麻烦增多，工期延长。

● 关键活动的资源需求。在确定资源需求的时候，应当分析活动在整个项目中的重要性。如果是关键环节上的活动，那么对该活动的资源需求应当仔细规划，适当提高该活动的资源储备和质量水平，保证活动资源在需要的时候可以及时获取。同时，还应该为该项活动准备资源需求替代方案和赶工资源需求方案等应急方案，以便减少资源不足带来的风险，确保该活动按计划顺利完成。

● 活动的关键资源需求。在活动所需的资源中，肯定有些资源是十分关键的、稀少的和不可替代的，而有些资源是不重要的、普遍存在的和可以替代的。在确定资源需求的时候，应当着重考虑关键资源的需求问题，通过增加该项资源的储备、加大采购提前期、准备多个供方等措施来确保活动工期不因关键资源的问题而受到影响。

● 项目活动的时间约束和资源成本约束的集成。确定项目活动资源需求时除了要考虑资源的使用性质以外，还要从集成管理的角度来考虑所使用资源的成本和时间。当人们以各不相同的形式来实施项目活动时，各个活动的资源组合形式影响着项目成本和进度。例如，完成某项活动如果采用机械设备需要 2 天完成，成本是 1 万元，采用人工完成需要 4 天，成本是 2 千元，在确定资源需求的时候就应该运用集成的思想来做出决策。如图 7.5

所示，如果项目是时间约束型的，就优先考虑采用机械设备完成；如果项目是成本约束型的，就优先考虑采用人工完成。在决策的过程中要对各种活动资源组合形式进行对比分析，权衡利弊，最终选择恰当的资源组合。

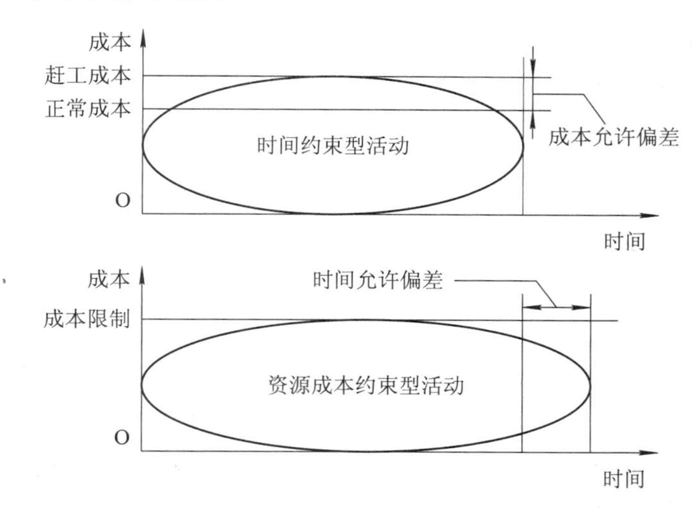

图 7.5　项目活动的时间约束和资源成本约束的集成(确定项目活动资源需求要考虑项目是时间约束型的还是成本约束型的，在决策的过程中要对各种活动资源组合形式进行对比分析，权衡利弊，最终选择恰当的资源组合)

● 资源蕴含的风险。在确定资源需求时，还应当分析资源蕴含的风险。项目是一次性的和独特性的努力，存在着许多风险。前面已经提到资源的质量风险和资源的可获得性风险，这些风险因素都会对项目活动的资源需求产生重大影响。还有，当项目中应用新技术、新材料以及新设备的时候，由于员工对新技术、新材料和新设备的熟悉需要一定的时间，会导致资源需求和工期估计都超过原先的预期。再有，当引入新的团队成员来完成项目活动的时候，人员增加带来沟通和协调工作的增加，不同的工作习惯、不同的文化背景和不同的责任心，在员工之间会引发冲突甚至是对抗，这些因素都会削弱资源增加所带来的绩效提升。

● 活动资源储备。在确定活动资源需求的时候，应当考虑活动资源的储备，特别是关键活动的关键资源。通过增加活动资源储备可以增强项目的风险承受能力和应对能力。当然活动资源储备也要考虑成本因素，太多的活动资源储备不仅会带来资源成本的增加，还会增加不必要的管理成本。

7.3.2　确定项目活动资源需求的方法

确定项目活动资源需求是不容易的。对于比较熟悉的、常规的项目活动可以获得相对比较准确的结果。在缺乏经验的时候，结果的精度会大大下降，例如确定一些创新项目中的活动资源需求。根据项目特点不同，可以选择以下方法来确定项目的活动资源需求。

1. 专家调查法

所谓专家调查法，是指运用一定的方法，将专家们个人分散的经验和知识集成为群体的经验和知识，进而对事物的未来作出主观预测的过程。这里的“专家”是指对预测问题的有关领域或学科有一定专长或有丰富实践经验的人，包括项目实施组织内部其他部门的人员、外部咨询人员、专业和技术协会以及行业协会人员等。通常专家调查法可以用来确定项目的活动资源需求。

专家做调查和索取信息所采取的具体方式有许多种，常用的有专家个人判断、专家会议和德尔菲法。

尽管专家调查法是确定项目活动资源需求中的一个重要方法，但是，专家调查法建立在专家主观判断的基础之上，因此专家的知识面、知识深度和占有信息的多少、兴趣和心理状态对预测结果影响较大，易带片面性，从而导致项目活动资源需求出现不甚合理的情况。

2. 资料统计法

资料统计法也是确定活动资源的一项重要方法，是使用历史项目的统计数据资料，计算和确定项目活动资源需求的方法。在这种方法中使用的历史统计资料要求有足够的样本量，计划指标可以分为实物量指标、劳动量指标和价值量指标。其中，实物量指标多数用来表明项目所需资源的数量，劳动量指标主要用于表明项目所需人力的数量，价值量指标主要用于表示项目所需资源的货币价值。利用这种方法计算和确定项目资源计划，能够得出比较准确合理和切实可行的结果。这种方法要求有详细的历史数据，所以要普遍使用这种方法存在一定的难度。

在某些情况下，如果项目的活动与历史资料中其他项目中完成的活动相似，此时可以直接用已完成项目中的同类活动的资源需求来标识当前项目中的活动资源需求，不必考虑资料中的指标体系。但是，如果相隔时间较长，就应当考虑通货膨胀和货币的时间价值等因素。

3. 三点技术(Three Point Technique)

这种方法经常使用在活动历时估计上，同样也可以应用在确定活动资源需求中。活动资源需求受多种因素的影响，即使重复进行同一项活动，其实际资源消耗量也不一定总是一致的，对软件项目尤其如此。因此，可以考虑采用三点技术来确定活动资源的需求。这种方法要求对活动做三类估计：乐观的、悲观的和最可能的。乐观估计假设活动所涉及的所有事件均对完成该活动有利，此时的资源需求是完成活动的最少资源需求；悲观估计则假设所有活动涉及的事件均对完成活动不利，此时的资源需求是完成活动的最多资源需求；最可能的估计是通常情况下完成活动的资源需求。汇总三类估计的结果就可以确定项目的活动资源需求。

4. 项目管理软件法

项目管理软件有助于计划、组织和管理资源库，可以帮助编制项目活动资源需求。市场上有许多项目资源计划编制方面的通用软件系统，例如 Microsoft 公司的 Project、Oracle 的 P3(Primavera Project Planner)等。项目管理软件不仅可以存储资源库信息，而且可以定义资源的使用定额，还可以确定项目资源需求的日历时间等。当然，不同软件有不同的复杂程度和功能强度，需要根据项目的需要进行选用。

7.4　资源调度与平衡

确定了资源需求，产生资源需求列表后，就需要将需求列表映射为活动计划，然后评估项目期间所需要的资源分布。最好将活动计划表示成条形图，然后使用条形图来产生每个资源的资源直方图。

案例：考勤应用系统——不平衡的资源直方图

小张将最初的活动计划描绘成条形图和分析人员/设计人员的直方图，如图 7.6 所示。每个活动已经计划了最早开始日期，而且在其他各方面都相同的情况下，保留缓冲期可以用来处理应急情况，这是基本的策略。在 TCAS 项目中，这里的最早开始日期计划往往创建一个以峰值开始然后逐渐变小的资源直方图。

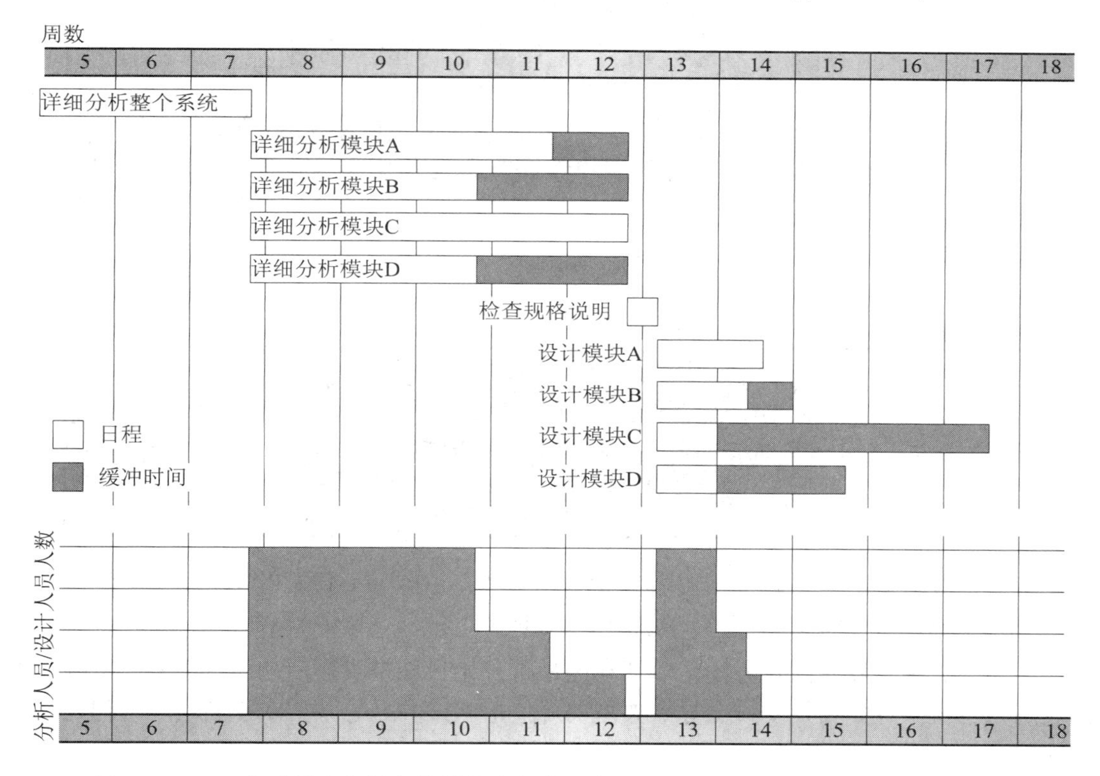

图 7.6　TCAS 条形图和分析人员/设计人员资源直方图的一部分(上面部分是进度安排，下面部分是分析人员/设计人员的资源需求，分布很不均匀)

在项目进展过程中，变更资源的等级(特别是人员)一般会增加项目的成本。新招聘员工需要成本，甚至在内部调动员工也需要让新员工花时间来熟悉新的项目环境。

图 7.6 的资源直方图带来了问题，它要求在规格说明和设计阶段期间，两名分析人员/设计人员空闲 12 天，一名空闲 7 天，一名空闲 2 天。TCAS 不可能有另外的项目在该时间

段需要这些分析人员/设计人员，这就引出了一个问题：空闲时间是否该由 TCAS 项目承担。理想的资源直方图将是平衡的，也许有初步的增长和阶段式的减少。

 案例：如何平衡资源直方图

不平衡的资源直方图存在的另一个问题是，可能使要求的资源更加无法获得。图 7.7 描绘了如何在遵从诸如优先需求这样的约束条件下，通过调整一些活动的开始日期并将某些活动分开，使资源直方图变得平衡而且可在需要时获得所需要的资源。不同的字母表示在一系列模块测试任务中工作的员工，即一人在任务 A 上工作，两人在任务 B 和任务 C 上工作，等等。

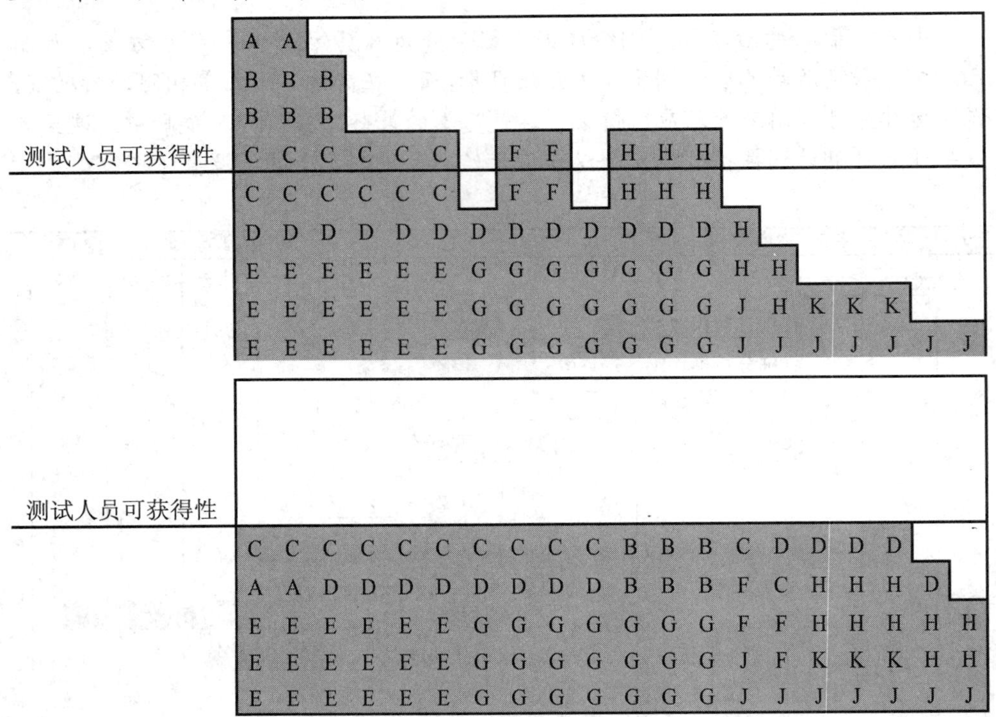

图 7.7 平衡处理前后员工需求的资源直方图(通过将任务 C、D 分开，任务 B、H 延后来平衡资源，这是实际工作经常采用的方法，毕竟 5 名测试人员要比 9 名测试人员更容易满足)

在图 7.7 中，原始的直方图是以活动的最早开始日期来安排活动而创建的。资源直方图表明，按最早开始日期安排会导致典型的峰值形状，并且总共要求 9 名员工，但是项目只能得到 5 名员工。

通过延迟某些活动的开始日期，就可能使资源直方图变得平衡，而且可以减少最大资源的需求程度。注意，有些活动(如 C 和 D)已经被分开。在可以将非关键活动分开的情况下，可以提供有用的方法来填充资源需求图中对某一资源需求较少的凹槽，但是在软件项目中，不增加所需要的时间而分开任务是困难的。

有些活动一次要求多个单元的资源，例如活动 F 要求两名程序员，每名程序员工作两周时间，也可以重新安排这个活动为一名程序员花四周时间。

实践中，资源是通过项目活动来分配给项目的，找到“最佳”分配要消耗时间而且很困难。一旦项目组的一名成员分配给某项活动，该活动具有计划的开始日期和完成日期，那么该项目组成员在那段时间对其他活动来讲就无法得到。因而，分配某一资源给一项活动限制了资源分配的灵活性和其他活动的进度安排。

因此，设置活动的优先级有助于使资源能以某种合理的顺序分配给竞争的活动。优先级总是先分配资源给关键路径活动，然后分配资源给那些最可能影响其他活动的活动。使用这种办法，可使较低优先级的活动适应更加关键的已经安排的活动。

有各种设置活动优先级的方法，下面描述其中的两种：

- 总缓冲期优先级。活动按总缓冲期排序，有最少总缓冲期的活动优先级最高。在这种方法的最简单的应用中，活动按总缓冲期的升序分配资源。不过，随着计划的进展，如果资源无法在最早开始日期获得，活动将延迟，总缓冲期将减少。因此，每当有一项活动延迟时，都要重新计算缓冲期，并重排优先级列表。
- 有序列表优先级。用这种方法，可以将同时进行的活动按照一组简单的规则来排序。这组规则的一个例子是 Burman 的优先级列表，该列表考虑了活动周期和总缓冲期。

(1) 最短关键活动；
(2) 关键活动；
(3) 最短非关键活动；
(4) 有最少缓冲期的非关键活动；
(5) 非关键活动。

但是，资源平衡乃至包含可获得的资源需求，并不可能总是在计划的时间表内，用延迟活动来平衡资源峰值常常会推迟项目的完成。在这样的情况下，需要考虑增加可用的资源等级或改变工作方法。

案例：考勤应用系统——调整资源直方图

小张决定在项目中使用 3 名分析人员/设计人员来减少成本。不过，初步的资源直方图在阶段 2 和阶段 4 期间要求 4 名分析人员/设计人员。小张怎样做才能平衡直方图并将要求的分析人员/设计人员减少为三名呢？小张不得不延迟模块 D 的规格说明(如图 7.8 所示)，直至完成模块 B 的规格说明之后再开始，这将使总的项目周期增加 5 天(总周期达到 109 天)。小张希望项目在 100 天内完成，现在更让人失望了，因此，他决定考虑另外的计划。

早期，小张曾决定在设计开始之前，应该同时检查所有的规格说明(活动检查规格说明)。显然，这会导致严重的瓶颈，延迟模块 C 会使问题进一步恶化。因此，在折中考虑后他决定：同时检查模块 A、B 和 D 的规格说明，然后就开始设计，不用等待模块 C 规格说明的完成。当模块 C 的规格说明完成时，再与其他活动对比检查。

小张重画网络图来反映这种情况，插入检查模块 C 规格说明的新活动(活动检查规格说明 C)，如图 7.9 所示。这样，就可以在 100 天内完成项目了，绘制一个新的资源直方图来反映这种变更，如图 7.10 所示。

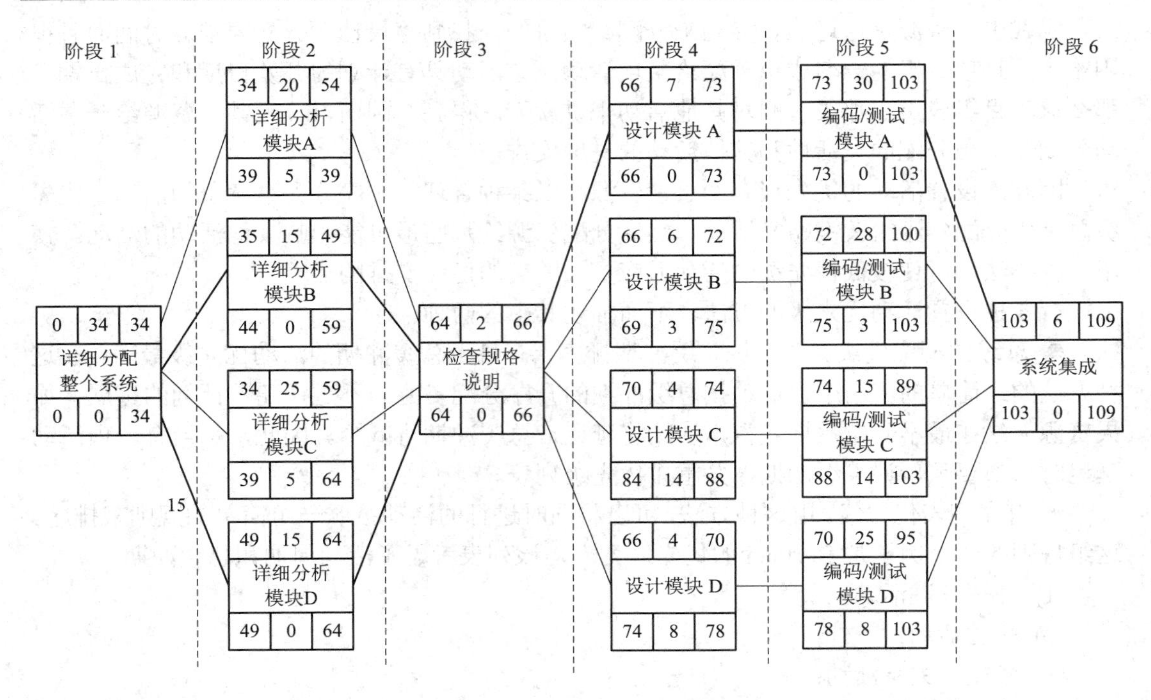

图 7.8　使用 3 名分析人员/设计人员的 TCAS 网络图(只使用 3 名分析人员/设计人员时，需要调整模块 D 的分析和设计的时机，这样就会延长项目时间)

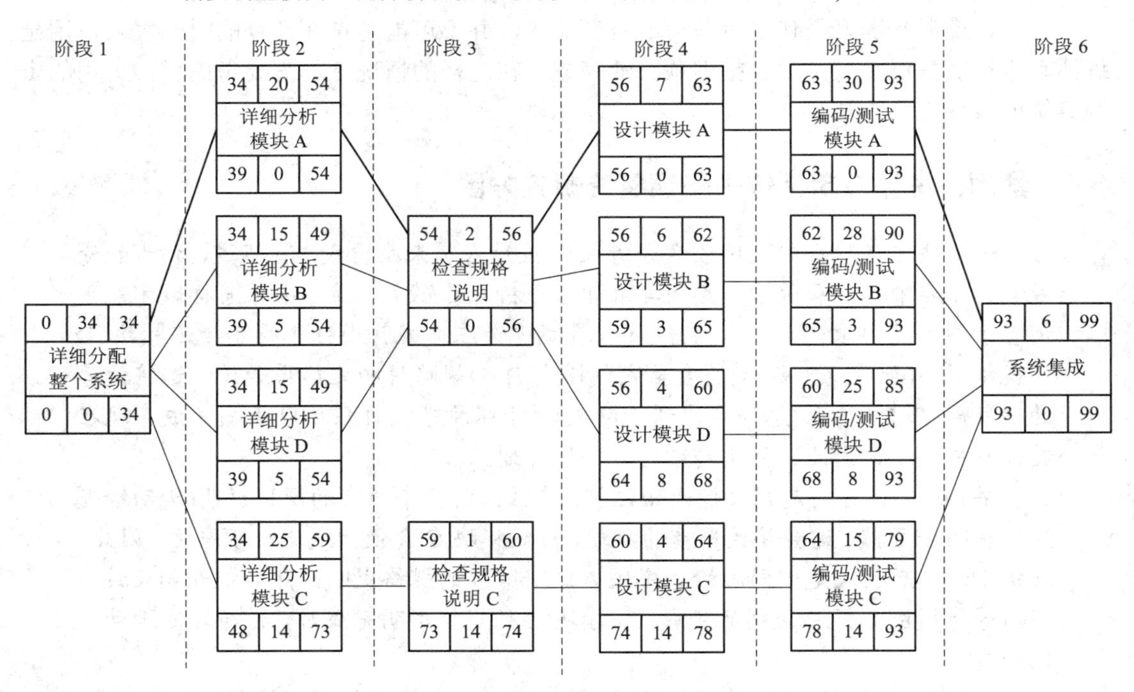

图 7.9　修订的 TCAS 网络图(调整活动关系，对模块 C 的分析、检查、设计、编码/测试等活动单独处理，与模块 A、B、D 并行进行，就打破了检查规格说明的限制，从而达到减少项目工期的目标)

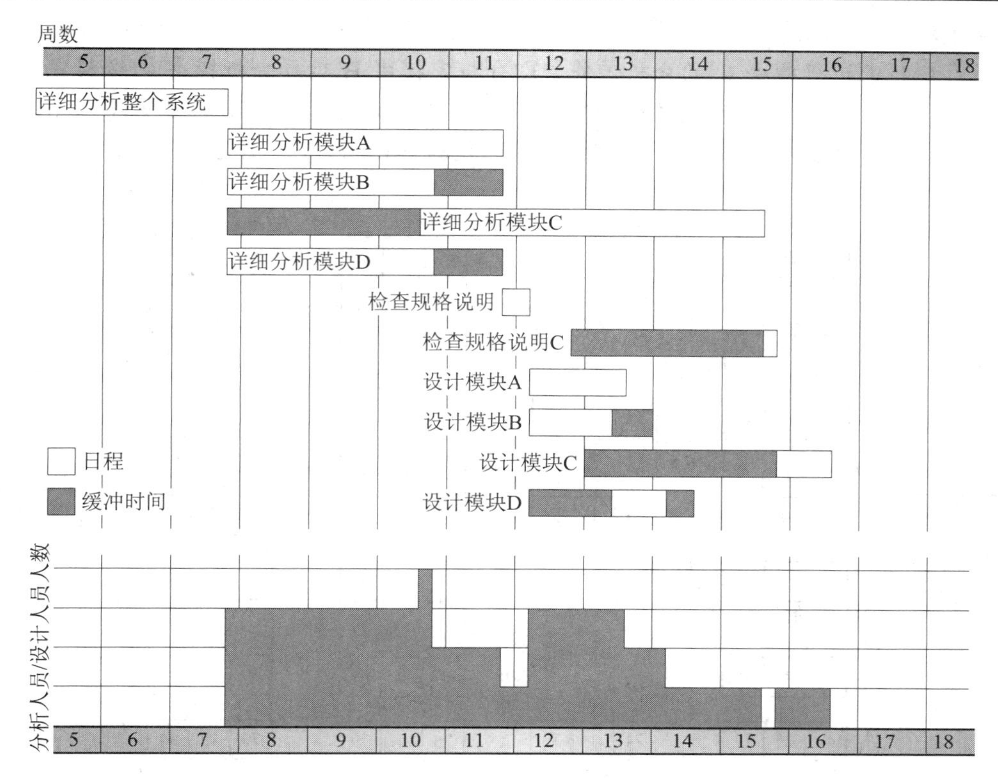

图 7.10　修订的 TCAS 资源直方图(上面部分是进度安排，下面部分是分析人员/设计人员的资源需求，只有 1 天需要 4 名分析人员/设计人员，其他时间最多只要 3 名就可以了)

7.5　关键路径的变更

资源调度会创建新的关键路径。因为缺少资源而延迟活动的开始，就会导致活动在用完缓冲期时变成关键的活动。而且一个活动完成的延迟，会导致延迟其后续活动所要求的可用资源。如果其后继活动已经是关键的，那么前趋活动现在可能通过关联它们的资源而成为关键活动。

案例：考勤应用系统——资源限制的网络图

小张修订的进度仍然要求 4 名分析员/设计人员，但只有一天，如图 7.10 所示。注意，在重新安排某些活动时，小张引入了另外的关键活动。延迟模块 C 的规格说明已经用完其所有缓冲期(同时用完沿那条路径的所有后续活动的缓冲期)。小张现在有了两条关键路径：显示在网络图中的一条以及新增加的一条(沿着详细分析模块 C 的路径)。

现在，小张决定将模块 C 的规格说明延迟一天，以确保只要求 3 名分析人员/设计人员，而且同样可以满足 100 天的工期约束。现在的情况下，模块 C 需要等待模块 B 或模块 D 的分析员完成分析活动后才能开始，这里将分析模块 B 的分析员安排来进行模块 C 的分析工作，即分析完模块 B 后再分析模块 C(分析完模块 D 后再分析模块 C 和这里的处理类似)，那么修订后的网络图如图 7.11 所示。经过现在的调整后，添加了诸多限制，使得关键路径也有所不同。

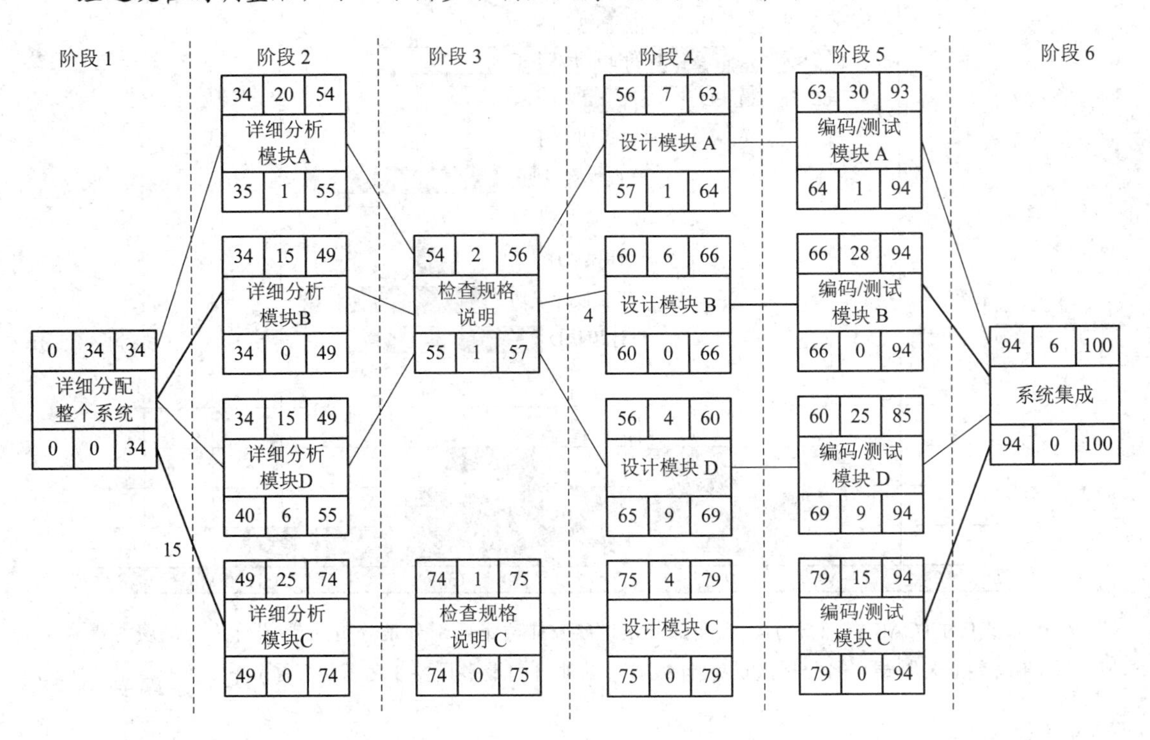

图 7.11　要求 3 名分析人员/设计人员的 TCAS 网络图(针对图 7.10 的问题，将模块 C 的规格说明延迟一天，以确保只要求 3 名分析人员/设计人员，而且同样可以满足 100 天的工期约束)

在大型项目中，资源关联的关键程度是相当复杂的，从本案例中也可以感受到一些潜在的问题。

7.6　资源分配和限制

正如前面章节中介绍的那样，分配资源和平衡资源相对来讲比较简单，给定类型的所有资源在这种情况下或多或少是同等对待的。在传统的建筑项目中，当把劳动力分配给活动时，不需要区分人员之间的不同，即将劳动力的技能和生产率同等看待。

但是，对软件项目来讲，这种情况是很少出现的。由于软件开发的特点，技能和经验在要花费的时间和最终产品的质量方面起着重要的作用。除非是极大型的项目，否则尽早将活动分配给员工是有意义的，这样就可以用资源修订对活动周期的估计。

将任务分配到人员时，需要考虑许多因素，例如资源的适用性、资源的可获得性、资源质量、关键性、风险、培训和团队建设等。前面的内容主要集中于设法以最少的员工数和最早的完成日期完成项目，这样做约束了活动何时要执行，增加了不能满足目标工期的风险。

案例：考勤应用系统——平衡资源直方图

小张决定，分析模块规格说明的人应该承担相对应模块的设计，他认为这将促进三名分析人员/设计人员小周、大赵和小李的积极参与。

小李是一名新的分析人员/设计人员，小张让他进行模块 D 的规格说明和设计，因为这两个活动相对于活动跨度来讲有较大的缓冲期(分别是 6 天和 9 天)。由于模块 C 的规格说明和设计是在关键路径上，因此小张决定分配这两项任务给特别有经验和能力的员工小周。

做了这些决策之后，在分配其他的规格说明和设计活动时，小张几乎没有机动的余地了。现在，修订后的条形图和资源直方图如图 7.12 所示。

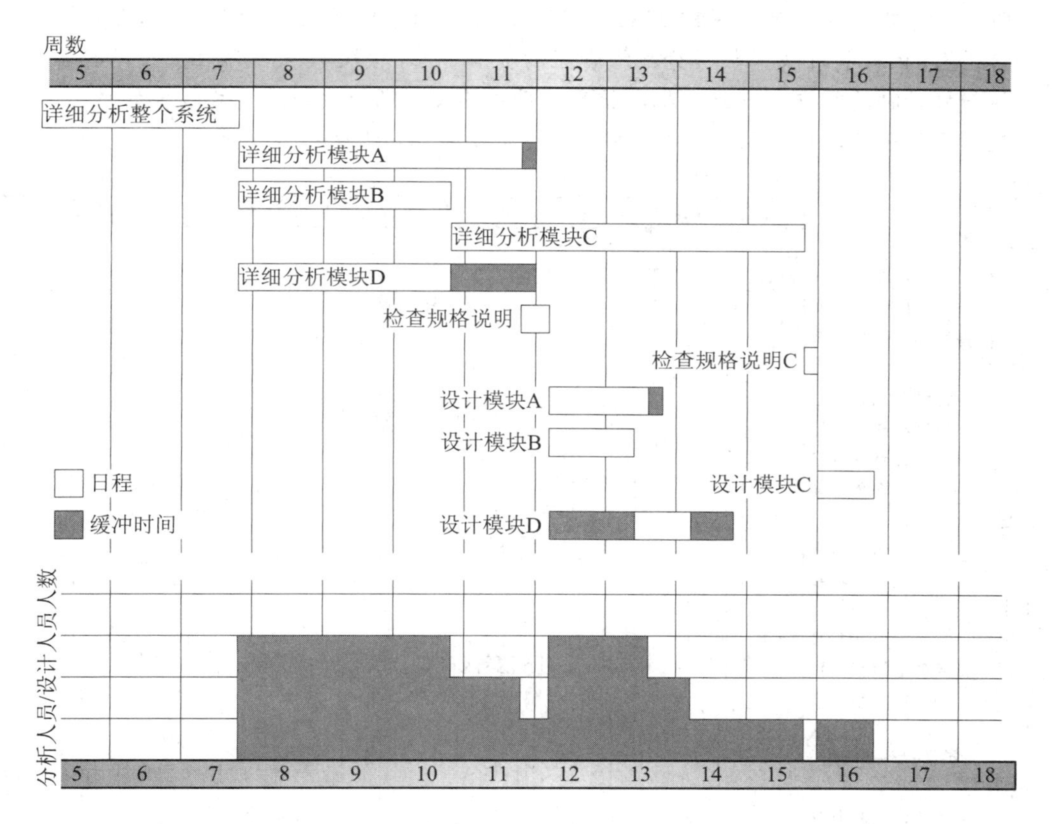

图 7.12　只有 3 名分析人员/设计人员的 TCAS 资源直方图(上面部分是进度安排，下面部分是分析人员/设计人员的资源需求，现在最多只要 3 名分析人员/设计人员就可以了)

很显然，从进度安排上可以看出，很多活动现在已经没有缓冲时间了，这无疑提高了风险，因此，小张考虑使用额外的员工或延长整个项目周期的替代方案，以应对这种风险。

当然，雇用额外员工的附加成本需要与延期交付和增加不满足计划日期的风险的成本进行比较，这些因素之间的关系将在成本进度中阐述。

7.7 发布资源进度表

在分配和调度资源中，使用了活动计划(网络图)、活动条形图和资源直方图，它们作为计划工具是非常优秀的，但不是发布和交流项目进度表的最佳方式。因此，需要某种形式的工作计划。工作计划常常是以列表或图表形式发布的，如图 7.13 所示。

案例：考勤应用系统——发布资源

小张担心如果项目组成员知道自己的活动不是关键活动，就会缺乏紧迫性，所以决定不包含活动缓冲期(用条形图显示)，如图 7.13 所示，由于模块 C 在关键路径上，因此将相关的任务分配给资深的员工小周，模块 A 虽然不在关键路径上，但是机动时间很少，一旦延期，就会使项目拖期，所以安排给能力较强的员工大赵，模块 B 的设计以及模块 D，都可以有机动时间，所以安排给新的分析员小李。

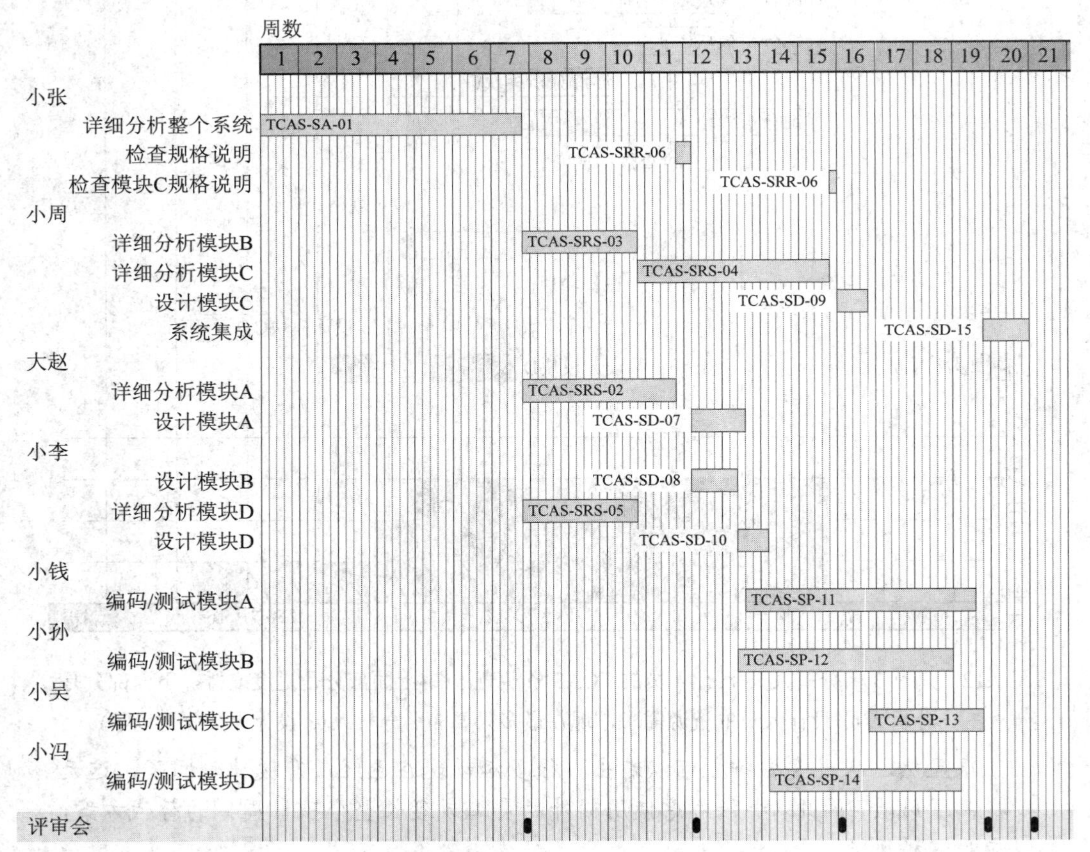

图 7.13 项目工作日程(这是典型的进度日程安排，每个人的工作、活动历时都很明确，但是这里并没有标注浮动时间)

这里的日程安排是理想状态，假定在项目的 100 天期间没有公共假期或其他非生产周期，项目组在这段时间毫无假期，不允许请假，都在正常工作。

小张现在把来自工作进度表的某些信息转换成网络图，修改了活动的最早开始日期和任何已经引入的其他约束(例如，因为需要等待资源可用而修订最迟完成日期)，如图 7.14 所示，将模块 D 的设计安排在模块 B 的设计之后进行，可以在设计模块 B、设计模块 D 和编码/测试模块 D 这三个活动中获得 3 天的机动时间，可以有较大的自由度。注意，这里突出显示了所有关键的活动和路径。

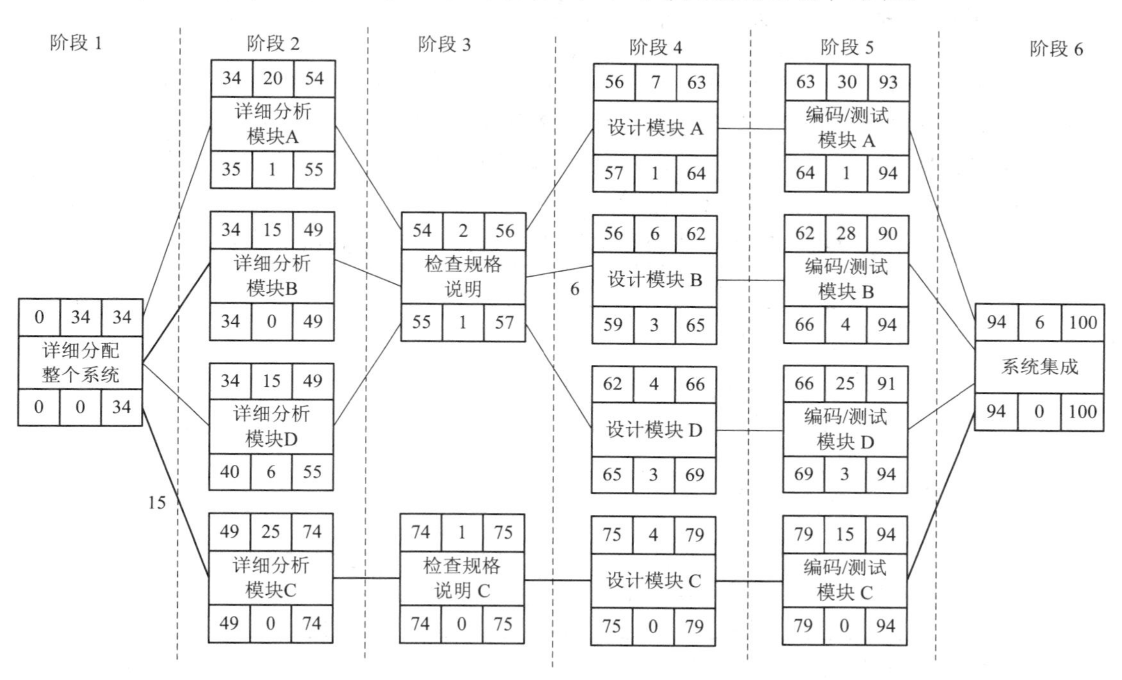

图 7.14　显示关键性的网络图(给出了计划的开始日期和完成日期，突出显示了所有的关键活动和关键路径)

通过资源进度和网络图，项目组成员能够很清楚地了解自己的活动的关键性，有利于督促项目组成员按时完成任务。

7.8　成 本 进 度

项目管理还要产生详细的成本进度，以给出项目生命周期中每周或每月的成本。这样才能提供更详细、更准确的成本估计，监控项目进展，及时修订计划。

在组织有标准的员工和其他资源的成本数字的情况下，计算成本是很简单的。如果不是这种情况，项目经理必须计算成本。

一般来讲，成本分为以下几类：

● 员工成本。员工成本包括员工工资和其他直接的雇佣成本。例如，雇主要交付的社会保险金、养老金和医疗保险金等。这些常常要基于员工完成的周工时记录按小时由项目支付。另外，签约的员工一般是按周或按月支付的，即使没有给他们安排工作，空闲时也是如此。

● 日常开支。日常开支是由组织承担的支出，不可能直接与个别项目或工作有关，包括场地租金、利息费和服务部门(例如人事)的成本。日常开支成本可以通过制定开发部门的固定支出(通常表示为项目的周支付或月支付)或通过直接员工雇佣成本的额外的百分比来计算。这些额外的支出或间接成本很容易等于或超过直接的雇佣成本。

● 使用费。在有些组织中，项目要直接支付诸如计算机时间(它们的成本不作为日常开支回收)这样的资源的使用费。使用费通常按照“实用实收”的原则计算。

案例：考勤应用系统——成本进度

小张发现，在 TCAS 项目中日常开支每周平均要分摊 2000 元，这包括了日常的运行费、场地费等，不包括人员的日常开支。开发人员的成本(包括日常开支)如表 7-2 所示。作为项目经理，小张除了必须承担工作计划(如图 7.13 所示)中规定的义务外，还要花大约 10 天的时间用于项目计划和项目评审等工作。

表 7-2 TCAS 项目组的开发人员成本(包括间接成本)

开发人员	每周成本(元)
小张	4000
小周	3500
大赵	3000
小李	2500
小钱	2000
小孙	2000
小吴	2000
小冯	2000

根据开发人员的成本和项目开发计划，可以得到项目的周成本曲线，如图 7.15 所示，这里不包括日常开支。

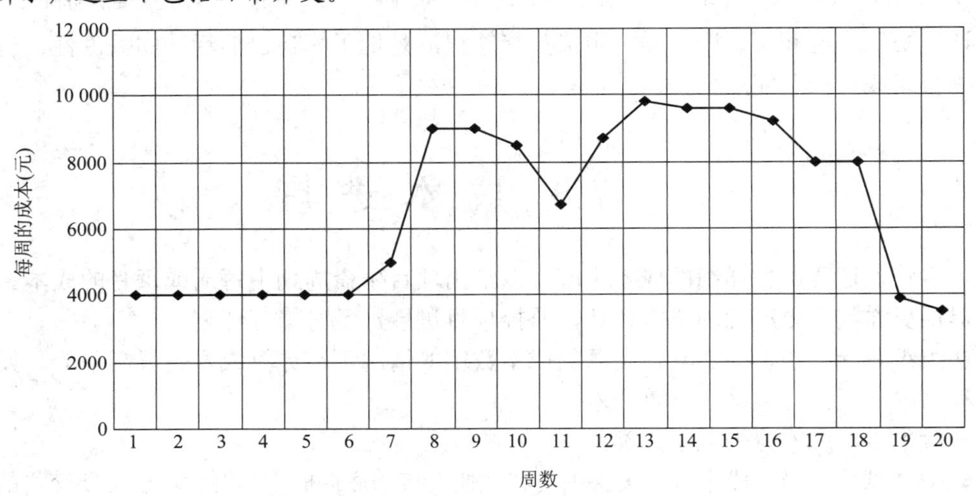

图 7.15 TCAS 项目的周成本(根据开发人员的成本和日程安排，可以得到项目的周成本曲线，这里并不包括日常开支)

根据人员的使用情况，TCAS 项目的总成本为 132 500+40 000=172 500 元，约为 17 万元，如图 7.16 所示，这其中包括日常开支，不包括其他费用。

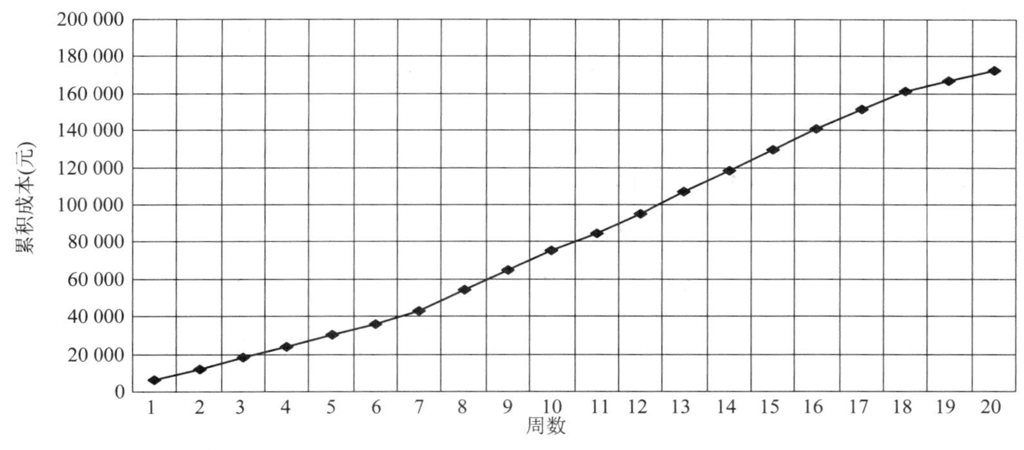

图 7.16　TCAS 项目的累积成本(周成本累加可以得到累积成本，这里不包括其他费用)

7.8.1　成本监督

成本监督是项目控制的重要组成部分，不仅因为成本自身的重要性，而且因为成本指出了项目所需的工作量(至少是项目的承包价)。项目也许会按时完成，但活动的成本可能超出了最初的预算。如图 7.17 所示，累积的成本曲线提供了一种简单的方法，可以将实际成本与预算进行比较，以监督项目的成本与计划的相符程度。就图本身来说，没有特别的意义。

案例：考勤应用系统——成本监督

考勤应用系统经过 20 周的软件开发，为了保证工期，最后的实际成本花费大约是 22 万元，如图 7.17 所示。

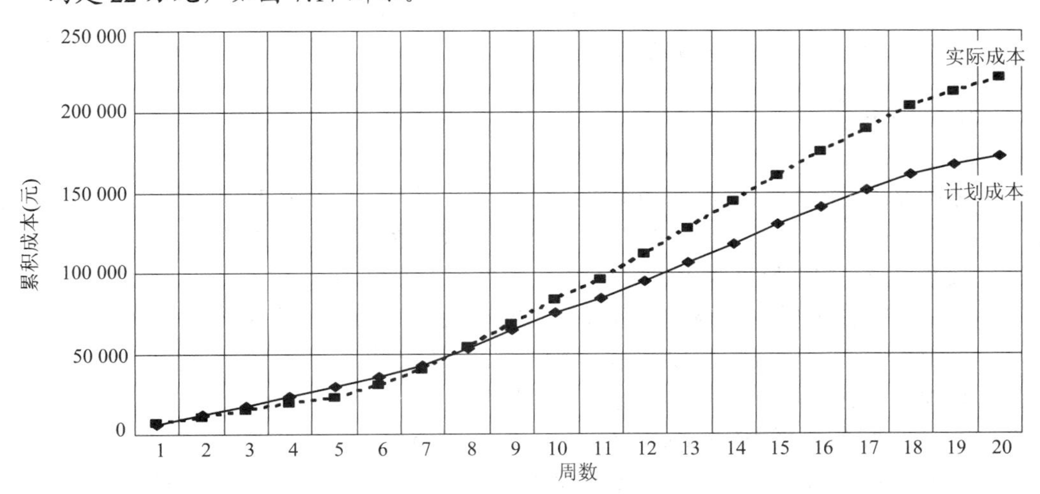

图 7.17　跟踪累积成本(这是项目完成后记录的实际成本和计划成本的对比图)

项目的成本可以由公司的财务系统进行监控，成本本身不提供关于项目的状态信息，但是，通过成本比较可以说明项目是拖期了还是如期进行着。在解释成本之前，需要考虑项目的当前状态。

在图中加入计划的未来成本，成本曲线图会更加有用。将估计的未完成工作的成本加到已支付的成本中，可以得到未来预计的成本。使用计算机进行管理，一般情况下，实际成本一旦记录，成本表就会自动修订，就可以得到附加的项目信息，如图 7.18 所示。

案例：考勤应用系统——修订成本

考勤应用系统经过 11 周的软件开发，根据实际花费对系统进行重新评估，可以得到修订的成本曲线，更好地预测项目的进展情况，如图 7.18 所示。

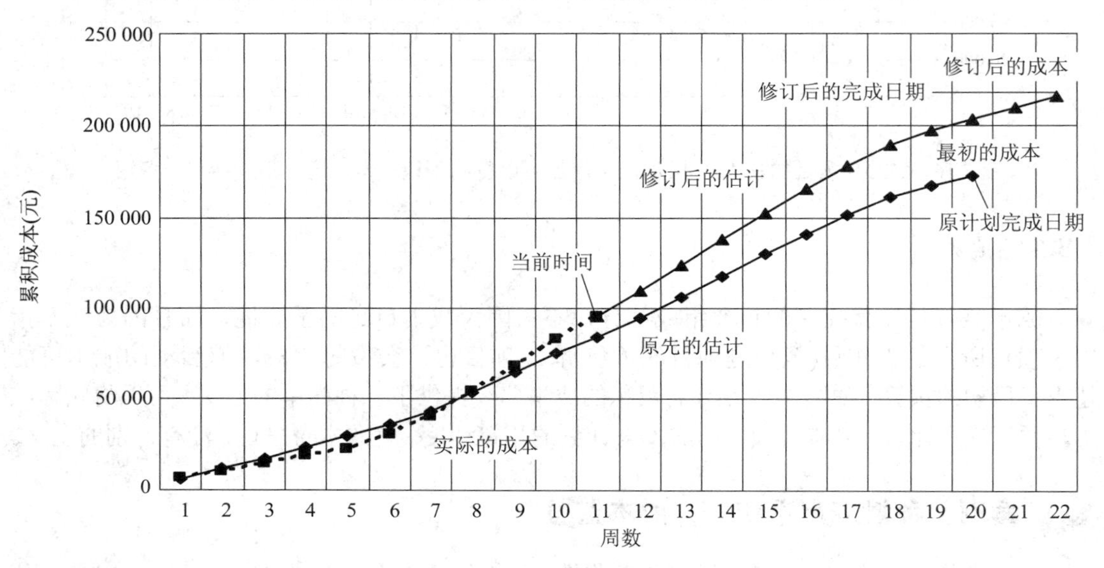

图 7.18 修订后的累积成本(在项目执行到第 11 周时的实际成本的基础上，对项目成本和进度进行修订，可以预测项目的进展情况)

根据成本监督，就可以及时调整项目策略，采取必要的措施，以便更好地完成项目。

7.8.2 挣值分析

挣值分析是进行项目绩效测量的一种方法，它基于对初始花费的预测，赋予每个任务或工作包一个“值”，与进度计划、成本预算和实际成本密切相关，比较计划工作量、WBS 的实际完成量(挣得)与实际成本花费，以决定成本和进度绩效是否符合原定计划。所以，相对其他方法，挣值分析更适合项目成本管理的测量与评价，可以在项目某一特定时间点上，从达到范围、时间、成本三项目标上评价项目所处的状态。

要进行挣值分析，必须熟悉与挣值分析密切相关的三个基本参数。

- 计划工作量预算费用(Budgeted Cost for Work Scheduled, BCWS)。BCWS 指项目实施过程中某阶段计划要求完成工作量所需的预算成本(工时或费用)，即计划值(Planned Value, PV)。BCWS 的计算公式是：BCWS = 计划工作量 × 预算定额。BCWS 主要反映进度计划用费用值表示的应当完成的工作量，而不是反映消耗的成本(工时或费用)。

● 已完成工作量的实际费用(Actual Cost for Work Performed, ACWP)。ACWP 指项目实施过程中，某阶段实际完成的工作量所消耗的工时(或费用)，即实际成本(Actual Cost, AC)。ACWP 反映的是项目在给定的时间内，完成某活动所发生的实际消耗。

● 已完成工作量的预算成本(Budgeted Cost for Work Performed，BCWP)。BCWP 指项目实施过程中某阶段完成工作量及按预算定额计算出来的工时(或费用)，即挣值(Earned Value, EV)，也是用费用值来表示完成工作量的。BCWP 的计算公式是：BCWP = 已完成工作量 × 预算定额。这里，已完成工作量是总计划工作量的一个完成百分比。

案例：安装服务器项目的挣值

某项目打算安装一台 Web 接入服务器，预计硬件、软件和安装等工作计划用一周的时间，购买软硬件以及请人安装的成本预算批准了 3 万元。这一周的计划工作量预算费用 BCWS 就是 3 万元。

最后实际用了两周时间，完成了服务器的购买和安装。在第一周花 2.5 万元购买了服务器，在第二周花 0.5 万元完成了安装工作，则第一周结束时这个时间点的 ACWP 为 2.5 万元，第二周的 ACWP 为 0.5 万元。

第一周购买了服务器和软件，完成了总计划工作量的 70%，第一周的计划成本是 3 万元，那么第一周的挣值是：BCWP=70% × 3 万元=2.1 万元。

在任务已经开始尚未完成的情况下，必须采用一种一致的方法给挣值赋值，常见的方法有下面几种：

● 0/100 方法：只要任务未完成，就赋值为 0，一旦完成任务，其值为 100%；

● 50/50 方法：任务一开始，就赋预算值的 50%，一旦完成任务，其值为 100%；

● 里程碑方法：任务获得的值基于里程碑完成的情况，在里程碑点，已经在预算时赋过值了。

这里，可以采用 0/100 方法，50/50 方法会给人一种安全的假象，因为在活动开始的时候估计过高了；至于里程碑方法，则更适合持续时间较长的任务，这种情况下，最好还是将活动进一步分解，以便管理和监控。

挣值分析首先要建立计划值，计划值基于项目计划，表示整个项目期间挣值的预测增长。

案例：考勤应用系统——TCAS 项目的计划值

小张根据日程安排进行了计划值的计算，如表 7-3 所示，建立了累计工作日的计划值，采用 0/100 方法记录项目的挣值。

表 7-3　TCAS 项目的计划值

任务	预算工作日	计划完成	累计工作日	累积挣值
详细分析整个系统	34	34	34	14.35%
详细分析模块 B	15	49	64	27.00%
详细分析模块 D	15	49	64	27.00%
详细分析模块 A	20	54	84	35.44%

续表

任务	预算工作日	计划完成	累计工作日	累积挣值
检查规格说明	2	56	86	36.29%
设计模块 B	6	62	92	38.82%
设计模块 A	7	63	99	41.77%
设计模块 D	4	66	103	43.46%
详细分析模块 C	25	74	128	54.01%
检查模块 C 规格说明	1	75	129	54.43%
设计模块 C	4	79	133	56.12%
编码/测试模块 B	28	90	161	67.93%
编码/测试模块 A	30	93	191	80.59%
编码/测试模块 D	25	91	216	91.14%
编码/测试模块 C	15	94	231	97.47%
系统集成	6	100	237	100.00%

小张根据计算出的挣值，绘制了挣值的阶梯曲线，如图 7.19 所示。项目直到第 34 个工作日才完成“详细分析整个系统”，根据 0/100 方法，在此之前不要期望记入挣值。其他活动的计划完成日期采用同样的方法处理。

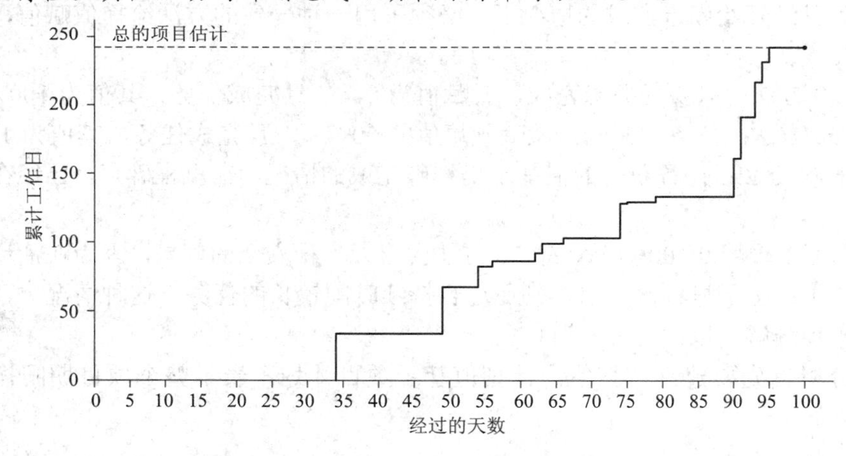

图 7.19 TCAS 项目的计划值(这是根据项目计划绘制的挣值曲线，反映项目预期情况)

建立了计划值后，就需要按照项目的进展情况对其挣值进行监督，通过监督任务的完成情况，将挣值与计划值进行比较分析，能够及时对项目做出预测。

案例：考勤应用系统——TCAS 项目的挣值

小张及时地记录项目情况，根据实际执行情况，进行挣值分析，如图 7.20 所示。项目在进行详细分析整个系统的活动时，延迟了一天，在第 35 天获得了 34 个工作日；在分析模块 D 的时候比计划多用了 2 天，在第 52 天获得了 49 个工作日；分析模块 B 的时候比计划多用了 5 天，在第 55 天获得了 64 个工作日，项目滞后了 6 天。从图中可以反映这些变化，挣值明显地比计划值滞后了，这表明项目比计划滞后了，如果后期不采取措施，是不可能按时完成项目的。

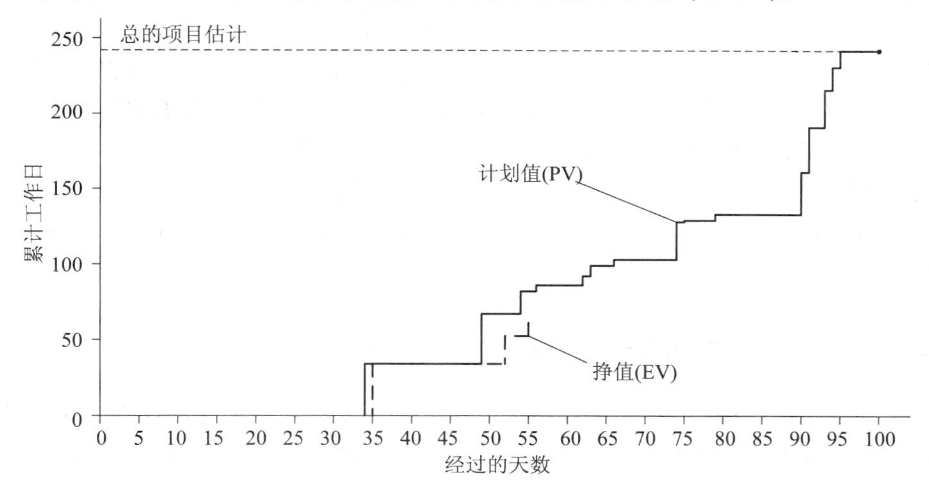

图 7.20　TCAS 项目的挣值(实际运行过程中，挣值明显地比计划值滞后了，表明项目会拖期)

通过挣值跟踪，可以计算项目的基本状态，如图 7.21 所示。

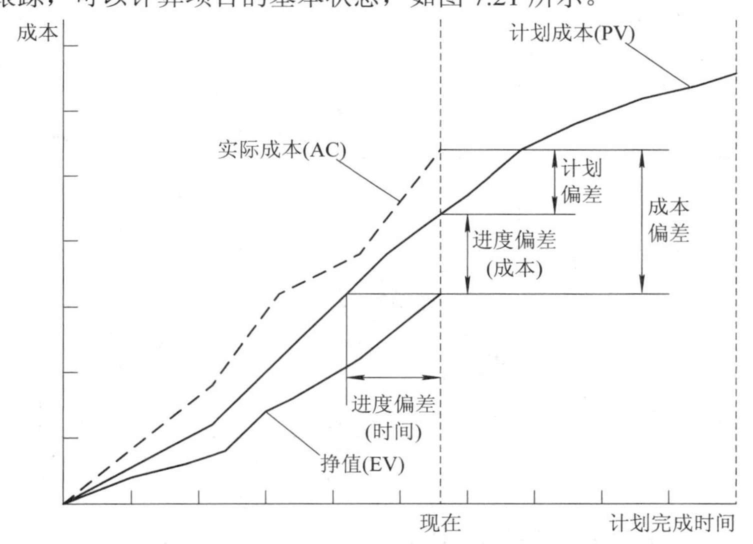

图 7.21　挣值跟踪图(通过挣值跟踪，可以计算成本偏差、进度偏差、成本绩效指数、进度绩效指数、完工估算，从而对项目的运行情况进行预测)

通过挣值，可以得到下面的参数：

● 成本偏差(CV)：EV－AC(或写做 BCWP−ACWP)，大于 0 为佳。

● 进度偏差(SV)：EV－PV(或写做 BCWP−BCWS)，大于 0 为佳。

● 成本绩效指数(CPI)：EV/AC(或写做 BCWP/ACWP)，大于 1 表示成本节省，小于 1 表示成本超支。

● 进度绩效指数(SPI)：EV/PV(或写做 BCWP/BCWS)，大于 1 表示进度超前，小于 1 表示进度落后。注意，SPI 测量的是项目总工作量，并不一定能够真实地反映进度，只有对关键路径上的绩效进行单独分析，才能确认项目实际上是提早还是延迟。

- 完工估算(EAC)：AC + ETC。ETC(完工尚需估算)的确定，可以用自下而上的方法手工估算，也可以用计算的方法得出。当预计未来的ETC可以按照预算完成时，EAC = AC + BAC−EV。当预计未来的ETC按照当前CPI完成时，则EAC = BAC/CPI。当同时考虑CPI和SPI的影响时，EAC = AC + (BAC − EV)/SPI × CPI。当同时考虑CPI与SPI的影响，且考虑CPI与SPI的权重时，EAC = AC + (BAC − EV)/[CPI × a + SPI × (1 − a)]，a=[0,1]表示CPI的权重。

通过这些参数，可以对项目的运行情况进行预测，找到项目出现问题的原因，以便进行调整。

案例：考勤应用系统——TCAS项目预测

小张根据实际执行情况进行挣值跟踪，如图7.22所示，在统计数据的基础上进行挣值分析，对项目的执行情况进行预测，按照现在的执行情况，项目将拖期并超出预算。

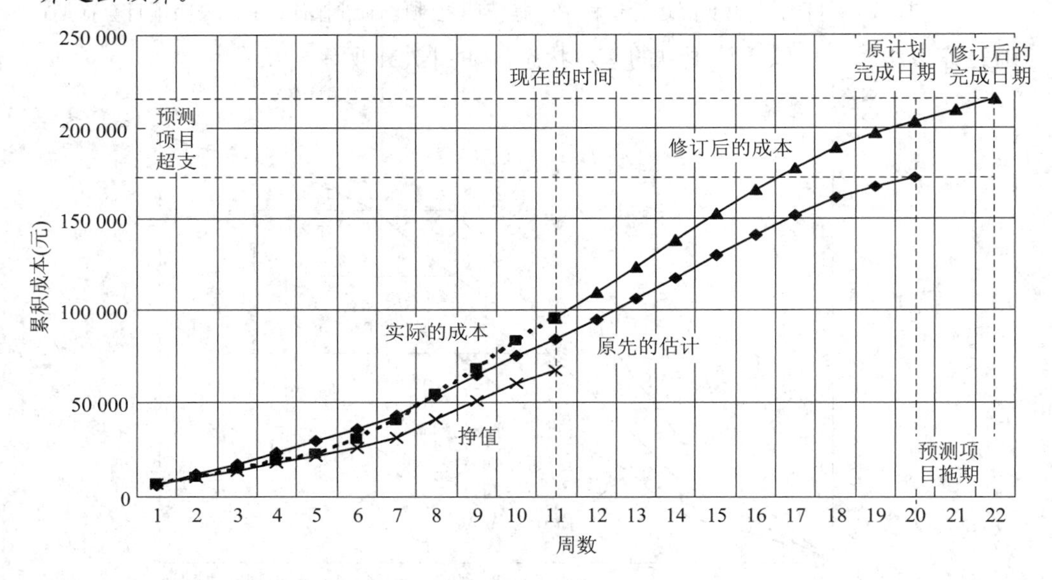

图7.22 TCAS项目预测(在项目执行到第11周时，挣值明显地比计划值滞后了，表明项目会拖期。在此基础上，对项目成本和进度进行修订，可以预测项目的进展情况，以便调整计划，调度有利的项目资源，保证项目的顺利实施)

因此，在项目跟踪管理的过程中，需要监督项目运行情况，重新对项目进行估算，及时对项目做出预测，以便调整计划，调度有利的项目资源，保证项目的顺利实施。

7.9 复杂的调度关系

理想情况下，活动计划到成本进度可以表示成顺序化的步骤。从活动计划开始，以活动计划为基础进行风险评估，活动计划和风险评估为资源分配和进度提供了基础，而资源分配和进度产生了成本进度。

实践中，就像案例中所看到的，项目活动的资源分配通常需要对活动计划进行修订，而活动计划又依次影响风险评估。类似地，成本进度可能指出重新分配资源或修订活动计划的需要或愿望。在成本进度比最初预计的成本更高的总项目成本的情况下，尤其如此。

计划和进度之间的相互影响是复杂的。对其中任何一个因素的变更，都会影响其他的因素。有些因素可以直接用资金来衡量，例如，雇用额外员工的成本可以按延迟项目结束日期的成本来衡量。但是，有些因素难以用资金来表示(例如增加的风险的成本)，因为包括主观的因素。

尽管优秀的项目管理软件十分有助于论证变更的影响和保持计划的同步，但成功的项目进度安排还是主要取决于项目经理在判断所涉及的许多因素(如图 7.23 所示)中的技能和经验。

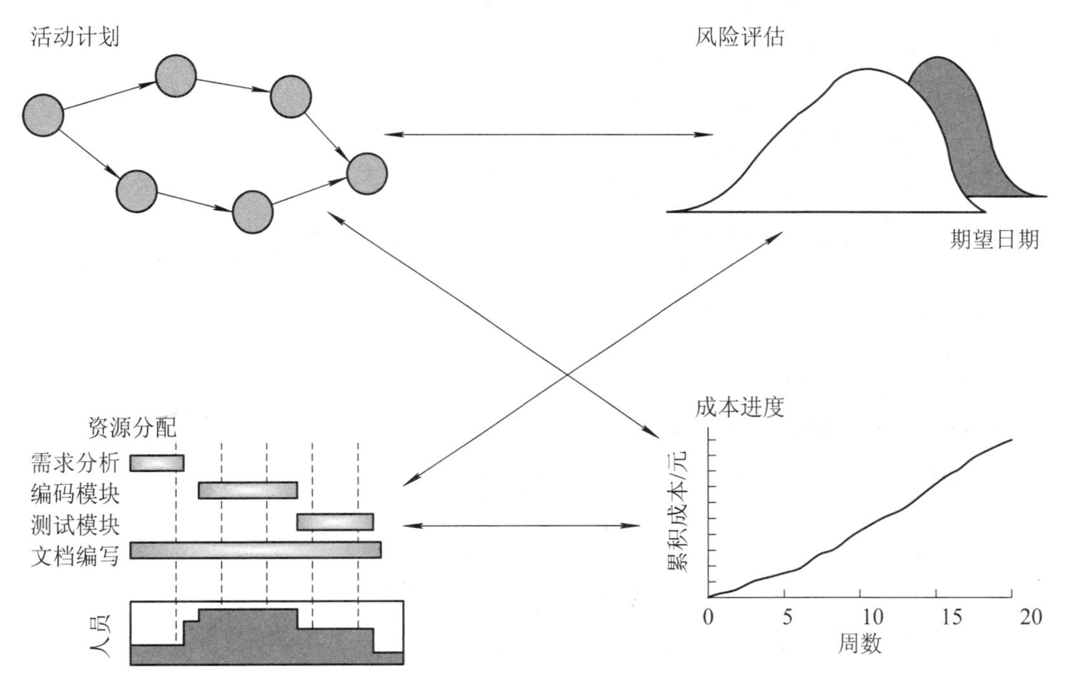

图 7.23　成功的项目调度不是一个简单的顺序(计划和进度之间的相互影响是复杂的，不是一个简单的顺序关系，任何一个因素的变更，都会影响其他的因素)

讨论：软件项目进度与资源调度

某系统集成公司现有员工 50 多人，业务部门分为销售、软件开发部和系统网络部等。

经过近半年的酝酿后，在今年的 1 月份，公司的销售部直接与某银行签订了一个银行前置机的软件系统的项目。合同规定，6 月 28 日之前系统必须投入试运行。在合同签订后，销售部将合同移交给了软件开发部，进行项目的实施。

项目经理小丁做过5年的系统分析和设计工作,这是他第一次担任项目经理。小丁兼任系统分析工作，此外项目还有2名有1年工作经验的程序员，1名测试人员，2名负责组网和布线的系统工程师。项目组成的成员均全程参加项目。

在承担项目后，小丁组织大家制定了项目的WBS，并依照以前的经历制定了项目的进度计划，简单描述如下:

1. 应用子系统

(1) 1月5日～2月5日，需求分析;

(2) 2月6日～3月26日，系统设计和软件设计;

(3) 3月27日～5月10日，编码;

(4) 5月11日～5月30日，系统内部测试。

2. 综合布线

2月20日～4月20日，完成调研和布线。

3. 网络子系统

4月21日～5月21日，设备安装、联调;

4. 系统内部调试、验收

(1) 6月1日～6月20日，试运行;

(2) 6月28日，系统验收。

春节过后，在2月17日小丁发现系统设计刚刚开始，由此推测3月26日很可能完不成系统设计。

案例讨论:

(1) 帮助小丁建立资源需求列表。

(2) 分析问题发生的可能原因。

(3) 建议小丁应该如何做以保证项目整体进度不拖延。

7.10 小　结

项目中的任务要由一系列的资源支持才得以完成，项目活动资源是通过掌握和利用资源具有的某种能力来完成活动的基础。任务在分配资源的时候，往往看到资源的可用性，并没有考虑资源在可用之前是否已经被分配的情况，从而导致资源冲突(7.1.2节)。在分配资源之前，必须了解资源的分类(7.2.1节)和特点(7.2.2节)，理解资源数量(7.2.4节)和质量(7.2.5节)的影响，从而搞清楚资源到底能发挥多大效用，以及带来多大能力，以便确定项目活动需要的资源。确定资源需求时必须综合考虑多方面的因素(7.3.1节)，从而做出最恰当的资源需求预测。确定项目活动资源需求是不容易的，可以选择专家调查法、资料统计法、三点技术和项目管理软件法等来确定项目的活动资源需求(7.3.2节)，列出资源需求列表，制定资源分配计划，实施项目资源调度，平衡资源分布(7.4节)。资源调度过程中，因为缺少资源而延迟活动的开始，就会导致活动在用完缓冲期时变成关键的活动，创建新的关键路径(7.5 节、7.6 节)。由于软件开发的特点，技能和经验在要花费的时间和最终产品的质量方面起着重要的作用，因此，在将任务分配到人员时，需要考虑许多因素，例如资源的适用性、资源的可获得性、资源质量、关键性、风险、培训和团队建设等，这些因素会对分配资源产生影响。通过资源进度表和网络图(7.7 节)，项目组成员能够清楚地了解活动的关键性，有利于督促项目组成员按时完成任务。资源的投入产生成本，要监督成本进度(7.8.1 小节)，进行挣值分析(7.8.2 小节)，及时了解项目的运行情况，对项目进行预测，找到项目出现问题的原因，以便进行调整。从活动计划开始，以活动计划为基础进行风险评估，活动计划和风险评估为资源分配和进度提供了基础，而资源分配和进度产生了成本进度，它们之间不是一个简单的顺序关系(7.9 节)，而是需要根据监测到的信息及时进行调度。任何一个因素的变更，都会影响其他的因素。

7.11　习　　题

1. 为什么要进行资源分配？
2. 有哪些类别的项目资源？
3. 项目活动资源有哪些特点？
4. 项目活动资源数量和质量对项目有什么影响？
5. 确定资源需求要考虑哪些因素？
6. 有哪些确定项目活动资源需求的方法？
7. 如何平衡资源分布？
8. 资源调度对关键路径和关键活动有什么影响？
9. 活动计划、资源分配和进度之间是如何互相影响的？
10. 小张在调度项目时，忽略了员工因生病而缺席的风险，要估计这种情况出现的可能性，需要怎么做？在项目资源分配和调度时如何应对这些情况？
11. 项目时间管理由一系列过程组成，其中，活动排序过程包括确认且编制活动间的相关性。活动被正确地加以排序，以便今后制定易实现、可行的进度计划。排序可由计算机执行(利用计算机软件)或用手工排序。

W 技术有限公司承担一项信息网络工程项目的实施，公司员工小丁担任该项目的项目经理，在接到任务后，小丁分析了项目的任务，开始进行活动手工排序。

要完成任务 A 所需时间为 5 天，完成任务 B 所需时间为 6 天，完成任务 C 所需时间为 5 天，完成任务 D 所需时间为 4 天，任务 C、D 必须在任务 A 完成后才能开工，完成任务 E 所需时间为 5 天，在任务 B、C 完成后开工，任务 F 在任务 E 之后才能开始，所需完成时间为 8 天，当任务 B、C、D 完成后，才能开始任务 G、任务 H，所需时间分别为 12 天、6 天。任务 F、H 完成后才能开始任务 I、K，所需完成时间分别为 2 天、5 天。任务 J 所需时间为 4 天，只有当任务 G 和 I 完成后才能进行。

小丁据此画出了如图 7.24 所示的工程施工进度网络图。

(1) 小丁在制定进度计划时有哪些错误？同时，请计算相关任务时间的六个基本参数。

(2) 小丁于第 12 天检查时，任务 D 完成一半的工作任务，E 完成 2 天的工作，以最早时间参数为准判断 D、E 的进度是否正常。

(3) 由于 D、E、I 使用同一台设备施工，以最早时间参数为准，计算设备在现场的闲置时间。

(4) H 工作由于工程师变更指令，持续时间延长为 14 天，计算工期延迟天数。

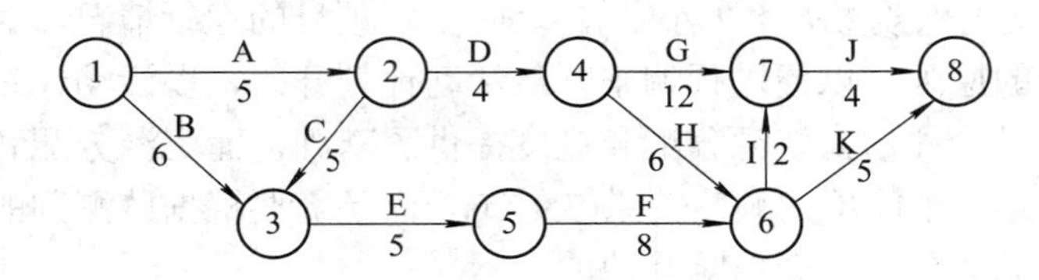

图 7.24 项目网络图

12. (项目管理)制定图书馆软件产品的项目资源管理与分配计划。

13. (项目管理)制定网络购物系统的项目资源管理与分配计划。

14. (项目管理)制定自动柜员机的项目资源管理与分配计划。

第 8 章　软件项目风险管理

近几年来软件开发技术和工具都有了很大的进步，但是因为软件项目开发超时、超支，甚至不能满足用户需求而根本没有得到实际使用的情况仍然比比皆是。软件项目开发和管理中一直存在着种种不确定性，严重影响着项目的顺利完成和提交。软件项目风险会影响项目计划的实现，如果项目风险变成现实就有可能影响项目的进度，以及增加项目的成本，甚至使软件项目不能成功。Tom Gilb 就说过："如果你不主动地击败风险，它们就会主动击败你。"如果对项目风险进行管理，就可以最大限度的减少风险的发生。成功的项目管理一般都对项目风险进行了良好的管理，因此软件项目风险管理是软件项目管理的重要内容。风险管理的主要目标是预防风险。在进行软件项目风险管理时，要辨识风险，评估风险出现的概率及产生的影响，然后建立一个规划来管理风险。进行风险管理时，有很多风险管理方法与工具，软件项目管理只有找出最适合自己的方法与工具并应用到风险管理中才能尽量减少软件项目风险，促进项目的成功。

学习目标

本章主要介绍软件项目风险规划、风险识别、风险评估、风险监控等内容。通过对本章学习，读者应能够做到以下几点：

(1) 了解软件项目风险的特征、属性，软件项目风险的来源及分类，典型的软件项目风险管理模型，风险管理规划的任务；

(2) 熟悉软件项目风险管理计划、风险管理表、风险监控报告等风险管理文件的编制；

(3) 掌握风险、软件项目风险管理的概念，以及风险应对策略的含义；

(4) 掌握风险识别、评估、监控的方法；

(5) 理解软件项目风险管理的意义、过程及其活动。

案例：国际知名企业的风险意识

英特尔公司原总裁兼首席执行官安德鲁·葛洛夫有句名言叫"惧者生存"，这位世界信息产业巨子将其在位时取得的辉煌业绩归结于这四个字。

海尔公司总裁张瑞敏在谈到海尔的发展时感叹地说，这些年来他的总体感觉可以用一个字来概括——"惧"。他对"惧"的诠释是如临深渊、如履薄冰、战战兢兢。他认为市场竞争太残酷了，只有居安思危的人才能在竞争中获胜。

德国奔驰公司董事长埃沙德·路透的办公室里挂着一幅巨大的恐龙照片，照片下面写着一句警语："在地球上消失了的不会适应变化的庞然大物比比皆是。"

通用电气公司董事长首席执行官韦尔奇说："我们的公司是个了不起的组织，

但是如果在未来不能适应时代的变化就将走向死亡。如果你想知道什么时候达到最佳模式，回答是永远不会。”

微软公司总裁比尔·盖茨说：“微软离破产永远只有 18 个月。”

美国《大西洋》月刊载文指出，成功企业必须自我“毁灭”才能求生。如果它们不自我“毁灭”，别人将把它们毁灭，让其永无再生之日。

企业家一定要有风险意识并做好风险管理，才能带领企业走向成功。

软件项目管理者也要像企业家一样，具备识别、控制、防范各种风险的基本素质，保证软件项目的成功。

软件项目的创新性、一次性、独特性及其复杂性决定了软件项目风险的不可避免性；风险发生后损失的难以弥补性和工作的被动性决定了风险管理的重要性。随着技术更新和产业环境变化软件项目趋向于周期长、规模大、涉及范围广等特点，使得软件项目涉及的风险数量众多，各种风险之间的内在关系错综复杂。因此科学地分析风险间的关系，并基于此对软件项目进行有效的风险管理是很有必要的。

8.1 软件项目风险管理概述

8.1.1 风险概述

1. 风险的定义

“风险”一词对于大多数人来说并不陌生，究其概念却有多种不同的定义。

美国学者 A.H.Willett 认为：“风险是关于不愿发生的事件发生不确定性的客观体现。”

美国词典编辑家 Webster 认为：“风险是遭受损失的一种可能性。”

美国人 John Charles Chicken 和 Tamar Posner 认为：“风险应是损害(Hazard)和对损害暴露度(Exposure)两种因素的综合。”

微软解决方案框架中定义风险为：“任何可能对项目结果产生积极或消极影响的事件或条件，以及项目决策和预期结果的不确定性都会造成风险。”

中国的杜端甫教授认为：“风险是指损失发生的不确定性，是人们因对未来行为的决策及客观条件的不确定性而可能引起的后果与预定目标发生多种负偏离的综合。”

PMBOK 定义风险为：“不确定的事件或情况一旦出现，将会对项目的目标产生积极或消极的影响。”

综上所述，风险可定义为“损失的可能性”。它包括三个要素，即事件、事件发生的概率、事件的影响。

因此，可以从以下几个方面理解风险的含义：

- **风险意味着可能出现损失，可能实现不了预期目标**。损失出现与否是一种不确定的随机现象，可以用概率表示损失出现的可能性，但不能对出现与否做出确定性判断。
- **风险是与人们的决策有关的**。人们的决策往往决定着人们有目的的活动、未来的活动以及人们变化的行为，这种行为既包括个人行为，也包括群体或组织行为。风险与人们的行为密切相关，不与行为联系的风险只是一种危险。

- **风险是可以预测和评估的**。客观条件的变化是风险的重要成因。尽管人们无力控制引起风险的客观状态，却可以认识并掌握这些客观状态变化的规律性，对相关的客观状态做出科学的预测和评估，从而为风险管理提供科学依据。
- **风险是可以控制和管理的**。虽然风险客观存在，人们也难以消灭风险，但并不意味着风险无法避免，只要运用科学的方法，深刻认识到风险后果及风险根源并预先采取有效措施，至少可以将风险控制到人们可接受的程度。

2. 风险的属性

风险具有两大属性：可能性和损失。可能性(Likelihood)是指风险发生的概率(Probability)，损失(Loss)是指预期与后果(Consequence)之间的差异，那么把概率和后果(影响)的乘积称为风险损失当量用来反映风险的负面影响程度。

$$L_R = P_R \times C_R \tag{8-1}$$

式中：L_R 表示风险损失当量；P_R 表示风险发生的概率；C_R 表示风险发生带来的后果(影响)。

由此可见，评判风险不能单纯考虑是否发生或造成的影响，而是要把两者结合起来。有的风险发生的概率很大，但造成的影响却很小，例如：出门忘带伞，却遭遇了大雨，被淋成落汤鸡；有的风险发生的概率不大，但其影响极其严重，像强地震一类的自然灾害，一个地区可能几十年甚至上百年不发生，可是一旦发生后果不堪设想。

3. 风险的特征

风险具有客观性、突发性、多变性、相对性、无形性、多样性等特征。

1) 客观性

风险的存在取决于决定风险各种因素的存在。也就是说：不管人们是否意识到风险，只要决定风险的各种因素出现了，风险就会出现，它是不以人们的主观意志为转移的。因此要减少和避免风险，就必须及时发现可能导致风险的因素，并进行有效管理。从另一方面看，在项目活动过程中产生风险的因素又是多种多样的，要完全消除风险也是不可能的，很多因素本身就是不确定的，例如：技术、环境、人员等。因此风险总是客观存在于项目活动的各个方面。风险的客观性要求人们应充分认识风险、重视风险，采取相应的管理措施，以尽可能降低或化解风险。

2) 突发性

风险的产生往往给人以一种突发的感觉。当人们面临突然产生的风险时往往不知所措，其结果是加剧了风险的破坏性。风险的这一特点要求：加强对风险的预警和防范研究，建立风险预警系统和防范机制，完善风险管理系统。

3) 多变性

风险的多变性是指风险会受到各种因素的影响，在风险性质、破坏程度等方面呈现动态变化的特征。例如企业在生产经营管理中面临的市场就是一种处在不断变化过程之中的风险。当市场容量、消费者偏好、竞争结构、技术资金等环境要素发生变化时，风险的性质和程度也将随之改变，因而要求实施动态、柔性的风险管理。

4) 相对性

一方面，人们对于风险都有一定的承受能力，这种能力往往因活动、人和时间而异。

一般而言人们的风险承受能力受到收益的大小、投入的大小、拥有财富状况等因素的影响，例如收益的大小，收益总是与损失的可能性相伴随，损失的可能性和数额越大，人们希望为弥补损失而得到的收益也就越大；反之，收益越大，人们愿意承担的风险也越大。另一方面，风险和任何事物一样也是矛盾的统一体，一定的条件会引起风险的变化。风险性质、风险后果等都存在可变性，例如随着科学技术的发展，某些风险可以较为准确地预测和估计(例如，天气预报等)。

5) 无形性

风险不像一般的物质实体，能够非常确切地描绘和刻画出来。因此，在分析风险中应用系统理论、概率、弹性、模糊等概念和方法进行界定或估计、测定，从定性和定量两个方面进行综合分析。虽然风险的无形性增加了人们认识和把握风险的难度，但只要掌握了风险管理的科学理论、系统分析产生风险的内外因素、并恰当地运用技术方法和工具手段，就可以有效地管理风险。

6) 多样性

因为项目和项目环境的复杂化和规模化，在一个项目中存在着许多不同种类的风险，例如技术风险、经济风险、社会风险、组织风险等。而且这些风险之间存在着交错复杂的内在联系，它们相互影响，因此必须对项目风险进行系统识别和综合考虑。

8.1.2 软件项目风险来源及分类

1. 软件项目的风险来源

斯坦迪什集团(Standish Group)对“混沌”(Chaos)进行了一项后续研究，该项研究被称作“未完成的航行”(Unfinished Voyages)。在该项研究中 60 位信息技术专业人员被召集在一起，详细讨论如何评价某一软件项目是否成功。他们认为，软件项目是否成功有诸如“用户参与”、“高层管理者的支持”等十项共同的判断标准。这些软件项目成功的判断标准也是它们共同的风险来源，如表 8-1 所示。

表 8-1 软件项目的风险来源

风险来源	相对重要程度
用户参与	19
高层管理者支持	16
需求说明书清晰	15
计划编制适当	11
预期切合实际	10
细化项目里程碑	9
技术能力足够	8
职责区分明确	6
前景和目标清晰	3
工作人员工作努力、专注	3
总计	100

在这 10 项影响软件项目成功的关键因素中权重最高的是“用户参与”，其次是“高层管理者的支持”。如果在软件项目建设过程中没有给予这些关键因素足够的重视和管理，则项目将面临很高的失败风险。

2. 软件项目风险的分类

概括起来：软件项目风险主要来源于开发过程和开发环境，在需求定义、项目设计、项目实施等不同开发阶段，以及开发人员、产品外包、系统用户、过程管理等相应的开发环境中可能存在如表 8-2 所示的 7 大类(共计 36 项)风险因素。而且它们在不同的软件项目中有不同的表现形式和影响程度。

表 8-2　软件项目中的 36 项风险因素

风险类别	风 险 因 素
需求定义风险	(1) 需求定义不准确 (2) 成为项目基准以后需求还在继续变化 (3) 追加需求 (4) 需要更长的需求定义时间 (5) 缺少有效的需求变更管理
项目设计分析	(6) 客户、开发方对系统功能的理解有差异 (7) 设计方案是优化的，但不能完全实现，是“期望状态” (8) 设计方案基于某一些特定的成员或技术，而特定的成员或技术有变化 (9) 产品规模比估计的要大 (10) 涉足不熟悉的产品领域，花费时间比预期的要多
项目实施风险	(11) 设计方案的变更 (12) 低效的项目组织结构 (13) 管理层审查与决策的时间比预期的长 (14) 费用超支 (15) 管理层的变更 (16) 缺乏必要的规范，导致工作失误与重复 (17) 非技术的第三方的工作时间比预期的要长
开发人员风险	(18) 前期任务(例如，培训及其他)没有按时完成 (19) 开发人员和管理层之间关系不佳 (20) 需要更多的时间适应开发工具和环境 (21) 开发人员沟通不畅，从而使工作效率降低 (22) 人员的变更
产品外包风险	(23) 选择承包商失误 (24) 承包商没有按承诺交付组件 (25) 承包商提交的组件质量低下，必须花时间加以改进 (26) 承包商技术水平低，无法提供需要的性能水平
系统用户风险	(27) 用户对最后交付的产品不满意，要求重新设计和重做 (28) 未采纳用户意见而使最终产品不能完全满足用户要求 (29) 用户对规划组、原型和规格的审核、决策时间比预期长 (30) 用户不能/没有参与规划、原型和规格阶段的审核，导致需求不稳定和产品生产周期的变更 (31) 用户提供的数据不达标，导致额外的测试、设计和集成工作
过程管理风险	(32) 前期的质量保证行为不真实，导致后期工作量的增加 (33) 缺乏规范及对标准的遵循 (34) 过于教条地坚持软件开发策略和标准，导致过多耗时于无用的工作 (35) 向管理层撰写报告占用开发人员的时间比预期的多 (36) 风险管理粗心，导致未能发现重大的项目风险

软件项目风险按照可预测性，将其划分为已知风险、可预测风险和不可预测风险。

根据软件项目风险按照能否管理，可将其划分为可管理风险和不可管理风险。

8.1.3 软件项目风险管理概述

1. 软件项目风险管理的概念

软件项目风险管理是指通过风险识别、风险界定和风险评价去认识风险，并合理运用各种风险应对措施、管理方法、技术手段，对项目的风险实施有效地控制，以确保项目风险处于受控状态，而且能妥善处理风险事故所造成的各种损失，最终能够保证以最小的成本实现项目的总体目标。

软件风险管理的目标是：控制和处理项目风险，防止和减少损失，减轻或消除风险的不利影响，以最低成本取得对项目保障的满意结果，保障项目的顺利进行。

软件项目风险管理的基础是调查研究，调查和收集资料，必要时还要进行实验或试验。只有认真地研究项目本身和环境以及两者之间的关系、相互影响和相互作用，才能识别项目面临的风险。

2. 软件项目风险管理模型

针对软件项目中的风险管理问题，不少专家、组织提出了自己的风险管理模型。主要的风险管理模型有：Boehm 模型、CRM 模型、SERIM 模型和 CMMI 模型。

1) Barry Boehm 模型

从风险管理步骤看，Boehm 倾向于传统的项目风险管理理论，它认为风险管理包括风险评估及风险控制两方面，风险评估包括风险识别、风险分析、风险优先级三项活动，主要在项目早期检查和识别项目潜在的风险，也可能发生在项目实施的其他任何阶段；风险控制包括制定风险管理计划、风险化解和风险监控三项活动，如图 8.1 所示。

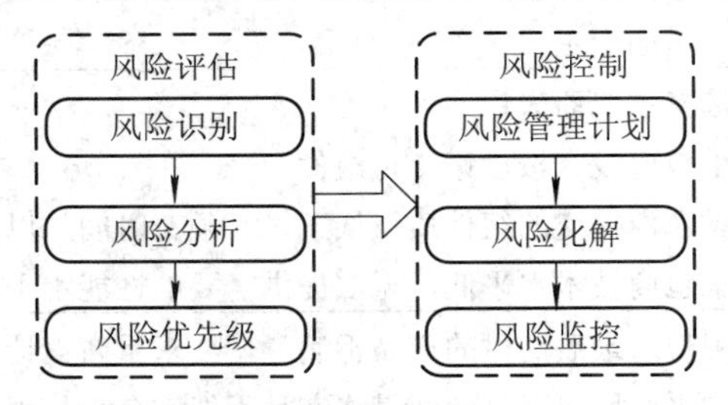

图 8.1 Boehm 模型的风险管理步骤(Boehm 认为风险管理包括风险评估及风险控制两方面，风险评估包括风险识别、风险分析、风险优先级三项活动，风险控制包括制定风险管理计划、风险化解和风险监控三项活动)

风险识别活动是借助风险检查表、工作分解结构、情景分析、以往的经验来寻找阻碍软件项目成功的风险。风险分析活动是从成本、项目绩效、进度和质量等方面研究风险对项目的影响，把风险数据转化为能够进行风险决策的信息。风险优先级活动是按风险影响的大小排出一个风险优先级，帮助项目经理在处理风险时优先解决最严重的风险。

风险管理计划活动是为每个重要的风险制定详细的解决计划，其包括负责人、使用工具、应对措施和时间表等。风险化解活动是执行风险管理计划的内容来消除或减弱风险。

风险监控活动是：追踪项目的进展，确保风险管理计划是有效的，能够保障项目沿着成功的方向发展，如果风险应对中出现问题需及时调整风险管理办法。

关于风险度量，Boehm 给出了以下模型：

$$RE = P(UO) \times L(UO) \tag{8-2}$$

式中：RE 表示风险或者风险所造成的影响；P(UO)表示令人不满意的结果发生的概率；L(UO)表示不理想的结果产生危害性的程度。

Boehm 模型的核心是十大风险因素列表，其主要指人员缺少、进度安排不科学、预算不准确、需求随意改变等。根据各种风险因素的特点，Boehm 给出了有针对性的风险管理策略和措施。在实际操作时 Boehm 以十大风险列表作为评判标准和依据，归纳当前项目具体的风险因素，评估完成后再进行计划和实施，在下一次定期召开的会议上再对这 10 大风险因素的解决情况进行总结，改进原有的十大风险因素表。

2) SEI 的 CRM 模型

SEI CRM(Continuous Risk Management)模型的风险管理原则是：不断地评估可能造成恶劣后果的因素，决定最迫切需要处理的风险，实现控制风险的策略，评测并确保风险策略实施的有效性。

CRM 模型要求在项目生命期的所有阶段都关注风险识别和管理，它将风险管理划分为 5 个步骤：风险识别、分析、计划、跟踪、控制，如图 8.2 所示。其中风险识别是采用调查问卷完成的，问卷问题的要求是信息含量足够大，所涉及的领域全面。风险分析侧重点是掌握所有风险在此项目中的出现概率以及后果危害性，从而产生十大风险问题。

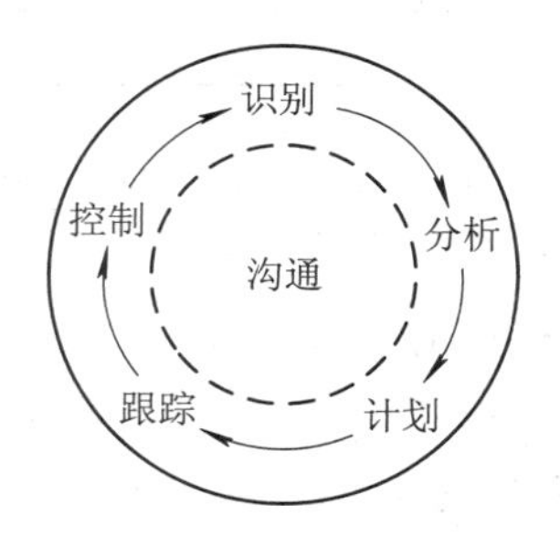

图 8.2　SEI 的 CRM 模型(CRM 模型将风险管理划分为 5 个步骤：风险识别、分析、计划、跟踪、控制，在风险管理的每个活动中都涉及沟通，如果缺乏沟通，风险管理也很难奏效)

图 8.2 给出的框架说明了采用 CRM 的基础活动间的内在关联，强调项目开发过程实质是一系列不断反复进行的活动过程。各风险因素通常都要求按照顺序完成所有活动，然而对有差异的风险因素所对应的活动既能是并发的也能是分离的。

图 8.2 中的箭头标明信息的逻辑流，而沟通是信息流的核心与方法。在风险管理的每个活动中都涉及沟通，如果缺乏有效的沟通，风险管理方法也很难有效实行。沟通对于风险管理非常重要，只有不断沟通才能够保证风险管理信息的正常流动。

3) SERIM 模型

SERIM(Software Engineering Risk Model)模型从技术和商业两个角度对软件风险管理进行剖析，考虑的问题涉及开销、进度、技术性能等。它还提供了一些指标、模型来估量和预测风险，由于这些数据来源于大量的实际经验，因此具有很强的说服力。

4) CMMI 模型

CMMI(Capability Maturity Model Integration)是指能力成熟度集成模型，是对原有能力成熟度模型(Capability Maturity Model, CMM)的改进，优点是能够对软件能力与成熟度的标准进行准确评定，侧重点是开发过程的管理，是现代软件项目风险管理中应用最广的模型。该模型依靠五个逐层递进的层次进行表示，包括初始级、可重复级、已定义级、已管理级、优化级，项目风险管理主要聚集于第三级水平。

在 CMMI 模型中风险管理是第三级中特殊的过程域，是软件风险管理的关键构成部分，它展现了风险管理的过程特性，进而将过程中各项风险管理原则呈现出来。

CMMI 模型的风险管理过程域将风险管理分为风险管理准备、识别和分析风险、缓解风险三个部分，分别用三个特定目标加以规范。为达到这三个目标的要求，模型给出了对应于三个目标的特定实践，也称为最佳实践，如图 8.3 所示。项目通过最佳实践的实施实现对风险的有效管理和监控。

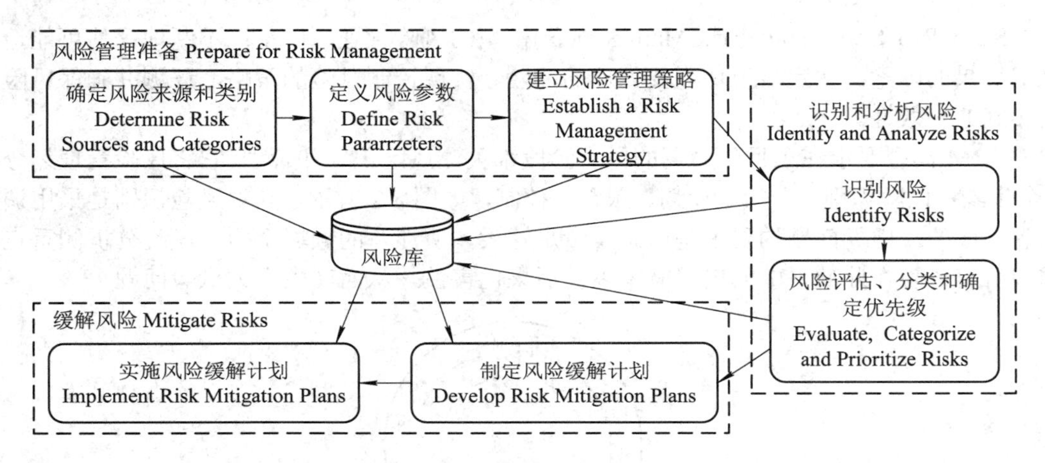

图 8.3 SEI 的 CMMI 模型(在 CMMI 模型中，风险管理是第三级中的过程域，CMMI 的风险管理过程域将风险管理分为风险管理准备、识别和分析风险、缓解风险三个部分，给出了对应于三个目标的最佳实践，通过最佳实践实现对风险的有效管理和监控)

除此之外还有 Charette 模型、IEEE 模型、Microsoft 的 MSF 风险管理模型、Riskit 模型、SoftRisk 风险管理模型和 AS/NZS 模型等都分别适用于不同的项目。

3. 软件项目风险管理的意义

人们往往会忽略软件开发项目管理中的风险管理这一项，但是事实证明：风险管理是否能得到有效控制是软件开发项目是否最终成功的重要决定条件。

调查发现 55%的失控项目(发生成本严重超支或进度严重超期的项目)根本没有进行风险管理，38%的失控项目只做了一些风险管理工作(但是一般在项目进行过程中并没有处理已经发生的风险)，而另外 17%的失控项目并不知道他们是否进行了风险管理工作。

这项研究表明实施风险管理对提高项目成功的可能性、防止项目的失控是非常重要的，其意义主要表现在以下几个方面：

(1) 有利于更加深刻地认识和理解项目范围及其风险，澄清备选方案的利弊，能够提升项目计划的可信度和执行力。

(2) 可以改善项目执行组织内外部的沟通环境，保证风险管理信息的正常流动，有效实现风险管理乃至整个项目管理。

(3) 能够更加明确项目的前提和假设，有针对性地制定风险应对计划，以便减少或分散风险，减少费用支出，促进项目组织经营效益的提高。

(4) 有利于消除或减少风险存在所带来的项目资源浪费，使资源分配达到最佳组合。

(5) 为以后的规划和设计工作提供反馈，以便采取措施防止并避免风险损失。

(6) 促进管理决策的科学化、合理化，降低决策的风险水平，保证项目的成功实现。

(7) 可推动项目管理层和项目组织积累风险资料，以便改进将来的项目管理。

4. 软件项目风险管理的过程

PMBOK 将风险管理分为规划风险管理、识别风险、定性风险分析、定量风险分析、规划风险应对、监控风险六个过程，如图 8.4 所示。

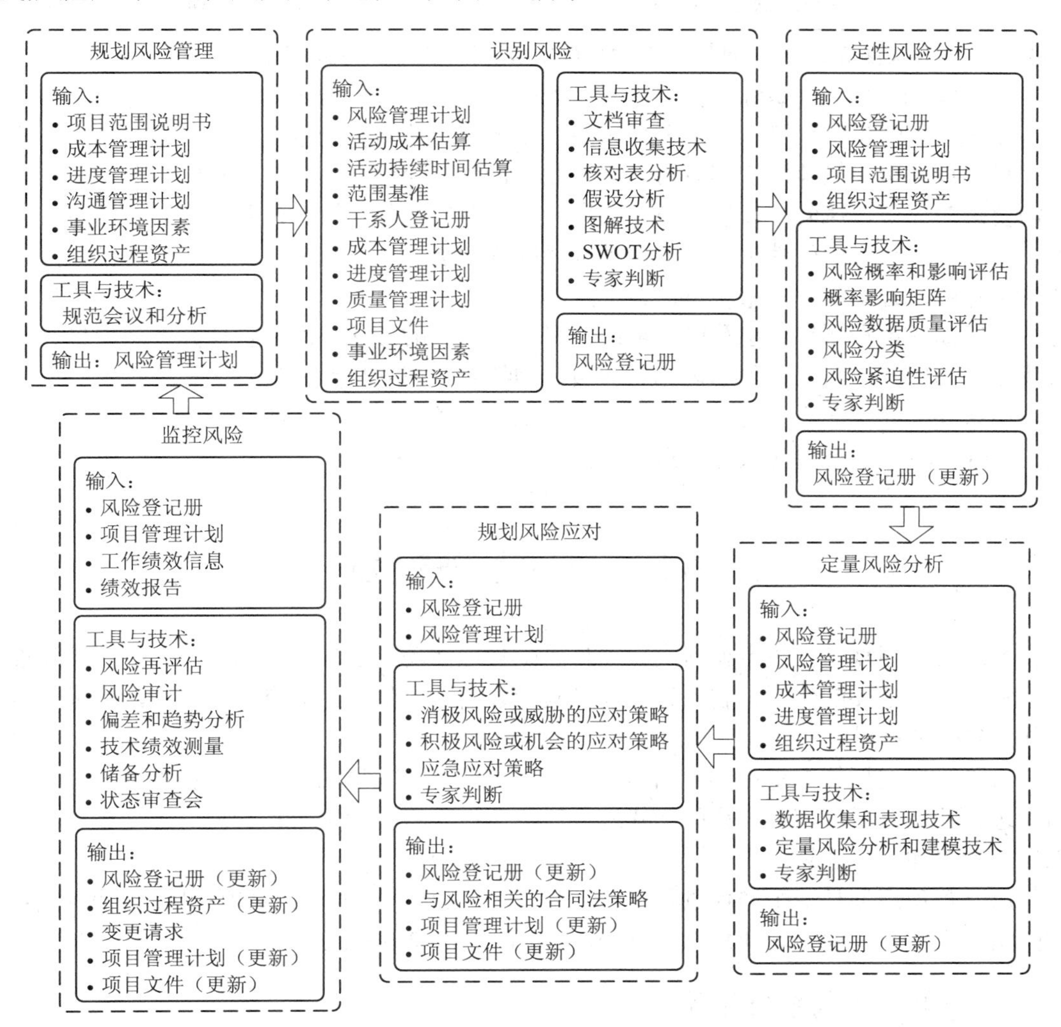

图 8.4　PMBOK 中的项目风险管理过程(PMBOK 将风险管理分为规划风险管理、识别风险、定性风险分析、定量风险分析、规划风险应对和监控风险六个过程，总结出了相应的输入、工具与技术、输出)

以 PMBOK 描述的项目风险管理过程为基础，结合软件项目的实施特点，将其风险管理分为规划风险管理、识别项目风险、分析评估风险、制定应对策略和风险跟踪控制五个过程，如图 8.5 所示。

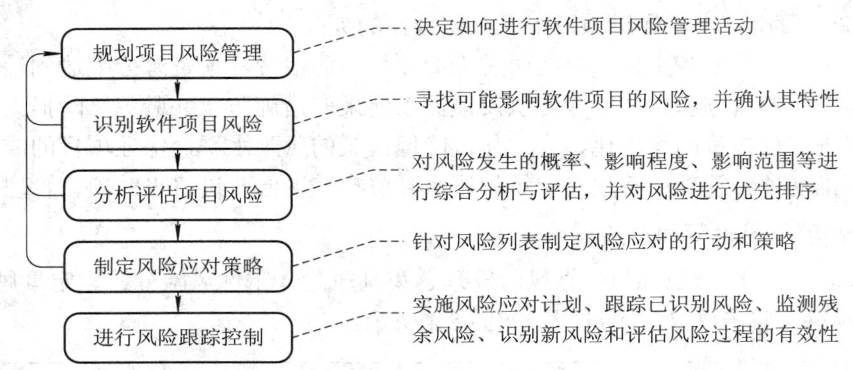

图 8.5　软件项目风险管理的过程(结合 PMBOK 的项目风险管理，可以将软件项目的风险管理分为规划风险管理、识别项目风险、分析评估风险、制定应对策略和风险跟踪控制五个过程)

图 8.5 中的识别项目风险、分析风险、制定应对策略可能重复进行。当有一个可能导致项目失败的重大风险被识别以后，需要制定计划消除这个风险或者降低它的破坏性，之后需要重新评估该风险，以确定原来的风险已经有效消除且没有因此引入新的风险。

事实上，很难把软件项目管理活动与风险管理活动之间划分明确的界限。例如为软件项目选择解决方案时，未来不良事件的影响也是需要考虑的因素之一。很多软件质量保证方法，例如评审和测试，也是降低最终项目交付风险的方法。风险管理并不是项目管理中自我独立的部分，然而风险管理也有其自身的特点，在项目计划规范化和被接受之后风险管理用来处理其中的不确定性。每个计划都是基于各种假设条件的，当这些假设条件不成立的时候，风险管理要对其进行策划和控制。

8.2　风险管理规划

风险管理规划是指决定如何进行项目风险管理活动的过程，这一部分在整个风险管理过程中起着很重要的作用，它保证了为风险管理活动提供充足的资源和时间，是确立风险评估一致性的基础。

风险管理规划依据事业环境因素、组织过程资产、项目规范说明书和项目管理规划等因素进行计划，通过规划会议的形式进行讨论分析，将风险费用和所需的进度计划活动纳入项目预算和进度计划中。

风险管理规划是一个迭代过程，其包括评估、控制、监控和记录项目风险的各种活动，它的结果主要是风险管理计划(Risk Management Plan, RMP)。

8.2.1　风险管理规划的任务

风险管理规划是指确定一套系统全面的、有机配合的、协调一致的策略和方法并将其形成文件的过程，这套策略和方法用于辨识和跟踪风险、拟定风险缓解方案、进行持续的风险评估，从而确定风险变化情况并配置充足的资源。

风险管理规划阶段主要考虑下面的问题：

(1) 风险管理策略是否正确、可行；

(2) 实施的管理策略和手段是否符合总目标。

因此项目风险管理规划主要工作包括以下两方面：

(1) 决策者针对项目面对的形势选定行动方案后，就要制定执行该方案的计划。为了使计划切实可行，常常需要进行再分析，特别是要检查计划是否与其他已做出的或将要做出的决策冲突，为以后留出灵活余地。一般应当避免过早的决策，只有在获得了关于将来潜在风险以及防止其他风险足够多的信息之后才能做出决策。

(2) 选择适合于已选行动方案的风险应对策略。选定的风险应对策略要写入风险管理计划和风险应对策略计划中。

8.2.2 风险管理规划的过程及其活动

风险管理规划标识了与项目相关的风险和所采取的风险评估、分析手段，制定了风险规避策略以及具体实施措施和手段。

风险管理规划的依据主要有：

(1) 项目规划中所包含或涉及的有关内容，例如：项目目标、项目规模、项目利益相关者情况、项目复杂程度、所需资源、项目时间段、约束条件及假设前提等。

(2) 项目组织及个人所经历和积累的风险管理经验及实践。

(3) 决策者、责任方及授权情况。

(4) 项目利益相关者对项目风险的敏感程度及可承受能力。

(5) 可获取的数据及管理系统情况。丰富的数据和严密的系统基础，将有助于风险识别、估计、评价及对应策略的制定。

(6) 风险管理模板。项目经理及项目组织将利用风险管理模板对项目进行管理，从而使风险管理标准化、程序化。模板应在管理的应用中得到不断改进。

图 8.6 表示了风险管理规划从输入转变为输出的整个过程及其活动，包括作为规划依据的输入、机制支持、控制调节以及作为规划结果的输出等过程。

图 8.6 中的机制是为风险管理过程及其活动提供方法、技巧、工具或其他手段。

风险管理规划的早期工作是确定项目风险管理的目标，明确具体区域的职责，明确需要补充的专业技术，规定评估过程和需要考虑的区域，规定选择处理方案的程序，规定评级图，确定报告和文档需求，规定报告要求和监控衡量标准等。

风险管理计划是风险管理的导航图，告诉项目管理组织项目怎样从当前所处的状态到达所希望的未来状态。做好风险管理计划，关键是要掌握必要的信息，使项目组织能够了解目标和项目风险管理过程。

风险管理计划有些方面可以规定得很具体，例如政府和承包商参与者的职责和定义等；而另一些领域则可以规定得笼统一些，使用者可以选择最有效的实施方法，例如关于评估方法就可以提出几种建议供评价者在评估风险时选用，这样做比较恰当，因为每一种方法都有其所长，亦有其所短，要视具体情况而定。

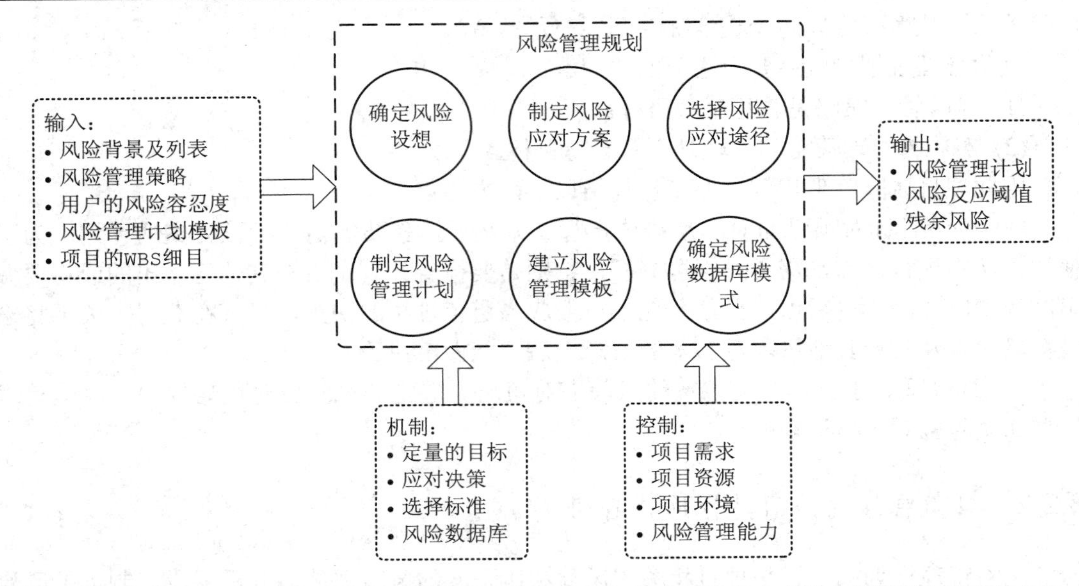

图 8.6 软件项目风险管理规划的过程及其活动(风险管理规划从输入转变为输出的过程中涉及输入的依据和输出的结果，通过相应的方法、技术和工具控制相关的结果来完成风险管理规划)

风险管理计划规定了风险记录所选的途径、所需的资源和风险应对的批准权力。

风险阈值定义了风险发生的征兆，预先确定的阈值作为表明需要执行风险行动计划的警告。

残余风险是指采取风险反应行动之后仍然留存的风险，也包括那些被接受的小风险。

风险管理规划的过程活动是将按优先级排列的风险列表转变为风险应对计划所需的任务，是一种系统活动过程(如图 8.6 所示)，其主要包括以下内容。

1. 确定风险设想

风险设想是对可能导致风险发生的事件和情况的估计。事件描述导致风险发生时必然导致的后果，情况描述使未来事件成为可能的环境。应针对所有对项目成功有关键作用的风险来进行风险设想。确定风险设想一般有以下 3 个步骤。

(1) 假设风险已经发生，考虑如何应对风险；

(2) 假设风险将要发生，说明风险设想；

(3) 列出风险发生之前的事件和情况。

2. 制定风险应对方案

风险应对备用方案是指应对风险的一套选择方案。用避免、转移、缓解、接受、研究、储备、退避等应对策略来制定风险应对备用方案。每种策略应包括目标、约束和备用方案。

3. 选择风险应对途径

风险应对途径缩小了选择范围，并将选择集中在应对风险的最佳备用方案上。可将几种风险应对策略结合为一条综合途径。例如可能决定通过市场调查来获得统计数据，根据调查结果可能会将风险转移到第三方，也可能使用风险储备，开发新的内部技术。选择标准有助于确定应对风险的最佳备用方案。

4. 制定风险管理计划

风险管理计划详细说明了所选择的风险应对途径，它将途径、所需的资源和批准权力编写为文档，一般应包含下列因素：

(1) 批准权力；

(2) 负责人；

(3) 所需资源；

(4) 开始日期；

(5) 活动；

(6) 预计结束日期；

(7) 采取的行动；

(8) 取得的结果。

5. 建立风险管理模板

风险管理计划并不需要立即实施。在项目初期，风险评估倾向于识别容易忽视的重要风险，因为它们并不会立即发生，风险计划中比较容易忽视，这些重要的问题在跟踪中也容易被遗忘，直至出现无法补救的后果，除非设置某种机制。要做到尽早警告，可使用以定量目标和阈值为基础的触发器。

风险管理模板规定了风险管理的基本程序、风险的量化目标、风险警告级别、风险的控制标准等，从而使风险管理标准化、程序化和科学化。

6. 确定风险数据库模式

项目风险数据库应包含若干数据字段，用于全面描述项目风险。数据库设计一般包括数据库结构和数据文件两部分，项目风险数据库应包括项目生命周期过程所有的相关活动。项目风险数据库模式，是从项目风险数据库结构设计的角度来介绍项目风险数据库。

上述六种活动过程可以重复使用，也可以同时使用。

8.2.3 风险管理规划的主要结果

风险管理计划是风险管理规划文件的一个基础性文件，风险管理计划要说明如何把风险分析和管理步骤应用于项目之中，该文件详细地说明风险识别、风险估计、风险评价和风险控制过程的所有方面，如表 8-3 所示。风险管理计划还要说明项目整体风险评价基准是什么，应当使用什么样的方法以及如何参照这些风险评价基准对项目整体风险进行评价。

为了真正使风险能够消除或减弱，制定风险管理计划时，往往要包含风险应对行动计划和风险应对应急计划。

风险应对行动计划是通过迅速反应来降低或者消除风险的影响或者发生的概率，以此来化解风险。这个计划就是为防止风险不利事件发生所推荐的可采取措施。

风险应对应急计划是指如果采取正常的风险应对行动计划，风险仍然没有化解掉，那么在风险监控中就要引入事先准备好的应急计划。要对每个风险设定一个触发器，一旦触发器发生就需要实施应急计划。这个计划就是当风险变成问题时应该采取的计划。

表 8-3 风险管理计划包含的内容

1 描述	3.3.1 适用的技术
1.1 任务	3.3.2 执行
1.2 系统	4 应用
1.2.1 系统描述	4.1 风险识别
1.2.2 关键功能	4.2 风险估计
1.3 要求达到的使用特性	4.3 风险评价
1.4 要求达到的技术特性	4.4 风险应对
2 软件项目提要	4.5 风险监控
2.1 总要求	4.6 风险预算编制
2.2 管理	4.7 偶发事件规则
2.3 总体进度	5 总结
3 风险管理途径	5.1 风险过程总结
3.1 定义	5.2 技术风险总结
3.1.1 技术风险	5.3 计划风险总结
3.1.2 计划风险	5.4 保障性风险总结
3.1.3 保障性风险	5.5 进度风险总结
3.1.4 费用风险	5.6 费用风险总结
3.1.5 进度风险	5.7 结论
3.2 机制	6 参考文献
3.3 方法综述	7 批准事项

8.2.4 风险应对策略

为提高实现项目目标的机会并降低风险的负面影响，需要制定风险应对策略和应对措施，以化解项目风险。风险应对策略主要有规避风险、转移风险、接受风险、减轻风险、预防风险、储备风险和控制风险。

1. 规避风险

规避风险策略是指当项目风险潜在威胁发生的可能性太大，不利后果也很严重，又无其他策略可用时，主动放弃项目或改变项目目标与行动方案，从而规避风险的一种策略。

规避风险并不意味着完全消除风险，所要规避的是风险可能造成的损失，主要从两个方面入手：一是采取事先控制措施，降低损失发生的概率；二是降低损失程度。

可以通过澄清需求、获取信息、改善交流、听取专家意见以应对项目早期的风险。增加资源或时间，降低项目目标，缩小项目范围，用成熟可行的方法替代创新方法都是规避项目风险的切实措施，可以根据项目的具体情况选择使用。

在项目活动尚未实施时，必须对风险有充分的认识，对风险出现的可能性和后果的严重程度有足够的把握，才可以采取规避策略。否则，放弃或改变正在进行的项目，可能会带来更高的风险，以及付出更大的代价。

2. 转移风险

转移风险是将风险转移到参与该项目的其他人或其他组织，其目的不是降低风险发生的概率和不利后果的大小，而是借用合同或协议，在风险事故一旦发生时将损失的一部分转移给有能力承受或控制项目风险的个人或组织。

实行这种策略要遵循两个原则：第一，必须让承担风险者得到相应的报答；第二，对于各个具体风险，谁最有能力管理就让谁分担。

有时候对于自己来说是风险的情况对于其他项目组或组织则不是问题，这个时候可以采取风险转移策略。例如，成本太高对于日本软件行业来说是风险，那么通过软件外包到中国来开发就转移了本国高薪员工的风险。

采用这种策略所付出的代价大小取决于风险大小。当项目的资源有限而不能实行减轻和预防策略，或风险发生频率不高，但潜在的损失或损害很大时可采用这种策略。

3. 接受风险

接受风险是指有意识地选择承担风险后果。就是当风险无法化解，而且自己可以承担损失时，可用这种策略接受风险。接受风险可以是主动的，也可以是被动的。

主动接受风险是指由于在风险管理规划阶段已对一些风险有了准备，所以当风险事件发生时马上执行应急计划。

被动接受风险是指在风险事件造成的损失数额不大，不影响项目大局时，项目管理组将损失列为项目的一种费用。

费用增加了，项目的收益自然要受影响。当采取其他风险应对方法的费用超过风险事件造成的损失数额时可采取接受风险的方法。例如，经理们期望员工自愿流动的百分比较低，更换一个入门级工程师的费用，可能与为留住此人而提升他或她的福利所花的费用一样，这时的策略是接受经过培训的人员调离项目的风险，付出的代价便是雇用顶替他们的人所花的费用。

4. 减轻风险

减轻风险策略是通过缓和或预知等手段来减轻风险，降低风险发生的可能性或减缓风险带来的不利后果，以达到风险减少的目的。

减轻风险是存在风险优势时使用的一种风险决策，其有效性在很大程度上要看风险是已知风险、可预测风险还是不可预测风险。

对于已知风险，项目管理组可以在很大程度上加以控制，可以动用项目现有资源以降低风险后果的严重性和风险发生的频率。例如可以通过压缩关键任务时间、加班或采取“快速跟进”来减轻项目进度风险。

可预测风险或不可预测风险是项目管理组很少或根本不能够控制的风险，因此有必要采取迂回策略，降低其不确定性。

出现概率虽小，但是后果严重的风险一般为不可预测的，也是最难减轻的一种风险。此类风险只要一发生就变成了已知风险，就能找出相应的减轻办法。

在实施减轻风险策略时，最好将项目每一个具体“风险”都减轻到可接受的水平。风险规避和它不同，是改变了项目的范围来消除不可接受的活动。项目中各个风险水平降低了，项目整体风险水平在一定程度上也就降低了，那么项目成功的概率就会增加。

5. 预防风险

风险预防是一种主动的风险管理策略。包括：

(1) 在项目活动开始之前，采取一定措施，减少风险因素。

(2) 对项目有关人员进行风险和风险管理教育，以减轻与不当行为有关的风险。

(3) 遵循客观规律，遵守科学的程序，以制度化的方式从事项目活动，减少因客观规律性被破坏而给项目造成不必要的损失。

(4) 合理地设计项目组织形式也能有效地预防风险。

使用预防策略时需要注意的是：在项目的组成结构或组织中加入多余的部分，同时也增加了项目或项目组织的复杂性，提高了项目成本，进而增加了风险。

6. 储备风险

储备风险是指根据项目风险规律，事先制定应急措施和一个科学高效的项目风险计划，一旦项目实际进展情况与计划不同，就动用后备应急措施。

采用这种策略，需要详细说明风险在系统内的位置才能将风险和储备联合起来。

对于一些大型软件的、较新或灰度较大的项目，由于项目的复杂性或许缺乏参考，而项目风险是客观存在的，例如项目进度或费用超支往往给项目带来极大的风险，因此为了保证此类项目预定目标的实现，有必要制定一些项目风险应急措施。

7. 控制风险

当接受风险可能会发生时，制定可能的处置计划。例如分配额外资源来辅助设计，并留出额外的问题处理时间等。

在设计和制定风险应对策略时一定要针对项目中不同风险的特点，尽可能准确而合理地采用上述策略中的一种或者以上几种策略的组合策略。

在实施风险策略和计划时应随时将变化了的情况反馈给风险管理人员，以便能及时地结合新的情况，对项目风险应对策略进行调整，使之能适应新的情况，并尽量减少风险带来的损失，以确保项目实施获得成功。

制定风险管理计划之后，要把每个风险管理的过程落实到项目的进度表中，并与整个项目管理过程紧密结合起来认真执行。

8.3 风险识别

项目风险管理的前提和基础是有效地识别项目风险。

8.3.1 风险识别概述

风险识别也称风险辨识，是试图通过系统化的方法寻找可能影响项目的风险(已知的和可预测的)以及确认风险特性的过程。

风险识别的主要工作是确定可能对项目造成影响的风险，并且把每一风险的特性编制成文档。

风险识别的目标是辨识项目面临的风险，揭示风险和风险来源，以文档及数据库的形式记录风险。风险识别的结果是软件项目风险清单。

对于软件开发过程各阶段特有的风险，以及独立于时间的、存在于多个项目阶段的各种风险的识别依赖于项目管理者或专家的知识与经验，同时可以结合案例库进行。

风险识别不仅在项目开始前进行，而且项目全程都需要监视新风险的诞生，使得模型能将项目全程任何时刻的重要不确定性都纳入管理范围，以进行系统化管理。

8.3.2　风险识别过程及其活动

图 8.7 表示了风险识别从输入转变为输出的整个过程及其活动，其包括作为识别依据的输入、机制支持、控制调节以及作为识别结果的输出等过程。

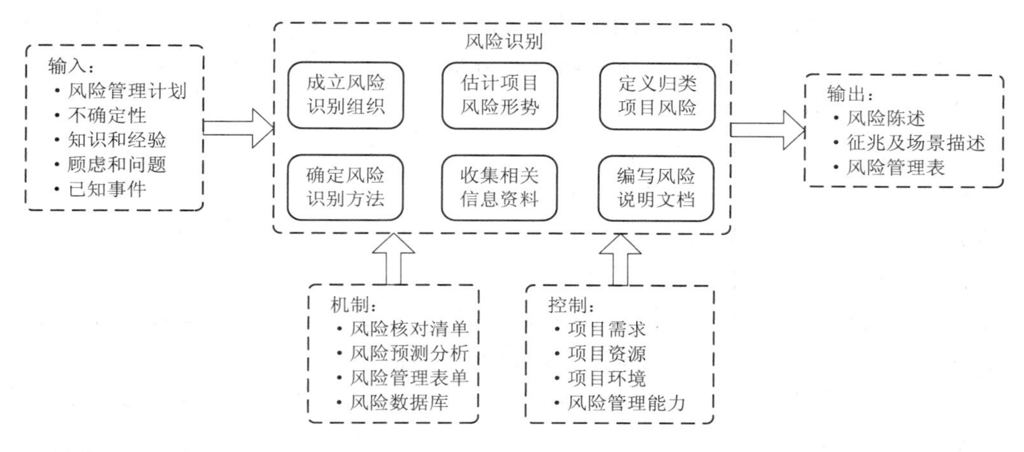

图 8.7　软件项目风险识别过程及其活动(风险识别从输入转变为输出的过程中涉及输入的依据和输出的结果，通过相应的方法、技术和工具，控制相关的结果来完成风险识别)

项目的一次性特点决定了项目包含着一定程度的不确定性。项目的不确定性是不知道的事情，是对项目持有疑虑、假定和怀疑的事情。通过这些假定和怀疑，估计它是否会构成项目的威胁，以至成为项目的风险。

风险核对清单包括与风险核对主题相关的典型风险区域。风险核对清单能通过各种形式组织风险，例如：合同类型、成熟度级别、生命周期模型。风险识别的活动包括风险识别方法的确定、风险定义及分类、风险文档编写等。

风险管理表单是一个通过填空的模板系统地处理风险的机制。

风险来源表用于陈述项目风险，将所有已识别的项目风险罗列出来并将每个风险来源加以说明，它至少要包括风险事件的可能后果、风险事件的预期、风险事件发生频率等。

风险征兆也被称为触发器(Triggers)或预警信号，是指示风险已经发生或即将发生的外在表现，是风险发生的苗头和前兆。

软件项目风险识别过程活动的基本任务是将项目的不确定性转变为可理解的风险描述，作为一种系统过程，风险识别有其自身的过程活动(如图 8.7 所示)。

1. 成立风险识别组织

风险识别之前首先要明确其目标，确定风险识别参与人员，例如：项目组成员、风险管理人员、学科专家(组织内)、客户、项目的其他管理人员、外部专家等，究竟哪些人员参与此项工作，然后要明确他们的分工和责任，为风险识别提供组织保障。

2. 确定风险识别方法

在项目风险识别过程中结合项目的具体情况，借助一些技术、方法和工具，例如：检查表法、德尔菲法、头脑风暴法、SWOT 法、敏感性分析法、系统分析法、因果分析法(流程图法)、情景分析法、WBS 法、实验法、经验判断法等，能够使识别操作规范，进而提高工作效率。质量管理工具和沟通工具也可以有效应用在风险识别过程中。

3. 估计项目风险形势

通过项目风险形势估计，判断和确定项目目标是否明确、是否具有可测性、是否具有现实性、有多大不确定性；分析保证项目目标实现的战略方针、战略步骤和战略方法的正确性；根据项目资源状况分析实现战略目标的战术方案存在多大不确定性，彻底弄清项目有多少可以动用的资源用于实施战术，进而实现战略意图和项目目标是非常重要的。

4. 收集相关信息资料

从项目章程、项目合同、用户的需求建议书中收集项目产品或服务的说明书，研究其不确定性，以便提高风险识别所需的信息。

研究项目范围管理、人力资源与沟通管理、项目资源需求、项目采购与合同管理等项目管理计划，审查项目成本、进度目标是否定得太高，哪些人对项目的顺利完成有重大影响，哪些资源的获取、维护、操作等对项目的顺利完成可能造成影响，合同计价形式对项目有多大影响，以获得项目所有的前提、假设和制约因素。

借鉴项目是识别项目风险的重要手段。一般的项目公司会积累和保存所有项目的档案，其中有项目的原始记录等。

查看过去类似项目的档案等历史资料或文献记载，参考有关问题的界定及其解决的办法，借鉴其中的经验和教训。也可以通过访谈等形式从项目利益相关者或风险识别组织中其他人那里获得关于风险识别的经验。

5. 定义归类项目风险

紧密结合项目成本、进度和技术等影响因素，识别其中的问题，通过定义可能性及结果来判断哪些属于风险。为了便于进行风险分析、量化、评价和管理，还应该对识别出来的风险进行分类整理。

6. 编写风险说明文档

最后，通过编写风险来源表记录已识别风险，其中包括风险问题的简要阐述、可能性和结果等，同时要对风险征兆、风险场景等进行详细说明。对于每一个风险需要填写一个风险管理表。规范书写该文档可使识别出来的风险更易理解。对于大型项目还需将其风险信息记入风险数据库系统。

8.3.3 风险识别方法

1. 德尔菲(Delphi)法

用德尔菲方法进行项目风险识别的过程是由项目风险小组选定与该项目有关的领域专

家，并与这些适当数量的专家建立直接的函询联系，通过征询收集专家意见，然后加以综合整理，再匿名反馈给各位专家，再次征询意见。这样反复经过四至五轮，逐步使专家的意见趋向一致，作为最后识别的根据。

2. 头脑风暴法

头脑风暴法(Brain Storming)又称智力激励法或自由思考法或是由美国创造学家A・F・奥斯本于 1939 年首次提出，1953 年正式发表的一种激发性思维的方法。它是通过营造一个无批评的、自由的会议环境，使与会者畅所欲言、充分交流、互相启迪，产生出大量创造性意见的过程。

头脑风暴法有直接头脑风暴法和逆头脑风暴法两种具体的方法。直接头脑风暴法是在专家群体决策时尽可能激发创造性，产生尽可能多的设想；逆头脑风暴法是对直接头脑风暴法提出的设想、方案逐一质疑，分析其现实可行性。

头脑风暴法包括收集意见和对意见进行评价两个阶段的 5 个过程，如图 8.8 所示。

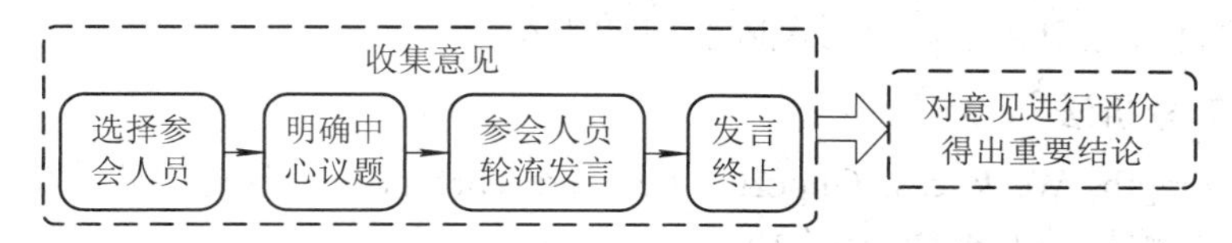

图 8.8　头脑风暴法的实施过程(头脑风暴，最早是精神病理学上的用语，指精神病患者的精神错乱状态。现在则成为无限制的自由联想和讨论的代名词，其目的在于产生新观念或激发创新思想)

在项目风险识别过程中主持者组织召开项目组全体会议，进行关于项目风险的自由讨论，项目组成员在主持人的引导下完全自由地发言，产生关于项目风险的概念。该方法是一种智力爆发的方法，不能出现屈服于权威或权力的倾向性意见，因此项目经理和技术权威不太适合参加这种讨论。

为了避免出现屈服于大多数人的倾向意见，同时还应坚持不进行过多讨论，不对别人的意见进行判断性评论，甚至明确不许使用身体语言表达评判意见，例如咳嗽、冷笑等。这样做的目的是最大限度地发挥民主，搜集来自各方面的意见。意见可以是多余的，但尽可能不要遗漏任何重要信息。然后风险管理人员将会议结果进行分类整理，作为风险的基础和其他风险识别方法的结果一起提交风险分析，这一般在识别活动的早期进行。

3. 情景分析法

情景分析法是通过有关数字、图表和曲线等，根据项目发展趋势的多样性，用类似于撰写电影剧本的手法，对项目未来的某个状态或某种情况进行详细的描绘和分析，从而识别引起项目风险的关键因素及其影响程度的一种风险识别方法。该方法注重说明某些事件出现风险的条件和因素，并且还要说明当某些因素发生变化时，又会出现什么样的风险，会产生什么样的后果等。

情景分析法可以通过筛选、监测和诊断给出某些关键因素对于项目风险的影响。

筛选是按一定的程序将具有潜在风险的产品过程、事件、现象和人员进行分类选择的风险识别过程。其工作过程可概括为仔细检查、征兆鉴别、疑因估计。

监测是在风险出现后对事件、过程、现象、后果进行观测、记录和分析的过程。其工作过程可概括为疑因估计、仔细检查、征兆鉴别。

诊断是对项目风险及损失的前兆、风险后果与各种起因进行评价与判断，找出主要原因并进行仔细检查。其工作过程可概括为征兆鉴别、疑因估计、仔细检查。

当一个项目持续的时间较长时，往往要考虑各种技术、经济和社会因素的影响，对这种项目就可用情景分析法来预测和识别其关键风险因素及其影响程度。

4. 因果分析法

因果分析法就是借助项目流程图，帮助项目识别人员全面分析和识别项目风险所处的项目环节、各个环节之间存在的风险以及项目风险的起因和影响。

项目流程图用来描述项目工作标准流程，包括项目系统流程图、项目实施流程图、项目作业流程图等多种形式不同详细程度的图表。它与网络图的不同之处在于：流程图的特色是判断点，而网络图不能出现闭环和判断点；流程图用来描述工作的逻辑步骤，而网络图用来排定项目工作时间。

通过对项目流程的分析，可以发现和识别项目风险可能发生在项目的哪个环节或哪个地方，以及项目流程中各个环节对风险影响的大小。

5. SWOT 分析法

SWOT(Strength, Weakness, Opportunities and Threats)分析法是多角度综合分析项目内部优势、劣势和项目外部机会与威胁的技术。

SWOT 分析可借助道斯矩阵(Tows Matrix)(如图 8.9 所示)，经过以下五步来完成。

	T_M12 优势 列出自身优势	T_M13 劣势 列出自身劣势
T_M21 机会 列出现有的机会	T_M22 SO 战略 抓住机遇，发挥优势战略	T_M23 wo 战略 利用机会，克服劣势战略
T_M31 挑战 列出面临的威胁	T_M32 ST 战略 利用优势，减少威胁战略	T_M33 WT 战略 弥补缺点，规避威胁战略

图 8.9　道斯矩阵(20 世纪 80 年代初由美国旧金山大学的管理学教授韦里克提出，经常用于企业战略制定、竞争对手分析等场合)

(1) 列出项目的优势和劣势，可能的机会与威胁，分别填入道斯矩阵的 T_M12、T_M13、T_M21、T_M31 单元；

(2) 将内部优势与外部机会相组合，形成 SO 策略，制定抓住机会、发挥优势的战略，填入道斯矩阵的 T_M22 单元；

(3) 将内部劣势与外部机会相组合，形成 WO 策略，制定利用机会克服弱点的战略，填入道斯矩阵的 T_M23 单元；

(4) 将内部优势与外部威胁相组合，形成 ST 策略，制定利用优势减少威胁战略，填入道斯矩阵的 T_M32 单元；

(5) 将内部劣势与外部挑战相组合，形成 WT 策略，制定弥补缺点、规避威胁的战略，填入道斯矩阵的 T_M33 单元。

6. 风险条目检查表

风险条目检查表是利用检查表作为风险识别的工具，是一种最常用也是比较简单的风险识别方法，它是利用一组提问来帮助管理者了解项目在各方面有哪些风险。

在风险条目检查表中列出了所有可能的与每一个风险因素有关的提问，使得风险管理者集中来识别常见的、已知的和可预测的风险，例如产品规模风险、依赖性风险、需求风险、管理风险及技术风险等。

表 8-4 是 Barry Boehm 给出的软件开发风险检查单。理想情况下项目相关人员的代表小组应该核对一遍检查表，以判定哪些风险可能会在项目中出现，检查单的作者还会为每种风险的可能对策给出建议。

表 8-4 Barry Boehm 给出的软件开发风险检查单

软件项目风险	风险缓解技术
人员缺乏	配置高技能的员工并工作匹配，团队组建，培训和职业规划，为关键人员尽早安排日程
不现实的时间和成本估计	多种估计技术，费用设计，增量开发，对过去项目的记录和分析，方法标准化
软件功能错误 用户界面错误	提高软件评价，正式的规格说明方法，用户调查，原型，早期用户手册原型，任务分析，用户参与
镀金	需求清理，原型，成本—效益分析，费用设计
晚期需求变化	变更控制规程，高变更阈值，增量开发(变更推迟)
外购构件缺陷	基准化，审查，正式规格说明，正式合同，质量保证规程和证明
外部任务实现缺陷	质量保证规程，竞争设计或原型，正式合同
实时性能缺陷	模拟，基准化，原型，调整，技术分析
开发技术过难	技术分析，成本—效益分析，原型，员工培训和开发

SEI(美国软件工程研究所)软件风险分类系统是一个结构化的核对清单，它将软件风险分为产品工程、开发环境和项目约束三类，每类又分为若干要素，每个要素通过其属性来体现特征，如图 8.10 所示。

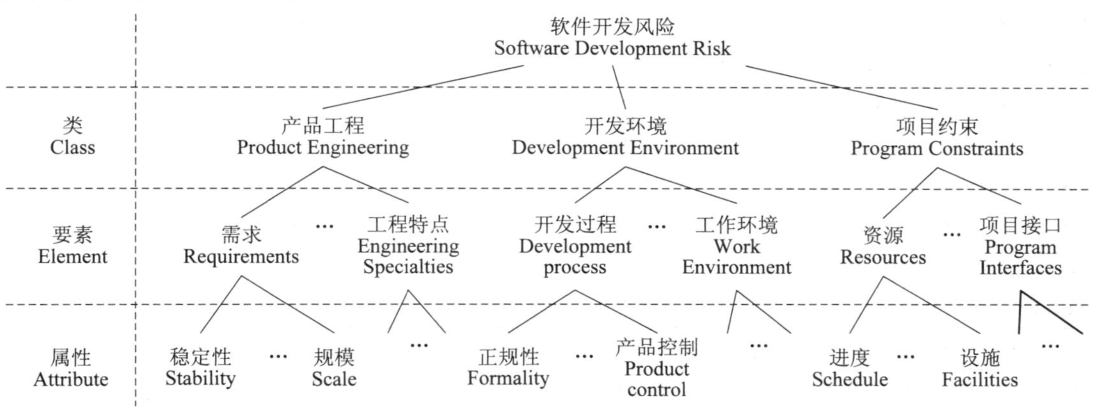

图 8.10 SEI 软件风险检查表类型域(SEI 将软件风险分为产品工程、开发环境和项目约束三类，每类又分为若干要素，每个要素通过其属性来体现特征)

SEI 软件风险分类系统的详细内容如表 8-5 所示。

表 8-5 SEI 软件风险分类系统

Product Engineering (产品工程)	Development Environment (开发环境)	Program Constraints (项目约束)
1. Requirements(需求)	**1. Development process(开发过程)**	**1. Resources(资源)**
Stability(稳定性)	Formality(正规性)	Schedule(进度)
Completeness(完整性)	Suitability(适宜性)	Staff(人员)
Clarity(清晰)	Process Control(过程控制)	Budget(预算)
Validity(有效性)	Familiarity(熟悉程度)	Facilities(设施)
Feasibility(可行性)	Product control(产品控制)	
Precedent(案例)	**2. Development System(开发系统)**	**2. Contract(合同)**
Scale(规模)	Capacity(生产量)	Type of Contract(合同类型)
2. Design(设计)	Suitability(适宜性)	
Functionality(功能性)	Usability(可用性)	Restriction(约束)
Difficulty(困难)	Familiarity(熟悉度)	Dependence(依赖关系)
Interfaces(接口)	Reliability(可靠性)	
Performance(性能)	System Support(系统支持)	
Testability(可测试性)	Deliverability(可交付性)	**3. Program Interfaces(项目接口)**
Hardware Constraints(硬件约束)	**3. Management Process(管理过程)**	
Non-Developmental software(非开发软件)	Planning(计划)	Customer(客户)
3. Code and Unit test(编码和单元测试)	Project Organization(项目组织)	Associate Contractors(联合承包方)
Feasibility(可行性)	Management Experience(管理经验)	
Testing(单元测试)	Program Interfaces(项目接口)	Subcontractors(子承包方)
Coding/Implementation(编码/实现)	**4. Management Methods(管理方法)**	
4. Integration and Test(集成和测试)	Monitoring(监控)	Prime Contractor(主承包方)
Environment(环境)	Personnel Management(人事管理)	
Product(产品)	Quality Assurance(质量保证)	Corporate Management(共同管理)
System(系统)	Configuration Management(配置管理)	
5. Engineering Specialties(工程特点)	**5. Work Environment(工作环境)**	
Maintainability(可维护性)	Quality Attitude(质量态度)	Vendors(供货商)
Reliability(可靠性)	Cooperation(合作)	Politics(策略)
Safety(安全性)	Communication(交流)	
Security(保密性)	Morale(士气)	
Human Factors(人的因素)		
Specification(特定性)		

SPP(Simplified Parallel Process，精简并行过程)的风险检查列表是基于 CMMI 以及软件工程和项目管理知识而创作的一种“软件过程改进方法和规范”，它由技术风险(如表 8-6 所示)、管理风险(如表 8-7 所示)、商业风险(如表 8-8 所示)的过程规范和文档模板组成，主要用于指导国内 IT 企业持续改进其软件过程的能力。

表 8-6　SPP 的技术风险检查列表

风险类型	检　查　项
需求开发 需求管理	需求开发人员懂得如何获取用户需求吗？效率高吗？ 需求开发人员懂得项目所涉及的具体业务吗？能否理解用户的需求？ 需求文档能够正确地、完备地表达用户需求吗？ 需求开发人员能否与客户对有争议的需求达成共识？ 需求开发人员能否获得客户对需求文档的承诺？以保证客户不随便变更需求？
综合技术开发能力，包括设计、编程、测试等	开发人员是否有开发相似产品的经验？ 待开发的产品是否要与未曾证实的软硬件相连接？ 对开发人员而言，本项目的技术难度高吗？ 开发人员是否已经掌握了本项目的关键技术？ 如果某项技术尚未实践过，开发人员能否在预定时间内掌握？ 开发小组是否采用比较有效的分析、设计、编程、测试工具？ 分析与设计工作是否过于简单、草率，从而让程序员边做边改？ 开发小组采用统一的编程规范吗？ 开发人员对测试工作重视吗？能保证测试的客观性吗？ 项目有独立的测试人员吗？懂得如何进行高效率地测试吗？ 是否对所有重要的工作成果进行了同行评审(正式评审或快速检查)？ 开发人员懂得版本控制、变更控制吗？能够按照配置管理规范执行吗？ 开发人员重视质量吗？是否会在进度延误时降低质量要求？

表 8-7　SPP 的管理风险检查列表

风险类型	检　查　项
项目计划	对项目的规模、难度估计是否比较正确？ 人力资源(开发人员、管理人员)够用吗？合格吗？ 项目所需的软件、硬件能按时到位吗？ 项目的经费够用吗？ 进度安排是否过于紧张？有合理的缓冲时间吗？ 进度表中是否遗忘了一些重要的(必要的)任务？ 进度安排是否考虑了关键路径？ 是否可能出现某一项工作延误导致其他一连串的工作也被延误？ 任务分配是否合理？(即把任务分配给合适的项目成员，充分发挥其才能) 是否为了节省钱，不采用(购买)成熟的软件模块，一切从零做起？
项目团队	项目成员团结吗？是否存在矛盾？ 是否绝大部分的项目成员对工作认真负责？ 绝大部分的项目成员有工作热情吗？ 团队之中有“害群之马”吗？ 技术开发队伍中有临时工吗？ 本项目开发过程中是否会有核心人员辞职、调动？ 是否能保证“人员流动基本不会影响工作的连续性”？ 项目经理是否忙于行政事务而无暇顾及项目的开发工作？

续表

风险类型	检　查　项
上级领导 行政部门 合作部门	本项目是否得到上级领导的重视？ 上级领导是否随时会抽调本项目的资源用于其他“高优先级”的项目？ 上级领导是否过多地介入本项目的事务并且瞎指挥？ 行政部门的办事效率是否比较低，以至于拖项目的后腿？ 行政部门是否经常做一些无益于生产力的事情，以至于骚扰本项目？ 机构是否能全面、公正地考核员工的工作业绩？ 机构是否有较好的奖励和惩罚措施？ 本项目的合作部门的态度积极吗？是否应付了事？或者做事与承诺的不一致？

表 8-8　SPP 的商业风险检查列表

风险类型	检　查　项
政治 法律 市场	政府或者其他机构对本项目的开发有限制吗？ 有不可预测的市场动荡吗？ 有不利于我方的官司要打吗？ 本产品销售后在使用过程中可能导致发生重大的损失或伤亡事故吗？ 竞争对手有不正当的竞争行为吗？ 是否在开发很少有人真正需要却自以为很好的产品？ 是否在开发可能亏本的产品？
客户	客户的需求是否含糊不清？ 客户是否反反复复地改动需求？ 客户指定的需求和交付期限在客观上可行吗？ 客户对产品的健壮性、可靠性、性能等质量因素方面有非常过分的要求吗？ 客户的合作态度友善吗？ 与客户签的合同公正吗？双方互利吗？ 客户的信誉好吗？例如按客户的需求开发了产品，但是客户可能不购买。
子承包商 供应商	与子承包商、供应商签订的合同公正吗？双方互利吗？ 子承包商、供应商的信誉好吗？ 子承包商、供应商有可能倒闭吗？ 子承包商、供应商能及时交付质量合格的产品(或部件)吗？ 子承包商、供应商有能力做好售后服务吗？

通过回答表 8-6、表 8-7、表 8-8 中列出的问题来确定每个要素是否构成软件项目的风险，如果可能构成软件项目的风险就需要进一步评估，找出其可能发生的场景、概率和影响后果等。

7．调查问卷法

调查问卷法是提出一系列问题让参与者考虑，通过参与者的回答来判断项目中是否存在相关的风险。调查问卷的问题取决于调查的目的，可以是开放式的，也可以是结构式的。

SEI 把软件开发的风险分为三大类(如表 8-5 所示)，并根据这种分类，给出了一个很经典的基于分类的风险识别调查问卷(SEI Taxonomy-Based Risk Identification Questionnaire, TBQ)。

SPP 的风险检查列表(如表 8-6、8-7、8-8 所示)实际上就是一份很完整很全面的调查问卷，认真回答其中的问题，能够帮助项目组识别项目的风险。

采用现有成熟的调查问卷，根据自己项目的实际情况进行裁减，把问卷中无关的内容删掉，或者自行设计调查问卷，然后通过回答调查问卷的问题，最终识别出项目的风险。

8. 会议法

会议法是指召开定期的项目组会议，例如项目转折点或重要变更时举行的会议，项目月、季度总结会，项目专家会议都适宜于谈论风险信息，将风险讨论列为会议议题。

8.3.4　风险识别结果

风险管理表是风险识别的主要结果之一，它用于清晰地描述项目中已经观察到事务(条件)的状态和已经观察到的可能发生事务(结果)的状态，最好包括风险的根源及后果。针对识别出的每个风险都需要给出风险描述。风险管理表要作为每个风险从识别到最终消灭或关闭的生命周期表，不同阶段填入不同的内容。风险管理表可以作为单独的一个文件，也可以作为项目计划的一部分。

对于大型项目，当风险涉及的内容很多时，为了便于后期风险的跟踪和控制，不能单纯依赖风险管理表描述已识别的风险，还需要对项目风险进行详细的说明。

风险识别组织往往要制定一个风险管理表模板，如表 8-9 所示，方便填入已识别风险的基本信息。

表 8-9　风险管理表模板

XXX 项目风险管理表			
风险评估阶段			
风险标识：	风险识别日期：	风险识别人：	风险类别：
风险标题：	项目名称：		项目阶段：
风险发生时间：		风险发生频率：	
风险描述：			
风险背景：			
风险概率：		风险影响：	
风险影响描述：			
风险计划阶段			
为防止风险不利事件发生，所推荐的可采取措施：			
当风险不利事件发生时，所推荐的可采取措施：			
风险监控阶段			
风险监控应对描述：			
风险最终状态：			
风险应对人签名：		日期：	
项目经理签名：		日期：	

对于识别出的每个风险，都要给出一个唯一的标识号，便于在项目中引用。

风险识别人签名和识别日期有利于识别后期风险控制人和识别人之间的沟通。

风险概率是风险分析中必须重点考虑的因素，但是在风险识别中若识别人可以较为准确地知道风险概率，则可以将其列在风险管理表中。

风险发生时间主要描述风险可能在项目的哪个阶段发生，以便提前做好准备。

风险发生频率用于估计风险是否会发生一次以上。

8.4 风险评估

8.4.1 风险评估概述

项目风险评估涉及风险估计和评价两项重要工作。风险估计是在有效辨识项目风险的基础上根据项目风险的特点，对已识别的风险，通过定性和定量分析方法，估计风险的性质、估算风险事件发生的概率及其后果的严重程度，它对风险评价和制定风险对策和选择风险控制方案有重要的作用。项目风险估计多采用统计、分析和推断等方法，一般需要可信的历史统计资料和相关数据，以及足以说明被估计对象特性和状态的资料做保证。

风险评价是在项目风险规划、识别和估计的基础上，对识别出的风险做进一步综合分析，加深对风险的认识和理解，使风险及风险背景明晰化，并依据风险对项目目标的影响程度进行项目风险分级排序，从而找到项目的关键风险，确定项目风险整体水平和风险等级，指导项目团队制定优先决策，为项目管理者专注于重要的风险提供行动依据，从而为有效地管理风险提供基础。风险评价要从项目整体出发，挖掘项目各风险之间的因果关系，保障项目风险的科学管理。虽然项目风险因素众多，但这些因素之间往往存在着内在的联系，表面上看起来毫不相干的多个风险因素，有时是由一个共同的风险源所造成的。例如一旦遇到共同的技术难题，则会造成费用超支、进度拖延、产品质量不合要求等多种后果。

风险评价时要综合考虑各种不同风险之间相互转化的条件，尽可能量化已识别风险的发生概率和后果，减少风险发生概率和后果估计中的不确定性，研究化解风险的策略和措施，进一步为风险应对和监控提供依据和管理策略。在风险评价过程中评估人员应详细研究管理者决策的各种可能后果，并将管理者做出的决策同自己单独预测的后果相比较，判断这些预测能否被管理者所接受。进行风险评价时，还要提出预防、减少、转移或消除风险损失的初步方法。

8.4.2 风险评估过程及其活动

风险评估包括提炼风险背景、确定风险来源、确定风险处置时限、确定前十项首要风险名单等过程目标。图 8.11 表示了风险评估从输入转变为输出的整个过程及其活动，包括作为识别依据的输入、机制支持、控制调节以及作为识别结果的输出等过程。

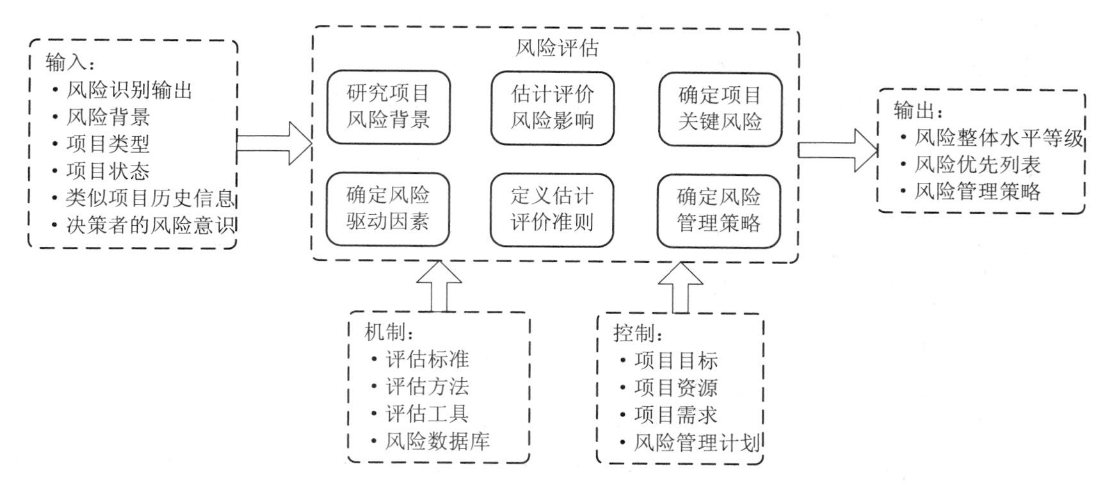

图 8.11 软件项目风险评估过程及其活动(风险评估从输入转变为输出的过程中，涉及输入的依据和输出的结果，通过相应的方法、技术和工具，控制相关的结果来完成风险评估)

项目风险评估过程活动主要有以下六个方面：

1. 研究项目风险背景

依据风险识别输出，结合项目类型和状态，借鉴类似项目的历史信息，系统地研究项目风险背景信息，尽可能全面掌握与风险相关的间接信息，诸如事件、条件、约束、假设、环境、诱因和相关问题等。

2. 确定风险驱动因素

将风险背景输入到相关模型，借助相关工具，确定项目风险驱动因素，明晰相关因素引起项目风险的可能性以及后果剧烈波动的状况。

3. 定义估计评价准则

风险估计评价准则是按照重要性对风险进行排序的最基本依据。定义评估准则包括可能性、后果影响程度和行动时间框架等，以便形成统一的衡量基准。风险评估准则是针对项目主体每一种风险后果确定的可接受水平。风险的可接受水平是绝对的，也是相对的。

4. 估计评价风险影响

在有效辨识项目风险的基础上根据项目风险的特点，对已确认的风险，通过估计方法量测其发生的可能性和破坏程度的大小。然后以此为基础使用风险评价方法，综合所有单个风险的影响确定项目整体风险水平。

5. 确定项目关键风险

使用风险评价工具挖掘项目各风险因素之间的因果联系，确定关键风险因素。然后对风险按潜在危险大小进行优先级排序，得到一个综合考虑了时间框架和项目资源的按优先顺序排列的风险优先列表，它对制定风险对策和选择风险控制方案有重要的作用。

6. 确定风险管理策略

做出项目风险的综合评价，确定项目风险状态及风险管理策略。对高等或中等重要程度的风险应列为重点并作出更详尽的分析和评价，制定附加分析计划表，其中应包括进行下一步的风险定量评价和风险应对计划。

最后，要将风险评估结果归档，使相关人员共享。同时要进一步完善风险管理表。

8.4.3 风险评估方法

风险评估方法一般分为定性、定量、定性与定量相结合三类，有效的项目风险评价方法一般采用定性与定量相结合的系统方法。

1. 定性风险评估

定性风险评估主要是针对风险概率及后果采用定性的方法进行评估。

当风险发生的概率等于 0，表明该风险不会发生；当风险发生的概率等于 1，表明该风险肯定发生；当风险发生的概率介于 0 和 1 之间，采用定性的方法可以把风险概率简单地定义为“低”、“中”、“高”三类，也可以定义为“极低”、“低”、“中等”、“高”和“极高”五类，如表 8-10 所示。

表 8-10 X 项目的风险概率定性准则

风险描述	概率等级
…	极高
…	高
…	中等
…	低
…	极低

对于风险的影响，按照严重性，可以定义为“低”、“中”、“高”三类，或者定义为“可忽略的”、“轻微的”、“严重的”、“灾难性的”四类，也可以定义为“极低”、“低”、“中等”、“高”和“极高”五类，如表 8-11 所示。

表 8-11 X 项目的风险影响定性准则

风险描述	影响等级
…	极高
…	高
…	中等
…	低
…	极低

确定了风险的概率和影响后，将二者结合起来进行综合分析，进一步确定风险的综合影响结果，通常从综合结果矩阵(概率影响矩阵)中获得风险的综合影响，如表 8-12、表 8-13 和表 8-14 所示。

表 8-12　5×5 风险综合结果矩阵

影响＼概率	极高	高	中等	低	极低
极高	极高	高	高	中等	低
高	高	高	中等	中等	极低
中等	高	中等	中等	低	无
低	中等	中等	低	极低	无
极低	中等	低	极低	无	无

假定某项目有关项目组成员流失的风险发生概率“低”，而影响程度“极高”，从表 8-12 中可得出该风险的综合影响是“中等”的；假定项目组成员因病延误工期的风险发生概率“中等”，而影响程度“极高”，从表 8-12 中可得出该风险的综合影响是“高”的。

表 8-13　4×5 风险综合结果矩阵

影响＼概率	极高	高	中等	低	极低
灾难性的	高	高	中等	中等	低
严重的	高	高	中等	低	无
轻微的	中等	中等	低	无	无
可忽略的	中等	低	低	无	无

假定某项目中的某个风险发生的概率和影响程度分别为以下五种组合：“低”和“轻微的”、“低”和“可忽略的”、“极低”和“严重的”、“极低”和“轻微的”、“极低”和“可忽略的”，则该风险的综合影响基本可以不予考虑。

表 8-14　3×3 风险综合结果矩阵

影响＼概率	高	中等	低
高	极高	高	中等
中等	高	中等	低
低	中等	低	极低

对照风险综合结果矩阵，可以得出项目中每个风险的综合影响程度，然后按照已定义的定性等级进行风险优先级排序。

案例：定性风险评估实例

表 8-15 是 X 项目的风险列表，请用定性风险评估方法对其排序。

表 8-15 X 项目的风险列表

风 险 描 述	概率等级	影响等级
招聘不到所需技能人员	高	灾难性的
组织结构发生变化导致项目管理人员变化	高	严重的
开发所需时间估计不足	高	严重的
软件规模估计不足	高	轻微的
CASE 工具无法集成	高	可忽略的
关键人员在项目的关键时刻生病	中等	严重的
拟采用的系统组件存在缺陷，影响系统功能	中等	严重的
需求变更导致主要的设计和开发重做	中等	严重的
数据库事务处理速度不够	中等	严重的
客户无法理解需求变更带来的影响	中等	轻微的
无法进行所需的人员培训	中等	轻微的
缺陷修复估计不足	中等	轻微的
因财政问题导致经费预算削减	低	灾难性的

将表 8-15 和表 8-13 结合起来，可得到×项目风险的综合影响等级，然后按照从“高”到“低”的顺序对这些风险进行优先级排序，如表 8-16 所示。

表 8-16 X 项目的风险优先级排序

优先级	风 险 描 述	概率等级	影响等级	综合等级
1	招聘不到所需技能人员	高	灾难性的	高
2	开发所需时间估计不足	高	严重的	高
3	组织结构发生变化导致项目管理人员变化	高	严重的	高
4	因财政问题导致经费预算削减	低	灾难性的	中等
5	关键人员在项目的关键时刻生病	中等	严重的	中等
6	需求变更导致主要的设计和开发重做	中等	严重的	中等
7	拟采用的系统组件存在缺陷，影响系统功能	中等	严重的	中等
8	数据库事务处理速度不够	中等	严重的	中等
9	软件规模估计不足	高	轻微的	中等
10	客户无法理解需求变更带来的影响	中等	轻微的	低
11	无法进行所需的人员培训	中等	轻微的	低
12	缺陷修复估计不足	中等	轻微的	低
13	CASE 工具无法集成	高	可忽略的	低

表 8-16 中“因财政问题导致经费预算削减”的综合影响等级为中等，发生的概率等级为“低”，但其影响程度为“灾难性的”，所以排在综合影响等级为“中

等”的所有风险之首。风险优先级排序在遵循相关准则的前提下需要一定的针对性和灵活性。

2. 定量风险评估

定量风险评估是一种广泛使用的管理决策支持技术。一般在定性风险分析之后就可以进行定量风险分析。

定量风险评估也是考虑风险概率、风险影响和综合结果三个要素，其目标是量化分析每一个风险的概率及其对项目目标造成的后果，也分析项目总体风险的程度。

对于软件项目风险概率，定量分析的结果就是给出介于 0 和 1 之间准确的概率值。表 8-17 定义了×项目的风险概率定性和定量对照准则。

表 8-17　×项目的风险概率定性和定量对照准则

风 险 描 述	定 性 等 级	风 险 概 率
…	极高	90%
…	高	70%
…	中等	50%
…	低	30%
…	极低	10%

对于软件项目风险的影响，定量分析的结果可以根据项目的风险要素采用不同的单位，若是关于进度影响的风险，则把风险影响折算成对项目时间的影响，给出确定的对时间影响的数值；若是关于成本影响的风险，则把风险影响折算成对项目成本的影响，给出确定的损失金额等。表 8-18 定义了×项目的风险影响定性和定量对照准则。

表 8-18　×项目的风险影响定性和定量对照准则

风 险 描 述	定 性 等 级	影 响 取 值
…	极高	9
…	高	7
…	中等	5
…	低	3
…	极低	1

将风险概率和影响量化之后，便可运用公式 8-1 计算风险损失当量，该指标是进行风险优先级排序的重要依据。

假定 X 项目的 R1 风险发生的概率为 90%，影响值为 3，则该风险的损失当量为 2.7；假定 X 项目的 R2 风险发生的概率为 50%，影响值为 7，则该风险的损失当量为 3.5。如果不考虑其他因素，只按计算后的风险损失当量对这两个风险排序，则 R2 的优先级比 R1 高，尽管它发生的可能性比 R1 小。

案例：定量风险评估实例

表 8-19 是 K 项目的风险列表，请用定量风险评估方法对其排序。

表 8-19 K 项目的风险列表

风险描述	概率	影响
软件规模估算可能非常低	60%	2
用户数量大大超出计划	30%	3
软件复用程度低于计划	70%	2
软件最终用户抵制该系统	40%	3
项目交付期限将被紧缩	50%	2
项目资金将会流失	40%	1
用户将改变需求	80%	2
技术达不到预期的效果	30%	1
缺少对开发、编程工具的培训	80%	3
项目组成员缺乏软件项目经验	30%	2
项目组人员流动比较频繁	60%	2

以表 8-19 中的数据为基础，运用公式 8-1 计算各项风险的损失当量，然后按照从大到小的顺序对这些风险进行优先级排序，如表 8-20 所示。

表 8-20 K 项目的风险优先级排序

优先级	风险描述	概率	影响	损失当量
1	缺少对开发、编程工具的培训	80%	3	2.4
2	用户将改变需求	80%	2	1.6
3	软件复用程度低于计划	70%	2	1.4
4	软件最终用户抵制该系统	40%	3	1.2
5	项目组人员流动比较频繁	60%	2	1.2
6	软件规模估算可能非常低	60%	2	1.2
7	项目交付期限将被紧缩	50%	2	1.0
8	用户数量大大超出计划	30%	3	0.9
9	项目组成员缺乏软件项目经验	30%	2	0.6
10	项目资金将会流失	40%	1	0.4
11	技术达不到预期的效果	30%	1	0.3

风险优先级排序要遵循 20/80 规则，重点关注对项目造成严重后果的 20%的风险，因为这些风险对项目的损失占 80%。当综合结果一样时要针对项目的具体情况，以减少风险带给项目的损失为宗旨，再次进行讨论，或者考虑风险的影响大小，有时还需要考虑风险发生和化解风险的时限，对排序进行调整。

风险时限的量化准则定义如表 8-21 所示。

表 8-21 X 项目的风险时限估计准则

时限描述	定性等级	取值范围
风险或降低风险的措施会在短期内发生	长期	(0，3)
风险或降低风险的措施会在中期内发生	中期	[3，7]
风险或降低风险的措施会在长期内发生	短期	(7，10)

考虑风险时限的影响时，公式 8-1 改进为：

$$L_R = P_R \times C_R \times T_R \tag{8-3}$$

式中：T_R 表示风险时限影响的估计值

用于项目风险评价的具体方法有很多，例如风险图评价法、决策树分析法、层次分析法、模糊风险综合评价法、蒙托卡罗模拟法等。其中决策树分析法是一种常用的定量分析决策方法。

3. 决策树分析法

决策树以方框图形符号作为决策节点，以圆圈图形符号作为状态节点，以三角图形符号作为结果节点，节点之间由直线连接，从而形成了一种树状结构，如图 8.12 所示。

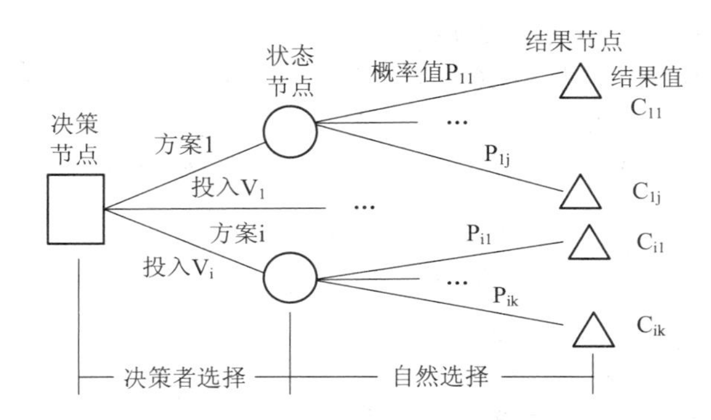

图 8.12　典型的决策树结构(每个决策或事件都可能引出两个或多个事件，导致不同的结果，把这种决策分支画成图形很像一棵树的枝干，从而形成了一种树状结构)

从决策节点引出的分枝称为方案分枝，分枝数量与方案数量相同。决策节点表明从它引出的方案要进行分析和决策，在分枝上要注明方案名称。

从状态节点引出的分枝成为状态分枝或概率分枝，在每一分枝上注明自然状态名称及其出现的主观概率。状态数量与自然状态数量相同。

将不同方案在各种自然状态下所取得的结果(例如，收益值)标注在结果节点的右端。

决策树这种结构模型既简明，又能反映项目风险背景环境，能描述项目风险发生的概率和后果，以及项目风险的发展动态。所以采用决策树分析法评价项目风险，往往比其他评价方法更直观、更清晰，便于项目管理人员思考和集体探讨。

当项目中涉及一系列决策，而且决策的问题存在不确定性时，采用决策树分析法可使思路清晰而简洁。其评价准则主要是期望损益值(Expected Monetary Value, EMV)，它一般根据状态的概率和结果计算。

假定图 8.12 中共有 m 个方案，每个方案的状态分枝不等，但都大于等于 1，可设定为 n 个，那么方案 i 的 EMV 可计算如下：

$$EMV_i = \sum_{j=1}^{n}(P_{ij} \times C_{ij}) - V_i \quad (i=1,\ \cdots,\ m) \tag{8-4}$$

式中：EMV_i 表示方案 i 的 EMV；P_{ij} 表示方案 i 的第 j 个状态的概率；C_{ij} 表示方案 i 的第 j 个状态的结果，为正值表示收益，为负值表示亏损；V_i 表示方案 i 的投入。

该决策树的 EMV 计算如下：

$$EMV = \max(EMV_1, \cdots, EMV_m) \tag{8-5}$$

如果 $EMV = EMV_h (1 \leqslant h \leqslant m)$，那么方案 h 就是该决策的首选方案。

案例：决策树分析实例

某软件项目，如果采用压缩工期(称为方案 A)，投入 10 万元，在 3 个月内完成，按期完成的可能性为 20%，能够获得收益 60 万元；按期完成不了项目的可能性为 80%，由此造成的亏损 4 万元。如果采用正常工期(称为方案 B)，投入 6 万元，按期完成并且达到要求质量的可能性为 70%，能够获得收益 15 万元；按期完成但质量欠佳的可能性为 10%，由此造成的亏损 2 万元；按期完成不了项目的可能性为 20%，由此造成的亏损 5 万元。现在管理者需要决策究竟是采用方案 A 还是方案 B，针对这个问题，采用如图 8.13 所示的决策树进行分析。

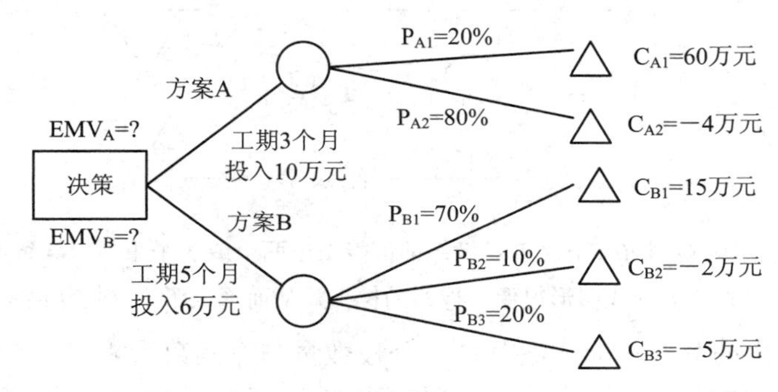

图 8.13　某软件项目的决策树结构(方案 A 为压缩工期，方案 B 为正常工期，这 2 种方案在不同情况下的可能性和后果，通过决策树能够清楚地进行辨别)

$$EMV_A = \sum_{j=1}^{2}(P_{Aj} \times C_{Aj}) - V_A = 0.2 \times 60 + 0.8 \times (-4) - 10 = -1.2(\text{万元})$$

$$EMV_B = \sum_{j=1}^{3}(P_{Bj} \times C_{Bj}) - V_B = 0.7 \times 15 + 0.1 \times (-2) + 0.2 \times (-5) - 6 = 3.3(\text{万元})$$

可见 $EMV_B > EMV_A$，所以该项目应选择方案 B，即正常工期为 5 个月的方案。方案 A 的进度过分压缩看似有高额的回报，其实很难给项目承担方带来效益。

该方法是一种用树状图来描述各方案在未来收益/损失的计算、比较以及选择的方法，其决策是以期望值为标准的。未来可能会遇到好几种不同的情况，每种情况均有出现的可能，人们目前无法确知究竟哪种情况将会发生，但是可以根据以前的资料来推断各种情况出现的概率。在这样的条件下人们计算的各种方案在未来的经济效果只能是考虑到各种情况出现的概率的期望值，与未来的实际收益不会完全相等。

8.5 风险监控

8.5.1 风险监控概述

风险监控是指跟踪和控制风险规划、识别、评估、应对等环节，从而保证风险管理达到预期目标的过程。它是项目实施中的一项重要工作。监控风险实质是跟踪项目的进展和项目环境，掌握和控制项目情况的变化。

在风险监控过程中主要完成以下工作：

(1) 不断地跟踪风险发展变化；

(2) 不断地识别新的风险；

(3) 不断地分析风险的产生概率；

(4) 不断地整理风险表；

(5) 不断地规避优先级别最高的风险。

监控风险的目的是核对风险管理策略和措施的实际效果是否和预见的相同；寻找机会改善和细化风险应对计划；获取反馈信息，以便将来的决策更加符合实际。

在风险监控过程中及时发现新出现的风险、预先制定的策略或措施不见效的风险，或者性质随着时间的推延而发生变化的风险，然后及时反馈，并根据对项目的影响程度，重新进行风险规划、识别、评估和应对，同时还应制定风险事件成败的标准和判据。

8.5.2 风险监控过程及其活动

图 8.14 表示了风险监控从输入转变为输出的整个过程及其活动，包括作为识别依据的输入、机制支持、控制调节以及作为识别结果的输出等过程。

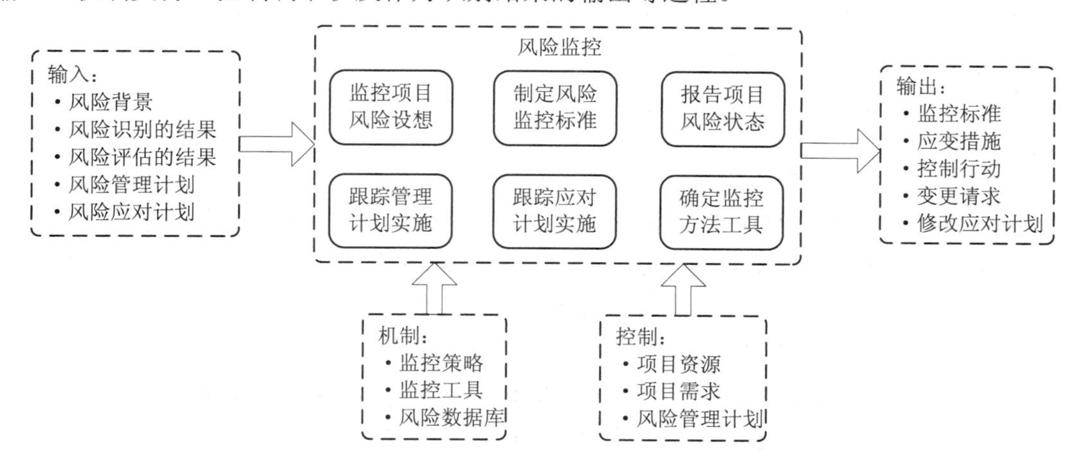

图 8.14　软件项目风险监控过程及其活动(风险监控从输入转变为输出的过程中，涉及输入的依据和输出的结果，通过相应的方法、技术和工具，控制相关的结果来实施风险监控)

风险监控过程的活动主要包括以下几个方面：

(1) 监控风险设想；

(2) 跟踪风险管理计划的实施；

(3) 跟踪风险应对计划的实施；

(4) 制定风险监控标准；

(5) 采用有效的风险监视和控制方法、工具；

(6) 报告风险状态。

8.5.3 风险监控方法

1. 建立有效的风险预警系统

风险预警管理是指对于项目管理过程中有可能出现的风险采取超前或预先防范的管理方式，一旦在监控过程中发现有发生风险的征兆，及时采取校正行动并发出预警信号，以最大限度地控制不利后果的发生。因此，项目风险管理的良好开端和有效实施是建立一个有效的监控或预警系统，及时觉察计划的偏离，以高效地实施项目风险管理过程。

当计划与现实之间发生偏差时，项目可能正面临着不可控制的风险，这种偏差可能是积极的，也可能是消极的。例如计划之中的项目进度拖延与实际完成日期的区别显示了计划的提前或延误。前者通常是积极的，后者是消极的，尽管都是不必要的。这样计划日期之间的区别就是系统会预测到的一个偏差。

另一个关于计划的预警系统是浮动或静止不动。浮动是影响重要途径(在网络图中最长的部分很少发生浮动)的前一项活动在计划表中可以延误的时期。项目中浮动越少，风险产生影响的可能性就越大。浮动越低，工作越重要。预算与实际支出之间的差别一定要控制，两者之间偏离表明完成工作之间花费得太少或太多，前者通常是积极的，后者是消极的。

2. 制定切实的应急行动计划

风险监控的价值体现在保证项目管理在预定的轨道上进行，不致发生大的偏差，造成难以弥补的重大损失，但风险的特殊性也使监控活动面临着严峻的挑战，环境的多变性和风险的复杂性都对风险监控的有效性提出了更高的要求。

制定应对各种风险的应急计划是项目风险监控的一个重要工作，也是实施项目风险监控的一个重要途径。

对于项目风险监控重要的是应根据监控得到的项目风险征兆做出合理的判断，采取有效的行动，即必须制定项目风险监控行动过程。首先找出过程或产品中的问题，然后进行分析以便理解和评估记录在案的问题，有针对性地批准行动计划来解决问题，一直跟踪进展直至问题得以解决，并将经验教训记录在案。

3. 对项目全程进行审核检查

从项目开始对项目建议书、项目产品或服务的技术规格要求、项目的招标文件、设计文件、实施计划等项目全过程进行审核检查，直到项目结束。

审核时要查出错误、疏漏、不准确、前后矛盾、不一致之处。审核还会发现以前或他人未注意的或未考虑到的问题。审核多在项目进展到一定阶段时以会议形式进行。审核会议要有明确的目标，问题要具体，要邀请多方面的人员参加，参加者不要审核自己负责的那部分工作。审核结束后要把发现的问题及时交代给原来负责的人员，让他们马上采取行动，予以解决，问题解决后要签字验收。

检查一般在项目的设计和实施阶段进行。检查结束后，要把发现的问题及时向负责该工作的人员报告，使其及时采取行动，问题解决后要签字验收。

4. 重点监视项目前十大风险

风险监控的重点通常列在“十大风险清单”中，包含每个风险当前的级别和以前的级别，已经上表的次数和从上次审核后风险化解的步骤、进展等，还可以在列表的最后一栏包含从上次审核后已经移出列表的风险。

为了更加有效的监控项目风险，可以在“十大风险清单”的基础上，制定项目风险监视单，如表 8-22 所示。一般应使监视单中的风险数目尽量少，并重点列出那些对项目影响最大的风险。

表 8-22　X 项目的风险监视单

风险描述	当前名次	以前名次	进入前十的周数	行动计划状态	预计完成日期	完成日期
高软件生产率	1	1	2	将需求输入需求数据库工具；保证有合适的人力资源		
现场开发	2	9	2	增加额外场地的费用，建立沟通用的信息平台		
系统负担	3	3	2	成立专门行动小组，解决该问题		
确认算法	4	4	2	获取算法，制定相应的输出验证测试计划		
显示弹出图像	5	5	2	新开发图像		
新用户界面	6	7	2	开展用户界面原型工作，并安排最终用户评审		
同步卡交货	7	6	2	密切注意供应方的进展		
计算机资源竞争	8	8	2	建立计算机资源分配登记表		
技术文档	9	2	2	用现有的人促进文档化过程		
硬件交货时间	10	/	1	待定		

对于以前名次和当前名次变化较大的风险，应予以足够的重视，这两个名次之差可作为判断异常的重要依据。

由于某项风险处理没有进展而长时间停留在监视单之中，则说明可能需要对该风险或其处理方法进行重新评估。监视单的内容应在各种正式和非正式的项目审查会议期间进行审查和评估。

5. 实行风险监控报告制度

成功的风险管理工作都要及时报告风险监控过程的结果。项目风险监控报告制度是用来向决策者和项目组织成员传达风险信息，以达到通报风险状况和风险处理活动的效果。

风险报告可以是非正式口头报告、里程碑审查报告、较为详细的风险监控报告，如表8-23所示。报告内容的详略程度按报告接受人的需要确定。

表 8-23 风险监控报告模板

<table>
<tr><td colspan="4">XXX 项目每月风险监控报告</td></tr>
<tr><td colspan="2">风险类别：</td><td colspan="2">风险报告日期：</td></tr>
<tr><td colspan="2">风险标识：</td><td colspan="2">风险描述：</td></tr>
<tr><td colspan="4">风险状态</td></tr>
<tr><td>概率：</td><td>影响：</td><td>当前风险当量：</td><td>初始风险当量：</td></tr>
<tr><td colspan="4">风险根源和应对描述</td></tr>
<tr><td colspan="2">描述</td><td>应对措施</td><td>行为标号</td></tr>
<tr><td colspan="2"></td><td></td><td></td></tr>
<tr><td colspan="2"></td><td></td><td></td></tr>
<tr><td colspan="2"></td><td></td><td></td></tr>
<tr><td colspan="4">风险变化曲线</td></tr>
<tr><td colspan="4"></td></tr>
</table>

风险监控报告格式以及报告的频度一般应作为制定风险管理计划的内容，统一考虑并纳入其中，还可将这些报告纳入项目管理和技术里程碑进行审查，有助于监控技术、进度和费用等方面的风险，是否阻碍里程碑完成，乃至项目目标的实现。

尽管此类报告可以迅速地评述已辨识问题的整个风险状况，但是更为详细的风险计划和风险状况优势需要单独的风险分析。

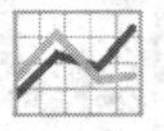

分析：传统的和面向对象的软件开发方法风险管理比较

传统软件开发方法和面向对象软件开发方法的选择需要考虑很多因素，下面通过比较它们在风险管理方面的差异，说明面向对象的软件开发方法在大型软件项目开发中为什么优于传统软件开发方法。

软件项目风险的影响通常受到风险的性质、范围和持续时间的制约。按照一定的标准来确定每个风险的可能性和影响是首要任务。

1. 风险管理规划

风险管理规划的结果主要是风险管理计划，根据 PMBOK 的定义，风险管理计划包括：方法论、角色与职责、预算、计时法、风险类别等。而无论选择哪一种软件开发方法，对于风险管理的规划都是一致的，具体内容不再赘述。

2. 定义风险可能性和影响评估准则

软件项目风险概率的估计具有主观性，软件开发领域的可变因素太多，只能尽最大的努力去提高主观评估的准确度，可能性评估准则的定义见表 8-24。

表 8-24　风险可能性评估准则

可能性	不确切的表达
＞80%	几乎一定，非常可能
61%～80%	可能，相信
41%～60%	怀疑，可能不会，大于 50%
21%～40%	不可能，可能不会
1%～20%	非常不可能，机会很小

整个项目周期中随着进度的推进，前期风险的发生概率会逐渐降低，但可能带来的风险影响值也会升高。

表 8-25 综合考虑了对成本、进度和技术目标的影响，将风险的影响分为“低”、“中等”、“高”和“极高”四个等级。

表 8-25　风险影响评估准则

准则	成　本	进　度	技术目标	影响取值
低	低于 1%	比原计划落后 1 周	对性能稍有影响	1～5
中等	低于 5%	比原计划落后 2 周	对性能有一定的影响	6～10
高	低于 10%	比原计划落后 1 个月	对性能有严重影响	11～15
极高	10% 或更多	比原计划落后 1 个月以上	无法完成任务	16～20

3. 风险识别和定量风险分析

1) 传统软件开发方法的风险识别和分析

“对需求理解不够”发生的概率往往是非常大的，因为传统开发方法中的缺点(包括与客户交流)只限制在系统分析的过程中，在开发过程中不能得到客户的及时反馈，导致这样的风险发生的概率从项目开发初期一直到项目完成并没有降低。相反，随着项目的推进，它的影响越来越大，很可能在项目末期必须进行返工。因此，它排在风险列表的首位。由它引发的风险还有“开发错误的功能”、“缺乏量化的历史数据”、“关键资源不足”等。

传统开发方法中大量的文档编写工作既是优点也是缺点，一方面对文档的依赖性很强，前期的文档编写错误可能导致后期一连串的灾难；大量枯燥的文档对于擅长代码编写和程序开发的编程人员来说是枯燥无味的，再加上不能在短期内看到系统的运行成果，使得项目成员士气低下，影响团队整体情绪，出现这样的情况，显然受到“文档资料风险”的影响。另一方面，由于在项目开发过程中，都会以规范的文档形式进行管理，因此“依赖团队个别成员”这一风险的发生概率有较大幅度的降低。

继续进行识别和分析之后，可得出如表 8-26 所示的十大风险列表。

表 8-26 传统开发方法中的十大风险列表

风 险 描 述	概率(%)	影响	风险当量
对需求理解不够	40	19	7.6
缺乏量化的历史数据	35	18	6.3
文档资料风险	40	15	6.0
自动从主机更新数据库的额外要求	35	17	5.95
外部购买组件的不足	40	13	5.2
设计欠佳，需要重新设计	40	10	4.0
过度的进度压力	20	10	2.0
项目成员士气低下	20	15	3.0
依赖个别人员	14	12	2.48
需求变更	7	19	1.33

2) 面向对象开发方法的风险识别和分析

在面向对象开发方法中需求风险在一定程度上得到了缓解。面向对象开发方法能够对需求进行有效的管理，通过向用户演示原型系统，可以尽早地搜集用户对系统的反馈，并尽快完善对需求的理解。因此虽然项目的结构复杂，专业性强，但是在不断的迭代过程中减小了对客户业务不够了解、需求不够清晰等这类风险的发生概率和影响。再次允许客户对需求的变更，并且在这类项目中变更的可能性较大，但是影响一般较小，因为这种开发方法将一个迭代视为一个周期，在各个周期中都会进行一次需求分析，新增加的需求能够通过这种方式得到，并在后面的迭代过程中实现，合理控制了需求变更带来的影响。

由于软件项目本身具有复杂的特点，其难度集中在对需求的理解和技术实现上。采用面向对象的开发方法，保证了项目的开发进度和开发质量，每过一段时间，就可以将一个更贴近客户需求的可测试的成品交付给用户，由于客户随时知道项目的开发进度，因此不会有过多的进度压力，客户能够提早使用阶段性交付的系统，这种系统不仅经过程序员的各种测试，还得到了用户的参与和检验。

系统的每次迭代都要产生模型，因此构建模型消耗资金和进度也成了需要重点考虑的风险因素之一。

由于开发方法灵活，注重沟通过程和沟通效果，较之传统开发方法，更容易依赖团队中开发经验丰富、对这种开发方法有一定实践基础的专业人士，他们往往是开发复杂项目时团队中的灵魂人物。在开发过程中风险列表可能会有很大的变化，只有随时对当下情况进行有效分析和规划，才能较客观的更新风险列表。

继续进行识别和分析之后，可得出如表 8-27 所示的十大风险列表。

传统开发方法的十大风险会随着每次风险会议的召开而有所变更，面向对象开发方法随着迭代过程重新进行风险识别和评估，更新风险列表。

表 8-27　面向对象开发方法中的十大风险列表

风 险 描 述	概率(%)	影响	风险当量
技术达不到预期效果	30	16	4.8
过多复杂的外部接口	30	15	4.5
项目大、复杂	30	15	4.5
不熟悉的产品使用环境	30	15	4.5
对客户业务不够了解	20	18	3.6
工作量估计不准确	20	18	3.6
构建模型消耗资金和进度	35	10	3.5
外部购买组件的不足	20	17	3.4
依赖个别人员	30	10	3.0
需求膨胀	30	8	2.4

由上述分析，结合表 8-26 和表 8-27，可以看出：

传统开发方法中风险发生的概率梯度较大，导致风险当量的梯度较大，个别风险因素的发生概率接近一半。又由于项目相对复杂程度小，风险系数大的风险因素集中，针对不同项目，将关注点集中在几个主要风险上，风险容易得到较好的控制。

面向对象开发方法中对项目影响大的风险因素可以通过不断的迭代过程而有针对性地减小其发生概率，使风险当量的梯度减小，但需要集中关注的风险因素变得较多。风险当量大的风险因素会在早期迭代过程中被考虑，因此在风险列表更新的过程中，重大风险的风险当量会逐渐降低。

4. 制定风险应对策略、更新风险列表

1) 传统软件开发方法的风险应对策略

对需求理解不够、文档资料风险、设计欠佳风险和人员风险等，都可以算作人为风险，是团队内部人为产生的，并且通过采取一定的措施能够避免或者减少发生概率，将损失降到最小。对于自动从主机更新数据库的额外要求，缺乏量化的历史数据，外部购买组件的不足等风险，并不是管理好自己的团队就能够避免的，因此，应采取可接受的对策，用其他方法进行缓解以使项目最终成功。

经过分析制定各项风险的应对策略，可得到如表 8-28 所示的更新风险列表。

表 8-28　传统开发方法中的十大风险列表更新

风险描述	概率(%)	影响	风险当量	应 对 策 略
对需求理解不够	40	19	7.6	● 加强与客户的交流，项目组与客户良好的交流沟通机制 ● 对形成的需求功能说明向客户确认内容完整性和正确性 ● 需求分析阶段进行多次迭代交流 ● 需求阶段要多和客户沟通，了解客户的真正需求，直到双方达成共识为止

续表

风险描述	概率(%)	影响	风险当量	应对策略
缺乏量化的历史数据	35	18	6.3	● 同客户进行有效沟通，搜集相关的边缘数据 ● 编写测试数据
文档资料风险	40	15	6.0	● 制定软件项目生命周期中所有文档的编写模板 ● 加强培训训练，让技术人员掌握正确编写文档的技巧 ● 做好文档审核 ● 对一些重要技术内容，可以拿给测试人员测试验证
自动从主机更新数据库的额外要求	35	17	5.95	● 选择其他方法解决相关问题
外部购买组件的不足	40	13	5.2	● 调整计划成本，加大购买外部组件的投入 ● 调整进度，对购买不到的简单组件自行开发 ● 购买类似组件，针对项目本身进行更改和整合
设计欠佳，需要重新设计	40	10	4.0	● 做好技术人员的培训，提高设计人员设计水平 ● 做好对每一个设计方案的评审工作，找出方案设计、功能设计等方面存在的问题
过度的进度压力	20	10	2.0	● 做好进度管理与控制，有计划地实施 ● 保证每一步进度的质量，避免返工
项目成员士气低下	20	15	3.0	● 团队内部做好沟通工作，强化团队建设 ● 制定合理的进度计划，对完成效率制定奖惩制度，提高团队成员的积极性 ● 公司内部建立良好的企业文化和绩效考评制度
依赖个别人员	14	12	2.48	● 整顿团队结构，做好沟通，团队之间的成员了解彼此的工作
需求变更	7	19	1.33	● 建立良好的需求变更管理制度和需求工作处理流程 ● 控制需求变更的程度和发生的阶段 ● 在应用软件系统设计上尽量对一些可变的需求进行参数化设计，减小修改程序的概率

在传统开发方法下由于种种原因导致的需求变化是最难控制的，也是风险管理中的重点内容，无法猜测用户下一次会提出什么样的需求，也不能要求用户不可以在原有基础上继续增加新的需求，能控制和管理的只有自己的开发团队，因此也可以增强项目开发的灵活性，采用积极风险对策。例如增加需求分析方面有经验的人员到团队中，计划出足够的时间和资金去开展需求分析等。

制定了风险应对计划可以减轻由于与客户交流较少而带来的对需求的了解不够、导致系统背离了客户的初衷、最终没有人愿意使用、项目宣告失败的风险。

2) 面向对象开发方法的应对策略

面向对象开发方法用来开发较难控制的软件项目，因此项目本身的风险也很大，它的特点决定了风险管理中的沟通是相当重要的。这种沟通不只是团队内部的，更是和外围环境的沟通，其中包括和客户的阶段性沟通，在各种沟通的基础上持续更新风险列表，让潜在风险一一浮出水面，以免在开发后期被没有识别的风险过多地影响整个项目的进度。

与传统开发方法相比，用面向对象开发方法实现的项目，很多风险可以通过迭代过程规避或减轻。例如不熟悉产品使用环境、对用户的业务不了解、项目大而复杂、工作量估计不准确、需求膨胀等风险，甚至可以对积极的风险和机会进行有效的开拓、发展和提高。

经过分析制定各项风险的应对策略，可得到如表 8-29 所示的更新风险列表。

表 8-29　面向对象开发方法中的十大风险列表更新

风险描述	概率/(%)	影响	风险当量	应对策略
技术达不到预期效果	30	16	4.8	● 在早期迭代中对技术要求进行重点分析 ● 由专人进行技术协调和沟通 ● 对于技术难关，可以成立攻关小组，攻克技术难题 ● 购买组件
过多复杂的外部接口	30	15	4.5	● 重视测试工作，建立专门的测试队伍 ● 设计接口的各种测试案例，建立案例审核机制 ● 每次迭代中有针对性、有条理地适度解决部分接口问题
项目大、复杂	30	15	4.5	● 建立问题反映机制和开发变更机制，对于开发过程中出现的问题及时解决 ● 设专人负责组织管理 ● 每次迭代中，由专人进行技术协调和沟通 ● 做好应急事件的管理 ● 加强软件项目管理，在软件公司建立软件项目管理体系
不熟悉的产品使用环境	30	15	4.5	● 建立专门软件使用的模拟环境 ● 在每次迭代过程中树立好的客户服务思想，熟悉产品使用环境
对客户业务不够了解	20	18	3.6	● 在迭代过程中注重客户反馈，不断积极主动了解客户业务 ● 组织客户业务研究小组深入到客户的工作环境中去，专门进行客户业务的学习和研究工作
工作量估计不准确	20	18	3.6	● 每次迭代后重新对系统进行切实的分析和更新进度计划 ● 制定完善的进度计划和变更控制计划，时刻监控项目的进展情况
构建模型消耗资金和进度	35	10	3.5	● 保证每次迭代都有意义，不是为了迭代而迭代，而是为了解决问题 ● 每次迭代都要有新的计划，为下次迭代做好准备，发现问题及时解决

续表

风险描述	概率/(%)	影响	风险当量	应对策略
外部购买组件的不足	20	17	3.4	● 调整计划成本，加大购买外部组件的投入 ● 调整进度，对购买不到的简单组件自行开发 ● 购买类似组件，针对于项目本身进行更改和整合
依赖个别人员	30	10	3.0	● 整顿团队结构，做好沟通，团队之间的成员了解彼此的工作
需求膨胀	30	8	2.4	● 建立良好的需求变更管理制度和需求工作处理流程 ● 每次迭代都针对客户的反馈认真做好需求分析 ● 尽量对一些可变的需求进行参数化设计，减少修改程序的频率 ● 每次进行迭代交流时，挖掘可能的需求变更以提早解决

在面向对象开发方法中若发现无法克服的困难，就应该尽早终止项目，以免在开发后期无法弥补损失。如果客户要求的系统安全性高，在开始产生原始的抽象模型阶段就发现了不可行性，损失的只是前期的一小部分费用和时间，但是如果到项目后期才终止不可行的项目，对已经投入的资源来讲损失是惨重的。

5. 制定和实施风险监控方案

无论选择哪种开发方法，风险都是无法避免的，没有完美的开发方法，也没有完美的风险管理模型。传统的开发方法也好，面向对象的开发方法也好，对于不同的项目，都是在某些方面降低了风险，而在某种程度上又带来了新的风险。相对而言，迭代的开发方法对风险控制有一定的优势，更能立足于项目整体，对风险进行提早控制，优先解决项目的重点和难点。两种开发方法的风险监控方案具体内容不再赘述。

讨论：项目实施的风险管理

最近，小王承担了某单位地理信息系统 Web 平台的开发工作，公司新聘了 5 个人组成开发团队来开发，小王担任了该团队的项目经理。

该地理信息系统平台是为行业定制的，整个架构采用目前流行的 B/S 架构，主要由界面层、图形层和数据层组成。这是一个专业性很强的项目，可能要用到专门的开发技术。用户对他们的业务需求描述很模糊，认为这是一个行业软件，能满足日常工作需要即可，其他特定的功能，可以在开发过程中进行补充。

小王感到非常苦恼，因为他无法了解项目组新增两名这方面的技术高手，虽然公司已经答应，但这两人现在仍在外地实施别的项目，还没确定何时能到本项目组。另外，用于数据采集和系统测试的设备和配套软件也需要在公司的另一个项目结束后才能使用。小王知道在项目实施时必须进行风险管理，他研究了其他类似项目的实施材料，制定出一系列的风险应对措施。

案例讨论：

1. 请识别项目中的风险。

2. 针对项目开发中存在的技术风险，谈谈你的应对措施。

8.6 小　　结

风险指“损失的可能性”，具有客观性、突发性、多变性、相对性、无形性、多样性等特征(8.1.1 节)。软件项目自身的特点，决定了软件项目风险的不可避免性，风险发生后损失的难以弥补性和工作的被动性决定了风险管理的重要性。软件风险管理过程(8.1.3 节)是一个不断识别风险、评估风险、应对风险、监控风险的过程。这种过程往往是反复进行的，并且纳入软件项目管理计划之中，要求从整体和全局角度出发，做好科学合理的规划，采用相关的方法、工具和技术，才能实施有效的管理。风险管理规划是一个迭代过程(8.2.2 节)，包括评估、控制、监控和记录项目风险的各种活动，其结果主要是风险管理计划(8.2.3 节)，要包含风险应对行动计划和风险应对应急计划。风险应对策略(8.2.4 节)主要有规避风险、转移风险、接受风险、减轻风险、预防风险、储备风险和控制风险等。运用德尔菲法、头脑风暴法、情景分析法、因果分析法、SWOT 分析法、风险条目检查表、调查问卷法、会议法等方法识别风险(8.3.3 节)，形成风险列表及其管理表(8.3.4 节)；风险评估方法(8.4.3 节)一般分为定性、定量、定性与定量相结合三类，具体的方法有风险图评价法、决策树分析法、层次分析法、模糊风险综合评价法、蒙托卡罗模拟法等，重点介绍了决策树分析法。建立有效的风险预警系统、制定切实的应急行动计划、对项目全程进行审核检查、本章重点监视项目前十大风险、实行风险监控报告制度是能够有效监控软件项目风险(8.5.3 节)，从而保证风险管理达到预期目标。

8.7 习　　题

1. 风险的属性是什么？风险有哪些特征？

2. 按照风险来源将其划分了哪些类别？简要说明各自的特性。

3. 按照风险的可预测性将其划分了哪些类别？简要说明各自的特性。

4. 简述软件项目风险管理的概念。

5. 实施软件项目风险管理有何意义？

6. 简述软件风险管理的基本过程。

7. 简述风险规划过程的活动。风险规划的结果主要有哪些？

8. 简述风险识别过程的活动。风险识别的结果主要有哪些？

9. 简述风险评估过程的活动。风险评估的结果主要有哪些？

10. X 学院是以 Y 高校为最大股东成立的公办民助学校，在很多方面具有独立性，只是自成立到现在，该学院一直使用 Y 学校的教务管理系统。如今随着学院规模的扩张，这种情况给学院的教学管理带来了不便，因此学院委托 W 公司为自己开发一个更加符合自身需要的教务管理系统。请识别这个项目的风险，列一个风险检查清单(要求对风险进行优先级排序，并制定各项风险的应对策略和措施)。

11. 某软件产品型项目可采用 A(压缩进度)或 B(常规进度)两种方案。如果采用 A 方案，项目工期 30 天，投入资金 2 万元，完成的可能性有 20%，能够获得利润 100 万元，但也可能有 80%的概率在 30 天内完成不了项目，从而使得项目亏损 20 万元。如果采用 B 方案，项目工期 50 天，投入资金 5 千元，完成的概率是 70%，能够获得利润 10 万元，但也可能有 30%的概率在 50 天内完成不了项目，为此亏损 20 万元。请问管理者应该选择 A 和 B 中的哪一种方案？(请采用决策树分析法，要求画出决策树)

12. (项目管理)制定图书馆软件产品的项目风险管理计划。

13. (项目管理)制定网络购物系统的项目风险管理计划。

14. (项目管理)制定自动柜员机的项目风险管理计划。

第 9 章　软件项目质量保证

质量是产品的固有属性，是指产品或服务满足用户对确定或潜在需要的一组固有特性的总和。对于不同的对象，质量所能满足用户明确和隐含的需求在实质内容上也不同。对有形产品来说，质量包括产品的性能、寿命、可靠性、安全性等；对服务来说，质量主要指服务所能满足用户心理期望的程度大小。显然，客户心理期望的满足程度越高，质量就越好。所以，质量好的一个重要方面是让用户满意，质量保证的目标是满足项目干系人的需求。

在软件开发团队中质量被视为软件产品的生命，因而始终被人们所高度关注；但是，在现实生活中许多软件产品却时常陷入质量低下的旋涡，总是不尽人意。其根源在于这些软件产品对其质量内涵的把握仅仅停留在减少软件运行错误、加强软件测试、避免软件缺陷的一般性层面，而对整个软件开发生命周期全过程的质量管理，缺乏总体架构。因此，这里就软件开发全过程的质量管理思想展开阐述。

学习目标

本章主要介绍软件项目管理中质量管理的基础知识和软件质量体系，通过对本章学习，读者应能够做到以下几点：

(1) 掌握软件质量的概念和软件质量的重要性；
(2) 熟悉软件质量管理的过程；
(3) 掌握软件质量管理的相关内容和软件质量保证活动的内容；
(4) 熟悉质量保证计划的内容和质量控制的内容；
(5) 掌握软件质量控制的活动；
(6) 熟悉软件质量度量的过程；
(7) 了解 ISO9000 质量体系；
(8) 掌握软件能力成熟度模型 CMM 的五个等级。

案例：丹佛机场自动行李系统

世界上任何地方的机场都不如丹佛国际机场的技术先进。

——弗莱特•艾沙克　　美国联邦航空局(FAA)

这件事很有戏剧性：如果把您的提包放到传送带上会四分五裂。

——弗莱特•伦雄尔　　美国联合航空公司

1989 年丹佛国际机场(Denver International Airport, DIA)破土动工，它距美国科罗拉多州的丹佛市区 25 英里(1 英里：1609.3 千米)。机场由带中央大厅的东西

2座建筑、2个广场、1个自动化的地下扶梯、5条平行的12 000英尺(1英尺＝0.304 8米)长的跑道(每天可以起降1750架飞机)组成。预计到2020年工程将最终包括12条提供全面服务的跑道、200多条登机通道，并具有每年运送1.1亿旅客的能力。预计费用(除去土地征用费和1990年之前的计划费用)是20亿美元(到1991年底之前，预计费用增加到了26.6亿美元)。计划要求该项目在1993年秋天之前完成。

1992年，该项目的高级管理者们建议建造一个全机场范围内的集成行李处理系统，它可以极大地改善行李传送的效率。开始定的合同是由联合航空公司负责运营该系统。如果成功，此系统将会扩展到为整个机场提供服务。人们预计该集成系统将会改善地面行李传送的效率，减少集中操作的时间，并减少费时的手工行李分类和处理。

由于BAE自动化系统公司(Boeing Airport Equipment Automated Systems Incorporated)(一家总部位于德克萨斯州卡罗尔顿市的工程咨询和制造公司)具有在小一些的规模上部署行李处理系统的经验，所以赢得了合同。

施工问题使得新机场无法按照原定的1993年10月启用，随后部署行李处理系统的问题使得机场的使用推迟了3次，总计达7个月。

1994年5月在股东、商业团体、丹佛居民、联邦航空管理局(Federal Aviation Administration, FAA)的委员、承租航线以及特许权获得者的压力下，丹佛市长惠灵顿•韦伯宣布聘请德国的洛根普兰(Logplan)公司来评估该项目。洛根普兰对该系统的评价是“十分先进”，并在理论上“可以达到所承诺的容量、服务和性能”，但是认为由于存在的机械和电子问题使得该系统“不可能实现稳定而可靠的运营”。还建议在5个月内建造一个出拖车、手掀车以及传送带组成的后备系统。1994年8月韦伯市长批准建造一个后备行李系统。

虽然自动化行李系统在开始阶段比简单的拖车和行李手推车要昂贵很多，但是预计将减少把行李分发到正确地点的人力：从抵达特定中央大厅的飞机上卸载行李时将几乎完全不需要人动手。行李的移动速度将达到每小时20英里，当旅客到达终端时，这些行李已经到达了。为了提高机械方面的性能以及向航空公司和政府官员展示所提出的系统，BAE在德克萨斯州的卡罗尔顿(Carrollton)制造厂旁边50 000平方英尺的仓库中建造了一个模型自动化行李处理系统。这个模型系统使得机场首席工程师沃尔特•斯灵格(Walter Slinger)认为这个自动化系统将会很好地工作。

在项目开始的两年里德•佛萨是项目经理。项目被分为3个综合性专门区域——机械工程、工业控制、软件设计。机械工程部分负责所有的机械部分以及它们的安装；工业控制部分负责工业控制设计、逻辑控制器编程、电机控制面板；而软件设计部分则为管理整个系统编写实时处理控制软件。

在与BAE签订合同时，终端和中央大厅的建设已经开始了。由此不得不对终端的总体设计做出实质性的变动，并且要拆除一些已经完成的建筑，然后重新设置以适应扩展的行李系统。开始估计扩展系统的安装建设工程需要1亿多美元的资金。人们打掉了原来的墙面，然后在终端建筑上新建一层，以支持新系统。另外，在行李系统协商期间项目管理层发生了重大的变动。

1992 年 5 月，就在行李系统协商开始不久，丹佛国际机场的项目负责人辞职。

1992 年 10 月，机场首席工程师斯灵格的去世也给项目带来极大的冲击。斯灵格是行李系统的强烈支持者，他也参与了与 BAE 的协商。因为有大量重型机械和轨道需要移动、安装，需要大量的建筑工程来适应系统，他的协调作用是必不可少的。

虽然这时已经到了应该冻结机械设计和软件设计的时候，但航空公司却开始要求改变系统设计，使得问题更加复杂化。“在机场规定被启用时间的 6 个月之前，”德•佛萨回忆说，“我们仍然在四处移动设备，改变控制，改变软件设计。”

1993 年 1 月，市长韦伯宣布预定于 1993 年 10 月的机场启用推迟到 1993 年 12 月 19 日。后来，又被推迟到了 1994 年 3 月 9 日。

系统涉及 3 个大厅 88 个登机口，有 17 英里轨道和 5 英里的传送带，3100 个标准推车和 450 个超大型推车，14 百万英尺布线，超过 100 台 PC 来控制的推车网络，5000 台电动机，2700 个光电池，400 个无线电接收器和 59 个激光阵列，形成了一个非常复杂的控制系统。

大多数与系统错误相关的问题都与计算机软件有关，但是机械问题也有责任。例如控制传送空车到终端建筑的软件经常把空车送回到待机处。另外一个问题是“阻塞逻辑”(Jam Logic)软件，该软件的设计目的是当小车阻塞后关闭后面部分的轨道，但是它关闭了所有的轨道——设计监测小车的光学探头弄脏了，从而使得系统认为一部分轨道是空的，实际上轨道上还有停着的小车。小车相互碰撞，把行李都堆积到轨道和地板上。拥挤的小车弹到轨道上，使栏杆扭曲；出错的开关使遥控车(Telecar)将行李倾倒到轨道上或者通道的地上。

测试之后，市长韦伯又一次推迟了机场的启用日期。“很明显，丹佛国际机场现在的自动化行李系统远远不能满足丹佛市、航空公司以及旅客的要求。”市长这样说。市长韦伯在 1994 年 5 月聘请了德国的洛根普兰公司来评估自动化行李系统的状态。在 7 月，洛根普兰公司隔离了轨道环道，想通过一段时间的运行来测试遥控车的可靠性。拥挤的传送带和小车之间的碰撞使得测试被迫中断，系统运行时间不足，难以确定是否有基本的设计错误，也分析不出问题在哪儿。

当机场最终在 1995 年 1 月启用时，落后进度 16 个月，超出预算近 20 亿美元——聘用 BAE 建设自动化集成行李处理系统将近 3 年。第一架降落在丹佛国际机场的飞机遇到的不是一条代人省时的集成自动化行李处理系统，而是 3 条各自独立的系统。

很明显，造成丹佛机场自动行李系统项目问题的原因有很多，这里主要针对软件项目质量问题进行探讨，了解如何进行软件项目质量管理，学习软件质量的方法。

9.1 软件质量管理基础

随着软件的发展，开发平台越来越庞大，需求越来越复杂，涉及人员越来越多，软件的质量问题变得越来越突出。一个软件项目的主要内容是成本、进度和质量。优秀的软件项目就是要在预算的成本和进度下满足用户的需求(范围)，即达到软件的质量，这与前面所说的成本、进度和范围三要素并不矛盾。良好的项目管理就是综合这三方面的因素，平衡这三方面的目标，最终完成任务。项目的这三个方面是相互制约和相互影响的。有时，对这三个方面的平衡策略会成为企业级的要求。例如 IBM 的软件就是以质量为最重要目标的，微软的策略是开发足够好的软件，这些质量目标其实都是立足于企业的战略目标。所以，对整个项目来说，质量保证是项目管理的最高统一，如图 9.1 所示。

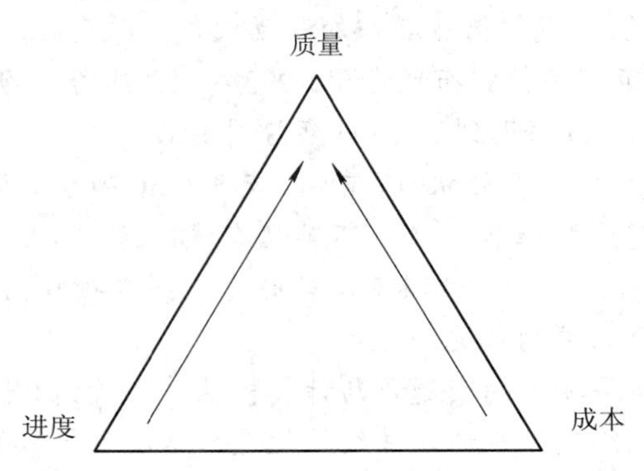

图 9.1　质量目标是最高的统一(这三个方面相互制约和相互影响，良好的项目管理就是综合这三方面的因素，平衡这三方面的目标，最终完成任务)

9.1.1　软件质量

1. 软件质量的定义

质量是产品的固有属性，软件作为一种特殊的产品，与传统意义上的质量概念是一样的。从用户角度来说，好的软件质量是软件运行可靠、界面友好、结果正确、产品交付及时、以及良好的服务；从软件开发人员角度来说，质量好的软件是技术上没有差错、符合标准及规范的要求、技术文档齐全正确、系统容易维护。由此可见，从不同的角度看，软件质量反映了不同的多种属性。

CMM 对软件质量的定义是一个系统、组件或过程符合特定需求的程度或符合客户、用户的要求、期望的程度。

ANSI/IEEE Std 729-1983 对软件质量的定义是与软件产品满足规定的和隐含的需要的能力有关的特征或特性的组合。

软件质量是许多质量属性的综合体现。这些质量属性是为了满足软件各项精确定义的功能和性能的需求，为了符合文档化的开发标准而设计的一些质量特征及其组合，反映了软件质量的各方面。如果这些质量属性都能在软件产品中得到满足(即一致性)，则这个软件的质量就是高的。人们通过改善软件的各种质量属性，从而提高软件的整体质量。

软件的质量属性是多方面的，至少包括下面 4 项内容：

(1) 必须要与明确规定的功能和性能需求具有一致性，能满足给定的全部需要；

(2) 与明确成文的开发标准具有一致性。如果不遵循专门的开发标准，将导致软件质量低劣；

(3) 与所有专业开发的软件所期望的隐含特性具有一致性。如果忽视软件的一些隐含需求，软件质量将不可信；

(4) 用户认为软件在使用中能满足其预期要求的程度，即软件的组合特性，确定了软件在使用中将满足用户预期要求的程度。

软件质量反映了下面 3 个方面的问题：

(1) 软件需求是度量软件质量的基础，不满足需求的软件就不具备质量；

(2) 在各种标准中定义了一些开发准则用来指导软件人员用工程化的方法来开发软件。如果不遵循这些开发规则，软件质量就得不到保证；

(3) 往往会有一些隐含的需求没有明确提出来。如果软件只满足明确定义的需求，而没有满足应有的隐含需求，软件质量也得不到保证。而且，在很多情况下隐含需求是引起用户不满意的主要原因，经常有用户没有表示出来想当然的需求，而开发人员认为并不在需要的范围中。

总之，质量合格的软件产品必须满足需求。软件质量是软件满足软件需求规格中明确说明的以及隐含的需求的程度，其中，明确说明的需求是指在合同环境中用户明确提出的需求或需要，通常是合同、标准、规范、图纸、技术文件中做出的明确规定；隐含的需求则应加以识别和确定，具体来说是用户或者社会对需求的期望，或者是指人们所公认的、不言而喻的、不需要做出规定的需求。

2. 软件质量的重要性

除了丹佛机场自动行李系统外，再来看几个案例：

(1) 1981 年由计算机程序改变而导致的 1/67 的时间偏差，使航天飞机上的 5 台计算机不能同步运行。这个错误导致了航天飞机发射失败。

(2) 某银行一个晚上从 10 多万位顾客账户上错误地扣除了大约 1500 万美元的存款。这是银行历史上最大的软件错误之一。这个问题是由一个最新计算机程序的一行独立代码产生的，它导致银行在处理自动取款机自动提款和转账业务时，将一笔业务重复记录两次。

(3) 在 21 世纪初建立电子商务网站如雨后春笋，其中英国 Boo.com 网站商店专营服装，由于系统设计问题，一开始网站就不太对劲，网页充斥着 Java 脚本和 Flash，在那个尚有拨号上网的时代，网页打开的速度非常缓慢。它在全球范围内进行营销，不得不面对复杂的语言、定价和税务问题。因系统质量问题引起它的销售收入从未达到过预期。它烧掉了 1.6 亿美元，于 2000 年 5 月倒闭。

像这样的例子还有很多，通过这些例子可以看出软件质量的重要性是不言而喻的。如今社会是一个信息社会、网络社会，越来越多的系统是依赖于软件的，软件的不正确运行可能会导致灾难性的后果，例如经济损失以至于人员伤亡。低质量的软件像定时炸弹一样，随时可能引起危害；而且，低质量的产品要增加后期的成本，即使是小的缺陷也可以引起难以预料的后果。例如“千年虫”问题虽然只是一条语句的问题，却带来巨大的麻烦和损害，并为此付出很大的代价。产品的质量影响到开发进度、成本和其他的项目特质。实践表明如果把在规格说明或者设计等前期的错误推到后期修正，比在前期找出错误并修正要高出 50～200 倍的成本。

9.1.2 软件质量需求与质量特征

1. 软件质量需求

根据软件质量的定义，软件质量需求包括明确的、规定的需求和隐含的需求。明确的、规定的需求即在软件需求中已经明确定义的，体现在需求规格说明书中。对于所有软件系统，需求规格说明书都应包含下面内容。

(1) 软件功能规格说明：描述系统功能性需求和非功能性需求；

(2) 软件质量规格说明：描述系统质量需求，主要关心系统功能的操作效果，属于非功能性需求，但比从用户角度要求的非功能性需求更具体，应有度量标准；

(3) 软件资源规格说明：描述系统的资源需求，如系统约束或伪需求，也属于非功能性需求。

对于隐含的需求，软件开发要尽量识别假设并记录这些假设，提出大量的问题来引导用户充分表达他们的想法和应关注的一切问题。

软件质量需求是由质量特征的明确目标决定的，这包含两种意思，一是确定衡量软件产品质量的质量特征，二是确定这些质量特征达标的阈值。

2. 软件质量特征

软件质量不是绝对的，它总与给定的需求有关。因此，对软件质量的评价总是在将产品的实际情况与给定的需求中推导出来的软件质量特征和质量标准进行比较后得出来的。

软件质量特征反映了软件的本质。定义一个软件的质量，就等价于为该软件定义一系列质量特征。虽然软件质量难以定量、度量，但是仍能提出许多重要的软件质量标准对软件质量进行评价。影响软件质量的因素分为可以直接度量的因素(例如，单位时间内千行代码中所产生的错误)和间接度量的因素(例如，可用性和可维护性)。

对于一个特定的软件而言，首先判断什么是质量要素，才能给出提高质量的具体措施，而不是一股脑地想把所有的质量特征都做好，否则不仅做不好，还可能得不偿失。那么，什么是质量要素呢？

质量要素包括下面两个方面的内容：

(1) 从技术角度讲，对软件整体质量影响最大的质量属性才是质量要素；

(2) 从商业角度讲，客户最关心的、能成为卖点的质量属性才是质量要素。如果某些质量属性并不能产生显著的经济效益，就可以忽略掉，从而把精力用在对经济效益贡献最大的质量要素上。

简而言之，只有质量要素才值得开发人员去下功夫改善。

3. 软件质量模型

通常用软件质量模型来描述影响软件质量的质量特征。目前有多种有关软件质量的模型，不同的软件质量模型中的软件质量特征也不相同，下面介绍常见的几种模型。

1) McCall 模型

软件编程专家 McCall 把影响软件质量的因素分成了 3 组，分别是产品运行、产品修正和产品转移，该模型提出了代表软件质量的 13 个质量特征，如图 9.2 所示。

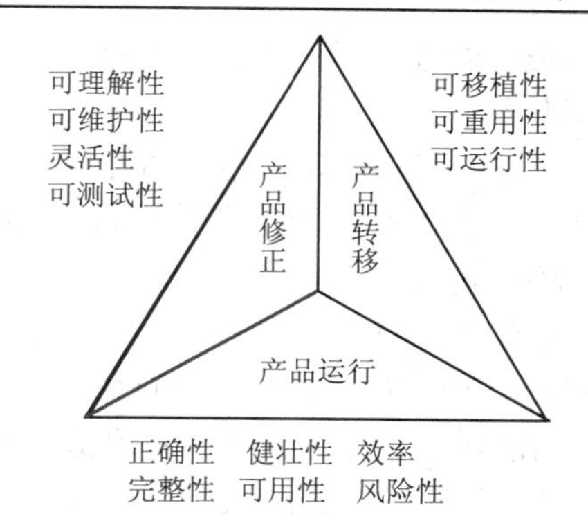

图 9.2　McCall 软件质量模型(McCall 等认为，特性是软件质量的反映，软件属性可用作评价准则，定量化地度量软件属性可知软件质量的优劣)

(1) 软件产品运行质量特征：

● 正确性：系统满足规格说明和用户的程度，即在预定环境下能正确地完成预期功能的程度；

● 健壮性：在硬件发生故障、输入的数据无效或操作失误等意外环境下，系统能做出适当响应的程度(例如，给出提示信息、警告信息、重复确认等)；

● 效率：为了完成预定功能，系统所需的资源(包括时间、空间和人力)的数量；

● 完整性：对未经授权的人使用软件或数据的企图，系统能够控制的程度；

● 可用性：系统在完成预定应该完成的功能时，令人满意的概率；

● 风险性：按预定的成本和进度把系统开发出来，并且使用户感到满意。

(2) 软件产品修正质量特征：

● 可理解性：理解和使用系统的容易程度；

● 可维护性：诊断和修改在运行现场发生的错误所需要的工作量的大小；

● 灵活性：修改或改正在运行的系统需要的工作量的多少；

● 可测试性：软件容易测试的程度。

(3) 软件产品转移质量特征：

● 可移植性：把一个软件系统从一个计算机系统或环境移植到另一个计算机系统或环境中运行时所需的工作量。

● 可重用性：在其他应用中该程序可以被再次使用的程度或范围；

● 可运行性：把该系统和另外一个系统结合起来的工作量的多少。

需要说明的是，以上各种因素之间并不是孤立的，而是相互影响的。通过以上质量特征可以看出 McCall 的软件质量模型反映了顾客对软件的外部看法，实际上对这些质量特征直接进行度量是很困难的，在有些情况下甚至是不可能的。但是这些质量特征必须转化成开发者可理解、可操作的软件质量准则，每一准则还需要有一些定量化指标来度量(例如最差值(能接受的最差值)、计划值(计划达到的值)、最佳值(可能实现的最佳值)和现值(现在应用的系统的值))，才能确定软件产品是否满足了度量目标。

2) ISO/IEC 9126-1991 的软件质量评价模型

国际标准化组织 ISO 和国际电工委员会 IEC 于 1991 年制定了软件质量标准 ISO/IEC

9126-1991。该标准定义了软件质量的6个质量特征，推荐了21个质量子特征(但不作为标准)。下面，来看看这6个质量特征。

● 功能性。系统的功能性是与一组功能及其指定的性质有关的一组属性。这里的功能是指满足明确的或隐含的需求的那些功能，这组属性是以软件为满足需求应做些什么来描述的，而其他属性则以什么时候做或如何做来描述。

● 可靠性。系统的可靠性是在规定的运行时间和条件下与软件维持其性能水平的能力有关的一组属性，即一个系统按照用户需求和设计者的相应设计，执行其功能的正确程度。可靠性反映的是软件中存在的需求错误、设计错误和实现错误而造成的失效情况。可靠性的种种局限是由于需求、设计和实现中的错误造成的。由这些错误引起的故障取决于软件产品使用方式和程序任选项的选用方法，而不取决于时间的流逝。

● 易用性。系统的易用性是指系统在完成预定应该完成的功能时令人满意的概率，即用户使用软件的容易程度。用户可包括操作员、最终用户和受使用该软件影响或依赖该软件使用的非直接用户。软件的易用性要让用户来评价，易用性必须针对软件涉及所有各种不同用户的环境，可能包括使用的准备和对结果的评价。

● 效率。系统的效率是在规定的条件下软件的性能水平与所使用资源总量之间有关的一组属性，即为了完成预定的功能，系统需要的资源的多少。资源可以包括其他软件产品、硬件设施、材料、操作服务以及维护和支持人员等。

● 可维护性。系统的可维护性是与对软件进行修改的难易程度有关的一组属性。修改包括为了适应环境的变化、要求和功能规格说明的变化而对软件进行的更改或改进。

● 可移植性。系统的可移植性是与软件从一个环境转移到另一个环境运行的能力有关的一组属性。环境可以包括系统体系结构环境、硬件环境或软件环境。

在此模型中，ISO/IEC推荐的21个质量子特征，如表9-1所示。

表9-1 ISO/IEC 9126-1991质量子模型表

质量特征	质量子特征	描　述
功能性	适合性	为完成指定任务，软件具备适当功能的相关特性
	准确性	软件能够得到正确或相符的结果或效果的相关特性
	互操作性	软件具备的能够和一些特定系统进行交互的特性
	符合性	使软件服从有关的标准、约定、法规及类似规定的特性
	安全性	软件具备的能够阻止对程序及数据的非授权故意或意外访问的能力相关的特性
可靠性	成熟性	与由软件的缺陷造成的失效的频率有关的特性
	容错性	在软件出错或者接口误用的情况下，维持指定的性能水平的能力的相关特性
	易恢复性	在故障发生后，重新建立其性能水平并恢复直接受影响数据的能力，以及为达到此目的所需的时间和努力相关的特性
易用性	易理解性	与用户为理解逻辑概念及其应用所付出的努力相关的特性
	易学习性	与用户为学习其应用所付出的努力相关的特性
	易操作性	与用户为操作和控制软件所付出的努力相关的特性

续表

质量特征	质量子特征	描　　述
效率	时间特性	与软件执行功能时和处理、响应时间及吞吐率相关的特性
	资源特性	与软件执行功能所需的资源的量和时间相关的特性
可维护性	可分析性	与为诊断缺陷、失效原因或标识待修改的部分所需努力相关的特性
	易修改性	与进行修改、排错或适应环境变换所需努力有关相关的特性
	稳定性	与修改软件后出现不可预期结果的风险相关的特性
	可测试性	为测试修改的软件所费努力程度相关的特性
可移植性	适应性	软件运行在不同的环境中，应不需采取除软件本身设计时考虑之外的其他处理就能适应环境的相关特性
	易安装性	与在指定环境下安装软件所需努力相关的特性
	一致性	软件与可移植相关的标准、规范一致的相关特性
	易替换性	在软件的运行环境中可被其他软件替代或者替代其他软件的可能性和努力相关的特性

3) ISO/IEC 9126-1～9126-4 软件质量模型

在 1997 年以后 ISO 提出了从软件生存周期角度考虑的软件质量度量的概念。在这种衡量软件质量的概念的支持下国际标准化组织修订了 ISO/IEC 9126-1991，提出了一套新的 9126 系列标准，即 ISO/IEC 9126-1～9126-4。在新的 ISO/IEC 9126-1《产品质量——质量模型》中，定义了内部质量、外部质量、使用质量 3 个产品质量相关模型。

(1) 内部质量：在规定条件下使用时，软件产品满足需求的能力的特性。被视为在软件开发过程中(如在需求开发、软件设计、编写代码阶段)产生的中间软件产品的质量。了解软件产品的内部质量，可以预计最终产品的质量。

(2) 外部质量：在规定条件下使用时，软件产品满足需求的程度。外部质量被视为在预定的系统环境中运行时，软件产品能达到的质量水平。

(3) 使用质量：在规定的使用环境下，软件产品使特定用户在达到规定目标方面的能力。它反映的是从用户角度看，软件产品在适当系统环境下满足其需求的程度。

使用质量用有效性、生产率、安全性、满意程度 4 个质量特征来描述。外部质量和内部质量用功能性、可靠性、易用性、效率、维护性、可移植性 6 个质量特征描述。内部质量、外部质量和使用质量之间的关系如图 9.3 所示。

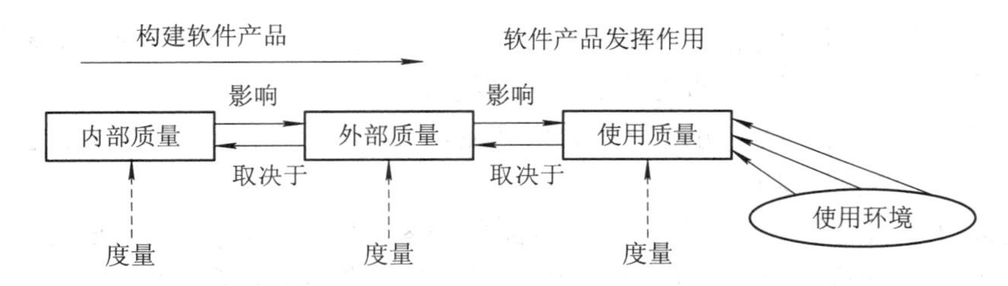

图 9.3　内部质量、外部质量和使用质量之间的关系(三种质量表现出不同的质量特征，内部质量影响外部质量，外部质量又影响使用质量，最终由用户的具体使用环境来体现)

在一个软件项目中除了参考上述质量模型，考虑上述质量特征外，还需要考虑成本、交付时间表、与其他产品的对比等因素。在开发软件的过程中如果不应用任何质量模型，也应对软件质量的一些质量特征进行讨论，制定相应计划，并根据这些质量特征对软件质量评估。

9.1.3 软件质量管理

现代项目管理中的质量管理是为了保障项目的产出物能够满足项目客户及项目干系人的需要所开展的对于项目产出物质量和项目工作质量的全面管理工作。软件项目的质量管理指的是保证项目满足其目标要求所需要的过程。软件质量管理的目的是建立对项目软件产品质量的定量度量和实现特定的质量目标，关键是预防重于检查，事前计划好质量，而不是事后检查。软件质量管理包括确定软件产品的质量目标，制定实现这些目标的计划，监控及调整软件计划、软件工作产品、活动和质量目标，以满足客户和最终用户对高质量产品的需要和期望。

目前的软件项目质量不太乐观，由于软件质量问题导致的损失也不计其数。作为项目管理者，项目经理必须把质量看作与项目范围、进度和成本同等重要，掌握质量管理的技能是必需的。

项目质量管理可以从下面 4 个方面来展开：

(1) 从用户需求出发，向用户保证按时按质交付项目工作成果，满足或超越用户的需求；

(2) 从保证和提高产品质量出发，对项目执行的全过程进行质量控制；

(3) 从调动项目组成员积极性出发，实行项目团队的质量管理；

(4) 全面地综合运用统计质量控制及其他多种方法进行管理。

1. 软件质量管理的原则

在一般的项目质量管理中使用的是全面质量管理(Total Quality Management, TQM)的思想，在软件质量管理中也要使用同样的方法。对于全面质量管理思想，国际标准化组织认为:“是一个组织以质量为中心，以全员参与为基础，目的在于通过让顾客满意和本组织所有成员及社会受益而达到长期成功的一种质量管理模式。”从这一定义可以看出全面质量管理可分为两个层次：其一，一个组织的整体要以质量为核心，并且一个组织的每个员工要积极参与质量管理；其二，全面质量管理的根本目的是使全社会受益和使组织本身获得长期成功。确切地说，全面质量管理的核心思想是质量管理的全员性(团队全体成员参与质量管理)、全过程性(质量管理的工作必须要贯穿于项目的全过程)和全要素性(认真管理好质量所涉及的所有活动和要素)。即通过全体员工的参与、改进流程、产品、服务和公司文化，达到在百分之百时间内生产百分之百的合格产品，以便满足客户需求，TQM 是一种思想观念，一套方法、手段和技巧。

(1) 使客户满意是质量管理的目的。全面理解客户的需求，努力设法满足或超过客户的期望是质量管理的根本目的。任何项目的质量管理都要将满足项目客户的需要(明确的需求、隐含的需求)作为最根本的目的，因为整个项目管理的目标就是要提供能够满足项目客户需要的项目产出物。

(2) 质量是干出来的不是检验出来的。项目质量和产品质量都是通过各种实施和管理活动而形成的结果，不是通过质量检验获得的。质量检验的目的是为了找出质量问题(不合格的产品或工作)，是一种纠正质量问题或错误的管理工作。但是，任何避免错误和解决问题的成本一般总是比纠正错误和造成问题后果的成本要低，所以，在质量管理中，要把管理工作的中心放在避免错误和问题的质量保障方面。

(3) 质量管理的责任是全体员工的。质量管理责任应该是全体员工的，项目质量管理的成功是项目全体人员积极参与和努力工作的结果。因此，需要项目团队的全体成员明确和理解自己的质量责任，积极地承担自己的质量责任。项目质量管理的成功所依赖的最关键因素是项目团队成员的积极参与对项目产出物质量和项目工作质量的责任划分与责任履行的管理。

(4) 质量管理的关键是不断地改进和提高。在质量管理的学派和观点中，有一个具有代表性的“戴明理论”，其核心是目标不变、持续改善和知识积累，预防胜于检验。这是一种持续改进工作的方法和思想，是项目质量管理的一种指导思想和技术方法，但是这种理论只能适用于那些重复性作业和活动，大多数的项目一次性活动是很难使用的。

(5) 应强调软件总体质量(低成本高质量)，而不应片面强调软件正确性，忽略其可维护性与可靠性、可用性与效率等指标，甚至不计软件质量成本的极端行为。

(6) 在软件生产的整个生命周期的各个阶段，包括计划、需求、分析、设计、实现、测试等环节，都要注意软件质量，不能只在软件最终产品验收时才注意其质量。

(7) 应制定软件质量的综合评价标准，定量地来评价软件质量，使软件产品的评价逐步走上“评测结合、以测为主”的轨道，并要定期地评价设定的质量体系。

另外，在质量管理中，需要明白如下道理：过程控制的出发点是预防不合格；质量管理的中心任务是建立并实施文档化管理的质量体系；要进行持续的质量改进；有效的质量体系应满足客户和组织内部双方的需要和利益；搞好质量管理的关键在于领导。

2. 软件质量管理的内容

软件项目质量管理主要包括软件项目质量计划编制、软件项目质量保证和软件项目质量控制。

1) 软件项目质量计划

软件项目质量计划是指依据公司的质量方针、产品描述以及质量标准和规则，将与项目有关的质量标准标识出来，提出如何达到这些质量标准和要求的设想，并制定出来实施策略，是软件质量管理的行动纲领。质量计划的编写就是为了确定与项目相关的质量标准并决定达到标准的一种有效方法，其内容应该全面反映用户的要求，为质量小组成员有效工作提供指南，为项目小组成员以及项目相关人员了解在项目进行中如何实施质量保证和控制提供依据，为确保项目质量得到保障提供坚实的基础。

软件项目质量计划通常由项目经理和质量人员共同协商制定，是项目计划的主要组成部分之一，与其他的项目计划编制过程同步。一般项目质量计划的编写依据可以概括为项目质量标准、项目阶段的划分、项目质量范围、项目质量计划的内容、项目质量计划的其他要求等方面。

软件项目质量计划应说明项目管理小组如何具体执行质量策略，目的是规划出哪些是需要跟踪的质量工作，并建立文档，此文档可以作为软件质量工作的指南，帮助项目经理确保所有工作计划完成。作为质量计划，应该满足下面的要求。

- 确定应达到的质量目标和所有特性的要求；
- 确定质量活动和质量控制程序；
- 确定项目不同阶段中的职责、权限、交流方式及资源分配；
- 确定采用控制的手段、合适的验证手段和方法；
- 确定和准备质量记录。

在质量计划中，应该明确项目要达到的质量指标，下面是常见的几种。

(1) 可用度。可用度是指软件运行后，在任意一个随机时刻，当需要执行规定任务或完成规定功能时，软件能够处于可使用状态的概率。该指标数值越大越好。

(2) 初期故障率。初期故障率是指软件在初期故障期(一般指软件交付用户后的 3 个月)内单位时间的故障数。一般以每 100 小时的故障数为单位，可以用它来评价交付使用的软件质量。其大小取决于软件设计水平、检查项目数、软件规模、软件测试是否彻底等因素。

(3) 偶然故障率。偶然故障率是指软件在偶然故障期(一般指软件交付给用户使用 4 个月以后)内单位时间的故障数。一般以每 1000 小时的故障数为单位，它反映了软件在稳定状态下的质量。

(4) 平均失效前时间。平均失效前时间是指软件在失效前，正常工作的平均统计时间。

(5) 平均失效间隔时间。平均失效间隔时间是指软件在相继两次失效之间正常工作的平均统计时间。它通常是指当 n 很大时，系统第 n 次失效与第 n+1 次失效之间的平均统计时间。对于可靠性要求高的软件，一般要求在 1000～10000 个小时之间。

(6) 平均失效恢复时间。平均失效恢复时间是指软件失效后，恢复正常工作所需的平均统计时间。

(7) 缺陷密度。缺陷密度是指软件单位源代码中隐藏的缺陷数量，通常以每千代码行 KLOC 为单位。一般情况下，可以根据同类软件系统的早期版本估计缺陷密度的具体值。如果没有早期版本信息，也可以按照通常的统计结果来估计。典型的统计表明，在开发阶段，平均每千代码行有 50～60 个缺陷，交付后平均每千代码行有 15～18 个缺陷。

2) 软件项目质量保证

软件质量保证(Software Quality Assurance, SQA)是确保软件产品从生产到消亡为止的所有阶段，为达到需要的软件质量而进行的所有有计划、有系统的管理活动，而非技术活动，它包括对整体项目绩效进行预先评估以确保项目能够满足相关的质量标准。软件质量保证的目的是验证在软件开发过程中是否遵循了合适的过程和标准。软件质量保证的要点是要找出明显不符合规范的工作过程和工作成果，及时指导开发人员纠正问题，切勿吹毛求疵或者在无关痛痒的地方查来查去。所以，软件质量保证重要的是监控过程质量，而不是产品质量。

3) 软件项目质量控制

软件质量控制(Software Quality Control, SQC)主要是监控特定的项目结果，确保它们遵循了相关质量标准，并确定提高整体质量的方法。这个过程常与质量管理所采用的工具和技术密切相关，例如帕雷托图、质量控制图和统计抽样。

需要注意的是，质量保证和质量控制是有区别的：质量控制是检验产品的质量，保证产品符合客户的需求，是产品质量检查者，即挑毛病的；质量保证是审计产品和过程的质量，保证过程被正确执行，是过程质量审计者，审计是来确认项目按照要求进行的证据。SQC 人员进行质量控制，向管理层反馈质量信息；SQA 人员则确保 SQC 按照过程进行质量控制活动，按照过程将检查结果向管理层汇报。

3. 软件质量管理的实施

软件质量管理的实施需要从纵向和横向两个方面展开。一方面，要求所有与软件生命期有关的人员都要参加；另一方面，要求对产品形成的全过程进行质量管理，这要求整个软件部门齐心协力，不断完善软件的开发环境。此外，还需要与用户协作。软件质量管理贯穿产品生产的全过程，如图 9.4 所示。

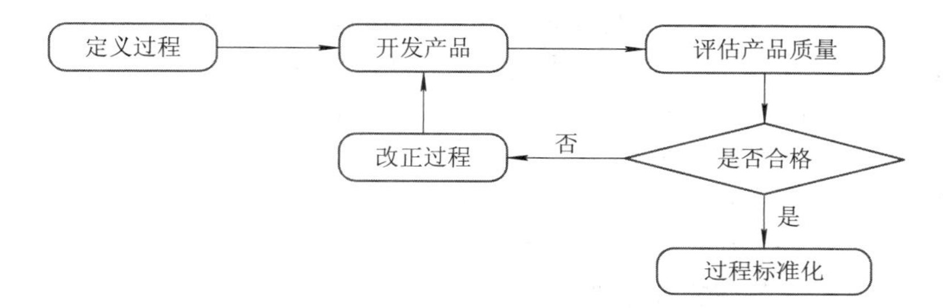

图 9.4　软件质量管理贯穿产品生产的全过程(软件质量管理的实施要求所有与软件生命周期有关的人员都要参加，对产品形成的全过程进行质量管理，整个软件部门齐心协力，不断完善软件的开发环境)

4. 软件质量管理的成本

与任何管理活动一样，软件质量管理也是需要成本的，软件质量管理的成本指为了达到产品或服务的质量而进行的全部工作所发生的所有成本。

质量管理成本包括预防成本和缺陷成本。预防成本是为确保项目质量而进行预防工作所耗费的费用，预防成本也称为一致性成本。缺陷成本是为确保项目质量而修复缺陷工作所耗费的费用，缺陷成本也称为非一致性成本。本着预防重于事后检查的原则，预防成本应该大于缺陷成本。在软件项目质量计划中，要合理安排这两种项目质量成本，以使项目质量总成本相对最低。

具体来讲，质量管理的成本主要涉及下面几个方面的投入：

1) 培训费用

培训费用与质量管理体系和质量管理的深入程度相关。若实施 CMM，则每个项目都要进行质量管理培训，每次过程改进也要在整个组织进行培训。

2) 设备成本

在软件质量管理中，也需要相应的设备，如存储相关文档的服务器、测试设备和测试工具等。此外，用于质量度量和过程改进分析工具的成本也属于质量管理的设备成本。

3) 人力成本

投入质量管理的所有工作量都是质量管理的人力成本，包括 SQA 组的人力成本、测试工作的人力成本和各种技术检查与评审的人力成本等。

4) 其他质量管理成本

除了上述成本外，还有如质量认证的费用和质量奖金等其他成本。

9.2 软件质量保证

软件质量保证是指确定、达到和维护所需要的软件质量而进行的有计划的、有组织的管理活动。比如，你在空中刚刚整理好降落伞准备跳伞，这时如果有一名专业人员出来帮你检查一下降落伞的安全性，你会非常乐意。在软件业中这个专业检查员的身份就是软件质量保证人员，所从事的工作就是软件质量保证活动。

软件质量保证的工作任务包括下面三个方面：

(1) 在项目进展过程中，定期对项目各个方面的表现进行评价；

(2) 通过评价来推测项目最后是否能够达到相关的质量指标；

(3) 通过质量评价来帮助项目相关人员建立对项目质量的信心。

软件质量保证一般包括下面的功能：

- 质量方针的制定和开展；
- 质量保证方针和质量保证标准的制定；
- 质量保证体系的建立和管理；
- 明确各个阶段的质量保证工作；
- 各个阶段的质量评审；
- 确保设计质量；
- 重要质量问题的提出与分析；
- 总结实现阶段的质量保证活动；
- 整理面向用户的文档、说明书等；
- 产品质量鉴定、质量保证系统鉴定；
- 质量信息的收集、分析和使用。

参加软件质量保证工作的人员，可以分成下面两类：

- 软件工程师。他们采用先进的技术和度量方法，进行正式的技术复审及计划周密的软件测试来保证软件质量；
- SQA 小组。SQA 小组的职责是辅助软件工程师，以获得高质量的软件产品，其从事的软件质量保证活动主要是计划、监督、记录和报告。

软件质量保证一般包含下面几项活动：

- 建立 SQA 小组；
- 选择和确定 SQA 活动，即选择 SQA 小组所要进行的质量保证活动，这些 SQA 活动将作为 SQA 计划的输入；
- 制订和维护 SQA 计划，这个计划明确了 SQA 活动与整个软件开发生命周期中各个阶段的关系；
- 执行 SQA 计划，包括对相关人员进行培训、选择与整个软件工程环境相适应的质量保证工具；
- 不断完善质量保证活动中存在的不足，改进项目的质量保证过程。

9.2.1 建立 SQA 小组

建立 SQA 小组首先要确定它的组织结构。组织结构应该根据企业的文化、可获得的资源以及过程成熟度水平等设置。按照 ISO 9000 和 CMM 对质量保证小组的要求：SQA 小组应是独立的，质量管理人员应该直接向总经理汇报，以保证质量管理人员的权力。SQA 小组的独立性是衡量软件开发活动优劣与否的尺度之一。SQA 小组的这一独立性，使其可以“越级上报”。当 SQA 小组发现产品质量出现危机时有权向项目组的上级机构直接报告这一危机。这无疑对项目组起到“威慑”的作用，也可以看成是促使项目组重视软件开发质量的一种激励，这一形式使许多问题在项目组内得以解决，提高了软件开发的质量和效率。

建立组织机构之后需要确定 SQA 的岗位职责。每个企业的 SQA 职责都不一样，在确定 SQA 职责的时候应该考虑企业的需要和环境，主要包括业务需求、过程成熟度水平和企业文化。

(1) 业务需求。主要确定 SQA 需要完成哪些方面的工作，例如在执行同行评审过程中 SQA 可以协助评审和组织会议；在存在外包的情况下可能需要 SQA 在监控外包方面发挥作用。

(2) 过程成熟度水平。过程成熟度是影响 SQA 职责分配很重要的因素，不同的成熟度等级要求的 SQA 工作分布是不同的。在低成熟度等级下需要抽取各项目最佳实践来定义过程，并指导过程的实施，SQA 在这方面的工作最多。随着过程的完善、制度化和实施，SQA 的工作重点逐渐转向了过程评审和产品审计。当企业的过程成熟度达到 4 级或 5 级以后，对过程的遵守已经成为员工的一种习惯，过程和产品的审查需求减少，而度量和过程能力的优化又成为了 SQA 的工作重点。

(3) 企业文化。对 SQA 来说企业文化就像空气一样，看不见它但却深深地被它影响。在一个氛围活跃、高技术、创新能力强的企业，SQA 应该倾向于服务职责；而在一个强纪律、低技术、规章制度成熟的企业，SQA 就应该倾向于监督职责。

确定岗位职责之后就需要为岗位配置人员，岗位职责不同，对人员的素质要求也不同。SQA 人员的配备可根据企业特点、组织结构设置的要求分为全职和兼职。全职就是设置专门的 SQA 人员，其主要职责就是质量保证工作，因此对他的知识、技能和素质要求较高。兼职就是将工程师分派到其他职能部门或项目中去兼任 SQA 工作，每一位工程师都作为一名潜在的 SQA。在许多企业，项目经理可能直接兼任 SQA，这种情况下 SQA 缺少独立性，SQA 工作的质量完全取决于项目经理个人对质量保证的认识。不论是全职还是兼职，都要求 SQA 有软件质量保证的专业知识，而且要有很强的质量意识。

9.2.2 确定软件质量保证活动

1993 年美国软件工程研究所(Software Engineering Institute, SEI)推荐了一组有关质量保证的计划、监督、记录、分析及报告的 SQA 活动，这些活动包括下面内容：

(1) 制定项目 SQA 计划。该计划在制定项目计划时制定，由相关部门审定。它规定了软件开发小组和质量保证小组需要执行的质量保证活动，主要包括：需要进行哪些评价，需要进行哪些审计和评审，项目采用的标准，错误报告的要求和跟踪过程，SQA 小组应产生哪些文档，以及为软件项目组提供的反馈数量等。

(2) 参与开发该软件项目的软件过程描述。软件开发小组为将要开展的工作选择软件过程，SQA 小组则要评审过程说明，以保证该过程与组织政策、内部的软件标准、外界所制定的标准以及软件项目计划的其他部分相符。

(3) 评审各项软件工程活动，核实其是否符合已定义的软件过程。SQA 小组识别、记录和跟踪所有偏离过程的偏差，核实其是否已经改正。

(4) 审计指定的软件工作产品，核实其是否符合已定义的软件过程中的相应部分。SQA 小组对选出的产品进行评审，识别、记录和跟踪出现的偏差，核实其是否已经改正，定期向项目负责人报告工作结果。

(5) 确保软件工作及工作产品中的偏差已被记录在案，并根据预定规程进行处理。偏差可能出现在项目计划、过程描述、采用的标准或技术工作产品中。

(6) 记录所有不符合部分，并向上级管理部门报告。跟踪不符合的部分直到问题得到解决。

除了上述活动外 SQA 小组还需要协调变更的控制与管理，并帮助收集和分析软件度量的信息。

9.2.3 软件质量保证计划

软件项目的 SQA 活动是关系到项目成败的关键活动，因此必须使用合理、正确的策划方法进行 SQA 活动的策划。制定软件质量保证计划(SQAP)是确保 SQA 工作顺利进行的基础和保障，也是决定质量保证工作能否成功实施的关键因素。

软件质量保证计划的制定主要分三个阶段：

第一个阶段为参与项目策划阶段，项目的质量保证计划必须根据项目的实际情况制定，而且必须服从项目计划，因此项目 SQA 人员必须首先参与项目策划活动；

第二个阶段为选择 SQA 任务、估计工作量及资源阶段；

第三个阶段为制定软件质量保证计划，并评审通过软件质量保证计划阶段。

质量保证计划的制定流程如图 9.5 所示。

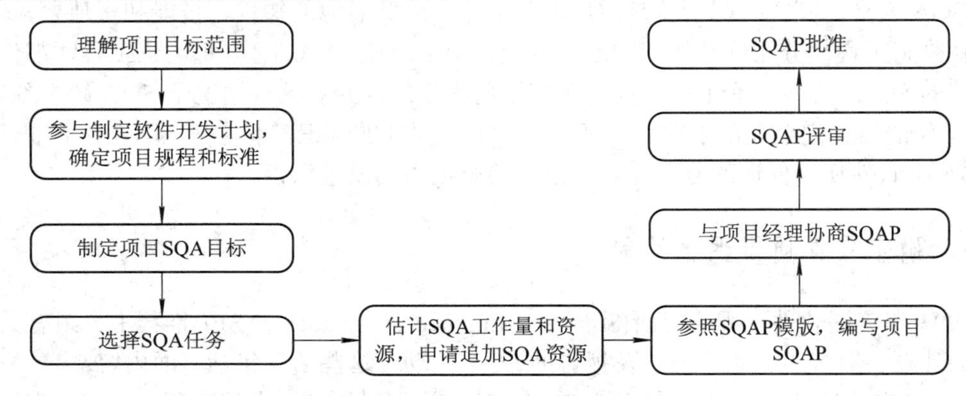

图 9.5 编制软件质量保证计划流程(软件质量保证计划是确保 SQA 工作顺利进行的基础和保障，也是决定质量保证工作能否成功实施的关键因素)

在编写软件质量保证计划时应包括 SQA 小组的责任与权力、SQA 小组需要的资源(人员、工具、设施、资金)、SQA 小组的活动日程、各阶段的质量工作规程与质量标准、缺陷追踪计划、单元测试计划、源代码追踪计划、技术检查计划、集成测试计划和系统测试计划等要素。

9.3　软件质量控制

软件质量控制(Software Quality Control, SQC)是软件项目质量管理的一个重要部分，是确定项目结果是否与质量标准相符，同时确定消除不符合的原因和方法，控制产品的质量，及时纠正缺陷的过程。SQC 的目标就是发现和消除软件产品的缺陷，确保软件项目的质量能满足各方面提出的质量要求(如适用性、可靠性和安全性等)。对于高质量的软件来讲，最终产品应该尽可能达到零缺陷。但是软件开发是一个以人为中心的活动，所以出现缺陷是不可避免的。

因此要想交付一个高质量的软件，消除缺陷的活动就变得很重要。

9.3.1　常见软件项目的质量问题

软件项目质量问题的表现形式多种多样，究其原因可以归纳为下面几种。

(1) 违背软件项目开发与管理的规律。未经可行性论证，不做调查分析就启动项目；任意修改软件项目的设计；不按技术要求实施，不经过必要的测试、检验和验收就交付使用等“蛮干”现象都会致使不少软件项目留有严重的隐患。

(2) 技术方案本身的缺陷。系统整体方案本身有缺陷，对于初始的用户需求双方根本没有达成一致的意见，造成实施中的修修补补，不能有效地保证软件开发目标的实现。

(3) 基本部件不合格。选购的软件组件、中间件、硬件设备等不稳定、不合格，或者外包出去的模块功能出现重大接口错误，造成整个系统不能正常运行。

(4) 实施中的管理问题。许多项目质量问题，还往往是由于人员技术水平、敬业精神、工作责任心和管理疏忽等原因造成的。

9.3.2　软件质量的原则

质量控制一般由开发人员实施，直接对项目工作结果的质量进行把关，属于检查职能。质量控制的要点是：监控对象主要是项目工作结果；进行跟踪检查的依据是相关质量标准；对于不满意的质量问题，需要进一步分析其产生原因，并确定采取何种措施来消除这些问题。为了控制项目全过程中的质量，应该遵循下面的基本原则：

- 控制项目所有过程的质量；
- 过程控制的出发点是预防不合格；
- 质量管理的中心任务是建立并实施文档管理的质量体系；
- 持续的质量改进；

- 定期评价质量体系。

9.3.3 软件质量控制过程

按照项目实施的进度，可以将软件质量控制的流程分为如下3个阶段。

1．事前质量控制

主要指项目在正式实施前进行的质量控制，具体工作包括以下几个方面：

- 审查开发组织的技术资源，选择合适的项目承包组织；
- 对所需资源的质量进行测试，没有经过适当测试的资源不得在项目中使用；
- 审查技术方案，保证项目质量具有可靠的技术措施；
- 协助开发组织完善质量保证体系和质量管理制度。

2．事中质量控制

主要指在项目实施过程中进行的质量控制，具体工作包括以下几个方面：

- 协助开发组织完善实施控制，把影响产品质量的因素都纳入管理状态，建立质量管理点，及时检查和审核开发组织提交的质量统计分析资料和质量控制图表；
- 严格交接检查，关键阶段和里程碑应有合适的验收；
- 对完成的阶段性任务应按相应的质量评定标准和方法进行检查和验收，并按合同或需求规格说明书行使质量监督权；
- 组织定期或不定期的评审会议，及时分析、通报项目质量状况，并协调有关组织间的业务活动等。

3．事后质量控制

主要指在完成项目过程形成产品后的质量控制，具体工作包括以下几个方面：

- 按规定的评价标准和办法，组织单元测试和功能测试，并进行检查验收；
- 组织集成测试和系统测试；
- 审核开发组织的质量检验报告及有关技术性文件；
- 整理有关的项目质量的技术文件，并编号、归档。

9.3.4 软件质量控制的活动

软件项目质量控制的主要活动是技术评审、代码走查、代码评审、单元测试、集成测试、系统测试、验收测试和缺陷追踪等。

1．技术评审

技术评审的目的是尽早发现工作成果中的缺陷，并帮助开发人员及时消除缺陷，从而有效地提高产品的质量。技术评审的主体一般是产品开发中的一些设计产品，这些产品往往涉及多个小组和不同层次的技术。主要评审的对象有软件需求规格说明书、软件设计方案、测试计划、用户手册、维护手册、系统开发规程和产品发布说明等。技术评审应该采取一定的流程，这在企业质量体系或项目计划中都有相应的规定。下面给出一个技术评审的建议流程。

(1) 召开评审会议：一般应该有 3～5 个相关领域的人员参加，会前每个参加者做好准备，评审会每次一般不超过 2 小时。

(2) 在评审会上由开发小组对提交的评审对象进行讲解。

(3) 评审组可以对开发小组进行提问，提出建议和要求，也可以与开发小组展开讨论。

(4) 会议结束时必须做出以下决策之一：

- 接受该产品，不需要作修改；
- 由于错误严重，拒绝接受；
- 暂时接受该产品，但需要对某一部分进行修改，开发小组还要将修改后的结果反馈至评审组。

(5) 评审报告与记录：对所提供的问题都要进行记录，在评审会结束前产生一个评审问题表，另外必须完成评审报告。

同行评审是一个特殊类型的技术评审，是由与工作产品开发人员具有同等背景和能力的人员对产品进行的一种技术评审，目的是在早期有效地消除软件工作产品中的缺陷，并更好地理解软件工作产品和其中可预防的缺陷。同行评审是提高生产率和产品质量的重要手段。

2. 代码评审

代码评审是由一组人通过阅读、讨论和争议从而对程序进行静态分析的过程。评审小组由组长、2～3 名程序设计和测试人员及程序员组成。评审小组在充分阅读待审程序文本、控制流程图及有关要求和规范等文件的基础上召开代码评审会，程序员逐句讲解程序的逻辑，并展开讨论甚至争议，以揭示错误的关键所在。实践表明，程序员在讲解过程中能发现许多自己原来没有发现的错误，而讨论和争议则进一步促使了问题的暴露。例如对某个局部性小问题修改方法的讨论，可能发现与之有牵连的甚至能涉及模块的功能、模块间接口和系统结构的大问题，最终导致对需求的重定义或重新设计验证。

3. 代码走查

代码走查与代码审查基本相同，其过程分为两步。第一步把材料先发给走查小组每个成员，让他们认真研究程序，然后再开会。开会的程序与代码审查不同，不是简单地读程序和对照错误检查表进行检查，而是让与会者“充当计算机”，即首先由测试组成员为被测程序准备一批有代表性的测试用例，提交给走查小组。走查小组开会，集体扮演计算机角色，让测试用例沿程序的逻辑运行一遍，随时记录程序的踪迹，供分析和讨论用。

代码走查也是一种非常有效的方法，可以检查到其他测试方法无法监测到的错误，很多逻辑错误是无法通过测试手段发现的。代码走查是一种很好的质量控制方法。

代码走查和代码审查的观点是一致的，这两项静态技术的错误发现能力将错误检测引向快速、彻底和提前。这样，由于在集成阶段出现的错误较少而提高了生产率，用于代码走查和审查的额外时间得到了巨大的回报，而且，代码审查可降低高达 95%的改正性维护成本。

4. 软件测试

软件测试包括几个不同层次的测试操作。单元测试可以测试单个模块是否按其详细设计说明运行，它主要测试程序的逻辑，模块一旦完成就可以进行单元测试。集成测试是测试系统各个部分的接口及在实际环境中运行的正确性，保证系统功能之间接口与总体设计的一致性，而且满足异常条件下所要求的性能级别。系统测试是检验系统作为一个整体是否按其需求规格说明正确运行，验证系统整体的运行情况，在所有模块都测试完毕或者集成测试完成之后，就可以进行系统测试。验收测试是在客户的参与下检验系统是否满足客户的所有需求，尤其是在功能和使用的方便性上。

5. 缺陷追踪

从缺陷发现开始一直到缺陷改正为止的全过程为缺陷追踪。缺陷追踪要一个缺陷一个缺陷地加以追踪，也要在统计的水平上进行，包括未改正的缺陷总数、已经改正的缺陷百分比、改正一个缺陷的平均时间等。缺陷追踪是可以消灭缺陷的一种非常有效的控制手段。

讨论：软件测试

张工在W技术有限公司工作，他被派到一个新的项目担任项目经理为客户K公司开发用于支撑业务的信息系统。这是一个规模较小、复杂度较低的系统。由于市场竞争的原因，合同额很少。出于成本的考虑，公司分派给张工的人员并不多。为解决人力资源不足的问题，张工考虑，系统复杂度不高，可以一定程度上简化测试工作。于是张工在项目中做了如下安排：

(1) 不进行单元测试和集成测试，仅进行系统测试。

(2) 不安排专门的资源开发系统测试用例。因为程序员熟悉自己开发模块的业务，由程序员对自己开发的程序进行黑盒测试，对测试中发现的缺陷进行记录并跟踪，且立即修改。

(3) 在测试过程中，每三天定义为一个测试周期，统计每个测试周期每个模块发现的缺陷数量。若连续两个测试周期没有发现的缺陷少于总缺陷的 5%且发现缺陷的趋势基本平稳，则认为测试工作基本完成。

张工的理由如下：首先随着系统中缺陷的减少，程序员会有越来越多的时间进行测试，以发现系统缺陷。其次当系统中的缺陷数量很少时，程序员发现的缺陷会变得越来越困难，总缺陷数几乎不再增加，这时发现缺陷的趋势变得很平稳，且发现的数量很少。

在测试阶段，张工统计到的数据如表 9-2 所示。张工认为测试工作基本完成，决定进入系统发布阶段。

表 9-2　测试阶段的统计数据

测试周期	周期内发现缺陷数	发现缺陷的总数	缺陷增加占总数的比例
1	32	32	100.00%
2	35	67	52.24%
3	42	109	38.53%
4	25	134	18.66%
5	16	150	10.67%
6	7	157	4.46%
7	6	163	3.68%

案例讨论：

1. 请逐一点评张工对测试工作进行的三点安排。

2. 在人力资源有限的情况下张工不可能找到专门的测试人员全程进行测试，那么张工应做哪些改进来提高测试工作的质量。

9.4　软件质量度量

软件质量度量是对软件开发项目、过程及其产品进行数据定义、收集及分析的持续性定量化过程，目的在于对此加以理解、预测、评估、控制和改善。

软件质量度量是软件度量的一个子集，侧重于产品、过程和项目管理的质量环节。一般来说，软件质量度量与过程和产品的联系比较紧密，而与项目管理度量的联系就没有这么紧密。软件质量度量不仅可以量化地衡量产品质量，而且也为过程质量管理提供了决策辅助，例如什么时候停止测试，同时软件质量度量为质量改进提供了分析基础。

9.4.1　软件质量度量的分类

软件质量度量是伴随着整个开发过程中的软件质量管理进行的，即从软件开发最早阶段就开始了。软件质量度量可以分为 3 个方面：软件产品质量度量、软件过程质量度量和软件维护质量度量。

(1) 软件产品质量度量是对质量需求中产品的质量特征进行度量，度量指标根据组织和产品的实际情况确定，一般都会包括需求覆盖率、测试覆盖率、缺陷报告(包括缺陷统计，如千代码行缺陷率、缺陷修正率和缺陷修正时间等)和需求完成度等指标。

(2) 软件过程质量度量是对质量管理过程的度量，度量指标也是根据组织的、产品的实际情况确定，一般都会包括缺陷和失效数据、成本与工作量分析、缺陷报告和未来趋势预测等指标。

(3) 软件维护质量度量是对软件产品提交后的产品质量和过程质量的度量，度量指标包括返修率和技术支持响应速度等。

9.4.2　软件质量度量的过程

软件质量的度量过程主要可以分为以下 5 个步骤：

1. 确定软件的质量度量需求

这是软件质量度量的前提和基础，主要活动包括设计可能的质量因素集合、优化并确定这一因素集合和建立软件质量模型。

2. 确定软件质量度量元

这是度量过程中比较关键的，度量元选取的好坏直接影响着质量评估的结果。首先在软件质量度量框架的基础上将质量特性分解成度量元，继而执行度量元的成本效益分析，最后根据其结果调整优化已选择的度量元集合。

3．执行软件质量度量

这一阶段包括定义度量数据收集过程、收集数据、以及根据已有数据计算度量值等环节。需要注意的是，采集的数据应该基于正确定义的度量元和模型，从而保证数据的正确性、准确性和精度。因此，在收集数据之前，应当设定数据采集的目标，并且定义有意义的问题。

4．分析软件质量度量结果

通过分析比较收集的度量数据与目标值，发现两者之间的区别。确定那些不可接受的度量值，详细分析那些数值偏离关键值的度量元并依据分析结果重新设计软件质量度量。

5．软件质量度量的验证

验证的目的是为了证明通过软件产品和过程度量可以预测具体的软件质量因素。验证的过程中在运用相关的验证方法和标准的前提下，必须确定软件质量因素样本和度量样本，然后执行对度量的统计分析，检验度量的作用是否有效。

软件质量度量的整个过程如图 9.6 所示。

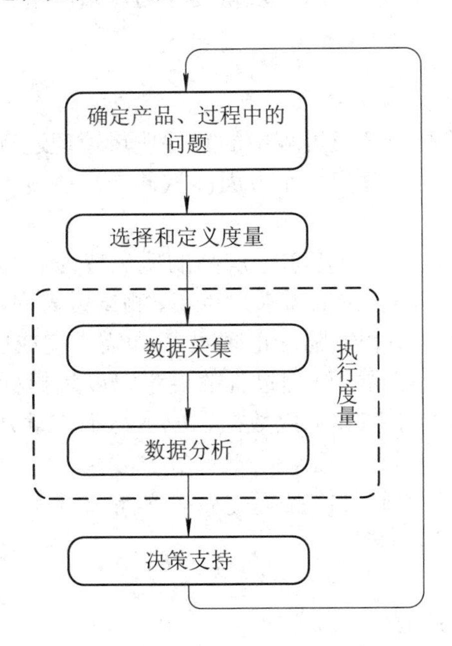

图 9.6　软件质量度量过程示意图(软件度量是对软件开发项目、过程及其产品进行数据定义、收集及分析的持续性定量化过程，可以量化地衡量产品质量，也为过程质量管理提供决策辅助，同时为质量改进提供依据)

9.5　软件质量体系

目前，在软件企业中用得最多的是 ISO 9000 和 CMM。无论是 ISO 9000 还是 CMM，都是以过程为中心，通过过程的持续改进来提高产品质量。

9.5.1　ISO 9000 系列标准

ISO 9000 是国际标准化组织提出的企业质量体系的一系列标准，是一个通用的质量标准，适合各类制造业和服务业。在 ISO 9000 系列标准中与软件企业关系最密切的是 ISO 9001 和 ISO 9000.3。

ISO 9001 是 ISO 9000 簇标准体系之一，是应用于软件工程的质量保证标准。这个标准中包含了高效的质量保证系统必须体现的 20 条需求，通过对 IT 产品从市场调查、需求分析、编码和测试等开发工作，直至作为商品软件销售，以及安装和维护整个过程进行控制，保障 IT 产品的质量。

ISO 9001 描述的 20 条需求主要面向以下问题：

- 管理责任；
- 质量系统；
- 合同复审；
- 设计控制；
- 文档和数据控制；
- 采购；
- 对客户提供的产品的控制；
- 产品标识和可跟踪性；
- 过程控制；
- 审查和测试；
- 审查、度量和测试设备的控制；
- 审查和测试状态；
- 对不符合标准产品的控制；
- 改正和预防行动；
- 处理、存储、包装、保存和交付；
- 质量记录的控制；
- 内部质量审计；
- 培训；
- 服务；
- 统计技术。

因为 ISO 9001 标准适用于所有的工程行业，所以 ISO 9001 在软件行业中应用时一般会配合 ISO 9000.3 作为实施指南。由于软件行业的特殊性，软件不存在明显的生产阶段，所以软件开发、供应和维护过程不同于大多数其他类型的工业产品，例如软件不会“耗损”，设计阶段的质量活动对产品最终质量就显得尤其重要。ISO 9000.3 就是为了解释如何在软件过程中使用 ISO 9001 标准而专门开发的一个指南。

ISO 9000.3 其实是 ISO 质量管理和质量保证标准在软件开发、供应和维护中的使用指南，并不作为质量体系注册/认证时的评估准则，主要考虑软件行业的特殊性而制定。ISO 9000.3 的主要包括以下核心内容：

(1) 合同评审；
(2) 需方需求规格说明；
(3) 开发计划；
(4) 质量计划；
(5) 设计和实现；
(6) 测试和确认；
(7) 验收；
(8) 复制、交付和安装；
(9) 维护。

ISO 9000 系列标准提供了组织满足其质量认证标准的最低要求。在软件开发项目管理中要真正贯彻和实施质量管理，必须让项目组的所有人员都自觉遵守有关规范，以主人翁的态度来执行各项质量工作，培训相关的知识(如 ISO 9000 质量体系)，努力营造一种全员参与的文化氛围，最大限度地调动人员的积极性，这对软件开发的质量以及企业的生存发展都是至关重要的。

9.5.2 软件能力成熟度模型 CMM

能力成熟度模型(Capability Maturity Model, CMM)是由美国卡内基—梅隆大学软件工程研究所推出的评估软件能力与成熟度的一套标准。该标准基于众多软件专家的实践经验，侧重于软件开发过程的管理及工程能力的提高与评估，是国际上流行的软件生产过程标准和软件企业成熟度等级认证标准。

1. CMM 的结构

软件过程成熟度是指一个软件过程被明确定义、管理、度量和控制的有效程度。成熟意味着软件过程能力的持续改善，成熟度代表软件过程能力改善的潜力。CMM 模型包括的内容如图 9.7 所示。

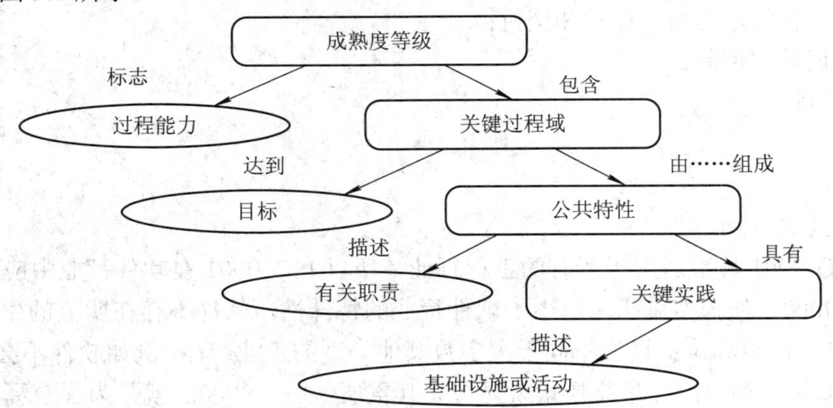

图 9.7 CMM 模型结构图(CMM 包括 5 个等级，共计 18 个过程域，52 个目标，300 多个关键实践)

- 成熟度等级：一个成熟度等级是在朝着实现成熟软件过程进化途中的一个妥善定义的平台。5 个成熟度等级构成了 CMM 的顶层结构。
- 过程能力：软件过程能力描述了通过遵循软件过程能实现预期结果的程度。一个组织的软件过程能力提供一种“预测该组织承担下一个软件项目时，预期最可能得到的结果”的方法。

- 关键过程域(Key Process Area, KPA)：每个成熟度等级由若干关键过程域组成。每个关键过程域都标识出一串相关活动，当把这些活动都完成时所达到的一组目标，对建立该过程成熟度等级是至关重要的。关键过程域分别定义在各个成熟度等级之中，并与之联系在一起。
- 目标：目标概括了关键过程域中的关键实践，并可用于确定一个组织或项目是否已有效地实施了该关键过程域。目标表示每个关键过程域的范围、边界和意图。例如，关键过程域“软件项目计划”的一个目标是软件估算文档化，供计划和跟踪软件项目使用。
- 公共特性：CMM 把关键实践分别归入到执行约定、执行能力、执行活动、测量和分析、验证实施这 5 个公共特性之中。公共特性是一种属性，能指出一个关键过程域的实施和规范化是不是有效的、可重复的和持久的。
- 关键实践：每个关键过程域都用若干关键实践描述，实施关键实践有助于实现相应的关键过程域的目标。关键实践描述了对关键过程域的有效实施和规范化贡献最大的基础设施和活动。例如，在关键过程域“软件项目计划”中一个关键实践是“按照已文档化的规程制定项目的软件开发计划”。

2. 软件过程能力成熟度等级

成熟度等级是软件过程改善中妥善定义的平台。5 个成熟度等级提供了软件能力成熟度模型的顶层结构，每个成熟度等级都表明了组织的软件过程能力达到的一个等级，如图 9.8 所示。

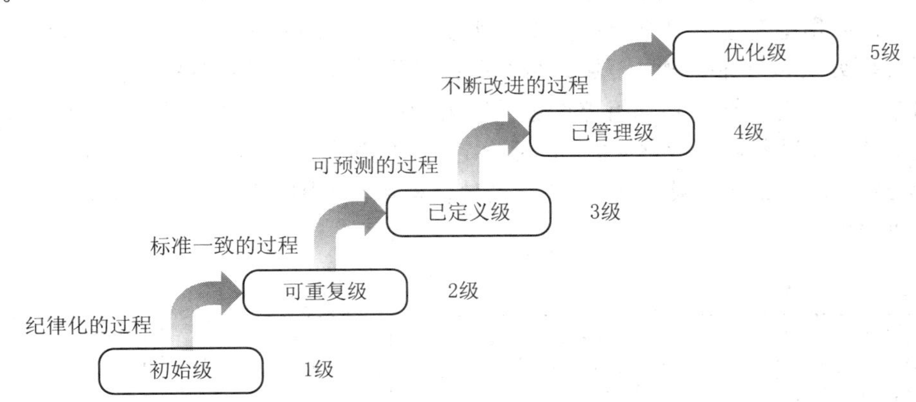

图 9.8　CMM 软件能力成熟度模型的分级(CMM 为软件企业的过程能力提供了一个阶梯式的进化框架，阶梯共有五级。第一级实际上是一个起点，任何准备按 CMM 体系进化的企业都自然处于这个起点上，并通过这个起点向第二级迈进。除第一级外，每一级都设定了一组目标，如果达到了这组目标，则表明达到了这个成熟级别，可以向下一个级别迈进。CMM 体系不主张跨越级别的进化，因为从第二级起，每一个低的级别实现均是高的级别实现的基础)

1) *初始级*

企业一般不具备稳定的软件开发与维护环境，软件生产过程的特征是随机的，有时甚至是杂乱的。项目成功与否在很大程度上取决于是否有杰出的项目经理和经验丰富的开发团队。此时，项目经常超出预算和不能按期完成，组织的软件过程能力不可预测。

2) 可重复级

组织建立了管理软件项目的方针以及执行这些方针的措施，以便跟踪费用、进度和功能。组织根据在类似项目上的经验对新项目进行策划和管理。组织的软件过程能力可以描述为纪律化的，而且项目过程处于项目管理系统的有效控制之下的。

3) 已定义级

组织形成了管理软件开发和维护活动的标准软件过程，包括软件过程和软件管理过程。项目依据标准定义自己的软件过程并进行管理和控制。组织的软件过程能力可以描述为标准一致的，过程是稳定的、可重复的而且高度可见的。

4) 已管理级

组织对软件产品和过程都设置了定量的质量目标，进行定量管理和控制。项目通过把过程性能的变化限制在可接受的范围内，实现对产品和过程的控制。组织的软件过程能力可以描述为可预测的，即软件产品具有可预测的高质量。

5) 优化级

组织通过预防缺陷、技术创新和改进过程等多种方式，不断提高项目过程性能以持续改善组织的软件过程能力，改进和优化组织统一的标准软件过程。组织的软件过程能力可以描述为不断改进的。

3. 关键过程域(Key Process Area, KPA)

在能力成熟度模型中任何一个软件组织都可以达到初始级。除了初始级外，每个成熟度等级由若干个关键过程域(KPA)构成。关键过程域指明组织为了改善软件过程能力应关注的区域，并指出为了达到某个成熟度等级要着手解决的问题。达到一个成熟度等级，必须实现该等级上的全部关键过程域。每个关键过程域包含了一系列的相关活动，当这些活动全部完成时，就能够达到一组评价过程能力的成熟度目标。要实现一个关键过程域，就必须达到该关键过程域的所有目标。目标确定了关键过程域的范围、边界、内容和关键实践。

CMM 从等级 2 到等级 5 共有 18 个关键过程域，如图 9.9 所示，它们在 CMM 的实践中起着决定性的作用。

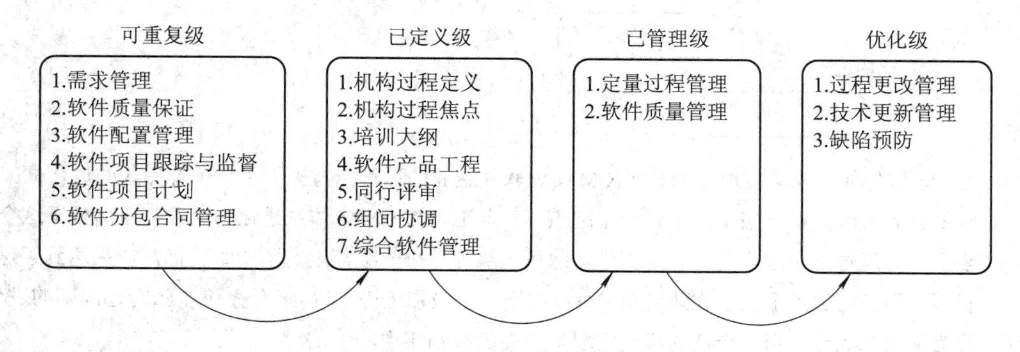

图 9.9　能力成熟度级别及关键过程域(CMM 的每一级是按完全相同的结构构成的。每一级包含了实现这一级目标的若干关键过程域，每个 KPA 进一步包含若干关键实施活动)

如果从管理、组织和工程等方面划分，如表 9-3 所示。

表 9-3　CMM 关键过程分类表

CMM 等级	管理方面	组织方面	工程方面
CMM1：初始级	无	无	无
CMM2：可重复级	需求管理 软件质量保证 软件配置管理 软件项目跟踪与监控 软件项目计划 软件分包合同管理	无	无
CMM3：已定义级	综合软件管理 组间协调	机构过程定义 机构过程焦点 培训大纲	软件产品工程 同行评审
CMM4：已管理级	定量过程管理	无	软件质量管理
CMM5：优化级	无	技术改革管理 过程变更管理	缺陷预防

从表 9-3 可以看出，CMM 非常注重软件过程的管理，18 个关键过程域中就有 9 个关键过程域是属于管理方面的。另外，软件企业达到的 CMM 等级越高，软件产品的质量就越高，生产效率也就越高。

4. 关键实践

关键实践是指在基础设施或能力中对关键过程域的实施和规范化起重大作用的部分。每个关键过程域都有若干个关键实践，实施这些关键实践，就实现了关键过程域的目标。关键实践以 5 个共同特点加以组织，这 5 个共同特点是：执行约定、执行能力、执行的活动、测量和分析、验证实施。

- 执行约定：企业为了保证过程建立和继续起作用必须采取的行动，一般包括建立组织方针和获得高级经理的支持；
- 执行能力：组织实施软件过程的先决条件，执行能力一般指提供资源、分派职责和人员培训等；
- 执行的活动：指实施关键过程域所必需的角色和规程，一般包括制定计划和规程、执行活动、跟踪与监督，并在必要时采取纠正措施；
- 测量和分析：对过程进行测量和对测量结果进行分析，测量和分析一般包括为确定执行活动的状态和有效性所采用测量的例子；
- 验证实施：保证按已建立的过程执行活动的步骤，包括高级经理、项目经理和软件质量保证部门对过程活动和产品的评审和审计。

案例：软件质量保证计划

1 引言

1.1 目的

计划的目的在于对所开发的软件规定各种必要的质量保证措施，以保证所交付的软件能够满足项目预定需求，能够满足项目组制定的且经领导评审小组批准的该软件系统需求规格说明书中规定的各项具体需求。

软件开发项目组在开发软件系统所属的各个子系统(其中包括为本项目研发或选用的各种支持软件、组件)时，都应该执行本计划中的有关规定，但可根据各自的情况对本计划做适当的剪裁，以满足特定的质量保证要求，剪裁后的计划必须经项目组负责人批准。

1.2 参考资料

略

2 管理

2.1 机构

在软件开发期间必须成立软件质量管理小组负责质量保证工作。

软件质量保证组和项目负责人及各领导组必须检查和督促计划的实施。系统的软件质量保证人员有权直接向各领导组报告该项目的软件质量状况。系统的软件质量保证人员应该根据对项目的具体要求，制订必要的规程和规定，以确保完全遵守计划的所有要求。

2.2 任务

软件质量保证工作涉及软件生存周期各阶段的活动，其应该贯彻到日常的软件开发活动中，而且应该特别注意软件质量的早期评审工作。因此，要按照计划的各项规定进行各项评审工作。软件质量保证小组要参加所有的评审与检查活动。评审与检查的目的是为了确保在软件开发工作的各个阶段和各个方面都认真采取各项措施来保证与提高软件的质量。在软件开发过程中要进行如下几类评审与检查工作。

1) 阶段评审

在软件开发过程中，要定期地或阶段性地对某一开发阶段或某几个开发阶段的阶段产品进行评审。在软件及其所属各子系统的开发过程中应该进行以下三次评审：第一次评审软件需求、概要设计、验证与确认方法；第二次评审详细设计、功能测试与演示，并对第一次评审结果复核；第三次是功能检查、物理检查和综合检查。

阶段评审工作要组织专门的评审小组，原则上由项目组成员或特邀专家担任评审组长，评审小组成员应该包括项目所有成员、质量保证人员和上级主管部门的代表，其他参加人员视评审内容而定。

每一次评审工作都应填写评审总结报告(RSR)、评审问题记录(RPL)、评审成员签字表(RMT)与软件问题报告单(SPR)。

2) 日常检查

在软件的开发过程中各子系统应该填写项目进展报表，即软件进展报表、软件阶段进度表、软件阶段产品完成情况表和软件开发费用表。项目组小张或其他领导通过项目进展月报表发现有关软件质量问题。

3) 软件验收

必须组织专门的验收小组对软件系统及其所属各个子系统进行验收。验收工作应该满足各业务部门、领导部门及相关使用部门的需求，质量管理小组验收内容应包括文档验收、程序验收、演示、验收测试与测试结果等几项工作。领导层、业务部门验收软件的功能演示成果及使用手册等。

2.3 职责

在项目的软件质量保证小组中各方面人员的职责如下：

(1) 组长全面负责有关软件质量保证的各项工作；

(2) 全组负责有关阶段评审、项目进展报表检查以及软件验收准备等三方面工作中的质量保证工作；

(3) 项目的专职配置管理人员负责有关软件配置变动、软件媒体、文件控制以及对软件提供商的控制(在系统使用相关正版软件厂商提供的产品时生效)等三方面的质量保证活动；

(4) 全组负责测试复查和文档的规范化检查工作；

(5) 用户体验师反映用户的质量要求，并协助检查各类人员对软件质量保证计划的执行情况；

(6) 项目的专职质量保证人员协助组长开展各项软件质量保证活动，负责审查采用的质量保证工具、技术和方法，并负责汇总、维护和保存有关软件质量保证活动的各项记录。

3 文档

在软件开发过程中软件质量保证对各阶段需要编制的文档都有明确的要求，并且规定了评审文档质量的通用的度量准则。

3.1 基本文档

为了确保软件的实现满足认可的需求规格说明书中规定的各项需求，软件开发项目组至少应该编写以下八个方面内容的文档：

(1) 软件需求规格说明书(SRS)；

(2) 软件设计说明书(SDD)，对一些规模较大或复杂性较高的项目，应该把文档分成概要设计说明书(PDD)与详细设计说明书(DDD)两个文档；

(3) 软件测试计划(STP)；

(4) 软件测试报告(STR)；

(5) 用户手册(SUM)；

(6) 源程序清单(SCL)；

(7) 项目实施计划(PIP)；

(8) 项目开发总结(PDS)。

3.2 其他文档

除了基本文档之外，对于尚在开发中的软件还应该包括以下四个方面的文档：

(1) 软件质量保证计划(SQAP)；

(2) 软件配置管理计划(SCMP)；

(3) 项目进展报表(PPR)；

(4) 阶段评审报表(PRR)。

注：前面两个文档由项目组制订，属于管理文档，项目组应充分考虑执行计划中规定的条款。后面两类文档属于工作文档(2.2 中提到的四张阶段评审表与四张项目进展月报表)，项目组按照规定要求认真填写有关内容。

3.3 文档质量的度量准则

文档是软件的重要组成部分，是软件生存周期各个不同阶段的产品描述。验证和确认就是要检查各阶段文档的合适性。评审文档质量的度量准则有以下六条：

1) 完备性

所有承担软件开发任务的项目都必须按照 GB 8567(国家标准局的指南文档，名称叫《计算机软件产品开发文件编制指南》)的规定编制相应的文档，以保证在开发阶段结束时其文档是齐全的。

2) 正确性

在软件开发各阶段所编写的文档的内容，必须真实地反映该阶段的工作且与该阶段的需求相一致。

3) 简明性

在软件开发各阶段所编写的各种文档的语言表达应该清晰、准确简练，适合各种文档的特定读者。

4) 可追踪性

在软件开发各阶段所编写的各种文档应该具有良好的可追踪性。文档的可追踪性包括纵向可追踪性与横向可追踪性两个方面。前者是指在不同文档的相关内容之间相互检索的难易程度；后者是指确定同一文档某一内容在本文档中的涉及范围的难易程度。

5) 自说明性

在软件开发各阶段所编写的各种文档应该具有较好的自说明性。文档的自说明性是指在软件开发各阶段中的不同文档能独立表达该软件及其相应阶段的阶段产品的能力。

6) 规范性

在软件开发各阶段所编写的各种文档应该具有良好的规范性。文档的规范性是指文档的封面、大纲、术语的含义以及图示符号等符合有关规范的规定。

4 标准、条例和约定

略

5 评审和检查

软件质量保证计划规定了应该进行的阶段评审、阶段评审的内容和评审的时间要求。对新开发的或正在开发的各个子系统，都要按照 GB 8566(计算机软件开发规范)的规定认真进行定期的或阶段性的各项评审工作。就整个软件开发过程而言，至少要进行软件需求评审、概要设计评审、详细设计评审、软件验证和确认评审、功能检查、物理检查、综合检查以及管理评审八个方面的评审和检查工作。如 2.2 所述，在软件及其所属各个子系统的开发过程中把前七种评审分成三次进行。在每次评审之后要对评审结果做出明确的管理决策。下面给出每次评审应该进行的工作。

5.1 第一次评审

第一次评审会对软件需求、概要设计以及验证与确认方法进行评审。

(1) 软件需求评审(SRR)应确保在软件需求规格说明书中规定的各项需求的合理性。

(2) 概要设计评审(PDR)应评价软件设计说明书中的软件概要设计的技术合适性。

(3) 软件验证和确认评审(SV&VR)应评价软件验证和确认计划中确定的验证和确认方法的合适性与完整性。

5.2 第二次评审

第二次评审会要对详细设计、功能测试与演示进行评审，并对第一次评审结果进行复核。如果在软件开发过程中发现需要修改第一次评审结果，则应按照《软件配置管理计划》的规定处理。

(1) 详细设计评审(DDR)应确定软件设计说明书中的详细设计在满足软件需求规格说明书中需求方面的可接受性。

(2) 编程格式评审应确保所有编码采用规定的工作语言，能在规定的运行环境中运行，并且符合 GB 8566 中提倡的编程风格。在满足这些要求之后，方可进行测试工作。

(3) 测试工作评审应对所有的程序单元进行静态分析，检查其程序结构(即模块和函数的调用关系和调用序列)和变量使用是否正确。在通过静态分析后，再进行结构测试和功能测试。在结构测试中，所有程序单元结构测试的语句覆盖率 C0 必须等于 100%，分支覆盖率 C1 必须大于或等于 85%。要给出每个单元的输入和输出变量的变化范围。各个子系统只进行功能测试，不单独进行结构测试，因而要登录程序单元之间接口的变量值，力图使满足单元测试的 C1 和 C0 准则的那些测试用例在子系统功能测试时得到再现。测试工作评审要检查所进行的测试工作是否满足这些要求。特别在评审功能测试工作时，不仅要运行变量的等价值，而且要运行变量的(合法的和非法的)边界值；不仅要运行开发组给出的测试用例，而且要允许运行其他相关人员、评审人员选定的采样用例。

5.3 第三次评审

第三次评审会要进行功能检查、物理检查和综合检查。这些评审应在集成测试阶段结束后进行。

(1) 功能检查(FA)应验证所开发的软件已经满足在软件需求规格说明书中规定的所有需求。

(2) 物理检查(PA)应对软件进行物理检查，以验证程序和文档已经一致并已做好了交付的准备。

(3) 综合检查(CA)应验证代码和设计文档的一致性、接口规格说明之间的一致性(硬件和软件)、设计实现和功能需求的一致性、功能需求和测试描述的一致性。

6 软件配置管理

对工程化软件系统的各项配置进行及时、合理的管理，是确保软件质量的重要手段，也是确保该软件具有强大生命力的重要措施。有关工程化软件的配置管理工作，可按软件项目组编写的《软件配置管理计划》。在软件配置管理工作中，要特别注意规定对软件问题报告、追踪和解决的步骤，并指出实现报告、追踪和解决软件问题的机构及其职责。

7 工具、技术和方法

在项目所属的各个子系统(其中包括有关的支持软件)的研制与开发过程中，都应该在各自的软件质量保证活动中合理地使用软件质量活动的支持工具、技术和方法。这些工具主要有以下三种：

1) 软件测试工具

它支持用 java 语言编写的模块的静态分析、结构测试与功能测试。主要功能为：协助测试人员判断程序结构与变量使用情况是否有错；给测试人员提供模块语句覆盖率 C0 和分支覆盖率 C1 的值，并显示未覆盖语句和未覆盖分支的号码及其分支谓词，给出不同测试用例有效性的表格，同时提出功能测试的有效情况，并协助组织最终交付给用户的有效测试用例的集合。

2) 软件配置管理工具

它支持用户对源代码清单的更新管理以及对重新编译与连接的代码的自动组织，支持用户在不同文档相关内容之间进行相互检索并确定同一文档某一内容在本文档中的涉及范围，同时还应支持软件配置管理小组对软件配置更改进行科学的管理。

3) 文档辅助生成工具与图形编辑工具

它主要协助用户绘制描述程序流程与结构的活动图与结构图、绘制描述软件功能(输入、输出关系)的曲线以及绘制描述控制系统特性的一些其他图形，同时还可生成若干与软件文档编制大纲相适应的文档模块板。用户利用这些工具的正文与图形编辑功能以及上述辅助功能，可以比较方便地产生清晰悦目的文档，也有利于对文档进行更改，还有助于提高文档的编制质量。

8 媒体控制

为了保护计算机程序的物理媒体，以免非法存取、意外损坏或自然老化，工程化软件系统的各个子系统(包括支持软件)都必须设立软件配置管理人员，并按照软件项目小组制订的、且经领导层批准的《软件配置管理计划》妥善管理和存放各个子系统及其专用支持软件的媒体。

9 对软件提供商的控制

项目所属的各个子系统开发组，如果需要从软件销售单位购买、委托其他开发单位开发、从开发单位现存软件库中选用或从项目委托单位或用户的现有软件库中选用软部件时，则在选用前应向整个项目组及领导层报告，然后项目组组织"软件选用评审小组"进行评审、测试与检查，只有当演示成功、测试合格后才能批准选用。如果只选用其中部分内容，则按待开发软件的处理过程办理。

10 记录收集、维护和保存

在项目及其所属的各个子系统的研制与开发期间，要进行各种软件质量保证活动，准确记录、及时分析并妥善保存有关这些活动的记录，是确保软件质量的重要条件。在软件质量保证小组中，应有专人负责收集、汇总与保存有关软件质量保证活动的记录。要收集、汇总与保存的记录名字及其保存期限如表 9-4 所示。

表 9-4　记录名称及其保存的期限

记录的名称与分类		要保存的期限
阶段评审记录	阶段评审总结	整个软件开发周期
	阶段评审问题记录	整个软件开发周期
	阶段评审主要问题	整个软件开发周期
	阶段评审成员	整个软件开发周期
日常检查记录	软件阶段进度表	整个软件开发周期
	软件阶段产品完成情况	整个软件开发周期
	软件开发费用统计表	整个软件生存周期
修改记录	软件问题报告单	整个软件生存周期
	软件问题修改单	整个软件生存周期
组织	软件质量保证小组成员登记表	整个软件开发周期

讨论：软件项目质量问题

一家大型医疗器械公司刚雇用了一家著名咨询公司的资深顾问斯考特来帮助解决公司新开发的行政信息系统(EIS)存在的质量问题。EIS 是由公司内部程序员、分析员及公司的几位行政官员共同开发的。许多以前从未使用过的计算机行政管理人员也被 EIS 所吸引。EIS 能够使他们便捷地跟踪按照不同产品、国家、医院和销售代理商分类的各种医疗仪器的销售情况。这个系统非常便于用户使用。EIS 在几个行政部门获得成功测试后，公司决定把 EIS 系统推广应用到公司的各个管理层。

不幸的是在经过几个月的运行之后，新的 EIS 产生了诸多质量问题。人们抱怨他们不能进入系统。这个系统一个月出几次故障，据说响应速度也在变慢。用户在几秒钟之内得不到所需信息，就开始抱怨。有几个人总忘记如何输入指令进入系统，因而增加了向咨询台打电话求助的次数。有人抱怨系统中有些报告输出的信息不一致。显示合计数的总结报告与详细报告对相同信息的反映怎么会不一致呢？EIS 的行政负责人希望这问题能够获得快速准确地解决，所以他决定从公司外部雇佣一名质量专家。据他所知，这位专家有类似项目的经验。斯考特的工作将是领导由来自医疗仪器公司和他的咨询公司的人员共同组成的工作小组。识别并解决 EIS 中存在的质量问题，编制一项计划以防止未来 IT 项目发生质量问题。

案例问题：

1. EIS 系统存在哪些质量问题？

2. 对于上述问题应该怎样做？

3. 一个项目团队如何知晓他们的项目是否交付了一个高质量的产品？

4. 如果你是斯考特，你会编制怎样一个质量计划(保证和控制)来防止未来的 IT 项目发生质量问题？

9.6 小　结

质量是产品的固有属性，软件项目的质量问题(9.1.1 节)已引起越来越多的关注，一些关键软件系统的质量问题甚至会导致人员的伤亡，而商务软件系统的质量问题则直接导致了经济损失。软件质量是软件满足用户明确说明或者隐含说明需求的程度，用户的满意度是质量非常重要的要素，作为软件项目经理应该理解软件质量需求与质量特征(9.1.2 节)，学习软件质量模型，掌握软件质量管理的原则和内容(9.1.3 节)。软件的质量保证非常重要，建立 SQA 小组(9.2.1 节)，选择和确定 SQA 活动(9.2.2 节)，制订和维护 SQA 计划(9.2.3 节)，执行 SQA 计划，都是软件质量保证的重要活动，有助于不断完善质量保证活动中存在的不足，改进项目的质量保证过程。软件的质量管理包括编制质量计划、质量保证和质量控制三个过程。质量保证(9.2 节)对整个软件项目执行情况进行评估，保证项目达到有关质量标准；质量控制(9.3 节)是监控项目执行结果，确定他们是否符合有关的质量标准，采取适当方式消除质量偏差。所有的质量标准和质量活动都需要制定质量计划来进行规划。软件质量计划将与项目有关的质量标准标识出来，提出如何达到这些质量标准和要求的设想，并制定出来实施策略，是软件质量管理的行动纲领。最后，本章围绕着软件质量体系，介绍了 ISO 9000 系列标准(9.5.1 节)和软件能力成熟度模型 CMM(9.5.2 节)，为软件组织选择质量要素提供指南，便于软件组织有效地管理、控制与改进软件的开发与维护过程，确保软件的质量。

9.7 习　题

1. 项目质量包含哪几方面的含义？
2. 软件质量要素包括哪些内容？
3. 简述软件质量对用户需要的质量特性有哪些？
4. 简述软件项目的质量计划包括哪些内容？
5. 什么是质量保证？
6. 你认为质量保证与质量控制有没有区别？如果有，主要区别在哪里？
7. 软件项目质量控制有哪些活动？
8. 简述软件过程能力成熟度等级。
9. 某行业省公司(甲公司)信息系统工程项目(A 项目)以招标方式选择承建方，乙公司获得甲公司的项目工程合同并任命老赵为项目经理。乙公司为了获取更大的利润空间，鉴于项目预算，高层决定采取降低人员工资预算，在此情况下老赵只有两个选择：一、降低招聘的软件工程师等级，二、减少项目成员数。老赵在权衡利弊后，觉得员工工资容易引起其他的嫉妒，最后采取了降低成员工资，因此，老赵所组建的项目小组没有达到老赵所预期的技术资质等级。

A 项目在 8 个月后正式上线，但是 A 项目的运行维护并不像乙公司想象的那样好。由于 A 项目定制软件的质量存在很多隐患和缺陷。例如软件代码质量差导致系统运行效率低，技术文件缺乏或文件与实际情况不相符，或技术文件纵向及横向对相应内容的描述不一致等。这些问题使得 A 项目的维护工作难以高质量地开展，经常给甲公司的业务开展带来不良的影响。甲公司要求乙公司必须得保证系统运行，不能影响 A 单位业务的开展，否则乙公司将被追究法律责任。

(1) 请分析出现以上问题的原因？

(2) 如果你是该项目的项目经理，你会采取怎么样的策略解决项目遇到的问题？

(3) 请结合项目实践，简述你在质量管理规划过程进行的主要活动？

10. (项目管理)编制图书馆软件产品的质量计划。

11. (项目管理)编制网络购物系统的质量计划。

12. (项目管理)编制自动柜员机的质量计划。

第10章 团队管理和沟通

在项目进行中能否圆满地完成项目目标，关键在于人员，尤其软件项目是这样的。当然，任何成功的项目都不可能是某一个人的功劳，一个成功的项目是多个部门的众多人员共同努力的结果。项目团队需要有一个共同目标、共同的前景，并且清楚地知道他们要做的工作。这个团队无论采取何种报告结构，必须能够很好地工作，以达到商业目标。

项目经理是项目团队的领导，其职责是激励团队以积极的方式完成任务。项目经理是企业人力资源管理和团队建设的最基层领导，也是最核心的人物。绝大多数企业中项目经理可能无权决定项目组成员的工资，但有权考核项目组成员，可以影响项目成员的绩效工资和奖金，也可以影响项目成员的去留及升迁。那么，项目经理如何应用有限的权力管理、建设一个高效的团队，则是项目经理的一个非常重要的工作。

学习目标

本章主要介绍软件开发过程中团队和沟通的相关知识，通过对本章的学习读者应能够做到以下几点：

(1) 熟悉软件项目团队的特点；
(2) 熟悉团队建设的过程；
(3) 掌握团队中决策制定的特点；
(4) 熟悉团队精神，了解各种团队的优劣；
(5) 了解团队中人员之间的关系和沟通的复杂性；
(6) 掌握团队中沟通和协作的原则和方法；
(7) 熟悉团队沟通计划的编制。

案例：蚂蚁战巨蟒

蚂蚁驻地遭到了蟒蛇的攻击。蚁王在卫士的保护下来到宫殿外，只见一条巨蟒盘在峭壁上，正用尾巴用力地拍打峭壁上的蚂蚁，躲闪不及的蚂蚁无一例外丢掉了性命。正当蚁王无计可施时，军师把在外劳作的数亿只蚂蚁召集起来，指挥蚂蚁爬上周围的大树让成团成团的蚂蚁从树上倾泻下来，砸在巨蟒身上，转眼之间，巨蟒就被蚂蚁裹住了，变成了一条“黑蟒”。它不停地摆动身子，试图逃跑，但很快动作就缓慢下来了，因为数亿只蚂蚁在撕咬它，使它浑身鲜血淋漓，最终因失血过多而死亡。

一条巨蟒，足够全国蚂蚁一年的口粮了，这次战争虽然牺牲了两三千只蚂蚁，但收获也不小。蚁王命令把巨蟒扛回宫殿，在军师的指挥下，近亿只蚂蚁一起来扛巨蟒。他们并不费力地把巨蟒扛起来了。然而，扛是扛起来了，并且每只蚂蚁都很卖力，巨蟒却没有前移，因为虽然有近亿只蚂蚁在用力，但这近亿只蚂蚁的行动不协调，他们并没有站在一条直线上，有的蚂蚁向左走，有的向右走，有的向前走，有的则向后走，结果，表面上看到巨蟒的身体在挪动，实际上却只是原地“摆动”。于是军师爬上大树，告诉扛巨蟒的蚂蚁：“大家记住，你们的目标是一致的，那就是把巨蟒扛回家。”统一了大家的目标，军师又找来全国嗓门最高的一百只蚂蚁，让他们站成一排，整齐地挥动小旗，统一指挥前进的方向。这一招立即见效，蚂蚁们很快将巨蟒拖成一条直线，蚂蚁们也站在一条直线上。然后，指挥者们让最前面的蚂蚁起步，后面的依次跟上，蚂蚁们迈着整齐的步伐前进，很快将巨蟒抬回了家。

从这里，可以看到团队的力量，目标一致的团队的力量。

10.1　软件项目团队概述

大型软件项目需要很多人的通力合作，花费较长的时间才能完成。项目团队是软件项目中最重要的因素，成功的团队管理是软件项目顺利实施的保证。为了提高工作效率，保证工作质量，软件项目人员的组织、分工与管理是一项十分重要和复杂的工作，它直接影响到软件项目的结果。

10.1.1　软件项目团队

1. 团队的概念

团队是指一些才能互补、团结和谐，并为负有共同责任的统一目标和标准而奉献的一群人。团队工作就是团队成员为实现这一共同目标而共同努力。团队不仅强调个人的工作成果，更强调团队的整体业绩。团队所依赖的不仅是集体讨论和决策、信息共享和标准强化，而且它强调通过成员的共同贡献，能够得到实实在在的集体成果，这个集体成果超过成员个人业绩的总和，即团队业绩大于各部分业绩之和。

很多人经常把团队和工作团体混为一谈，其实两者之间存在本质上的区别。优秀的工作团体与团队一样，具有能够一起分享信息、观点和创意，共同决策以帮助每个成员能够更好地工作，同时强化个人工作标准的特点。但是工作团体主要是把工作目标分解到个人，其本质上是注重个人目标和责任，工作团体目标只是个人目标的简单总和。此外，工作团体常常是与组织结构相联系的，而团队则可突破企业层级结构的限制。

2. 项目团队的特征

1) 项目团队的目的性

项目团队的组织使命就是完成某项特定的任务，实现某个特定项目的既定目标，因此，这种组织具有很强的目的性，它只有与既定项目目标有关的使命或任务，而没有、也不应该有与既定项目目标无关的使命和任务。

2) 项目团队的临时性

这种组织在完成特定项目的任务以后，其使命即已终结，项目团队即可解散。在出现项目中止的情况时，项目团队的使命也会中止，此时项目团队或是解散，或是暂停工作。如果中止的项目获得解冻或重新开始时，项目团队也会重新开展工作。

3) 项目团队的团队性

项目团队是按照团队作业的模式开展项目工作的，团队性的作业是一种完全不同于一般运营组织中的部门、机构的特殊作业模式，这种作业模式强调团队精神与团队合作。这种团队精神与团队合作是项目成功的精神保障。

4) 项目团队具有渐进性和灵活性

项目团队的渐进性是指项目团队在初期一般是由较少成员构成的，随着项目的进展和任务的展开，项目团队会不断扩大。项目团队的灵活性是指项目团队人员的多少和具体人选也会随着项目的发展与变化而不断调整。这些特性也是与一般运营管理组织完全不同的。

3. 软件项目团队的特点

在软件项目团队中，员工的知识水平一般都比较高。由于知识员工的工作是以脑力劳动为主，他们工作的能力较强，有独立从事某一活动的倾向，并在工作过程中依靠自己的智慧和灵感进行创新活动。他们工作中的定性成分较大，工作过程一般难以量化，因而，不易控制。具体来说，软件项目团队具有以下特点：

1) 工作自主性要求高

IT 企业普遍倾向给员工营造一个有较高自主性的工作环境，目的在于使员工在服务于组织战略与目标实现的前提下，更好地进行创新性的工作。

2) 崇尚智能，蔑视权威

软件项目团队成员追求“公平、公正、公开”的管理、竞争环境和规则，蔑视倾斜的管理政策。

3) 成就动机强，追求卓越

知识员工追求的主要是“自我价值实现”、工作的挑战性和得到社会认可，忠于职业多于忠于企业。

4) 知识创造过程的无形性

思维创造的无形、劳动过程的无形，每时每刻和任何场所，工作没有确定的流程，对其业绩的考核很难量化，对其管理的“度”难以把握。

高效的软件开发团队建立在合理的开发流程及团队成员密切合作的基础之上，团队成员需共同迎接挑战，有效地计划、协调和管理各自的工作直至成功完成项目目标。

10.1.2 软件项目团队管理

项目是软件产业的普遍运作方式，对软件项目而言，开发团队是通过将不同的个体组织在一起，形成一个具有团队精神的高效率队伍来进行软件项目的开发。软件项目团队包括所有的项目干系人，因此，软件项目要想不失败乃至获得巨大的成功就必须有效地管理项目团队。

1. 软件项目团队管理的定义

软件项目团队是由软件从业人员构成的，因此从软件项目管理诞生的时刻开始软件项目团队管理就随之出现了，并作为软件项目管理的重要组成部分在项目管理的过程中起着非常重要的作用。

PMBOK 对项目人力资源管理的定义为：最有效地使用参与项目人员所需的各项过程。人力资源管理包括针对项目的各个利益相关方展开的有效规划、合理配置、积极开发、准确评估和适当激励等方面的管理工作，目的是充分发挥各利益相关方的主观能动性，使各种项目要素尽可能地适合项目发展的需要，最大可能挖掘人才潜力，最终实现项目目标。

综合来看，软件项目团队管理就是运用现代化的科学方法，对项目组织结构和项目全体参与人员进行管理，在项目团队中开展一系列科学规划、开发培训、合理调配和适当激励等方面的管理工作，使项目组织各方面人员的主观能动性得到充分发挥，以实现项目团队的目标。

2. 软件项目团队管理的任务

软件项目团队管理主要包括团队组织计划、团队人员获取和团队建设 3 个部分，如图 10.1 所示。

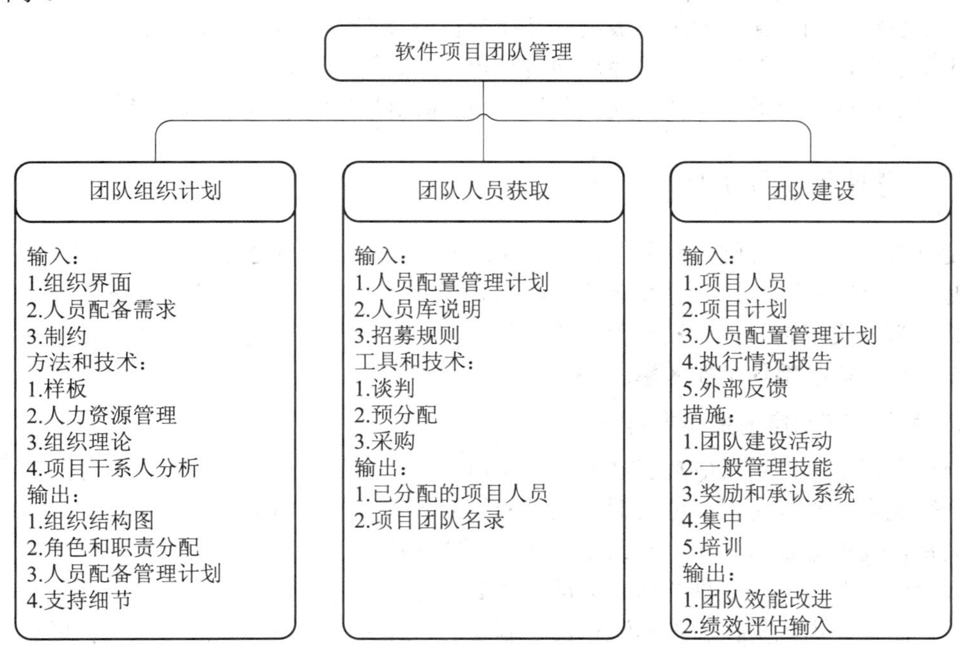

图 10.1　软件项目团队管理工作结构(团队组织计划、团队人员获取和团队建设有各自的信息源，运用不同的手段，以达到各自的目的)

组织计划是指确定、记录与分派项目角色和职责，并对请示汇报关系进行识别、分配和归档；人员获取是指获得项目所需的并被指派到项目的人力资源(个人或集体)。团队建设既包括提高项目干系人作为个人所做出贡献的能力，也包括提高项目团队作为集体发挥作用的能力。个人的培养(管理能力与技术水平)是团队建设的基础，团队的建设是项目实现其目标的关键。

3. 软件项目团队管理的重要性

软件项目团队管理是软件项目管理中至关重要的组成部分，是有效地发挥每个参与项目人员作用的过程。对人员的配置和调度安排贯穿整个软件开发过程，人员的组织管理是否得当是影响软件开发项目质量的决定性因素。如果企业要在软件开发项目上获得成功，就需要认识到团队管理的重要性，了解项目人力资源管理的知识体系及范畴，并将有效的管理理论和方法引入到项目管理的过程中，充分发挥项目人员的积极性与创造力来实现企业的目标。

10.2 软件项目团队建设

软件项目团队建设就是把与软件项目相关的一组人员组织起来实现项目目标，这是一个持续不断的过程，是项目经理和项目团队的共同职责。团队的建设包括提高项目相关人员作为个体做出贡献的能力和提高项目小组作为团队尽其职责的能力。个人能力的提高(管理上的和技术上的)是提高团队能力的基础；团队的发展是项目达标能力的关键。

团队建设能创造一种开放和自信的气氛，成员有统一感和归属感，强烈希望为实现项目目标做贡献。团队建设的主要成果就是使项目业绩得到改进。团队成员要利用各种方法加强团队建设，不能期望由项目经理独自承担团队建设的责任。项目团队建设实际上就是认真研究如何鼓励有效的工作实践，同时减少破坏团队能力及解决资源困难和障碍的过程。

10.2.1 制度建立与执行

没有规矩，不成方圆，软件项目开发团队的建设也离不开这个原则。科学、规范的管理制度是项目团队的规矩，是团队所有成员共同遵守的规则。如果管理制度不健全，团队成员的行为方式正确与否就没有衡量的尺度，久而久之，就会形成团队的内耗，影响团队的协作，从而影响整体工作效率。

1. 项目管理制度的主要内容

项目管理制度是项目成功管理的主要支撑之一。项目管理制度的主要内容是管人和理事。一般说来，管人包括岗位设置与人员的行为规范管理。理事需要明确各种管理事务的相互关系，处理原则和程序，应该做什么，不能做什么，应该怎么做，不能怎么做，要做到什么程度以及行为和处事的结果会得到什么样的奖惩等。

综合而论，岗位责任和管理流程都是制度的一部分，只不过岗位责任和管理流程在其各自的重点领域各有侧重。

具体而言，常用的项目管理制度包括项目范围管理制度、项目进度管理制度、项目成本管理制度、项目质量管理制度、项目人力资源管理制度、项目沟通管理制度、项目风险管理制度、项目采购管理制度和项目中止制度等。

2. 制定项目管理制度的主要原则

1) 规范性

管理制度的最大特点是规范性，呈现在稳定和动态变化相统一的过程中。对项目管理来说，长久不变的规范不一定是适应的规范，经常变化的规范也不一定是好的规范，应该根据项目发展的需要而进行相对稳定和动态的变化。在项目的发展过程中，管理制度应该具有相应与项目生命周期对应稳定的周期和动态的时期，这种稳定周期与动态时期受项目的行业性质、产业特征、团队人员素质、项目环境和项目经理的个人因素等相关因素综合影响。

项目管理制度的规范性体现在两个方面：一是客观事物、自然规律本身的规范性和科学性；二是特定管理活动所决定的规范性。

2) 层次性

管理是有层次性的，制订项目管理制度也要有层次性。通常的管理制度可以分为负责权利制度、岗位职能制度和作业基础制度三个层次。各层次的管理制度包含不同的管理要素。前两个制度包含更多的管理哲学理念与管理艺术的要素，后一个属于操作和执行层面，强调执行，具有更多的科学和硬技术要素的内容。

3) 适应性

实行管理制度的目的是多、快、好、省地实现项目目标，使项目团队和项目各利益相关方尽量满意，并不是为了制度而制订制度。制订制度要结合项目管理的实际，既要学习国际上先进的理论，又要结合我国的国情，即要适应我国先进的文化(而不是落后的陋习)。项目管理制度应该简洁明了，便于理解和执行，便于检查和考核。

4) 有效性

制定出的制度要对管理有效，要注意团队人员的认同感。是上级定了下级无条件执行，还是在制订的时候大家一起参与讨论，这个区别很大。制度的制订是为了项目管理的效率，而非简单地制约员工。管理制度必须在社会规范、国际标准、人性化尊重之间取得一个平衡。

管理制度如果不能获得大家的认可，就失去了对员工行为约束的效力；管理制度如果不能确保组织经营管理的正常有序和效率，就说明存在缺陷；管理制度没有明确的奖惩内容，员工的差错就不能简单地由员工承担责任，而主要责任在于管理者。反过来，尊重也不是放任，制度的存在价值在于其具有权威性与合理性，不合理可以修改，但不能形同虚设。尊重是要面对人性和社会规范的。提倡人性化管理，但不是人情化管理。该管的一定要管，该遵守的原则一定要遵守，管理者不能将破坏组织的规章制度、损坏组织利益作为换取人情的筹码。即使组织现有的制度确实不合理，也要通过正当途径反馈给决策者，严格按照程序来变更或废除。将不合理的制度置若罔闻这种危害远大于不合理制度存在所产生的危害，将直接导致员工对整个制度的不重视，从而使组织上下缺乏执行力。

5) 创新性

项目管理制度的动态变化需要组织进行有效的创新，项目本身就是创新活动的载体，也只有创新才能保证项目管理制度具有适应项目的相对稳定性和规范性，合理、科学地把握好或利用好时机的创新是保持项目管理制度规范性的重要途径。

项目管理制度是管理制度的规范性实施与创新活动的产物。有人认为，管理制度=规范+规则+创新，这是因为：一方面项目管理制度的编制需按照一定的规范来编制，项目管理制度的编制在一定意义上讲是项目管理制度的创新，项目管理制度创新过程就是项目管理制度的设计和编制，这种设计或创新是有其相应的规则或规范的；另一方面项目管理制度的编制或创新是有规则的，起码的规则就是结合项目实际，按照事物的演变过程依循事物发展过程中内在的本质规律，依据项目管理的基本原理，实施创新的方法或原则进行编制或创新，并形成规范。

项目管理制度的规范性与创新性之间的关系是一种互为基础、互相作用、互相影响的关系，是一种良性的螺旋式上升的关系，规范与创新能够使两者保持统一、和谐、互相促进的关系，非良性的关系则会使两者割裂甚至出现矛盾。

3. 软件项目团队的基础制度

在软件项目开发团队中必须要建立的基础制度，其包括考勤制度、项目组例会制度、日志周报制度和奖惩制度等。

● **考勤制度**是约束员工时间观念的一个方法，没有考勤制度，员工的正常工作时间没法保证，容易养成自由散漫的工作作风，这是团队建设中最不愿意看到的，只是在考勤制度的制定上需要充分考虑软件行业的特殊性和人性化的体现。

● **例会制度、日志周报制度**是上级领导了解员工工作情况，加强项目总体沟通和控制的一种方式，也是增加员工内部沟通和交流的一种机制。各级领导可从例会上获取其关心的内容，并进行针对性的安排；普通员工可以从交流中获得其他信息并获得对自身工作的认可，从而建立一种良好的工作氛围。各主持会议的领导需刻意去营造和安排例会的氛围和形式，以起到更好的效果。会议的多少是需要考虑的问题，太多的会议会导致没有充分的时间去进行项目开发的工作，而会议太少或没有也不行，那样就会导致项目组成员都各自埋头开发，缺少交流和沟通，使得团队成员士气低下。

● **奖惩制度**是提高项目组成员积极性和责任心的一种有效机制，但物质奖励是一把双刃剑，用不好会起到相反的作用。因此，项目经理需要把握好使用的分寸，不能完全依靠物质奖励，需要与精神奖励共同使用，因为人除了需满足其基本的生活需求外，还需得到外界的认可。同时，更不能使奖惩制度成为一种福利，否则对上级领导和下级员工都会走到无法交代的死胡同。

4. 制度的执行

制度建立起来后就必须要执行它。规章制度的有效执行，需要考虑规章制度的必要性、可行性和配套措施。

● **建立制度的必要性**。项目团队应该首先针对紧要、迫切的问题制定规章制度，力求规章制度能够切实解决问题，而不是单纯追求好看。

● **制度的可行性**。在制定制度的时候需要与高、中管理层和制度负责部门充分沟通，明确定义制度的适用范围和目的、制度执行过程中可能出现的问题和应对措施。

● **建立制度的配套措施**。首先要对制度相关部门和岗位做好培训，充分理解制度的内容。其次，要制定相应的考核、奖惩措施，确保违反制度的情况要受到处罚。言必信，行必果，这样才能保证制度执行不走样。

10.2.2 目标和分工角色管理

1. 项目团队管理的目标

团队工作的情形和结果基本上可分为以下三个层次：

第一层次：人与人之间因摩擦产生内耗，团队的智商远远低于个人智商；

第二层次：人与人之间和谐工作，内耗少，每个人都在学习，但团队不在学习，团队智商等于个人的平均智商或低于平均值；

第三层次：一群人同心协力，集合大家的脑力和创造力，每个人都在学习，团队也在学习，团队的智商等于个人智商相加或相乘的结果。

项目团队管理的目标就是要达到第三层次，这种团队可称为学习型组织。学习型组织具有如下特点：

(1) 全体成员有共同的愿望和理想；

(2) 善于不断学习；

(3) 扁平式的组织结构；

(4) 员工的自主、自觉性管理；

(5) 员工家庭与事业之间的平衡；

(6) 领导者的角色改变为设计师、仆人和教师。

很多时候项目经理认为自己的职位无法参与企业的决策，而且企业大环境并不理想，个人可以做的事情很少。但是，事实上优秀的项目经理即使在一个并不理想的企业平台上，同样可以打造出一支优秀的团队，可以使自己的团队成员不以为公司骄傲，但可以让他为自己的团队而骄傲。

2. 软件项目团队的角色分工

一个富有工作效率的软件项目团队应该包括负责各种业务的人员，每位成员扮演一个或多个角色；一般由一个人专门负责项目管理，其他人则积极地参与系统的设计、开发和部署等工作。常见的项目角色包括：项目经理、系统分析员、系统架构师、数据库管理员、程序员、测试员、技术支持工程师、配置管理员、质量保证员、客户代表、供应商代表和项目监理等。下面是每个角色的具体职责：

1) 项目经理

对内负责项目组建团队，跟踪项目进度，协调人员配合，分配项目资金使用及相关后勤工作；对外负责与客户、监理方协调，负责起草和签署商务合同、技术合同，负责编制项目建议书和项目建设实施方案，与客户方、监理方协调落实项目的验收，通报项目进度，协商解决项目遇到的问题。

2) 分项目经理

确保所负责项目的需求、分析、设计、实现、测试、培训和维护升级，按照软件项目开发过程进行项目建设，负责与项目相关方的协调沟通，处理与客户方、监理方的工作，与其他分项目经理确定项目公共的设计规则，协商项目公共功能的分工。负责落实项目里程碑事件评审，接受客户方和监理方组织的项目初验和终验。

3) 系统分析员

全面对项目的质量和进度负责，是项目的主要组织者和领导者，是用户需求调查的主要负责人，与用户沟通的主要协调人。负责起草项目建议书、用户需求报告、系统可行性分析报告以及系统需求规格说明和设计任务书等，制订系统开发计划、系统测试方案、系统试运行计划，参与项目架构设计和规范标准的制订。

4) 系统架构师

参加系统分析和用户需求调查。负责确定整体项目的架构，在整体系统架构基础上进一步确定所在项目的架构设计，制订设计规范和设计标准，负责项目子系统的划分和功能模块的规划。负责服务器端、客户端和中间层的可行性分析，协助系统分析员完成系统分析报告。制订详细的设计任务书、制订程序设计风格、制订软件界面风格、确定可引用的软件资源，指导程序员的工作。

5) 数据库管理员

数据库管理员是数据库的唯一负责人，负责项目数据库的设计和建模，负责数据库的初始化和数据库的维护，及时发布数据库变更信息。分项目所有有关数据库的修改、变更，必须经过数据库管理员完成，确保数据库设计的统一。

6) 程序员

根据设计要求完成项目代码编写，实现软件功能。在架构设计师的直接指导下开展工作，严格按照设计任务书的要求进行设计，不许追求个人风格，强调沟通与协作，培养务实求精的工作作风。

7) 配置管理员

配置管理员负责策划、协调和实施软件项目的正式配置管理活动。负责保管好项目每个阶段的文档，统一编码、登记、归档保存，建好索引，方便查阅，并保证档案的完整、安全和保密。另一个职责是做好软件的版本控制工作，对于每次正式发布的软件或阶段性的软件，程序员必须将源代码和相关的说明书交给配置管理员统一打包、编译及建档。重点文档要重点保护，如用户需求报告和需求变化的阶段记载，项目进展过程中的每次会议纪要，阶段性的测试报告，每次评审的问题清单，开发过程中遇到的主要技术障碍和解决途径等。参与系统测试，负责系统使用培训和应用维护。

8) 系统测试员

直接接受项目经理的指导，严格执行测试方案，深入用户实际工作环境，了解用户的实际工作情况，收集来源于实际的测试用例，做好测试记录和测试报告，开展与程序员和系统设计师的沟通，并跟踪问题的解决。测试报告要交配置管理员归档。

9) 质量保证人员

负责计划和实施项目质量保证活动，以确保软件开发活动遵循软件过程质量标准。

10.2.3 团队人员的获取

创建团队的首要工作是选择项目人员，人员的获取是项目团队的组建关键。组建项目团队时，首先要确定岗位和工作目标，然后选择合适的人员组成。项目人员的选择一般是根据项目需要，参考项目计划进行人员编制，必要时招聘相应岗位的人员，对他们进行相应的培训。项目组内各类人员的比例应当协调。组织必须能确保分配到项目中工作的员工是最适合组织需要和最能发挥其技术特长的。在对项目成员配备工作时，应根据以下原则：

- 人员的配备必须为项目目标服务；
- 要“以岗定员”，保证人员配备的效率，充分利用人力资源，不能以人定岗；

● 项目处于不同阶段所需要的人力资源的种类、数量和质量是不同的，要根据项目的需要加入或退出，以节约人力资源成本。

1. 项目经理的确定

确定与指派项目经理是项目启动阶段的一个重要工作。项目经理是项目组织的核心和项目团队的灵魂，要对项目进行全面的管理，其管理能力、经验水平、知识结构、个人魅力都对项目的成败起着关键的作用。项目经理的工作目标是负责项目保质保量按期交付。在项目决策过程中，项目经理不仅要面对项目团队中有着各种知识背景和经历的项目开发人员，又要面对各利益相关方以及客户。

项目经理的一般应该具备如下素质：

- 在本行业的某一技术领域具有权威，技术过硬；
- 任务分解能力强；
- 注重对项目成员的激励和团队建设，能良好地协调项目小组成员的关系；
- 具有和客户方、监理方和团队成员等人员良好的交流沟通能力；
- 具备较强的客户人际关系能力；
- 具有很强的工作责任心，能够接受经常加班的要求；
- 具有良好的文档能力；
- 具有解决各方(项目组内部成员之间，项目经理与上下级成员之间，项目组与客户、监理方、其他供应商之间)冲突的能力；
- 具有成功带领项目实践的经验；
- 更注重管理方面的贡献，胜过作为技术人员的贡献。

一般来讲，在大型项目中，项目经理在项目团队中会有几个“助理经理”——高级工程师、业务经理、合同管理员、支持服务经理和其他几个能帮助项目经理决定项目所需人力和资源的人，还能帮助项目经理管理项目的进度、预算和技术绩效。对大型项目，这样的协助是必要的，但是，对小型项目，项目经理很可能就要充当所有这些角色。

2. 项目团队人员的确定

在项目经理确定之后，项目经理就要与公司相关人员一起商讨如何通过招聘流程获取项目所需的人力资源，这种招聘过程可以是面向内部员工，也可以面向社会人力资源。

对软件项目团队成员主要有如下要求：

- 具备特定岗位所需的不同技能，这可能是设计、编码、测试和沟通等能力；
- 适应需求和任务的变动；
- 能够建立良好的人际关系，与小组中其他成员协作；
- 能够接受加班的要求；
- 认真负责、勤奋好学、积极主动、富于创新。

很有影响力并富有谈判技巧的项目经理往往能很顺利地让内部员工参与到项目中来。当执行组织缺少完成项目所需的内部人员时，需要执行对外招聘流程以获取项目开发所需的人员，这些项目成员可能是全职、兼职或流动的，其工作目标是保质保量地完成项目经理赋予对应岗位的工作任务并报告任务进度。

软件项目是由不同角色的人协作完成的，每种角色都有明确的职责定义，高中低不同层次的人员都需要进行合理的安排。团队的组建是临时的，人员的选择是双向的。在项目团队选择人员的同时，人员也在选择团队。因此，在获取项目团队人员时应该充分强调项目团队的使命，并展现团队文化，以吸引人才，鼓励实现项目价值和个人价值的最大化。一个项目的成功，首先必须是每个项目组成员的成功，其次是项目组成员协作的成功。

案例：阿什比定律(Ashby's Law)和理想的团队成员

在21世纪早期有大量技术高超、接受过训练、有经验的软件专业人员。这个时候某些雇主在裁员，而另一些雇主在招聘，这样雇主就可以从几个人中挑选一个来填补空缺职位。结果，做招聘工作的人必须准备一个包含各种技能、教育背景和经验等在内的清单。在“高科技爆炸”的时代，从网上可以看到有些职位需要多达42项技能/经验，大部分列出的职位都需要大约10到20项。大多数雇主都认为既然是雇主方市场，他们就可以尽情描述理想的工作候选人，如果正好存在这样的人就聘用他。

在这样的情况下，先解释一下阿什比必要品种定律(Ashby's Law of Requisite Variety)，即一个系统对一个或一组任务执行得越好，那么对其他任务执行得就越差。当一个公司刊登招聘启事来寻找空缺职位的理想人选(一个非常适合这个位置的人)的时候，可能会将自己置于危险境地。因为技术和市场是在变化的，适合于这个多维描述的人面向的是今天的需要，不是明天的。面向明天的需要意味着将要聘用一些与现在需要的经验不是完全符合的人。与聘用完全合适的人相比，聘用那些接近要求的人意味着可能得到领域之外的信息、方法、做法和经验，这可能对这个领域发生作用。这可以使团队接触新的想法和做法，可以使组织更好地应对在软件行业中快速变化的事件。下一次如果想要寻找理想的应聘者，问问自己团队成员技能是互补的，还是几个人都拥有同样的技能。后一种情况会导致某些团队的盲点或团队成员共同的缺点被忽略掉，最终会导致项目失败。

10.2.4 工作氛围

工作氛围是指在一个单位中逐步形成的，具有一定特色的，可以被单位成员感知和认同的气氛或环境。工作氛围包括人际关系、领导方式、作用和心理相融程度等，是团体内的小环境、软环境。工作氛围的营造是内部环境建设中最能体现关心人、尊重人、影响人的一项管理工作。

1. 工作氛围的种类

工作氛围包括环境氛围和人文氛围。环境氛围是指由办公空间的设计和装饰等营造出来周围环境的感受；人文氛围是指周围团队成员言行举止的传播影响。这两者的相加会让员工的能力产生相应反应，其结果是工作的表现也许会大相径庭。

2. 团队工作氛围对员工工作积极性的影响

一个令人愉快的工作氛围是高效率工作的一个很重要的影响因素，快乐而尊重的气氛对提高员工工作积极性起着不可忽视的作用。良好的环境氛围有助于增强人际关系的融洽，提高群体内的心理相融程度，从而产生巨大的心理效应，激发员工积极工作的动机，提高工作效率。

如果在工作的每一天都要身处毫无生气、气氛压抑的工作环境之中，那么会使员工感到心理压抑，缺乏工作热情，丧失积极向上的精神和要求，从而使员工不会积极地投入到工作中，导致不能实现组织的目标。

管理者如果能够掌握创造良好工作氛围的技巧，并将之运用于自己的工作中，那么管理者将会能够识别那些没有效率和降低效率的行为，并能够有效地对之进行变革，从而高效、轻松地获得有创造性的工作成果。

3. 如何创造良好的工作氛围

良好的工作氛围是自由、真诚和平等的工作氛围，这种氛围下，在员工对自身工作满意的基础上，与同事、上司之间关系相处融洽，互相认可，有集体认同感，充分发挥团队合作，共同达成工作目标，在工作中共同实现人生价值。这时，每个员工在得到他人承认的同时，都能积极地贡献自己的力量，并且全身心地朝着组织的方向努力，在工作中能够随时灵活方便地调整工作方式，使之具有更高的效率。

工作氛围是一个看不见、摸不到的东西，但是可以确定的是，工作氛围是在员工之间的不断交流和互动中逐渐形成的，没有人与人之间的互动，氛围也就无从谈起。人是环境中最重要的因素，好的工作氛围是由人创造的。

在一个企业或团队中领导者处于突出的位置，他们是工作中的核心人物，工作氛围在很大程度上受到领导者个人领导风格的影响，这就决定了良好的工作氛围的创造取决于管理者的管理风格。所以要创造一个良好的、令人愉快的工作氛围就需要管理者的身体力行。

案例："小金鱼"和"大水泡"

一个美丽的大鱼缸被主人放在客厅的桌子上。一幅描绘着海底世界的图片贴在鱼缸的后面，将水映成了深蓝色，鱼缸的里面有一小块假山，假山上生长着翠绿的水草，在水中不时地飘动，水泵在夜以继日地吐着泡泡。在这里生活着一群金鱼，它们形态各异，婀娜多姿，有的长着两只大眼睛，有的长着一个大肚皮，有的长着像孔雀开屏似的尾巴，有的眼睛上长着两只大水泡，有的脑袋上鼓起一个大包，形态各异，五颜六色。在这群金鱼当中，大部分形体都比较小，只有一只眼睛上长着大水泡的金鱼个头比较大，所以在主人喂食时，"大水泡"总是能最先抢到，有时小金鱼们就会饿着肚子。有一只小金鱼实在是受不了了便对"大水泡"说："你虽然在我们当中个头最大，也最有力气，可是我们毕竟是生活在一起的同伴，你不能做得太自私。""大水泡"扑哧一笑，说："要是你有本事就和我抢食，没有本事，就饿着肚子。"小金鱼气得眼睛都快要翻出来了，只能和其他小金鱼们发发牢骚，它们也深有同感，可是又能怎样，谁叫"大水泡"长的魁梧呢？可小金鱼却不这么认为，它感觉"大水泡"也一定有自己的弱点，它在私下里酝酿着一个报复"大水泡"的计划。接下来的几天里，小金鱼不和"大水泡"抢食了，它心里清楚，即使自己使出浑身解数，也是抢不过它的。小金鱼在旁边观察着"大水泡"的一举一动，看到它游动时两个水泡晃来晃去，随着水波在动，非常漂亮，于是，它的报复计划在头脑中形成了。一天小金鱼又开始和“大水泡”抢食，它明知道抢不过也要抢，其实它根本的意图并不在食物上，而是在争抢时，趁“大水泡”不注意，在其中的一只水泡上狠狠地咬了一口，结果水泡丝毫未损，只是上面留了个印迹，“大水泡”回过头来轻蔑地看了小金鱼一眼，说：“抢不到食物就咬我，那也没用，你照样还得挨饿。”小金鱼也不在意，游到其他地方去了。过了一会儿，小金鱼又游了回来，在“大水泡”的水泡上原来有印迹的地方又狠狠地咬了一口，“大水泡”依然是一笑了之，根本没把小金鱼放在眼里。就这样，小金鱼一连咬了“大水泡”十几口，每次都咬在同一个位置上，此时小金鱼惊喜地发现这只水泡被咬过的地方开始变薄。于是，小金鱼对“大水泡”说：“我希望你能改变你的主意，不要太贪婪”。“大水泡”也不搭理小金鱼，仍旧我行我素，小金鱼实在是忍无可忍，冲上去，使出浑身的力气在原来咬过十几次的地方又狠狠地咬了一口，这只水泡应声而破，“大水泡”惨叫一声，从此变成了“独眼龙”。主人用无奈的眼神看着这只“大水泡”，他知道这只金鱼已经失去了观赏价值，思考了一会儿，用渔网把它捞起来，十分惋惜地扔进了垃圾桶里。从此，小金鱼们再也不用挨饿了。

一个团队中总是免不了会有“小金鱼”和“大水泡”，“大水泡”就是团队中个人能力相当强，但是却相当自傲的人，经常轻视别人，时间一长，别的团队成员就会对这个有极强能力却不懂与人相处的“大水泡”很是反感，久而久之，这种不和谐的音符就会像幽灵一般萦绕在团队周围，这时团队要生存发展，就必须建立一种和谐的团队氛围，有利于团队成员之间相互信任、相互支持、共享知识、相互沟通，并能使之始终保持活力和热情，进而建立起和谐的团队文化。

优秀的企业，都非常注意工作氛围的塑造，这种氛围不只是良好的工作环境，更重要的是团队成员的心理契合度，即团队成员彼此充分信任和合作，这是塑造良好工作氛围的关键。良好的工作氛围形成共享价值观的基础，如果没有良好的工作氛围，那么团队成员之间就没有充分的信任与沟通，就无法敞开心扉进行经验交流和学习，就会有所顾忌和保留，不利于共享价值观的形成。而且，工作氛围也是一个团队高效运作的保障，没有好的工作氛围，也就无法形成高效的团队。

10.2.5 激励

一套富有吸引力的激励机制在软件项目团队建设中十分重要。项目管理者的首要任务就是挖掘团队成员的潜力，激发各个成员的积极性，激励团队成员，最终实现软件项目的既定目标。

1. 团队激励的含义

在管理学中激励是指管理者促进、诱导下属形成动机，并引导其行为指向特定目标的活动过程。通俗地讲，激励就是调动人的积极性，通过研究人的行为方式和需求心理来因势利导地激发人的工作热情、改变人的行为表现、提高个人或组织的绩效。

激励对于不同的人具有不同的含义，对有些人来说，激励是一种发展的动力，对另一些人来说，激励则是一种心理上的支持。

激励的过程包括 4 个部分，即需要、动机、行为和绩效。首先是需要的产生，这种要求一时不能得到满足时，心理上会产生一种不安和紧张状态，这种不安和紧张状态会成为一种内在的驱动力，导致某种行为或行动，进而去实现目标，一旦达到目标就会带来满足，这种满足又会为新的需要提供强化。激励和动机紧密相连，所谓动机就是个体通过高水平的努力实现组织目标的愿望，而这种努力又能满足个体的某些需要。动机会指导和带动个人的工作行为，而行为的结果最终将带来工作绩效的提高。动机是个人与环境相互作用的结果，是随环境条件的变化而变化的，动机水平不仅因人而异，而且因时而异，动机可以看作是需要获得满足的过程。

软件项目团队中，激励是组织成员个人需要和项目需要的结合，一方面必须考察了解项目成员的需要，进行有针对性的激励；另一方面，必须符合项目发展的需要，进行有目的的激励。马斯洛把人的需求分为以下 5 个层次：

(1) 生理需要——维持人类自身生命的最基本需要，如吃、穿、住、行、睡等；

(2) 安全需要——如就业、工作、医疗、保险、社会保障等；

(3) 友爱与归属需要——人们希望得到友情，被他人接受，成为群体的一分子；

(4) 尊重需要——个人自尊心，受他人尊敬及成就得到承认，对名誉、地位的追求等；

(5) 自我实现需要——人类最高层次的需要，包括追求理想、自我价值、使命感、创造性和独立精神等。

马斯洛将这 5 种需要划分为高低两级。生理的需要和安全的需要称为较低级的需要，而社会需要、尊重需要与自我实现需要称为较高级的需要。高级需要是从内部使人得到满足，低级需要则主要是从外部使人得到满足。马斯洛建立的需求层次理论表明对于生理、安全、社会、尊敬以及自我实现的需求激励着人们的行为。当一个层次的需求被满足之后，这一需求就不再是激励的因素了，而更高层次的需要就成为新的激励因素。有效管理者或合格项目经理的任务，就是去发现员工的各种需要，从而采取各种有效的措施或手段，促使员工去满足一定需要，而产生与组织目标一致的行为，从而发挥员工最大的潜能，即积极性。

对于软件人员这类知识型的员工来说，他们是位于这个层次体系中的最高层，是追求自我实现需要的群体，学习机会、创造是对他们主要的激励因素。对企业来讲，软件企业的成长需要员工不断学习、永远创新，并且进行充分的团队合作。

2. 团队激励的主要因素

激励因素是指诱导一个人努力工作的东西和手段。项目管理者可以通过建立对某些动机有利的环境来强化动机，使团队成员在一个满意的环境中产生做出高质量工作的愿望。激励因素是影响个人行为的东西，但是对不同的人，甚至是同一个人在不同的时间和环境下，能产生激励效果的因素也是不一样的。因此，管理者必须明确各种激励的方式，并合理使用。以下是几种在软件项目管理中经常使用的激励因素：

1) *物质激励*

物质激励的主要形式是金钱，虽然薪金作为一种报酬已经赋予了员工，但是，金钱的激励作用仍然是不能忽视的。实际上，薪金之外的鼓励性报酬、奖金等往往意味着比金钱本身更多的价值，是对额外付出、高质量工作和工作业绩的一种承认。

在一个项目团队中，薪金和奖金往往是反映和衡量团队成员工作业绩的一种手段。当薪金和奖金的多少与项目团队成员的个人工作业绩相联系时，金钱可以起到有效的激励作用。而且，只有预期得到的报酬比目前个人的收入更多时，金钱的激励作用才会明显，否则，奖励幅度过小，就不会受到团队成员的重视。同时，当一个项目成功后，也应该重奖有突出贡献的成员，以鼓励他们继续做出更大的贡献。

在IT行业中，物质激励的另一种重要形式是员工持股激励，即让员工持有公司的股票或股权，成为公司的共同经营者，参与公司的经营、管理和利润分配。这样，员工的持股收益将随公司的整体效益而变迁，自然会对员工产生激励作用。

当然，当员工渴望职业发展和获得别人尊重时，对金钱的评价是较低的，这时如果以金钱作为对其工作投入的回报，就不能满足其期望，甚至引起员工的愤怒，从而造成员工心理契约的破坏。

2) *精神激励*

物质的激励总是有限制的，而且，随着人们需求层次的提升，精神激励的作用越来越大。在许多情况下，精神激励可能会成为主要的激励手段。

精神激励主要包括以下类型：

① 参与感。作为激励理论研究的成果和一种受到强力推荐的激励手段，“参与”被广泛应用到项目管理中。让团队成员合理地“参与”到项目管理中，既能激励每个成员，又能为项目的成功提供保障。实际上，“参与”能让团队成员产生一个归属感和成就感，产生一种被需要、“我的工作有价值”的感觉，这在软件项目中尤其重要。

② 发展机遇。项目团队成员关注的另一个重要问题是能否在项目过程中获得发展的机遇。项目团队通常是一个临时的组织，成员往往来自不同的部门，甚至是临时招聘的，而项目结束后，团队多数会解散，团队成员面临回原部门或重新分配工作的压力。因此，在参与项目的过程中其能力是否能得到提高是非常重要的。如果能够为团队成员提供发展的机遇，可以使团队成员通过完成项目工作或在项目过程中经受培训而提高自身的价值就成为一种很有效的激励手段，特别是在IT行业，发展机遇往往会成为一些成员的首要激励因素。因为有时候获得的经验比金钱更重要。

③ 荣誉感。每个人都渴望获得别人的承认和赞扬，使团队成员产生成就感、荣誉感和归属感，往往会满足项目成员更高层次的需求。作为一种激励手段，在项目过程中更要注意的是公平和公正，使每个成员都感觉到他的努力总是被别人所重视和接受的。

④ 工作乐趣。软件项目团队成员是在一个不断发展变化的领域工作。由于项目的一次性特点，项目工作往往带有创新性，而且技术也在不断进步，工作环境和工具平台在不断更新，如果能让项目组成员在具有挑战性的工作中获得乐趣和满足感，也会产生很好的激励作用。

3) *其它激励手段*

有关专家总结了项目经理可使用的9种激励手段：权力、任务、预算、提升、金钱、处罚、工作挑战、技术特长和友谊。研究表明项目经理使用工作挑战和技术特长来激励员工工作往往能取得成功。但是，当项目经理使用权力、金钱或处罚时，往往会以失败告终。因此，激励要从个体的实际需要和期望出发，最好在方案制订中有员工的亲自参与，提高员工对激励内容的评价，在项目成本基本不变的前提下，使员工和组织双方的效用最大。

10.2.6　团队精神

要想使一群独立的个人发展成为一个成功而有效合作的项目团队，项目经理需要付出巨大的努力去建设项目团队的团队精神和提高团队的绩效。决定一个项目成败的因素有许多，其中团队精神和团队绩效是至关重要的。项目团队并不是把一组人集合在一个项目组织中一起工作就能够建立的，没有团队精神建设就不可能形成一个真正的项目团队。一个项目团队必须要有自己的团队精神，团队成员需要相互依赖和忠诚，齐心协力地去共同努力，为实现项目目标而开展团队作业。一个项目团队的效率与它的团队精神紧密相关，而一个项目团队的团队精神是需要逐渐建立的。

项目团队的团队精神应该包括下述几个方面的内容：

1) 高度的相互信任

团队精神的一个重要体现是团队成员之间高度的相互信任。每个团队成员都相信团队的其他人所做的和所想的事情是为了整个集体的利益，是为实现项目的目标和完成团队的使命而做的努力。团队成员们相信自己的伙伴，相互关心，相互忠诚。同时，团队成员也承认彼此之间的差异，但是这些差异与完成团队的目标没有冲突，而且正是这种差异使每个成员感到了自我存在的必要和自己对于团队的贡献。管理人员和团队领导对于团队的信任气氛具有重大影响，因此，管理人员和团队领导之间首先要建立起信任关系，然后才是团队成员之间的相互信任关系。

2) 强烈的相互依赖

团队精神的另一个体现是成员之间强烈的相互依赖。一个项目团队的成员只有充分理解每个团队成员都是不可或缺的项目成功重要因素之一，才会很好地相处和合作，并且相互真诚而强烈地依赖。这种依赖会形成团队的一种凝聚力，这种凝聚力就是团队精神的最好体现。每位团队成员在这个环境中都感到自己应该对团队的绩效负责，为团队的共同目标、具体目标和团队行为勇于承担各自共同的责任。

3) 统一的共同目标

团队精神最根本的体现是全体团队成员具有统一的共同目标。在这种情况下，项目团队的每位成员会强烈地希望为实现项目目标而付出自己的努力。因为项目团队的目标与团队成员个人的目标是一致的，所以大家都会为共同的目标而努力。这种团队成员积极地为项目成功而付出时间和努力的意愿就是一种团队精神。例如，为使项目按计划进行，必要时愿意加班、牺牲周末或午餐时间来完成工作。

4) 全面的互助合作

团队精神还有一个重要的体现是全体成员的互助合作。当人们能够全面互助合作时，他们之间就能够进行开放、坦诚而及时的沟通，就不会羞于寻求其他成员的帮助，团队成员们就能够成为彼此的力量源泉，大家都会希望看到其他团队成员的成功，都愿意在其他成员陷入困境时提供自己的帮助，并且能够接受批评、反馈和建议。有了这种全面的互助合作，团队就能在解决问题时有创造性，并能够形成一个统一的整体。

5) 关系平等与积极参与

团队精神还表现在团队成员的关系平等和积极参与上。一个具有团队精神的项目团队，其成员在工作和人际关系上是平等的，在项目的各种事务上大家都有一定的参与权。一个具有团队精神的项目团队应该是一种民主和分权的团队，因为团队的民主和分权机制使人们能够以主人翁或当事人的身份去积极参与项目的各项工作，从而形成一种团队作业和形成一种团队精神。

6) 自我激励和自我约束

团队精神更进一步体现在全体团队成员的自我激励与自我约束上。项目团队成员的自我激励和自我约束使得项目团队能够协调一致、像一个整体一样去行动，从而表现出团队的精神和意志。项目团队成员的这种自我激励和自我约束，使得一个团队能够统一意志、统一思想和统一行动。这样，团队成员们就能够相互尊重，重视彼此的知识和技能，并且每位成员都能够积极承担自己的责任，约束自己的行为，完成自己承担的任务，实现整个团队的目标。

总之，团队精神就是一种集体意识，它表现为共同认识、相互熟悉和良好沟通。在软件开发环境中为促进这种团队精神做了很多积极的尝试，例如无我编程、主程序员团队和 Scrum 等概念。

10.2.7 无我编程团队

对于一个团队而言，程序员具有健康的自我精神是最基本的。有时强大的自我精神是一种资源，它将使你不害怕陷入很多的评论中，鼓励你参与到创造性会议中并做出贡献。

但是，自我精神也会成为挡路石，根据经验还将成为技术组织中极具破坏力的因素。准确地说，自我精神将对设计和编码的质量产生破坏。自我精神将使你蔑视其他人的想法，怂恿你提出一个技术导向的解决方案，让你认为只有自己写的代码能够解决问题。

在软件开发的早期，项目经理总觉得软件开发人员更乐于和平台进行“神秘的”交流，程序员会把程序看成是自己的延续，并过于保护其程序。这种倾向是程序员自我精神的一种体现，可以想象这种做法对程序可维护性的影响。

因此，针对程序员对其编程产品高度卷入的状况，Weinberg 提出“无我编程”(Egoless Programming)的概念。根据 Festinger 的认知失调理论，Weinberg 认为程序员由于对自己的编程产品高度卷入，会认为编出的程序是自己个人的产品，从而害怕别人发现其中的缺陷和错误，害怕暴露自己对任务的不胜任，不愿接受对其程序的改进建议，这不利于软件开发中的协调活动。因此 Weinberg 建议成立“无我开发团队”(Egoless Team)，强调个人的成功和失败都看作是团队共同努力的结果，鼓励合作而不是竞争。如果一个团队成员执行任务遇到困难，提倡其他成员贡献出自己的力量。

根据 Weinberg 的建议，程序员和编程小组的负责人应该阅读其他人的程序，这样程序就会变成编程小组的共有财产，而且编程就会变成“无我的”。同行代码评审就是以这个想法为基础的，代码是由组员个人编写并由选定的同事进行检查。

10.2.8 主程序员团队

为了使少数经验丰富、技术高超的程序员在软件开发过程中能够发挥更大的作用，程序设计小组可以采用主程序员团队的形式。主程序员团队使用经验多、技术好、能力强的程序员作为主程序员。主程序员是整个小组的核心，他负责全部技术活动、管理与监督项目关键部分的设计与实现。主程序员团队强调“一元化”领导，一切重大问题由主程序员决定，组员工作由主程序员分配。主程序员除领导设计人员外，还配备一名后备程序员，其职责是协助主程序员，需要时可替代主程序员的工作。

这种组织形式于 20 世纪 70 年代在美国出现，IBM 公司首先开始采用主程序员团队的组织形式。当时采用这种组织形式主要出于以下几方面的考虑：

- 软件开发人员多数缺乏经验；
- 程序设计过程中有许多事务性的工作，例如，有大量的信息存储和更新；
- 多信道通信量耗费过多的时间，降低了程序员的工作效率。

主程序员团队要充分体现出以下两个重要特性：

- 专业化。每名成员仅完成那些受过专业训练的工作。
- 层次性。主程序员指挥组内的每个程序员，对软件全面负责。

典型的主程序员团队的组织形式如图 10.2 所示。一个小组由主程序员、后备程序员、编程秘书以及 1～3 名程序员组成。在必要的时候，小组还可以有其他领域的专家协助。

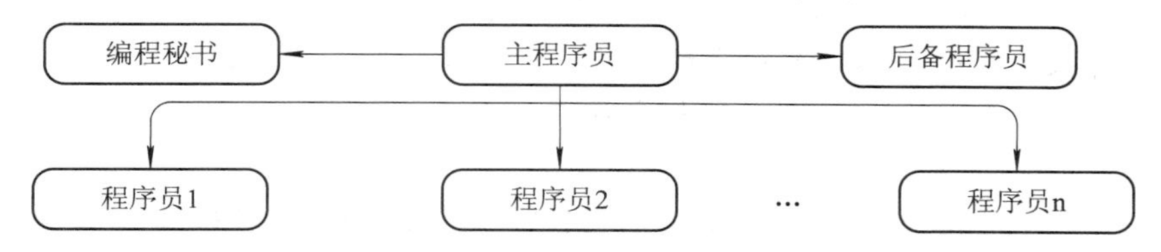

图 10.2　主程序员团队的组织形式(中心是一个非常能干的程序员，即主程序员，小组中剩余位置是为主程序员提供其他能力，每个人直接和主程序员交流，以减少交流的数量)

下面是主程序员团队核心人员的具体分工：

- 主程序员既是成功的管理人员又是经验丰富、能力强的高级程序员，他负责总的软件体系结构设计和关键部分的详细设计，并且负责指导其他程序员完成详细设计和编码工作。程序员之间没有通信渠道，所有接口问题都由主程序员处理。因为主程序员为每行代码的质量负责，所以要对其他成员的工作成果进行复查。
- 后备程序员也应该技术熟练且富于经验，协助主程序员工作并且在必要的时候接替主程序员的工作。因此，后备程序员必须在各个方面和主程序员一样优秀，并且对项目的了解也应该和主程序员一样多。平时，后备程序员的主要工作是设计测试方案、测试用例、分析测试结果及其他独立于设计过程的工作。
- 编程秘书也就是主程序员的秘书或助手，负责完成与项目有关的全部事务性工作，例如维护项目资料和项目文档，编译、链接、执行程序和测试用例。

这是最初的主程序员团队的思想，现在的情况已经大为不同。现在各个程序员都已经有了自己的终端或工作站，在自己的终端或工作站上完成代码的输入、编辑、编译、链接和测试等工作，无需编程秘书来完成这些工作，因此，编程秘书很快就退出了软件工程领域。

主程序员团队的组织形式是一种比较理想化的组织形式，但是，在实际中很难组成这种典型的主程序员团队的软件开发队伍，典型的主程序员团队在许多方面是不切实际的。

首先，主程序员应该是高级程序员和成功的管理者的结合体，承担这项工作需要同时具备这两方面的才能。但是，在现实社会中很难找到这样的人才，通常，既缺乏成功的管理者，也缺乏技术熟练的程序员。

其次，后备程序员更难找到。人们总是期望后备程序员像主程序员一样出色，但是，他们必须坐在替补席上，拿着较低的工资等待随时接替主程序员的工作。任何一个优秀的高级程序员或高级管理人员都不愿意接受这样的工作。

第三，编程秘书也很难找到。专业的软件技术人员一般都厌烦日常的事务性工作，但是人们却期望编程秘书整天只干这类工作。

所以，实际工作中需要一种更合理、更现实的组织程序员组的方法，这种方法应该能充分发挥团队精神，并能用于实现更大规模的软件产品。

案例:《纽约时报》项目

1972年完成的“纽约时报信息库管理系统”的项目中由于使用结构程序设计技术和主程序员团队的形式，从而获得了巨大的成功。

初次使用主程序员团队概念是在1971年，当时IBM想要自动剪辑(Morgue)《纽约时报》(New York Times)上的文件。剪辑的文件包括《纽约时报》和其他出版物上的摘要和全文，记者及编辑部的其他成员将使用这个信息库作为资料索引源。

项目的实际情况令人惊艳。例如，在22个月内写出83 000 LOC，这是11人•年的工作量。项目开始一年后，仅写出了包含12 000 LOC行代码的文件维护系统，大多数代码是在后6个月编写的。在前5周的验收测试中仅发现了21个错误；在第一年运行中，检测到其他的错误仅有25个。主要编程人员平均有一个错误被检测到，并且每人的工作量为10 000 LOC/人年。文件维护系统在编程结束后一个星期就交付，在运行20个月后才发现了唯一的一个错误。几乎一半的程序，在第一次编译时就是正确的，它们通常包含200~400行PL/I(一种由IBM开发的语言)代码。

但是在取得这个巨大的成功之后，再也未见主程序员团队概念运用的类似报道。许多成功项目的运作是基于主程序员团队的，虽然满意，但其所报告的数据远不如《纽约时报》项目那样令人印象深刻。《纽约时报》项目为何如此成功？而其他项目为何没有取得类似的成果？

第一，可能因为这对IBM来说是一个赢取声望的项目，它是PL/I的第一次真正亮相。从这个角度来说，IBM组织了一个“精英”团队。第二，可能因为技术支持非常强大。PL/I编译器开发者以他们能做到的各种方式手把手地协助程序员，而且JCL专家也可以在作业控制语言方面提供帮助。第三，可能因为主程序员F. Terry Baker的专业技能。现在，他被称为超级程序员(Super Programmer)，即一个程序员的产出是优秀程序员平均产出的4~5倍。而且，Baker是一个优秀的管理者和领导者，他的技术、热情和人格可能是项目成功的潜在原因。

如果主程序员胜任，那么主程序员团队组织运行就会良好。虽然《纽约时报》

项目的显著成功后无来者，但是，仍然有许多成功项目是受益于主程序员方式的变体。用方式的变体(Variants of the Approach)，原因在于Baker所描述的纯主程序员团队方式在许多方面是不切实际的。

10.2.9 极限编程团队

极限编程(Extreme Programming, XP)方法的产生是因为难以管理的需求变化。一开始客户并不是很完全地知道系统是怎么样的，这样，可能面对系统的功能一个月变化多次。在大多数软件开发环境中不断变化的需求是唯一不变的，这个时候应用XP就可以取得别的方法不可能取得的成功。

XP方法使开发人员始终都能自信地面对客户需求的变化，因此，XP强调团队合作，经理、客户和开发人员都是开发团队中的一员。XP团队通过相互之间的充分交流和合作，使用XP这种简单但有效的方式，努力开发出高质量的软件。XP的设计简单而高效，程序员通过测试获得客户反馈，并根据变化修改代码和设计，总是争取尽可能早地将软件交付给客户。XP程序员能够勇于面对需求和技术上的变化。

XP方法是为小团体开发建立的，团体人数在2～10之间。假如团体大小恰好合适，就直接用XP而不需要用其他的软件工程方法了，但是要注意不能将XP方法应用于大团体的开发项目中。在需求呈动态变化或具有高风险的项目中，会发现XP方法在小团体的开发中的作用要远远高于在大团体的开发中的作用。

XP方法需要一个扩展的开发团体，XP团体不仅仅包括开发者，经理和客户也是其中的一员，所有的工作一环扣一环，提出问题、商讨方法和日程、增加功能测试这些问题的解决不仅仅涉及到软件的开发者。

XP项目的所有参与者(开发人员、客户和测试人员等)一起工作在一个开放的场所中，这个场所的墙壁上随意悬挂着大幅的、显著的图表以及其他一些显示进度的东西。

每两周，开发人员就为下两周估算候选特性的成本，而客户则根据成本和商务价值来选择要实现的特性。该特征作为选择每个所期望的特性的一部分，客户可以根据脚本语言来定义出自动验收测试来表明该特性可以工作。团队保持设计恰好和当前的系统功能相匹配。所有的产品软件都是由两个程序员并排坐在一起在同一台机器上构建的，没有程序员对任何一个特定的模块或技术单独负责，每个人都可以参与任何其他方面的开发，任何结对的程序员都可以在任何时候改进任何代码。团队总是使系统完整地被集成。以能够长期维持的速度努力工作，把项目看作是马拉松长跑，而不是全速短跑，团队只有持久才有获胜的希望。

10.2.10 Scrum团队

Scrum团队由产品负责人、开发团队和Scrum Master组成。Scrum团队是跨职能的自组织团队。自组织团队自己选择如何最好地完成工作，而不是由团队外的人指导。跨职能团队拥有完成工作所需要的全部技能，不需要依赖团队以外的人。这种团队模式的目的是最大限度地优化灵活度、创造力和生产效率。

Scrum 既适合 5～10 个人的小团队，也适合于几百人的大型团队，在需求较频繁变化的项目中 Scrum 这种“拥抱变化”的软件过程可以发挥出强大的威力，但要合理控制项目及产品的范围。

1. 产品负责人

产品负责人负责最大化产品以及开发团队工作的价值，实现这一点的方式会随着组织、Scrum 团队以及单个团队成员的不同而不同。

产品负责人是管理产品待办列表的唯一责任人。产品待办列表包括以下内容：

- 清晰地表达产品待办事项；
- 对产品待办事项进行排序，最好地实现目标和使命；
- 优化开发团队所执行工作的价值；
- 确保产品待办列表对所有人可见、透明、清晰，并且显示 Scrum 团队的下一步工作；
- 确保开发团队对产品待办列表项有足够的理解。

产品负责人可以亲自完成上述工作，也可以让开发团队来完成。但是产品负责人是负最终责任的人。

为保证产品负责人的工作顺利进行，组织中的所有人员都必须尊重其决定。产品负责人所作的决定通过产品待办列表的内容和排序来表达。任何人都不得要求开发团队按照另一套需求开展工作，开发团队也不允许听从其他人任何的指令。

2. 开发团队

开发团队包含了各种专业人员，负责在每个冲刺(Sprint)结束时交付潜在可发布并且“完成”的产品增量。只有开发团队的成员才能开发增量。

开发团队由组织组建并授权，团队自己来组织和管理，由此产生的正面效应能最大化开发团队的整体效率和有效性。

开发团队有以下几个特点：

● 团队是自组织的，没有人(即使是 Scrum Master 都不可以)告诉开发团队如何把产品待办事项列表变成潜在可发布的功能。

● 开发团队是跨职能的，团队作为一个整体，拥有开发产品增量所需要的全部技能。

● Scrum 不认可开发团队成员的头衔，无论承担哪种工作都叫做开发人员。此规则无一例外。

● Scrum 不认可开发团队中的所谓“子团队”，无论是测试还是业务分析的成员都不能划分为“子团队”。

● 开发团队中的每个成员都可以有自己的特长和专注的领域，但是责任属于整个开发团队。

开发团队的最佳规模应该是：足够小以保持敏捷性，足够大以完成重要的工作。少于 3 人的开发团队，成员之间没有足够的互动，因而生产力的增长不会很大。过小的团队在 Sprint 中可能会受到技能的约束，无法交付可发布的产品增量。大于 9 人的团队需要过多的协调沟通工作。过大的团队会产生太多复杂性，不便于经验过程管理。产品负责人和 Scrum Master 的角色不包含在此数字中，除非他们也参与执行 Sprint 待办事项列表中的工作。

3. Scrum Master

Scrum Master 负责确保所有人都能正确地理解并实施 Scrum。因此，Scrum Master 要确保 Scrum 团队遵循 Scrum 的理论、实践和规则。

Scrum Master 是 Scrum 团队中的服务型领导。Scrum Master 帮助 Scrum 团队外的人员了解如何与 Scrum 团队交互是有益的，通过改变与 Scrum 团队的互动方式来最大化 Scrum 团队所创造的价值。

1) Scrum Master 服务于产品负责人

Scrum Master 以各种方式服务于产品负责人，其包括：

- 找到有效管理产品待办列表的技巧；
- 帮助 Scrum 团队理解“清晰准确的产品待办列表项”的重要性；
- 在经验主义的环境中理解长期的产品规划；
- 确保产品负责人懂得如何安排产品待办列表项来最大化价值；
- 理解并实践敏捷；
- 按要求或需要引导 Scrum 事件。

2) Scrum Master 服务于开发团队

Scrum Master 以各种方式服务于开发团队，其包括：

- 在自组织和跨职能方面给予团队指导；
- 协助开发团队开发高价值的产品；
- 移除开发团队工作中的障碍；
- 按要求或需要引导 Scrum 事件；
- 在 Scrum 还未被完全采纳和理解的组织环境下指导开发团队。

3) Scrum Master 服务于组织

Scrum Master 以各种方式服务于组织，其包括：

- 带领并指导组织采用 Scrum；
- 在组织范围内计划 Scrum 的实施；
- 帮助员工及相关干系人理解并实施 Scrum 和经验型产品开发；
- 发起能够提升 Scrum 团队生产效率的改变；
- 与其他 Scrum Master 一起工作，增加组织中 Scrum 实施的有效性。

Scrum 团队的职责是在每个 Sprint 中将产品 Backlog 中的条目转化为潜在可交付的功能增量，团队成员必须具备交付产品增量所需要的各种技能。团队成员常常具备如编程、质量控制、业务分析、架构、用户界面设计或数据库设计等的专业技能，每个人都必须尽心尽力完成 Sprint 目标。每个团队成员利用自己的专业技能，解决遇到的问题，这种协同配合提高了团队整体效率。Scrum 团队的构成在 Sprint 结束时可能会发生变化，每次团队成员的变化，都会降低通过自组织而获取的生产力。因此改变团队构成时务必要谨慎。

案例：“猪”角色和“鸡”角色

Scrum 定义了许多角色，根据猪和鸡的笑话分为两组，“猪”和“鸡”，如图 10.3 所示。

图 10.3 猪和鸡(诠释了 Scrum 过程中的两种不同的角色)

一只鸡对一头猪说：“我们合伙开家饭店吧！”

猪想了想，说：“那我们给这个饭店起什么名字呢？”

鸡说：“鸡蛋和火腿！”

猪回答道：“那还是算了吧，你要做的只是下几只鸡蛋，我把命都搭上了！”

1. “猪”角色

“猪”角色是全身投入项目和 Scrum 过程的人。

产品负责人代表了客户的意愿，保证了 Scrum 团队在做正确的事情。产品负责人编写用户故事，排出优先级，并放入产品订单。Scrum Master 促进 Scrum 过程，主要工作是去除那些影响团队交付冲刺目标的障碍。Scrum Master 并非团队的领导(团队是自我组织的)，而是负责屏蔽外界对开发团队的干扰。Scrum Master 确保 Scrum 过程按照初衷使用，Scrum Master 是规则的执行者。开发团队是由 5 至 9 名具有跨职能技能的人(设计者、开发者等)组成的小团队，负责交付产品并完成实际的开发工作。

2. “鸡”角色

“鸡”角色并不是实际 Scrum 过程的一部分，但是必须考虑他们。

用户软件是为某些人而创建的！就像“假如森林里有一棵树倒下了，但没有人听到，那么它算发出了声音吗？”，“假如软件没有被使用，那么它算是被开发出来了吗？”Scrum 要使用户和利益相关者参与到敏捷过程中，参与每一个冲刺的评审和计划，并提供反馈，对于这些人来说是非常重要的。

10.3 决策制定

在考虑团队制定决策的有效性之前，需要从总体上了解决策制定过程。一种划分决策种类的方法是把决策分为两种，即结构化的和非结构化的。结构化的决策一般是相对简单的常规决策，能以相当直观的方式应用规则；而非结构化的决策比较复杂，经常需要一定的创造性。

另一种划分决策种类的方法是根据风险和不确定因素来确定，这里不再赘述。

10.3.1　制定正确决策的心理障碍

结构化的、合理的决策制定方法能够很好地工作，不过，现实世界中的许多管理决策经常是在有压力而且信息不完整的情况下做出的。因此，在这种情况下，就必须凭直觉来做出决策。当然，凭直觉来做决策时，也需要知道在进行有效的直觉思考时面临的一些心理障碍。

● 故障启发(Faulty Heuristic)。启发式或经验方法是很有用的，但也有危险，例如，它们是基于手边仅有的可能产生误导的信息，而且，它们基于固定不变的形式。

● 恶性增资(Escalation of Commitment)。这指的是一旦做出了决策，想对其进行修改会越来越困难，即使知道这个决策是有缺陷的。

● 信息超载(Information Overload)。有可能因信息太多而无法找到问题的根源，即“只见森林，不见树木”。

10.3.2　小组决策的制定

在决策制定时，可能会有这样的情况，某个项目团队的项目经理可能想和整个项目组进行协商，这个项目组有不同的专家，并提出了不同的观点，由这样的组做出的决策比那些强加的决策更容易让人接受。

假设会议原本就是由整个集体来负责的，而且做了适当的简要介绍。研究表明，如果小组成员具备互补的技能和专长，那么小组就更擅长解决复杂的问题。会议使他们能够更好地相互沟通，并更好地接受观点。

在解决需要创造性解决方案的非结构化问题时，小组就不是那么有效了。在这种情况下，头脑风暴法(Brain Storming)对小组是有益的。但是，研究发现人们独自思考比在小组内更容易想出办法。如果目的是为了让计算机系统的最终用户参与，就应该采用构造原型和共同参与的方法。

10.3.3　制定正确小组决策的障碍

一般说来，小组决策制定的缺点是很耗时间、会挑起组内矛盾，而且做出的决策过分受到主要人物的影响。

实际上，矛盾可能会比想象的要少。实验已经证明了人们会修改自己的个人判断来符合组内规范，这种规范是经过一定时间建立起来的组内人员的共同想法。

也许会认为这会缓和组内某些人的极端想法。实际上，有时组内的人做出的决策比他们自己做出的决策更具风险性，这称为风险转移。

10.3.4　减少小组决策制定缺点的措施

一种能使小组决策制定更加有效的方法是培训成员，遵循固定的规程来工作。例如，Delphi 法在专家们相互不见面的情况下比较他们的判断，这个方法的好处是专家们所处的位置可以分布得很广，但是，这会很耗时间。

案例：阿波罗症状

1996 年 Belbin 发现了一些关于组建团队的理论，乍看起来，这个理论似乎是反直觉的。他研究的是在 IT 领域中工作的团队。那时候，人们普遍认为最好的信息系统团队是由最优秀、最聪明的信息系统人员组成的，组员是根据每个能力与天资测试结果来挑选的。研究涉及八个团队，全都技术高超、天资过人，称为“阿波罗团队”，这个名称是根据古希腊和罗马神话中太阳之子阿波罗命名的。

结果阿波罗团队经常在实际的表现评级中处于最后或接近最后的位置。有些专业运动队是由身价最高、并且由此可以推断出也是最有天赋的选手组成的，但是作为团队，他们的表现并不好，阿波罗团队实际上和那些运动队是一样的。

这个结果引起了更深入的分析，调查人员发现有几个因素破坏了阿波罗团队的有效工作：

● 团队成员在小问题上进行争执，每个成员都指出其他人论点中的缺陷，却拒绝承认自己论点中的缺陷。

● 小组在做决定时缺乏效率，对于需要尽快做出决定的高优先级问题常常无法做出决断。

● 团队难以管理，因为感觉每个成员都是按照自己的方式做事，不与团队的其他成员协调工作。从管理的角度来看，术语“养猫”似乎适合于这种情况。

有些团队成员认识到问题的存在并不惜一切代价来避免矛盾，但这样做往往矫枉过正。实际上使事情更加糟糕。

但是，也有几个阿波罗团队是成功的。这些团队表现出下列特征：

● 团队中没有任何一个居高临下的人；

● 每个团队都有一个风格独特的领导。

阿波罗团队的成功领导都喜欢怀疑，引导小组按照他自己的议程进行讨论。目标和优先级的设置是这些领导者管理风格的信条。他们没有统治小组或是尝试着加入讨论，但是他们很强势并且能够在任何讨论中虽然没有统治但又能保持自己的风格。

因此，需要记住的关键点是阿波罗团队或是任何一个团队的成功都依赖于管理着团队的经理。成功的经理不畏惧革新、实验或失败，保持方向和足够的控制权，将团队带向成功。

10.4 沟 通 风 格

在项目管理中沟通是一个软指标，沟通所起的作用很难量化，而且沟通对项目的影响往往也是隐形的。但是，沟通对身在职场和将要走向职场的人士非常重要，“双 70 定律”说明了这一点，即管理者 70% 的时间用于沟通，70% 的出错是由于沟通失误引起的。著名世界级管理大师德鲁克说：沟通不是万能的，没有沟通是万万不能的！因此，沟通对项目的成功，尤其是软件项目的成功非常重要。对 IT 人员来说，沟通是保持项目顺利进行的润滑剂，软件项目的成功依赖于良好的沟通技能。

项目中的沟通方式是多种多样的，通常可分为：正式沟通与非正式沟通，上行沟通、下行沟通与平行沟通，单向沟通与双向沟通，书面沟通和口头沟通，言语沟通和体语沟通等。确定哪种沟通方式是发送项目信息最适当的方式是很重要的。

表 10-1 分析了软件项目管理中几种常用沟通方法的主要特征和适用情境。

表 10-1　常用沟通方法的主要特征和适用情境

沟通方式	主 要 特 征	适 用 情 境
会议沟通	成本较高，沟通时间较长，常用于解决较重大、较复杂的问题	● 需要统一思想或行动时(例如，项目建设思路的讨论、项目计划的讨论等) ● 需要当事人清楚、认可和接受时(例如，项目考核制度发布前的讨论等) ● 澄清一些谣传信息，而这些谣传信息将对团队产生较大影响时 ● 讨论复杂问题时(例如，针对复杂的技术问题，讨论已收集到的解决方案等)
电子邮件(或书面)沟通	时间不长，沟通成本较低，不受场地限制，在解决简单问题或发布信息时采用	● 简单问题小范围沟通(例如，3～5 人沟通产出物的评审结论) ● 需要大家先思考、斟酌，短时间不需要或很难有结果时(例如，项目团队活动的讨论、复杂技术问题提前通知大家思考等) ● 传达不太重要信息时(例如，分发周项目状态报告等) ● 澄清一些谣传信息，而这些谣传信息可能会对团队带来影响时
口头沟通	比较自然、亲切，能加深彼此之间的友谊、加速问题的冰释	● 彼此之间的办公距离较近时(例如，两人在同一办公室) ● 彼此之间存有误会时 ● 对对方工作不太满意，需要指出其不足时 ● 彼此之间已经采用了电子邮件的沟通方式，但问题尚未解决时
电话沟通	是一种比较经济的沟通方法，具有及时性和快速反馈性的特点	● 彼此之间的办公距离较远，但问题比较简单时(例如，两人在不同的办公室，需要讨论一个报表数据的问题等) ● 彼此之间的距离很远，很难或无法当面沟通时 ● 彼此之同已经采用了电子邮件的沟通方式，但问题尚未解决时

沟通方法的本质主要受时间和地点的影响。沟通的模式可归结为两组相反的特征的结

合：同一时间/不同时间，同一地点/不同地点，如表 10-2 所示。

表 10-2 沟通方式在时间/地点上的约束

地点 时间	同一地点	不同地点
同一时间	会议、面试等	电话、远程通信
不同时间	公告板、开放式邮箱	电子邮件、语音邮件、文档

10.4.1 项目早期阶段

在项目刚刚开始时，组员需要建立自信和彼此间的信任感，这时通过会议来进行沟通是最佳的方式。

项目的早期阶段，小组成员的一部分人会参与到产品计划和技术方案的决策中去。在这之前的项目初期工作中，至少在同一时间同一地点举办的各种会议是推动项目进展的最有效的方式。

10.4.2 项目中期的设计阶段

一旦建立了项目整体架构，详细设计中的各个模块设计便可以在不同的地域并行地开展。尽管如此，在设计的某些点上还是需要大家一起来澄清的，这种同时但不同地点的沟通，通过远程的电视电话会议来进行沟通就是最佳的方案。

10.4.3 项目的实现阶段

一旦设计被阐述清晰并且每个人都知道其在项目中的角色和职责，实现工作就可以开始了。无论什么地方需要交流信息，对于不同时间和不同地点的情形下，使用电子邮件的方式来沟通就足够了。

即使在这个阶段，一些被建议的面对面的会议也会在项目成员的一部分人员范围内开展，以帮助协调项目开发和维护的问题。

10.5 沟通和协作

在团队中每个人有每个人的特色，不可能要求每个人都一样。所以，团队成员间要进行充分的沟通，分工合作，以共同完成软件项目的开发。如果在与人沟通协作的时候，总是想要把别人变得跟自己相同，那将是非常愚蠢、非常困难的事情。协作是团队最终成功的关键，而沟通则是协作的基础。

10.5.1 有效沟通原则

高素质的团队组织者和协调管理者所发挥的作用往往对项目的成败起决定作用，一个优秀的项目经理必然是一个善于沟通的人。沟通研究专家勒德洛指出：高级管理人员往往花费 80%的时间以不同的形式进行沟通，普通管理者约花 50%的时间用于传播信息。可见，沟通的效率直接影响管理者的工作效率。提高沟通效率可以从以下几方面着手：

1. 沟通要有明确目的

在沟通前，需要先澄清概念，项目经理事先要进行系统的思考和分析，明确要沟通的信息，并将接收者及可能受到该项沟通的影响者予以考虑。经理要弄清楚进行这个沟通的真正目的是什么，要对方理解什么，漫无目的的沟通是无效的沟通。确定了沟通目标，沟通的内容就围绕沟通要达到的目标进行组织，也可以根据不同的目的选择不同的沟通方式。沟通时，应考虑的环境情况包括沟通的背景、社会环境、人的环境及过去沟通的情况等，以便沟通的信息得以配合环境情况。

2. 提高沟通的心理水平

要克服沟通的障碍，必须注意以下心理因素的作用：

① 在沟通过程中要认真感知，集中注意力，以便信息准确而又及时地传递和接收，避免信息错传和接收时减少信息的损失；

② 增强记忆的准确性是消除沟通障碍的有效心理措施，记忆准确性水平高的人，传递信息可靠，接收信息也准确；

③ 提高思维能力和水平是提高沟通效果的重要心理因素，较高的思维能力和水平对于正确地传递、接收和理解信息，有着重要的作用；

④ 培养镇定的情绪和良好的心理气氛，创造一个相互信任、有利于沟通的小环境，有助于人们真实地传递信息和正确地判断信息，避免因偏激歪曲信息。

3. 善于聆听

沟通不仅仅是说，而是说和听。有效的聆听者不仅能听懂话语本身的含义，而且能领悟说话者的言外之意。只有集中精力地聆听，积极投入判断思考，才能领会说话者的意图。只有领会了说话者的意图，才能选择合适的语言说服他。从这个意义上讲，“听”的能力比“说”的能力更重要。渴望理解是人的一种本能，当说话者感到你对他的言论很感兴趣时，他会非常高兴与你进一步加深交流。

要提高倾听的技能，可以从以下几方面去努力：使用目光接触；展现赞许性的点头和恰当的面部表情；避免分心的举动或手势；要提出意见，以显示自己充分聆听的心理思考；复述，用自己的话复述对方所说的内容；要有耐心，不要随意插话；不要妄加批评和争论；使听者与说者的角色顺利转换。所以，有经验的聆听者通常用自己的语言向说话者复述所听到的，好让说话者确信，他已经听到并理解了说话者所说的话。

另外，在沟通过程中倾听者要努力寻找谈话人话里话外的隐含意思，并注意非语言交流(如面部表情、身体姿势、说话语气)，判断是否存在隐藏的信息。

4. 避免无休止的争论

沟通过程中不可避免地存在争论。软件项目中存在很多诸如技术、方法上的争论，这种争论往往没有休止。无休止的争论当然形不成结论，而且是吞噬时间的“黑洞”。终结这种争论的最好办法是改变争论双方的关系。争论过程中，双方都认为自己和对方在所争论问题上的地位是对等的，关系是对称的。从系统论的角度来讲，争论双方形成对称系统，而对称系统是最不稳定的，解决问题的方法在于将这种“对称关系”转换为“互补关系”。例如，一个人放弃自己的观点或第三方介入。项目经理遇到这种争议时，一定要发挥自己的权威性，充分利用自己对项目的决策权。

5. 保持畅通的沟通渠道

第一，要重视双向沟通。双向沟通伴随反馈过程，使发送者可以及时了解到信息在实际中如何被理解，使受讯者能表达接收时的困难，从而得到帮助和解决。

第二，要进行信息的追踪和反馈。信息沟通后必须同时设法取得反馈，以弄清下属是否真正了解，是否愿意遵循，是否采取了相应的行动等。

第三，注意正确运用语言文字。语言文字运用得是否恰当直接影响沟通效果。使用语言文字时，要简洁明确，叙事说理要言之有据、条理清楚，不要滥用辞藻，不要讲空话、套话。非专业性沟通时，要少用专业性术语。

第四，可以借助手势语言和表情动作，以增强沟通的形象性，使对方容易接受。

6. 使用高效的现代化工具

电子邮件、手机短信、网络即时通信软件、项目管理软件等现代化工具可以提高沟通效率，拉近双方距离，减少不必要的面谈。软件项目经理更应该很好地运用现代化的工具来提高沟通的效率和效果。

讨论：有效沟通

一个周一的早上，W技术有限公司开发部项目经理李强来到公司时看到一群程序员正三三两两聚在一起激烈地讨论着，当他们看到李强走进来，立即停止了交谈。这种突然的沉默和冰冷的注视，使李强明白自己正是谈论的主题，而且看来他们所说的不像是赞赏之词。

李强来到自己的办公室，半分钟后他的助手老赵走了进来。老赵在公司工作多年，和李强关系一直不错，所以说话总是很直率。老赵直言不讳地说道：“李经理，上周你发出的那些信对人们的打击太大了，它使每个人都心烦意乱。”

“发生了什么事？”李强问道，在主管会议上大家都一致同意向每个人通报我们公司财务预算的困难，以及裁员的可能性。我所做的只不过是执行这项决议。”

“可你都说了些什么？”老赵显然很失望，“我们需要为程序员们的生计着想。我们当主管的以为你会直接找程序员们谈话，告诉他们目前的困难，谨慎地透露这个坏消息，并允许他们提出疑问，那样的话，可以在很大程度上减少打击。而你却寄给他们这种形式的信，并且寄到他们的家里，天哪！李经理，周五他们收到信后，整个周末都处于极度焦虑之中。他们打电话告诉自己的朋友和同事，现在传言四起，我们处于一种近于骚乱的局势中，我从没见过员工的士气如此低沉。”对此，李强感到很震惊，同时他也陷入了沉思。

案例讨论：

1. 你认为李强的做法有问题吗？
2. 李强的做法如果有错误，那么他错在哪里？如果没有，请说明你的理由？

3. 结合你本人的项目实践，说明从这个案例你能得到什么启示？

10.5.2 消除沟通障碍

在项目管理工作中存在着信息的沟通，也就必然存在沟通障碍。项目经理的任务在于正视这些障碍，采取一切可能的方法来消除这些障碍，为有效的信息沟通创造条件。

一般来讲，项目沟通中的障碍主要是主观障碍、客观障碍和沟通方式的障碍。

1. 主观障碍

主观障碍主要包括如下几种情况：

(1) 因为个人的性格、气质、态度、情绪、见解等的差别，使信息在沟通过程中受个人主观心理因素的制约。人们对人对事的态度、观点和信念的不同造成沟通的障碍。在一个组织中，员工常常来自于不同的背景，有着不同的说话方式和风格，对同样的事物有着不一样的理解，这些都造成了沟通的障碍。在信息沟通中，如果双方在经验水平和知识结构上差距过大，就会产生沟通的障碍。沟通的准确性与沟通双方间的相似性也有着直接的关系，同样的词汇对不同的人来说含义是不一样的。沟通双方的特征，包括性别、年龄、智力、种族、社会地位、兴趣、价值观和能力等相似性越大，沟通的效果也会越好。

(2) 知觉选择偏差所造成的障碍。接收和发送信息也是一种知觉形式。但是，由于种种原因，人们总是习惯接收部分信息，而摒弃另一部分信息，这就是知觉的选择性。知觉选择性所造成的障碍既有客观方面的因素，又有主观方面的因素。客观因素如组成信息的各个部分的强度不同，对受讯人的价值大小不同等，都会致使一部分信息容易引人注意而为人接受，另一部分则被忽视。主观因素也与知觉选择时的个人心理品质有关。在接受或转述一个信息时，符合自己需要的、与自己有切身利害关系的，很容易听进去，而对自己不利的、有可能损害自身利益的，则不容易听进去。凡此种种，都会导致信息歪曲，影响信息沟通的顺利进行。

(3) 管理人员和下级之间相互不信任。这主要是由于管理人员考虑不周，伤害了员工的自尊心，或决策错误所造成，相互不信任就会影响沟通的顺利进行。上下级之间的猜疑只会增加抵触情绪，减少坦率交谈的机会，也就不可能进行有效的沟通。

(4) 沟通者的畏惧感及个人心理品质也会造成沟通障碍。在管理实践中信息沟通的成败主要取决于上级与下级、领导与员工之间的全面有效的合作。但是，在很多情况下，这些合作往往会因下属的恐惧心理及沟通双方的个人心理品质而形成障碍。一方面，如果主管过分威严，给人造成难以接近的印象，或者管理人员缺乏必要的同情心，不愿体恤下情，都容易造成下级人员的恐惧心理，影响信息沟通的正常进行；另一方面，不良的心理品质也是造成沟通障碍的因素。

(5) 信息传递者在团队中的地位、信息传递链和团队规模等因素也都会影响有效的沟通。研究表明，地位的高低对沟通的方向和频率有很大的影响。例如，人们一般愿意与地位较高的人沟通。地位悬殊越大，信息趋向于从地位高的流向地位低的。

2. 客观障碍

客观障碍主要包括如下几种情况：

(1) 如果信息的发送者和接收者空间距离太远、接触机会少，就会造成沟通障碍。

(2) 社会文化背景不同、种族不同而形成的社会距离也会影响信息沟通。

(3) 信息沟通往往是依据组织系统分层次逐渐传递的。然而，在按层次传达同一条信息时，往往会受到个人的记忆和思维能力的影响，从而降低信息沟通的效率。信息传递层次越多，它到达目的地的时间也越长，信息失真率则越大，越不利于沟通。另外，组织机构庞大，层次太多，也影响信息沟通的及时性和真实性。

3. 沟通联络方式的障碍

沟通联络方式的障碍，包括如下几种情况：

(1) 语言系统所造成的障碍。语言是沟通的工具，人们通过语言文字及其他符号等信息沟通渠道来沟通。但是，语言使用不当就会造成沟通障碍。这主要表现在误解，这是由于发送者在提供信息时表达不清楚，或者是由于接收者接收信息时不准确；表达方式不当，如措辞不当、丢字少句、空话连篇、文字松散、使用方言等，都会增加沟通双方的心理负担，影响沟通的进行。

(2) 沟通方式选择不当，原则、方法使用不灵活所造成的障碍。沟通的形态往往是多种多样的，而且它们都有各自的优缺点。如果不根据实际情况灵活地选择，沟通就不会畅通。

案例：巴别塔事件

那时，天下人的口音言语都一样。

他们往东边迁移的时候，在示拿地遇见一片平原，于是就住在那里。

他们彼此商量说："来吧，我们要做砖，把砖烧透了。"他们就拿砖当石头，又拿石漆当灰泥。

他们说："来吧，我们要建造一座城和一座塔，塔顶通天(如图 10.4 所示)，为要传扬我们的名，免得我们分散在全地上。"

图 10.4 老彼得·布吕赫尔笔下的巴别塔(通天塔，1563 年，油料与木板，艺术史博物馆，维也纳)

耶和华降临，要看看世人所建造的城和塔。

耶和华说："看哪！他们成为一样的人民，都是一样的言语，如今既做起这事来，以后他们所要做的事就没有不成的了。我们下去，在那里变乱他们的口音，使他们的言语彼此不通。"

于是，耶和华使他们从那里分散在全地上，他们就停工不造那城了。

因为耶和华在那里变乱天下人的言语，使众人分散在全地上，所以那城名叫巴别(就是"变乱"的意思)。

案例：信息过载造成的沟通障碍

1941 年 12 月，日本偷袭了珍珠港，结果 1942 年罗斯福总统在他的档案里面突然间发现一件事情，说："哎呀，中国在去年四月就通知我们，日本人可能偷袭珍珠港。"

第一个知道日本可能偷袭珍珠港的是中国情报部，根据情报日本人可能要发动太平洋战争，偷袭珍珠港，没有想到这么重要的一条信息却淹没在了一大堆的档案里面，等到罗斯福在第二年四月看到的时候，珍珠港已经偷袭完了五个月。

10.5.3　沟通双赢

在团队的沟通中只有双向的沟通才是更有效的。在沟通的同时，如果能时刻保持双赢的理念，如图 10.5 所示，和对方积极地配合，积极地协同工作，就更有利于双方快速达成共识，向着共同的目标而努力。

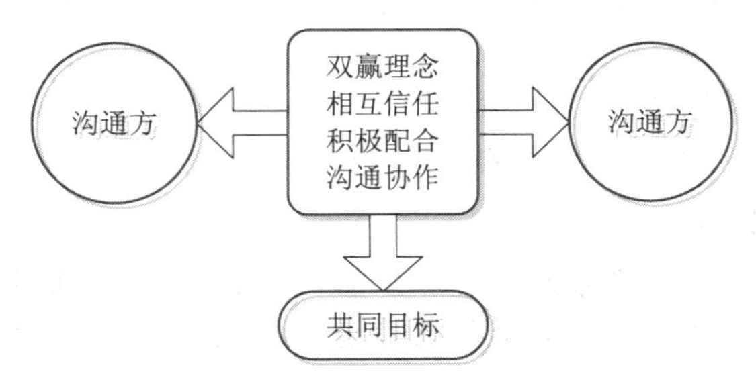

图 10.5　沟通双赢理念(沟通双方积极地配合，本着双赢的理念，有利于达成共识，促进项目成功)

举个简单的例子，在软件设计中，任务 B 和任务 C 之间有接口。项目主管把两个任务分给了不同的人，但是他们在讨论接口设计的时候意见不一致。在这种时候双方就应该及时沟通协作，本着双赢的理念，站在客观的角度上判断到底谁的理解出了问题，耐心地讨论，促使两人达成共识。

在实际研发工作中由于工作或进度的压力，容易出现沟通问题。只要双方及时、积极、主动地沟通，那么不必要的误会都可以在沟通中消除，大家也能愉快地合作，共享项目的成功，实现双赢。

沟通是软件项目管理中的重要一环。项目中的每个人都应该高度重视沟通，重视沟通的主动性和双向性，只有这样，项目才能顺利进行，同时也为质量和效率的提高打下基础。

10.5.4 沟通计划

保证项目成功必须进行沟通，为了有效的沟通，需要创建一个沟通计划。沟通计划决定项目相关人员的信息和沟通需求：谁需要什么信息、什么时候需要、怎样获得、选择什么样的沟通模式、什么时候采用书面沟通和什么时候采用口头沟通、什么时候使用非正式的备忘录和什么时候使用正式的报告等。沟通计划常常与组织计划紧密联系在一起，因为项目的组织结构对项目沟通要求有重大影响。

项目沟通计划是对项目全过程的沟通内容、沟通方法和沟通渠道等各个方面的计划与安排。就大多数项目而言，沟通计划的内容是作为项目初期阶段工作的一个部分。由于项目相关人员有不同的沟通需求，所以应该在项目的早期，与项目相关人员一同确定沟通管理计划，并且评审这个计划，可以预防和减少项目进行过程中存在的沟通问题。同时，项目沟通计划还需要根据计划实施的结果进行定期检查，必要时还需要加以修订，所以项目沟通计划管理工作是贯穿于项目全过程的一项工作。尤其是当企业在同时进行多个项目的时候，制定统一的沟通计划和沟通方式，有利于项目的顺利进行。例如，公司所有的项目有统一的报告格式，有统一的技术文档格式，有统一的问题解决渠道，起码给用户的感觉是公司的管理是有序的。

编制沟通计划的具体步骤如下。

1. 准备工作

1) 收集信息

下面是沟通过程中要收集的信息：

- 项目沟通内容方面的信息；
- 项目沟通所需沟通手段的信息；
- 项目沟通的时间和频率方面的信息；
- 项目信息来源于最终用户方面的信息。

2) 加工处理沟通信息

对收集到的沟通计划方面的信息进行加工和处理也是编制项目沟通计划的重要一环，而且只有经过加工处理过的信息，才能作为编制项目沟通计划的有效信息使用。

2. 确定项目沟通需求

项目沟通需求的确定是在信息收集的基础上对项目组织的信息需求作出的全面决策，主要包括以下内容：

- 项目组织管理方面的信息需求；
- 项目内部管理方面的信息需求；
- 项目技术方面的信息需求；
- 项目实施方面的信息需求；
- 项目与公众关系的信息需求。

3. 确定沟通方式与方法

在项目沟通中，不同信息的沟通需要采取不同的沟通方式和方法，因此在编制项目沟通计划过程中还必须明确各种信息需求的沟通方式和方法。影响项目选择沟通方式方法的因素主要有以下几个方面：

- 沟通需求的紧迫程度；
- 沟通方式方法的有效性；
- 项目相关人员的能力和习惯；
- 项目本身的规模。

4. 编制项目沟通计划

项目沟通计划的编制是要根据收集的信息，先确定出项目沟通要实现的目标，然后根据项目沟通目标和沟通需求确定沟通任务，再进一步根据项目沟通的时间要求去安排这些项目沟通任务，并确定出保障项目沟通计划实施的资源和预算。

制定一个协调的沟通计划非常重要，清楚地了解什么样的项目信息要报告、什么时候报告、如何报告、谁来负责编写这些报告。项目经理要让项目组人员和项目干系人都了解沟通管理计划，对各自负责的部分都要根据相关规范来编制。

在编制项目计划时，可以根据需要制定一个沟通计划，沟通计划可以是正式的或非正式的，可以是详细的或提纲式的。沟通计划没有固定的表达方式，是整个项目计划的一个部分。沟通管理计划主要包括以下内容，如图 10.6 所示。

1. 沟通需求
2. 沟通内容
3. 沟通方法
4. 沟通职责
5. 沟通时间安排
6. 沟通计划维护

图 10.6　项目沟通计划(沟通计划可以是正式的或非正式的，可以是详细的或提纲式的)

1) 沟通需求

分析项目相关人员需要什么信息，确定谁需要信息，何时需要信息。对项目干系人的分析，有助于确定项目中各种参与人员的沟通需求。

2) 沟通内容

确定沟通内容包括沟通的格式、内容、详细程度等。如果可能的话可以统一项目文件格式，统一各种文件模板，并提供编写指南。

3) 沟通方法

确定沟通方式、沟通渠道等，保证项目人员能够及时获取所需的项目信息。确定信息如何收集、如何组织，详细描述沟通类型、采用的沟通方式和沟通技术等，例如，检索信息的方法、明确信息保存的方式、信息读写的权限、会议记录、工作报告、项目文档(需求、分析、设计、编码、测试、发布等)、辅助文档等的存放位置、相应的读写权利及约束条件与假设前提等。明确表达项目组成员对项目经理或项目经理对上级和相关人员的工作汇报关系和汇报方式，明确汇报时间和汇报形式。例如，项目组成员对项目经理通过 Email 发送周报、项目经理对直接客户和上级按月通过 Email 发月报的方式、紧急汇报通过电话及时沟通，每两周项目组进行一次当前工作沟通会议，每周同客户和上级进行一次口头汇报等。

4) 沟通职责

谁发送信息，谁接收信息，制定一个收集、组织、存储和分发适当信息给适当的人的系统。这个系统也包括对发布的错误信息进行修改和更正，传送重要项目信息的格式、权限等。详细描述项目内信息的流动图，这个沟通结构描述了沟通信息的来源、信息发送的对象以及信息的接收形式。

5) 沟通时间安排

创建沟通信息的日程表，类似项目进展会议的沟通，应该定期进行，设置沟通的频率等。其他类型的沟通可以根据项目的具体条件进行。

6) 沟通计划维护

当项目进展时，制定沟通计划如何修订的指南，明确计划在发生变化时，由谁进行修订，并发送给相关人员。

其实，沟通计划也包括很多其他的方面，例如，应该有一个专用于项目管理中所有相关人员联系方式的小册子，其中包括项目组成员、项目组上级领导、行政部人员、技术支持人员和出差订房订票等人员的相关联系信息。联系方式要简洁明了，最好能有对特殊人员的一些细小标注。

沟通规划在项目规划的早期进行并且贯穿项目生存期，项目干系人会发生变化，他们的需求可能也会发生变化，沟通计划也需要定期的审核和更新。

10.5.5 领导能力

领导能力通常是指在组内影响别人并以特殊的方法实现小组目标的能力。项目经理在刚开始承担项目管理任务时，很多员工并不太信服他们。好的领导者不一定是好的经理，同样经理有其相应的职责，例如，组织、策划和控制等。

在这个问题上的权威人士发现，一个好的领导者应具备的特征很难找出。但是，可以这么说，领导者对权力和成就的要求比别人都高，而且领导者都有较强的自我克制力和自信心。

领导能力是以权威和权力为基础的，尽管领导者并不一定要有很多正式的职权。权力源自个人的职位(职位权力)或个人的魅力(个人权力)或这两者的混合。

职位权力进一步分成：

- 强制权：通过惩罚来强迫某些人做事情的能力；
- 联络权：这是以和有权力的人交往为基础的；
- 合法权：这是以反映特定身份的个人头衔为基础的；
- 奖励权：给那些工作让自己满意的人以奖励的权力。

个人权力则可以如下划分：

- 专家权：这源自于领导者是一个能做专业工作的人；
- 信息权：持有者对信息有独占访问的权力；
- 示范权：源自于领导者的个人魅力。

领导者要引导人们的情感力量，为了他们自己也为了别人，要为革新提供舞台，并培养其他的领导者。他们经常要进行指导和讲解，能够将其思想组织成便于讲授的要点。领导者的价值观，例如，正直、诚实守信以及对协定的神圣感都通过其行动体现出来。领导者要身体力行，而不是夸夸其谈。

领导者与管理者不同。领导者具有远见，能与团队沟通，使团队拥护其主张，信任他，并愿意为他工作。远见是一种长期的战略目标，需要通过一系列短期战术性的活动来实现。称职的领导者可以规划团队从“现在”到达远景目标的路线，保持团队的工作不脱离正轨，并通过实现各个里程碑鼓励团队。有些人可能会问“如何判断谁是领导者?”答案很简单，“看看他是否有追随者”。追随者会与领导者之间建立信任关系。

讨论：项目部经理与技术骨干一次失败的沟通

某软件公司一名优秀的系统设计师顾某今天递上了辞呈，但没有说明任何辞职的理由。项目管理部经理李某因为自己所属团队中的技术骨干要离开，觉得非常茫然，然而他一拍脑袋，想起来自己好长时间没有与其进行沟通，缺乏对这位优秀的系统设计师的工作和生活上的关心，他想起总经理经常指示各部门经理要学习沟通的技巧。因此，他向顾某发出了邀请，请他在今天下午，一起到附近一家茶社聊聊天，顾某也十分爽快地答应了。

当李某和顾某坐在茶社时，李某开始了谈话，他想挽留顾某，因此，从企业发展目标、公司技术战略说起，谈到企业当前技术人才的状况，也谈到自己工作真忙，谈到他自己正在头疼知何进行某省级社保信息管理系统的软件项目投标，谈到自己如何为各项目组的员工着想，并说正准备向总经理要求多给一线的项目组成员增加奖金，多增加一些高级薪资的等级指标……

可是，当李某谈到最满意时，他望向桌子的对面，只剩下空落落的一张椅子。顾某不知何时已不告而别，李某坐在那里沉思，回想自己刚才说的话，不知道说错了什么？为什么顾某要离他而去呢？

案例讨论：

1. 如果你是案例中的李某，面对着自己团队中的技术骨干要离开，你会怎么做？
2. 案例中，李某与顾某的沟通以失败而结束。你认为主要原因是什么？
3. 这个案例给了我们什么启示？

10.6　小　　结

大型软件项目需要很多不同专业的人员的通力合作，花费较长的时间才能完成，因此，成功的团队管理是软件项目顺利实施的保证。本章在介绍软件项目团队的基本概念和特征(10.1.1 节)的基础上，阐述了软件项目团队管理的任务(10.1.2 节)。软件项目团队建设是项目经理和项目团队的共同职责，涉及到确定团队目标和角色分工(10.2.2 节)，健全科学的管理制度(10.2.1 节)，选择合适的团队成员(10.2.3 节)，创造良好的工作氛围(10.2.4 节)，建立富有吸引力的激励机制(10.2.5 节)，形成项目团队的团队精神(10.2.6 节)等方面的建设内容，分析了无我编程团队(10.2.7 节)、主程序员团队(10.2.8 节)、极限编程团队(10.2.9 节)和 Scrum 团队(10.2.10 节)的特点，为建设优秀的软件团队提供了思路。在考虑团队制定决策的有效性之前，需要从总体上了解决策制定过程(10.3 节)，搞清楚影响决策的关键因素，制定相应的应对措施。沟通是保持项目顺利进行的润滑剂，沟通不是万能的，没有沟通是万万不能的！沟通对项目的成功，尤其是软件项目的成功非常重要，软件项目的成功依赖于良好的沟通技能。因此，了解有效沟通的原则(10.5.1 节)，学会消除沟通的障碍(10.5.2 节)，才能实现沟通双赢(10.5.3 节)。要想实现有效的沟通，需要编制沟通计划(10.5.4 节)，并及时地更新和调整沟通计划，以推动项目的顺利进行。

10.7 习　　题

1. 什么是软件项目团队？软件项目团队有什么特点？

2. 简述对软件项目团队成员进行激励时需要考虑的因素。

3. 简述软件项目团队中信息沟通的主要渠道及其注意事项。

4. 软件项目团队中都存在哪些沟通障碍?如何克服?

5. 有哪些类型的软件项目团队，各有什么特点？

6. 我在一家软件公司已经工作 3 年了，今年年初，公司领导任命我为某软件开发项目的项目经理，负责下属 9 个人的工作安排，对上级领导负责，并要按期完成规定的项目。可是我却没有对项目组成员的工作考核权！也就是说，我不能影响他们的收入。在项目组内部，最近出现了两种极端情况：一是工作不努力的，我叫他做什么事，他回答："我哪有时间啊？"我也只好闭嘴；另一种人工作很努力，却经常在我面前抱怨："做那么多事，老板也不知道。唉……"我顿时变得面红耳赤。请大家帮助我分析一下：下一步我该怎么办？

7. 老张是某个系统集成公司的项目经理。他身边的员工始终在抱怨公司的工作氛围不好，沟通不足。老张非常希望能够通过自己的努力来改善这一状况，因此他要求项目组成员无论如何每周都必须按时参加例会并发言，但对例会具体应该如何进行，老张却不知如何规定。很快，项目组成员就开始抱怨例会目的不明，时间太长，效率太低，缺乏效果等，而且由于在例会上意见相左，很多组员开始相互争吵，甚至影响到了人际关系的融洽。为此，老张非常苦恼。

(1) 针对上述情况，请分析问题产生的可能原因。

(2) 针对上述情况，你认为应该怎样提高项目例会的效率。

(3) 针对上述情况，你认为除了项目例会之外，老张还可以采取哪些措施来促进有效沟通。

8. 陈工为某系统集成公司的项目经理，负责某国有企业信息化项目的建设。陈工在带领项目成员进行业务需求调研期间，发现客户的某些部门对于需求调研不太配合，时常上级推下级，下级在陈述业务时经常因为工作原因在关键时候要求离开去完成其他工作，而某些部门对于需求调研只是提供一些日常票据让其进行资料收集，为此陈工非常苦恼。勉强完成了需求调研后，项目组进入了软件开发阶段，在软件开发过程中客户经常要求增加某个功能或对某个表进行修改，这些持续不断的变更给软件开发小组带来了巨大的修改压力，软件开发成员甚至提到该项目就感觉没动力。项目期间由于客户需求变更频繁，陈工采取了锁定需求的办法，即在双方都确认变更后，把变更内容一一列出，双方盖上公司印章生效，但是这样做还是避免不了需求变更，客户的变更列表要求对方遵守承诺，客户却认为这些功能是他们要求的，如果需要新的变更列表，他们可以重新制作并加盖印章。陈工对此很无奈。最终在多次反复修改后，项目勉强通过验收，而陈工对于该项目的后期维护仍然感到担忧。

(1) 请分析案例中沟通管理存在的问题。

(2) 如果你是陈工，可以采取哪些措施解决遇到的问题？

9. (项目管理)编制图书馆软件产品的沟通计划。

10. (项目管理)编制网络购物系统的沟通计划。

11. (项目管理)编制自动柜员机的沟通计划。

第 11 章　软件项目合同管理

合同是使卖方负有提供具体产品和服务的责任、买方负有为该产品和产品服务付款的责任的一种双方相互负有义务的协议。软件项目合同也是如此，指项目业主或代理商与项目承包商或供应商为完成一个确定的项目所指向的目标或规定的内容，以明确相互的权利义务关系而达成的协议。

合同定义了合同签署方的权利与义务以及违背协议会造成的相应法律后果，并监督项目执行的各方履行其权利和义务。合同是甲乙双方在合同执行过程中履行义务和享受权利的唯一依据，是具有严格的法律效力的文件，同时，合同也是一个项目合法存在的标志。作为项目提供商与客户之间的协议，合同是客户与项目提供商关于项目的基础，是项目成功的共识与期望。合同必须清楚地表述期望提供商提供的交付物。在合同中提供商同意提供项目成果或服务，客户则同意作为回报付给提供(承接)商一定的酬金。项目合同作为保证项目开发方、客户方既可享受合同所规定的权利，又必须全面履行合同所规定的义务的法律约束，对项目开发的成功至关重要。

学习目标

本章主要介绍软件项目采购管理和合同管理的相关知识，通过本章的学习，读者应能够做到以下几点：

(1) 了解项目采购的种类；
(2) 熟悉项目采购的过程；
(3) 熟悉合同的不同分类；
(4) 了解软件项目合同的条款与注意事项；
(5) 掌握合同管理的过程；
(6) 熟悉软件外包的好处和软件外包的过程。

案例：索尼电子与翰威特

索尼(Sony)电子在美国拥有 14 000 名员工，人力资源专员分布在 7 个地点，尽管投资开发 PEOPLESOFT 软件，但是索尼仍不断追求发挥最佳技术功效，索尼最需要的是更新其软件系统，来缩短预期状态与现状之间的差距。

在索尼找到翰威特(Hewitt)之前，索尼人力资源机构在软件应用和文本处理方面徘徊不前，所有人力资源应用软件中各地统一化的比率仅达到 18%，索尼人力资源小组意识到，不仅需要通过技术方案来解决人力资源问题，还需要更有效地管理和降低人力资源服务成本，才能提升人力资源职能的战略角色。

基于此，索尼电子决定与翰威特签订外包合同，转变人力资源职能。翰威特认为这将意味着对索尼电子的人力资源机构进行重大改革，其内容不仅限于采用新技术，翰威特还可以借此契机帮助索尼提高人力资源使用的质量、简化管理规程、改善服务质量并改变人力资源部门的工作日程，进而提高企业绩效。

在这样的新型合作关系中翰威特提供人力资源技术管理方案和主机、人力资源用户门户并进行内容管理。这样，索尼就可以为员工和经理提供查询所有的人力资源方案和服务内容提供方便。此外，翰威特提供综合性的客户服务中心、数据管理支持及后台软件服务。

索尼与翰威特合作小组对转变人力资源部门的工作模式寄予厚望。员工和部门经理期望更迅速、简便地完成工作，业务经理则期望降低成本和更加灵活地满足变动的经营需求。

此项目最大的节省点在于人力资源管理程序和政策的重新设计及标准化。通过为员工和经理提供全天候的人力资源使用、决策支持和交易查询服务，大大提高了效能。经理们将查询包括绩效评分和人员流动率在内的员工数据，并将之与先进的模式工具进行整合和分析。这些信息将有助于经理制定更加缜密、及时的人员管理决策，进而对企业经营产生巨大的推进作用。

项目启动后，索尼电子与翰威特通力合作，通过广泛的调查和分析，制定了经营方案，评估当前的环境并确定一致的、优质的人力资源服务方案对索尼经营结果的影响。

索尼电子实施外包方案之后，一些结果已经初见端倪。除整合和改善人力资源政策之外，这一变革项目还转变了索尼80%的工作内容，将各地的局域网、数据维护转换到人力资源门户网的系统上。数据接口数量减少了 2/3。新型的汇报和分析能力将取代原有的、数以千计的专项报告。

从未来看，到第二年时，索尼电子的人力资源部门将节省15%左右的年度成本，而到第五年时，节省幅度将高达40% 左右。平均而言，5 年期间的平均节资额度可达25% 左右。

这里介绍了索尼通过外包方式来开展人力资源工作的案例，可以由此形成规模经济效应并降低成本，通过履行合同，可以将翰威特的优势资源服务于索尼的人力资源管理，而且，索尼通过改造人力资源职能来进行电子化转变，实现有效的人力资源管理。

11.1　项 目 采 购

采购是指从组织外或项目系统外获取产品和服务的完整的购买过程。软件项目采购是从软件项目外部购买项目所需产品和服务的过程。采购过程涉及具有不同目标的双方或多方，各方在一定市场条件下相互影响和制约。通过流程化和标准化的采购管理和运作，可以达到降低成本、增加利润的作用。

1. 软件产品采购的种类

对软件产品，一般采购可以分为以下两大类。

第一类是对已经在市场流通的软件产品进行采购，这些是通用的软件产品。例如，某企业想做信息化建设项目，涉及数据库，就可以在目前市场上流行的几种厂家和种类的数据库中选择。例如，Oracle 公司的 Oracle 数据库、Microsoft 公司的 SQL Server 数据库和 IBM 公司的 DB2 数据库等。然后根据自己的需求，通过询价、签订合同和安装培训等过程来购买此类产品，这种采购过程基本已经形成几套通用的比较简单的解决方案，国内企业在处理这类产品的采购时大部分都处理得较好。但是个别的企业由于需求分析不清晰，培训工作不到位等原因，也会产生购买的产品不适用，或不会用的情况。

另一类软件产品采购形式是外包采购。在市场上没有现成的产品或没有适合自己企业需求的产品的情况下，需要以定制的方式把项目(功能模块)承包给其他企业，就需要外包采购。例如，某企业需要实施企业资源计划(Enterprise Resource Planning, ERP)项目，虽然可以购买一些现成的商用软件，但是，基于本企业业务流程的管理软件必须定制必须自己开发或外包给别的公司。

2. 项目采购的重要性

IT 行业的软件采购比较普遍，而且已经成为 IT 项目中获得产品或服务的一个重要手段。主要是因为下面的一些原因：

(1) 降低固定成本和经常性成本。例如，客户可以通过合理选择供应商来节省 IT 硬、软件的成本。

(2) 可以促使客户组织将重点放在核心业务上。大部分公司并没有 IT 项目部，如果在这方面投入大量的时间和资源，就会大大提高人员的负荷，通过对 IT 职能进行外包性的采购，员工可以将精力放在对企业至关重要的工作上。

(3) 获取技能和技术。例如，项目可能需要某领域专家的特殊服务或在某个时段需要使用昂贵的硬件或软件，这时通过采购的形式就可以确保项目获得所需要的技能或技术。

(4) 提供经营的灵活性。企业工作高峰时，通过采购可以获取外部人员为企业业务提供服务。

(5) 降低/转移风险。通过采购，把部分项目风险转嫁给别的单位或个人。

3. 项目采购的过程

项目采购一般包括以下主要过程：采购计划编制、询价计划编制、询价、承包商选择、合同管理和合同收尾。

1) 采购计划编制

采购计划编制是一个项目管理过程，确定项目的哪些需求可以通过采用组织外部的产品或服务得到最好的满足，包括决定是否要采购、如何去采购、采购什么、采购多少、以及何时采购。

对大多数项目来说，在编制采购计划过程中考虑周到并具有创造性是很重要的。采购工作通常由公司的采购部门而非信息管理部门主导，采购计划编制的输入输出如图 11.1 所示。

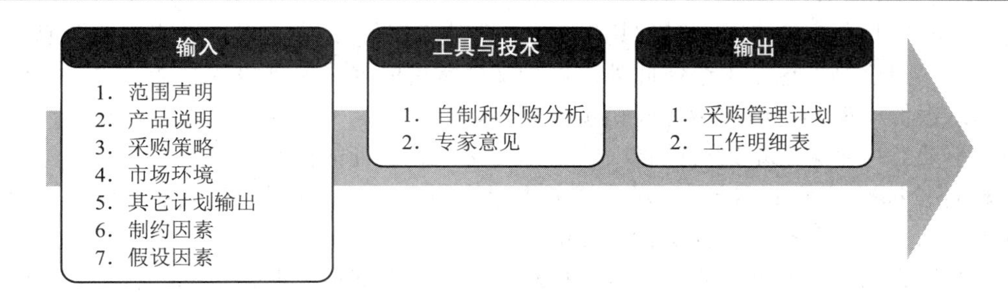

图 11.1　采购计划编制：输入、工具与技术和输出(输入表明了编制采购计划需要的基本信息，工具与技术说明了其采用的主要方法)

采购计划编制所需的输入包括：项目范围说明书、产品说明书、市场环境、约束条件和其他计划。在采购计划的编制中凡是可获得的其他计划都应该作为编制基础而给予充分考虑，通常必须考虑的其他计划有工作分解结构、初步成本和进度计划估算、质量管理计划和风险控制计划等。

采购计划的工具和技术有以下 2 种：

● 自制和外购分析。此法可用来分析哪些软件系统或模块由项目组开发，哪些软件或组件、服务向外面的厂商购买或开发。通常通过比较两种方式的成本和时间来进行决策，是非常普遍的管理工具。

● 专家意见。在采购计划的工具和技术中往往需要专家意见来评估管理输入，这种专家意见可由具有专门知识、来自多种渠道的团体和个人提供。

采购计划编制的输出有下面两部分内容：

● 采购管理计划。采购管理计划应说明如何管理从询价计划到合同收尾的整个采购过程，是总体项目计划的一部分。根据项目需要，采购计划可以是正式的或非正式的、非常详细的或概括性的，具体采用什么形式要根据项目的需要。采购管理计划在整个项目计划中是一个辅助因素。

● 工作说明书(Statement Of Work, SOW)。SOW 是对采购所要求完成工作的描述，是一种范围说明书，要能足够详细地说明采购项目，以方便潜在的卖方确定其是否提供该项目所需的产品和服务，并确定一个适当的价格。工作说明书应尽可能地明确、完备和简练，应包括附属服务的说明书，如所购产品对项目结束后的运作支持。在某些应用领域，对工作说明书有具体的内容、格式要求。

2) 询价计划编制

询价计划编制包括准备询价所需的文件并确定合同授予的评判标准。询价计划编制的依据是采购管理计划、工作说明书和其他计划编制的结果。其他计划应该作为采购计划编制的一个环节而再次被审查，需要特别注意的是询价计划的编制应该与项目进度计划保持高度一致，这是项目实现进度、成本控制的基本保障。

询价计划编制的输出有下面两部分内容：

● 采购文档。采购文档用于征求潜在的卖主所提供的建议，应方便潜在卖方做出准备以全面的答复为目的进行估价设计，通常包括有关的工作说明书、对于期望的答复形式的说明书和所有必要的合同条款。根据项目采购主要考虑的评价指标情况采购文档会有不同的名词，如主要考虑价格因素时称其为“投标”或“报价”；主要考虑技术、技能或方法时通常采用“建议书”这一术语；此外，采购文档常用的名称包括投标邀请、邀请提交建议书、邀请报价、谈判邀请和承包商初步答复等。有时采购文档这些术语会相互交换使用，应注意不要对使用某一术语可能带来的暗示意义作无保证的推测。

● 评价标准。评价标准用于对建议书进行排序或评分。如果项目采购可以很快地从多家可接受的来源中获得，则评价标准可能仅限于采购成本，否则就必须确定其他的采购评价标准并形成相应的文档。除采购成本标准外，常用的其他采购评价标准有卖方的信誉、技术能力、管理方法和财务能力等。如果采购项目已经存在于一些可接受的渠道中，评估标准可限于采购价格(采购价格包括采购项目的成本和采购费用)。如果采购项目还不存在，那么应制定其他标准以形成一个完整的评价制度。

3) 询价

询价就是从潜在的卖方获得建议书或标书，该过程的主要输出就是收到建议书或标书。

一旦买方收到建议书，就要选择一家供应商或取消采购，这是很费时的过程。供方选择包括评估投标者的建议书，选择一个最佳的投标者，进行合同谈判，签订合同。采购过程中，项目干系人应该参与项目最佳供应商的选择。买方通常制定一个简短的列表，只列出前 3 名到前 5 名的供应商，以减少选择过程的工作量。

询价过程通常包括采购文件的最后形成、广告、投标会的召开以及获得工作建议书或标书。但是，偶尔也有不采用正式的询价过程而进行的项目采购。

4) 供方选择

一旦买方收到建议书就需要选择一家卖家，供方选择包括接受建议书(或投标书)及选择供货商的评价标准。在供方选择决策过程中除了采购成本以外，还可能需要评价许多其他因素，例如可接受卖方按时交货的能力的评价；分别评价建议书技术(方法)部分和商务(价格)部分，或投标书的技术标和商务标；对于关键产品可能需要有多个供方等。

根据初步建议书，列出合格卖主的名单，然后根据更详细的和综合的建议书进行更为仔细的评价。对主要采购项目，这个过程可以重复。

供方选择通过合同谈判、量化定性指标的加权评价、编制采购成本估算等方法，以建议书(或投标书)、评价标准、组织政策为依据进行。

供方选择的结果就是与被选择的项目采购供货方签订采购合同。合同是一份要求卖方承担提供一定产品或服务责任，买方承担向卖方付款责任的互相约束的协议。

虽然所有项目文档都经过一定形式的审查和批准，但是，合同的法律约束性常常意味着合同可能需要经过更广泛的批准过程。总之，审查和批准的重点应该保证合同文本说明的是能够满足项目特定需求的产品和服务。

5) 合同管理

合同管理就是保证卖方的行为符合合同的要求，这个过程包括监督合同的履行、进行支付、合同修改。到合同管理过程结束的时候，项目组期望承包出去的大量工作已经完成。在书写和管理合同过程中有法律和合同专业人士的参与是作常重要的。

在现实中不少项目经理不懂合同管理，许多技术人员根本就对合同不屑一顾。理想情况下项目经理及其团队都应当积极参与合同的起草和管理过程，这样每个人都能理解一个好的项目采购管理的重要性。项目团队在处理合同问题时应多征求专家的意见。项目成员必须留意，如果对合同不理解，可能会引起法律问题。

6) 合同收尾

合同收尾(即合同的完成和结算)是项目采购管理的最后一个过程。这个过程通常包括产品审核，正式验收和收尾，以及合同审计。

合同收尾的一个内容就是进行产品审核，以验证所有的工作是否被正确地、令人满意地完成。另一个内容是更新反映最终成果的记录和归档将来会用到的信息的管理活动。

合同收尾的输出包括合同文件、正式验收和收尾。

上述项目采购过程不仅彼此交互，而且还与其他知识领域的过程交互。根据项目需要，每个过程可能涉及一人或多人或集体所付出的努力。

11.2 合同类型

合同类型是应当考虑的一件重要事项。软件项目采购根据采购类型不同，需要对应不同类型的合同，不同类型的合同将在不同情况下使用。合同分类也有很多种，可以按照承包的范围进行分类，也可以按照工作的内容进行分类，还可以按照成本的支付方式进行分类。

Bob Hughes 等人通过对供应商所得到的报酬的计算方法来区分不同的合同，包括固定价格合同、时间和材料合同和每单位固定价格合同。

11.2.1 固定价格合同

固定价格合同(Fixed Price Contract)也称为总价合同(Lump Sum Contract)，指详细定义产品或服务的固定总价。在这种情况下，当合同签订时价格已经确定了。客户知道：如果合同的条款没有变化，这就是项目完成时应该支付的价格。为了让这种机制更加有效，在开始时必须让承包商知道客户的需求，而且这些需求不能改变。例如，一家公司需购买 100 台具有一定分辨率和一定打印速度的激光打印机，要求在 2 个月内交付到指定地点，该公司可以就此签订一份固定价格合同。在该例中明确定义了产品和交付日期。

换一种说法就是，如果这个合同是为了构建一个软件系统，则必须完成详细的需求分析。一旦开始开发，客户就不能在没有重新商定价格的情况下更改需求。

这种合同的优点在于：

- 知道客户的花费。如果客户要对原先的需求进行更改，需要明确费用。
- 供应商的动机。供应商有一种以合算的方式管理交付系统的动机。

其缺点在于：

- 意外情况下的价格较高。供应商承受对产品规模原始估计的任何错误所带来的风险。为了减少这种风险的影响，供应商将在投标书中计算价格时留出足够的余地。
- 修改需求困难。在开发过程中有时需要修改需求的范围，这有可能造成供应商和客户之间的摩擦。

● 增加修改成本的压力。在和其他投标商竞争时，供应商不得不给出尽可能低的价格。一旦合同签订了，当给出进一步的需求时，供应商就会提出很高的修改价格。

● 对系统质量的威胁。为了满足固定的价格，软件的质量可能得不到保证。

固定价格合同也可以包括满足或超越既定项目目标的激励费。例如，该合同可能包括如果在 1 个月内交付激光打印机，则提供激励费。固定价格合同对于买方而言承担的风险最小。

11.2.2 时间和材料合同

在时间和材料合同(Time and Material Contract)中客户必须为每个单位(例如每个员工工时)的工作量付出一定的报酬。供应商通常会就当前对客户需求的理解给出总体的成本，但是这并不是最终报酬的基础。供应商通常会定期(例如每月)向客户列出已完成工作的清单。例如一位独立计算机顾问与一家公司签订的合同内可能规定按照服务时间每小时收费 80 元，另外还包括为项目提供特定材料的固定价款 1 万元；材料费也可以依据批准的材料购货收据支付，并规定上限为 1 万元；顾问每周或每月向公司提交发票，列明本周或本月的材料费、工时和相关工作的描述。

这种方法的优点如下：

● 需求修改很容易处理。如果项目有一个研究方向，随着项目的深入，项目的研究方向会发生变化，那么这可能是恰当的计算报酬的办法。

● 没有价格的压力。没有价格的压力能创造出更高质量的软件。

这种方法的缺点是：

● 客户的义务。客户要承受与需求定义不妥和需求变更相关的所有风险。

● 供应商缺乏动力。在以合算的方式工作或在控制交付系统的范围方面，供应商没有动力。

因为供应商似乎得到的是一张空白支票，所以时间和材料合同并不受欢迎。这种类型的合同通常用在工作无法明确定义，而且无法预测其总成本的情况下。另外，为了防止成本无限制增加，双方通常会协定最高限价和时间限制。

11.2.3 固定单价合同

固定单价合同(Fixed Price Unit Contract)是要求买方向卖方按服务的预订单价支付价款的合同，合同总价是完成该项工作所需工作量的函数。假设 IT 部门有一份购买计算机硬件的单价合同，如果该公司购买 1 台，成本可能为 5000 元；如果购买 10 台，成本将为 50 000 元；这种类型的合同经常含有数量折扣。举例而言，如果一个公司的购买量为 10～50 台，则合同成本可能是每台 4 000 元；如果购买量超过 50 台单价将降至 3000 元。

固定单价合同经常与计算功能点相关。在项目开始时已经计算或估计好要交付系统的规模。交付系统的规模可以通过代码行数来估计，但是，可以从需求文档中更容易、更可靠地获得功能点数(Function Point, FP)。每个单位的价格都会清楚地注明，最终价格就是单位价格乘以单位数量得到的。表 11-1 是一个典型的价格表。

表 11-1　每个功能点价格表

功能点统计	每个功能点的功能设计成本(元)	每个功能点的实现成本(元)	每个功能点的总成本(元)
2000 以下	242	725	967
2001～2500	255	764	1019
2501～3000	265	793	1058
3001～3500	274	820	1094
3501～4000	284	850	1134

在软件实际的开发过程中应用系统的范围可能会随着开发的进行而增长。所以要求软件供应商为开发项目所有的阶段给出单一价格可能不太现实。因为在需求还没有明确的情况下不能估算出所需的构造工作量。

为了解决上述问题，可以协商签订一系列的合同，每个合同覆盖系统开发的不同阶段。或者软件供应商可能首先进行软件设计，从这个设计中就能导出 FP 的数量。然后根据“每个功能点的功能设计成本”列的数据计算出设计工作所需要的费用。如果设计的系统有 1000 个功能点，那么费用就是 1000 × 242 = 242 000 美元。如果设计完成了，就构建并交付实际的软件，则将再增加收取 1000 × 725 = 725 000 美元。如果用户有了新的需求，该系统的范围也要增长，则新需求将根据设计和实现相结合的收费率来收费。例如，如果新的需求加起来有 100 个功能点，那么，多余工作的收费将是 967 × 100 = 96 700 美元。

这种方法的优点在于：

- 客户的理解。客户可以清楚地知道价格是如何计算的，并知道修改需求之后价格如何变化。
- 可比较性。不同的价格表可以进行比较。
- 产生新功能。供应商不承担增加功能的风险。
- 供应商的效率。与时间和材料合同不同的是供应商仍有以合算的方式交付所需要功能的动力。
- 生命周期的范围。需求不需要在开始时明确，因此开发合同既能覆盖项目的分析阶段，又能覆盖项目的设计阶段。

这种方法的缺点是：

- 软件规模度量有困难。代码行数很容易由于采用较为冗长的编码风格而膨胀。对于功能点而言，可能在功能点的数量上产生分歧：在某些情况下，功能点的计算规则可能对供应商或客户不公平。特别是用户几乎不熟悉功能点的概念，因而需要特殊的训练，解决方法就是使用独立的功能点计算器。
- 修改需求。有一些修改可能会严重影响现有的事务处理，却不会对功能点的数量有什么影响，因而必须就如何处理这些修改做出决定。开发末期的修改几乎总要比开发前期的修改费力。

为了减少后一个缺点，有的专家给出了依据修改出现的时间来确定收费的建议，如表 11-2 所示。

表 11-2 变更功能点的额外费用举例

处理功能点	验收测试前的移交	验收测试后的移交
新增功能点	100%	100%
变更功能点	130%	150%
删除功能点	25%	50%

除了以上三种付酬方式之外，还有一些其他的选择方案或经修改的选择方案。例如规格说明的实现可能采用固定价格，同时还附有进行添加或修改所需要收费的条款(按每个功能点 FP 进行收费)。还有一种情况是当承包商必须购买大量的设备时，价格也会波动，因为这种开销不是由于承包商的失误所造成的，在这种情况下就有可能达成一个谈判的合同：其中劳动按照固定价格计算，而所使用的某个特定组件则按其实际成本计算。

当考虑到合同的义务和报酬时，再一次涉及软件的本质问题(即：相对不可见性和灵活性)，这意味着很难确定系统的规模和随后的开发工作量。如果承包商确实规定了一个稳定的工作价格，那么必须对要执行的任务进行仔细的限制。例如，让承包商为每个项目的各个开发阶段都制定同个价格是不切实际的：当需求还没有确定时，怎么可能准确地估计构建软件的工作量呢？因此，有必要商定一系列的合同，每个合同对应系统开发生命周期的不同部分。

另一种合同分类方法是以欧盟的规定为基础的，根据选择承包商的方法来确定(至少是初步的区分方法)，可分为公开的、受限制的和谈判的。

11.2.4 公开的投标过程

采用招投标方式来确定开发方或软件提供商是大型软件项目普遍采用的一种形式。项目招投标包括对应的两个方面：对于用户单位来说就是招标；对于开发单位来说，就是投标。具体来讲，软件项目招标是指招标人(用户单位)根据自己的需要，提出一定的标准或条件，向潜在投标商发出投标邀请的行为；而投标是指投标人(软件开发单位或软件提供商、代理商)应招标人的邀请，根据招标公告和其他相关文件的规定条件，在规定的时间内向招标人应标的行为。项目招投标的最终结果是双方签订开发合同。

公开的投标过程是指投标人从公开的报刊、网络等媒体上看到感兴趣的招标公告，准备相关材料，向招标机构投出标书的过程，在这种情况下，任何供应商都可以进行投标来争取提供商品和服务。而且所有和投标邀请中列出的原始条件相适应的投标都必须用同一种方法进行考虑和估计。如果一个项目有很多投标者，那么估计过程将是一项很耗时的工作，而且很昂贵。

近几年出现了一个全球性的、消除不同国家之间相互提供商品和服务的人为障碍的运动。例如 WTO 和欧盟等团体，对确保国家政府和公共团体在没有很好的理由的情况下，不限制与其他国家签订合同，在这个问题上起到了积极的推动作用。WTO 监督的协议里面包括政府采购，其中的一个要素是制定执行投标过程的规则。在某些情况下，要求采用公开的投标过程。

11.2.5　受限制的投标过程

这种情况，只有那些受客户投标邀请的供应商参加投标。与公开投标不一样，客户可以在任何时间减少所考虑的供应商，这经常是能采取的最好的方法。但是这并非没有风险：如果产生的合同规定了固定的价格，客户就承担了保证供应商所获得的需求的完整性和正确性的责任。当需求文档有缺陷时，有时会让获得合同的投标商在后续情况下要求更多的附加报酬。

11.2.6　谈判的规程

在某些特殊情况下，总会有一些原因使得受限制的投标不一定是最佳的选择。例如，发生了火灾，毁坏了部分办公室(包括 IT 设备)。这里的关键问题是尽快获得代用设备，并使开发重新走上正轨，而且也没有时间重新进行一次冗长的投标过程。另一种情况可能是，一个新软件已经由他人成功地实现，但是其客户决定要在原有系统上再进行一些扩展。由于原先的供应商有非常熟悉现有系统的人员，因此再重新进行一次完整的投标过程来选择潜在的供应商也是很不方便的。

在这些情况下直接接受一个供应商的方法也许是对的。但是可以想象，直接接受一个供应商，客户就很难得到优惠的费用，所以只有在能够清楚判断的情况下才能这样做。

11.3　合同管理

一个软件项目一般是以招投标的形式开始的，作为软件的客户(需求方)根据自己的需要提出软件的基本需求，并编写招标书，同时，将招标书以各种方式传递给竞标方，所有的竞标方都会认真地编写建议书以参加竞标。经过招投标程序，并确定了中标单位后，双方需要签订项目合同。

项目合同是指项目业主(需求方)或代理人与项目提供商(承接商)或供应商为完成某一确定的项目所指向的目标或规定的内容，明确相互的权利义务关系而达成的协议。合同是甲乙双方在合同执行过程中履行义务和享受权利的唯一依据，是具有严格的法律效力的文件。作为项目提供商与客户之间的协议，合同是客户与项目提供商(承接商)关于项目的基础，是项目成功的共识与期望。在合同中，提供商(承接商)同意提供项目成果或服务，客户则同意作为回报付给提供商(承接商)一定的酬金。合同必须清楚地表述期望提供商(承接商)提供的交付物。项目合同对项目开发的双方都会起到重要的保障作用，作为保证项目开发方、客户方既可享受合同所规定的权利，又必须全面履行合同所规定的义务的法律约束，对项目开发的成败至关重要。

软件项目合同主要是技术合同，技术合同是法人之间、法人和公民之间、公民之间以技术开发、技术转让、技术咨询和技术服务为内容，明确相互义务关系所达成的协议。随着我国科教兴国战略的实施及国家扶持高新技术产业政策的落实，围绕着科学研究、技术开发、技术转让、技术服务和技术咨询等有关技术知识的交易也相对增多，技术合同的管理也越来越重要。

合同管理是围绕合同生存周期进行的，合同生存周期分为5个基本阶段，即合同准备、合同谈判、合同签署、合同履行与合同终止。另外，技术合同管理过程也考虑了企业在不同合同环境下承担的不同角色，这些角色包括：需方(甲方或买方)、供方(乙方或卖方)及内部，其中内部是指企业内的不同部门分别承担需方和供方的角色。合同管理过程如图11.2所示。

图11.2 合同管理过程(围绕合同生存周期，甲、乙双方就合同管理过程中的问题，关键是就合同争议、合同变更等达成共识)

在合同管理中，需方、甲方、买方的意义是一样的；供方、乙方、卖方的意义是一样的，可以统称，但在合同管理中通常称为甲方或乙方。

- 甲方是对所需要的产品或服务进行采购的单位或个人。包括两种情况：一种是为自身的产品或服务进行采购，另一种是为乙方进行采购(与乙方签订合同的一部分)。“采购”这个术语是广义的，包括软件开发委托、设备采购和技术资源获取等方面。
- 乙方是为甲方提供产品或服务的单位或个人。“服务”这个术语也是广义的，包括为甲方开发软件系统、提供技术咨询、提供专项技术开发服务以及提供技术资源(人力和设备)服务等。

一般来说，在合同管理过程中甲、乙双方各自确定一个合同管理者，负责合同管理的相关工作。本书主要针对软件开发企业的项目管理，所以主要讲解乙方的合同管理。

11.3.1 合同准备

企业作为供方，其合同准备阶段包括3个过程：项目分析、项目竞标、合同文本准备。以下分别介绍这3个过程。

1. 项目分析

项目分析是供方分析用户的项目需求，并据此开发出初步的项目计划，作为下一步能力评估和可行性分析之用。项目分析过程如图11.3所示。

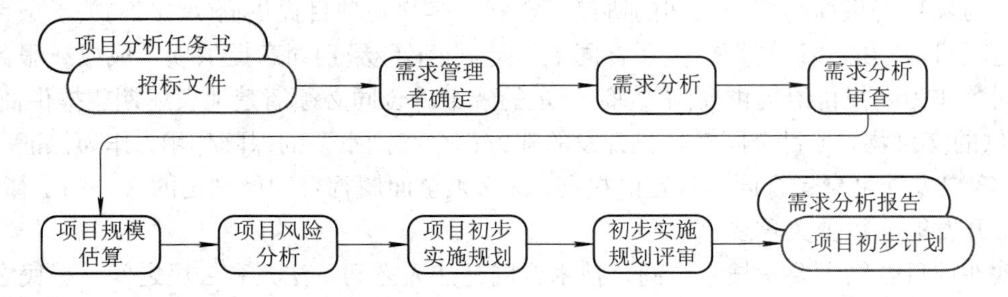

图11.3 项目分析过程(供方根据项目需求，完成需求分析，进行项目规模估算，在此基础上产生初步的项目计划，为下一步能力评估和可行性分析打下基础)

2. 项目竞标

项目竞标过程是供方企业根据招标文件的要求进行评估，以便判断企业是否具有开发此项目的能力，并进行可行性分析。可行性分析是判断企业是否应该承接此软件项目、项目是否可行的依据。首先判断企业是否有能力完成此项目，另外，判断企业通过此项目是否可以获得一定的回报。如果项目可行，企业将组织人员编写项目建议书，参加竞标。竞标过程如图 11.4 所示。

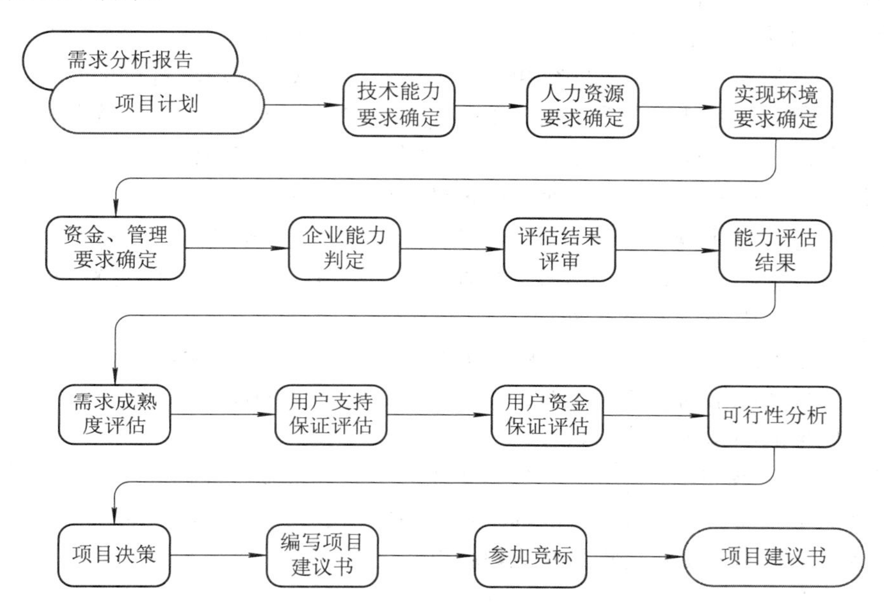

图 11.4　项目竞标过程(供方根据需求分析报告，判断企业能力，并进行可行性分析；如果项目可行，将组织人员编写项目建议书，参加竞标)

3. 合同文本准备

在合同准备过程中，一般由甲方提供合同的框架结构，并起草主要内容，乙方提供意见；有时，乙方可能根据甲方的要求起草合同文本，甲方审核；当然有时双方可以同时准备合同文本。合同文本准备过程如图 11.5 所示。

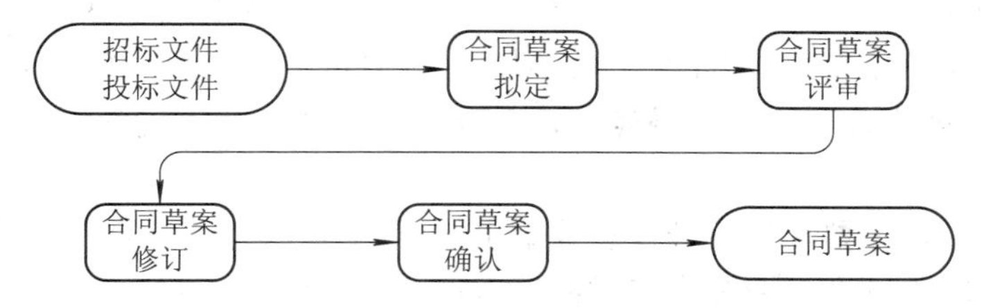

图 11.5　合同文本准备过程(一般由甲方提供合同的框架结构，并起草主要内容，乙方提供意见；有时，乙方可能根据甲方的要求起草合同文本，甲方审核；当然有时双方可以同时准备合同文本)

11.3.2　合同谈判

合同谈判是甲、乙双方之间关于合同细节的谈判，在双方都投入了一定的资源后才进入这个阶段，双方都想通过谈判取得对自己最有利的条件。在软件项目中，一边开始准备软件开发工作，一边进行合同细节谈判的情况并不罕见。当然，这并不是甲、乙双方希望看到的情况，双方还是应该在项目的所有工作开始之前先签署项目合同。最终双方要签署合同文件，所以，双方必须就合同中的条款和条件达成全面共识。

1. 谈判内容

合同谈判一般集中在以下几个方面：

- 软件的种类。包括定制的软件、定制的商用软件和买来就用的商用软件。
- 项目内容和范围的确认。内容和范围管理就是为成功实现项目目标而明确规定项目的范围，即确定项目的哪些方面是应该做的，哪些方面是不应该做的。软件项目的内容和范围很难界定，双方在理解上可能存在偏差，因此需要进一步谈判，在签订合同前，最好形成关于软件项目内容和范围的书面文件来进行详细的说明。
- 技术要求、技术规范和技术方案。要保证开发质量和软件项目的先进性，甲、乙双方在制订技术要求、技术规范和技术方案时，应全面考虑涉及的技术问题、尽可能采用成熟技术、慎重引入先进技术等方面。
- 技术成果归属。软件开发是人的智力产品，当软件产品产生巨大的经济效益后，甲、乙双方经常就技术成果的归属产生纠纷，因此，双方一定要确定是委托开发还是合作开发，最好事先对成果的归属做出约定。
- 价款、报酬或使用费及支付方式。对于技术合同价款、报酬或使用费来说，由于技术合同的情况不同而不可能有统一的标准，只能由当事人根据技术所能产生的经济效益、技术开发成本、技术的工业化程度和成熟程度、各方当事人所享有的权益及所承担的风险等多种因素协商确定。
- 验收标准。由于软件项目经常出现完工后迟迟不验收的情况，甲、乙双方互相推托责任，因此在合同签署前，要制订一个符合实际的验收标准。
- 工期和维护期。由于软件开发的不确定性，工作量难以估算，工期很难确定，维护期多长时间为宜也很难确定，工期和维护期的确定要有一定的灵活性，所以甲、乙双方对此也应进行协商。
- 软件质量控制。软件开发需要遵循一定的标准，双方在谈判时要确定这些标准。

在讨论合同时，可以标识出一些关键点，在这些关键点上，需要客户批准，项目才能继续进行。例如，可以将要开发的一个大型系统分割成多个增量，每个增量可以是一个接口设计阶段，在增量构建之前需要客户来批准这个设计，在不同的增量之间都有一个决策点。

在每个决策点，需要对软件开发企业给出的可交付物、客户所做的决策以及决策点的输出进行定义。软件开发企业和客户对决策点都负有责任。

2. 合同补遗

在合同谈判阶段，双方谈判的结果一般以《合同补遗》的形式，有时也以《合同谈判纪要》的形式形成书面文件。这个文件将成为合同文件中极为重要的组成部分，最终确定了合同签订人之间的意志，在合同解释中优先于其他文件。《合同补遗》不仅乙方重视，甲方也极为重视，一般由甲方起草。《合同补遗》或《合同谈判纪要》会涉及合同的技术、经济和法律等各个方面，作为乙方主要是核实其是否忠实于合同谈判过程中双方达成的一致意见，以及文字的准确性。对于经过谈判更改了招标文件中条款的部分，应说明已就某某条款进行修正，合同实施按照“合同补遗”某某条款执行。

11.3.3 合同签署

合同签署过程就是正式签署合同，使之成为具有法律效力的文件。合同的签署标志着一个软件项目的有效开始，这个时候应该正式确定乙方的项目经理。具体活动描述如图 11.6 所示。

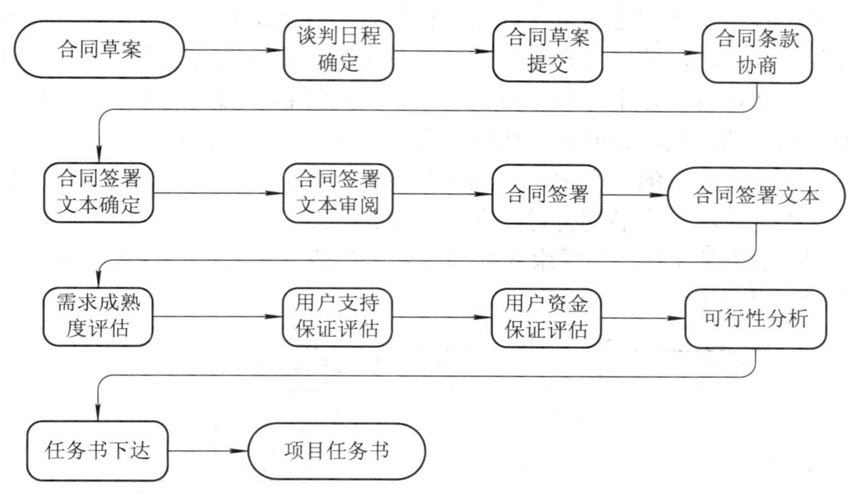

图 11.6 合同签署过程(合同的签署标志着一个软件项目的有效开始，这个时候应该正式确定乙方的项目经理。项目任务书是项目正式开始的标志，同时也是对项目经理有效授权的依据)

这里需要说明的是项目任务书，必须明确项目的目标和必要的约束，同时授权给项目经理。项目任务书是项目正式开始的标志，同时也是对项目经理有效授权的依据。项目经理需要对任务书进行确认。

11.3.4 合同履行

合同一经依法成立，就具有相应的法律效力，当事人双方就应当按照约定全面履行自己的义务。

1. 履行原则

在合同履行时，一般要注意以下原则：

(1) 全面履行原则。全面履行原则要求按照合同约定的标的及其数量、质量，以及合同约定的履行期限、履行地点、履行方式等，全面、正确、适当地履行合同义务。全面履行原则要求履行的主体正确、履行的标的正确、履行期限、地点、履行方式适当。

(2) 促进科学技术进步，推动科技与经济结合的原则。合同的履行必须有利于科学技术进步，提高经济效益。科学技术对我国市场经济建设具有重要意义，任何阻碍科学技术进步的合同及其履行都必然是违法的，不仅不会受到法律的保护，还会受到法律的制裁。

(3) 遵守社会公共道德的原则。合同的履行应当遵守社会公共道德，维护社会公共利益，保护生态环境和资源。

(4) 保护知识产权的原则。当今社会是知识经济或技术经济时代，尊重知识产权、尊重知识产权权利人的合法权益已成为技术合同的重要原则。

(5) 及时通知、相互协作和保守技术秘密的原则。技术合同履行往往是一个长期过程，会延续几年甚至几十年，这就需要双方当事人在履行过程中相互协作，出现问题应当及时通知对方，应当保守知悉的对方的技术秘密。

2. 合同管理

在合同的执行中，要对合同执行过程进行管理，这就是合同管理。合同管理就是确保合同双方履行合同条款，并协调合同执行与项目执行关系的系统工作。合同管理贯穿于项目实施的全过程和项目的各个方面，对整个项目的实施起着总控制和总保证的作用。

企业处于供方的环境，合同管理包括对合同关系使用适当的项目管理程序并把这些过程的输出统一到整个项目的管理中。主要内容包括：合同跟踪管理过程、合同修改控制过程、违约事件处理过程、产品交付过程和产品维护过程。

(1) 合同跟踪管理过程。合同跟踪管理过程是供方跟踪合同的执行过程。合同跟踪管理过程如图 11.7 所示。

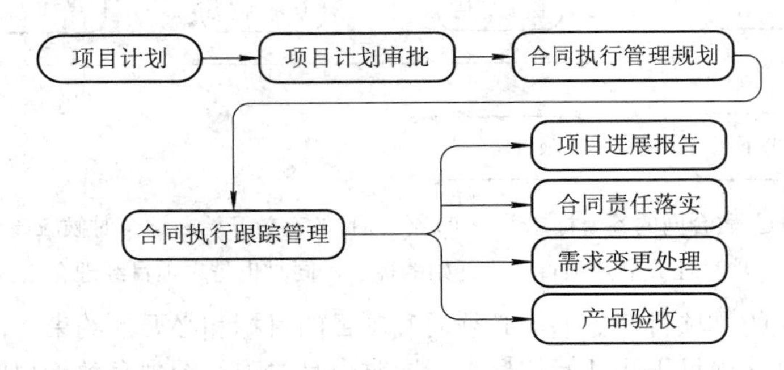

图 11.7 合同跟踪管理过程(通过合同跟踪管理，可以及时了解项目的相关情况，对一些突发状况也能很好地应对)

(2) 合同修改控制过程。在合同的执行过程中，可能发生合同的变更，合同修改控制就是管理合同变更的过程。合同修改控制过程如图 11.8 所示。

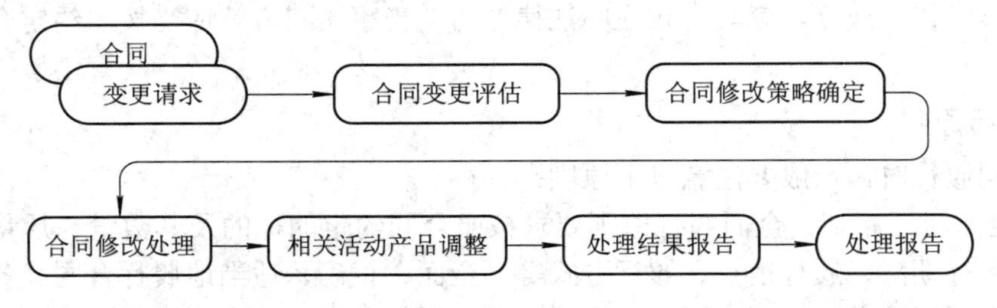

图 11.8 合同修改控制过程(发生合同变更，应该严格执行变更处理过程，否则，很容易产生问题)

(3) 违约事件处理过程。如果在合同的执行过程中，发生与合同要求不一致的问题而导致违约事件，需要执行违约事件处理过程。违约事件处理过程如图 11.9 所示。

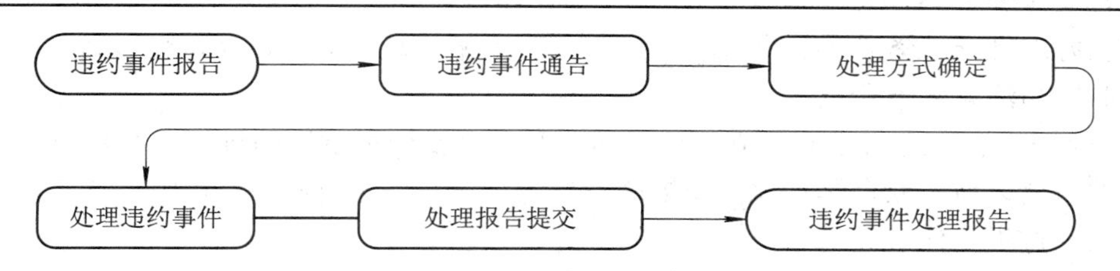

图 11.9　违约事件处理过程(发生与合同要求不一致的问题而导致违约事件，也需要及时处理)

(4) 产品交付过程。产品交付过程是供方向需方提交最终产品的过程。产品交付过程如图 11.10 所示。

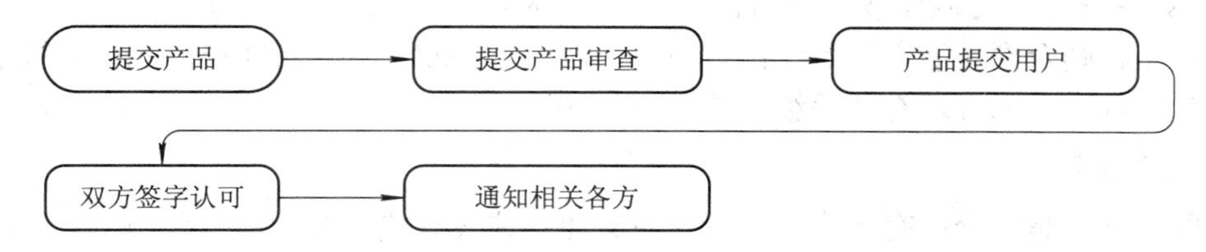

图 11.10　产品交付过程(供方向需方提交最终产品，应该进行严格的审核，并由双方签字认可)

(5) 产品维护过程。产品维护过程是供方对提交后的软件产品进行后期维护的工作过程。产品维护过程如图 11.11 所示。

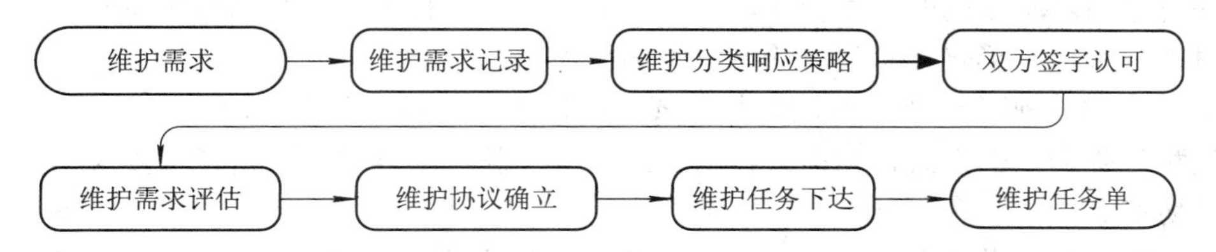

图 11.11　产品维护过程(产品维护应该按照维护类型进行处理，有的维护并不需要即时处理)

3. 合同执行过程的管理依据

合同执行过程的管理依据主要有以下几项：

(1) 合同文本。

(2) 工作结果。作为项目计划实施的一部分，收集整理供方的工作结果(完成的可交付成果、符合质量标准的程度、花费的成本等)。

(3) 变更请求。变更请求包括对合同条款的修订、对产品和劳务说明的修订。如果供方工作不令人满意，那么，终止合同的决定也作为变更请求处理。供方和项目管理小组不能就变更的补偿达成一致的变更是争议性变更，称为权力主张、争端或诉讼。

(4) 供方发票。供应方会不断地开出发票，要求清偿已做的工作。开具发票的要求，包括必要的文件资料附件，通常在合同中加以规定。

11.3.5　合同变更和解除

1. 合同变更

合同变更，是指合同成立以后、履行完毕之前，由双方当事人依法对原合同的内容进行的修改。《合同法》规定，“当事人协商一致，可以变更合同。法律、行政法规规定变更合同应当办理批准、登记等手续的，依照其规定”。根据这一规定，合同的当事人在变更合同内容时应当注意以下几点。

(1) 合同内容变更与合同订立一样，需要有一个要约和承诺的过程。在双方当事人未达成新的协议以前，原合同有效。如果达不成协议，在签订新协议过程中一方有过错的应当承担缔约过失责任。

(2) 当事人在变更合同内容时，应当就因此引起的损失承担达成协议，以避免不必要的纠纷。

(3) 当事人对合同变更的内容约定不明确的，推定为未变更。

(4) 如果法律、行政法规规定合同变更应当办理登记、批准等手续，应依其规定办理有关手续，否则合同可能不发生法律效力。若法律、行政法规规定在办理登记、批准手续后才生效的合同，未办理有关手续之前不发生法律效力。

2. 合同解除

合同解除，是指合同有效成立后，在没有履行或没有完全履行前，因当事人的约定或法律规定，使基于合同发生的权利义务关系终止的行为。

合同解除有两种形式，一是协议解除，二是法定解除。

(1) 协议解除。协议解除是指当事人通过协商一致解除合同关系。协议解除是基于当事人的意思而解除合同的一种形式，是一种双方的法律行为，是合同自愿原则在终止合同关系时的一种运用形式。协议解除有以下两种情况。

- 事后协商解除。指在合同履行前或履行过程中，经当事人协商一致即可解除合同。使用这种解除合同的形式，当事人在协商时，应当就解除合同后的责任与损失的分担等内容一并协商。
- 约定解除。指在订立合同时当事人就可以约定解除合同的条件，一旦条件成立，有解除权一方的当事人就可以解除合同。使用这种形式解除合同的，在约定条件时，要注意与违约责任和补救措施联系在一起。

(2) 法定解除。法定解除是指合同成立后，在没有履行或者履行过程中，当事人一方行使法定解除权而终止。法定解除是一种单方的法律行为，即当事人一方在法律规定的解除条件出现时，即可以通过行使解除权而终止合同。法定解除是法律赋予当事人的一种选择权，即当守约一方当事人认为解除合同对他有利时，可以通过解除合同来保护自己的利益。

法定解除与协议解除不同，主要在于法定解除是当事人一方行使法定解除权的结果，在法定解除条件出现时，有解除权的一方可以直接行使解除权，将合同解除，而不必经过对方同意。协议解除则是双方的法律行为，并非一方行使解除权的结果。

合同解除与合同变更有许多相似之处，例如，都改变了原合同关系、原合同关系都不需再履行、法律规定的条件和程序也雷同等。但是，合同的变更与合同的解除是两个完全不同的法律制度，不可将其混淆。

11.3.6 合同争议

合同争议，指当事人之间对合同的履行情况和不履行后果产生的争议。对履行情况的争议，一般是对合同义务是否履行，或者是否已经按照合同约定的要求进行履行产生的分歧。对不履行后果的争议，一般是对没有履行合同义务或者没有完全履行合同义务的责任，由谁承担和承担的方式、数量等的争议。

合同在履行过程中，由于复杂多变的客观因素或者当事人的主观因素，发生争议是难免的。争议一旦发生，当事人之间的权利与义务关系处于一种不确定状态，不利于保护当事人的合法权益，因此应当尽快解决。

1. 技术合同争议产生的原因

技术合同产生争议的原因很多，具体说来有以下两类：

(1) 客观原因。有些技术合同争议是由于客观原因造成的，例如，科学技术的发展、市场情况的变化、国家计划的修改、重要材料和实验条件的短缺，以及配合部门的工作失误等，造成技术合同不能履行或履行合同义务达不到约定条件。

(2) 主观原因。主观原因主要包括以下几个方面：

● 技术合同纠纷是由于认识差异引起的，例如，对技术成果、技术条件、特定专业技术问题的不同评价和观点，造成对合同履行与否、责任归属观点不一。

● 由于一方有欺诈行为，法制观念不强，职业道德低下，缺乏履行合同的能力，无视知识产权保护，导致没有履行技术合同或没有完全履行合同，最终发生合同争议。

● 因签订合同失误造成纠纷。由于一方当事人缺乏对技术交易的知识和经验，对技术合同规范理解不透彻，没有聘请律师协助而导致合同不完备、合同存在漏洞、上当受骗等。

此外，技术合同涉及的技术问题比较复杂、履行期限比较长等，也是技术合同容易发生纠纷的一个重要因素。

2. 技术合同常见的争议

由于技术合同比较复杂，争议的种类很多，归结起来，主要有以下几种：

(1) 就技术合同的标的技术、提供的服务以及其他履行义务行为是否符合合同约定发生争议。

(2) 就履行技术合同产生的技术成果权属以及分享发生争议。

(3) 就技术培训的条件、培训质量、培训人员的待遇等问题发生争议。

(4) 就合同中的概念术语的理解发生争议，例如，对假日、专业名词、技术培训等的理解产生争议。

(5) 存在合同欺诈的情况下，对是否存在欺诈以及欺诈一方的责任等问题发生争议。在确实存在欺诈的情况下，当事人很可能找不到承担责任的主体。

(6) 存在合同漏洞的情况下，当事人对合同未约定的事项发生争议，例如没有规定不可抗力的范围，技术开发合同没有约定风险责任、货币种类以及汇率风险等。

(7) 对合同的有关条款约定不明确，例如对后续技术成果权利归属约定不明确，导致对不明确的事项发生争议。

(8) 对是否应当终止合同、是否应当解除合同发生争议。

(9) 对合同的有效性发生争议，例如技术合同是否无效或可撤销。

(10) 对一方当事人的损失以及具体损失数额发生争议。

(11) 对合同纠纷的解决方式发生争议。

3. 争议的解决方式

当出现合同争议时，有以下几种解决方式：

(1) 和解。指合同当事人发生争议后，在没有第三方介入的情况下，在自愿互谅的基础上，就已经发生的争议进行谈判协商并达成协议。和解具有不伤和气、方便灵活和节省费用等优点，是当事人首选的解决争议方式。

(2) 调解。指由当事人双方都信任的第三者充当调解人，通过第三者的沟通，遵循公平和诚实信用的原则，按照法律、行政法规的规定，对争议问题达成一致。调解根据第三者身份的不同，可以分为民间调解、行政调解、仲裁调解和司法调解。

(3) 仲裁。指根据当事人的仲裁协议，由仲裁机构以第三者的身份，对技术合同发生的争议，在事实上做出公断，在权利义务上做出裁决的准司法活动。通过仲裁解决争议，可以充分尊重当事人意愿，简便、高效地解决合同纠纷，保障合同当事人的合法权益，维护技术市场的正常秩序。

(4) 诉讼。指合同当事人就合同争议依法向人民法院起诉，由人民法院按照审判程序作出判决，使合同争议得到解决。

4. 技术合同争议的预防

技术合同产生争议是不可避免的，但是要尽量预防争议的发生，在实践中要把握以下几个原则：

(1) 慎重选择签约对象；

(2) 约定技术合同有关的权益归属；

(3) 约定风险责任；

(4) 约定后续改进的技术成果归属；

(5) 约定技术的使用范围和保密责任；

(6) 可以约定设立担保条款。

11.3.7 合同终止

当供应商或软件提供商全部完成项目合同所规定的义务后，项目组织负责合同管理的个人或小组就应该向供应商或软件提供商提交项目合同已经完成的正式书面通知。

在合同终止过程中供方应该配合需方的工作，包括项目的验收、双方认可签字、总结项目的经验教训、获取合同的最后款项、开具相应的发票、获取需方的合同终止的通知和将合同相关文件归档等。

一般合同双方应该在项目采购或承接合同中对于正式接受和终止项目合同有相应的协定条款，项目合同终止活动必须按照这些协定条款规定的条件和过程开展。

需要说明的是，项目合同的解除也是项目合同终止的一种形式。

11.4 软件外包

软件行业的技术与模式日新月异，新技术层出不穷，行业与地域存在壁垒，而且软件业是人力资源成本相对较高的行业。企业需要采用外包和采购形式来获取待开发产品的部件，最大限度地从社会分工合作、资源共享中获益。因此，发展中的软件公司，为了克服积累不够或水土不服等弱点，把自己不擅长或非发展方向的项目进行外包是非常普遍的现象。跨国企业为了降低成本，将非核心技术开发、测试等外包更是越来越多。

1. 软件外包的定义

软件外包就是把软件开发承包给第三方厂商而不是在公司内部开发。承包方在特定的领域有较丰富的经验，能够在给定的时间内投入足够的开发人员，并且备用一个大的程序库可提供重用源码。

国内很多公司非常擅长策划外包，而不善于执行外包。原则上讲，外包需要更好的管理，只有当委托方和承包方对外包管理规范达成了共识，才可能有效地管理整个外包过程，从而使双方共同获益。软件外包管理是软件开发过程从公司内部部分或全部延伸到公司外部的管理规范与管理技术。外包管理是指委托方依据既定的规范选择合适的承包商、签订合同、监控开发过程和验收最终成果。与内部实施相比，管理难度有过之而无不及。

数据：我国服务外包业的现状

商务部公布的数据显示，中国服务外包产业国际市场份额进一步扩大，2011 年，承接服务外包占全球的 23.2%，比上年提高 6.3 个百分点。新增服务外包从业人员 85.4 万人，其中新增大学毕业生(含大专)58.2 万人，占比达 68.1%。截至 2011 年底，全国服务外包企业达到 16 939 家，从业人员 318.2 万人，其中大学以上学历 223.2 万人，占 70.1%。

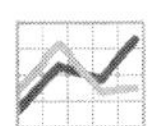

分析：印度软件与服务外包业

20 世纪 80 年代以来，印度坚持国际化导向，以世界眼光谋划发展，在全球范围配置资源，使软件与服务外包产业迅速崛起。如今印度已成为世界最大的软件接包国和仅次于美国的第二大软件出口国，与全球经济体系的联系日益紧密。

产业规模不断扩大。多年保持高速增长态势，1990 年软件产业年产值仅为 1.9 亿美元，2010 年迅速增长至 626 亿美元，年均增速高达 33.6%。2008—2010 年软件和服务外包产业出口额所占比重分别为 77.5%、78.7%和 80%，其中服务外包占据了整个出口额的绝大部分市场，信息技术外包和业务流程外包分别占 57.2%和 27.4%。

出口市场日趋多元。软件和服务已出口 130 多个国家和地区，占世界 20%的市场份额，其中欧美市场多年占据 90%以上的比重。近几年，美国市场增速放缓，欧洲、亚太等地区保持较快增长。2004—2008 年，美国市场增速为 28.7%，欧洲、亚太地区年均增速分别高达 51.4%和 42.1%，以欧美市场为主导的出口多元化格局逐步形成。

集聚效应更加凸显。有 43 个城市开展软件和服务外包业务，班加罗尔、钦奈、海德拉巴、新德里、孟买和普纳等城市的业务收入占全国 90%以上，仅班加罗尔就集聚海内外软件企业2084家。

产业升级持续推进。在保持低成本优势基础上，服务外包逐步从呼叫中心、数据录入和售后服务等低端业务向市场分析、系统集成和方案执行等价值链高端业务转移，知识流程外包约占世界70%的份额，成为金融服务、医疗卫生服务和人力资源外包等广泛的服务外包领域，以及新兴的动漫和游戏开发领域的成熟目的地。

本土企业和外企共赢。初始阶段，印度针对本土企业小而弱的实际，通过实施“软件科技园计划”，先后吸引德州仪器、IBM 等一大批国际巨头集聚，促进软件开发出口，带动本土企业发展。同时进行财税金融扶持，推动国际合作、上市融资、兼并收购，促使其做大做强，塔塔、印孚瑟斯等一股“印度力量”迅速崛起，千人以上企业有上百家，排名前十的企业人数均在2万以上，前几名的营业收入都超过 20 亿美元。本土企业在信息技术外包服务和业务流程外包服务领域，分别占到70%和50%。

品牌托市。印度采用国际最先进的技术质量标准进行服务外包，是世界上获得质量认证软件和外包企业最多的国家，有300多家企业获得ISO 9000认证，全球最高资质(CMM5级)的117家企业印度占了80家。严格的软件开发过程管理，树立了印度软件外包高质量、低成本、按时间、守协议的良好形象，得到国际用户的广泛认可。近年来，受国际市场尤其是美国市场低迷影响，同时受中国、巴西等服务外包新兴国家挑战，印度外包的成本优势有所下降。现在正积极推动产业升级，通过提高自主创新能力提供自主知识产权产品，采用虚拟化、云计算和绿色IT等新技术提供差别化高端服务，“高端、创新、卓越”的产业新形象逐步确立。

2. 软件外包的好处

越来越多的欧美大型软件公司将软件业务外包给印度和中国，主要原因在于国际软件外包业务能使发包方和接包方最终实现双赢。对接包方而言，承接软件外包业务意味着重要的发展机遇；对发包方而言，外包能带来巨大利益。

1) 对发包方的好处

- 软件外包可以降低项目成本。欧美等发达国家的软件技术人员工资比印度、中国等软件生产“蓝领”国家同等水平人员的工资高。2010年，印度员工的工资与美国员工的工资比率为1∶3；中国和美国的工资比则为1∶7。所以，不少欧美国家软件开发公司都选择将软件开发与测试环节外包给印度、中国等软件服务公司，以大幅度降低成本。
- 软件外包有助于提高质量。实践证明，通过软件外包可以提高软件质量。例如，全球最大的软件公司 Microsoft 开发的 Windows 操作系统，需要同时发布多种不同语言的本地化软件，包括英语、简体中文、繁体中文、日语、韩语、德语、法语和阿拉伯语等，这些本地化版本的翻译、编译、测试工作如果全部在美国微软公司内部完成，需要招聘大量精通每种语言的软件技术工程师，否则无法保证语言质量。如果将这些工作环节外包给语言使用地的专业软件服务公司，凭借本地软件接包公司在语言方面的绝对优势，可显著提高软件质量。

● 软件外包能够缩短开发周期。复杂的软件开发工作需要耗费大量人力和时间，如果所有开发环节都在同一家公司内部完成，有的甚至需要耗费几年时间。如果外包给软件承接商，既可以节约人力聘用成本，还能减少耗时，缩短开发周期，从而有效避免软件开发成果滞后或竞争对手相似产品已占领市场的被动局面。

● 软件外包可以解决企业内部人力资源的限制。项目外包有很多优点，最主要的一点也许并不是为了降低开发成本，而是为了解决企业内部人力资源的限制，使得企业不用招聘新员工就可以开发大型项目。外包费用是一次性的商业开支，不像雇员薪资这样成为企业的长期营运成本。假如企业有些一次性的大型项目需要马上启动，但是缺乏足够的资源，或者企业本身没有相应的技术人员来执行的时候，外包不失为一个可行的解决办法。

2) 对承接方的好处

● 承接软件外包可获得较高利润。软件外包的承接方一般是人力成本相对偏低的国家和地区。例如，中国和印度软件开发与测试工程师的平均工资比欧美同等级别人员的工资低很多。相对于发包方所在国家或地区的收入水平，虽然发包方对项目外包支付的价格偏低，但是接包国家或地区公司的总体收益水平却远远高于当地。

例如，美国 A 软件企业将某软件测试项目外包给中国 B 软件外包公司。按每个测试工程师工资每小时 15 美元计算，每天 8 小时，B 公司每人每天为公司获得的劳务收入为 120 美元；月工作时间按 22 天计算，则每人每月能为公司创收 120 × 22 = 2640 美元；按 US$1 = RMB￥6.4 的汇价可折算为 16 896 元人民币。目前中国软件服务外包公司的工程师工资大约为 4000～8000 元人民币，剔除营运成本和各种税费，B 公司最终可获 35%以上的纯利润。

这一利润水平对我国软件开发行业的诱惑力相当巨大。因为，我国目前由于软件行业竞争过于激烈导致的竞相降价争夺“招标项目”倾向和通用软件盗版的恶劣影响，造成中国软件开发行业整体利润已下滑至 5%，远远低于企业正常发展净利润高于 11%的平均水平。

● 承接软件外包有助于学习先进技术。软件服务外包的发包方一般是发展较为成熟的大型国际化软件公司，在技术和管理流程方面经验丰富，而承接软件服务外包的企业则规模较小，普遍缺乏开发与管理大型国际化软件的经验，整体实力不足。通过承接大型软件公司的外包项目可以学习各种软件开发与测试技术、项目流程规划设计原理、项目流程管理等多方面的先进技术。

例如，印度软件外包产业从承接美国软件外包测试起步，目前已形成多家规模较大、具备承接大型软件咨询和设计能力的外包服务公司。塔塔咨询(TCS)、印孚瑟斯(Infosys)等企业的规模均超过 5 万人，在美国市场上已经和 IBM、HP 等大型公司展开正面竞争。

● 承接软件外包能加速国际化步伐。走国际化之路已成为许多发展中国家企业发展战略的重要选择，但是，由于发展中国家受僵化思想意识的影响，真正实现国际化的企业较少。

承担软件外包项目有助于接包企业通过与国外客户的沟通与交流，了解国际市场软件行业趋势，适应行业国际规则，建立和维持良好的国际客户关系，为尽速实现国际化奠定基础。

● 培养软件人才。软件外包除了能够提高软件开发技术之外，还能够训练语言能力、沟通能力、管理能力，甚至外贸能力等，特别是有利于培养能与国际软件行业接轨的人才。

● 加强企业管理。外包企业参与国际分工协作，面临国际性的竞争，企业不仅仅要建立按照国际惯例规范的企业运行操作制度，更多企业争取达到国际认可的质量和管理标准来提高在国际市场的竞争力和信誉度，如 ISO 9000 系列、CMMI(Capability Maturity Model Integration，软件能力成熟度模型集成)等。

● 规模和产业化。软件外包促进企业自身的完善和发展，同时也促进软件产业的发展。软件产业成为了人力资源丰富国家的新型产业，不仅仅带来税收、创造就业、推动国内软件产业的需求和发展，还带动相关联的其他服务行业的发展，例如，教育培训等。各个国家都相当重视，印度专门成立由前几任总理为领导的软件产业发展机构，中国则可以看到遍布全国各大城市的软件产业园。

3. 软件外包管理过程

一般在立项阶段，项目经理应当与系统分析设计人员及其他相关人员对系统、资源、成本等进行充分的讨论与分析，然后做出自主开发、外包或购买的决策，确定待开发软件系统的哪些部分应当“采购”、“外包”或“自主开发”。如果需要外包开发，那么需要成立外包管理小组，确定外包合同经理。软件外包管理过程如图 11.12 所示。

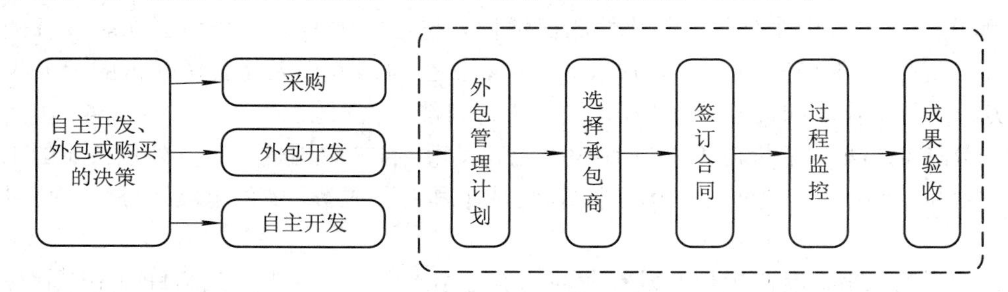

图 11.12 软件外包管理过程(软件外包可以有效转移项目风险，但又依赖于承包商的能力，因此，对承包商的选择和过程监控需要尤其关注)

1) 制订外包管理计划

外包管理小组负责整个外包的事宜，根据项目需求要定义外包需求、策划外包承包商的选择、外包合同的拟定、推荐并管理各外包项目监理、执行外包合同、监控项目进展、积累外包获取的财富、量化评估外包承包商的业绩和维护外包承包商关系记录等。

2) 选择承包商

选择承包商包括竞标邀请、评估候选承包商的综合能力和确定承包商三个阶段。

● 竞标邀请。首先由外包管理小组负责人起草《项目竞标邀请书》，然后与候选乙方建立联系，分发《外包项目竞标邀请书》及相关材料。之后候选乙方与委托方有关人员进行交流，进一步了解外包项目，撰写投标书，并将投标书及相关材料交付给项目合同管理小组负责人(用于证明自身能力)。投标书的主要内容有：技术解决方案、开发计划、维护计划和报价等。

● 评估候选乙方的综合能力。为有效评估候选乙方的综合能力，合同管理小组应制定《评估检查表》，主要评估因素有：技术方案是否令人满意，开发进度是否可以接受，性价比如何，能否提供较好的服务(维护)，是否具有开发相似产品的经验，承包商以前开发的产品质量如何，开发能力与管理能力如何，资源(人力、财力、物资等)是否充足和稳定，信誉如何，地理位置是否合适，外界对其评价如何，是否取得了业界认可的证书(如 ISO 质量认证、CMM2 级以上认证)，项目管理小组对候选乙方进行粗选并对通过了粗选的承包商进行综合评估。项目合同管理小组要和候选乙方进行多方面的交流，依据《评估检查表》评估候选承包商的综合能力，将评估结论记录在承包商的《能力评估报告》中。

- 确定承包商。项目管理小组给出候选承包商的综合竞争力排名，并逐一分析与其建立外包合同的风险，选出最合适的承包商，将结论记录在《承包商能力评估报告》中。甲方确定最终选择的乙方名单。

选择合适的外包商，并不能单以价格来做最终决定。优质的服务需要付出较高的代价，企业应根据自身对软件质量的要求来决定服务的代价。按照国际企业的衡量指标，外包投入比本身开发的净投资多付 15%～20%。也就是说，如果企业本身开发需要 30 万元的话，那么合理的外包服务价格大概是 34 万元～36 万元。

3) 签订外包合同

外包管理小组和承包商就《外包开发合同》的主要条款进行协商(谈判)，达成共识，然后按照指定的模板共同起草《外包开发合同》。外包管理小组和承包商仔细审查《外包开发合同》中的每个条款，确保合同没有错误和隐患。合同双方的代表(具有法律效应的人)在《外包开发合同》上签字，此后合同生效。

4) 监控外包开发过程

双方签订合同后，外包管理小组不等于等着验收成果，而是应当主动监控外包开发过程，否则风险太大。外包管理小组定期(例如每两周一次)检查承包商的开发进展情况，并记录到《外包开发过程监控报告》中。检查的重点是：

- 实际进度是否与计划相符？
- 承包商的投入(人力、物力、财力)是否充分？
- 工作成果的质量是否合格？

外包管理小组应当督促承包商纠正工作偏差。如果需要更改合同、产品需求或开发计划，则按照变更控制规程处理。

5) 成果验收

外包合同的成果验收流程包括验收准备、成果审查、验收测试、问题处理和成果交付。

- 验收准备。承包商将待验收的工作成果准备好，并将必要的材料提前交给外包管理小组。外包管理小组慎重地组织验收人员。双方确定验收的时间、地点和参加人员等。
- 成果审查。验收人员审查承包商应当交付的成果，如代码和文档等，确保这些成果是完整的并且是正确的。验收人员将审查结果记录在《外包合同验收报告》中。
- 验收测试。验收人员对待交付的产品进行全面的测试，确保产品符合需求。验收人员将测试结果记录在《外包合同验收报告》中。
- 问题处理。如果验收人员在审查与测试时发现工作成果存在缺陷，则外包管理小组应当视问题的严重性与承包商协商给出合适的处理措施并记录在《外包合同验收报告》中。
- 成果交付。当所有的工作成果都通过验收后，承包商将其交付给外包管理小组。双方的责任人签字认可。外包管理员通知本机构的财务人员，将合同余款支付给承包商。

4. 承接软件外包项目需注意的问题

目前，软件外包在中国软件出口中占有很大的比重。由于国内外软件企业在文化、管理上的差异以及地理位置的间隔等因素，承接软件外包项目不能采取一般项目的管理模式。承接软件外包需注意以下问题：

(1) 明确约定权责利。对外包合同的中因素，逐条认真地谈判，明确双方的权责利。

(2) 明确约定变更管理规程。外包中不可避免会有需求、设计等的变更，编码方的一切工作是围绕着设计方的设计结果进行的。如果设计方设计变动过多，就会导致编码方的费用、工时的增加，从而极易使编码方产生厌倦、怠工情绪。在外包项目管理中采用消极措施只能导致项目的延误，因此，明确约定变更管理规程可以避免随意变更，也可以在发生变更时有章可循。

(3) 熟悉设计。国外向国内外包的许多项目主要是软件的编码和测试工作，需求分析和设计都是由发包方完成。许多软件外包项目失败常常是因为编码人员对设计意图的误解而产生的。因此在进行项目开发之前，首先要让国外分析、设计人员将设计结果的各个子项目的定义、规则、意义进行详尽的阐述；其次让编码人员对整个项目的概况及具体实现细节有一个清楚的认识，然后再进入具体的编码阶段。

(4) 及时沟通。在进行项目管理时应该把沟通放在第一位，在项目编码阶段，总结问题、交换意见，做到“一有问题，及时沟通”。编码人员要及时将疑问进行汇总，由专人将收集的问题传达到设计方。碰到具体编码方案选择时，双方应该及时交换意见。

(5) 语言能力。首先，语言直接影响项目承接。如果不了解发包方的文化，无法用发包方的语言进行沟通、谈判，很难拿到外包项目。其次语言能力是影响软件外包项目质量的一大因素。外包项目开发中的文档、开发平台等都是基于发包方的语言，由于语言障碍导致的理解错误，从而导致返工、误工的情况在外包项目开发中比比皆是，因此必须注重对员工语言方面的培训。

(6) 提高管理。外包项目对管理的要求很高，没有一个成熟的管理模式和管理团队，是无法按时保质完成客户委托的任务的，尤其是国际外包项目。承包商在进行软件外包开发时，可以通过与国外发包方的合作提高自己的管理。

案例：摩根大通与 IBM

2002 年底，IBM 与摩根大通(J · P · Morgan Chase)银行签署了长达 7 年价值约 50 亿美元的外包合同。该合同规定，IBM 将接管摩根大通银行的技术部门，包括数据中心、支持平台、数据网络和语音系统等。

2003 年初，摩根大通银行收购了第一银行(Bank One)。前第一银行一直是银行技术外包服务的重要反对者，并于 2002 年终止了与 IBM 及 AT&T 之间的合同，理由是技术对银行很重要，银行必须完全加以控制。

2004 年 9 月 16 日，摩根大通废除与 IBM 签订的这份 IT 外包合约。摩根大通银行取消合同的原因是，过去几年第一银行在 IT 方面进行了大量投资，与第一银行合并后，将外包服务收回摩根大通银行内部更适宜，这块业务在公司内部处理会更好。

摩根大通银行取消外包合同，意味着 IBM 分布在世界各地的 4000 多个工作岗位将回到摩根大通，同时该公司将 IT 和业务流程外包置于 IBM 增长战略中心地位的计划遭受挫折。

讨论：软件项目合同管理

张某是 B 技术研究中心的信息部经理。10 个月前，王某为中心某一领域的管理递交了一个需求建议书。其中具体软件的功能、性能和管理流程说明很详细，并要求在项目收尾时必须编写项目的应用手册和帮助文档，软件开发时间为 8 个月，张某和他的团队预算估计该项目的整体开发费用为 35 000 元。

该软件进行了公开招标，按照法律规定，合同最终授予了要价最低、功能合理的 W 软件公司，其投标价是 31 500 元。标书中说，应用手册和帮助文档的编写大约是 150 页，编写成本为 2000 元。

到了项目开发第 8 个月的月底，W 软件公司通知张某说已经用完了项目的资金，所以就不能编写应用手册和帮助文档了，他们表示如果能再给 1000 元资金，才可以编写这些资料。

张某对此很不满意，想将 W 软件公司告上法庭，但是如果告上法庭的话，诉讼费用、代理律师费用以及其他损失将超过 1000 元，而且如果 B 技术研究中心在法庭上可以胜诉的话，W 软件公司就可以编写一个非常简单的只有 10～20 页的应用手册和帮助文档(因为后来的合同中，对其具体要求没有相关条款)。

张某陷入了一个“两难”的境地，该项目下一步到底该怎么办？是否应该给 W 公司追加资金呢？

案例讨论：

1. 为什么张某最终会陷入一个“两难”的境地？
2. 如果运用法律手段处理，你认为谁将在法庭上获胜？
3. 你认为张某最终应该如何解决这种问题，才比较可行？
4. B 技术研究中心可以避免类似事件不再发生吗?如果可以，应该怎么办？

11.5　小　　结

组织常常要从外部获取产品或服务，这样可以降低成本，专注于核心业务，转嫁风险，就需要采购或外包。项目采购(11.1 节)的过程一般为：编制采购计划、编制询价计划、询价、供方选择、合同管理和合同收尾。采购计划编制涉及到很多法律、组织和财务方面的问题，所以项目经理需要向项目组内、外的专家咨询，以提高采购计划的质量。供方选择后，就需要与供货方签订采购合同。签订合同需要考虑采用什么类型的合同，不同类型的合同在不同情况下使用。例如通过对供应商所得到的报酬的计算方法合同分为包括固定价格合同(11.2.1 节)、时间和材料合同(11.2.2 节)和固定单价合同(11.2.3 节)，根据选择承包商的方法可以将合同分为公开的(11.2.4 节)、受限制的(11.2.5 节)和谈判的(11.2.6 节)。合同签订后，进入合同管理过程，围绕合同生存周期展开，分为5个基本阶段，即合同准备(11.3.1节)、合同谈判(11.3.2节)、合同签署(11.3.3节)、合同履行(11.3.4节)与合同终止(11.3.7节)。合同履行过程中，可能会发生合同变更和解除(11.3.5节)，发生争议(11.3.6节)是难免的，作为项目经理，应该了解如何预防技术合同争议。软件外包(11.4节)是现代社会非常重要的一种商业模式，是企业价值链中的一环。为了使委托者和承包者真正能够从外包中获益，就产生了外包管理，即委托方依据既定的规范，选择合适的承包商、签订合同、监控开发过程和验收最终成果，以达到双赢的目的。

11.6 习　　题

1. 试简述项目采购各个阶段的内容。

2. 合同谈判的内容是什么？

3. 合同履行的原则是什么？

4. 合同解除与合同变更的共同点和区别是什么？

5. 为什么会产生合同争议？当出现合同争议时，如何去解决？

6. 什么是软件外包？它的好处是什么？

7. 某省A环保局计划搭建一个排污监控信息系统，通过面向社会全面招标后，B软件公司以最大的优势夺标。

为了保证项目的顺利实施，A环保局和C信息监理公司签署软件项目的监理合同，由监理公司来对B公司的软件项目实施过程进行全程监控。为了提高C信息监理公司监控的力度和效果，A环保局将所知道的关于B公司的一些技术机密信息私自告诉了给C监理公司。B公司自从接标后工作有条不紊地开展着。在需求分析之后计划顺利制订完毕。评审之后顺利进入基线控制阶段。在详细设计结束后项目经理发现里面好多中间模块编程工作量大，技术含金量低，不能显现工作的核心技术，而且自主研发可能导致成本大，有可能拖延工期。经申请后决定将这些模块进行转包，征得了A环保局和C监理公司的同意。最后与D公司合作并签署软件分包协议。在项目实施期间，由于B软件公司领导换届，原来负责本项目的领导已经离职，与D公司的合作暂时停了下来，D公司几次前来催款，B公司一直以各种借口推脱，D公司要求A环保局先行支付，但A环保局以与D公司没有合同关系为由拒绝支付。最终D公司将A环保局告上了法庭，要求A环保局依照分包合同如数付款。

(1) 请问A环保局将B软件公司的机密告诉C监理公司的做法对吗？为什么？

(2) B软件公司和D公司签订的软件分包协议是在法律保护范围内吗？说明理由。

(3) D分包公司控告A环保局的做法对吗？A环保局需要向D支付款项吗？说明你的理由，并说明A环保局应该怎么做？

8. (项目管理)编制图书馆软件产品的标书和合同文本。

9. (项目管理)编制网络购物系统的标书和合同文本。

10. (项目管理)编制自动柜员机的标书和合同文本。

第 12 章　软件配置管理

在进行软件项目开发时，对于软件系统，特别是大规模的软件系统，由于项目的进展和软件版本不断变化，开发时间的紧迫及多平台开发环境的采用，软件开发面临着越来越多的问题。这些问题主要包括对当前多种产品的开发和维护、保证产品版本的精确、重建先前发布的产品、加强开发政策的统一和对特殊版本需求的处理等，解决这些问题的途径就是加强软件的配置管理。

软件项目配置管理是作为变更控制机制引入到软件项目中的，其关键任务是控制变更活动，因而在软件项目管理中占有重要地位。

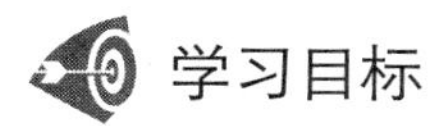

学习目标

本章主要介绍软件配置管理的相关内容，通过对本章的学习，读者应能够做到以下几点：

(1) 理解并掌握配置管理的作用；

(2) 掌握软件配置项、基线、版本和配置数据库的概念；

(3) 学习配置管理中的 5 个主要活动的内容；

(4) 了解软件配置管理组织的构成和组织方针；

(5) 了解目前主流的配置管理工具和不同工具之间的区别。

案例：软件项目开发管理的新需求

Bob 在一家小公司做软件工程师，开始的时候，只有 Bob 一个人，配了两个助手。他们研究了一种算法(例如图像压缩、数据加密等)，编写了一个实现模块。一天，老板看到了 Bob 的演示，认为很有市场潜力，可以结合进公司给某行业用户正在准备开发的系统中，成为该系统的核心技术或一个别人没有的卖点。

下一周，队伍增加到 14 人(老板准备就此豪赌一把了)，与 3 人小组不同的是，公司从其他部门配备了系统分析师，还有文档编制员、测试员。核心模块已经被大量的用户功能所包装，成为一个行业应用系统，并开始给用户试用，这是系统的第一个版本。

3 个月后，公司决定把系统升级到第二版，除增加了许多新的功能外，公司决定支持多平台，同时为了提高系统的性能和效率，准备采用第三方厂家的中间件，取代自己做的接口。对第一版缺陷的修改，也要反映到第二版中。

经过两个多月的开发，第二版最终推向了市场。公司的这个产品不但深受用户欢迎，也被一家大公司看中(就像IBM收购Lotus、Rational和Informix一样)，这个产品正好可以填补这家大公司产品线的空缺，公司被这家公司买去了。

公司为Bob的项目组派来了产品经理、项目经理。公司决定这个产品的测试由公司总部独立的测试部门承担。同时，公司决定把项目组增加到50人，其中有20多人并不在这座城市里。在新公司里，产品管理、项目管理、测试、质量保证等都与过去的环境和做法不同，特别不同的是，公司准备开发的第三版系统与公司原有的产品要进行融合，使它们看上去是一家公司做出来的不同的兄弟和姐妹。

随着这个产品的演变，项目发生了以下四个变化：

(1) 系统的复杂性发生了很大变化；

(2) 开发系统的项目环境发生了很大变化：

(3) 在不同的项目生命周期内，项目控制本身的要求和力度发生了很大变化；

(4) 由于组织的变化，管理流程、人员、方式发生了很大变化。

前两种变化要求项目的组织和管理适应系统扩展的需要，后两种变化则要求项目管理具有适应性和灵活性。

从案例中可以发现，变化随时存在，混乱随处可能发生，因此软件项目管理要适应这些变化、控制这些变化，就必须实施软件配置管理。

12.1 什么是软件配置管理

变更是软件过程中的一项基本活动，需求变更驱动设计变更，设计变更驱动代码变更，测试活动也将导致变更，有时甚至是原始需求的变更。对于软件过程中经常遇到的变更问题，如果没有有效的机制进行控制，将会引起巨大的混乱，导致项目失败。

软件配置管理(Software Configuration Management, SCM)就是在项目开发中，标识、控制和管理软件变更的一种管理活动，是通过技术或行政手段对软件产品及其开发过程和生命周期进行控制、规范的一系列措施，用于记录软件产品的演化过程，最大限度地减少错误和混乱，保证软件项目工作产品在整个生命周期内的完整性。IEEE关于软件配置管理的定义为：软件配置管理是一门应用技术、管理和监督相结合的学科，通过标识和文档来记录配置项的功能和物理特性，控制这些特性的变更，记录和报告变更的过程和状态，并验证它们与需求是否一致。

随着软件开发规模的不断扩大，一个项目的中间软件产品的数目越来越多，中间软件产品之间的关系越来越复杂，对中间软件产品的管理也越来越困难，有效的软件配置管理有助于解决这些问题。软件配置管理贯穿于软件生存期的全过程，目的是用于建立和维护软件产品的完整性和可追溯性。

12.1.1 配置管理需求分析

现在的软件开发通常由许多人共同合作完成。在团队开发模式中，软件项目开发管理就显得更加重要，直接影响到软件产品的质量。如果缺乏对软件开发过程的统一管理，就会产生如图 12.1 所示的问题。

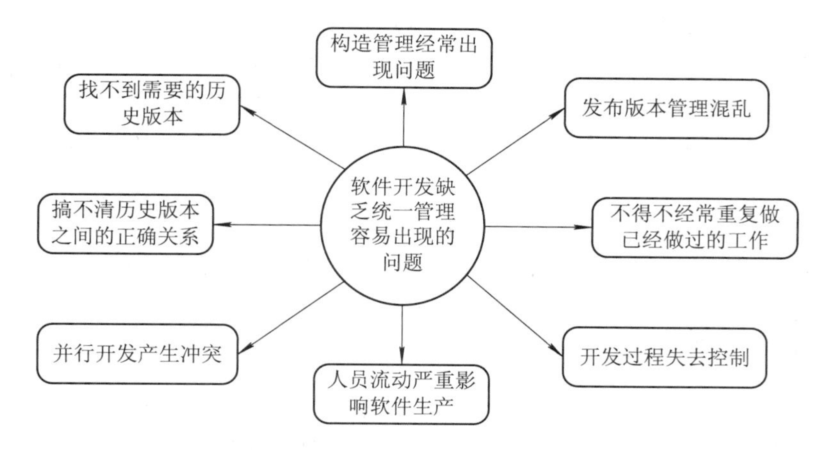

图 12.1　缺乏统一管理出现的问题(在实际开发中表现为项目组成员沟通困难、软件重用率低下、开发人员各自为政、代码冗余度高、文档不健全等)

缺乏统一管理出现的问题具体描述为：

(1) 由于开发经费及开发时间的限制，不可能一次开发就解决所有问题，许多问题有待维护阶段解决，由此带来软件产品的不断升级，但是维护和升级必需的文档往往非常混乱。

(2) 开发过程缺乏规范化管理，即使有源程序以及相应的文档，也由于说明不详细而不能对产品进行功能扩充，用户不得不再次投入大量的经费去开发新产品，浪费大量的人力、物力和时间。

(3) 在开发团队中，人员流动在所难免。如果管理不善，有些人员流动将对开发工作产生致命影响。特别是软件开发管理人员或核心成员的流失，可能会导致无法确定软件产品中各模块所处的状态及阶段，使软件产品版本出现混乱，甚至可能泄露公司的核心机密。

(4) 管理不善可能导致未经测试的软件成分加入到产品中，不但会影响产品质量，有时还会导致致命错误，以至造成不可挽回的损失。

(5) 用户利益无法保证，用户与开发商缺乏有效的沟通手段。用户投入了开发费用后，得到的只是可执行文件和一堆杂乱无章的文档。即使是较好的文档，对不熟悉开发过程的非专业人员来说也无从下手，更谈不上日后的维护和升级。

(6) 软件生产达不到规模化，无法形成软件企业的内部标准构件仓库。软件产品总处于一种低水平、重复开发的状态，不但时间得不到保证，而且成本也无法降低，产品也就缺乏市场竞争力。

这些问题在实际开发中表现为项目组成员沟通困难、软件重用率低下、开发人员各自为政、代码冗余度高、文档不健全等。由此造成的后果是数据丢失、开发周期漫长、产品可靠性差、软件维护困难、用户抱怨使用不方便、项目风险增加等。

怎样进行软件开发管理才能生产出高质量的软件产品呢？ISO 9000 质量管理和质量保证体系制定了相关标准——《软件开发、供应和维护使用指南》。标准除对软件生命周期的各个阶段作出了严格规定外，还在质量体系中规定了与阶段无关的支持活动，其中软件配置管理被放在了首位。

作为管理软件开发过程的有效方法，SCM的有效性早已被发达国家软件产业的发展实践所证明。SCM可以系统地管理软件系统中的多重版本，全面记载系统开发的历史过程，包括为什么修改、谁做了修改、修改了什么，同时管理和追踪开发过程中危害软件质量、影响开发周期的缺陷和变化。SCM对开发过程进行有效的管理和控制，完整、明确地记载开发过程中的历史变更，形成规范化的文档。SCM是通往ISO 9000和SEI CMM标准的基石。

在软件开发团队中，正确地引入、实施软件配置管理系统，可以提高生产力、增强对项目的控制能力、改善软件产品质量，使企业从容地面对快速上市和产品质量的双重压力。

12.1.2 配置管理的作用

随着软件系统的日益复杂化和用户需求的多样化、软件升级的频繁化，软件配置管理逐渐成为软件生存周期中的重要控制过程，在软件开发过程中扮演着越来越重要的角色。好的配置管理过程能覆盖软件开发和维护的各个方面，同时对软件开发过程的宏观管理(即项目管理)也有重要的支持作用。良好的配置管理能使软件开发过程有更好的可预测性，使软件系统具有可重复性，使用户和主管部门对软件质量和开发小组有更强的信心。

软件配置管理通过对软件的修改和每个修改生成的软件组成部件进行控制、记录、追踪来实现对软件产品的管理功能。由于软件产品是在用户需求不断变化的驱动下不断变化的，为了保证对产品有效地进行控制和追踪，配置管理过程不能仅对静态的、成型的产品进行管理，还必须对动态的、成长的产品进行管理。由此可见，配置管理同软件开发过程紧密相关。配置管理必须紧扣软件开发过程的各个环节：管理用户所提出的需求，监控其实施，确保用户需求最终落实到产品的各个版本中去，并在产品发行和用户支持等方面提供帮助，响应用户新的需求，推动新的开发周期。通过配置管理过程控制，用户对软件产品的需求如同普通产品的订单一样，遵循严格的流程，经过受控的生产流水线，最后形成产品，发售给相应用户。从另一个角度看，在产品开发的不同阶段通常有不同的任务，由不同的角色担当，各个角色职责明确、泾渭分明，同时又前后衔接、相互协调。

好的配置管理过程有助于规范各个角色的行为，同时又为角色之间的任务传递提供无缝衔接，使整个开发团队像一个交响乐队一样和谐地进行。正因为配置管理过程直接连接产品开发过程、开发人员和最终产品，这些都是项目主管人员关注的重点，因此，配置管理在软件项目管理中也起着越来越重要的作用。配置管理过程演化出的控制、报告功能可以帮助项目经理更好地了解项目进度、开发人员负荷、工作效率、产品质量状况和交付日期等信息。同时，配置管理过程所规范的工作流程和明确分工有利于管理者应付开发人员流动的困境，使新老成员可以快速实现任务交接，尽量减少因人员流动造成的损失。

配置管理对软件开发项目的具体作用，表现在以下几个方面：

(1) 缩短开发周期。通过配置管理工具对程序资源进行版本管理和跟踪，建立公司的代码知识库，保存开发过程中每个过程的版本，可以提高代码重用率，便于同时维护多个版本和进行新版本开发，防止系统崩溃，最大限度地共享代码。同时，项目管理人员通过查看项目开发日志对开发过程进行管理，测试人员可以根据开发日志的不同版本对软件进行测试，工程人员可以得到不同的运行版本。有些配置管理工具还提供Web版本，供外地实施人员存取最新版本，无须开发人员亲临现场。

(2) 减少施工费用。利用配置管理工具，建立开发管理规范，把版本管理档案链接到公司内部的 Web 服务器上，内部人员可直接通过浏览器访问，工程人员通过远程进入内部网，进而获取所需的最新版本。开发人员无须亲自到现场，现场工程人员通过对方系统管理员收集反馈意见，书面提交到公司内部开发组的项目经理，开发组内部讨论决定是否修改，并做出书面答复。这样可以同时响应多个项目，防止开发人员被分配到各个项目引起力量分散、人员紧缺等问题，避免开发人员将大量的时间和精力浪费在旅途中，同时节约大量的差旅费用。

(3) 代码对象库的建立。软件代码是软件开发人员脑力劳动的结晶，也是软件公司的宝贵财富，长期开发过程中形成的各种代码对象就如同一个个已生产好的标准件一样，是快速生成系统的组成部分。一个长期的事实是：一旦某个开发人员离开工作岗位，其原来所做的代码便基本成为垃圾，无人过问。究其原因，就是没有专门对各个开发人员的有用代码对象进行管理，没有把使用范围扩大到公司一级，没有进行规范化，没有加以说明和普及。配置管理对软件对象管理提供了一个平台和仓库，有利于建立公司级的代码对象库。

(4) 建立业务及经验库。通过配置管理，可以形成完整的开发日志及问题集合，以文档方式伴随开发的全过程，不以某个人的转移而消失，有利于公司积累业务经验，无论对版本修改还是版本升级，都具有重要的指导作用。

(5) 量化工作量考核。传统的开发管理中，工作量一直是难以估量的指标，靠开发人员自己把握，随意性很大；靠管理人员把握，主观性却又太强。采用配置管理工具，开发人员每天下班前将修改的文件上传，记述当天修改的细节，这些描述可以作为工作量的衡量指标。

(6) 规范测试。采用配置管理，测试工作有了实实在在的内容，测试人员根据每天的修改细节描述，对每天的工作做具体测试，对测试人员也具有可考核性，这样环环相扣，减少了工作的随意性。

(7) 加强协调与沟通。采用配置管理，通过文档共享及其特定锁定机制，为项目组成员之间搭建交流的平台，加强项目组成员之间的沟通，做到有问题及时发现、及时修改、及时通知，但又不额外增加太多的工作量。

从这些具体作用可以看出，配置管理确实能够解决困扰软件项目经理的很多问题。

12.2　软件配置管理的相关概念

在软件开发过程中，由于各种原因，可能需要变动需求、预算、进度和设计方案等，尽管这些变动请求中绝大部分是合理的，但是在不同的时机作不同的变动，难易程度和造成的影响差别甚大。为了有效地控制变动，软件配置管理引入配置项、基线、版本和配置数据库等基本概念。

12.2.1　软件配置项

软件配置管理的对象就是软件配置项(Software Configuration Item, SCI)。软件配置是指一个软件产品在软件生命周期各个阶段产生的各种形式和各种版本的文档、程序及其数据的集合，软件配置项就是该集合中的一个元素。例如，需求规格说明书、设计规格说明书、源代码、可执行程序、安装包、测试计划、测试用例、测试数据、用户手册和项目计划等。另外，构造软件的工具和软件赖以运行的环境也应作为软件配置项来管理，例如操作系统、开发工具、数据库管理系统和编辑器等，这些工具和环境要与特定版本的软件产品相匹配，从而在任何时候都能够构造和运行软件的任一版本。

1. 软件配置项的状态

在软件生命周期中，一般包括制定计划、需求、分析、设计、实现、测试和运行维护等状态。与此相似，软件配置项可划分为设计态、测试态、受控态和运行态 4 种状态，状态联系如图 12.2 所示。

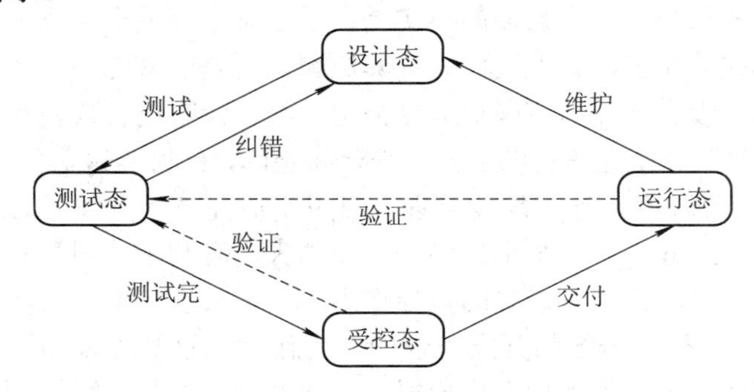

图 12.2 软件配置项的 4 种状态(这 4 种状态之间沿箭头方向进行转换，进入受控态就表示配置项已经过测试，可以进入配置库，受控态需要交付就进入运行态，进入产品库)

这 4 种状态相互之间的联系具有方向性，沿图中实线箭头所指方向的状态变化是允许的，虚线表示为了验证或检测某些功能或性能而重新执行相应的测试，一般不沿虚线变化。

2. 软件配置项的版本

软件配置项也有不同的版本，配置项和配置项的版本类似于面向对象的类和实例。配置项可以看成是类，版本看成是类的实例。例如，图 12.3 表示了数据库设计说明的配置项。数据库设计说明的不同版本对应于数据库设计说明的实例。配置项的不同版本是从最原始的配置项(相当于配置项类)逐渐演变而来的，尽管每个都不相同，但是具有相关性。

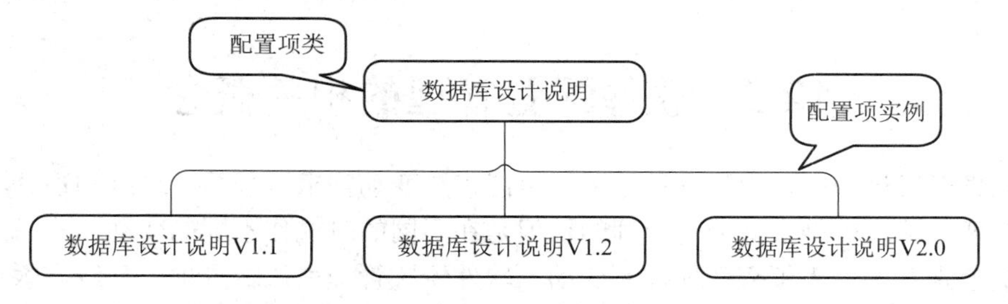

图 12.3 软件配置项类及实例(配置项和配置项的不同版本类似于面向对象的类和实例)

3. 软件配置项的分类

在软件开发过程中，最早的软件配置项是系统需求规格说明书。随着软件开发过程的不断深入，需要纳入管理的各种工作产品越来越多，软件配置项的数量也随之上升，而软件配置管理的目的是在软件项目的整个生存周期内建立和标识软件配置项，并对其进行控制管理和跟踪维护，保证其完整性和一致性。这样软件配置管理的作用将清晰可见。通过对软件配置项进行分类，可以加强对软件配置项的管理。软件配置项的分类如表 12-1 所示。

表 12-1　软件配置项的分类

类别	特　征	实　例
环境类	软件开发环境及软件维护环境	编译器、操作系统、编辑器、数据库管理系统、开发工具、测试工具、项目管理工具、文档编辑工具
定义类	需求分析及定义阶段完成后得到的工作产品	需求规格说明书、项目开发计划、设计标准或设计准则、验收测试计划
设计类	设计阶段结束后得到的产品	系统设计规格说明、程序规格说明、数据库设计、编码标准、用户界面标准、测试标准、系统测试计划、用户手册
编码类	编码及单元测试后得到的工作产品	源代码、目标码、单元测试数据及单元测试结果
测试类	系统测试完成后的工作产品	系统测试数据、系统测试结果、操作手册、安装手册
维护类	进入维护阶段以后产生的工作产品	以上任何需要变更的软件配置项

12.2.2　基线

1. 基线的定义

基线是一个或多个配置项的集合，它们的内容和状态已经通过技术复审，并在生存期的某个阶段被接受了。一旦配置项经过复审并正式成为一个初始基线，那么该基线就可以作为项目生存期开发活动的起始点。

IEEE 对基线的定义是这样的：“已经正式通过复审和批准的某规约或产品，可作为进一步开发的基础，只能通过正式的变更控制过程才能改变。”所以，根据这个定义，在软件的开发流程中把所有需加以控制的配置项分为基线配置项和非基线配置项两类。例如，基线配置项可能包括所有的设计文档和源程序等，非基线配置项可能包括项目的各类计划和报告等。

基线代表了软件开发过程的各个里程碑，标志了一个开发过程阶段的结束。对于已成为基线的配置项，虽然可以修改，但是必须按照一个特殊的、正式的过程进行评估，确认每一处修改，只有批准的修改才能安排资源来实施修改。相反，对于未成为基线的配置项，可以进行非正式修改。在开发过程中，在不同阶段要建立各种基线，因此基线是具有里程碑意义的一个配置。

虽然基线可在任何级别上定义，但是一般最常用的软件基线如图 12.4 所示。基线提供了软件生存期中各开发阶段的特点，其作用是把开发阶段工作的划分更加明确化，使本来连续的工作在这些点上断开，以便于检查与肯定阶段成果。在交付项中确定一个一致的子集，作为软件配置基线，这些版本一般不是同一时间产生的，但是具有在开发的某一特定步骤上相互一致的性质，例如系统的一致、状态的一致等。基线可以作为一个检查点，正式发行的系统必须是经过控制的基线产品。

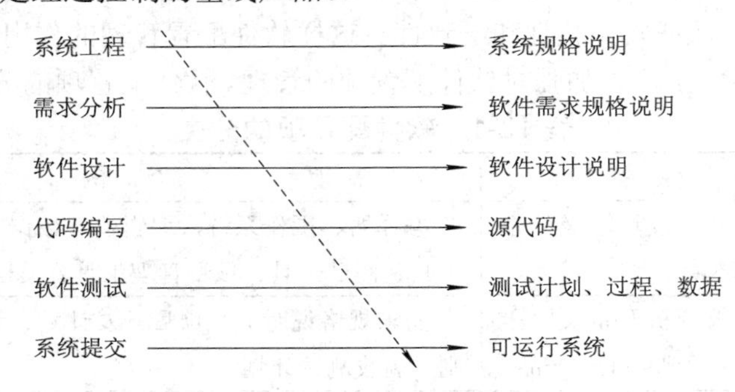

图 12.4 软件基线示意图(基线可以作为一个检查点，以便检查与肯定阶段成果)

2. 建立基线的原因

建立基线的三大原因是重现性、可追踪性和报告。

(1) 重现性：指及时返回并重新生成软件系统给定发布版本的能力，或者是在项目早期重新生成开发环境的能力。

(2) 可追踪性：指建立项目部件之间的前承后继关系，目的在于确保设计满足要求、代码实施设计以及用正确代码编译可执行文件。

(3) 报告：来源于一个基线内容同另一个基线内容的比较，基线比较有助于调试并生成发布说明。

3. 基线的分类

一般来说，对于大多数生存周期模型而言，存在四种基线。每种基线都表示一个参照点，可以作为项目进一步开发的起点。在某些情况下，客户依据这些基线进行评审和支付费用。这四种基线是：功能基线、分配基线、开发基线和产品基线。

(1) 功能基线。功能基线描述系统应该能够执行的功能，是在系统需求评审和系统设计评审之后所建立的配置。通常，功能基线是软件开发项目的初始基线。功能基线中的文档规范了软件配置项的所有必要的功能特性，包括为表示这些特性的实现所要求的系统层的测试、必要的接口特性、性能需求、质量属性及设计约束等，但并不区分哪些是由软件执行的，哪些是由硬件和操作系统完成的。

(2) 分配基线。分配基线有时候称为软件需求基线。它描述了被开发的软件所能执行的功能，是在软件需求评审之后建立起来的配置，是系统分配给软件的需求配置，一般是软件项目组在完成对系统的功能性需求和非功能性需求分析后，经过客户参与评审确定后的软件需求规格说明。

(3) 开发基线。开发基线是一个不断演化和积累的基线，出现于分配基线和产品基线之间。软件开发项目组可以根据项目的需要设置开发基线，也就是说在详细设计完成之后设立一个基线，包括详细设计报告、概要设计报告和数据库设计等设计文档。

(4) 产品基线。产品基线是在经过系统层验证和确认后，确信可交付的产品满足需求基线中的所有需求项所建立起来的配置。因此，产品基线完整地记录了软件的最终版本。对外发布的产品都来源于这一产品基线，并支持产品的发布版本。该基线也是任一后续版本开发的起点。

这四种基线的划分在项目开发周期中对应的位置如图 12.5 所示。

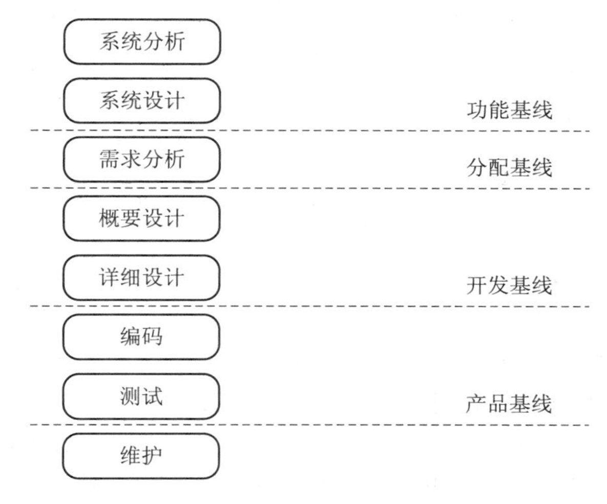

图 12.5　基线规划图(分配基线、开发基线和产品基线主要是针对软件项目的配置基线)

4. 建立基线的优点

(1) 基线为开发部件提供了一个定点和快照。

(2) 新项目可以从基线提供的定点处建立。作为一个单独的分支，新项目将与随后对原始项目所进行的变更进行隔离。

(3) 各开发人员可以将建有基线的构件作为在隔离的私有工作区中进行更新的基础。

(4) 当认为更新不稳定或不可信时，基线为团队提供了一种取消变更的方法。

(5) 可以利用基线重新建立基于某个特定发布版本的配置，这样也可以重现已报告的错误。

(6) 定期建立基线，以确保各开发人员的工作保持同步。

12.2.3　版本

版本是某一配置项已标识了的实例。版本用来定义一个具体实例应该具有什么样的内容和属性。随着软件的开发进展，版本也在不断地演变，这些不同配置项的不同版本构成了一个复杂的版本空间。

一个系统版本就是一个系统实例，在某种程度上有别于其他系统实例。系统新版本可能有不同的功能和性能，可能修改了系统错误。有些版本可能在功能上没有什么不同，只是为不同的硬件或软件配置而设计的。如果版本之间只有细微区别，有时就把其中的一个版本称作另一个版本的变体。

一个系统的发布版本指的是要分发给客户的版本。每个系统发布版本都应该包含新的功能或是针对不同的硬件平台。一个系统的版本要比发布版本多得多，因为机构的内部版本是为内部开发或测试而创建的，有些根本不会发布到客户手中。

版本的演变一般有串行演变和并行演变两种方式。串行演变所形成的每个新版本都是由当前最新版本演变而来的。这样，各个不同版本按演变过程就形成了一个简单链，称为版本链。在这种方式下，版本的演变是按照一对一的映射关系前进的，通常是为了弥补缺陷、提高性能和适应环境。并行演变采用一对多的方式进行。在实际应用中，这两种版本演变形式通常结合在一起，形成更为普通的带分支的版本图，也称为版本树。版本树反映了项目开发演变的历史，版本树示例如图 12.6 所示。

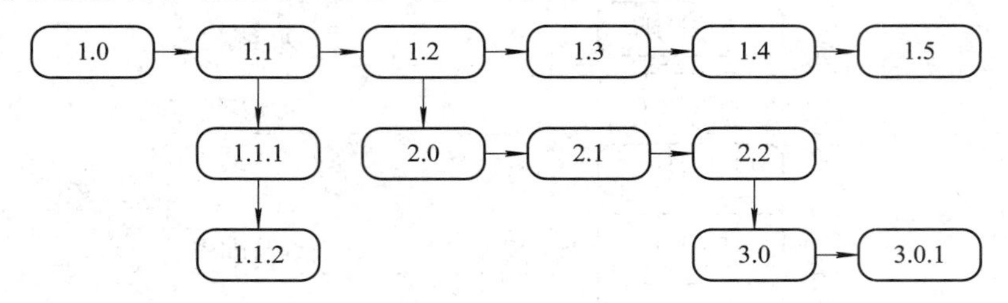

图 12.6 版本树示例(版本树直观地反映了版本的演变过程)

在图 12.6 中，共有 3 条版本链，分别是“1.0→1.1→1.2→1.3→1.4→1.5”、“1.0→1.1→1.1.1→1.1.2”和“1.0→1.1→1.2→2.0→2.1→2.2→3.0→3.0.1”。其中，“1.0→1.1→1.2→1.3→1.4→1.5”是串行演变；从 1.1 开始，“1.1→1.2”和“1.1→1.1.1”是并行演变。

为了建立特定的系统版本，必须确定系统组件的版本。在大型软件系统内，有数以百计的软件组件，其中每种组件都可能有诸多不同的版本。版本管理规程应该规定明确标识每个组件版本演变的方法，这样在需要进一步变更时，可以查找到组件的具体版本。组件版本的变化过程如图 12.7 所示。

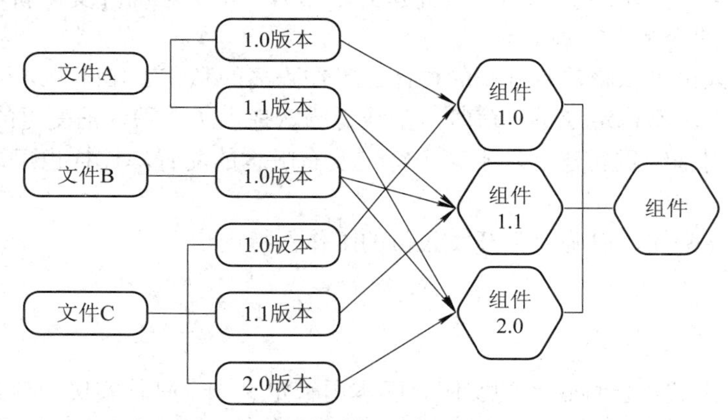

图 12.7 组件版本的变化过程(版本管理可以方便地标识每个组件版本演变的过程)

在图 12.7 中，组件 1.0 版本与 1.1 版本的组成成分不同，组件 1.0 版本由 A、C 两个文件组成，而组件 1.1 版本由 A、B、C 共 3 个文件组成。组件 1.1 版本与组件 2.0 版本都由 A、B、C 共 3 个文件组成，但文件的版本不同，组件 1.1 版本由文件 A 的 1.1 版本、文件 B 的 1.0 版本和文件 C 的 1.1 版本构成，而组件 2.0 版本由文件 A 的 1.1 版本、文件 B 的 1.0 版本和文件 C 的 2.0 版本构成。

12.2.4 配置数据库

配置数据库(Configuration Management Database, CMDB)用于记录与配置有关的所有信息，帮助评估因系统变更带来的影响，并提供有关配置管理过程的管理信息，也称为软件受控库。除了定义配置数据库的模式以外，还要定义记录和检索项目信息的规程，这是配置管理规划过程的一部分。

配置数据库不仅包含有关配置项的信息，可能也包含组件用户、系统用户、可执行平台及计划变更等信息。配置数据库必须能够对各种系统配置查询做出应答。

理想情况下，配置数据库与版本管理系统集成到一起，版本管理系统负责存储和管理正式项目文档。这种方法(某些集成 CASE 工具支持该方法)使得变更与受变更影响的文档和组件间的直接链接成为可能。例如，设计文档和程序代码之间的链接能得到维护，这样在提出一个变更时，可以较容易地找出所有必须修改的地方。

由于配置管理的集成 CASE 工具非常昂贵，许多公司在进行配置管理时并不考虑使用，而是把配置数据库作为一个独立的系统加以维护，配置项存储于文件或版本管理系统中，例如 CVS、Subversion 就是版本管理系统。

配置数据库存储配置项的有关信息并在版本管理系统或文件存储中索引它们的名字。虽然这种做法费用低廉、使用灵活，但是配置项的变更可能不经过配置数据库，因此不能确定配置数据库是否反映了系统的最新状态。

案例：建立构建脚本

构建(build)会把源代码转换为一个可运行的程序。构建取决于计算机语言和环境，这意味着编译源代码，或根据需要打包图像和其他资源。编译和资源打包时使用的脚本、程序和技术结合在一起就构成了构建系统。

下面通过一个小故事，描述两种不同的构建方法。

Billy 准备构建产品。他启动 IDE，打开要构建的项目，让 IDE 重新构建该项目。IDE 完成构建后，Billy 退出 IDE，并把该程序复制到安装工具目录。然后打开安装程序，指向先前构建的程序，开始构建一个安装工具。

构建了安装工具之后，Billy 运行这个安装工具以确保能够正常工作，但是马上就崩溃了。Billy 想起来了，他忘记了一点，没有复制该产品依赖的第三方部件(Widget)的最新版本。这样，他把这些部件的最新版本复制到安装工具目录。第二次构建程序之后，他意识到又忘了一步，没有复制程序使用的图像的最新版本……

感觉就像在跑马拉松，是不是？Billy 辛苦了一晚上，不断地发现问题，只好继续加班，没有任何报酬，还错过了看电视剧。

Bob 今天也在构建产品。他先进入包含代码的文件夹，键入一个单行命令(例如 ant build_installer 或 make all)运行构建脚本。该脚本会构建产品(自动获取产品依赖的所有内容)，自动构建安装工具，并测试该安装工具。就这么简单，Bob 已经完成了他的工作。

从上面描述的两个场景中可以看出，使用自动化构建系统与手动组装产品之间的差别。Billy 犯了很多错误，而 Bob 通过自动构建避免了这些错误。Billy 忘记的步骤，Bob 的脚本都会为他自动完成，而且每一次做法都相同。

建立构建脚本是软件项目的有效实践，配置数据库不仅要存储各种文档和源代码，还要存储环境配置，甚至是构建脚步。

12.3 软件配置管理的活动

实施软件配置管理就是要在软件的整个生命周期中建立和维护软件的完整性。软件配置管理是组织和管理各种软件产品及文档，控制其变化的一系列活动，这些活动将贯穿软件产品的整个生命周期。

在项目管理过程中，需要解决的问题有很多，例如采用何种方式标识和管理已存在程序的各种版本、在软件交付用户前后如何控制变更、利用什么办法来估计变更引起的各种问题等，这些问题归结到软件配置管理中的活动方面。通常的软件项目配置管理包括以下 12 项活动：

- 拟定配置管理计划；
- 配置标识；
- 确定配置管理范围；
- 确认和记录配置项属性；
- 为配置项定义标识符；
- 确定配置基线；
- 确定配置结构；
- 确定配置项命名规则；
- 配置项控制；
- 配置状态报告；
- 配置审计；
- 配置管理数据库的备份、存档和保管。

通过上述活动，可以实现软件配置管理，其主要流程如图 12.8 所示。

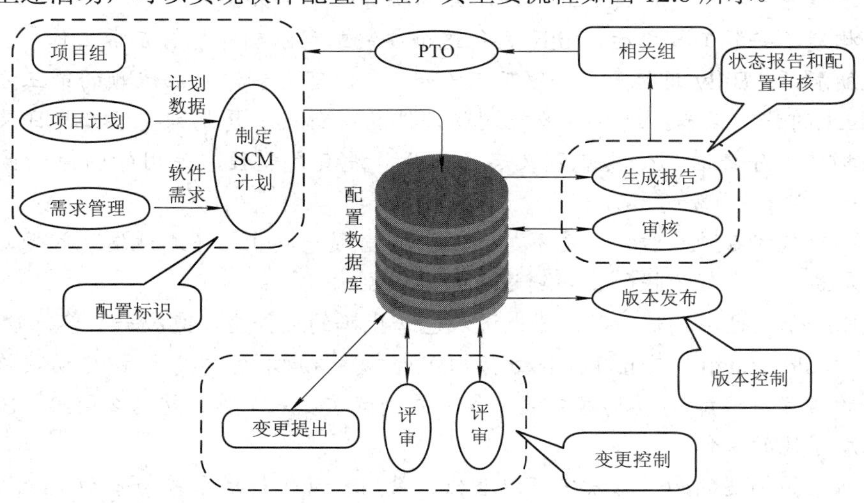

图 12.8 软件配置管理的主要流程(项目组制定 SCM 计划，进入配置数据库，供开发人员和管理人员使用。其中 PTO(Project Tracing and Oversight)即项目跟踪与监督)

根据图 12.8，对配置管理流程中各项活动进行分析，可将软件配置管理流程中具体实施的活动归纳为以下 5 个主要活动：

- 配置标识：在系统演化过程中标识中间的软件产品；
- 版本控制：记录每个配置项的发展历史，并控制基线的生成；
- 变更控制：在整个生命周期中控制中间软件产品的变化；
- 状态报告：记录和报告软件的变化过程；
- 配置审计：用于保证软件产品是依照需求、标准和合同开发出来的。

12.3.1　配置标识

在软件开发过程中，随着软件生命周期的推进，产生的配置项越来越多，为了控制和管理方便，所有的软件配置项都应该按照一定的方式来命名和组织，这是进行软件配置管理的基础。

配置标识能唯一地标识软件配置项，并在技术文档中记录其功能特征和物理特征，使它们可以通过某种方式访问。配置标识的目标是在整个系统生命周期中标识系统的构件，提供软件和软件相关产品之间的跟踪能力。软件配置标识是软件配置管理的基础性工作，是管理配置的前提。

每个软件配置项都包括名字、描述、资源列表和实际存在体 4 个部分。此外，在对配置项进行标识时，还要考虑配置项之间的关系。

配置标识管理是一个配置项的选择、命名和描述的过程。首先，把一个软件系统分成便于进行配置管理的配置项；接着，按照一定的方法对这些配置项命名、编号，便于管理人员和开发人员明确该系统各配置项之间的相互关系，包括各个文档之间以及文档与代码之间的联系；最后，对每个组成部件的功能、性能和物理特性进行必要的描述。

1. 配置标识的对象

配置标识的对象包括：

(1) 各种功能规格说明和技术规格说明，以及软件项目的特殊功能和开发过程中使用的方法；

(2) 所有受到功能和技术规格影响的开发工具，这些工具不仅包括用于创建应用程序的开发工具，而且还包括对比、调试和图形化工具；

(3) 所有与其他软件项目和硬件的接口；

(4) 所有与软件项目相关的文档和计算机文件，例如文本文件、源程序、文档和图形，以及任意的二进制文件。

标识软件项不仅需要处理程序项和需求之间的联系，一般来讲，还需要使用多种方式来标识软件项，以及软件项同软件产品之间的关联。

2. 配置标识的活动

配置标识的主要活动包括选择配置项、制定标识方案和存取方案。

(1) 选择配置项。配置项是配置管理的最小单元，一般由一个或多个文件组成。软件组织可以根据不同的原则选择配置项。

(2) 制定配置项标识方案。选择好配置项后就要为其选择适当的标识方案。配置项的标识使配置项被唯一识别，因此，标识方案应该显示软件演化的层次结构和可追溯性。常用的方案是数字方案，即配置项由名称和数字版本号标识。一般情况下，配置项的标识以记录该配置项的计算机文件为单位，标识形式由文件名、作者、文件修改日期以及使用配置管理工具检入的时间等标识。与软件有关的文档也应使用配置管理工具进行管理。

(3) 制定存取方案。软件组织需要建立软件配置库，存放软件配置。软件项目组的所有成员都可根据权限存取配置库中的配置项，同时必须协调各成员之间的关系，使每个成员所能执行的权限不超过权限的范围。例如，如果某个程序员只负责一个模块的开发，那么就不能有对其他模块源码的修改权。

有效的配置标识是其他配置管理活动的前提。如果闲置项和相关的配置文档没有被很好地标识，想要控制这些配置的变更、建立准确的记录和报告、审核配置的有效性是不可能的。不准确或不完全的配置项标识和配置文档可能会导致产品延期交付，或花费很高的维护费用。

3. 配置标识框架

配置标识是软件生存周期中产生的所有文档的总称，例如一个函数、一个模块说明、一个等价类的测试数据、一份软件结构图等。配置标识定义配置项的名称、与其他配置项的联系和版本信息等。由于文档之间存在着复杂的关联，一旦要求对配置项进行更改，尤其是当软件需求发生变化时，就不只是更改一个配置项，而且还要修改其他文档。因此，在标识配置项时，应考虑其名称、描述、资源、变化、版本方面的内容。

下面介绍一个典型的配置标识框架模型。

```
ITEM <配置项名称> IS
    BELONGTO<文档类名>
    PROVIDES<供应资源表>
        PROPERTIES<供应资源特性描述>
    REQUIRES<需求资源表>
    VERSION-LINK<版本链>
    CONTENT-POINTER<指针>{ 指向初版内容 }
END
```

上面的配置标识框架中，供应资源是由本配置产生并能为其他配置项所利用、参考的数据/变量/功能等实体，需求资源则是仅供本配置项所使用、参考的其他配置项供应的资源。

一个配置标识包含该配置项的所有版本。实际上，新版本是在某一旧版本的基础上做一些变化而形成的，这就构成了一条树状的版本链。在一条版本链中各版本存在很多共性，也有一些差异，反映在资源、接口和文档内容等方面。因此，在实际存储时，仅存储配置项的最初版本内容和版本变化信息。

4. 要注意的问题

配置标识功能论述了与基线中包含的软件配置项的标识以及基线本身的标识有关的问题。“标识”用来确定如何识别产品的所有部件和由部件建造的产品基线。在标识过程中，要考虑下面几个关键点：

- 必须识别出每个软件配置项并赋予它唯一的标记。
- 识别和标记计划必须反映产品的结构。
- 必须建立识别和标记软件配置项的标准。

- 必须建立识别和标记所有形式的测试和测试数据的标准。
- 必须建立识别建造基线需要的支持工具的标准。工具中需要包括编译程序、连接程序、汇编程序、make 文件以及其他用来翻译软件和建造基线的工具，这一点很重要。它确保在基线被变更、替换或更新很长一段时间后，开发人员总能够重新获得由这些工具产生的信息。
- 要特别关注集成到软件产品中的第三方软件，特别是那些存在版权或版税问题的软件。必须建立第三方软件如何集成到软件产品的标准，从而能够容易地删除、替代或升级这些软件。
- 要特别关注来自其他产品中正被重新使用的软件或打算重用的软件。
- 要特别关注打算替换掉的原型软件。

总之，配置标识是配置管理的基础，唯一地标识软件配置项和各种文档，使它们可以通过某种方式访问。配置标识的目标是在整个系统生命周期中标识系统的组件，提供软件和软件相关产品之间的追踪能力。

12.3.2　版本控制

案例：没人知道 Fred 遇到的麻烦

Fred 早上一上班，就看到 Wilma 发来的一封邮件，告诉他头天晚上她对代码做了一些修改。由于 Fred 需要这些修改，所以他把 Wilma 的代码从网盘复制到自己的机器上。经过一个小时的修修补补，他终于能够在自己的机器上成功地编译 Wilma 的代码了。他又花了几分钟再次检查 Wilma 做的修改，看起来没什么问题。然后，Fred 查看昨天的记录来回忆目前的工作。他正在编写一个新特性，马上就要完成了；他已经为此奋斗了三天，觉得应该能在午饭前大功告成。

Fred 一心想尽快完成工作，他打开代码编辑器，发现他之前所做的修改居然不见了！就像一盆冷水浇得他透心凉。Fred 突然意识到他复制 Wilma 的代码时覆盖了自己的工作。三天的辛苦工作在短短 30 秒里就荡然无存，而且根本没办法挽救。“唉，”Fred 心想，“这不是第一次了，也不会是最后一次……这就是这项工作的危险之处。”

这时，销售部的 Richard 来查看一个 bug 修复的进展情况，他们上周就提出要求修复这个 bug。

Fred 很不好意思……因为急于增加这个新特性，他居然忘了处理这个 bug。Richard 对他的拖延很不满意，不过 Fred 答应当天下班前一定完成这个工作。

Fred 终于在下午很晚的时候修复了这个早该处理的 bug。他刚准备把更新的代码发送给客户，突然意识到这个客户用的是产品的前一个版本，而不是他刚修复的这个版本。办公室里的其他人都准备下班了，Fred 却不得不打电话给妻子取消原定的晚餐计划，开始在网盘上搜索老版本的代码，以便把刚做的修复移植到产品的前一个版本中。

经过大约一个小时的努力，他终于找到了那个版本的代码；然后又用了一个小时才让这个代码在他的机器上运行起来；接下来又用了一个小时将代码修复移植到这个老版本的代码上。Fred总算搞定了。

这真是漫长的一天，不过他为自己这么长时间的努力工作感到自豪。在Fred看来，只要能让公司成功，再辛苦也愿意！不过他的家人并不总是表示理解。

第二天，客户发现Fred在产品中意外地引入了原先的一个bug，另外还引入了两个新bug。

这是典型的由于版本管理混乱带来的麻烦，很大程度上受工作环境的影响，通过版本管理工具就可以有效地解决这类问题，这也是目前流行的软件工程和项目管理实践。

软件配置管理的一个必备功能就是在软件产品开发时及交付后，可靠地建立和重新创建版本。在开发时会建立产品的中间版本，并进行常规测试。因为经常需要回到以前的版本，所以就需要能准确地重建以前的版本。开发完成后，还需要管理交付给用户的软件版本，因而必须对所有必要的信息进行维护，例如编译程序、连接程序以及使用的其他工具，以确保每个已交付的软件产品版本能够重建。常见的版本控制流程如图12.9所示。

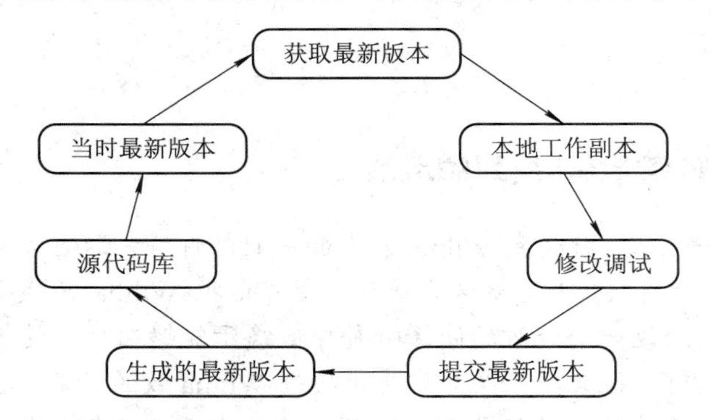

图12.9 版本控制流程图(这是版本控制的过程，开发人员先访问当时的最新版本并下载到本地，修改调试后提交新版本，在此基础上生成最新版本，并让其进入源代码库)

版本控制是所有软件配置管理系统的核心功能，负责为配置库中的所有元素自动分配版本标识，并保证版本命名的唯一性。版本控制的目的是便于对版本变化加以区分、检索和跟踪，以表明各个版本之间的关系。一个版本是软件系统的一个实例，在功能和性能方面与其他版本有所不同，或是修正、补充了前一个版本的某些不足。

1. 版本控制的内容

版本控制包括了对配置项版本的一系列操作控制。一般来说，版本控制包括检入检出控制、分支和合并、历史记录。

1) 检入检出控制

软件开发人员对源文件的修改不能在软件配置管理库中进行，对源文件的修改依赖于基本的文件系统并在各自的工作空间中进行。为了方便软件开发，需要不同的软件开发人员组织各自的工作空间。一般来说，不同的工作空间由不同的目录表示，对工作空间的访问，由文件系统提供的文件访问权限来加以控制。

访问控制需要管理各个人员存取或修改一个特定软件配置对象的权限，例如，软件开发经理一般比软件开发人员具有更高的权限。开发人员能够从库中取出对应项目的配置项，也可以修改，并检入软件配置库中，对配置库中的版本进行“升级”；软件开发经理除了具有开发人员的所有执行权限外，还可以确定多余配置项，而且可以删除多余配置项。

同步控制的实质是版本的检入检出控制。检入就是把软件配置项从用户的工作环境存入软件配置库的过程，检出就是把软件配置项从软件配置库中取出的过程。检入是检出的逆过程。同步控制可用来确保由不同人员并发执行的修改不会产生混乱。

2) *分支和合并*

进行版本分支(以一个已有分支的特定版本为起点，但是独立发展的版本序列)的人工方法就是从主版本(又称主干)上复制一份，并做上标记。在实行了版本控制后，版本分支也是一份副本，这时的复制过程和标记动作由版本控制系统完成。进行版本合并(来自不同分支的两个版本合并为其中一个分支的新版本)有两种途径，一种是将版本 A 的内容附加到版本 B 中；另一种是合并版本 A 和版本 B 的内容，形成新的版本 C。

对文件来说，分支与合并的结果就是形成具有图结构的版本历史，即版本图，如图 12.10 所示。

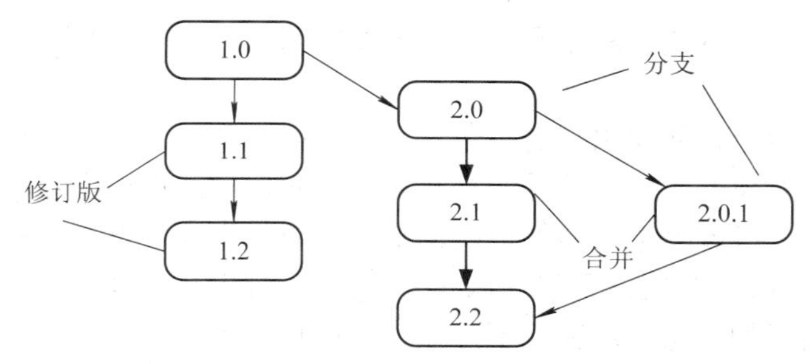

图 12.10　版本的分支与合并(从版本图中可以直观地了解版本的历史)

进行版本分支有以下几个目的：

- 代表独立的开发路径，例如开发过程和维护过程；
- 代表组件的不同变体；
- 代表实验性的开发，该分支在以后可能会丢弃，或合并到主分支中；
- 适应两个开发人员并发地修改同一组件的情况，此时分支仅暂时存在，一旦两个开发人员修改完毕，将被合并。

合并就是将独立发生在两个版本分支上文件的修改合成到其中一个分支上，从而形成该分支上的一个新版本。合并包含两方面的内容：第一是两个文件版本内容的实际合并；第二是在版本图上作为版本历史的一部分进行反映。

3) *历史记录*

版本的历史记录有助于对软件配置项进行审计，有助于追踪问题的来源。历史记录包括版本号、版本修改时间、版本修改者和版本修改描述等最基本的内容，还可以有其他一些辅助性内容，例如版本的文件大小和读写属性等。

2. 版本编号的方法

版本号是配置项的某个版本的唯一标识。源代码文件、文档文件、软件产品整体(源代码整体或安装包)都有版本号，这里主要关注的是软件产品整体的版本编号方法。合理的版本编号策略可以使软件配置管理更为简便和有序。目前，业界尚无统一的软件版本编号方法，但是常用的方法有两种：数字顺序型编号和属性编号。

1) 数字顺序型编号

数字顺序型编号通常会分为几段，不同段上的数字的变化，标志着产品不同类型的变化。例如，一种典型的版本编号策略是：版本号分为3段，形如X.Y.Z，其中X为主版本号，Y为特征版本号，Z为缺陷修复版本号。主版本号的增加表示提供给客户的主要产品功能的增强，特征版本号的增加表示产品新增了一些特征或做了一些重要修改，缺陷修复版本号的增加表示在软件产品上做了一些缺陷修复工作。当某一级版本号增加时，其下级版本号要清零。例如，软件的一个版本是1.3.2，如果该版本新增了一些特性，使特征版本号增加为4，那么缺陷修复版本号要复位为0，所以整个版本号就变为1.4.0。同样，如果软件做了重大改进，提升了主版本号，那么特征版本号和缺陷修复版本号就都要复位为0，这样就得到了版本2.0.0。

如果要标记软件的α测试版和β测试版，可在上述3段数字版本编号后面增加一个大写字符A或B来分别表示α版本或β版本。例如，1.2.4A或1.2.4B。如果存在多次的α发布和β发布，可在A或B后面添加一个数字来说明发布的次数，例如，1.2.5A1，1.3.0B2等。

以上版本编号策略是面向用户的，在开发团队内部，对版本号也有要求。例如，测试团队需要区分测试对象的版本，软件的每次对外发布，可能也对应着不止一次内部测试。简单的解决方法是，版本号中再增加一段，说明是新版本软件发布前的第几次送测，或称第几次内部发布。例如，1.0.3.0是发布版本1.0.3在发布前的第1次送测，而1.0.3.1是第2次送测。当然，新增加的这一段数字不必让外部用户看到。

2) 属性编号

数字顺序型版本编号的特点是简单易用，但是包含的信息有限，而且如果段数太多的话，就难以让人识别和理解。因此在有些情况下，开发团队会使用属性版本编号，就是把版本的一些重要属性反映在版本标识中。属性版本编号可以包括的属性有：客户名、开发语言、开发状态、硬件平台、生成日期、技术特征和质量状态等。例如，下面的这个版本号就包含了软件的生成日期和时间，以及技术特征(native threads, jit)。

J2SDK.v.1.2.2: 11/31/2013-18:00, native threads, jit-122

当然，像这样复杂的属性版本号一般只应用于开发团队内部，不显示给用户。

现在的版本控制通常由CASE工具来支持。工具用于管理对每个系统版本的存储，并控制对系统组件的访问。这些组件必须能够从系统中抽取出来进行编辑，当将其重新放入系统的时候，就构成了一个新的系统版本，由版本管理系统给它一个新的名字。

版本控制是全面实行软件配置管理的基础，可以保证软件技术状态的一致性。版本控制是配置管理的基本要求，可以保证在任何时刻恢复任何一个配置项的任何一个版本。版本控制记录了每个配置项的发展历史，这样就保证了版本之间的可追踪性，也为查找错误提供了帮助。版本控制也是支持并行开发的基础。

12.3.3 变更控制

变更是软件开发的固有属性。变更会造成很大的麻烦，例如客户不断提出需求变更，导致重新设计和实现系统，造成大量返工。事实上，软件开发中不可避免地会存在编码错误等问题，这就需要修正错误。在开发过程中，随着用户和开发人员逐步掌握更多的信息，他们也会对已经确定了的设计方案或设计细节进行改进。修改错误或进行改进都是变更。

软件开发过程中的变更以及相应的返工，会对产品的质量造成很大的影响。软件变更的不可避免性并不意味着软件可以任意修改。变更控制是软件配置控制的关键活动，指在整个软件生命周期中控制软件的变化，建立一套对软件配置项的修改进行有意识的控制机制，防止在软件开发过程中因盲目修改造成混乱，主要是进行基线管理以及对基线更改控制过程的处理。配置管理最初就是为了控制变更而提出的，能否解决好变更控制问题是衡量软件组织成熟度的一个标志。

1. 变更的涉及面

变更是不可避免的，也是必不可少的，变更和变更控制是矛盾的统一体。由于变更的内容和变更的幅度都会直接影响到整个项目，所以时刻需要考虑到变更的波及面。在瀑布模型的生命周期中，变更的波及面如图 12.11 所示。

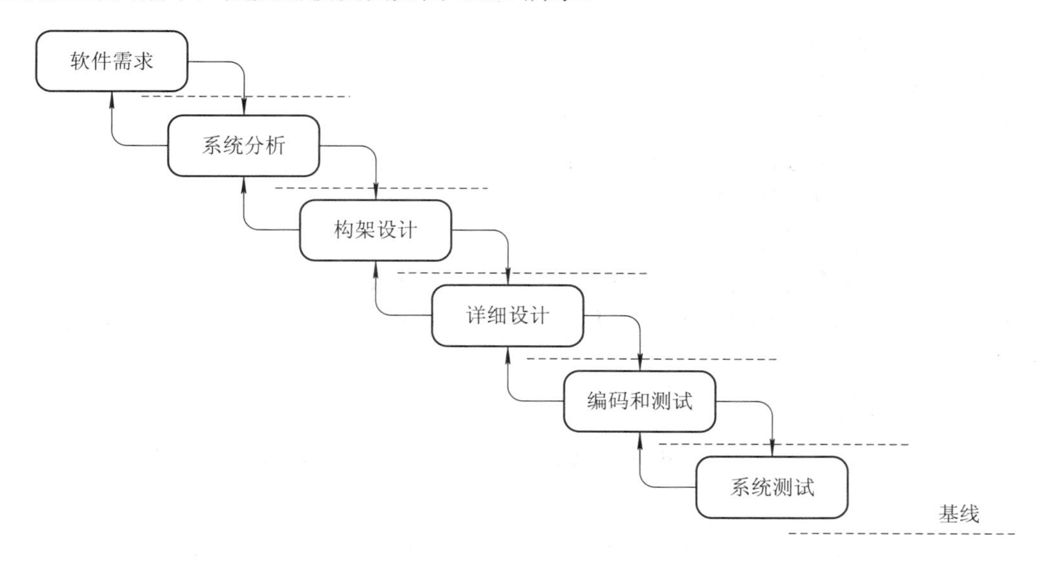

图 12.11　变更的波及面(越早形成的基线发生变更，变更的影响就越大，波及面就越宽。反之，越晚形成的基线发生变更，变更的影响就越小，波及面就越窄)

在图 12.11 中，如果在系统工程阶段的工作需要发生变化，那么软件生命周期中的各个阶段都有可能受到影响，这些阶段所有相关的软件配置项也都会或多或少地受到影响；如果代码编写阶段的工作需要变化，则软件测试和系统测试阶段的工作都要受到影响；如果在代码编写阶段发现错误，该错误是由需求阶段的工作造成的，则需要需求及以下阶段都要进行相应的修改。

变更控制需要记录每次变化的相关信息，查看这些相关信息，有助于追踪出现的各种问题。记录正在执行的变化信息有助于做出正确的管理决策。软件配置管理对基线管理的任务之一是追踪更改的变化过程，以保证对软件开发过程的可见性和可追踪性。对基线更改变化过程的追踪有两部分内容：一是对基线更改版本的跟踪，另一个是对其更改原因以及更改结果的追踪。

2. 变更的分类

一般来说，软件的变更通常有功能变更和错误修补变更两种类型。

(1) 功能变更。功能变更是为了增加或删除某些功能或者为了改变完成某个功能的方法而进行的变更。这类变更如果代价比较小，对软件系统其他部分没有影响或影响很小，就应该批准这类变更。反之，如果变更的代价比较高，或者对软件系统其他部分影响比较大，就必须权衡利弊，以决定是否进行这类变更。

(2) 错误修补变更。错误修补变更是为了修复漏洞而进行的变更，是必须进行的，通常不需要从管理角度对这类变更进行审查和批准。但是如果在造成错误阶段的后面发现错误，例如在实现阶段发现了设计错误，就必须遵照标准的变更控制过程，把变更正式记入文档，把所有受变更影响的文档都做相应的修改。

3. 变更控制的内容

变更控制作为配置管理的主要内容之一，在操作过程中有严格的控制流程，以保证配置项的一致性和有效性。

一般变更控制的内容如下：

- 确定变更批准人的责任范围和权限；
- 建立变更控制流程，实施变更控制；
- 对配置项变更进行管理；
- 对基线变更进行管理；
- 设立两个变更授权机构，变更控制委员会(Change Control Board，CCB)和项目经理；
- CCB 成员为项目级的，可因项目的不同而有所不同，由高级经理在《项目任务书》中定义。

4. 变更控制的类型

变更控制一般分为两类：一类是基线的变更控制，另一类是软件版本的变更控制。

1) 基线的变更控制

基线的变更是指在一个软件版本的开发周期内对基线配置项的变更，主要包括基线的应用和更新等活动。基线变更所涉及的操作主要包括基线标签的定义和标签的使用。基线标签属于严格受控的配置项，命名必须严格按照相关的规范来进行。基线在建立时，按照角色职责的分工，须经 CCB 同意并正式地将该基线的标识和作用范围通知系统集成人员，由后者负责执行；基线一旦划定，由该基线控制的各配置项的历史版本均处于锁定或严格受控状态，任何对基线位置的变更请求都必须按变更控制流程提交 CCB 批准，然后由系统集成人员执行。

2) 软件版本的变更控制

软件版本的命名规范应事先制定，并按照开发计划予以发布使用。在软件版本的演化过程中既需要从以前的版本中继承，又需要相对的独立性，所以对于子版本(例如某特定用户的定制版本)而言，就需要对一系列配置项从统一的开发起始基线所确定的版本上建立新的分支，然后在此分支上开发新的版本。因此在这样的变更控制流程中，受控的对象还应该包括特定的分支类型，以及工作视图的选取规则，同时配置管理员将在这一过程中担负更多的操作职责。

5. 变更控制的流程

典型的变更管理规程涉及如何提交变更请求、如何对变更请求进行复审以便决定是否实施、由谁实施、如何实施和如何确定变更请求准确实施完成等方面。通常规范的变更管理过程都应包含以下步骤(如图 12.12 所示)。

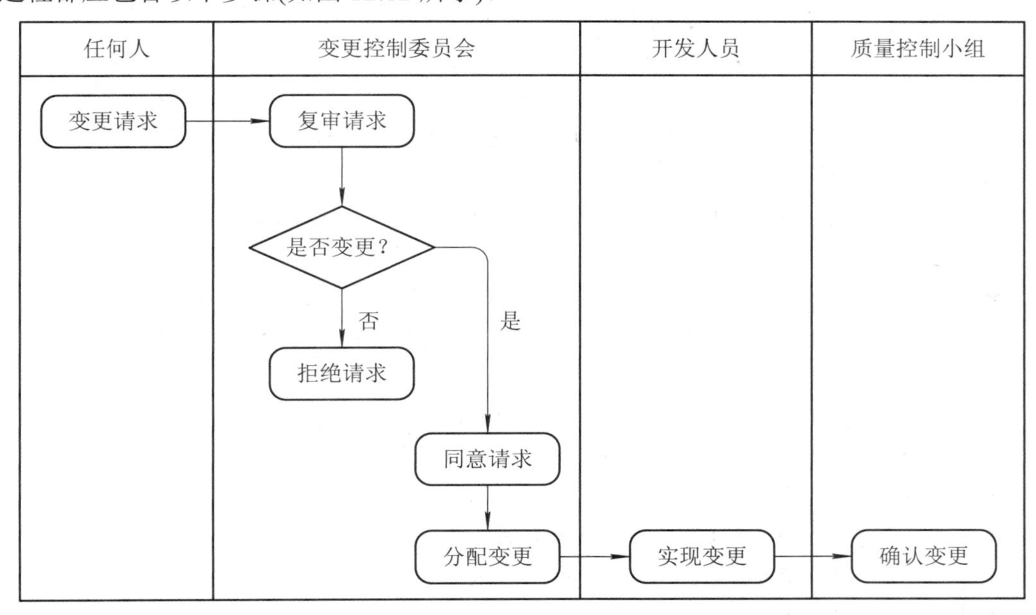

图 12.12　变更控制流程(泳道图很好地反映了各种不同的人员执行的活动和责任)

(1) 变更请求。变更请求是实施变更控制的第一步，也是必不可少的一步。变更请求可以由任何人提出，包括用户和开发人员。典型的变更请求有清除缺陷和适应运行平台的变更，软件扩展提出的要求(例如增加功能、提高性能等)，以及对已有功能的优化和改进等。变更请求有多种形式，而且来自不同的地方，例如来自内部及外部的错误报告，来自市场及工程部门的功能增强请求，需求、设计及文档变更请求等。

(2) 变更请求评审。变更请求评审是根据变更管理规程、项目目标、变更的必要性、变更实现所需的时间、成本利润分析、变更对系统其他部分的影响以及技术可行性(能否实现)等分析评估变更请求的。一般由变更控制委员会(CCB)召开相应的评估会议，并根据变更的影响范围，邀请相关人员参加。

如果有必要，可以设立不同级别的 CCB，对不同层次的变更申请进行控制，在这种情况下，项目组可以在配置管理计划中以树状结构说明其从属结构，并在计划中明确说明 CCB 的授权范围，在变更管理规程中规定由谁来评估变更。一般在大型项目中，对已基线化的配置项的变更，由变更控制委员会评审；在较小型项目中，由项目经理评估。

(3) 批准变更。根据评估决定接受变更或拒绝变更，对接受的变更也会有不同的处理方式，例如立即实现变更，或在下一个版本的产品中或下一期项目中再实现变更。不同的企业会根据项目情况将变更分类，对不同类型的变更采取不同的措施。可以将变更分成下列几种类型：

- 增强型：变更要求对已批准的项目功能进行增强。
- 改进型：变更不会造成功能更改，将使配置项的维护更加有效率。
- 纠错型：变更对错误进行修正。

通常，对纠错型的变更会根据系统的质量标准决定是否批准变更，对增强型和改进型的变更要根据评估结果决定是否批准变更。

(4) 实现变更。如果接受了变更请求，就开始区分变更的优先级，根据优先级计划变更实现方案，包括技术方案、人员安排和任务分配等。不同企业会根据项目情况区分变更优先级，并对不同优先级的变更采取不同的实现方案。变更可分配下述几种优先级：

- 高：严重地影响一些用户或许多用户。在变更请求提交的 5 个工作日内要对所做改动的版本进行全面测试。
- 中：对用户造成不方便或存在主要问题但可以采取相应的变通方法处理。在变更请求提交的 20 个工作日内要对所做改动的版本进行全面测试。
- 低：小问题。在变更请求提交的 3 个月内，在下一个发布版本中进行改动。

(5) 确认变更。实现的变更要经过审计，审计由质量控制小组或负责管理产品的发布人完成。

(6) 发布变更。配置管理人员要记录和追踪变更，采取措施保证变更在受控状态下进行，并发布变更请求的状态。变更请求可具有下列状态：

- 提交：变更请求提交给配置管理人员。
- 拒绝：变更评审小组或个人拒绝变更请求。
- 接受：变更评审小组或个人接受变更请求。
- 挂起：变更请求被挂起，以后再做决定。
- 已验证：变更请求要求的更改已执行和验证。
- 关闭：验证并归档配置项，并将更新的配置项提交给用户(例如通过版本发布)。

12.3.4 状态报告

配置状态报告用于记载软件配置管理活动信息和软件基线内容，以便及时、准确地给出软件配置项的当前状态，以便更好地进行统计分析，更好地控制配置项，更准确地报告开发进展状况。

1. 状态报告

为了清楚、及时地记载软件配置的变化，不至于到后期造成贻误，需要在开发的过程中对每个软件配置项做出系统的记录，以反映开发活动的历史情况。配置状态报告就是根据配置项操作数据库中的记录来向管理者报告软件开发活动的进展情况的。记录主要包括软件配置项的出入库情况、软件变更控制委员会的会议记录和变更情况记录，根据这些情况和记录产生配置状态报告。这些报告应及时发放给有关人员，以避免可能产生的矛盾和冲突。而且，这样的报告应该是定期进行的，并尽量通过 CASE 工具自动生成，用数据库中的客观数据来真实地反映各种配置项的情况。

配置状态报告的对象，包括配置项的状态、更改申请和对已批准的更改的实现情况 3 个方面。配置状态报告的任务是记录、报告整个生命周期中软件的状态，用以跟踪对已建立基线的需求、源代码、数据及相关文档的更改和文件的形式等，表明每一软件版本的内容，以及形成该版本的所有更改，供相关人员了解，以加强配置管理工作。

配置状态报告应该着重反映当前基线配置项的状态，以作为对开发进度报告的参考，同时，也能根据开发人员对配置项的操作记录来分析开发团队成员之间的工作关系。

2. 状态统计

配置状态统计是配置状态报告的组成部分之一，在产品开发过程中，基于已发现并修复了的缺陷类型、数量、频率和严重性等方面，可以说明产品的状态。状态报告持续地记录了配置状态以及保持基线产品和基线变更的历史，并使相关人员了解配置和基线的状态。配置状态统计包括在软件生命周期中对基线所有变更的可跟踪性报告中。

项目和配置项的关键信息可通过配置状态统计传递给项目组成员。软件工程师可以看到做了哪些修改，或每个文件包含在哪个基线中；项目经理可以跟踪项目的问题报告和各种其他维护活动。配置状态统计包括对以下问题的答复：

- 配置项的状态是什么？
- 变更要求是否被 CCB 批准？
- 配置项的什么版本执行了一个被批准的变更？
- 新版本系统与旧的有什么不同？每个月查出了多少错误？
- 有多少错误被改正了？
- 错误的原因是什么？

3. 状态报告的主要内容

配置状态报告应该包括下列主要内容：

- 基线和发布标识符；
- 为构建系统或使用软件的最新版本；
- 对系统进行的变更次数；
- 基线和发布版本的数量；
- 配置项的使用和变动情况；
- 对基线和发布版本的比较结果。

配置状态报告对大型软件开发项目的成功起着至关重要的作用，它提高了开发人员之间的通信能力，避免了可能出现的不一致和冲突。

12.3.5　配置审计

配置审计在配置标识、配置控制、配置状态记录的基础上对所有配置项的功能及内容进行审查，以保证软件配置项的可跟踪性。配置审计作为变更控制的补充手段，用来确保某一变更需求已被切实实现。在某些情况下，配置审计作为正式技术复审的一部分，但当软件配置管理是一个正式的活动时，该活动由软件质量管理人员单独执行。审计机制保证修改的动作被完整地记录，也就是说，记录了谁修改了这个工件，什么时候做的修改，为什么原因做出这个改动，以及修改了哪些地方。在版本控制过程中，如果利用一些配置管理工具(或者版本控制工具)的支持，就可以自动地记录审计工作所需的 4 个 W(Who、When、Why、What)。

1. 配置审计的概念

配置审计根据需求标准或合同协议检验软件产品配置，验证每个软件配置项的正确性、一致性、完备性、有效性和可追踪性，以判定系统是否满足需求。

配置审计的任务是验证配置项对配置标识的符合性，目的是检验是否所有的软件产品都已产生，是否被正确地识别和描述，是否所有的变更要求可以根据确定的软件配置管理过程和程序解决，进而证实软件生命周期中各项产品在技术和管理上的完整性，同时，还要确保所有文档的内容变动不超出当初确定的软件需求范围，使得软件配置具有良好的可跟踪性。配置审计的对象主要是软件配置项的变化信息，包括软件配置项的创建时间、创建者、修改时间、修改内容和修改者等。

软件配置审计关注的问题有：

- 变更指令中指定的变更是否完成？每个附加变更是否已经纳入到系统中？
- 是否进行了正式技术复审？
- 是否遵循软件工程标准？
- 变更的软件配置项是否作了特殊标记而得到强调？是否注明变更日期和变更执行人员？软件配置项属性是否反映了变更？
- 是否遵循与变更有关的注释、记录及报告的软件配置管理规程？
- 相关的软件配置项是否都得到了同步更新？

2. 配置审计的内容

具体来说，配置审计包括两方面内容，即配置活动审计与基线审计。配置活动审计用于确保项目组成员的所有配置活动都遵循已批准的软件配置管理标准和规范；基线审计用于保证基线化软件工作产品的完整性和一致性，且满足功能需要。

配置活动审计的审计项包括是否及时升级工作产品、是否执行配置库定期备份、是否定期执行配置管理系统病毒检查、评估配置管理系统是否满足实际需要以及上次审计中发现的问题是否已全部解决等。

基线审计的审计项包括版本号、一致性(需求与设计、设计与代码的一致关系)和完整性(所有配置项是否纳入基线库、所有源文件是否存在于基线库以及源文件是否可生成最终产品)。

在实际操作中，一般认为审计是一种事后行为，很容易被忽视。但“事后”是相对的，在软件项目初期发现的问题，对项目后期工作具有重要的指导价值。为了提高审计效果，要进行审计跟踪。在软件项目进行过程中要定期进行配置审计，定期备份，保证备份介质的安全性和可用性。

3. 配置审计的种类

配置审计有 4 种形式，分别是过程审计、功能审计、物理审计和质量系统审计。在软件项目进行过程中，可能进行其中的一个或几个审计，也可能都要进行，视具体情况而定。表 12-2 从目的、需要的资料、活动及结果 4 个方面对这 4 种审计形式进行了对比。

表 12-2　4 种审计的对比

审计的种类	目　的	需要的资料	活　动	结果
过程审计	验证整个开发过程中设计的一致性	软件需求规格说明、软件设计说明、源代码预发行证书、批准的变更、软件验证与确认计划及测试结果等	硬件、软件接口与软件需求规格说明、软件设计说明的一致性；根据软件验证和确认计划，代码被完全测试；正在开展的设计与软件需求规格说明相匹配；代码与软件设计说明一致	表明所有差别的过程审计报告
功能审计	验证功能和性能与软件需求规格说明中定义的需求的一致性	软件需求规格说明、可执行代码预发行证书、测试程序、软件验证与确认报告、过程审计报告、测试文档、已完成的测试及计划要进行的测试等	对照测试数据审核测试文档；审核软件验证和确认报告；保证评审结果已被采纳	建议批准、有条件批准或不批准的功能审计报告
物理审计	验证已完成的软件版本和文档内部的一致性并准备交付	预发行证书、结构、软件需求规格说明、软件设计说明、批准的变更、验收测试文档、用户文档、批准的产品标号、软件版本及功能审计报告等	审核软件需求规格说明；功能审计报告已开始实施；软件设计说明完整性样本；审核用户；完整性和一致性手册；软件交付介质和控制	建议批准、有条件批准或不批准的物理审计报告
质量系统审计	独立评估是否符合软件质量保证计划	软件质量保证计划、与软件开发活动有关的所有文档	检查质量程序文档；可选择的一致性测试；采访职员；实施过程审计；检查功能审计与物理审计报告	总体评价与软件质量程序的一致性情况

通过表 12-2 可以看出，这 4 种审计是有层次的，从过程审计、功能审计、物理审计和质量系统审计形成了逐级上升的层次结构，后面的审计要以其前面的审计结果为基础。

12.4　软件配置管理组织

要实施软件开发项目的配置管理，必须有相关的组织机构和规章制度来保证配置活动的完全执行。

12.4.1　软件配置管理组织构成

在典型的软件项目中，配置管理组织机构大多由相应管理层和职能层共同组成，一般包括：项目经理、有权利管理软件基线的委员会(即软件配置控制委员会，Software

Configuration Control Board, SCCB)、负责协调和实施项目的软件配置管理(SCM)小组和开发人员等。

(1) 项目经理是整个软件研发活动的负责人，在配置管理活动中，其主要工作是根据软件配置控制委员会的建议，批准配置管理的各项活动并控制其进程，具体职责主要包括如下几项：

- 制定和修改项目的组织结构和配置管理策略。
- 批准、发布配置管理计划。
- 决定项目起始基线和开发里程碑。
- 接受并审阅 CCB 的报告。

(2) 软件配置控制委员会(SCCB)主要负责以下工作：

- 授权建立软件基线和标识配置项/配置单元。
- 代表项目经理和受到软件基线影响的所有小组的利益。在软件项目管理中，受影响的组包括质量保证组、配置管理组、工程组(包括硬件工程组、软件工程组)、系统测试组、合同管理组和文档支持组等。
- 审查和审定对软件基线的更改。
- 审定由软件基线数据库中生产的产品和报告。

(3) 软件配置管理(SCM)小组负责协调和完成以下工作：

- 创建和管理项目的软件基线库。
- 制定、维护和发布 SCM 计划、标准和规程。
- 标识置于配置管理下的软件工作产品集合。
- 管理软件基线库的使用。
- 更新软件基线。
- 生成基于软件基线的产品。
- 记录 SCM 活动。
- 生成和发布 SCM 报告。

开发人员的职责就是根据组织内确定的软件配置管理计划和相关规定，按照软件配置管理工具的使用模型来完成开发任务。

12.4.2 软件配置管理组织方针

除了有相应的组织机构来进行软件项目配置管理之外，还应该有相关的规章制度、方针来指导软件配置管理的工作。一般软件配置管理的规章制度、方针主要包括如下内容：

(1) 明确地分配每个项目的 SCM 责任。

(2) 在项目的整个生命周期中实施 SCM。

(3) SCM 为外部交付的软件产品、内部软件产品指定用于项目内部的支持工具，如编译器和调试器等，以便实施配置管理。

(4) 软件项目中，需要建立和使用一个仓库(例如数据库)，用于存放配置项/配置单元和相关的 SCM 记录。仓库的内容将成为软件基线库，使用该仓库的工具和规程就是配置管理库系统。置于配置管理之下的、作为单独实体的工作产品就成为配置项。通常，配置项分为若干配置组件，配置组件分为若干配置单元。在一个硬/软件系统中，可能把全部软件视为一个单独的配置项，也可能把软件部分分为多个配置项。实际上，配置项/配置单元就是指置于配置管理之下的元素。

(5) 定期审核软件基线和 SCM 活动。

12.5　配置管理工具

配置管理包括 3 个主要的要素：人、规范、工具。配置管理与项目的所有成员都有关系，项目中的每个成员都会产生工作结果，这个工作结果可能是文档，也可能是程序等。规范是配置管理过程的实施程序。为了更好地实现软件项目中的配置管理，除了过程规则之外，配置管理工具起到了重要的作用。

根据实践经验，配置管理需要一套自动化配置管理平台，也就是需要配置管理工具作为实施的基础。一套功能强大、实施容易、管理方便的配置管理工具，可以极大地提高配置管理的实施效果，尤其是可以得到项目组开发人员的大力支持。现代的配置管理工具提供了许多自动化的功能，可以大大方便管理人员，减少繁琐的人工劳动，但是必须为项目人员提供必要的有关配置管理系统知识的培训。

配置管理工具基本上围绕着配置管理活动进行。配置管理工具提供必要的配置项管理，支持建立配置项的关系，并维护这些关系，还可以提供版本管理、变更控制、审计控制、配置项报告和查询管理等。有的工具还提供软件开发的支持、过程管理和人员管理等。

12.5.1　配置管理工具的选择标准

选择什么样的配置管理工具，一直是软件企业关注的热点。其实，与其他的一些软件工程活动不一样，配置管理工作更强调工具的支持，缺乏良好的配置管理工具，要做好配置管理工作是非常困难的。

随着软件开发规模的逐渐增大，越来越多的公司和团队意识到了软件配置管理的重要性，因此相应的软件配置管理工具也纷纷涌现。面对形形色色、各有千秋的配置管理工具，如何根据组织特点和开发团队需要选择适用的工具呢？

具体来说，企业在选择配置管理工具的时候，应该考虑以下几个方面的因素。

1. 费用

市场上现有的商业配置管理工具，大多价格不菲。到底是选用开放源代码的自由软件，还是采购商业软件？如果采购商业软件，选择哪个档次的软件？这些都取决于可以获得的经费。一般来说，如果经费充裕，那么采购商业的配置管理工具会让实施过程更顺利，其工作界面通常更简单和方便，更易于与流行的开发环境进行集成，实施过程中出现与工具相关的问题也可以找厂商解决。如果要选择商业软件，还要考虑以下几个方面：

● 工具的市场占有率。大家都选择的东西通常会是比较好的，市场占有率高也通常表明该公司经营状况会好一些。

● 工具本身的特性，如稳定性、易用性、安全性和扩展能力等。在投资前应当对工具进行仔细的试用和评估。比较容易忽略的是工具的扩展能力，在几个、十几个人的团队中部署工具是合适的，但是当规模扩大到几百人后再依赖这个工具时，这个工具还能不能提供支持就是非常重要的了。

● 厂商支持能力。工具使用过程中一定会出现一些问题，有些是因为使用不当引起的，但也有些是工具本身的毛病。如果厂商具备良好的售后服务支持，就能随时找到厂家的专业技术人员帮助解决问题。

当然，如果经费有限，就可以采用自由软件。目前有一些自由软件，如 CVS、Subversion 等，在稳定性和功能性上做得也非常好，有很多大公司也在使用。

2．功能

在功能上，要选择符合实际需求、符合团队特点的工具。工具就是用来帮助软件企业解决问题的，符合实际需求是最重要的判断因素。因此在选择工具时，功能满足需要就可以了，不必追求功能齐全。太过复杂的产品使用也麻烦，对配置管理人员的要求也高，价格也昂贵。

3．性能

配置管理的配置项是开发中最重要的资源，一旦崩溃，损失就会很大。因此，配置管理工具软件的一些性能指标对最终的选择也有着至关重要的影响。

● 运行性能。在开发团队规模不大的情况下，配置管理工具软件的性能不会造成很大的影响，但是，如果项目规模比较大，在团队成员逐渐增多的情况下，其运行性能就会带来很大的影响。

● 易用性。从用户界面、与开发工具的集成性角度来说，主流的配置管理软件均有较好的设计和易用性。

● 安全性。选择配置管理工具的安全性包括存储的文件、目录等被访问情况，读写权限的处理等。

4．实施

选择配置管理工具时，除了上述因素外，还需要考虑工具实施的容易程度。

以上就是选择配置管理工具时需要考虑的因素，当然，所有因素应该从整体上去权衡。除此之外，好的配置管理工具应该具备如下的功能：

● 并行开发支持：要求能够实现开发人员同时在同一个软件模块上工作，同时对同一个代码部分作不同的修改，即使是跨地域分布的开发团队也能互不干扰，既能协同工作，又不会失去控制。

● 履历管理：也就是修改的历史记录的可追踪性，能够明确地知道什么时候谁做了什么、为什么这么做，从而达到管理和追踪开发过程中危害软件质量以及影响开发周期的缺陷和变化。

● 版本控制：能够简单、明确地取得软件开发期间的任何一个历史版本。

● 过程控制：能够贯彻、实施开发规范，包括访问权限控制和开发规则的实施等。

● 产品发布管理：软件开发过程中的一个关键活动是提取工件的相关版本，以形成软件系统的阶段版本或发布版本，有效地利用此项功能，在项目开发过程中可以自始至终管理、跟踪工件版本间的关联。

配置管理工具可以提供必要的配置项管理，支持建立配置项的关系，并对这些关系进行维护、版本管理、变更控制、审计控制、配置项报告/查询管理等。当然，有的配置管理工具也提供了相关的其他功能，例如软件开发的支持、过程管理和人员功能等。

12.5.2　主要配置管理工具简介

目前比较常见的配置管理工具可以分为 3 个级别：

(1) 版本控制工具：入门级的工具，如 CVS、SVN、Visual Source Safe 等。

(2) 项目级配置管理工具：适合管理中小型的项目，在版本管理的基础上增加变更控制、状态统计的功能，如 ClearCase、PVCS 等。

(3) 企业级配置管理工具：在实现传统意义的配置管理的基础上又具有较强的过程管理功能，如 CCC/Harvest 等。

下面介绍几种常见的配置管理工具。

1. VSS

VSS(Visual Source Safe)是美国微软公司开发的配置管理工具，是 Visual Studio 套件的一部分，其优点是实现了与 Visual Studio 的无缝集成，使用简单。VSS 的主要功能有创建目录、文件添加、文件比较、导入、导出、历史版本记录、修改控制和日志等基本功能。由于其价格实惠，功能方便，是目前国内比较流行的配置管理工具。

VSS 的缺点也十分明显，只支持 Windows 平台，不支持并行开发，通过 Check out–Modify-Check in 的管理方式，一个时间只允许一个人修改代码，而且速度慢、伸缩性差、不支持异地开发。

2. CVS

CVS(Concurrent Version System)即并发版本系统，是一个免费工具。CVS 可以进行版本管理，支持分布式开发、并行开发、分支管理，为合并分支和检查重叠提供工具。其基本工作思路是：在服务器上建立一个仓库，仓库里可以存放许多文件，每个用户在使用仓库文件的时候，先将仓库的文件下载到本地工作空间，在本地进行修改，然后通过 CVS 的命令提交并更新仓库的文件。由于 CVS 简单易用、功能强大、跨平台、支待并发版本控制而且免费，所以在全球中小型软件企业中得到了广泛使用。

CVS 支持各种主流的操作系统，CVS 服务器可以安装在 Windows、Linux、UNIX 等多种平台上。但是 CVS 最大的遗憾就是缺少相应的技术支持，许多问题的解决需要自己寻找资料，甚至是读源代码。除此之外，CVS 还有一个缺点，就是客户端软件五花八门、良莠不齐。UNIX 和 Linux 的软件高手可以直接使用 CVS 的命令运行程序，而 Windows 用户通常使用 WinCVS，安装和使用相对比较麻烦。

3. SVN

SVN(Subversion)是近年来崛起的版本管理软件系统，是 CVS 的“接班人”，其设计目标就是取代 CVS。CVS 纵然易用，但有一些与生俱来的缺点，例如 CVS 不支持文件改名，只对文件控制版本而没有针对目录的管理等。因此在 CollabNet 的资助下，CVS 的创始人之一 Karl Fogel 开发了 SVN，用以针对 CVS 的一些弱点进行改进。目前，绝大多数开源软件都使用 SVN 作为代码版本管理软件。

Subversion 的版本库可以通过网络访问，从而使用户可以在不同的电脑上进行操作。从某种程度上来说，允许用户在各自的空间里修改和管理同一组数据可以促进团队协作。因为修改不再是单线进行(单线进行也就是必须一个一个进行)，开发进度会进展迅速。此外，由于所有的工作都已版本化，也就不必担心由于错误的更改而影响软件质量——如果出现不正确的更改，只要撤销那一次更改操作即可。某些版本控制系统本身也是软件配置管理系统，这种系统经过精巧的设计，专门用来管理源代码树，并且具备许多与软件开发有关的特性，例如对编程语言的支持，或提供程序构建工具等。但是 Subversion 并不是这样的系统。SVN 是一个通用系统，可以管理任何类型的文件集。

SVN 的设计专门针对 CVS 的问题作了改进，命令的设计更为合理，对二进制文档和目录数据加强了控制能力，并且吸收了 VSS 的 Lock-Modify-Update(Release)的模式和 Modify-Merge 模式的优点，对这两种方式在一定程度都提供支持并作了优化，却没有提高使用的复杂度。SVN 的设计结构很好，采用了更先进的分支管理系统，互联网上免费的版本控制服务多基于 Subversion。

4. ClearCase

IBM 公司的 ClearCase 是软件行业公认的功能强大、价格昂贵的配置管理软件。类似于 VSS、CVS、SVN 的作用，但是 ClearCase 的功能要强大的多，而且支持各种主流操作系统，例如 Windows、Linux、UNIX 等，可以与 Windows 资源管理器集成使用，并且还可以与很多开发工具进行集成，但是它对配置管理员的要求比较高，需要进行团队培训。

ClearCase 主要用于复杂产品的并行开发、发布和维护，其功能包括版本控制、工作空间管理、构造管理、过程控制等。

1) 版本控制

ClearCase 不仅可以对文件、目录和链接进行版本控制，同时还提供了先进的版本分支和归并功能用于支持并行开发。另外，它还支持广泛的文件类型。

2) 工作空间管理

ClearCase 可以为开发人员提供私人存储区，同时可以实现成员之间的信息共享，从而为每位开发人员提供一致、灵活、可重用的工作空间域。

3) 构造管理

ClearCase 自动产生软件系统构造文档信息清单，可以完全、可靠地重建任何构造环境，还可以通过共享二进制文件和并发执行多个 make 脚本的方式支持有效的软件构造。

4) 过程控制

ClearCase 有一个灵活、强大的功能，可以明确项目设计的流程。从最初的软件配置计划到配置项的确立，从变更控制到版本控制，Clearcase 贯穿于整个软件生命周期。自动的常规日志可以监控软件被谁修改、修改了什么内容以及执行政策，例如，可以通过对全体人员的不同授权来阻止某些修改的发生，无论任何时刻某一事件发生应立刻通知团队成员，对开发进程建立一个永久记录并不断进行维护。

虽然 ClearCase 有很强大的功能，但是由于其昂贵的价格，让很多软件企业望而却步。而且它还需要专门的配置库管理员负责技术支持，还需要对开发人员进行较多的培训(这同样需要昂贵的费用)。

5. CCC/Harvest

CCC/Harvest(Change Configuration Control/Harvest)是基于团队开发的提供以过程驱动为基础的包含版本管理、过程控制等功能的配置管理工具，支持异构平台，在远程分布的开发团队以及并发开发活动的情况下可以保持工作的协调和同步；不仅如此，它还可以有效跟踪复杂的企业级开发的各种变化(变更)的差异，以实现分布式环境下软件变化的合理控制和协调。

Harvest 可以进行版本管理，支持分布式开发和并行开发和 Harvest 支持各种主流的操作系统，服务器可以安装在 Windows、Linux、UNIX 等多种平台上，可与 VB、VC 等集成，还可与 IBM 的 WSAD(WebSphere Studio Application Developer)集成。

在变更控制方面，Harvest 支持并提供了邮件通知和表单(类似任务说明书或变更通知)等手段来加强团队的信息沟通，而且提供审批和晋升等手段来方便管理项目。Harvest 是基于过程的变更，可有效地进行变更控制，在进行配置管理时更注重软件开发的过程与生命周期的概念。

在状态统计方面，Harvest 提供了强大的统计信息功能；在数据的安全性方面，Harvest 提供了全面的权限控制，所有的软件资产均存放在 Oracle 数据库中，利用 Oracle 的特性来保障数据的完整性与安全性，可以定时备份，在权限控制和安全性方面是现有配置管理工具中最好的。

6. Firefly

Firefly 是 Hansky(汉星天)的一个软件配置管理系统，支持不同的操作系统和多种集成开发环境；支持企业级的软件配置管理；支持在整个企业中的不同团队、不同项目中的配置管理；支持版本控制、并行开发、分支管理等。

与 Hanksky Butterfly 集成，Firefly 可以提供基于流程控制的变更管理。Firefly 以软件项目为中心，能够对项目中出现的缺陷和错误进行管理，也能够管理项目进行过程中因新需求、新功能和新建议而产生的变更。Firefly 通过内置、自定义工作流程及权限控制等方式可以建立完善的变更控制规则，并通过这些规则来管理项目过程中产生的变更。

7. PVCS

PVCS(Project Version Control System)是由 Merant 公司开发的、实现配置管理的 CASE 工具，能够提供对软件配置管理的基本支持，通过使用图形界面或类似 SCCS(Source Code Control System)的命令，能够基本满足小型项目开发的配置管理需求。PVCS 虽然功能小但基本能够满足需求，只是性能表现一直较差，逐渐被市场冷落。

12.5.3　常用配置管理工具比较

针对市场上比较流行的软件配置管理工具，下面分别从并行开发支持、异地开发支持、跨平台开发支持、与开发工具的集成性、运行性能、易用性、安全性、费用和售后服务等几方面进行分析，以便根据组织特点和开发团队需要来选择合适的工具。

1. 并行开发支持

在团队协作开发过程中，有两种主要模式：集体代码权和个体代码权。采用集体代码权模式进行开发时，一段代码可能同时会被多个开发人员修改；而采用个体代码权模式进行开发时，每一段代码都始终被一个开发人员独享，别人需要修改时也会通过该开发人员来完成。

配置管理软件针对这两种模式，采用了不同的策略：Copy-Modify-Merge(拷贝、修改、合并)的并行开发模式、Check out-Modify-Check in(检出、修改、检入)的独占开发模式。在并行开发模式下，开发人员可以并行开发、更改代码，配置管理软件会自动检测到代码冲突，并自动合并，或提示开发人员手动解决。

表 12-3 列出了几种配置管理软件对并行开发的支持情况。

表 12-3　并行开发支持比较

工具名称	说　　明
VSS	Check out-Modify-Check in 模式
CVS	Copy-Modify-Merge 模式
SVN	Copy-Modify-Merge 模式
ClearCase	Copy-Modify-Merge 模式
CCC/Harvest	Copy-Modify-Merge 模式
Firefly	Copy-Modify-Merge 模式
PVCS	Check out-Modify-Check in 模式

2. 异地开发支持

如果开发团队分布在不同的开发地点，就需要对工具的异地开发功能进行仔细的评估。大多数工具都提供基于 Web 的界面，用户可以通过浏览器执行配置管理的相关操作，而且有些工具就通过这样的方法来实现对异地开发的支持。

这种实现方法有太多的局限性，例如网络(Internet)连接带宽的限制、防火墙以及安全问题等。真正意义上的异地开发支持是指在不同的开发地点建立各自的存储库，通过工具提供的同步功能自动或手动同步。这样做的好处是与网络无关，即便各个开发地点之间没有实时连通的网络，也可以通过 E-Mail 附件等其他方式将同步包发给对方，实现手动的同步。

表 12-4 列出了几种配置管理软件对异地开发的支持情况。

表 12-4　异地开发支持比较

工具名称	说　　明
VSS	无专门支持的模块
CVS	无专门支持的模块
SVN	支持异地开发
ClearCase	提供 MultiSite 模块，通过自动或手动同步位于不同开发地点的存储库的方式，支持异地开发
CCC/Harvest	支持异地开发
Firefly	提供 ServerSync 模块，通过自动或手动同步位于不同开发地点的存储库的方式，支持异地开发
PVCS	无专门支持的模块

3. 跨平台开发支持

如果企业需要从事多个不同平台下的开发工作，就需要配置管理工具能够对跨平台开发提供支持，否则势必会给开发、测试和发布等各个环节带来不便，使大量的时间被浪费于代码的手工上传、下载中。

表 12-5 列出了几种配置管理软件对跨平台开发的支持情况。

表 12-5　跨平台开发支持比较

工具名称	说　明
VSS	仅支持 Windows 操作系统
CVS	支持几乎所有的操作系统
SVN	支持几乎所有的操作系统
ClearCase	支持常见的平台
CCC/Harvest	支持常见的平台
Firefly	软件本身基于 Java 开发，可在 Windows、Linux、Solaris、HP-UX、AIX 等常见平台上使用，平台之间的移植也非常方便
PVCS	软件本身基于 Java 开发，能够支持常见的平台

4. 与开发工具的集成性

配置管理工具与开发工具是编码过程中最常用到的两种工具，因此，它们之间的集成性直接影响到开发人员的便利性，如果无法良好集成，开发人员将不可避免地在配置管理工具与开发工具之间来回切换。

表 12-6 列出了几种配置管理软件对与开发工具集成性的支持情况。

表 12-6　与开发工具集成性比较

工具名称	说　明
VSS	与 Visual Studio 开发工具包无缝连接，与其他开发工具集成性差
CVS	与开发工具集成性较差
SVN	与常见开发工具无缝集成
ClearCase	直接与资源管理器集成，十分易用
CCC/Harvest	可与 VB、VC 等集成，还可与 IBM 的 WSAD 集成
Firefly	与常见开发工具无缝集成
PVCS	仅支持 Windows 操作系统

5. 运行性能

如果开发团队规模不大，则对配置管理工具软件的运行性能不会造成很大影响。但是，如果项目规模比较大，且团队成员逐渐增多，则对其运行性能就会带来很大的影响。

表 12-7 列出了几种配置管理软件在运行性能方面的比较。

表 12-7 运行性能比较

工具名称	说　明
VSS	相对功能单一、简陋，适用于几个人的小型团队，在数据量不大的情况下，性能可以接受
CVS	较高的运行性能，适用于各种级别的开发团队
SVN	较高的运行性能，适用于各种级别的开发团队，互联网上免费的版本控制服务多基于 SVN
ClearCase	服务器采用多进程机制，使用自带多版本文件系统 MVFS，对性能有较大负面影响。作为一款企业级、全面的开发配置管理工具，适用于大型开发团队
CCC/Harvest	基于团队开发的、提供以过程驱动为基础的、包含版本管理、过程控制等功能的企业级配置管理工具，适用于大型开发团队
Firefly	服务器采用了多线程的应用服务器，性能表现优秀，作为一款企业级、全面的开发配置管理，能适用于 50 人到上千人的团队
PVCS	服务器采用文件系统共享方式，对 CPU、内存及网络要求较高，性能一般，仅适用于中小型项目团队，不适合于企业级应用

6. 易用性

从用户界面与开发工具的集成性角度来说，这几款主流的配置管理软件均有较好的设计，有较好的易用性。

表 12-8 列出了几种配置管理软件在易用性方面的比较。

表 12-8 易用性比较

工具名称	说　明
VSS	安装、配置、使用均较简单，很容易上手使用
CVS	安装、配置较复杂，但使用比较简单，只需对配置管理做简单培训即可
SVN	同上
ClearCase	安装、配置、使用相对较复杂，需要进行团队培训
CCC/Harvest	同上
Firefly	在提供全面配置管理功能的情况下，安装、配置、使用较为简单，包括安装、配置、培训在内的整个实施周期一般不会超过一个月
PVCS	使用比较简单，只需对配置管理做简单培训即可

7. 安全性

配置管理工具的安全性包括存储的文件、目录等被访问情况，读写权限的处理等。

表 12-9 列出了几种配置管理软件在安全性方面的比较。

表 12-9　安全性比较

工具名称	说　　明
VSS	基于文件系统共享实现对服务器的访问，需要共享存储目录，这将带来一定安全隐患
CVS	安全性高，采用 C/S 模式，CVS 服务器有自己专用的数据库，文件存储并不采用“共享目录”方式，不受限于局域网，安全性较好
SVN	同上
ClearCase	采用 C/S 模式，需要共享服务器上的存储目录以供客户端访问，这将带来一定安全隐患
CCC/Harvest	Harvest 提供了全面的权限控制，所有的软件资产存放在 Oracle 数据库中，利用 Oracle 的特性来保障数据的完整性与安全性，可以定时备份，在权限控制和安全性方面是现有配置管理工具中最好的
Firefly	服务器上的存储目录不用共享，对客户端不透明，客户端不可直接访问存储目录，使系统更安全可靠
PVCS	基于文件系统共享，而且需要以“可写”的权限共享存储目录，存在较大的安全隐患

8. 费用

IBM Rational ClearCase、Hansky Firefly、CCC/Harvest 均属于企业级配置管理工具软件，CCC/Harvest、ClearCase 价格较贵，相比之下 Hansky Firefly 是一款不错的选择。

PVCS 的价格大约是每客户端几百美元的水平，对于国内企业来说，性价比不高。VSS 是微软打包在 Visual Studio 开发工具包之中的，显然花费的精力不大，价格也比较便宜，可以作为个人、小型项目团队版本控制之用。

CVS、SVN 则是完全免费的开源软件，性能较之企业级配置管理工具差距不大，也是不错的选择。

表 12-10 列出了几种配置管理软件在费用方面的比较。

表 12-10　费 用 比 较

工具名称	说　　明
VSS	集成在 Visual Studio 开发工具包中，较便宜
CVS	完全免费
SVN	同上
ClearCase	企业级配置管理工具软件，价格昂贵
CCC/Harvest	同上
Firefly	企业级配置管理工具软件，相对 ClearCase 较便宜
PVCS	每客户端几百美元，较贵

9. 售后服务

售后服务与产品支持也是一个很重要的方面，工具在使用过程中出现这样那样的问题是很平常的事，有些是因为使用不当，有些则是工具本身的缺陷。这些问题都会直接影响到开发团队的使用，因此，随时能够找到专业技术人员解决这些问题就变成十分重要。

表 12-11 列出了几种配置管理软件在售后服务方面的比较。

表 12-11　售后服务比较

工具名称	说　明
VSS	作为微软的非核心产品，技术支持有限。在其网站上有一些常见问题，只有对正式购买的用户提供一定的技术支持
CVS	作为开源软件，无官方支持，需要用户自己查找资料解决技术问题，现在有专为 CVS 做技术支持的公司
SVN	作为开源软件，无官方支持，需要用户自己查找资料解决技术问题，现在有专为 SVN 做技术支持的公司
ClearCase	大型商用软件，国内市场拓展有限，因此服务支持会受到限制。现在中国用户的支持是由位于澳大利亚悉尼的支持中心联系的
CCC/Harvest	大型商用软件，国内市场拓展有限，因此服务支持会受到限制
Firefly	大型商用软件，已在中国成立分公司，全面拓展市场之中，在北京设有支持中心
PVCS	在中国市场开拓有限，国内没有支持中心

由于软件配置管理过程十分繁杂，管理对象错综复杂，因此自动化工具的选择是非常重要的，这也是做好配置管理的必要条件。

案例：TCAS 项目配置管理计划

1 引言

包括目的、缩写词和参考资料，具体内容略。

2 组织及职责

配置管理的角色和职责见表 12-12。

表 12-12　配置管理角色和职责表

角　色	人　员	职责和工作范围
配置管理者	大张	1.制定《配置管理计划》 2.创建和维护配置库
SCCB 负责人	老王	1.审批《配置管理计划》 2.审批重大的变更
SCCB 成员	老王(项目经理)，小张(质量保证人员)，大张(配置管理者)	审批某些配置项或基线的变更

3 配置管理环境

由于本项目属于中小型项目，工期也不是很长，而且项目组人员对 SVN 比较熟悉，所以采用 SVN 作为配置管理工具。

3.1 配置库目录结构

表 12-13　配置库的目录结构

<table>
<tr><th>序号</th><th>类型</th><th colspan="2">说　　明</th><th>路　径</th></tr>
<tr><td>1</td><td>TCM</td><td colspan="2">技术合同管理</td><td>$\TCAS\TCM</td></tr>
<tr><td>2</td><td>RM</td><td colspan="2">需求管理</td><td>$\TCAS\RM</td></tr>
<tr><td>3</td><td>SPP</td><td colspan="2">软件项目计划</td><td>$\TCAS\SPP</td></tr>
<tr><td>4</td><td>SPTM</td><td colspan="2">软件项目跟踪与管理</td><td>$\TCAS\SPTM</td></tr>
<tr><td>5</td><td>SCM</td><td colspan="2">软件配置管理</td><td>$\TCAS\SCM</td></tr>
<tr><td>6</td><td>SQA</td><td colspan="2">软件质量保证</td><td>$\TCAS\SQA</td></tr>
<tr><td>7</td><td rowspan="5">SEA</td><td rowspan="5">软件工程制品</td><td>设计</td><td>$\TCAS\SPE\DESIGN</td></tr>
<tr><td>8</td><td>源代码</td><td>$\TCAS\SPE\SOURCE</td></tr>
<tr><td>9</td><td>目标代码</td><td>$\TCAS\SPE\BUILD</td></tr>
<tr><td>10</td><td>测试</td><td>$\TCAS\SPE\TEST</td></tr>
<tr><td>11</td><td>发布</td><td>$\TCAS\SPE\RELEASE</td></tr>
</table>

3.2 用户及其权限

表 12-14　配置库的用户及其权限

类　别	人　员	权 限 说 明
配置管理者	大张	负责项目配置管理，拥有所有权限
项目经理	老王	访问、读
质量保证人员	小张	访问、读
开发人员	小周、小王等	访问、读、写
高层管理	老苗、老谢	访问、读

4 配置管理活动

4.1 配置项标志

4.1.1 命名规范

TCAS 项目配置项命名规范由 4 个字段组成，从左到右依次为项目、类型、属性和版本号，如图 12.13 所示。这些字段用点号(.)分隔。

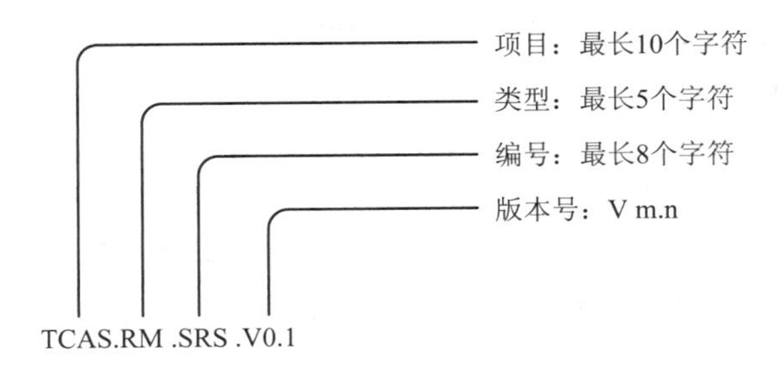

图 12.13　配置项命名规范(分 4 段以便于管理，而且可以提供更丰富的含义)

4.1.2 主要配置项

表 12-15 配置项列表

类型	主要配置项	标识符	预计正式发表时间
技术合同	合同	TCAS.TCM.Contract.V0.1	2012-6-11
	SOW	TCAS.TCM.SOW.V0.1	2012-6-11
计划	项目计划	TCAS.SPP.PP.V0.1	2012-6-11
	质量保证计划	TCAS.SPP.SQA.V0.1	2012-6-11
	配置管理计划	TCAS.SPP.SCM.V0.1	2012-6-11
需求	需求规格说明书	TCAS.RM.SRS.V0.1	2012-7-18
	用户 DEMO	TCAS.RM.Demo.V0.1	2012-7-18
设计	总体设计说明书	TCAS.Design.HL.V0.1	2012-8-22
	数据库设计	TCAS.Design.DB.V0.1	2012-8-22
	详细设计说明书	TCAS.Design.LL.V0.1	2012-9-25
	设计术语及规范	TCAS.Design.STD.V0.1	2012-8-22
编程	源程序	TCAS.Code.ModuleName.V0.1	2012-10-2
	编码规则	TCAS.Code.STD.V0.1	2012-6-22
测试	测试计划	TCAS.Test.Plan.V0.1	2012-10-2
	测试用例	TCAS.Test.Case.V0.1	2012-10-2
	测试报告	TCAS.Test.Report.V0.1	2012-11-4
提交	运行产品	TCAS.Product.Exe.V0.1	2012-12-5
	验收报告	TCAS.Product.Report.V0.1	2012-12-26
	用户手册	TCAS.Product.Manual.V0.1	2012-12-6

4.1.3 项目基线

在 SVN 中，基线管理由项目执行负责人确认、SCCB 授权，由配置管理员执行。

表 12-16 基线管理

基线名称/标识符	基线包含的主要配置项	预计建立时间
需求	需求规格说明书、用户 DEMO	2012-7-18
总体设计	总体设计说明书、数据库设计	2012-8-22
项目实现	软件源代码、编码规则	2012-10-2
系统测试	测试用例、测试报告	2012-10-2

4.1.4 配置项的版本管理

配置项可能包含的分支从逻辑上可以划分成 4 个不同功能的分支：主干分支、私有分支、小组分支、集成分支。这 4 个分支分别对应 4 类工作空间。

这四类工作空间(分支)由项目执行负责人统一管理，根据各开发阶段的实际情况定制相应的版本选取规则，来保证开发活动的正常运作。在变更发生时，应及时做好基线的推进。

对配置项的版本管理在不同分支具有不同的策略。

(1) 主干分支。自动建立物理分支——主干分支(/main)，基线出现在主干分支上。

(2) 私有分支。如果多个开发工程师维护一个配置项时建议建立自己的私有分支。配置管理员基本不对其管理，如果个别私有空间上的版本树过于冗余，将对其冗余版本进行限制。

(3) 小组分支。如果出现小组共同开发一个配置项，该分支可视为项目组内部分组的私有空间，存放代码开发过程中的版本分支，由项目组内部控制。

(4) 集成分支。集成测试时在主干分支的特定版本上建立集成分支，测试工作在集成分支上完成。

私有分支和小组分支均为可选，必要时建立。

4.2 变更管理

变更管理的流程是：

(1) 由请求者提交变更请求，SCCB会召开复审会议对变更请求进行复审，以确定该请求是否为有效请求。典型的变更请求管理有需求变更管理和缺陷追踪等。

(2) 配置管理者收到基线修改请求后，在配置库中生成与此配置项相关的波及关系表。

(3) 配置管理者将基线波及关系表提交给SCCB，由SCCB确定是否需要修改，如果需要修改，SCCB应根据波及关系表，确定需要修改的具体文件，并在波及关系表中标明。

(4) 配置管理者按照出库程序从配置库中取出需要修改的文件。

(5) 项目人员将修改后的文件提交给配置管理者。

(6) 配置管理者将修改后的配置项按入库程序放入配置库。

(7) 配置管理者按SCCB标识出的修改文件，由波及关系表生成基线变更记录表，并按入库程序放入配置库。

4.3 配置状态统计

利用配置状态统计，可以记录和跟踪配置项的改变。状态统计可用于评估项目风险，在开发过程中跟踪更改，并且提供统计数据以确保所有必需的更改已被执行。为跟踪工作产品基线，配置管理者需收集下列信息。

- 基线类型；
- 工作产品名称；
- 配置项名称/标识符；
- 版本号；
- 更改日期/时间；
- 更改请求列表；
- 需要更改的配置项；
- 当前状态；
- 当前状态发生日期。

项目组每周提交配置项清单及其当前版本。

配置管理人员每半个月提交变更请求的状态统计。

讨论：版本混乱问题

项目经理张明最近遇到了一个版本控制的难题，导致多次上线后系统大面积瘫痪。正在进行的项目是一个二期开发项目，一期、二期在同一个环境中，目前项目内的工作内容有：对于一期中 Bug 的修改、更新和对于二期内容的开发。其中：一期内容和二期内容有很强的关联性；一期内容的调试结果要求用户方面测试，测试后及时更新上线；二期开发内容要求分阶段上线。所以，结果导致：有时一期调试结果上线后，影响二期开发的已上线内容；有时二期开发内容上线后，影响一期内容，或一期调试上线内容。

最常见的头疼问题如：功能 A 是一期调试结果，两个月前开发完成，近日用户测试完成，A 功能完成后，调试开发进程继续；功能 B 是二期功能，一个月前开发完成，二期开发进程继续；在 A 功能开发完毕但未上线的时候，对与 A 功能相关的类进行了更新。最近用户要求对 A、B 功能进行上线，但不能有其他内容上线。结果 A 功能上线后，由于修改了某二期内容(已上线)的公用方法，导致原二期系统瘫痪；B 功能上线后，加入了 B 功能之后开发的代码内容，但是由于数据库更新没有进行，导致系统报错。

案例讨论：

(1) 张明遇到了什么麻烦？可能的原因有哪些？

(2) 面对上述问题你认为应该如何做？请说明理由。

(3) 结合本案例说明配置管理的作用与意义。

12.6 小　　结

在软件项目的实施过程中，会遇到很多实际情况和变化。因此，对软件项目中变化的管理是软件项目管理的一个重要内容，软件项目配置管理就是专门管理软件项目中出现的变化的。在软件开发团队中，正确地引入、实施软件配置管理系统(12.1.1 节)，可以提高生产力、增强对项目的控制能力并改善软件产品质量(12.1.2 节)，使企业从容地面对快速上市和产品质量的双重压力。为了有效地控制变动，软件配置管理引入配置项(12.2.1 节)、基线(12.2.2 节)、版本(12.2.3 节)和配置数据库(12.2.4 节)等基本概念。实施软件配置管理就是要在软件的整个生命周期中，建立和维护软件的完整性。配置管理可以有效地管理产品的完整性和可追溯性，而且可以控制软件的变更，保证软件项目的各项变更在配置管理系统下进行。一般配置管理过程包括配置标识(12.3.1 节)、版本控制(12.3.2 节)、变更控制(12.3.3 节)、状态报告(12.3.4 节)和配置审计(12.3.5 节)等活动。要进行软件开发项目的配置管理，还必须有相关的配置管理组织和规章制度来保证(12.4 节)，当然，作为实施的基础的配置管理工具也起到了重要的作用。最后，围绕着配置管理工具，本章介绍了配置管理工具的选择标准(12.5.1 节)，并对常见的配置管理工具(VSS、CVS、SVN、ClearCase、CCC/Harvest、Firefly、PVCS 等)进行了比较(12.5.3 节)，以便软件开发企业根据自己的具体情况和各种配置管理工具的适用范围来选择合适的工具。

12.7 习　　题

1. 在软件开发过程中，为什么要进行配置管理？

2. 实施软件配置管理应该达到什么目标？

3. 什么是软件配置项？如何有效地标识配置项？

4. 什么是基线？它的作用是什么？

5. 软件项目配置管理有哪些活动？每个活动的主要任务是什么？

6. 版本的任务是什么？如何进行版本控制？

7. 版本控制与变更控制的区别与联系是什么？

8. 软件配置审计的目的和方法是什么？

9. 目前配置管理工具分为哪几个级别? 常见的配置管理工具有哪些? 它们各有什么特点?

10. 仅当每个与会者都在事先作了准备时，正式的技术复审才能取得预期的效果。如果你是复审小组的组长，你怎样发现事先没做准备的与会者？你打算采取什么措施来促使大家事先做准备？

11. 配置状态报告的内容是什么？随着项目的进行配置状态报告的内容有哪些变化？

12. 若你是一个小项目的主管，你将为此工程设置哪些基线，又如何控制它们？

13. 在一些大中型软件项目中，经常会出现一些混乱和差错，如标识混乱、版本错误和数据不一致等。在软件的开发过程中，随着工作的进展也会产生许多信息，如可行性分析、规格说明、设计说明、源程序和数据等技术性文档，以及合同、计划、会议记录和报告等管理性文档。对于一个大中型软件项目来说，这些信息文档的数量可以达到几百甚至上千个，如果没有一套严谨、科学的管理办法，出现混乱和差错几乎是必然的；而且，在软件开发过程中，各种变更是不可避免的，如何才能将其影响降到最低也是管理面临的主要问题。软件配置管理为软件开发提供了一套管理办法和原则，以防止混乱和差错的产生，并且适应软件的各类变更。典型的配置问题有：多重维护、共享数据、同时修改、丢失版本号或者没有版本号。一般地，实施软件配置管理应完成以下几方面的任务：确定软件配置管理计划，确定配置标识规则，实施变更控制，报告配置状态，进行配置审核，进行版本管理和发行管理。回答问题：

(1) 软件配置管理的一个重要内容就是对变更加以控制，使变更对成本、工期和质量的影响降到最小。请说明软件配置管理中“变更管理”的主要任务。

(2) 为了有效地进行变更控制，通常会借助“配置数据库”。请说明配置数据库的主要作用及其分类。

(3) 变更管理对于大型软件开发项目的成功起着至关重要的作用，应遵循统一的处理过程。请说明实施变更管理的流程。

14. (项目管理)制定图书馆软件产品的配置管理计划。

15. (项目管理)制定网络购物系统的配置管理计划。

16. (项目管理)制定自动柜员机的配置管理计划。

附录　软件项目管理经验总结

软件项目管理的根本目的是为了让软件项目尤其是大型项目的整个软件生命周期(即从需求、分析、设计、编码、测试和维护全过程)都能在管理者的控制之下，以预定成本按期、按质地完成软件并交付用户使用。研究软件项目管理的目的是为了从已有的成功或失败的案例中总结出能够指导今后开发的通用原则和方法，同时避免前人的失误。

A.1　软件过程改善

随着企业信息化的深入，软件项目需求的日益复杂，传统的个人英雄主义的开发方式已经越来越不能适应发展的需要。从软件企业的发展战略来说，如何在技术日新月异、人员流动频繁的情况下，建立企业的知识库和经验库把企业中分散的、隐性的财富(即个人的知识及经验)转变为企业的知识和经验，以便提高工作效率，缩短生产周期，增强企业的竞争力，具有至关重要的作用。采用科学的管理思想，辅之以先进的管理工具，已经成为软件企业未来发展必不可少的手段。

对软件企业或软件开发团队来说，可能遇到过以下问题或正在被以下问题所困扰。

1. 版本难以控制

● 一个软件往往由许多模块组成，在不同的阶段(基础功能、新增功能)很可能为了适应不同的环境(如不同的操作系统)、根据不同客户的要求开发了特点各异的版本，这些版本之间有大量的共享模块，以及属于自己的模块。在最后将这些模块组装成系统的某个版本时才发现，所需模块版本无法确定。

● 图表、源代码、文档等经过被多次修改后，发现实际有用的版本却不知去向了。

● 团队中并行开发引起的冲突。例如编程人员 A 和 B 共同修改同一个模块，两人经过几个昼夜的奋战之后，又都回存到服务器上，但到了程序试运行的时候，才发现有一个人的修改被冲掉了！这种现象是在多人开发的项目中这种现象是经常存在的，经常遇到返工的问题，因此，软件开发过程环境必须得到改善。

● 还有一种现象是在交付用户后，发现有的模块没有经过测试就直接进入了产品之中。

2. 资源变化频繁

● 由于某些开发人员在软件项目开发的过程中离去，而他负责使用或维护的文档或者资源不完善，使得后续人员接手他的工作时困难重重，造成开发过程的停滞。这种现象在人员经常发生变化的开发企业经常会遇到。例如，某校研究生毕业和下一届学生交接时，第二届学生就会感到比较生疏，以至于拖延了开发周期。

● 由于没有控制好软件变化过程，消耗了大量人力物力，导致项目严重超期、以及预算超支。

● 项目经过了几次大的改动，几乎记不起原来是什么样子了。或者说根据用户提出的多次变更要求更改后的成型软件，与用户的需要相距甚远。

● 软件变化未经控制进入开发或维护活动之中而引入更严重的问题。例如，某程序员未经正常的软件变更申请，自行修改软件中的某一错误，虽然局部错误是改正了，但由于没有考虑到局部改动对全局的影响，使得整个系统不能正常工作。

3. 配置审核问题

● 对软件生命周期中的变化没有正常的审核过程。

● 对于客户所提出的变更要求，缺少必要的审查和确认程序。

● 物理配置审核问题，例如发布出去的产品中，缺少文档，或文档与应用不一致等。

4. 项目开发中的组织管理问题

● 项目开始之后，每人每天都在编程序，但却不知道进展如何。

● 项目开发过程中，一部分人昼夜奋战，另一部分人则无事可干。

● 整个项目的开发可控性差，无法做到阶段控制。

如果软件开发机构不能有效地控制和使用软件资源，在面对风险时就可能导致软件开发活动出现各种问题。由于不能很好地管理软件过程，使得一些好的开发方法和技术没有起到预期的作用，项目的成功往往是通过工作团队的杰出努力，而这种仅仅建立在依赖特定高素质开发人员基础上的成功不能保证组织持续稳定的软件生产和质量的长期提高。因此要降低软件开发过程的风险、保证软件产品质量，就必须加强管理，而软件配置管理是企业过程改善和能力提升的基础。

目前国内对软件研发项目管理存在的最大问题是认识不足。管理实际上是一把手工程，需要高层管理人员的足够重视。据国外一些大公司的介绍，他们在软件研发项目管理方面的投资一般占软件研发费用的10%左右。做软件项目管理是要花钱的，需要投入一定的人力物力，这些都需要得到高层管理人员的支持。软件过程的重大修改必须由高层管理部门启动，这是软件过程改善能够进行到底的关键。此外，软件过程的改善还有待于全体有关人员的积极参与，否则不仅个人将失去从软件过程改善中获得提高的机会，甚至还会成为过程改善的阻力。在进行软件项目管理的过程中需要注意以下几点：首先，软件过程改善不仅需要有明确的目标，而且需要对当前过程有很好的了解，就好比当查阅地图确定行进方向时，不仅行进的目标要明确，还需要知道现在自己所处的位置；其次，需要认识到软件过程改善是一个持续改善的过程，需要不断地学习，需要知识的积累，特别是当主客观环境(例如客户需求和主要开发人员)发生变化时需要对过程进行修改，以适应变化了的情况；最后，软件过程改善不仅需要参与人员的自觉努力，还需要定期补充各项必要的资源。过程改善需要有关领导的规划、参与人员的积极工作和管理人员的精心安排，但是如果没有必要的资金投入，整个软件过程改善工作就会缺乏物质基础。

除了要认识到过程改善工作是一把手工程这个关键因素外，还应认识到软件过程成熟度的升级本身就是一个过程，且有一个生命周期。因此，过程改善工作必然具有一切过程所具有的固有特征，即需要循序渐进，不能一蹴而就；需要持续改善，不能停滞不前；需要联系实际，不能照本宣科；需要适应变革，不能凝固不变。

A.2 开发规范的制定

开发规范的内容主要包括系统设计规范、程序开发规范和项目管理规范等。系统设计规范规定字段、数据库、程序和文档的命名规则，应用界面的标准以及风格和各类报表的输出格式等。程序开发规范对应用程序进行分类，例如可将程序分成代码维护类、业务处理类、业务查询类和统计报表类等，并给出各类应用程序的标准程序流程，必要时可编制出标准程序。项目管理规范规定项目组中各类开发人员的职责和权力，开发过程中各类问题(如设计问题、程序问题等)的处理规范和修改规则，开发工作的总体进度安排和奖惩措施等。

开发规范的制定需要花费一定的时间和精力，但是“磨刀不误砍柴工”，相当于把今后开发过程中开发人员可能遇到的问题提前做了梳理。有了开发规范，在后续的开发过程中设计人员就不必考虑如何为一个字段命名，编程人员也不必去想某个程序的结构和布局应当怎样，测试人员也有了判断程序对错的标准。

开发规范的制定对系统开发有着极其重要的地位，对大型系统尤其如此。开发规范在项目开发工作中起着事前约定的作用，需要所有开发人员共同遵守。开发规范约束开发人员的行为和设计、编程风格，使不同子系统和模块的设计、编程人员达成默契，以便形成整个系统的和谐一致和统一风格，也便于今后的系统维护和扩展。

A.3 合理的项目人员构成及管理

信息系统的开发特别是软件开发渗透了人的因素，带有较强的个人风格。为了高质量地完成项目，必须充分发掘项目成员的智力才能和创造精神，这不仅要求他们具有一定的技术水平和工作经验，而且还要求他们具有良好的心理素质和责任心。与其他行业相比，在信息系统开发中人力资源的作用更为突出，必须在人才激励和团队管理问题上给予足够的重视。

开发项目的成功需要有一个好的开发组，高效的开发小组要有一个合理的人员构成。一般地，一个中型的开发组应包括项目负责人、系统分析员、系统设计员、程序员和测试人员等。开发组的人员要分层次，下层人员要服从上层人员的领导。

项目组要有一个项目负责人，项目负责人对整个项目有控制和决定权，并对项目开发的成败负责。软件开发中遇到问题的答案往往不止一个，因此需要有人对这些问题有决定权，避免扯皮。大型项目的负责人应该有丰富的项目管理经验和数据库设计经验，而且需要对用户的实际业务有较全面和深入的理解。

系统分析员协助项目负责人进行系统分析工作，并负责某一方面的具体设计；系统设计员帮助系统分析员进行模块设计；程序员按照模块设计进行编程；测试人员直接受项目负责人领导，为整个项目的质量把关。所有项目组人员都应对用户的实际业务有不同程度的了解，这样有助于系统的开发工作和系统最后的成功。项目人员的合理构成及所应担任的角色如图 A.1 所示。

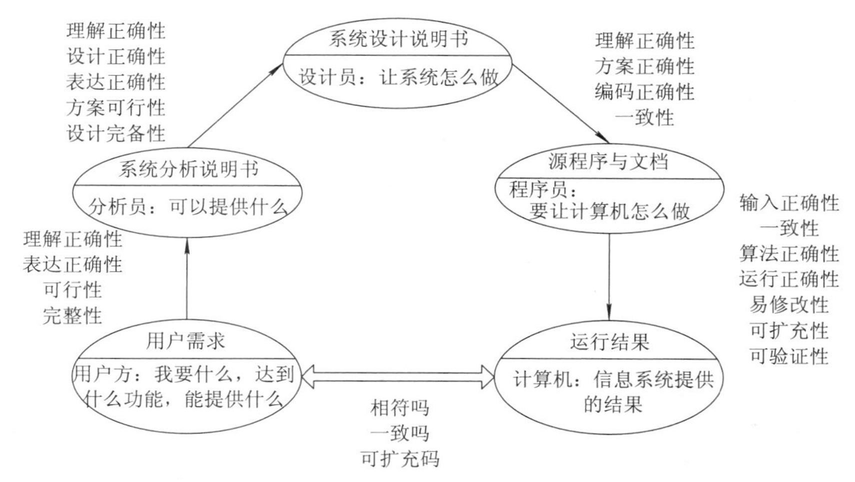

图 A.1　软件项目阶段性承担角色示意图(用户需求经过分析员的分析，由设计人员进行设计，然后由程序员编写代码，编译成计算机程序，以实现用户的需求)

在软件开发过程中系统分析员起着用户和系统设计员(包括程序员)的接口作用，一方面要了解用户的想法和要求，运用自己的开发经验，形成明确的概念，确定出系统应该具有的逻辑功能，然后用适当的方法充分地表达出来，提出一个总体设计方案，另一方面他不但能够反映用户的需求并和用户取得一致的意见，而且能够使系统设计员、程序员和网络设计员根据总体方案设计出一个新的计算机化的信息系统。因此系统分析员起着承前启后的重要作用。

A.4　团队开发的前提与实施

一个项目的成功与否取决于下列影响因素：

- 清楚地界定目标及项目任务；
- 高层管理者的支持；
- 有能力的项目经理；
- 有能力的项目团队；
- 充足的资源；
- 客户的参与；
- 良好的沟通；
- 边实施边应用；
- 对客户的积极反应；
- 适当的监控和反馈；

- 正确与合理的技术；
- 合理的测试；
- 充足的售后服务；
- 规范的技术文档；
- 项目的可扩充能力；
- 稳定的项目团队成员。

仅把一组人员集合在一个项目中共同工作，并不能形成合理的团队。项目团队不仅仅是指被分配到某个项目中工作的一组人员，而且指一组互相依赖的人员齐心合力进行工作以实现项目目标。要使这些成员发展成为一个有效协作的团队，既要项目经理付出努力，也需要项目团队中每位成员付出努力。

下面来了解开发团队的合理组成策略。

1. 志同道合

一个有效的项目团队通常要进行开放、坦诚而及时的沟通。成员愿意交流信息、想法及感情，不羞于寻求其他成员的帮助，能成为彼此的力量源泉，而不只是限于完成分配给自己的任务。团队成员希望看到其他成员成功地完成任务，并愿意在他们陷入困境或停滞不前时提供帮助，能互相做出和接受彼此的反馈及建议性的批评。基于这样的合作，团队就能在解决问题时富有创造性，并能及时地做出决策。

2. 团队发展

有成效的项目团队成员要参与制定项目计划，这样就能知道怎样将彼此的工作结合起来。团队成员重视彼此的知识与技能，并能肯定为实现项目目标所付出的劳动。每位成员承担职责，完成他们在项目中的任务，即对每位成员的角色和职责有明确的期望。

3. 因材施教

对一个成功的项目，项目经理是不可缺少的主要因素。除了在对项目的计划、组织、控制方面发挥领导作用外，项目经理还应具备一系列技能，来激励员工取得成功，赢得客户的信赖。坚强的领导能力、培养员工的能力、非凡的沟通技巧、良好的人际交往能力、处理压力和解决问题的能力以及管理实践的技能，都是一个有成效的项目经理所必备的技能。

4. 循循善诱

尽量让组员来确立目标、小组定期讨论、培养团队精神、尊重与信任、鼓励和支持个人特长，逐步确立个人在团队中的位置，这样，随着个人的成功也会带来团队的进步。

A.5 软件质量的保证

为满足软件的各项精确定义的功能、性能需求，符合文档化的开发标准，需要相应地给出或设计一些质量特性及其组合，作为在软件开发与维护中的主要考虑因素。如果这些质量特性及其组合都能在产品中得到满足，那么软件产品质量就是高的，软件质量控制的主要环节如图 A.2 所示，软件质量控制开发关键点的审核与控制如图 A.3 所示。

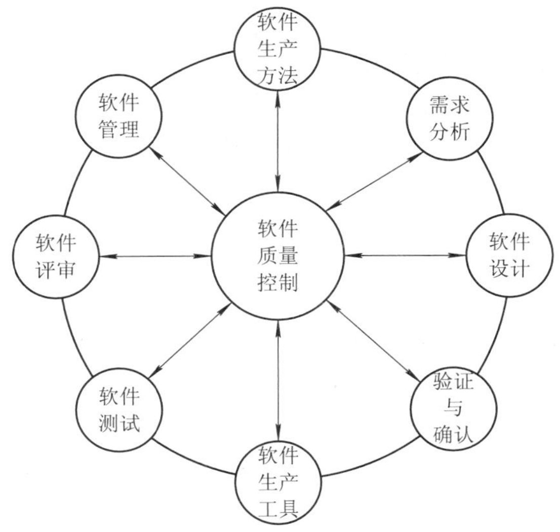

图 A.2　软件质量控制的主要环节(软件开发的各个环节都与软件质量控制有关，都应该设计相应的质量特性，以控制软件的质量)

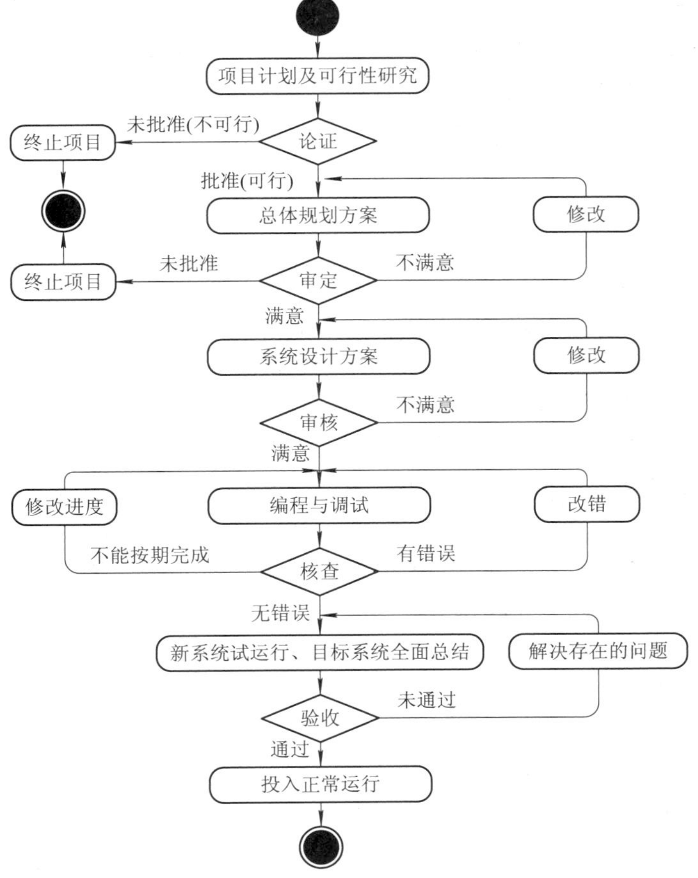

图 A.3　软件质量控制开发关键点的审核与控制(在每个阶段，都应该对产生的制品进行检查和审核，以保证软件产品的质量)

软件的质量主要反映了以下四方面的问题：

● 软件需求是度量软件质量的基础。

● 在各种标准中定义了一些开发准则，用来指导软件人员用工程化的方法来开发软件。如果不遵守这些开发准则，软件质量就得不到保证。

● 往往会有一些隐含的需求没有明确提出来。如果软件只满足那些精确定义了的需求而没有满足这些隐含的需求，软件质量也得不到保证。

● 文档编制的质量要求。

软件文档有助于程序员编制程序，有助于管理人员监督和管理软件开发，有助于用户了解软件的工作和应做的操作，有助于维护人员进行有效的修改和扩充，因此文档的编制必须保证一定的质量。质量差的软件文档不仅难于理解，还会给使用者造成许多不便，而且会削弱对软件的管理(管理人员难以确认和评价开发工作的进展)，加大软件的成本(一些工作可能被迫返工)，甚至造成更加有害的后果(如误操作等)。造成软件文档质量不高可能有以下原因：

● 缺乏实践经验，缺乏评价文档质量的标准。

● 不重视文档编写工作或是对文档编写工作的安排不恰当。

● 最常见到的情况是软件开发过程中不能按给出的进度分阶段及时完成文档的编制工作，而是在开发工作接近完成时集中人力和时间专门编写文档。另一方面，和程序工作相比，许多人对编制文档不感兴趣。于是在程序工作完成以后，不得不应付一下，把要求提供的文档赶出来。这样的做法不可能得到高质量的文档。实际上要得到真正高质量的文档并不容易，除了应在认识上对文档工作给予足够的重视外，常常需要经过编写初稿，听取意见进行修改，甚至要经过重新改写的过程。

高质量的文档应当体现在以下一些方面：

● 针对性。文档编制以前应分清读者对象，按不同的类型、不同层次的读者，决定怎样适应其需要。例如，管理文档主要是面向管理人员的，用户文档主要是面向用户的，这两类文档不应像开发文档(面向软件开发人员)那样过多地使用软件的专业术语。

● 精确性。文档的行文应当十分确切，不能出现多义性的描述。同一项目若干文档内容应该协调一致，不能前后矛盾。

● 清晰性。文档编写应力求简明，如有可能，配以适当的图表，以增强其清晰性。

● 完整性。任何一个文档都应当是完整的、独立的，应自成体系。例如，前言部分应作一般性介绍，正文给出中心内容，必要时还有附录，列出参考资料等。同一项目的几个文档之间可能有些部分相同，这些重复是必要的。例如同一项目的用户手册和操作手册中关于本项目功能、性能和实现环境等方面的描述是没有差别的。特别要避免在文档中出现转引其他文档内容的情况。例如，一些段落并未具体描述，而用“见××文档××节”的方式，这将给读者带来不便。

● 灵活性。各个不同的软件项目，其规模和复杂程度有着许多实际差别，这些不能同样看待。对于较小的或比较简单的项目，可做适当调整或合并。例如，可将用户手册和操作手册合并成用户操作手册；软件需求说明书可包括对数据的要求，从而去掉数据要求说明书；概要设计说明书与详细设计说明书合并成软件设计说明书等。

● 可追溯性。由于各开发阶段编制的文档与各阶段完成的工作有着紧密的关系，前后两个阶段生成的文档，随着开发工作的逐步扩展，具有一定的继承关系。在项目各开发阶段之间提供的文档必定存在着可追溯的关系。例如某一项软件需求必定在设计说明书、测试计划以及用户手册中有所体现。必要时应能做到跟踪追查。

A.6　严格控制开发进度

项目进度管理是软件开发中最难以做好的一项工作。编程工作本身是一个难以量化的工作，再加上开发过程中对设计的修改等因素，使得项目开发工作经常不能按预计的时间完成。

为了管理好项目进度，首先要制定一个可行的项目进度计划。一开始，项目进度计划只能根据项目的内容、工作量和参加人员进行大致的估算，包括系统分析和设计时间，编程、测试时间和文档编制时间等，估算时应根据业务复杂程度加入一些缓冲时间。系统分析和设计完成后，根据程序清单可估算出每个程序的编程时间(根据程序类型和复杂程度)，并在此基础上估算这种程序量下的测试、文档编制和缓冲时间，经过这样估算再做出的进度计划已经可以做到相当准确和细致了。实际上项目进度计划是一个由粗到细且不断调整的计划。

每周要将项目进度情况与项目进度计划进行对比。对于拖延的工作如无充分理由，则应督促有关人员加班或提高工作效率赶上进度；如有正常理由，在无法追回的情况下可以修改进度计划，申请延期。

控制信息系统开发项目的进度是一项难度很大的工作，大量无法预测的情况会使信息系统开发项目远远超出预定的进度日期。但是就像任何其他类型的项目一样，有效项目进度控制的关键是监控实际进程，及时定期地与计划进度进行比较，并立即采取必要的纠正措施。

项目控制过程应该是将实际进程与计划进度进行比较的过程。一旦客户与项目团队就变更达成一致，就应记录下这些变更，并修改进度计划。例如信息系统开发项目中会出现如下一些难以避免的变更：

- 输入屏幕的变更——如增加的字段、不同的图标、不同的颜色、不同的菜单结构或全新的输入界面；
- 报表的变更——如增加的字段、不同的小计和合计、不同的分类、不同的选择标准、不同的字段顺序或全新的报表；
- 在线查询的变更——如各种非预先安排的查询能力、进入不同字段或数据库、不同的查询结构或额外的查询；
- 数据库结构的变更——如增加的字段、不同的数据字段名、不同的数据存储空间、数据间不同的关系或全新的数据库；
- 软件处理过程的变更——如不同的算法、与另外子过程的不同界面、不同的内部逻辑或全新的程序；
- 处理速度的变更——如更高的输出速率和更短的响应时间；不同的程序员实现的方法不同，编写的程序语句条数也不同，这是目前大多数程序员存在的弊病；
- 存储能力的变更——如数据记录最大容量的提高；

- 业务处理的变更——如工作或数据流的变更、新增客户的进入或全新程序的支持；
- 硬件变更引起的软件变更，或相反地，功能更强大的软件的出现引起的硬件变更。

A.7　软件开发的思维与方法

作为软件开发人员的一个通病是在项目初期的时候，就喜欢谈论实现的细节，并且乐此不疲。开发人员更喜欢讨论如何用灵活而简短的代码来实现一个特定的功能，而忽略对整个系统构架的考虑。因此作为一个开发人员，尤其是一个有经验的开发人员，应该把自己从代码中解脱出来，更多的时候甚至暂时要放弃考虑如何实现的问题，而是要从项目或产品的总体去考虑一个软件产品。

以下是在开发软件过程中的一些经验和体会：

(1) 考虑整个项目或产品的市场前景。对于系统分析人员，不仅要从技术的角度来考虑问题，而且要从市场的角度去考虑问题。也就是说需要同时考虑产品的用户群是谁，当产品投放到市场上的时候，是否具有生命力。例如，即使采用最好的技术实现了一个单进程的操作系统，其市场前景也一定是不容乐观的。

(2) 从用户的角度来考虑问题。例如，一些操作对于开发人员来讲是非常显而易见的问题，但是对一般的用户来说可能就非常难于掌握，也就是说，有时候需要在灵活性和易用性方面进行折中。另外在功能实现上也需要进行综合考虑，尽管有些功能十分强大，但是如果用户几乎不怎么使用的话，就不一定要在产品的第一版的时候就推出。从用户的角度考虑，也就是说用户认可的才是好的，而不是开发人员觉的好才好。

(3) 从技术的角度考虑问题。虽然技术绝对不是唯一重要的，但是技术一定是非常重要的，是成功的必要环节。在产品设计的时候，必须考虑采用先进的技术和先进的体系结构。例如，如果可以采用多线程使程序中各个部分并行处理的话，就最好采用多线程处理；在 Windows 下开发的时候，能够把功能封装成一个单独的 COM 构件就不做成一个简单的 DLL，或者是以源代码存在的函数库，或者是对象；能够在 B/S 结构下运行并且不影响系统功能的话就不一定要在 C/S 下实现。

(4) 合理进行模块的分割。从多层模型角度来讲，一般系统可以分成用户层、业务层和数据库层三部分。当然每个部分还可以进一步细分。所以在系统设计的时候，应该尽量进行各个部分的分割并建立各个部分之间进行交互的标准，而且在实际开发的时候，确实有需要的话再进行重新调整。这样，就可以保证各个部分齐头并进，开发人员也可以各司其职。

(5) 人员的组织和调度。软件开发中很重要的一点是要考虑开发人员的特长，有的人喜欢做界面，有的人喜欢做核心。如果有可能要根据人员的具体的情况进行具体的配置，同时要保证每个开发人员在开发的时候首先完成需要和其他人员进行交互的部分，而且对自己的项目进度以及其他开发人员的进度有一个清晰的了解，保证不同部分的开发人员能够经常进行交流。

(6) 开发过程中文档的编写。在开发过程中会碰到各种各样的问题和困难，当然还有各种各样的创意和新的思路。应该把这些东西都记录下来并进行及时整理，对于困难和问题，如果不能短时间解决的，可以考虑采用其他的技术替代，并在事后做专门的研究。对于各种创意，可以根据进度计划安排考虑在本版本中实现还是在下一版本中实现。

(7) 充分考虑实施时可能遇到的问题。开发是一回事，用户真正能够使用好它又是另外一回事。例如在 MIS 系统开发中最简单的一个问题就是用户数据输入错误的时候如何进行操作。在以流程方式工作的时候如何让用户理解自己在流程中的位置和作用，如何让用户真正利用计算机进行协作也是成败的关键。

实际上，作为软件开发人员，大都喜欢看到问题就坐在计算机前面直接编码，但是，采用软件工程的思想对系统开发的指导作用是巨大的，这也应该成为软件开发人员的责任。

A.8　成功的项目管理经验

项目开始阶段是一个最重要的阶段。项目经理在接手一个新项目的时候，应该要尽可能地从各个方面了解项目的情况，而且即使在最好的情况下，管理软件项目也是很困难的。事实上许多新项目经理并没有受到任何就职培训，缺乏项目管理经验。

成功的项目管理体会可以总结为以下 20 条指导原则。

1. 定义项目成功的标准

在项目的开始，要保证风险承担者对如何判断项目成功有统一的认识。通常满足一个预先定义的进度安排是唯一明显的成功因素，但是肯定还有其他的因素存在，例如，增加市场占有率，获得指定的销售量或销售额，取得特定用户的满意程度，淘汰一个高维护需求的遗留系统，取得一个特定的事务处理量并保证正确性等。

2. 识别项目的驱动、约束和自由程度——把握各种要求之间的平衡

每个项目都需要平衡功能性、人员、预算、进度和质量目标。要么把这几个特性定义成一个约束集，在这个约束集中进行操作；要么定义成与项目成功对应的驱动，或者定义成通向成功的自由度，可以在一个规定的范围内调整。

3. 定义产品发布标准

在项目早期，要决定用什么标准来确定产品是否准备好发布了。可以把发布标准基于还存在有多少个高优先级的缺陷、性能度量、特定功能完全可操作、或其他方面表明项目已经达到了目标来决定。不管选择了什么标准，都应该是可实现的、可测量的、可验证的，而且与客户的“质量”是一致的。

4. 沟通承诺

尽管可能无意中承诺了不可能的事件，但是不要做一个明知不能保证的承诺。坦诚地和客户、管理人员沟通那些实际成果，以前的项目数据是说服他们的论据。

5. 写一个计划

有人认为，花时间写计划还不如花时间写代码。事实上这里强调的不是写计划本身，而是写计划的过程——思考、沟通、权衡、交流、以及提问并且倾听。这样，项目团队用来分析解决问题需要花费的时间会减少以后给项目带来的影响。

6. 把任务分解成“英寸大小的小圆石”

利用软件工程的第二个本质特性——分解来划分软件的粒度。“英寸大小的小圆石”是指缩小了的里程碑。把大任务分解成多个小任务，可以更加精确的估计，暴露出在其他情况下团队组织可能没有想到的工作活动，可以进行更加精确、细密的状态跟踪。这时最常犯的错误是粒度过细，陷入功能分解。

7. 为通用的大任务制定计划工作表

如果团队组织经常承担某种特定的通用任务，例如实现一个新的对象类就需要为这些任务开发一个活动检查列表和计划工作表。每个检查列表应该包括这个大任务可能需要的所有步骤，这些检查列表和工作表有助于小组成员确定和评估与自己必须处理大任务的每个实例相关的工作量。

8. 质量控制活动后应该有修改工作

几乎所有的质量控制活动，例如测试和技术评审，都会发现缺陷或其他提高的可能。因此在项目进度或工作分解结构中应该把每次质量控制活动后的修改作为一个单独的任务包括进去。

9. 为“过程改进”安排时间

如果项目组成员已经淹没在当前的项目中，却又想把项目提升到一个更高的软件工程能力水平上，就必须投入一些时间在过程改进上。从项目进度中留出一些时间，这样就可以在软件项目活动包括过程改进，这有助于项目经理在下一个项目上更加成功。不要把项目组成员可以利用的时间 100%地投入到项目任务中，却惊讶于为什么每位成员在主动提高方面没有任何进展。

10. 管理项目风险

如果项目经理不去识别和控制风险，那么就会受制于风险。在项目计划时花一些时间集体讨论可能的风险因素，评估潜在危害，并且决定如何减轻或预防，这有助于项目进展。制定一个软件风险管理的简要指南是管理项目风险的应对策略，利于风险监控。

11. 根据工作计划而不是日历来做估计

人们通常以日历时间作估计，但是估计与任务相关联的工作计划(以人时为单位)的数量，再把工作计划转换为日历时间，这样的估计会更好一些，因为这个转换基于每天每位成员有多少有效的小时花费在项目任务上。

12. 不要为人员安排超过他们 80%的时间

跟踪项目组的组员每周实际花费在项目指定工作的平均小时数实在会让人吃惊。与项目组被要求做的许多活动相关的任务切换的开销，显著地降低了项目组的工作效率。不要只是因为有人在一项特定工作上每周花费 10 小时，就去假设他或她可以马上做 4 个这种任务，如果他或她能够处理完 3 个任务，就很幸运了。

13. 将培训时间放到计划中

确定项目组的成员每年在培训上花费多少时间，把这些时间从项目组成员工作在指定项目任务上的可用时间中减去。项目经理可能在平均值中早已经减去了休假时间、生病时间和其他的时间，对于培训时间也要同样的处理。

14. 记录项目组的估算和项目组是如何达到估算的

当项目经理准备估算项目组的工作时记录下来，并记录项目组成员是如何完成每个任务的。理解创建估算所用的假设和方法，能够在必要的时候更容易防护和调整，有助于改善项目组的估算过程。

15. 记录估算并且使用估算工具

许多商业工具可以帮助项目经理估算整个项目。根据真实项目经验的巨大数据库，这些工具可以给项目经理一个可能的进度和人员分配安排，同样能够帮助项目经理避免进入“不可能区域”，即产品大小、小组大小和进度安排组合起来没有已知项目成功的情况。

16. 遵守学习曲线

如果项目经理在项目中第一次尝试新的过程、工具或技术，项目经理必须认可付出短期内生产力降低的代价。不要期望在新软件工程方法的第一次尝试中就获得惊人的效益，在进度安排中要考虑不可避免的学习曲线。

17. 考虑意外缓冲

事情不会像项目计划的一样准确地进行，所以项目经理的预算和进度安排应该在主要阶段后面包括一些意外缓冲，以适应无法预料的事件。但是项目组的管理者或客户可能把这些缓冲作为填料，而不是明智的承认事实确实如此。因此可以通过一些以前项目发生的不愉快的意外来说明这样的考虑是很有必要的。

18. 记录实际情况与估算情况

如果项目经理不记录花费在每项任务上的实际工作时间，并与估算作比较，项目经理就永远不能提高自己的估算能力。这样项目经理的估算将永远是猜测。

19. 只有 100%完成的任务才是完成的任务

使用“英寸大小的小圆石”的一个好处是：项目经理可以区分每个小任务要么完成了，要么没有完成，这比估计一个大任务在某个时候完成了多少百分比要实在得多。不要让每位成员只是简单地显示任务的完成状态，应该使用明确的标准来判断一个步骤是否真正地完成了。

20. 公开、公正地跟踪项目状态

创建一个良好的风气，让项目成员对准确地报告项目的状态感到安全。努力让项目在准确的、基于数据的事实基础上运行，不要将这些数据与人员绩效挂钩，否则容易产生消极影响。

这些指导原则有很多是项目管理过程中容易忽略的，是良好的项目管理实践，项目经理必须在管理框架下善用这些指导原则，以避免发生类似的错误，这样软件项目的管理与实施才会取得更好的效果。

参 考 文 献

[1] Kathy Schwalbe. IT 项目管理. 6 版. 杨坤，等，译. 北京：机械工业出版社，2010.

[2] Project Management Institute. 项目管理知识体系指南. 4 版. 王勇，等，译. 北京：电子工业出版社，2002.

[3] Project Management Institute (PMI). The PMI Project Management Fact Book，Second Edition，2001.

[4] Clements James P. 成功的项目管理. 5 版. 张金成，等，译. 北京：电子工业出版社，2012.

[5] Wiegers Karl E. 成功软件项目管理的奥秘. 陈展文，等，译. 北京：人民邮电出版社，2009.

[6] Kerzner Harold. Project Management：A Systems Approach to Planning，Scheduling，and Controlling，Eighth Edition. New York: John Wiley & Sons，2003.

[7] 覃征，等. 软件项目管理. 2 版. 北京：清华大学出版社，2009.

[8] 郭宁，等. 软件项目管理. 北京：清华大学出版社，2007.

[9] 韩启龙. 软件项目管理. 哈尔滨：哈尔滨工业大学出版社，2012.

[10] 贾经冬，等. 软件项目管理. 北京：高等教育出版社，2012.

[11] 任永昌. 软件项目管理. 北京：清华大学出版社，2012.

[12] 康一梅. 软件项目管理. 北京：清华大学出版社，2010.

[13] Bob Hughes，等. 软件项目管理. 5 版. 廖彬山，等，译. 北京：机械工业出版社，2010.

[14] 韩万江，等. 软件项目管理案例教程. 2 版. 北京：机械工业出版社，2009.

[15] 吴吉义. 软件项目管理理论与案例分析. 北京：中国电力出版社，2007.

[16] 肖来元，等. 软件项目管理与案例分析. 北京：清华大学出版社，2009.

[17] Richardson Jared R.，等. 软件项目成功之道. 苏金国，等，译. 北京：人民邮电出版社，2011.

[18] Rothman Johanna. 项目管理修炼之道. 郑柯，译. 北京：人民邮电出版社，2009.

[19] Cantor Murray. 使用 UML 进行面向对象的项目管理. 徐晖，等，译. 北京：人民邮电出版社，2004.

[20] Futrell Robert T，等. 高质量软件项目管理. 袁科萍，等，译. 北京：清华大学出版社，2006.

[21] Brooks Frederick P. 人月神话. 汪颖，译. 北京：清华大学出版社，2007.

[22] Schach Stephen R. 面向对象软件工程. 黄林鹏，等，译. 北京：机械工业出版社，2009.

[23] Schach Stephen R. 软件工程：面向对象和传统的方法. 7 版. 徐天顺，等，译. 北京：机械工业出版社，2007.

[24] Norman Ronald J. 面向对象系统分析与设计. 周之英，等，译. 北京：清华大学出版社，2000.

[25] Dennis Alan，等. 系统分析与设计. 3 版. 干红华，等，译. 北京：人民邮电出版社，2009.

[26] Shelly Gary B，等. 系统分析与设计教程. 史晟辉，等，译. 北京：机械工业出版社，2009.

[27] Arrington C T. Enterprise Java with UML(中文版). 马波，等，译. 北京：机械工业出版社，2003.

[28] McConnell Steve. 代码大全. 金戈，等，译. 北京：电子工业出版社，2011.

[29] 朱少民. 软件工程导论. 北京：清华大学出版社，2009.

[30] Glass Robert L. 软件开发的滑铁卢(重大失控项目的经验与教训). 陈河南，等，译. 北京：电子工业出版社，2002.

[31] Davis，Alan M. 201 Principles of Software Development. New York：McGraw-Hill. 1995.

[32] Davis，Alan M. Software Requirements：Objects，Functions，and States. Englewood Cliffs，NJ：PTR Prentice Hall. 1993.
[33] Brandon Dan. Project management for modern information systems. Idea Group Inc. 2005.
[34] Maciaszek Leszek A. 需求分析与系统设计. 3 版. 马素霞，等，译. 北京：机械工业出版社，2009.
[35] Wiegers Karl E. 软件需求. 2 版. 刘伟琴，等，译. 北京：清华大学出版社，2004.
[36] Steve McConnell. 快速软件开发——有效控制与完成进度计划. 席相霖，等，译. 北京：电子工业出版社，2006.
[37] Whitten, N. 管理软件开发项目:通向成功的最佳实践. 2 版. 孙艳春，等，译. 北京：电子工业出版社，2002.
[38] Bain Scott L. 浮现式设计：专业软件开发的演进本质. 赵俐 ，等，译. 北京：人民邮电出版社，2011.
[39] Yourdon E. 死亡之旅：超常规软件项目的开发实践. 周浩宇，译. 北京：电子工业出版社，2002.
[40] 曹济，等. 软件项目功能点度量方法与应用. 北京：清华大学出版社，2012.
[41] 王广宇，等. 作业成本管理:内部改进与价值评估的企业方略. 北京：清华大学出版社，2005.
[42] Boehm Barry W. 软件工程经济学. 李师贤，等，译. 北京：机械工业出版社，2004.
[43] David Garmus，等. 功能点分析：成功软件项目的测量实践. 钱岭，等，译. 北京：清华大学出版社，2003.
[44] 李帜，等. 功能点分析方法与实践. 北京：清华大学出版社，2005.
[45] ISO/IEC20926-2003 IFPUG 4.1，Unadjusted Functional Size Measurement Method counting Practices Manual，2003.
[46] Dennis M A，等. CMMI 精粹. 3 版. 王辉青，等，译. 北京：清华大学出版社，2009.
[47] 杨坤. 项目时间管理. 天津：南开大学出版社，2006.
[48] 邓富民. 项目前期管理. 北京：机械工业出版社，2008.
[49] Harold Kermer. 项目管理:计划、进度和控制的系统方法. 北京：电子工业出版社，2009.
[50] 沈建明. 项目风险管理. 2 版. 北京：机械工业出版社，2010.
[51] Lisa DiTullio. 建立高效项目管理团队：提升绩效与改进结果的实践. 李金海，等，译. 北京：电子工业出版社，2011.
[52] Whitehead R. 领导软件开发团队. 吴志明，译. 北京：电子工业出版社，2002.
[53] Peters Lawrence J. 软件开发团队成功秘笈. 米全喜，等，译. 北京：机械工业出版社，2009.
[54] 荣钦科技. Project 2003 在项目管理中的应用. 北京：电子工业出版社，2006.
[55] 辛江. 项目管理软件与应用. 北京：电子工业出版社，2011.
[56] 霍亚楼，等. 项目管理软件. 北京：对外经济贸易大学出版社，2006.
[57] 程铁信. IT 与项目管理软件应用. 北京：电子工业出版社，2011.
[58] 刘江华，等. 软件开发过程与配置管理:基于 Rational 的敏捷方案设计与应用. 北京：电子工业出版社，2011.
[59] Bowers Toni. IT projects fail most often due to organizational issues. http：//www.techrepublic.com/
[60] Jim Johnson. CHAOS: The Dollar Drain of IT Project Failures, Application Development Trends (January 1995)
[61] The Standish Group，The CHAOS Report (www.standishgroup.com) (1995)
[62] The Standish Group，The CHAOS Report (www.standishgroup.com) (2000)

[63] The Standish Group，The CHAOS Report (www.standishgroup.com) (2005)

[64] The Standish Group，The CHAOS Report (www.standishgroup.com) (2009)

[65] http://www.infogoal.com/pmc/

[66] http://www.kidasa.com/

[67] http://www.cmmiinstitute.com/

[68] http://subversion.apache.org/

[69] 张霄峰. 猴子和芒果树. 青年博览，01，2007：33.

[70] http://www.p3china.com/NewsLetter/Files/0032/0032-Press.pdf

[71] http://wiki.mbalib.com/wiki/NPV

[72] Toni Bowers. IT projects fail most often due to organizational issues. http://www.techrepublic.com/

[73] http://www.ltesting.net/ceshi/ruanjianzhiliangbaozheng/xmgl/2007/0526/ 17197.html

[74] Cohen Dennis J and Graham Robert J. The Project Manager's MBA. San Francisco，Jossey Bass (2001) p.31.

[75] Berkman Eric. How to Use the Balanced Score Card. CIO Magazine，2012.5.

[76] Lawrence Brian. Unresolved Ambiguity. American Programmer 9(5):17-22. 1996.

[77] Leffingwell，Dean. Calculating the Return on Investment from More Effective Requirements Management. American Programmer 10(4):13-16. 1997.

[78] Stephen Ward，Chris Chapman. Transforming Project Risk Management into Project Uncertainty Management. International Journal of Project Management，2003，21(2):97～105.

[79] http://www.ibm.com/developerworks/cn/rational/r-ndejun/

[80] http://wenku.baidu.com/view/41b2efd0195f312b3169a5b1.html

[81] http://epress.anu.edu.au/info_systems/part-ch06.pdf

[82] http://wenku.baidu.com/view/43ff0d0e76c66137ee06190b.html

[83] http://wenku.baidu.com/view/59040cb669dc5022abea0001.html

[84] http://wiki.mbalib.com/wiki/%E5%A4%96%E5%8C%85

[85] http://finance.sina.com.cn/roll/20040917/08251030300.shtml

[86] http://news.ccidnet.com/art/963/20040917/156606_1.html

[87] http://www.itpub.net/forum.php?mod=viewthread&tid=1504756

[88] http://hi.baidu.com/optical/item/2c2f3db4224c21971846973c

[89] http://wenku.baidu.com/view/51974f23a5e9856a561260a9.html

[90] https://www.infog.com/articles/stomdish-chaos-2015/